国家级一流专业建设配套教材
普通高等教育机械类专业基础课系列教材

机械制造技术基础

(第2版)

主　编　许兆美　汪通悦
副主编　程　伟　何秀媛

北京理工大学出版社
BEIJING INSTITUTE OF TECHNOLOGY PRESS

内容简介

本书从应用型本科教育的特点出发，结合国家一流专业建设点、国家特色专业建设点、江苏省品牌专业——淮阴工学院“机械设计制造及其自动化”专业的建设，以及这几年高校“机械制造技术基础”课程教学改革的实际需要编写而成。

本书共分为11章，内容包括：绪论、金属切削原理、切削加工方法与金属切削机床、机床夹具及其设计原理、机械加工质量控制、工艺规程设计、电火花加工、电化学加工、高能束流加工、其他特种加工、现代制造技术综述等。本书以机械制造工艺过程和金属切削原理的基本理论、基本知识、加工质量、特种加工技术的原理及应用为主线，将有关的金属切削基本理论、加工方法及机床、刀具、夹具、特种加工技术等基本知识进行优化整合，突出应用。

本书可供高等院校机械设计制造及其自动化、机械工程、工业工程（工程管理）、材料成型及控制工程、机械电子工程等专业作为教材，也可供从事机械制造、机械设计工作的工程技术人员参考。

图书在版编目(CIP)数据

机械制造技术基础 / 许兆美，汪通悦主编. -- 2版. -- 北京：北京理工大学出版社，2022.12(2023.6重印)
ISBN 978-7-5763-1975-0

Ⅰ. ①机… Ⅱ. ①许… ②汪… Ⅲ. ①机械制造工艺-高等学校-教材 Ⅳ. ①TH16

中国版本图书馆CIP数据核字(2022)第258686号

出版发行 / 北京理工大学出版社有限责任公司
社　　址 / 北京市海淀区中关村南大街5号
邮　　编 / 100081
电　　话 / (010) 68914775（总编室）
　　　　　(010) 82562903（教材售后服务热线）
　　　　　(010) 68944723（其他图书服务热线）
网　　址 / http://www.bitpress.com.cn
经　　销 / 全国各地新华书店
印　　刷 / 唐山富达印务有限公司
开　　本 / 787毫米×1092毫米　1/16
印　　张 / 26.5
字　　数 / 622千字
版　　次 / 2022年12月第2版　2023年6月第2次印刷
定　　价 / 62.00元

责任编辑 / 陆世立
文案编辑 / 李　硕
责任校对 / 刘亚男
责任印制 / 李志强

前　言

“机械制造技术基础”是机械类专业教学指导委员会推荐设置的一门综合性的主干技术基础课。本课程要求学生掌握机械制造技术的基本知识和基本理论，了解机械制造技术的最新发展动态，为后续专业课的学习和毕业设计（论文），以及毕业后从事机械设计与制造方面的工作打下基础。

本书是一本以机械制造工艺过程和金属切削原理的基本理论、基本知识、加工质量、特种加工技术的原理及应用为主线，将有关的金属切削基本理论、加工方法及机床、刀具、夹具、特种加工技术等基本知识进行优化整合的技术基础课教材。

学习本课程前，希望学生已经过“金工实习”环节的培训，并在学习过程中与实验、生产实习等实践性环节相配合，以强化学习效果。有些内容也可采用系列讲座的方式进行教学，通过研讨使学生了解制造技术的新进展。全书按 48 ~ 80 学时教学计划编写，各校在使用时可酌情增减有关内容。

本书由淮阴工学院许兆美、汪通悦任主编，淮阴工学院程伟、长春工业大学人文信息学院何秀媛任副主编。第四章、第五章、第六章、第九章由许兆美编写，第一章、第三章、第十一章由汪通悦编写，第二章、第八章由程伟编写，第七章、第十章由何秀媛编写。本书在编写过程中得到了许多专家、同仁的大力支持和帮助，参考了许多教授、专家的有关文献、图表。在此谨向他们表示衷心感谢。

限于编者的水平，书中难免有不足之处，恳请广大读者批评指正（Email：xuzhaomei@hyit. edu. cn）。

编　者

第 1 版前言

“机械制造技术基础”是机械工程类专业教学指导委员会推荐设置的一门综合性的主干技术基础课。通过学习本课程，要求学生掌握机械制造技术的基本知识和基本理论，了解机械制造技术的最新发展动态，为后续专业课的学习和毕业设计（论文）以及毕业后从事机械设计与制造方面的工作打下基础。

本书是一本以机械制造工艺过程和金属切削原理的基本理论、基本知识、加工质量为主线，将有关的金属切削基本理论、加工方法及机床、刀具、夹具等基本知识进行优化整合的技术基础课教材。

本书讲授前，希望学生已经过“金工实习”环节的培训，并在学习过程中与实验、生产实习等实践性环节相配合，以强化学习效果。有些内容也可采用系列讲座的方式进行教学，通过研讨使学生了解制造技术的新进展。全书按 48 ~ 80 学时教学计划编写，各校在使用时可酌情增减有关内容。

本书由淮阴工学院汪通悦、许兆美担任主编，淮阴工学院程伟担任副主编。第一章、第三章、第七章由汪通悦编写，第四章、第五章、第六章由许兆美编写，第二章由程伟编写。本书在编写过程中得到了北京理工大学出版社许多专家、同仁的大力支持和帮助，参考了许多教授、专家的有关文献、图表。在此，谨向他们表示衷心感谢。

本教材获得“江苏高校品牌专业建设工程资助项目（PPZY2015B121）”资助。

限于编者的水平，书中不足或错误之处在所难免，恳请广大读者批评指正（Email:wangtongyue@hyit.edu.cn）。

编　者

目　　录

第一章　绪　　论

本章知识要点：

(1) 制造与制造业；

(2) 制造业的发展历程及地位。

导学：图 1－1 所示为我国研制的、可进行万米深潜的“奋斗者”号载人潜水器。它由许多零部件组成，具有非常优越的性能。那么这些零部件是如何得到的？需要具备哪些性能？材料选择上需要注意哪些问题？制造业的发展情况及其在国民经济中的地位如何？

图 1－1 “奋斗者”号载人潜水器

第一节　制造业及其在国民经济中的地位

一、制造与制造业

制造是人类赖以生存与发展的主要生产活动之一，是指人类运用一定的知识、手段与方法，将原材料转化为所需产品的过程。

制造有狭义和广义之分。狭义制造即传统意义上的制造，又称“小制造”，指的是将原材料或半成品变成产品直接起作用的那部分工作内容，包括毛坯制造、零件加工、产品装配、检验、包装、运输等“物”的具体操作；广义制造又称“大制造”，制造过程包括从市场分析、经营决策、工程设计、加工装配、质量控制、销售运输、售后服务直至产品回收等的全过程。总部设在法国巴黎的机械工程领域学术地位最高的国际学术组织——国际生产工程科学院（CIRP）将“制造”定义为：制造包括制造企业的产品设计、材料选择、制造生产、质量保证、管理和营销等一系列有内在联系的运作和活动。即认为制造是一个系统工程，制造系统中包含 3 种形态的流动过程：一是物质流，主要指由毛坯到产品的有形物质的流动；二是信息流，主要指生产活动的设计、规划、调度和控制等；三是资金流或能量流，主要包括成本管理、利润规划及费用流动等以保证生产活动正常进行。

制造业是所有与制造有关的行业的全称，指按照市场需求，将制造资源（原材料、设备、资金、技术、信息和人力等）通过制造过程，转化为可供人们使用和利用的工具、工业品与生活消费产品的行业。美国将机械、电子、轻工、纺织、冶金、化工等行业列为制造业（第二产业中除建筑、建材、能源、电力外）。

机械制造业是制造业的最主要组成部分，是为各行各业的用户创造和提供机械产品的行业，包括机械产品的开发、设计、制造生产、应用和售后服务全过程。目前，机械制造业承担着两大重要任务：一是直接为最终消费者提供各种生活、生产必需的消费品；二是担当国民经济的"装备部"，为国民经济各行业提供生产技术装备。机械制造业也是其他高新技术实现工业价值的最佳集合点，例如：并联机床、智能结构与系统等，已经远远超出了纯机械的范畴，而是集机械、电子、控制、计算机、材料等众多技术于一体的现代机械设备。可见，机械制造业是国民经济持续发展的基础，任何行业的发展，必须依靠机械制造业的支持。

二、制造业与机械制造业在国民经济中的地位

制造业是国民经济的支柱产业，是国民经济的主体，是立国之本、兴国之器、强国之基，直接体现了一个国家的生产力水平，是区分国家发达程度的重要因素。据统计，美国社会财富的68%由制造业提供，日本国民生产总值的50%由制造业创造，我国工业总产值的40%来自制造业。另外，制造业还向国民经济的各个部门提供技术装备，是整个工业、科技与国防的基石，是带动经济发展、提高国民生活水平、推动科学技术进步、巩固国家安全的物质基础。这一点已经为不少国家经济发展的历史所证明，比如美国，第二次世界大战以后，由于其拥有当时最先进的制造技术，一跃成为世界第一经济大国。但从20世纪70年代开始，美国一度把制造业看作"夕阳工业"，将发展重心由制造业转向纯高科技产业和第三产业，忽视制造技术的提高与发展，致使制造业急剧滑坡，产品竞争实力下降，结果使美国在汽车、家电的生产方面受到了日本的有力挑战，失去了国际、国内的许多市场，导致了20世纪90年代初的经济衰退。这一严重形势引起了美国政府与企业界的恐慌与重视，后花费数百万美元，进行了大量的调查研究。美国决策层先后制订了一系列振兴制造业的计划，例如：1991年白宫科技政策办公室发表的《美国国家关键技术》报告，提出的"对于国家繁荣与国家安全至关重要的"22项技术中就有4项属于制造技术（材料加工、计算机一体化制造技术、智能加工设备、微型和纳米制造技术）；美国还将1994年确定为"先进制造技术年"，制造技术是美国财政当年财政重点扶持的唯一领域。这些计划和措施，促进了先进制造技术在美国的应用和发展，带动了美国经济的全面复苏，重新夺回了许多原来失去的市场。

2008年美国次贷危机后，全球进入后金融危机时代，发达国家"再工业化"趋势明显，制造业对国民经济的重要性引起了各国的高度关注。例如，美国近几任政府纷纷调整经济和科技发展战略，拟重归以先进制造为代表的实体经济。奥巴马上台不久，就在2009年4月启动"教育创新计划"，并指出"为美国的制造业而奋斗就是为美国的未来而奋斗"。2012年2月，美国国家科学技术委员会发布了《先进制造业国家战略计划》，联邦预算大幅地增

加了对先进制造的支持，启动了先进制造技术突破性竞争力研发、技术创新和先进制造伙伴关系计划等一揽子高端装备制造支持政策。2014 年，奥巴马发起成立的先进制造业合作委员会，对未来制造划出了 11 个技术领域，认为这些领域（传感、测量和过程控制，材料设计、合成与加工，数字制造技术，可持续制造，纳米制造，柔性电子制造，生物制造，增材制造，工业机器人，先进成形与连接技术，先进的生产和检测装备）将对制造业竞争力起到关键作用，应当成为全国研发行动的重点；还一次性投资 10 亿美元，建立一个由 15 个国家创新制造业所构成的国家制造业创新网络，以确保美国领跑 21 世纪制造业。特朗普政府采取了一系列推动“制造业回流”、反全球化和贸易保护的政策措施，提倡“美国优先”和“让美国再次伟大”，力图吸引高端制造业返回美国及促进蓝领工人就业。拜登政府为弥合社会分裂，也推出了刺激经济的一揽子政策措施，提出“重建更好未来计划”，将制造业就业作为扩大中产阶级的重要渠道，推行《美国为制造业创造机会、卓越技术和经济实力法案》（COMPETES）、《美国创新与竞争法案》（USICA），并签署“购买美国货”行政令，利用政府采购为国内制造业产品创造市场，促进美国制造业发展和回流。欧盟公布《欧洲 2020 战略》将改变欧洲工业化未来的关键使能技术作为重点领域之一，以保持欧洲制造业的竞争力、先进制造技术的领先地位、环保产品开发与制造及产品与加工的领先地位。日本政府加快发展协同式机器人、无人化工厂来提升制造业的国际竞争力，并计划耗资 1 万亿日元向国内制造商购买机械设备和工厂，通过向企业新投资的方式来增强日本工业竞争力。可见，发达国家“再工业化”的着眼点都是先进制造技术，瞄准的是高端制造装备，谋求的是产业结构高级化。

1949 年以来，我国政府历来重视制造业对国民经济的支撑作用，特别是改革开放以来，大量引进国外先进技术，使我国制造业总量和技术水平都有很大的提高。全球到处可见“中国制造”，我国已成为“世界工厂”。这也带动了经济的高速腾飞，使我国成为仅次于美国的世界第二大经济体。国家也通过各种科技创新计划中的“制造领域”等相关专项如国家科技重大专项、国家重点基础研究发展计划（即 973 计划）、国家高技术研究发展计划（即 863 计划）、国家科技支撑计划等来跟踪、吸收、超越世界先进制造水平。2014 年 10 月 10 日，中德双方签订的《中德合作行动纲要：共塑创新》中，有关“工业 4.0”合作的内容共有 4 条，第一条就明确提出工业生产的数字化就是“工业 4.0”对于未来中德经济发展具有重大意义，两国政府应为企业参与该进程提供政策支持。2015 年 5 月，我国正式发布《中国制造 2025》规划，为把我国打造成现代化的工业强国描绘出清晰的路线图。这些都将为振兴我国制造业，进而实现中华民族伟大复兴的中国梦奠定坚实的基础。

问题：我国 863 计划、973 计划、国家科技重大专项、国家科技支撑计划等各种科技创新计划的最初宗旨是什么？请参阅有关文献回答。

三、机械制造技术的发展历程及趋势

机械制造技术的历史源远流长，发展到今天的成就，凝聚了世界各国人民的心血和聪明才智，如我国早在公元前 2 000 年左右就制成了纺织机械。但早期设备的运动都由人力或畜力驱动，实际上并不是一种完整的机器。

1. 总体发展历程

18 世纪中叶蒸汽机的发明，催生了第一次工业革命。机械技术与蒸汽动力技术相结合，出现了以动力驱动为特征的制造方式，引起了制造技术的革命性变化。而后，随着发电机和电动机的发明，进入了电气化时代，电作为新的动力源，大大改变了机器结构，提高了生产效率。这个阶段制造业发展的一个标志，就是开始使用各种基本类型的机械加工机床。

电力的广泛使用和19世纪末内燃机的发明引发了第二次工业革命，也引起了制造业的又一次革命。20世纪初，制造业产生了以汽车制造为代表的批量生产模式，随后出现了流水生产线和自动机床。1931年，建立了具有划时代意义的汽车装配生产线，实现了以刚性自动化为特征的大批量生产方式，并在20世纪50年代逐渐进入鼎盛时期，对经济发展、社会结构及生活方式等，产生了深刻的影响。

自20世纪60年代起，市场竞争加剧，制造企业的生产方式开始向多品种、中/小批量生产方式转变，大规模生产方式面临新的挑战。随着计算机技术的迅速发展和应用，数控机床（技术）、加工中心、计算机辅助设计与制造（CAD/CAM）、柔性制造系统（FMS）等高效、高精度、高自动化的现代制造技术等得到了迅速发展和应用。20世纪80年代以后，为适应科学技术的快速发展和经济全球化的格局，出现了许多先进的制造理论和制造系统模式，如制造资源规划（MRPII）、计算机集成制造系统（CIMS）、精益生产、敏捷制造、虚拟制造、智能制造和绿色制造等。

问题：制造资源规划、计算机集成制造系统、精益生产、敏捷制造等理论和模式的内涵（主要精髓）是什么？请参考有关文献回答。

2013年4月的汉诺威工业博览会上，德国发布《实施“工业4.0”战略建议书》，引起了世界的广泛关注。“工业4.0”是德国政府确定的面向2020年的国家高科技战略计划，旨在提升制造业的智能化水平和德国工业的竞争力，建立具有适应性、资源效率及人因工程学的智慧工厂，在商业流程及价值流程中整合客户及商业伙伴，使德国在新一轮工业革命中占领先机。其技术基础是网络实体系统及物联网。该战略已经得到德国科研机构和产业界的广泛认同，认为这是以智能制造为主导的第四次工业革命，或革命性的生产方法，西门子公司已经开始将这一概念引入其工业软件开发和生产控制系统。

问题：几次工业革命的标志主要体现在哪里？所带来的革命性变化是什么？

2. 我国机械制造技术的发展情况简介

我国虽在机械制造技术发展早期，作出了一些堪为人道的贡献，但由于封建主义的压迫和帝国主义的侵略，我国的机械工业长期处于停滞和落后状态，中华人民共和国成立前，全国只有约9万台简陋机床、少数几个机械修配厂，技术水平和生产率低下。中华人民共和国成立70多年来，我国已建立了一个比较完整的机械工业体系，具有较强的成套设备制造能力。大型的水电、火电机组核心设备，钻探采矿设备，造船、高速列车技术等已达到世界先进水平，20世纪“两弹一星”的问世，21世纪的“嫦娥探月工程”、“神舟号”遨游太空，2022年建成的“天宫”号空间站，更代表了我国机械工业的技术水平。但与工业发达国家相比，我国机械制造业的整体水平和国际竞争能力仍有较大的差距：我国国民经济建设和高新技术产业所需的许多重大装备仍然依赖于进口、具有自主知识产权的高新技术的机电产品少，核心技术仍然掌握在国外企业手中；企业对市场需求的快速响应能力不高，我国新产品开发周期平均为18个月，而美、日、德等工业发达国家平均为4~6个月。为尽快缩短与世界先进水平的差距，我国的机械制造业要有强烈的危机感和紧迫感，积极参与新一轮产业革命，发展先进制造技术，掌握核心高新技术，提高整体竞争能力。

3. 机械制造技术未来发展趋势

我国机械工程专家、教育家、中国科学院院士杨叔子教授将机械制造技术未来发展总趋势浓缩归纳为“数”“精”“极”“自”“集”“网”“智”“绿”8个字。

(1)“数”就是数字化，这是发展的核心，它包含数字化设计、数字化制造和数字化控制等。

(2)“精”就是精密化，这是发展的关键，指对产品、零件的精度要求及对产品、零件的加工精度要求越来越高，迫切需要精密加工、细微加工、纳米加工等先进制造技术。

(3)“极”就是极端条件，这是发展的焦点，指在极端条件下工作的或有极端要求的产品，也是指这类产品的制造技术有“极”的要求。

(4)“自”就是自动化，这是发展的条件，它是减轻人的劳动，强化、延伸、取代人的有关劳动，并提高产品质量的技术或手段。

(5)“集”就是集成化，这是发展的方法，它包括技术的集成、管理的集成及技术与管理的集成，归根结底，其本质就是知识的集成。

(6)“网”就是网络化，这是发展的道路，随着计算机网络技术的发展，制造技术的网络化是先进制造技术发展的必由之路。

(7)“智”就是智能化，这是发展的前景，智能制造越来越受到高度的重视，如德国的“工业4.0”、中国的“中国制造2025”、美国的“工业互联网”等都是以智能制造为主导的新一代工业革命。

(8)“绿”就是绿色制造，这是发展的必然，绿色制造是制造业转型升级的必由之路，是一个综合考虑环境影响和资源效益的现代化制造模式。

上述8个方面彼此渗透，相互支持，形成整体，并扎根于“机械”与“制造”的基础上，服务于制造业的发展。

第二节　生产类型及其工艺特征

一、生产纲领

由于市场对于机械产品的需求量有大有小，所以企业要根据市场需求和自身的生产能力制订生产计划。在计划期内应当生产的产品产量和进度计划称为生产纲领。大多数企业的计划期一般为一年，所以生产纲领一般指年产量。零件的生产纲领 N 常按下式计算

$$N = Qn(1 + a)(1 + b)$$

式中 Q——产品的年产量，台/年；

n——每台产品中该零件的数量，件/台；

a——零件生产备品率，%；

b——废品率，%。

二、生产类型

生产纲领的大小和零件本身的特性（如轻重、大小、结构复杂程度、精度要求等）决定了产品（或零件）的生产类型，而各种生产类型下又具有不同的工艺特征。

根据工厂（车间或班组）生产专业化程度的不同，参考如表1－1所示的数据，可将生产类型划分为单件生产、成批生产和大量生产3种。

表1－1　机械产品生产类型与生产纲领的关系

生产类型		零件生产纲领/（件/年）		
		重型机械	中型机械	轻型机械
单件生产		≤5	≤20	≤100
成批生产	小批生产	5～100	20～200	100～500
	中批生产	100～300	200～500	500～5 000
	大批生产	300～1 000	500～5 000	5 000～50 000
大量生产		>1 000	>5 000	>50 000

（1）单件生产。单个地生产不同的产品，很少重复，例如：重型机器制造、专用设备制造、新产品试制等。

（2）成批生产。一年中轮番周期性地制造一种或几种不同的产品，每种产品均有一定的数量，制造过程具有一定的重复性。每期制造的同一产品（或零件）的数量称为生产批量。批量的大小主要根据生产纲领、零件的特征、流动资金的周转速度及仓库的容量等情况来确定。

按照批量的大小，成批生产又可分为小批生产、中批生产和大批生产。由于大批生产的工艺特点接近大量生产，小批生产的特点接近单件生产，因此生产类型也可分为大批大量生产、中批生产、单件小批生产。

（3）大量生产。产品的品种较少，数量很大，大多数工作按照一定的节拍重复地进行某一零件某一工序的加工，例如：汽车、手表、手机等的制造。

表1－1中的零件型别可参考表1－2中的数据确定。

表1－2　不同机械产品的零件质量型别

机械产品类别	零件质量/kg		
	重型零件	中型零件	轻型零件
电子工业机械	>30	4～30	<4
机床	>50	15～50	<15
重型机械	>2 000	100～2 000	<100

三、不同生产类型的工艺特征

不同生产类型具有不同的工艺特征，如表 1－3 所示。

表 1－3 不同生产类型的工艺特征

项目	单件小批生产	中批生产	大批大量生产
加工对象	品种多，经常变换	周期性变换	品种较少，常固定不变
毛坯及余量	广泛采用木模手工造型铸造、自由锻等。毛坯精度低，加工余量大	部分采用金属模铸造、部分模锻等。毛坯精度和加工余量中等	广泛采用金属模机器造型和模锻。毛坯精度高、加工余量小
机床设备及其布置	广泛采用通用机床，重要零件用数控机床或加工中心，机群式排列	部分采用通用机床，部分采用专用机床或数控机床等，按零件类别分段排列，	广泛采用专机，流水线或自动线布置
工艺装备	通用工装为主，必要时采用专用工装	广泛采用专用夹具，部分采用专用的刀具、量具	广泛采用高效专用工装
装夹方式	通用夹具装夹或划线找正装夹	部分采用专用夹具装夹，少数采用划线找正装夹	专用夹具装夹
装配方式	广泛采用修配法	大多数采用互换法	互换法
操作水平	要求高	一般要求	要求较低
工艺文件	工艺过程卡	一般工艺过程卡，重要工序要有工序卡	工艺过程卡、工艺卡、工序卡
生产率	低	一般	高
加工成本	高	一般	低

在同一个工厂（分厂、车间）中，可能同时存在几种不同生产类型的生产活动，判断一个工厂（分厂、车间）的生产类型应根据该厂（分厂、车间）的主要工艺过程的性质确定。

一般情况下，生产同一个产品，大批生产要比中批生产、小批生产的生产效率高、性能稳定、质量可靠、成本低。对批量较小的产品，可以通过改进产品结构，实现标准化、系列化或推广成组技术等工作，将大批生产中广泛采用的高效加工方法和设备推广到中、小批生产中去。

随着科学技术的发展和市场需求的变化，传统的大批大量生产往往不能很好地适应市场对产品及时更新换代的需求，多品种中、小批量生产的比重逐渐上升，以及数控加工的逐渐普及，生产类型的划分及其工艺特征也发生了相应变化。

复习思考题

1－1　机械制造业的重要性表现在哪些方面？你认为我国制造业尚有哪些不足？

1－2　何谓生产纲领？按生产纲领，生产类型可分为哪几种？不同生产类型有何工艺特征？

1－3　试确定生产类型：某机床有限公司加工卧式车床丝杠（长度为1 600 mm，直径为40 mm，丝杠精度等级为IT8，材料为Y40Mn）；年产量为6 000根；备品率为5%；废品率为0.5%。

第二章　金属切削原理

本章知识要点：

(1) 切削用量三要素；

(2) 刀具标注角度、工作角度与材料；

(3) 金属切削过程（切屑形成、切削力、切削温度、刀具磨损等）；

(4) 切削力及其影响因素；

(5) 切削热、切削温度及其影响因素；

(6) 刀具磨损及刀具寿命；

(7) 材料的切削加工性；

(8) 合理选择切削条件。

前期知识：

复习“机械工程材料”“材料力学”“金工实习”等课程及实践环节知识。

导学：图 2－1 所示为切削加工过程中可能形成的切屑形状，为什么会形成这些不同形状的切屑？切屑形状与哪些因素有关？如何采取措施来控制切屑？加工过程中产生的切削力、切削热、刀具磨损都受哪些因素影响？材料的切削加工性如何改善？

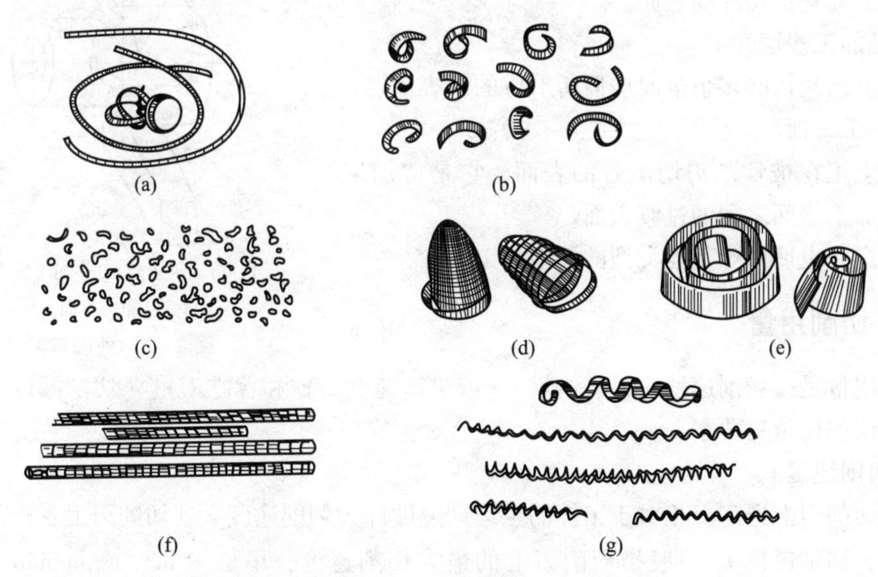

图 2－1　切屑形状

(a) 带状屑；(b) C 形屑；(c) 崩碎屑；(d) 宝塔状卷屑；
(e) 发条状卷屑；(f) 长紧卷屑；(g) 螺旋状卷屑

第一节 概 述

一、切削运动与切削加工表面

金属切削加工是用刀具从工件表面上切除多余的金属，从而获得所要求的几何形状、尺寸精度和表面质量的加工。在切削加工过程中，刀具与工件之间必须有相对运动，即切削运动。切削运动按其所起的作用可分为主运动和进给运动。

主运动是从工件上切除多余金属层所必需的基本运动。主运动的主要特征是速度最高、消耗的功率最多。在各种切削加工方法中，主运动只有一个。在图2-2所示的外圆车削中，工件的回转运动为主运动。主运动的速度称为切削速度，用 v_c 表示。

进给运动是与主运动相配合，使新的金属切削层不断地投入切削的运动。进给运动的速度较小，消耗的功率较少。进给运动可以有一个或几个。在外圆车削中，刀具沿工件轴线方向的直线运动为进给运动。进给运动的速度称为进给速度，用 v_f 表示。

主运动和进给运动合成后的运动，称为合成切削运动，其速度用 v_e 表示。三者关系如下

$$\vec{v}_e = \vec{v}_c + \vec{v}_f \tag{2-1}$$

切削过程中，在刀具和工件之间的相对切削运动的作用下，工件表面上的金属层不断地被刀具切除而变为切屑，从而在工件上形成新的表面。在此过程中，工件上出现3个不断变化的表面。

1. 待加工表面

工件上即将被切除的表面。

2. 已加工表面

工件上已经切除多余金属层后所形成的新表面。

3. 加工表面

工件上正在被切削刃切削着的表面。它是待加工表面和已加工表面之间的过渡表面。

上述定义也适用于其他类型的切削加工。

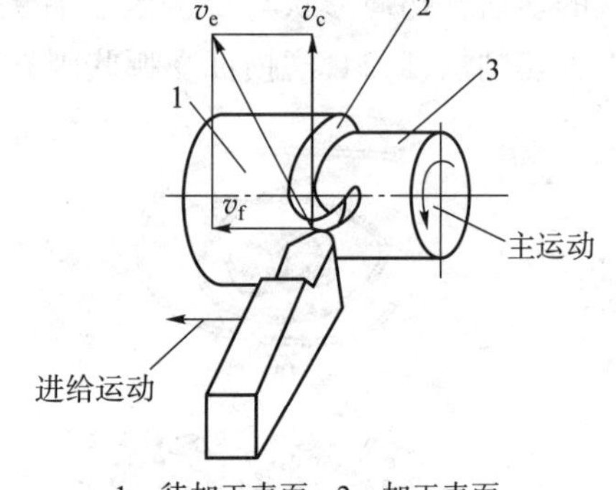

1—待加工表面；2—加工表面；
3—已加工表面。

图2-2 外圆车削

二、切削用量

切削用量是指切削速度 v_c、进给量 f（或进给速度 v_f）和背吃刀量（切削深度）a_p，三者又称为切削用量三要素。

1. 切削速度 v_c

刀具切削刃上选定点相对于工件的主运动速度即为切削速度 v_c。切削刃上各点的速度是不相等的，切削速度 v_c 一般指切削刃上的最大切削速度，单位为 m/s 或 m/min，其表达式为

$$v_c = \frac{\pi dn}{1\,000} \tag{2-2}$$

式中 d——工件的直径，mm；

n——工件的转速，r/s 或 r/min。

2. 进给量 f（进给速度 v_f）

进给量 f 是工件或刀具每回转一周时二者沿进给方向的相对位移，单位为 mm/r；进给速度 v_f 是单位时间内的进给位移量，单位为 mm/s（或 mm/min）。对于刨削、插削等主运动为往复直线运动的加工，进给是间歇进行的，进给量 f 单位为 mm/双行程。对于铣刀、铰刀、拉刀、齿轮滚刀等多刃刀具（齿数用 z 表示）还应规定每齿进给量 f_z，单位是 mm/齿。

进给量 f、进给速度 v_f 和每齿进给量 f_z 三者之间的关系为

$$v_f = fn = f_z zn \tag{2-3}$$

3. 背吃刀量（切削深度）a_p

在同时垂直于主运动和进给运动方向组成的工作平面内，测量的刀具主切削刃与工件的接触长度的投影值称为背吃刀量（切削深度）a_p，单位为 mm。在外圆车削中，背吃刀量就是工件已加工表面和待加工表面间的垂直距离，即

$$a_p = \frac{d_w - d_m}{2} \tag{2-4}$$

式中　d_w——工件上待加工表面直径，mm；

d_m——工件上已加工表面直径，mm。

三、切削层参数

在切削过程中，刀具的切削刃在一次走刀中切下的工件材料层，称为切削层；切削层的截面尺寸参数称为切削层参数，如图 2-3 所示。切削层参数通常在与主运动方向相垂直的平面内观察和度量。切削层参数有切削层公称厚度 h、切削层公称宽度 b 和切削层公称横截面积 A。

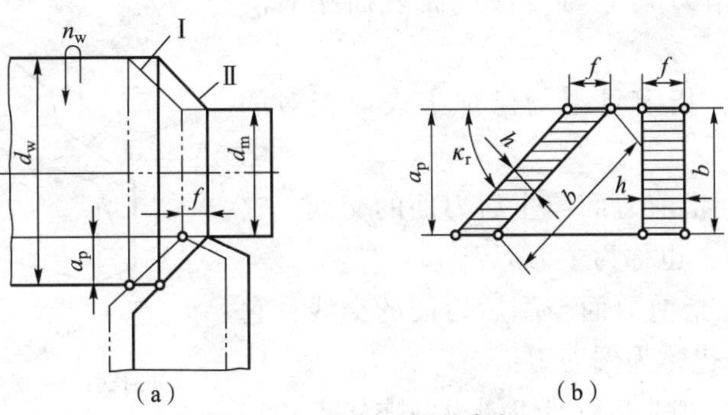

图 2-3　切削层及其参数

(a) 切削层；(b) 切削层参数

1. 切削层公称厚度 h

切削层公称厚度 h 是在垂直于过渡表面测量的切削层尺寸，即相邻两过渡表面之间的距离，简称为切削厚度，单位为 mm。切削厚度反映了切削刃单位长度上的切削负荷。车外圆时，如车刀主切削刃为直线，则

$$h = f\sin\kappa_r \tag{2-5}$$

式中　κ_r——车刀的主偏角。

2. 切削层公称宽度 b

切削层公称宽度 b 是沿过渡表面测量的切削层尺寸，简称为切削宽度，单位为 mm。切

削宽度反映了切削刃参加切削的工作长度。车外圆时，如车刀主切削刃为直线，则

$$b=\frac{a_{p}}{\sin\kappa_{r}} \tag{2-6}$$

3. 切削层公称横截面积 A

切削层公称横截面积 A 是切削层公称厚度与切削层公称宽度的乘积，简称为切削面积，单位为 mm^2，其计算公式为

$$A=hb=fa_{p} \tag{2-7}$$

提要：（1）切削用量三要素、切削表面、切削层参数是最基本的概念，一定要熟练掌握它们的含义及相关计算方法，后面多处要用到这些概念及用来进行分析比较。

（2）此处出现了一个参数 κ_r，称为刀具的主偏角，为便于介绍切削层参数的计算，先使用了这个参数，下一节就会讲述其含义及表示方法。

第二节　刀具的几何角度与材料

一、刀具的几何角度

1. 刀具切削部分的结构要素

尽管金属切削刀具的种类繁多，结构各异，但它们的基本功能都是切除金属，因此其切削部分的几何形状与参数都具有共同的特征。外圆车刀是最基本、最典型的刀具，故通常以外圆车刀为代表来介绍刀具切削部分的结构要素，如图 2-4 所示。其各部分定义如下：

（1）前刀面，指切屑沿其流出的刀具表面；

（2）后刀面，指刀具上与工件过渡表面相对的表面；

（3）副后刀面，指刀具上与已加工表面相对的表面；

（4）主切削刃，指前刀面与主后刀面的交线，它完成主要的切削工作，也称为主刀刃；

（5）副切削刃，指前刀面与副后刀面的交线，它配合主切削刃切削，也称为副刀刃；

（6）刀尖，指主切削刃和副切削刃的连接点，它可以是短的直线段或圆弧。

其他各类刀具，如刨刀、钻头、铣刀等，都可看成车刀的演变和组合。

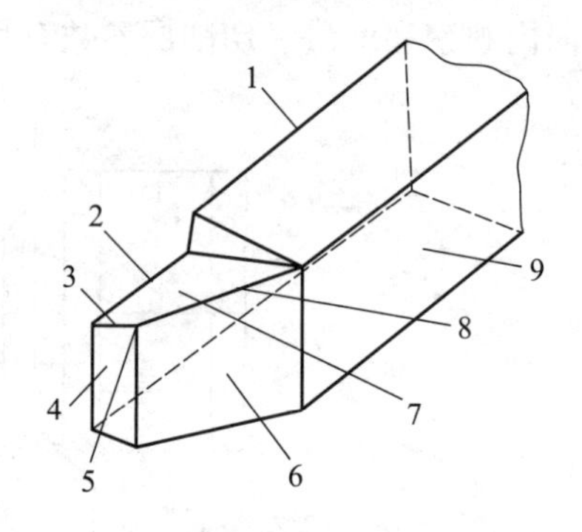

1—刀柄；2—切削部分；3—副切削刃；4—副后刀面；5—刀尖；6—后刀面；7—前刀面；8—主切削刃；9—底面。

图 2-4　车刀切削部分的结构要素

2. 刀具标注角度的参考系

刀具要从工件上切下金属，必须具有一定的切削角度。把刀具同工件和切削运动联系起来确定的刀具角度，称为刀具的工作角度。在设计、绘制和制造刀具时所标注的角度称为标注角度，它实质上是在假定条件下的工作角度。为了确定切削角度，也即确定刀具前刀面、后刀面及切削刃的空间位置，首先应建立参考系，要引入 3 个互相垂直的参考平面。相应地，刀具角度参考系又分为刀具标注角度参考系和刀具工作角度参考系。

在确定刀具标注角度参考系时做以下两个假定：

(1) 假定运动条件，只考虑进给运动方向，而不考虑其大小。

(2) 假定安装条件，刀具安装基准面垂直于主运动方向；刀柄中心线与进给运动方向垂直；刀尖与工件中心轴线等高。

最常用的刀具标注角度参考系是正交平面参考系，其通常由基面、切削平面和正交平面这3个相互垂直的参考平面构成，如图2-5所示。

1）基面 p_r

基面 p_r 是指通过切削刃上某一选定点并与该点切削速度方向相垂直的平面。基面通常平行于刀具的安装定位平面（底面）。

2）切削平面 p_s

切削平面 p_s 是指通过主切削刃上某一选定点，与主切削刃相切并垂直于该点基面的平面。

3）正交平面 p_o

正交平面 p_o 是指通过主切削刃上某一选定点，同时垂直于基面和切削平面的平面。

常用的刀具标注角度的参考系还有法平面参考系、背平面（切深）参考系和假定工作平面（进给）参考系。

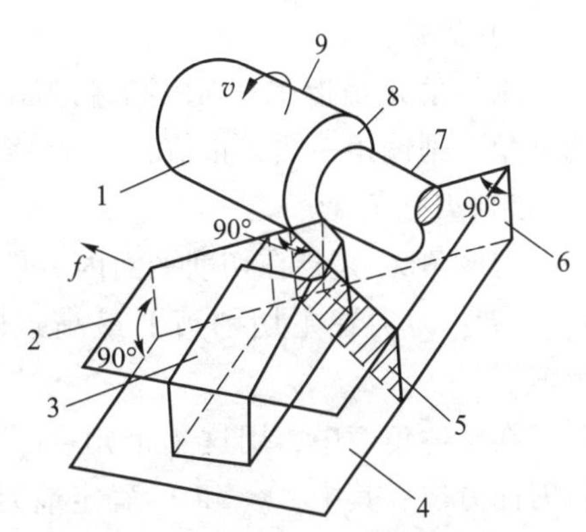

1—工件；2—基面 p_r；3—车刀；4—底面；5—正交平面 p_o；6—切削平面 p_s；7—已加工表面；8—加工表面；9—待加工表面。

图2-5　正交平面参考系

3. 刀具标注角度

在刀具标注角度参考系中确定的切削刃与各刀面的方位角度，称为刀具标注角度。以外圆车刀为例，在正交平面参考系中的主要标注角度如图2-6所示。

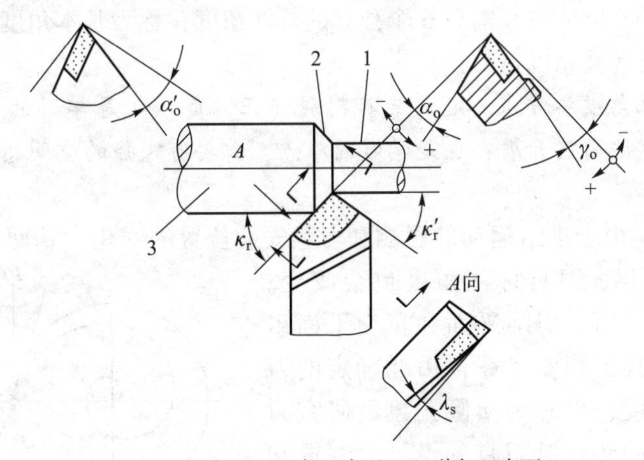

1—已加工表面；2—加工表面；3—待加工表面。

图2-6　外圆车刀正交平面参考系的主要标注角度

1）前角 γ_o

前角 γ_o 是指在正交平面中测量的基面和前刀面之间的夹角。前角表示前刀面的倾斜程度，有正、负和零值3种情况。前刀面在基面之下时，前角为正；前刀面在基面之上时，前角为负；前刀面与基面平行时，前角为0°。

2）后角 α_o

后角 α_o 是指在正交平面中测量的切削平面和后刀面之间的夹角。后角表示主后面的倾斜程度，一般为正值。

3）主偏角 κ_r

主偏角 κ_r 是指在基面内测量的主切削刃在基面上的投影与进给运动方向的夹角。主偏角一般为正值。

4）副偏角 κ_r'

副偏角 κ_r'是指在基面内测量的副切削刃在基面的投影和进给反方向在基面上投影之间的夹角。副偏角一般为正值。

5）刃倾角 λ_s

刃倾角 λ_s 是指在切削平面内测量的主切削刃与基面间的夹角。主切削刃与基面平行时，λ_s 为0°；刀尖在主切削刃上最高点时，λ_s 为正值；刀尖在主切削刃上最低点时，λ_s 为负值。

在上述角度中，用这4个角度——κ_r、λ_s、γ_o 和 α_o 便可确定主切削刃及其毗邻的前、后刀面方位。其中，γ_o 和 λ_s 确定前刀面方位，κ_r 和 α_o 确定后刀面方位，κ_r 和 γ_o 确定切削刃方位，即所谓的“一刃四角”。同理，副切削刃及其毗邻的前刀面、后刀面也需要用4个角度——副偏角 κ_r'、副刃倾角 λ_s'、副前角 γ_o'和副后角 α_o'来决定其方位。但由图2-4可知，主、副切削刃共处在同一个前刀面上，因此没有必要再标注副前角 γ_o'和副刃倾角 λ_s'。

6）副后角 α_o'

副后角 α_o'是指在副切削刃的正交平面中测量的副切削平面和副后刀面之间的夹角。同样，副后角表示副后刀面的倾斜程度，一般也为正值。

综上所述，普通外圆车刀切削部分由3个刀面、2个切削刃和1个刀尖组成。在正交平面系中要表示它们的空间方位，需要6个独立的标注角度，称为基本角度，其他的角度称为派生角度，可以根据标注角度进行换算。

提要：刀具标注角度参考系、定义及其判别（正、负）等是学习的重点，后面切削条件的选择等要围绕这些角度开展；也是学习的难点，需要有较强的空间想象力。

4. 刀具工作角度

在实际切削时，由于进给运动的影响和刀具安装位置的变化，基面、切削平面和正交平面位置会发生变化，刀具标注角度也会改变。切削过程中实际的基面、切削平面和正交平面组成的参考系称为刀具工作参考系，由此确定的刀具角度就是工作角度，也称为实际角度。研究刀具工作角度的变化趋势，对刀具的设计、制造和优化具有重要的指导意义。

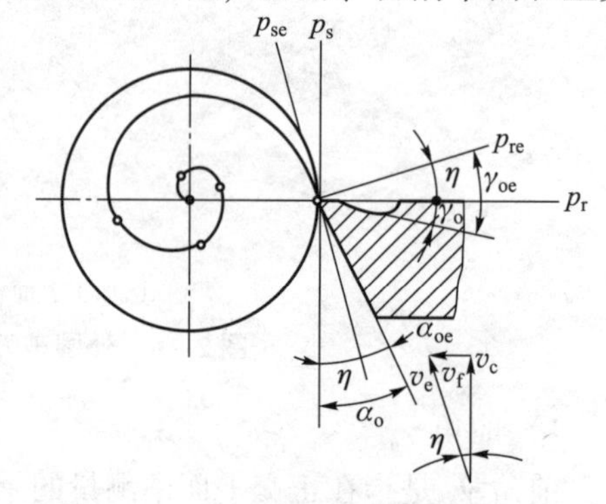

图2-7　横向进给对刀具工作角度的影响（横向切断）

1）进给运动对刀具工作角度的影响

（1）横向进给。图2-7所示为横向切断时的情况，当不考虑进给运动的影响时，按切削速度 v_c 的方向确定的基面和切削平面分别为 p_r 和 p_s；考虑进给运动的影响后，按合成切削速度 v_e 的方向确定的工作基面和工作切削平面分别为 p_{re} 和 p_{se}，使刀具的工作前角增大，而工作后角减小。

$$\left.\begin{aligned}\gamma_{oe}&=\gamma_o+\eta\\\alpha_{oe}&=\alpha_o-\eta\\\eta&=\arctan\frac{f}{\pi d_w}\end{aligned}\right\}\tag{2-8}$$

式中　γ_{oe}，α_{oe}——工作前角和工作后角；

　　η——变化的角度。

可见，当进给量 f 增大时，会引起 η 值增大；当切削刃接近中心时，d_w 急剧减小，η 值增长得很快，工作后角将由正变负，致使工件最后被挤断。

（2）纵向进给。图 2-8 所示为车螺纹，若考虑进给运动，工作切削平面 p_{se} 为与螺旋面相切的平面，刀具工作角度参考系 $p_{se}-p_{re}$ 倾斜一个角度 η，从而使刀具进给剖面内的工作前角 γ_{fe} 变大、工作后角 α_{fe} 变小，同样会使正交平面内的前角变大，后角变小。

$$\left.\begin{aligned}\gamma_{fe}&=\gamma_o+\eta\\\alpha_{fe}&=\alpha_o-\eta\\\eta&=\arctan\frac{f}{\pi d_w}\end{aligned}\right\}\tag{2-9}$$

可知，进给量 f 越大，工件直径 d_w 越小，则工作角度值的变化就越大。

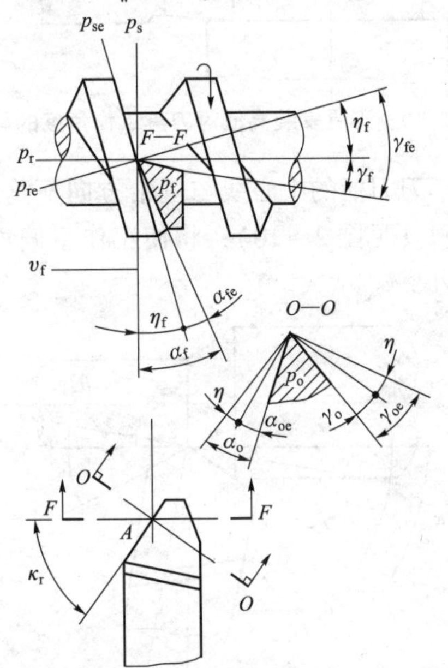

图 2-8　纵向进给对刀具工作角度的影响（车螺纹）

一般车削时，进给量比工件直径小很多，由进给运动所引起的 η 值很小，其影响常可忽略。但是在车削大螺距螺纹或蜗杆时，进给量 f 很大，故 η 值较大；车端面或切断时，因直径不断变小，此时应考虑它对刀具工作角度的影响。

2）刀具安装位置对刀具工作角度的影响

（1）刀具安装高度。如果刀尖高于或低于工件轴线，则此时的切削速度方向发生变化，引起基面和切削平面的位置改变，从而使车刀的实际切削角度发生变化，如图2-9所示。刀尖高于工件轴线时，工作切削平面变为p_{se}，工作基面变为p_{re}，则工作前角γ_{oe}增大，工作后角α_{oe}减小；刀尖低于工件轴线时，工作角度的变化正好相反。

$$\left.\begin{aligned}\gamma_{oe} &= \gamma_p \pm \theta \\ \alpha_{oe} &= \alpha_p \mp \theta \\ \tan\theta &= \frac{h}{\sqrt{\left(\frac{d_w}{2}\right)^2 - h^2}}\end{aligned}\right\} \quad (2-10)$$

式中　h——刀尖高于或低于工件轴线的距离，mm；

d_w——工件直径，mm。

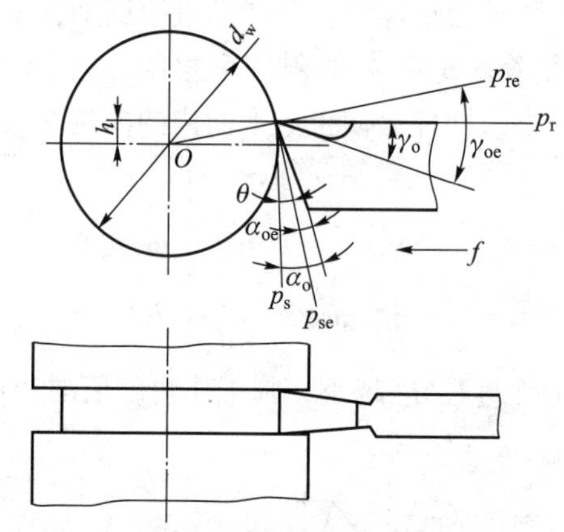

图2-9　刀具安装高低对刀具工作角度的影响

（2）刀柄安装偏斜。当车刀刀柄的中心线与进给方向不垂直时，车刀的主偏角κ_r和副偏角κ'_r将发生变化。刀柄右斜（见图2-10），将使工作主偏角κ_{re}增大，工作副偏角κ'_{re}减小；如果刀柄左斜，则κ_{re}减小，κ'_{re}增大。

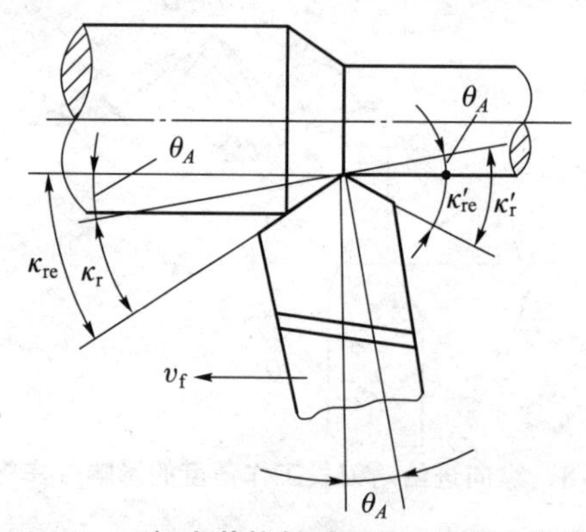

图2-10　刀柄安装偏斜对刀具工作角度的影响

二、刀具的材料

刀具切削性能的好坏，首先取决于刀具切削部分的材料。随着技术的不断进步，人类不断开发和使用新的刀具材料，使切削效率得到了极大的提高，为解决难加工材料切削加工问题创造了有利条件。

1. 刀具材料应具备的基本性能

在切削过程中，刀具在高温、高压下工作，同时刀具切削部分与切屑、工件表面都产生强烈的摩擦，工作条件极为恶劣，因此刀具材料必须满足以下基本要求。

1）高的硬度

刀具材料的硬度必须高于工件材料的硬度，以便切入工件。刀具材料的常温硬度，一般要求在60 HRC以上。

2）高的耐磨性

耐磨性即刀具抵抗磨损的能力。一般情况下，刀具材料的硬度越高，耐磨性越好，此外还与刀具材料的性质有关。

3）足够的强度和韧性

只有具备足够的强度和韧性，刀具才能承受切削力、冲击和振动，而不至于产生崩刃和折断。强度用抗弯强度表示，韧性用冲击值表示。

4）高的耐热性

高的耐热性又称热稳定性，指刀具材料在高温下仍能保持硬度、耐磨性、强度和韧性的能力。

5）良好的热物理性能和耐热冲击性能

刀具的导热性能好，有利于散热；耐热冲击性能好，不会因受到大的热冲击而产生裂纹。

6）良好的工艺性能和经济性

刀具材料应具有良好的锻造、热处理、焊接、机械加工等工艺性能，便于制造，且资源丰富，价格低廉。

2. 常用刀具材料

刀具材料种类很多，目前常用的有工具钢、硬质合金、陶瓷、立方氮化硼和金刚石等五大类型。目前，一般机械加工使用最多的刀具材料是高速钢和硬质合金两类。

1）高速钢

高速钢是含有较多钨（W）、钼（Mo）、铬（Cr）、钒（V）等元素的高合金工具钢，热处理后具有较高的硬度（可达62～67 HRC）和耐热性（切削温度可达550～600 ℃）。与碳素工具钢和合金工具钢相比，高速钢能提高切削速度1～3倍，提高刀具寿命10～40倍，而且高速钢的强度、韧性和工艺性都较好，可广泛用于制造中速切削及形状复杂的刀具，如麻花钻、铣刀、拉刀、各种齿轮刀具等。它可以加工从有色金属到高温合金在内的范围广泛的材料。高速钢按切削性能分，可分为普通高速钢和高性能高速钢；按制造工艺不同分，可分为熔炼高速钢和粉末冶金高速钢（可消除碳化物的偏析并细化晶粒，提高硬度、韧性，并减小热处理变形，适用于制造各种高精度的刀具）。

2）硬质合金

硬质合金是以高硬度、难熔的金属碳化物（主要是WC、TiC等，又称高温碳化物）为基体，以金属Co、Ni等为黏结剂，在高温条件下烧结而成的粉末冶金制品，其硬度为74～82 HRC，允许切削温度高达800～1 000 ℃，因此耐磨、耐热性好，许用切削速度是高速钢的6倍。

硬质合金的性能主要取决于金属碳化物的种类、性能、数量、粒度和黏结剂的含量。碳化物所占比例越大，硬度则越高；反之，硬度则低，但抗弯强度提高。碳化物的粒度越细，硬度和耐磨性会提高，但当黏结剂含量一定时，如碳化物粒度太细，则碳化物颗粒的总表面积加大，使黏结层厚度减薄，从而降低合金的抗弯强度。

硬质合金因其优良的切削性能已成为主要的刀具材料。大部分车、镗类刀具和端铣刀已采用硬质合金，其他切削刀具采用硬质合金的也日益增多。但硬质合金的强度和韧性比高速钢低，工艺性差，常用于制造形状简单的高速切削刀片，经焊接或机械夹固在车刀、刨刀、钻头等刀体（刀杆）上使用，目前还不能完全取代高速钢。

国际标准化组织ISO将切削用硬质合金分为以下三类。

（1）K类硬质合金（相当于我国YG类）。它以WC为基体，用Co作黏结剂，有时添加少量TaC、NbC，有粗晶粒、中晶粒、细晶粒、超细晶粒之分。在含Co量相同时，细晶粒一般比中晶粒的硬度、耐磨性要高一点，但抗弯强度、韧性要低些。K类硬质合金的韧性、磨削加工性、导热性和抗弯强度较好，可承受一定的冲击载荷，适合加工产生崩碎切屑、短切屑的材料，如铸铁、有色金属、非金属材料及导热系数低的不锈钢。

（2）P类硬质合金（相当于我国YT类）。它以WC、TiC为基体，用Co等作黏结剂。P类硬质合金除了有较高的硬度和耐磨性，还有较好的抗黏结扩散能力和抗氧化能力，适用于高速切削钢料，如钢、铸钢、可锻铸铁等长切屑的材料。但不宜用于加工含钛的不锈钢和钛合金，因为其中的钛元素和工件材料中的钛元素之间易发生亲和作用，会加速刀具的磨损。

（3）M类硬质合金（相当于我国YW类）。它以WC为基体，用Co作黏结剂，有时添加少量TiC（TaC、NbC）。这类合金如含有适当的TaC（NbC）和增加含Co量，其强度提高，能承受机械振动和热冲击，可用于断续切削。M类硬质合金为通用合金，用于不锈钢、铸钢、锰钢、可锻铸铁、合金钢、合金铸铁的加工。

当硬质合金中含Co量增多，WC、TiC量减少时，抗弯强度和冲击韧性提高，适用于粗加工；当含Co量减少，WC、TiC量增加时，其硬度、耐磨性及耐热性提高，强度及韧性降低，适用于精加工。

3）其他刀具材料

（1）涂层刀具。涂层刀具是在韧性较好的硬质合金基体上，或在高速钢刀具基体上，涂敷一薄层耐磨性高的难熔金属化合物而获得的刀具。硬质合金刀具的涂层厚度一般为4～5 μm，表层硬度可达2 500～4 200 HV；高速钢刀具的涂层厚度一般为2 μm，表层硬度可达80 HRC。常用的涂层材料有TiC、TiN、Al_2O_3等。涂层刀具具有较高的抗氧化性能，因此有较高的耐磨性，有低的摩擦因数，但其锋利性、韧性、抗剥落性和抗崩刃性均不及未涂层刀片，而且成本比较昂贵。

（2）陶瓷。陶瓷指用于制作刀具的陶瓷材料，主要是以Al_2O_3、Al_2O_3－TiC或Si_3N_4等为主要成分，以其微粉经压制成形后在高温下烧结而成。它有很高的硬度和耐磨性，有很好的耐热性；有很高的化学稳定性，与金属的亲和力小，抗黏结和抗扩散的能力好；切削速度比硬质合金高2～5倍，特别适合高速切削。但其脆性大，抗弯强度低，冲击韧性差，易崩刃，长期以来主要用于精加工。陶瓷刀具可用于加工钢、铸铁，对于冷硬铸铁、淬硬钢的车削和铣削非常有效。

（3）金刚石。金刚石分天然和人造两种，工业上多使用人造金刚石，它是通过合金触媒的作用，在高温高压下由石墨转化而成的，可以达到很高的硬度。其硬度高达10 000 HV，因此耐磨性好，其摩擦因数低，刀具的刃口可以磨得很锋利。人造金刚石又分为单晶金刚石和聚晶金刚石（PCD）。金刚石刀具能切削陶瓷、高硅铝合金、硬质合金等难加工的材料，还可以切削有色金属及其合金，但不能切削铁族材料，因为金刚石中的碳元素和铁族元素有很强的亲和性，而且热稳定性差，当温度大于700 ℃时，金刚石转化为石墨结构而丧失了硬度，因此用金刚石刀具进行切削时须对切削区进行强制冷却。

（4）立方氮化硼。立方氮化硼（CBN）是由六方氮化硼在高温高压下加入催化剂转变而成的。立方氮化硼的硬度很高（可达到8 000～9 000 HV），仅次于金刚石，并具有很好的热稳定性，可承受1 000 ℃以上的切削高温。它最大的优点是在高温（1 200～1 300 ℃）时不易与铁族金属起反应，因此既能胜任冷硬铸铁、淬硬钢的粗车和精车，又能胜任高温合金、热喷涂材料、硬质合金及其他难切削材料的高速切削。

第三节　金属切削过程

金属切削过程是指刀具与工件相互作用形成切屑从而得到所需要的零件几何形状的过程。在这一过程中会产生一系列现象，如切削变形、切削力、积屑瘤、切削热与切削温度，以及有关的刀具的磨损、加工硬化等。研究这些现象，探索和掌握切削过程的基本规律，从而主动地加以有效控制，对保证加工精度和表面质量、提高生产效率、降低生产成本等，都具有重要意义。

一、切屑的形成过程

金属切削过程中切屑的形成过程就是切削层金属的变形过程。金属的变形有弹性变形和塑性变形。图2－11所示为用显微镜观察得到的切削层金属变形的情况，流线表示被切削金属的某一点在切削过程中流动的轨迹。由图可见，切削层金属的变形大致可划分为3个变形区。

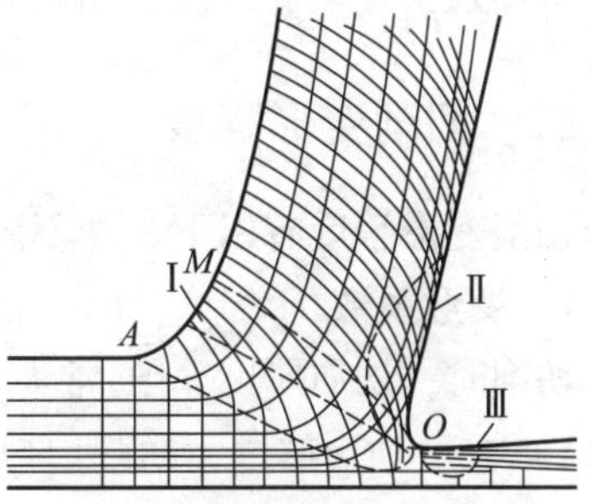

图2－11　用显微镜观察得到的切削层金属变形的情况

1. 第一变形区

从 *OA* 线开始发生塑性变形，到 *OM* 线晶粒的剪切滑移基本完成，这一区域称为第一变形区（Ⅰ），或称为基本变形区或剪切滑移区。

在第一变形区内，金属变形的主要特征是剪切滑移变形及随之产生的加工硬化，*OA* 线、*OM* 线分别称为始滑移线和终滑移线。在图2－12中，当切削层中金属某点 *P* 向切削刃逼近，到达点1时，此时其剪切应力达到材料的屈服强度，材料发生塑性变形，产生滑移现象，点 *P* 在向前移动的同时沿 *OA* 滑移，其合成运动使点1流动到点2。2－2′为滑移量。随着刀具的连续移动，滑移量和剪应变将逐渐增加，直到当点 *P* 移动到点4位置时，应力和变形达到最大值。超过点4位置后，切削层金属将脱离工件，沿着前刀面流出，此切削层金属称为切屑。

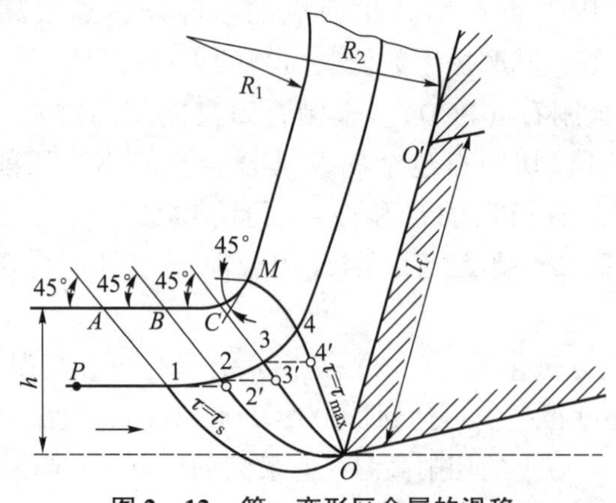

图 2－12　第一变形区金属的滑移

2．第二变形区

切屑沿前刀面流出时，受到前刀面进一步的挤压和摩擦，使靠近前刀面处的切屑底层金属纤维化，其方向基本上和前刀面平行，这一区域称为第二变形区（Ⅱ），或称摩擦变形区。切屑沿前刀面流出时必然有很大的摩擦，使切屑底层又一次产生塑性变形。

3．第三变形区

已加工表面受到刀刃钝圆部分和后刀面的挤压与摩擦，产生变形和回弹，造成表层金属纤维化与加工硬化，这一区域称为第三变形区（Ⅲ），或称加工表面变形区。

这 3 个变形区集中在切削刃附近，此处的应力比较集中且复杂。切削层金属就在此处与工件母体分离，大部分变成切屑，很小一部分留在已加工表面上。

二、切削变形程度

切削变形程度有以下 3 种不同的表示方法。

1．变形系数

切削时，切屑厚度 h_{ch} 通常大于切削层厚度 h，而切屑长度 l_{ch} 却小于切削层长度 l，如图 2－13 所示。切屑厚度与切削层厚度之比称为厚度变形系数 Λ_{ha}；而切削层长度与切屑长度之比称为长度变形系数 Λ_{hl}，即

厚度变形系数

$$\Lambda_{ha}=\frac{h_{ch}}{h} \tag{2-11}$$

长度变形系数

$$\Lambda_{hl}=\frac{l}{l_{ch}} \tag{2-12}$$

由于切削层宽度与切屑宽度变化很小，根据体积不变原则，有

$$\Lambda_{ha}=\Lambda_{hl}=\Lambda_h$$

Λ_{ha} 和 Λ_{hl} 可统一用变形系数 Λ_h 表示。变形系数 Λ_h 是大于 1 的数，Λ_h 越大，变形越大，它直观地反映了切屑的变形程度。Λ_h 容易测量，故常用来度量切削变形，但它比较粗略。

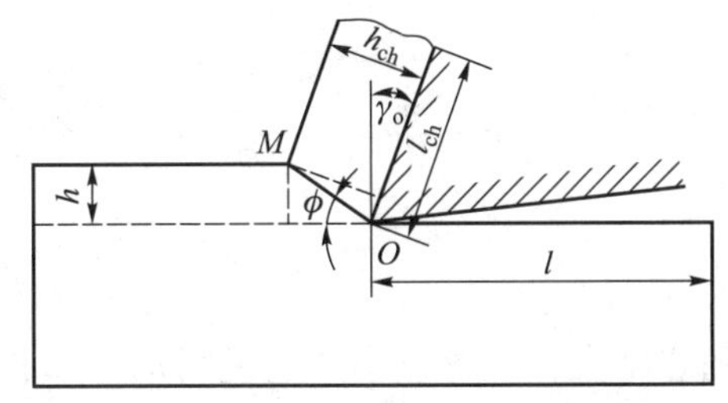

图 2－13　切削变形系数

2. 剪应变

切削过程中的金属变形主要是剪切滑移，因此，使用剪应变即相对滑移 ε 来衡量变形程度更为合理。如图 2－14 所示，平行四边形 $OHNM$ 发生剪切变形后，变为 $OGPM$，其剪应变为

$$\varepsilon=\frac{\Delta s}{\Delta y}=\frac{NP}{MK}=\frac{NK+KP}{MK}=\frac{NK}{MK}+\frac{KP}{MK}=\cot\phi+\tan(\phi-\gamma_o)$$

或

$$\varepsilon=\frac{\cos\gamma_o}{\sin\phi\cos(\phi-\gamma_o)} \tag{2-13}$$

式中　ϕ——剪切角。

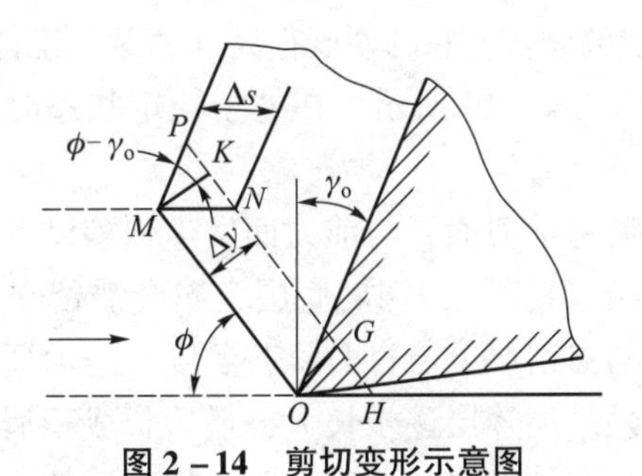

图 2－14　剪切变形示意图

3. 剪切角

在一般切削速度内，第一变形区的宽度很薄，所以通常用一个平面来表示这个变形区，该平面称为剪切面。剪切面和切削速度方向的夹角称为剪切角，以 ϕ 表示。剪切角的大小也可以反映切削变形的大小。其具体计算可用图 2－15 所示的直角自由切削条件下力的平衡原理来说明。图中，作用在切屑上的力有：前刀面上的法向力 $F_{\gamma N}$ 和摩擦力 F_{γ}；剪切面上的法向力 F_{shN} 和剪切力 F_{sh}，两对力的合力应该相互平衡。

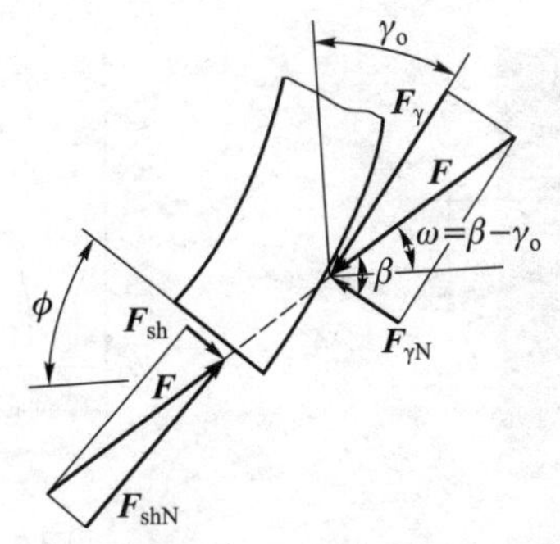

图 2－15　作用在切屑上的力与角度的关系

根据材料力学原理，可得

$$\phi=\frac{\pi}{4}-\beta+\gamma_{o} \tag{2-14}$$

式中 β——摩擦角。

分析式（2-14）可知以下两点。

（1）当γ_{o}增大时，ϕ随之增大，变形减小。这说明加大刀具前角可减小切削变形，对切削过程有利。

（2）当β增大时，ϕ随之减小，变形增大。故提高刀具刃磨质量，使用切削液以减少前刀面上的摩擦，对切削过程同样有利。

变形系数也可以用剪切角ϕ表示（参见图2-13），即

$$\Lambda_{h}=\frac{h_{ch}}{h}=\frac{OM\cos(\phi-\gamma_{o})}{OM\sin\phi}=\frac{\cos(\phi-\gamma_{o})}{\sin\phi} \tag{2-15}$$

三、积屑瘤

1. 积屑瘤及其产生

在切削速度不高而又能形成连续性切屑的情况下，加工钢等塑性材料时，常在前刀面靠近刃口处黏着一块剖面呈三角状的硬块，它的硬度很高（通常是工件的2~3倍），这块冷焊在前刀面上的金属称为积屑瘤，如图2-16所示。在处于稳定状态时，积屑瘤能够代替刀刃进行切削。

切削塑性金属时，切屑流经前刀面，与前刀面发生强烈摩擦，当接触面具有适当的温度和较高的压力时就会产生黏结（冷焊），切屑底层金属会滞留在前刀面上而形成滞留层。连续流动的切屑从黏在前刀面的滞留层上流过时，若温度、压力适当，切屑底部材料也会被阻滞在已冷焊的金属层上，使黏结层逐层逐步长大，最后长成积屑瘤。

积屑瘤的产生及其成长与工件材料的硬化性质、切削区的温度和压力分布状况有关。通常，塑性材料的加工硬化倾向越强，越易产生积屑瘤；切削区的温度和压力太低，不会产生积屑瘤；温度太高，由于材料变软产生弱化作用，也不易产生积屑瘤。对碳素钢，在300~500 ℃时积屑瘤最高，到500 ℃以上时趋于消失。因为在切削过程中产生的热随切削速度的提高而增加，所以积屑瘤高度与切削速度有密切关系，如图2-17所示，在低速区Ⅰ中不产生积屑瘤；Ⅱ区积屑瘤高度随切削速度的增加而增加；Ⅲ区积屑瘤高度随切削速度的增加而减小；Ⅳ区不再产生积屑瘤。

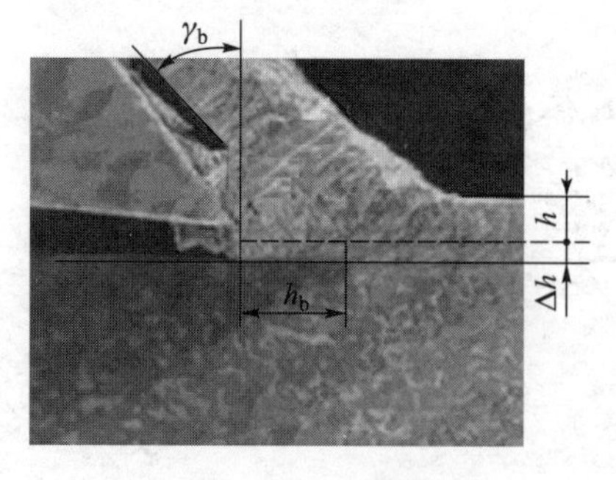

图2-16 积屑瘤

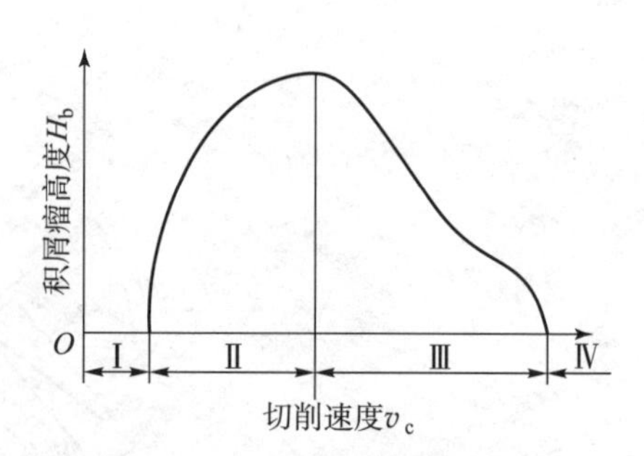

图2-17 积屑瘤高度与切削速度的关系示意图

2. 积屑瘤对切削过程的影响及其控制

1）增大前角

积屑瘤黏结在前刀面上（参见图2-16），加大了刀具的实际前角，可使切削力和切削变形减小。

2）增大切削厚度

图2-16中，积屑瘤使刀具切入深度增加了Δh，且各点增加量不同，都会使加工精度降低。

3）增大已加工表面粗糙度

积屑瘤的顶部很不稳定，易破裂、脱落，脱落后可能留在已加工表面上且有可能引起振动；积屑瘤凸出刀刃部分使加工表面变得粗糙。

4）影响刀具寿命

积屑瘤相对稳定时，可代替刀刃切削，有利于提高刀具寿命；但在不稳定时，积屑瘤的破裂有可能导致刀具的剥落磨损，影响刀具寿命。

显然，积屑瘤有利也有弊。在粗加工时，对精度和表面粗糙度要求不高，积屑瘤可以代替刀具进行切削，保护刀具的同时减小了切削变形。在精加工时，应通过改变切削条件避免或减小积屑瘤，其措施有：

（1）控制切削速度，尽量避开易生成积屑瘤的中速区；

（2）提高刀具刃磨质量，使用润滑性能好的切削液，以减小摩擦；

（3）增大刀具前角，以减小刀屑接触区的压力；

（4）适当提高工件材料的硬度，减少加工硬化倾向。

四、影响切削变形的主要因素

1. 工件材料

工件材料强度提高，切削变形减小。这是因为工件材料强度越高，摩擦因数越小，剪切角ϕ将增大，于是变形系数Λ_h将减小。

工件材料的塑性对切削变形影响较大，工件材料的塑性越大，抗拉强度和屈服强度越低，切屑越易变形，切削变形就越大。例如，1Cr18Ni9Ti不锈钢和45钢的强度近似，但前者延伸率大得多，切削时切削变形大，易粘刀且不易断屑。

2. 刀具前角

刀具前角越大，切削变形越小。这是因为当γ_o增加时，刀具锋利程度增加，且根据式（2-15），剪切角ϕ增大，变形系数Λ_h减小。另外，γ_o增大，前刀面倾斜程度加大，使摩擦角β增加，导致ϕ减小，但其影响比γ_o增加的影响小，结果还是Λ_h随γ_o的增大而减小。

3. 切削速度

切削塑性金属时，切削速度是通过积屑瘤的生长和消失过程来影响切削变形的。在无积屑瘤的切削速度范围内，切削速度越高，则变形系数越小。这有两方面原因：一是塑性变形的传播速度较弹性变形得慢，切削速度越高，切削变形越不充分，导致变形系数下降；二是速度提高，切削温度会增加，使切屑底层材料的屈服强度略有下降，摩擦因数减小，使变形系数下降。有积屑瘤的切削速度范围内，在积屑瘤增长阶段，实际前角增大，切削速度增加时切削变形减小；在积屑瘤消退阶段，实际前角减小，变形随之增大。

4. 切削厚度

当切削厚度增加时，摩擦因数减小，ϕ 增大，变形变小。从另一方面来看，切屑中的底层变形最大，离前刀面越远的切屑层变形越小。因此，f 越大（切削厚度 h 越大），切屑中平均变形则越小。

提要： 切削过程中的各种物理现象，如切削力、切削热与切削温度、刀具磨损与刀具寿命等都与切削变形有很大关系，这些现象的影响因素及控制措施也大多从切削变形的角度加以考虑。所以，对切削变形及其影响因素要熟练掌握。

五、切屑的种类

由于工件材料不同，变形程度也就不同，因而产生的切屑种类也就多种多样。切屑主要分为带状切屑、节状切屑、粒状切屑和崩碎切屑 4 种类型，如图 2－18 所示。

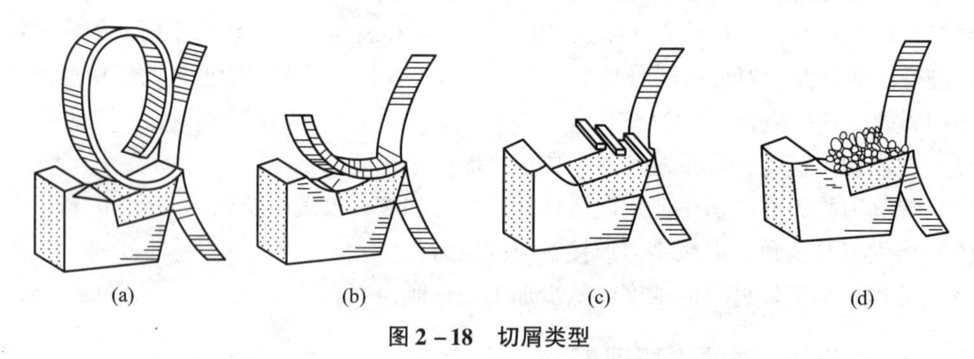

图 2－18　切屑类型

（a）带状切屑；（b）节状切屑；（c）粒状切屑；（d）崩碎切屑

1. 带状切屑

带状切屑是最常见的一种切屑［见图 2－18（a）］，切屑连续不断呈带状，内表面光滑，外表面呈毛茸状。一般加工塑性金属材料，当切削厚度较小、切削速度较高、刀具前角较大时，往往形成这类切屑。形成带状切屑时，切削过程较平稳，切削力波动较小，已加工表面粗糙度值较小。

2. 节状切屑

节状切屑又称挤裂切屑［见图 2－18（b）］，外表面呈锯齿形，内表面有时有裂纹。主要是它的第一变形区较宽，滑移量较大，由滑移变形所产生的加工硬化使剪切力增加，在局部地方达到材料的断裂强度。这种切屑大都在切削速度较低、切削厚度较大、刀具前角较小时产生。出现节状切屑时，切削过程不平稳，切削力有波动，已加工表面粗糙度较大。

3. 粒状切屑

粒状切屑又称单元切屑［见图 2－18（c）］，如果在挤裂切屑的剪切面上，裂纹扩展到整个面上，则切屑被分割成梯形状的单元切屑。当切削塑性材料且切削速度极低时，易产生这种切屑。

4. 崩碎切屑

切削脆性材料时，被切金属层在前刀面的推挤下未经塑性变形就在拉应力作用下脆断，形成不规则的崩碎切屑［见图2－18（d）］。形成崩碎切屑时，切削力幅度小，但波动大，加工表面凹凸不平。加工脆性材料，如高硅铸铁、白口铸铁等，在切削厚度较大时，常得到这类切屑。

加工现场获得的切屑，其形状是多种多样的（见图2－1），而且切屑的形态是可以随切削条件而相互转化的。在形成节状切屑的情况下，若减小前角、降低切削速度或加大切削厚度，就可以变成粒状切屑；反之，若加大前角、提高切削速度或减小切削厚度，则可以得到带状切屑。掌握切屑的变化规律，就可以控制切屑的变形、形态和尺寸，以实现断屑。

第四节　切　削　力

在切削加工中，刀具作用到工件上，使工件材料发生变形并成为切屑所需的力称为切削力。切削力是切削过程中的一个重要物理量，直接影响切削热、刀具磨损与寿命、加工精度和已加工表面质量，又是计算切削功率，设计和使用机床、刀具、夹具的必要依据。

一、切削力的来源及分解

由前面切削变形的分析可知，在刀具作用下，被切金属层、切屑和已加工表面层金属都要产生弹性变形和塑性变形，切屑和前刀面、加工表面和后刀面、已加工表面和副后刀面之间又有摩擦力作用。所以，切削力的来源有两个：一是切削层金属、切屑和工件表层金属的弹性变形、塑性变形所产生的抗力；二是刀具与切屑、工件表面间的摩擦阻力。

上述各力的总和形成作用在刀具上的合力 F。为了便于测量和应用，可以将 F 分解为3个相互垂直的分力。以车削外圆为例（见图2－19），3个分力分别为主切削力 F_c、切深抗力 F_p、进给抗力 F_f。

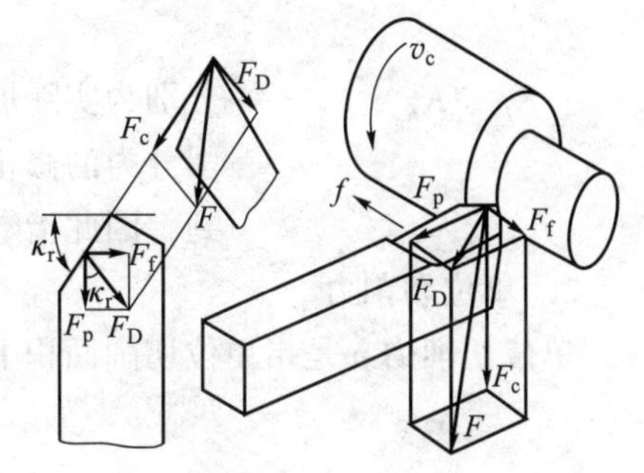

图2－19　车削外圆

主切削力 F_c——垂直于基面，与切削速度 v_c 的方向一致，又称为切向力。F_c 是计算切削功率和设计机床、刀具和夹具的主要参数。

切深抗力 F_p——位于基面内，并与进给方向垂直，又称为背向力、径向力、吃刀力。F_p 会使加工工艺系统（包括机床、刀具、夹具和工件）产生变形，对加工精度和已加工表面质量影响较大。

进给抗力 F_f——位于基面内，并与进给方向相平行，又称为轴向力、走刀力。F_f 是设计机床进给机构或校核其强度的主要参数。

由图2－19可知

$$F=\sqrt{F_c^2+F_D^2}=\sqrt{F_c^2+F_p^2+F_f^2} \tag{2-16}$$

式中　F_D——切削力在基面上的投影，也是进给抗力和切深抗力的合力。

F_p、F_f 与 F_D 有如下关系

$$F_p=F_D\cos\kappa_r;F_f=F_D\sin\kappa_r \tag{2-17}$$

一般情况下，F_c 值最大，F_p 为（0.15～0.70）F_c，F_f 为（0.1～0.6）F_c。另外，由式（2－17）可知，主偏角 κ_r 的大小影响进给抗力和切深抗力的配置。主偏角 κ_r 增大，切深抗力减小，在车削细长轴、丝杠等刚性较差的工件时常采用大主偏角刀具就是这个道理。

二、切削力的经验公式

由于工件与后刀面的接触情况较复杂，且具有随机性，应力状态也较复杂，所以切削力定量计算比较困难，即使经过很多假设推导出主切削力的理论公式，可以用来计算切削力，但准确性很差，所以切削力的理论公式主要用来分析问题，揭示影响切削力诸因素之间的内在联系。

目前生产实际中，对于一般加工方法（如车削、铣削和孔加工等）都是采用通过大量的试验和数据处理而得到的经验公式。经验公式一般可分为两类：一类是指数公式；一类是按单位切削力进行计算。

1. 指数公式

$$F_c = C_{F_c} a_p^{x_{F_c}} f^{y_{F_c}} v_c^{z_{F_c}} K_{F_c} \tag{2-18}$$

$$F_p = C_{F_p} a_p^{x_{F_p}} f^{y_{F_p}} v_c^{z_{F_p}} K_{F_p} \tag{2-19}$$

$$F_f = C_{F_f} a_p^{x_{F_f}} f^{y_{F_f}} v_c^{z_{F_f}} K_{F_f} \tag{2-20}$$

式中　F_c、F_p、F_f——分别为主切削力、切深抗力和进给抗力；

C_{F_c}、C_{F_p}、C_{F_f}——分别为上述3个分力的系数，其大小取决于工件材料和具体切削条件；

x_{F_c}、y_{F_c}、z_{F_c}、x_{F_p}、y_{F_p}、z_{F_p}、x_{F_f}、y_{F_f}、z_{F_f}——分别为3个分力中背吃刀量 a_p、进给量 f 和切削速度 v_c 的指数；

K_{F_c}、K_{F_p}、K_{F_f}——分别为实际加工条件与经验公式的试验条件不符时各种因素对各切削分力的修正系数，这些系数和指数都可以在切削用量手册中查到，因此指数形式的切削力经验公式应用比较广泛。

2. 单位切削力

单位切削力 p 是指单位切削面积上的主切削力。

$$p = \frac{F_c}{A} = \frac{F_c}{a_p f} = \frac{F_c}{hb} \tag{2-21}$$

$$F_c = K_{F_c} A p \tag{2-22}$$

式中　K_{F_c}——切削条件修正系数，可在有关手册中查到。

三、影响切削力的因素

1. 工件材料的影响

工件材料对切削力的影响是通过切削变形、刀具前刀面上的摩擦起作用的，其中影响较大的是强度、硬度和塑性。材料的强度、硬度越高，剪切屈服强度越大，切削力越大。强度、硬度相近的材料，如其塑性、韧性越大，则与刀具间的摩擦因数就越大，故切削力也越大。切削灰铸铁及其他脆性材料时，由于塑性变形小，形成的崩碎切屑与前刀面的摩擦小，故切削力较小。

2. 切削用量的影响

1）背吃刀量和进给量的影响

背吃刀量 a_p 或进给量 f 加大，均使切削力增大，但两者的影响程度不同。a_p 增加一倍时，切削宽度和切削面积成倍地增加，变形和摩擦也成倍增加而引起切削力成倍增加；而 f 增加一倍时，虽然切削厚度和切削面积也成倍增加，但切削厚度的增大使平均变形减小，变形系数 Λ_h 有所下降，故切削力增大不到一倍。在车削力的经验公式中，加工各种材料，a_p 的指数近似为1，而 f 的指数为0.75～0.90。因此，在切削加工中，为提高切削效率，加大进给量比加大背吃刀量有利。

2）切削速度的影响

切削弹塑性材料时，在无积屑瘤产生的切削速度范围内，切削力一般随切削速度的增大而减小。这主要是因为随着 v_c 的增大，切削温度升高，摩擦因数下降，从而使 Λ_h 减小。在产生积屑瘤的情况下，刀具的前角随着积屑瘤的成长与脱落而变化。在积屑瘤增长期，随着 v_c 的增大，积屑瘤逐渐增大，刀具的实际前角加大，故切削力逐渐减小；在积屑瘤消退期，v_c 增大，积屑瘤逐渐减小，实际前角变小，故切削力逐渐增大。

切削铸铁等脆性材料时，因金属的塑性变形、切屑与前刀面的摩擦均很小，所以切削速度对切削力没有显著的影响。

3. 刀具几何参数的影响

1）前角 γ_o

前角 γ_o 加大，变形系数减小，切削力减小。材料塑性越大，前角 γ_o 对切削力的影响越大；而加工脆性材料时，因塑性变形很小，故增大前角对切削力影响不大。

2）主偏角 κ_r

由式（2－17）可知，主偏角 κ_r 增大，F_p 减小，F_f 加大。主偏角的改变对主切削力影响较小。

3）刀尖圆弧半径 r_ε

在一般的切削加工中，随着 r_ε 的增大，切削刃圆弧部分的长度增加，切削变形增加，整个主切削刃上各点主偏角的平均值减小，从而使 F_p 增大，F_f 减小，F_c 略有增大。

4）刃倾角 λ_s

改变刃倾角 λ_s 将影响切屑在前刀面上的流动方向，从而使切削合力的方向发生变化。增大刃倾角 λ_s，F_p 减小，F_f 增大，对 F_c 的影响不大。

5）负倒棱

为了提高刀尖部位强度、改善散热条件，常在主切削刃上磨出一个带有负前角 γ_{o1} 的棱台，其宽度为 $b_{\gamma 1}$，如图2－20（a）所示。负倒棱对切削力的影响与负倒棱面（负前角）在切屑形成过程中参与切削的比例有关。负前角切削部分所占比例越大，切削变形程度越大，所以切削力越大。在图2－20（b）中，$b_{\gamma 1} < l_f$，切屑除与倒棱接触外，主要还与前刀面接触，切削力增大的幅度不大。在图2－20（c）中，$b_{\gamma 1} > l_f$，切屑只与负倒棱面接触，相当于用负前角为 γ_{o1} 的车刀进行切削，切削力将显著增大。

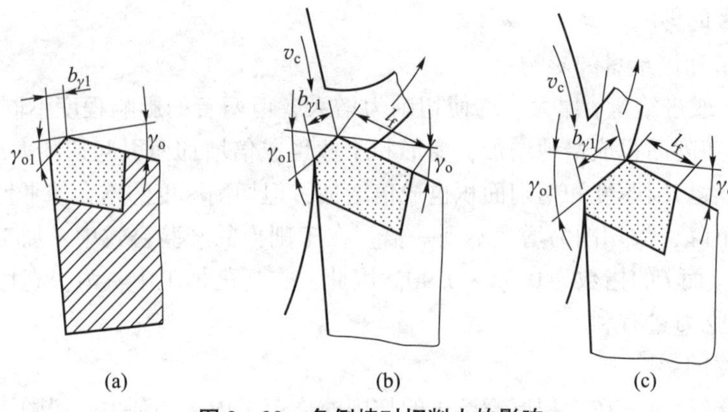

图2-20　负倒棱对切削力的影响

4. 刀具磨损的影响

后刀面磨损增大时，后刀面上的法向力和摩擦力都增大，故切削力增大。

5. 切削液的影响

以冷却作用为主的切削液（如水溶液）对切削力影响不大，润滑作用强的切削液（如切削油）可使切削力减小。

6. 刀具材料的影响

刀具材料与工件材料间的摩擦因数的大小会影响摩擦力，导致切削力发生变化。在其他切削条件完全相同的条件下，切削力一般按立方氮化硼（CBN）刀具、陶瓷刀具、涂层刀具、硬质合金刀具、高速钢刀具的顺序依次增大。

四、切削功率

消耗在切削过程中的功率称为切削功率，它是各切削分力消耗功率的总和。在车削外圆时，F_p 不做功（在切深方向没有位移），只有 F_c 和 F_f 做功。因此，切削功率可按下式计算

$$P_c = \left(F_c v_c + \frac{F_f n_w f}{1\ 000}\right) \times 10^{-3} \tag{2-23}$$

式中　F_c——主切削力，N；

v_c——切削速度，m/s；

F_f——进给抗力，N；

n_w——工件转速，r/s；

f——进给量，单位为mm/r。

由于 F_f 小于 F_c，而 F_f 方向的进给速度又很小，因此 F_f 所消耗的功率很小（一般为1%~2%），可以忽略不计。因此，切削功率一般可按下式计算

$$P_c = F_c v_c \times 10^{-3} \tag{2-24}$$

求得切削功率后，还可以计算机床电动机的功率，此时还应考虑机床的传动效率

$$P_E \geqslant \frac{P_c}{\eta_m} \tag{2-25}$$

式中　P_E——电动机的功率，kW；

η_m——机床的传动效率，一般取 0.75～0.85，大值适用于新机床，小值适用于旧机床。

第五节　切削热和切削温度

切削热和切削温度是切削过程的另一重要物理现象，直接影响刀具的磨损和寿命，最终影响工件的加工精度和表面质量。所以，研究切削热和切削温度的产生及变化规律，具有重要的实用意义。

一、切削热的产生和传导

切削时所消耗的能量有 98%～99% 转换为切削热。在刀具的切削作用下，切削层金属发生弹性变形、塑性变形而耗功，这是切削热的一个来源。另外，切屑与前刀面、工件与后刀面间消耗的摩擦也要耗功，也产生大量的热量，这是切削热的另一个来源。因此，切削过程中的 3 个变形区就是 3 个发热区域，如图 2－21 所示。

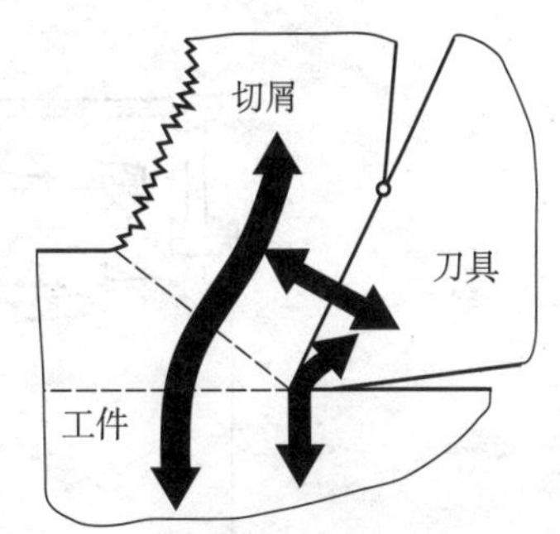

图 2－21　切削热的产生与传导

切削热由切屑、工件、刀具及周围的介质（空气、切削液）向外传导。不同的加工方法，切削热由切屑、刀具、工件和周围介质传出的热量的比例不同，大致如下。

车削时，50%～86% 由切屑带走，10%～40% 传入车刀，3%～9% 传入工件，1% 左右传入空气。切削速度越高，切削厚度越大，由切屑带走的热量就越多。

钻削时，由于切屑不易从孔中排出，由切屑、刀具带走的热量较少，切削热主要由工件传出，大约 28% 由切屑带走，14.5% 传入刀具，52.5% 传入工件，5% 传入周围介质。

磨削时，有 70% 以上的热量瞬时进入工件，只有小部分通过切屑、砂轮、切削液和大气带走。

影响散热的因素主要有以下 3 种。

1. 工件材料的导热系数

工件材料的导热系数低，由切屑和工件传导出去的热量就少，因此切削区的温度高，刀具磨损快。

2. 刀具材料的导热系数

刀具材料的导热系数高，切削区的热量向刀具内部传导快，切削区的温度就低。

3. 周围介质

冷却性能好的切削液能有效地降低切削区的温度。

二、切削温度的测量

切削热通过切削温度影响切削加工过程，切削温度一般指前刀面与切屑接触区域的平均温度。切削温度的高低取决于切削热的产生数量和传出数量，产生的多，传出的少，切削温度就高；反之，切削温度则低。

测量切削温度的方法很多，有热电偶法、热辐射法、远红外法和热敏电阻法等。目前应用较广的是热电偶法，它简单、可靠、使用方便，有自然热电偶法和人工热电偶法两种。

1. 自然热电偶法

利用工件材料和刀具材料化学成分不同而构成热电偶的两极，并分别连接毫伏表（mV），组成测量电路，如图2-22所示。切削区温度升高后，形成热电偶的热端；刀具与工件引出端形成热电偶的冷端。热端和冷端之间热电势的大小与切削温度高低有关，因此可通过测量热电势来测量切削温度。切削温度越高，测得热电势越大。测量前，须对该热电偶输出电压与温度之间的对应关系作出标定。用自然热电偶法测得的温度是切削区的平均温度。

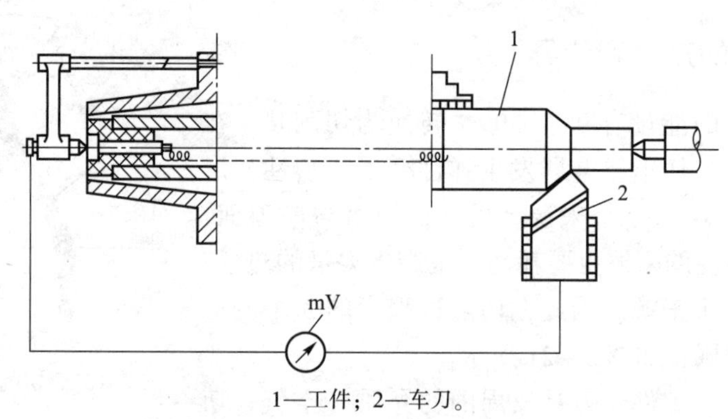

1—工件；2—车刀。

图2-22 自然热电偶法测温示意图

2. 人工热电偶法

用两种预先经过标定的金属丝组成热电偶，它的热端焊接在刀具或工件需要测量温度的测温点上，冷端接在毫伏表（mV）上，如图2-23所示。用这种方法测得的是某一点的温度。

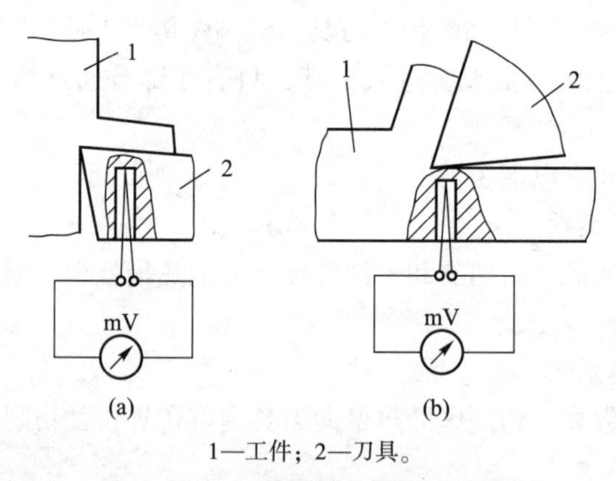

1—工件；2—刀具。

图2-23 人工热电偶法测温示意图

（a）测刀具；（b）测工件

三、影响切削温度的因素

1. 工件材料

工件材料的硬度、强度越高，切削抗力就越大，所消耗的功就越多，产生的切削热也越多，切削温度也就越高；工件材料的导热系数越小，传散的热越少，切削温度就越高。

切削灰铸铁等脆性材料时，金属变形小，切屑呈崩碎状，与前刀面摩擦小，产生的切削热就小，故切削温度一般较切削钢料时为低。

2. 切削用量

用自然热电偶法所建立的切削温度的实验公式为

$$\theta = C_\theta v_c^{z_\theta} f^{y_\theta} a_p^{x_\theta} \tag{2-26}$$

式中　θ——刀具前刀面上刀屑接触区的平均温度，℃；

C_θ——切削温度系数，主要取决于加工方法和刀具材料；

z_θ、y_θ、x_θ——分别为切削速度、进给量、背吃刀量的影响指数。

表2－1所示为由实验得出的用高速钢或硬质合金刀具切削中碳钢时的 C_θ、z_θ、y_θ、x_θ 值。

表2－1　用高速钢或硬质合金刀具切削中碳钢时的 C_θ、z_θ、y_θ、x_θ 值

刀具材料	加工方法	C_θ	z_θ	y_θ	x_θ
高速钢	车削	140～170	0.35～0.45	0.20～0.30	0.08～0.10
	铣削	80			
	钻削	150			
硬质合金	车削	320	0.41（当 $f=0.1$ mm/r）	0.15	0.05
			0.31（当 $f=0.2$ mm/r）		
			0.26（当 $f=0.3$ mm/r）		

由式（2－26）及表2－1可知：当 v_c、f、a_p 增大时，变形和摩擦加剧，切削力增大，切削温度升高。3个影响指数 $z_\theta>y_\theta>x_\theta$，说明 v_c 对切削温度最为显著，f 次之，a_p 最小。原因是：v_c 增大，前刀面的摩擦热来不及向切屑和刀具内部传导，所以 v_c 对切削温度影响最大；f 增大，切屑变厚，切屑的热容量增大，由切屑带走的热量增多，且 f 增大使平均变形减小而使功耗增加较少，热量增加不多，所以 f 对切削温度的影响不如 v_c 显著；a_p 增大，切削宽度增大，增大了散热面积，故 a_p 对切削温度的影响相对较小。

由以上规律可知，为有效控制切削温度以提高刀具寿命，选用大的背吃刀量和进给量，比选用高的切削速度更为有利。

3. 刀具几何参数

1）前角 γ_o

在一定范围内，前角 γ_o 增大，由于切削变形和切削力减小，切削温度降低；但当前角 γ_o 超过18°后，因楔角变小，散热体积减小，切削温度反而上升。

2）主偏角 κ_r

主偏角 κ_r 加大，切削刃工作长度将缩短，切削宽度将减小，同时刀尖角减小，散热条件就变差，切削温度将升高。

3）刀尖圆弧半径 r_ε 和负倒棱

这两者在一定范围内变化时，基本上不影响切削温度。因为这两者虽然会使塑性变形增大，但都能使刀具的散热条件有所改善，传出的热量增多，趋于平衡。

4. 刀具磨损

刀具磨损后切削刃变钝，金属变形增加；同时，后角减小，后刀面与工件的摩擦加剧，使切削温度上升。

5. 切削液

使用切削液的冷却功能可以从切削区带走大量热量，利用其润滑功能降低摩擦因数，减少切屑热的产生，这样可以明显地降低切削温度。

第六节　刀具磨损和刀具寿命

刀具切削时要受到强烈的摩擦而逐渐磨损，当磨损量达到一定程度时，必须要换刀或刃磨刀具，才能正常切削；有时，刀具也可能在切削过程中突然破损而失效，即刀具失效的形式主要有磨损和破损两类。刀具的磨损、破损及其寿命对加工质量、加工效率和生产成本影响极大。

一、刀具磨损的形式

刀具磨损，也称为正常磨损，是指刀具在正常的切削过程中逐渐产生的连续磨损。这种正常磨损有以下3种形式。

1. 前刀面磨损（月牙洼磨损）

切削塑性材料时，如果切削速度和切削厚度较大（一般 $h > 0.5$ mm），刀具前刀面和切屑产生强烈摩擦，在前刀面上经常会磨出一个月牙洼，如图2-24（a）所示。月牙洼磨损量以其最大深度 KT 表示，如图2-24（b）所示，位置发生在刀具前刀面上切削温度最高的地方。

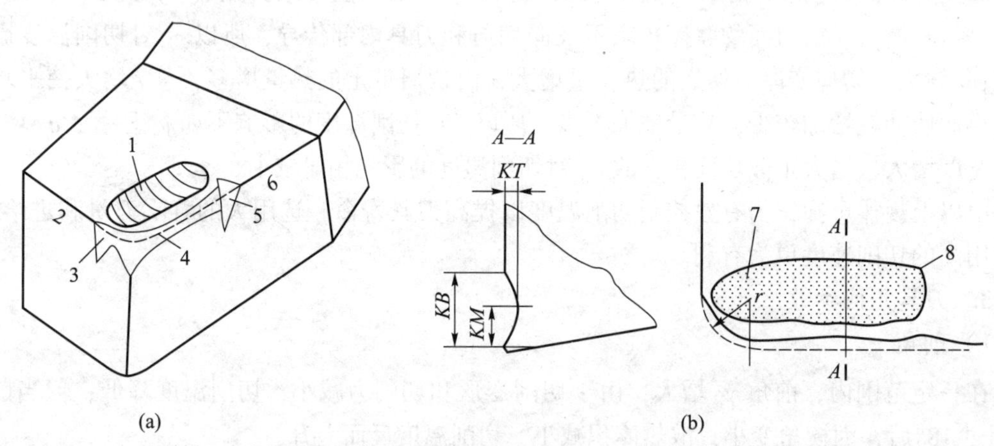

1—前刀面磨损；2—副切削刃；3—边界磨损；4—后刀面磨损；5—边界磨损；
6—主切削刃；7—前刀面；8—月牙洼。

图2-24　刀具的磨损形态及前刀面磨损

（a）刀具的磨损形态；（b）前刀面磨损剖面图

2. 后刀面磨损

在切削速度较低、切削厚度较小（$h < 0.1$ mm）的情况下切削塑性材料或加工脆性材料

时，因加工表面和后刀面间存在着强烈的摩擦，远比前刀面上的摩擦严重，在后刀面上毗邻切削刃的地方很快被磨出后角为0°的小棱面，这种磨损形式叫作后刀面磨损（见图2－24、图2－25）。后刀面磨损带往往不均匀，可划分为以下3个区域。

1）刀尖磨损区（C区）

强度较低，散热条件差，温度集中，磨损量用VC表示。

2）中部磨损区（B区）

在切削刃中间位置上，磨损比较均匀，平均磨损量用VB表示，局部最大磨损带宽度用VB_{max}表示。

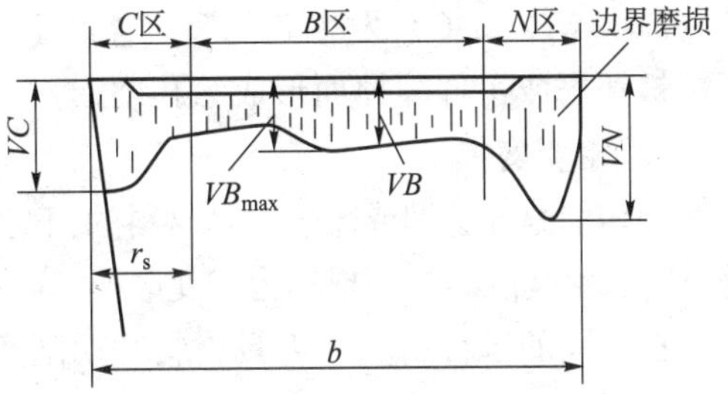

图2－25 后刀面磨损

3）边界磨损区（N区）

在主切削刃靠近工件外表面处，由于表面硬化层、高温氧化的影响，被磨成较严重的深沟，磨损量用VN表示。切削钢料时，常在主切削刃靠近工件外皮处及副切削刃靠近刀尖处的后刀面上，磨出较深的沟纹，这就是边界磨损。加工铸、锻等外皮粗糙的工件，也容易发生边界磨损。

3. 前刀面和后刀面同时磨损

同时出现上述两种情况的磨损形式。以中等切削用量在切削塑性金属时，经常会发生这种磨损。

二、刀具磨损的原因

刀具磨损经常是机械、热、化学3种效应综合作用的结果，具体原因有以下几种。

1. 磨料磨损

工件材料中存在氧化物、碳化物等微小硬质点，铸、锻工件表面存在硬夹杂物及积屑瘤碎片等，它们可在前后刀面划出沟纹，造成磨损，这就是磨料磨损。这是一种纯机械作用，刀具抵抗磨料磨损的能力主要取决于其硬度和耐磨性。

磨料磨损在各种切削速度下都存在，在低速下它是刀具磨损的主要原因，因为低速下的切削温度较低，其他原因产生的磨损不明显。

2. 冷焊磨损（黏结磨损）

切屑、工件与前、后刀面之间存在着很大的压力和强烈的摩擦，使接触点产生黏结、冷焊现象，即切屑黏结在前刀面上。由于摩擦副的相对运动，切屑在滑动过程中发生剪切破坏，带走刀具材料或造成小块剥落，从而造成冷焊磨损。这是一种物理作用（分子吸附作用），一般在中等偏低的速度下切削塑性材料时冷焊磨损较为严重。

因工件或切屑的硬度低，冷焊磨损往往发生在工件或切屑一方，但由于交变应力、接触疲劳、热应力及刀具表层结构缺陷等原因，冷焊磨损有时也会发生在刀具一方，造成刀具磨损。

3. 扩散磨损

在高温和高压作用下，刀具材料和工件材料中的化学元素相互扩散，使刀具的磨损加快。例如，用硬质合金刀具切钢时，从800 ℃开始，刀具中的Co、C、W等元素会扩散到切屑和工件中去，工件中的铁也会扩散到刀具中来，从而改变了刀具材料的成分结构，导致刀具磨损加快。扩散磨损在高温下产生，且随温度升高而加剧。

4. 氧化磨损

当切削温度达 700 ~ 800 ℃时，空气中的氧在切屑形成的高温区与刀具材料中的某些成分（Co，WC，TiC）发生氧化反应，产生硬度和强度较低的氧化物膜，氧化物膜在切削过程中被切屑或工件擦掉而形成氧化磨损。

5. 相变磨损

当切削温度达到或超过刀具材料的相变温度时，刀具材料的金相组织会发生变化，硬度显著下降，引起的刀具磨损称为相变磨损。高速钢刀具在超过 600 ℃时常因相变磨损而失效。

在不同的工件材料、刀具材料和切削条件下，磨损的原因和程度不同。用硬质合金刀具加工钢料时，磨料磨损总是存在的，但所占比例不大；在中、低切削速度（切削温度）下，主要发生冷焊磨损；在高速（高温）情况下，则扩散磨损、氧化磨损和相变磨损占据很大成分。

三、刀具磨损过程与磨钝标准

1. 刀具磨损过程

随着切削过程的进行，刀具的后刀面磨损量 *VB* 随之增加，其磨损过程分为 3 个阶段，如图 2 – 26所示。

1）初期磨损阶段

初期磨损阶段，新刃磨的刀具刚投入使用，其后刀面与加工表面实际接触面积很小，压应力较大，加之新刃磨的后刀面存在着微观不平等缺陷，所以磨损很快，磨损曲线的斜率较大，一般初期磨损量为 0.05 ~ 0.10 mm，时间较短。

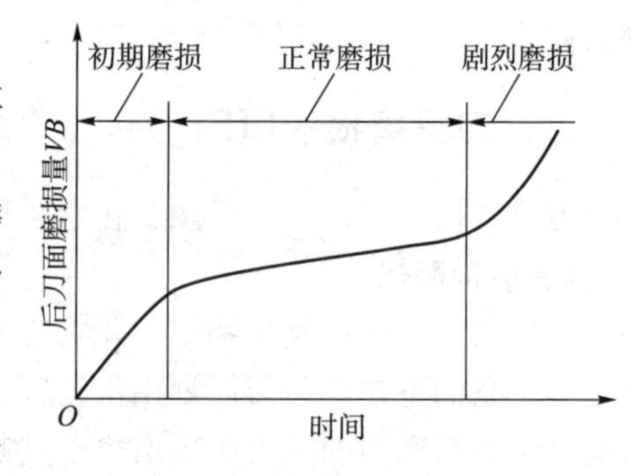

图 2 – 26　刀具磨损曲线

2）正常磨损阶段

经初期磨损后，刀具的粗糙表面已经磨平，实际接触面积增大，接触应力减小，磨损比较缓慢均匀，刀具进入正常磨损阶段。后刀面磨损量随切削时间延长而近似地成比例增加，曲线斜率较小，持续的时间最长，这是刀具工作的有效阶段。

3）剧烈磨损阶段

当刀具磨损量增大到一定数值时，切削刃变钝，切削力、切削温度迅速升高，以致刀具磨损速度急剧增加而失去切削能力。生产中应该避免达到这个磨损阶段，要在这个阶段到来之前，及时换刀或重磨切削刃。

2. 刀具的磨钝标准

刀具磨损到一定限度就不能继续使用。这个磨损限度称为磨钝标准。一般刀具的后刀面上都有磨损，而且易于测量，因此 ISO 统一规定以 1/2 背吃刀量处后刀面上测量的磨损带宽度作为刀具的磨钝标准。

由于加工条件不同，所规定的磨钝标准也会不同。制订磨钝标准应考虑以下因素。

1）工艺系统刚性

刚性差时，*VB* 应取小值。例如，车削刚性差的工件，应控制 *VB* 在 0.3 mm 左右。

2）工件材料

切削难加工材料，如高温合金、不锈钢、钛合金等，一般应取较小的 VB 值；加工一般材料，VB 值可以取大一些。

3）加工精度和表面质量

加工精度和表面质量要求高时，VB 应取小值。例如，精车时，应控制 $VB=0.1\sim0.3$ mm。

4）工件尺寸

加工大型工件，为了避免频繁换刀，VB 应取大值。

磨钝标准的具体数值可从切削用量手册中查得。

四、刀具寿命

在生产实际中，经常卸下刀具来测量磨损量会影响生产的正常进行，因此常用刀具寿命来衡量刀具的磨损程度，以此来决定是否换刀或刃磨更为方便。

刃磨好的新刀具自开始切削直到磨损量达到磨钝标准为止的实际切削时间，称为刀具寿命（或称为刀具耐用度），以 T 表示。对可重磨刀具，指的是两次刃磨之间的实际切削时间。使用寿命指净切削时间，不包括对刀、测量、快进、回程等非切削时间。也可以用达到磨钝标准时所走过的切削行程 l_m 来定义使用寿命，显然 $l_m=v_cT$。

从第一次切削直到完全报废时所经历的实际切削时间，称为刀具总寿命。显然，对不重磨刀具，刀具总寿命等于刀具寿命；对可重磨刀具，刀具总寿命等于刀具寿命乘以刃磨次数。刀具总寿命与刀具寿命是两个不同的概念。

刀具寿命是一个重要参数。对于某一切削加工，当工件、刀具材料和刀具几何形状选定之后，切削用量特别是切削速度是影响刀具寿命的主要因素。

1. 切削速度与刀具寿命的关系

在常用的切削速度范围内，其他切削条件不变，取不同的切削速度 v_{c1}，v_{c2}，v_{c3}，…进行刀具寿命实验，得出各种速度下的刀具磨损曲线，如图 2－27 所示。这样根据规定的磨钝标准 VB 可以找到多组 $T-v_c$ 数据，经数据处理可得 $T-v_c$ 的关系式，即

$$v_c=\frac{C}{T^m}\text{或}\ v_cT^m=C \tag{2-27}$$

式中　C——系数，与刀具、工件材料和切削条件有关；

m——指数，表示 v_c 对 T 的影响程度，m 值较小，表示切削速度对刀具寿命影响大（对于高速钢刀具，一般 $m=0.100\sim0.125$；硬质合金刀具，$m=0.1\sim0.4$；陶瓷刀具，$m=0.2\sim0.4$）。

式（2－27）是重要的刀具寿命方程式。在双对数坐标系中，该方程为一条直线（见图 2－28），m 为该直线的斜率；C 为当 $T=1$ s（或 1 min）时直线在纵坐标上的截距。

$T-v_c$ 关系式反映了切削速度与刀具寿命之间的关系，是选择切削速度的重要依据。

2. 刀具寿命与切削用量三要素之间的关系

按照求 $T-v_c$ 关系式的方法，可以得到刀具寿命与切削用量的一般关系为

$$T=\frac{C_T}{v_c^{\frac{1}{m}}f^{\frac{1}{n}}a_p^{\frac{1}{p}}} \tag{2-28}$$

式中 C_T——与工件材料、刀具材料和其他切削条件有关的刀具寿命系数；

m、n、p——指数，分别表示各切削用量对刀具寿命的影响程度。

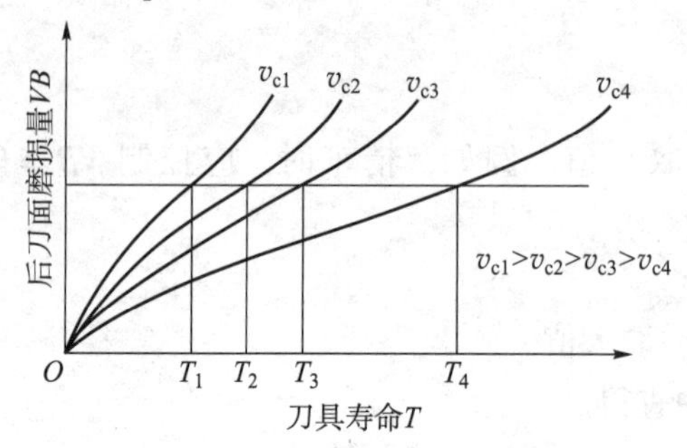

图2-27 各种速度下的刀具磨损曲线

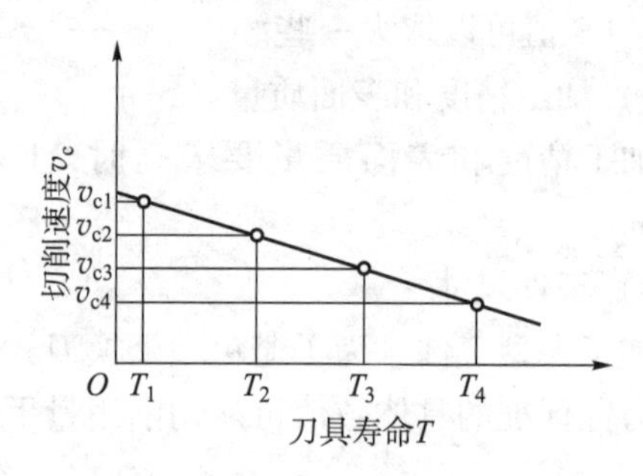

图2-28 双对数坐标中的 $T-v_c$ 曲线

例如，用硬质合金车刀切削 $R_m=750$ MPa 的碳钢时，在 $f>0.75$ mm/r 时进行试验，切削用量与刀具寿命的关系式为

$$T=\frac{C_T}{v_c^5 f^{2.25} a_p^{0.75}} \tag{2-29}$$

从式（2-29）可看出，切削速度 v_c 对 T 的影响最大，进给量 f 次之，背吃刀量 a_p 最小。这与三者对切削温度的影响顺序完全一致，说明切削用量正是通过切削温度影响刀具磨损和寿命的。

常用刀具寿命推荐值可查阅有关资料。

五、刀具破损

刀具破损也称为刀具的非正常磨损，它是刀具失效的一种形式。在一定的切削条件下，刀具的磨损量尚未达到磨钝标准值就突然损坏，使刀具提前失去切削能力，就是刀具破损，其形式分脆性破损和塑性破损两种。

1. 脆性破损

硬质合金和陶瓷刀具，在机械应力、热应力、振动、冲击载荷等作用下，经常发生以下几种形式的脆性破损：

（1）崩刃（刀刃上产生小缺口）；

（2）碎断（切削刃上发生小块碎裂或大块断裂）；

（3）剥落（前后刀面上几乎平行于切削刃而剥下一层碎片，经常连切削刃一起剥落，有时也在离切削刃一小段距离处剥落）；

（4）裂纹破损（较长时间连续切削后，由于热冲击和机械冲击产生疲劳而引起裂纹，当这些裂纹不断扩展合并，就会引起切削刃的碎裂或断裂）。

2. 塑性破损

切削时，刀具由于高温、高压的作用，前、后刀面的材料发生塑性流动（变形）而丧失切削能力，这就是刀具的塑性破坏。这与刀具材料和工件材料的硬度比直接有关。硬度比越高，越不容易发生塑性破损。高速钢刀具比硬质合金、陶瓷刀具更容易发生这种破损。

刀具磨损是客观存在的，刀具破损是可以预防的。为了防止刀具破损，在提高刀具材料的强度和抗热振性能的基础上，一般可采取以下措施。

（1）根据被加工材料和结构特点，合理选择刀具材料的种类和牌号。例如，断续切削刀具，必须具有较高的冲击韧度、疲劳强度和热疲劳抗力。

（2）选择合理的刀具几何参数，通过调整前角，后角，刃倾角和主、副偏角，增加切削刃和刀尖的强度，改善散热条件。例如，用正前角、负倒棱结构，可以有效地防止崩刃。

（3）合理选择切削用量，避免切削力过大和过高的切削温度，避免产生积屑瘤。

（4）保证焊接和刃磨质量，避免因焊接、刃磨不当所产生的各种弊病；尽量使用机夹可转位不重磨刀具。

（5）保证工艺系统具有较好的刚性，以减少切削时的振动。

（6）采用正确的操作方法，尽量使刀具不承受或少承受突变性载荷。

第七节 切削条件的合理选择

一、改善材料的切削加工性

工件材料的切削加工性是指在一定加工条件下，工件材料加工的难易程度。这是一个相对的概念，某种材料切削加工性的好坏，是相对于另一种材料而言，比如评价钢料的切削加工性以 45 钢作为比较基准；而讨论铸铁的切削加工性则以灰铸铁作为比较基准。

1. 衡量材料切削加工性的指标

衡量材料切削加工性的指标很多，具体加工情况和要求不同，切削加工的难易程度也有所不同。常用的衡量材料切削加工性的指标有以下几种。

1）刀具寿命

在相同的切削条件下，若一定切削速度下刀具寿命 T 较长或在相同刀具寿命下的切削速度 v_{cT} 较高，则该材料的切削加工性较好；反之，其切削加工性较差。

在切削普通材料时，一般以正火状态 45 钢的 v_{c60}（刀具寿命为 60 min 时所允许的切削速度）为基准，写作 $(v_{c60})_j$，然后把其他各种材料的 v_{c60} 与之比较，这个比值 K_T 称为相对加工性，即以 $K_T = v_{c60}/(v_{c60})_j$ 用来衡量材料加工性的好坏；切削难加工材料时，用 v_{c20} 来评定。

凡 $K_T>1$ 的材料，其切削加工性比 45 钢好，如有色金属 $K_T>3$；反之，其切削加工性比 45 钢差，如高锰钢、钛合金 $K_T\leqslant 0.5$，均属难加工材料。常用工件材料的切削加工性可分为 8 级，如表 2－2 所示。

表 2－2 常见材料切削加工性等级

切削加工性等级	名称及种类		相对加工性 K_T	代表性材料
1	很易切削材料	一般有色金属	>3.0	5－5－5 钢铅合金，9－4 铝铜合金，铝镁合金
2	容易切削材料	易切削钢	2.5～3.0	15Cr 退火，R_m＝0.38～0.45 GPa
3		较易切削钢	1.6～2.5	30 钢正火，R_m＝0.45～0.56 GPa

续表

切削加工性等级	名称及种类		相对加工性 K_T	代表性材料
4	普通材料	一般钢及铸铁	1.00～1.60	45 钢正火，灰铸铁
5		稍难切削材料	0.65～1.00	2Cr13 调质，R_m = 0.85 GPa 85 钢，R_m = 0.90 GPa
6	难切削材料	较难切削材料	0.50～0.65	45Cr 调质，R_m = 1.05 GPa 65Mn 调质，R_m = 0.95～1.00 GPa
7		难切削材料	0.15～0.50	50CrV 调质，1Cr18Ni9Ti（不锈钢），某些钛合金
8		很难切削材料	<0.15	铸造镍基高温合金

2）切削力、切削温度

在相同切削条件下，凡切削力大、切削温度高的材料较难加工，即其切削加工性差；反之，则切削加工性好。

3）加工表面质量

切削加工时，凡容易获得好的加工表面质量的材料，其切削加工性较好，反之较差。这通常是精加工时衡量加工性的指标。

4）断屑难易程度指标

切削加工时，凡切屑形状容易控制或容易断屑的材料，其加工性较好，反之则较差。这通常是在自动机床或自动线上衡量加工性的指标。

2. 改善材料切削加工性的途径

工件材料的物理性能（如导热性、线膨胀系数）、力学性能（如硬度、强度、塑性、韧性等）对材料的切削加工性有很大影响，如硬度和强度越高，则切削力越大，切削温度越高，刀具磨损越快，故切削加工性越差；但也并非材料的硬度越低越好加工，有些材料如低碳钢、纯铁、纯铜等硬度虽低，但其塑性很大，容易变形，切削加工性也差。通常硬度适中的材料（160～200 HBW）容易加工。

在实际生产中，可采取一些措施来改善材料的切削加工性，主要有以下两方面。

1）通过热处理改变材料的组织和力学性能

化学成分相同的材料，当其金相组织不同时，力学性能就不同，其切削加工性也就不同。因此，可通过对不同材料进行不同的热处理来改善其切削加工性，如高碳钢、工具钢的硬度偏高，且有较多网状、片状的渗碳体组织，加工较难，经过球化退火即可降低硬度，并得到球状的渗碳体；热轧状态的中碳钢经正火可使其内部组织均匀，降低表层硬度；低碳钢可通过正火或冷拔以适当降低塑性，提高硬度；马氏体不锈钢常要进行调质处理降低塑性，使其变得容易加工；铸铁件进行退火，降低表层硬度，消除内应力，以改善其切削加工性。

2）调整材料的化学成分

材料的化学成分直接影响其力学性能，如低碳钢塑性、韧性较高，不易获得较好的表面粗糙度，断屑也难；高碳钢强度高，切削力大，刀具易磨损；中碳钢介乎二者之间，切削加工性好。在钢中适当加入一些元素，如硫、磷、铅、钙等，可使钢的切削加工性得到显著改善，这样的钢叫“易切钢”。但只有在满足零件对材料性能要求的前提下才可这样做。

二、刀具几何参数的选择

刀具的几何参数包括刀具角度、刀面结构和形状、切削刃的形式等。合理的几何参数是在保证加工质量的前提下，使刀具寿命延长、生产效率提高、加工成本降低。刀具合理几何参数的选择主要取决于工件材料、刀具材料、刀具类型及其他具体工艺条件。下面仅介绍刀具角度的选择。

1. 前角的作用及选择

前角是刀具上最重要的几何参数之一，对切削的难易程度有很大影响。增大前角可以减小切削变形，并减少切削力和切削温度。但若前角过大，楔角变小，刀刃和刀尖强度降低，易发生崩刃，同时刀头散热体积减小，影响刀具寿命。较大的前角可减轻加工硬化和残余应力，并能抑制积屑瘤和鳞刺的产生，还可防止切削振动，有利于提高表面质量；较小的前角使切削变形增大，切屑易折断。可见，在一定切削条件下，存在一个刀具寿命为最大值的前角，即合理前角 γ_{opt}。

选择前角的原则一般是在保证加工质量和足够的刀具寿命的前提下，尽量选取大的前角。具体选择时，首先要根据工件材料选配，如工件材料的强度、硬度低，可以取较大的前角；反之，取小的前角，加工特别硬的材料甚至取负前角；加工塑性材料，尤其是冷硬严重的材料时，为减小塑性变形，在保证足够刀具强度的前提下，应取大的前角；加工脆性材料，可取较小的前角。其次，应考虑刀具切削部分的材料，刀具材料抗弯强度大、韧性较好时，可取大的前角。此外，还应考虑加工要求，粗加工、断续切削或工件有硬皮时，为了保证刀具有足够强度，应取小的前角；成形刀具和前角影响切削刃形状的其他刀具，为防止其刃形畸变，常取较小的前角；数控机床和自动机床、自动线用刀具，为保障刀具寿命及工作稳定性，应选用较小的前角；工艺系统刚性差或机床功率不足时，应取大的前角等。用硬质合金刀具加工一般钢时，可取 $\gamma_o = 10° \sim 20°$；加工灰铸铁时，取 $\gamma_o = 8° \sim 12°$。

2. 后角的作用及选择

后角的主要作用是减小后刀面和加工表面之间的摩擦，其大小对刀具寿命和加工表面质量都有很大影响。增大后角，可增加切削刃的锋利性，也可以减小后刀面的摩擦与磨损，提高刀具寿命。但后角增大时，由于楔角减小，将使切削刃和刀头的强度削弱，散热体积减小，从而降低刀具寿命。因此，在一定切削条件下，存在一个刀具寿命为最大值的后角，即合理后角 α_{opt}。

选择合理后角时，首先要考虑加工要求，如粗加工、强力切削及承受冲击载荷时，为保证切削刃有足够强度，后角应取小值；精加工时，应以减小后刀面上的摩擦为主，后角宜取较大值；工艺系统刚性差容易振动时，应适当减小后角，可增加阻尼和保证刀具强度。其次要考虑工件材料，当工件材料强度、硬度较高时，为保证切削刃强度，宜取较小的后角；当工件材料塑性、韧性较大时，为减少摩擦，应适当加大后角；加工脆性材料，切削力集中在刀刃处，宜取较小的后角。车削一般钢和铸铁时，车刀后角通常取 $6° \sim 8°$。此外，不同刀具材料，取值也略有不同，如高速钢刀具的后角比同类型的硬质合金刀具后角一般大 $2° \sim$

3°；各种有尺寸精度要求的刀具，为了限制重磨后刀具尺寸的变化，宜取小的后角。

刀具副后角的作用主要是减少副后刀面与已加工表面之间的摩擦，取值原则与后角相同，其取值一般等于或小于主后角。

3. 主偏角和副偏角的作用及选择

主偏角和副偏角均影响加工表面粗糙度、切削层形状、切削力的大小和比例、刀尖强度、断屑与排屑、散热条件等，对刀具寿命影响很大。例如，减小主偏角和副偏角，可使刀尖角增大，刀尖强度提高，散热条件改善，从而提高刀具寿命；减小主偏角和副偏角，可降低残留面积的高度，故可减小加工表面的粗糙度；在背吃刀量和进给量一定的情况下，减小主偏角会使切削厚度减小，切削宽度增加，切削刃单位长度上的负荷下降，并影响各切削分力的大小和比例使 F_p 增大，F_f 减小。

选择合理主偏角时，首先要考虑加工要求，如粗加工和半精加工时，硬质合金车刀一般选用较大的主偏角，以利于减小振动、防止崩刃、断屑和采用较大的切削深度；精加工时，取较小的主偏角，以减小工件表面粗糙度值；工艺系统刚性较好时，较小的主偏角可延长刀具寿命；刚性差时，应取较大的主偏角，甚至 $\kappa_r \geqslant 90°$，以减小切深抗力 F_p。其次要考虑工件材料的性质，加工很硬的材料时，如淬硬钢和冷硬铸铁，宜取较小的主偏角，以减轻单位长度切削刃上的负荷，改善刀头导热和容热条件，延长刀具寿命。

副偏角 κ_r' 的大小主要根据表面粗糙度的要求选取，一般为 5°～15°，粗加工时取大值，精加工时取小值，必要时可以磨出一段 $\kappa_r' = 0°$ 的修光刃。

4. 刃倾角的作用及选择

刃倾角的大小会影响切削刃和刀头的强度、切屑流出方向、切削刃的锋利程度和切削分力的大小，并影响工件的变形和工艺系统的振动等，如负刃倾角的车刀刀头强度好，散热条件也好；绝对值较大的刃倾角可使切削刃实际钝圆半径变小，切削刃口变锋利；刃倾角不为0°时，刀刃是逐渐切入和切出工件的，可减小刀具受到的冲击，提高切削过程的平稳性。

刃倾角一般根据工件材料及加工要求选择，如加工一般钢件和铸铁时，为保证足够的刀具强度，通常无冲击的粗车取 $\lambda_s = -5° \sim 0°$；有冲击负荷时，取 $\lambda_s = -15° \sim -5°$；当加工余量不均匀、断续加工、冲击特别大时，取 $\lambda_s = -45° \sim -30°$；当切削高强度钢、冷硬钢等难加工材料时，可取 $\lambda_s = -30° \sim -20°$；精加工时为使切屑不流向已加工表面，取 $\lambda_s = 0° \sim 5°$。

三、切削用量的选择

切削用量是在机床调整前必须确定的重要参数，对生产率、加工成本和加工质量均有重要影响。约束切削用量选择的主要条件有：工件的加工要求，包括加工质量要求和切削加工生产率要求；刀具寿命要求；刀具材料的切削性能；机床性能，包括动力特性（功率、扭矩）和运动特性。

1. 切削用量与生产率、刀具寿命的关系

机床切削效率可以用单位时间内切除的材料体积 V（mm^3/min）表示，即

$$V = fa_p v_c \tag{2-30}$$

分析式（2-30）可知，切削用量三要素 f、a_p、v_c 均同 V 保持线性关系，从提高生产

效率考虑，切削用量三要素 f、a_p、v_c 中任一参数提高一倍，机床切削效率都提高一倍。但由于刀具寿命的制约，任一参数增大时，其他一参数或两参数必须减小。因此，在制订切削用量时，要使三要素获得最佳组合，才能保证此时的高生产率是合理的。

2. 切削用量的选择原则

所谓合理的切削用量是指在保证加工质量的前提下，充分利用刀具的切削性能和机床动力性能（功率、扭矩），获得高生产率和低加工成本的切削用量。

切削用量三要素对切削生产率、刀具寿命和表面粗糙度（加工质量）都有很大的影响。

1）切削生产率

在切削过程中，金属切除率与切削用量三要素 f、a_P、v_c 均保持线性关系，任一要素的增加对提高生产率都具有相同的效果。

2）刀具寿命

由前面的内容可知，f、a_p、v_c 对刀具寿命的影响程度，从大到小依次为 v_c、f、a_p。因此，为保证合理的刀具寿命，选择切削用量的原则是：在机床、刀具、工件的强度和工艺系统刚度允许的条件下，首先选择尽可能大的背吃刀量，其次选择加工条件和加工要求限制下允许的进给量，最后按刀具寿命的要求查表或计算确定合适的切削速度。

3）表面粗糙度

在切削用量三要素中，进给量对已加工表面粗糙度影响最大，直接影响残留面积的大小。切削速度通过影响切削温度、积屑瘤的形成，对表面粗糙度产生重要影响。当工艺系统刚性较差时，过大的背吃刀量会引发系统振动，直接影响表面粗糙度。因此，精、半精加工应注意控制进给量、避开切削速度的积屑瘤形成区域及防止切削振动。

切削用量的参考值可参考有关工艺手册选取。切削用量选定后，应校核机床的功率和扭矩。

四、切削液的选择

在切削加工中，合理使用切削液可以有效降低切削力和切削温度，延长刀具寿命，并能减小工件热变形，从而提高加工精度，改善已加工表面质量。

1. 切削液的作用

1）冷却作用

切削液能把切削区内刀具、工件和切屑上大量的热量带走，降低切削温度，减少工艺系统的热变形，从而可以提高刀具寿命和加工质量。

2）润滑作用

切削液可以减小前刀面与切屑、后刀面与工件之间的摩擦。添加的切削液渗透到切屑、工件与刀具之间，带油脂的极性分子吸附在刀具的前刀面、后刀面上，形成润滑油膜，在某些切削条件下，切屑、刀具界面间在高温、高压作用下，和切削液中的极压添加剂还可形成极压化学吸附膜，从而在高温时减少黏结和刀具磨损，提高刀具寿命。切削液的润滑性能与其渗透性及形成吸附膜的牢固程度有关。

3）清洗和排屑作用

切削液能将黏附在工件、刀具和机床表面的碎屑或粉屑冲洗掉。在精密加工、磨削加工和自动线加工中，清洗作用尤为重要。清洗性能的好坏取决于切削液的渗透性、流动性和压力。为改善切削液的清洗性能，可加入剂量较大的表面活性剂和少量矿物油，制成水溶液或乳化液来提高其清洗效果。

4）防锈作用

切削液与金属表面起化学反应生成保护膜，以减小工件、机床、刀具受周围介质（水、空气等）的腐蚀。防锈作用的好坏取决于切削液本身的性能和加入的防锈添加剂的作用。

此外，切削液还应满足性能稳定、不污染环境、对人体无害、价廉和配置方便等要求。

2. 切削液的种类

生产中常用的切削液分为水溶液、乳化液和切削油三大类。

1）水溶液

水溶液的主要成分是水，它的冷却性能好，但单纯的水润滑性差，易使金属生锈。因此，经常在水溶液中加入一定的添加剂（硝酸钠、碳酸钠、聚二乙酸），使其既能保持冷却性能又有良好的防锈性能和润滑性能。水溶液最适用于磨削加工。

2）乳化液

乳化液是将由矿物油、乳化剂及添加剂配成的乳化油，用 95%～98% 水稀释搅拌后成为乳白色或半透明状的液体。乳化液具有良好的冷却性能，常用于粗加工和普通磨削中；高浓度的乳化液以润滑作用为主，常用于精加工和使用复杂刀具的加工中。尽管乳化液的润滑性能优于水溶液，但润滑和防锈性能仍较差，需再加入一定量的油性添加剂、极压添加剂（硫、氯、磷等）和防锈添加剂，配成极压乳化液或防锈乳化液。

3）切削油

切削油的主要成分是矿物油，少数采用植物油或复合油。纯矿物油不能在摩擦界面上形成坚固的润滑膜，润滑效果一般，也常加入油性添加剂、极压添加剂和防锈添加剂以提高其润滑和防锈性能。

现在，也有采用固体润滑剂来改善切削过程。常用的固体润滑剂是二硫化钼（MoS_2），可形成摩擦因数低（0.05～0.09）、熔点高（1 185 ℃）的润滑膜。切削时可将 MoS_2 涂在刀面上，也可添加在切削油中，可防止黏结和抑制积屑瘤形成，减小切削力，延长刀具寿命，可用在车削、钻削、拉削、铣削、铰孔、深孔加工和螺纹加工中。

3. 切削液的选择和使用

切削液的使用效果除与切削液的性能有关外，还与工件材料、刀具材料、加工方法、加工要求等因素有关，应综合考虑，合理选用。

1）工件材料

一般加工钢等弹塑性材料时，需用切削液。切削铸铁、青铜等脆性材料时因其作用不明显，且会污染工作场地，可不用切削液，但在精加工铸铁及铜、铝等有色金属及其合金时，可采用 10%～20% 乳化液或煤油等。切削高强度钢、高温合金等难加工材料时，宜选用极压切削油或极压乳化液，有时还需配制特殊的切削液。

2）刀具材料

高速钢刀具耐热性差，应采用切削液，粗加工时应选用以冷却为主的切削液，精加工时可使用润滑性能好的极压切削油或高浓度的极压乳化液，以提高加工表面质量。硬质合金刀具耐热性好，一般不用切削液，必须使用时可采用低浓度乳化液和水溶液，但必须充分连续供液，否则刀片会因冷热不均而破裂。

3）加工方法

对处于封闭、半封闭状态的钻孔、铰孔、攻螺纹和拉削等工序，冷却与排屑困难，宜采用乳化液、极压乳化液或极压切削油。成形刀具、齿轮刀具等价格昂贵，要求刀具寿命高，也应采用极压切削油或高浓度极压切削液。磨削加工温度很高，还会产生大量的碎屑及脱落的砂粒，因此要求切削液应具有良好的冷却、清洗、防锈作用，一般选用乳化液，如选用极压乳化液效果更好。

4）加工要求

粗加工时，金属切除量大，产生的热量也大，因此应选用以冷却为主的切削液来降低温度，如3%~5%的低浓度乳化液。精加工时主要要求提高加工精度和加工表面质量，应选用润滑性能较好的切削液，如极压切削油或高浓度极压乳化液，它们可减小刀具与切屑间的摩擦与黏结，抑制积屑瘤。

切削液的使用方法主要有浇注法、高压冷却法和喷雾冷却法。以浇注法使用最多，这种方法使用方便，设备简单，但流速慢、压力低，难于直接渗透入最高温度区，冷却效果不理想。高压冷却法是利用高压（1~10 MPa）切削液直接作用于切削区周围，进行冷却润滑并冲走切屑，效果比浇注法好得多，如深孔加工常用高压冷却法。喷雾冷却法是以0.3~0.6 MPa的压缩空气，通过喷雾装置使切削液雾化，高速喷射到切削区，雾化成微小液滴的切削液在高温下迅速气化，吸收大量热，从而获得良好的冷却效果。

提要：切削条件的合理选择就是在分析切削过程中的各种物理现象的基础上，在生产中采取相关措施或采用相关参数，以保证切削加工的顺利进行，并达到提高加工质量、生产效率和降低生产成本的目的。

复习思考题

2-1　什么是切削用量三要素？在外圆车削中，如何计算？它们与切削层参数的关系是什么？

2-2　用$\kappa_r=45°$的车刀加工外圆柱面，加工前工件直径为60 mm，加工后直径为54 mm，主轴转速$n=300$ r/min，刀具的进给速度$v_f=90$ mm/min，试计算v_c、f、a_p、h、b、A。

2-3　如何定义刀具标注角度的正交平面参考系？

2-4　确定外圆车刀切削部分几何形状最少需要几个基本角度？试画图标出这些基本角度。

2-5　画出下列标注角度的车刀图：

（1）车削外圆柱面：$\gamma_o=15°$，$\alpha_o=6°$，$\alpha'_o=6°$，$\kappa_r=60°$，$\kappa'_r=10°$，$\lambda_s=5°$；

（2）车削端面：$\gamma_o=15°$，$\alpha_o=6°$，$\alpha'_o=6°$，$\kappa_r=60°$，$\kappa'_r=10°$，$\lambda_s=-5°$；

（3）切断刀：$\gamma_o=10°$，$\alpha_o=6°$，$\alpha'_o=2°$，$\kappa_r=90°$，$\kappa'_r=2°$，$\lambda_s=0°$。

2-6　刀具标注角度和工作角度的区别？为什么车刀做横向切削时，进给量取值不能过大？

2-7　试画图表示：

（1）切断车削时，进给运动怎样影响刀具工作角度？

（2）镗内孔时，刀具安装高度怎样影响刀具工作角度？

2-8　切削部分的刀具材料必须具备哪些基本性能？

2-9　常用的硬质合金有哪几类？如何选用？

2-10　怎样划分切削变形区？第一变形区有哪些变形特点？

2-11　简述积屑瘤的概念及形成过程。它对切削过程有何影响？如何控制积屑瘤的产生？

2-12　试述影响切削变形的各种因素及影响规律。

2-13　常见的切屑形态有哪几种？分别在什么情况下产生？如何控制切屑形态？

2-14　试述影响切削力的主要因素及影响规律。

2-15　在CA6140型车床上车削外圆，已知：工件材料为灰铸铁，其牌号为HT200；刀具材料为硬质合金，其牌号为YG6；刀具几何参数为：$\gamma_o=10°$，$\alpha_o=\alpha'_o=8°$，$\kappa_r=45°$，$\kappa'_r=10°$，$\lambda_s=-10°$（λ_s对三向切削分力的修正系数分别为$\kappa_{\lambda_s F_c}=1.0$，$\kappa_{\lambda_s F_p}=1.5$，$\kappa_{\lambda_s F_f}=0.75$），$r_\varepsilon=0.5$ mm；切削用量为：$a_p=3$ mm，$f=0.4$ mm/r，$v_c=80$ m/min。试求切削力F_c、F_f、F_p及切削功率P。

2-16　试述影响切削温度的主要因素及影响规律。

2-17　试分析刀具磨损几种磨损机制的本质与特征。它们各在什么条件下产生？

2-18　什么是刀具磨钝标准？制订刀具磨钝标准要考虑哪些因素？

2-19　什么是刀具寿命和总寿命？试分析切削用量三要素对刀具寿命的影响规律。

2-20　试述刀具破损的形式及防止措施。

2-21　试述刀具前角、后角的功用及各自的选择原则。

2-22　何谓工件材料的切削加工性？如何改善材料的切削加工性（举例说明）？

2-23　切削液的主要作用？常用切削液有哪些种类？如何选用？

2-24　试述切削用量的选用原则。

第三章　切削加工方法与金属切削机床

本章知识要点：

(1) 零件表面成形原理与成形方法；

(2) 机床的基础知识；

(3) 典型加工方法及其所用机床的工艺范围、组成、运动及传动系统；

(4) 组合机床及数控机床。

前期知识：

复习“机械原理”“机械设计”“金工实习”等课程及实践环节知识。

导学：图 3－1 所示为一台机床。它本身是一台机器，由许多零件组成，又可以加工相关零件，生产各行各业所需的生产设备。那么机床如何得到零件表面？机床又有哪些类型？如何区分、管理不同类型的机床？加工零件有哪些典型方法？它们分别用哪些机床？这些机床的工艺范围、组成、运动及传动系统等都有哪些特点？特色机床及机床产品创新有哪些？

图 3－1　机床

第一节　零件表面成形及机床基础知识

机械零件可看成由若干不同类型的表面构成，零件的加工，实质上就是获得这些表面的过程。金属切削加工的本质也就是利用各种各样的机床，通过工件和刀具之间的相对运动，切除毛坯上多余的金属，形成一定形状、尺寸和质量的表面，最终获得所要求的机械零件。

一、零件表面成形原理及成形方法

机器零件的种类很多，形状也千差万别，但其表面轮廓却不外乎由以下几种常用的基本形状组成：平面、直线成形表面、圆柱面、圆锥面、球面、圆环面、螺旋面等，如图3-2所示。

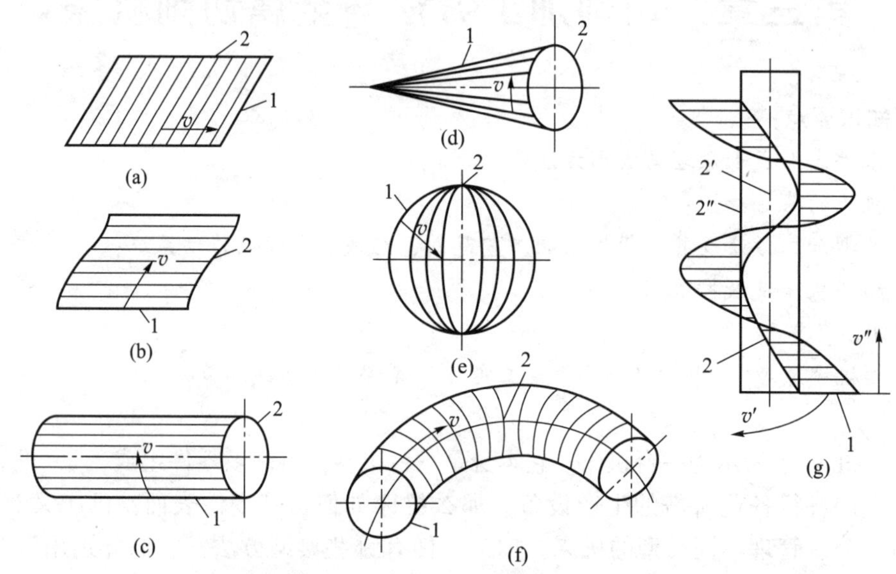

图3-2　组成工件轮廓的常用表面

（a）平面；（b）直线成形表面；（c）圆柱面；（d）圆锥面；（e）球面；（f）圆环面；（g）螺旋面

按几何学的观点，任何一种零件表面都是由一条线（母线）沿另一条线（导线）运动而形成的，母线与导线统称为形成表面的发生线。在图3-2中，平面［见图3-2（a）］由直线1（母线）沿着另一直线2（导线）运动而形成；直线成形表面［见图3-2（b）］由直线1（母线）沿着曲线2（导线）运动而形成；圆柱面［见图3-2（c）］由直线1（母线）沿着圆2（导线）运动而形成；螺旋面［见图3-2（g）］由直线1（母线）沿着螺旋线2（导线）运动而形成等。

从图3-2中不难发现，有些表面的母线和导线可以互换而不改变形成表面的性质，这些表面称为可逆表面，如平面、直线成形表面、圆柱面等。而另一些表面的母线和导线不可互换，如圆锥面、球面、圆环面和螺旋面等，称为不可逆表面。

另外，有些零件表面形状不仅和发生线本身形状有关，还与发生线初始相对位置有关。在图3-3中，母线均为直线1，导线均为圆2，轴心线均为$O-O$，相互运动也相同，但产生了不同的表面：圆柱面、圆锥面和双曲面。

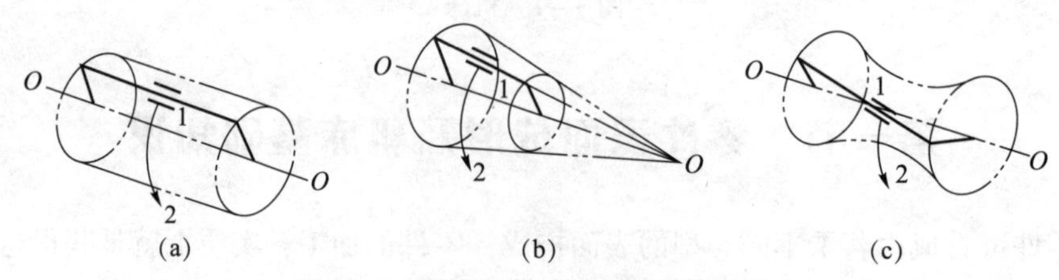

图3-3　母线位置变化时形成的表面

（a）圆柱面；（b）圆锥面；（c）双曲面

在机床上加工零件，就是借助于一定形状的刀具切削刃，以及刀具与工件被加工表面之间按一定规律的相对运动，形成所需的发生线。由于加工方法、使用的刀具结构及其切削刃形状不同，所以形成发生线的方法和所需运动也不同，概括起来有以下 4 种，如图 3－4 所示。

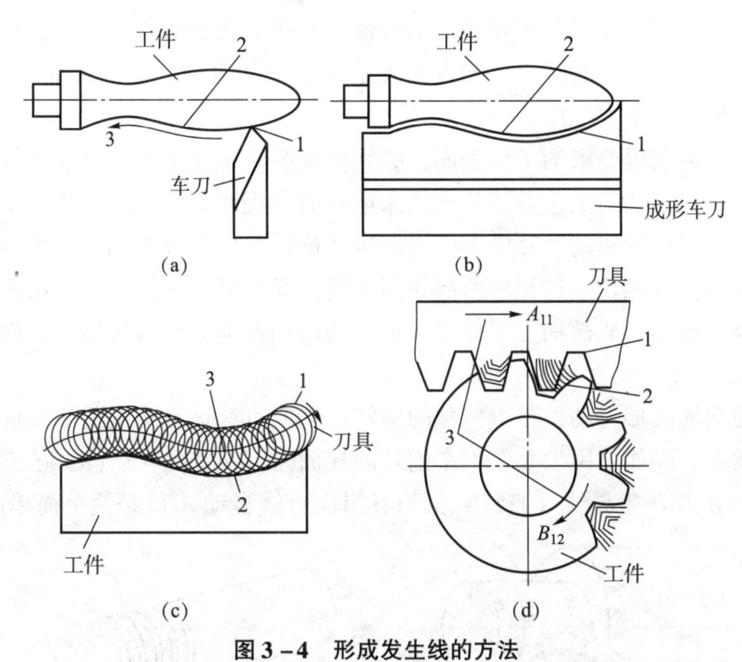

图 3－4　形成发生线的方法

（a）轨迹法；（b）成形法；（c）相切法；（d）展成法

1. 轨迹法

如图 3－4（a）所示，刀具切削刃作为切削点 1，按一定规律做轨迹运动 3，从而形成所需的发生线 2。因此，用轨迹法形成发生线需要一个独立的成形运动。

2. 成形法

如图 3－4（b）所示，成形刀具切削刃为一条切削线 1，它的形状和尺寸与所需要成形的发生线 2 一致。因此，用成形法来形成发生线，不需要专门的成形运动。

3. 相切法

如图 3－4（c）所示，刀具切削刃为旋转刀具（铣刀或砂轮）上的切削点 1，刀具旋转工作时，刀具中心便按一定规律做轨迹运动 3，切削点运动轨迹的包络线（相切线）就形成了发生线 2。所以，用相切法得到发生线，需 2 个独立的成形运动，即刀具的旋转运动和刀具中心按一定规律运动。

4. 展成法

如图 3－4（d）所示，刀具切削刃为切削线 1，它与需要形成的发生线 2 的形状不吻合。在形成发生线的过程中，切削线 1 与发生线 2 相切并逐点接触，做滚动运动（展成运动）3 而形成与它共轭的发生线 2，即发生线 2 是切削线 1 的包络线。所以，展成法需要一个复合的成形运动（可分解为刀具的移动 A_{11} 和工件的旋转运动 B_{12}），是利用工件和刀具做展成切削运动的加工方法。

二、机床的运动

金属切削机床是一种用切削方法将金属毛坯加工成机器零件的机械，它是制造机器的机器，因此又称为“工作母机”或“工具机”，在我国，习惯上简称为机床。

机床是现代机械制造业中最重要的加工设备，它所担负的加工工作量，约占机械制造总工作量的40%~60%，机床的技术性能直接决定所生产的机械产品的性能、质量和经济性，对国民经济的发展起着重大作用。

切削加工时，为获得要求的工件表面，必须使安装在机床上的刀具和工件按上述4种方法完成各自的运动。不同的工艺方法要求机床运动的类别和数目不同。按功用，机床运动可分为表面成形运动和辅助运动，其中表面成形运动按其组成情况不同，又可分为简单成形运动和复合成形运动；按照切削过程中所起作用不同，又可分为主运动和进给运动。

形成发生线，也即形成被加工工件表面形状的运动称为表面成形运动，简称成形运动。

1. 简单成形运动

如果一个独立的成形运动，是由单独的旋转运动或直线运动构成的，则称为简单成形运动，简称简单运动。例如，用尖头车刀车削外圆柱面时［见图3-5（a）］，产生母线（圆）的工件旋转运动B_1和产生导线（直线）的刀具纵向直线运动A_2就是两个简单成形运动。

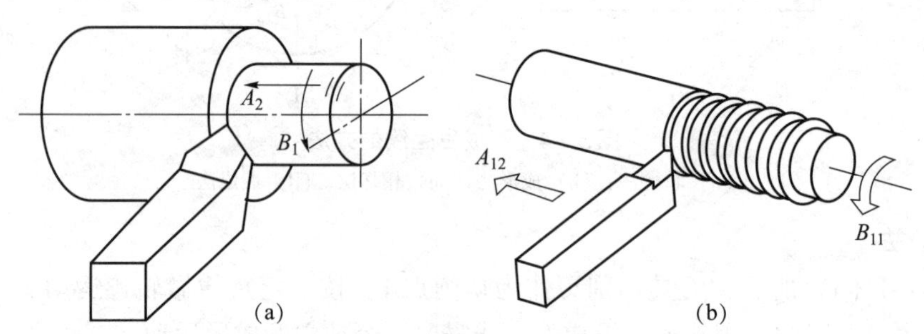

图3-5　成形运动的组成

（a）车削外圆；（b）车削螺纹

2. 复合成形运动

如果一个独立的成形运动，是由两个或两个以上的单元运动（旋转或直线）按照某种确定的运动关系组合而成，这种成形运动就称为复合成形运动。例如，车削螺纹时［见图3-5（b）］，形成螺旋形发生线需要工件与刀具之间的相对螺旋轨迹运动。为简化机床结构和保证精度，通常将其分解为工件的等速旋转运动B_{11}和刀具等速直线移动A_{12}，B_{11}和A_{12}彼此不能独立，它们之间必须保持严格的运动关系，即工件每转一周时，刀具直线移动的距离应等于工件螺纹的导程，这两个运动就组成一个复合的成形运动。B_{11}和A_{12}符号中的下标，第一位数字表示成形运动的序号，第二位数字表示同一个复合运动中单元运动的序号。

注意：复合成形运动各个组成部分之间需保持严格的相对运动关系，相互依存而不能独立，所以复合成形运动是一个运动，而不是两个或两个以上的简单运动。

一般来说，形成母线和导线这两条发生线所需的运动数之和就是成形运动的数目。

问题1：前面的轨迹法、成形法、相切法和展成法分别需要几个独立的成形运动？

问题2：分析图3-6所示的几种加工方法，分别需要几个独立的成形运动？

提要：表面成形运动是机床上最基本的运动，其轨迹、数目、行程和方向等，在很大程度上决定了机床的传动和结构形式。用不同工艺方法加工不同形状的表面，成形运动不同，机床的类型也就不同。即使用同一种工艺方法和刀具结构加工相同表面，所需成形运动相同，但由于具体加工条件不同，表面成形运动在刀具和工件之间的分配也往往不同，机床结构也就不一样，从而决定了机床结构形式的多样化。

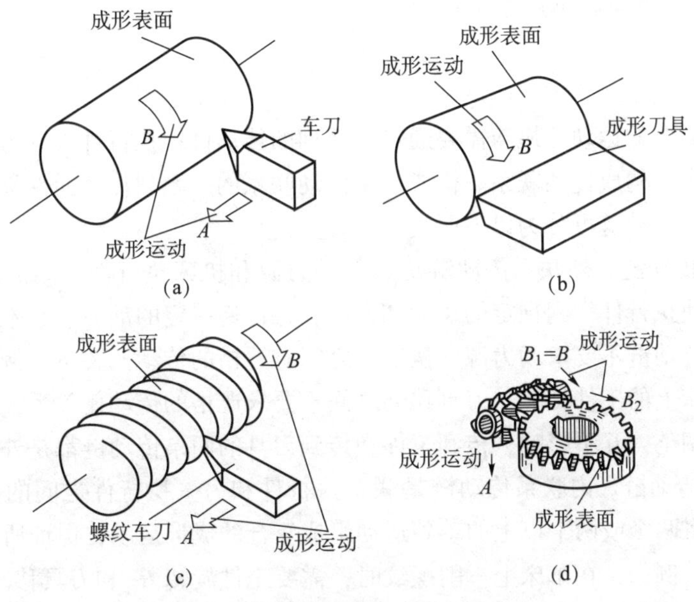

图 3-6 形成所需表面的成形运动

(a) 用普通车刀车削外圆；(b) 用宽车刀车削外圆；
(c) 用螺纹车刀车削螺纹；(d) 用齿轮滚刀滚切直齿圆柱齿轮齿面

3. 辅助运动

为完成工件加工，机床在加工过程中除完成表面成形运动外，还需完成其他一些与形成发生线不直接相关的运动，统称为辅助运动。辅助运动的作用是实现机床加工过程中所必需的各种辅助动作，为形成表面创造条件。辅助运动的种类很多，主要有切入运动、分度运动、调位运动、各种空行程运动、操纵及控制运动等。

提要： 结合常见加工情况，分析所需的表面成形运动及辅助运动。

三、机床的基本结构和传动

1. 机床的基本结构

机床结构是为保证实现加工过程中所需的各种运动，实现工件表面成形而构建的。机床的基本结构必须具备以下 3 个基本部分。

1） 动力源

动力源是为执行机构提供运动和动力的装置，一般采用交流异步电动机、步进电动机、直流或交流伺服电动机及液压驱动装置等。机床可以是一个运动单独使用动力源，也可以是几个运动共用一个动力源。

2） 执行件

执行件是执行机床运动的部件，如主轴、刀架、工作台等，它们带动工件或刀具旋转或移动，保持准确的运动轨迹。

3）传动装置

传动装置是传递运动和动力的装置，它将动力源的运动和动力传递给执行件，或将一个执行件的运动传递给另一个执行件。传动装置同时还可以完成变速、变向、改变运动形式（如将旋转运动变为直线运动）等任务。

2. 机床的传动

1）传动链

为了获得所需要的运动，机床需要通过一系列的传动件把执行件与动力源或把有关的执行件之间连接起来，构成传动联系。构成一个传动联系的一系列传动元件称为传动链。根据传动联系的性质，传动链可分为以下两类。

（1）外联系传动链。外联系传动链是联系动力源和机床执行件之间的传动链。外联系传动链的作用是使执行件得到预定的速度和方向，并传递一定的动力。它不影响发生线的性质，因此外联系传动链不要求动力源和执行件之间有严格的传动比关系。例如，用轨迹法车削外圆柱面，车床上的工件旋转与刀具移动之间不要求严格的传动比关系，两个执行件的运动可以互相独立调整，互不影响，传到工件和传到刀具的两条传动链都是外联系传动链。

（2）内联系传动链。内联系传动链是联系执行件和另一执行件之间的传动链。内联系传动链的作用是将两个或两个以上的单独运动组成复合的成形运动，保证所联系执行件之间确定的运动关系。例如，在车床上车削螺纹时，需要工件旋转 B_{11} 和刀具移动 A_{12} 组成的复合运动，为了保证车削螺纹的导程，必须要保证：主轴（工件）每转一周，车刀准确移动被加工螺纹的一个导程。联系主轴和刀架之间的螺纹加工传动链就是内联系传动链。设计机床内联系传动链时，各传动副的传动比必须准确，不应有摩擦传动（如带传动）或瞬时传动比变化的传动件（如链传动）等。

传动链中常包含两类传动机构：一类是定比传动机构，其传动比和传动方向固定不变，如定比齿轮副、蜗杆蜗轮副、丝杠螺母副等；另一类是按加工要求可变换传动比和传动方向的传动机构，如挂轮变速机构、滑移齿轮变速机构、离合器换向机构等，统称为换置机构。

数控机床上一般无内联系传动链，它们的各执行件之间的运动关系由数控装置进行协调控制。

注意：内联系传动链本身不能提供运动，为使执行件得到所需的运动，还需有外联系传动链将动力源的运动传到内联系传动链上来（传到传动链中的某一环节）。

提要：结合常见加工情况，分析所需传动链的数目及其类型。

2）传动原理图和传动系统图

传动原理图是用一些简单的符号表示动力源与执行件或执行件之间传动关系的图形，用于研究表面成形运动及传动联系。图3－7所示为传动原理图常用符号，其中，执行件一般可用较直观的简单图形来表示，没有统一规定的符号。

图3－8为卧式车床车削螺纹时的传动原理图。此时的成形运动是复合运动，两个单元运动主轴的旋转运动 B_{11} 和车刀的纵向移动 A_{12}，必须保持严格的相对运动关系：工件每转一周，刀具直线运动工件螺纹的一个导程。因此，车床应有两条传动链。一是联系复

合运动两部分 B_{11} 和 A_{12} 的内联系传动链：主轴—4—5—u_x—6—7—刀架，其中 u_x 表示螺纹传动链的换置机构，可通过调整 u_x，来满足车削不同导程螺纹的需要；二是联系动力源与这个复合运动的外联系传动链：电动机—1—2—u_v—3—4—主轴，称为主运动传动链，其中 u_v 表示主运动传动链的换置机构，可通过调整 u_v 来调整主轴的转速和转向，以满足不同加工的要求。

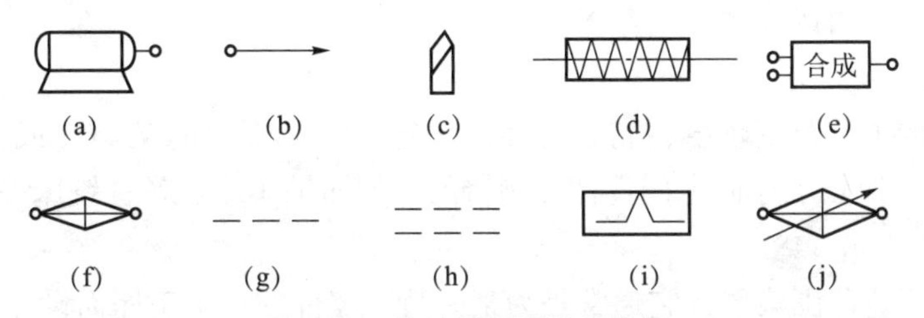

图 3－7　传动原理图常用符号

（a）电动机；（b）主轴；（c）车刀；（d）滚刀；（e）合成机构；（f）传动比可变换的换置机构；（g）传动比不变的机械联系；（h）电的联系；（i）脉冲发生器；（j）快调换置机构（数控系统）

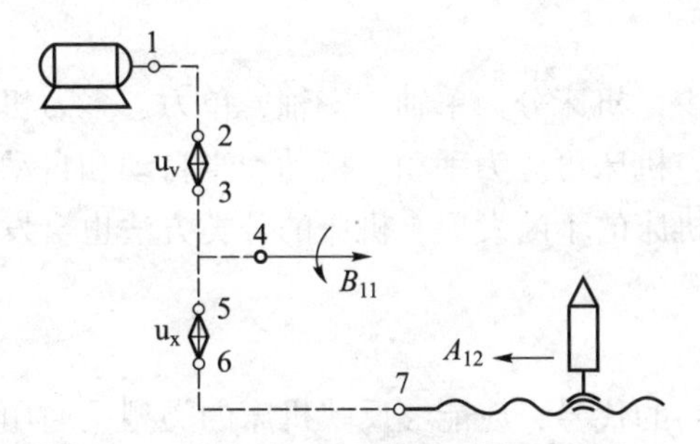

图 3－8　卧式车床车削螺纹时的传动原理图

提要：车削圆柱面的传动原理图又如何？两者之间的区别与联系是什么？

为便于了解和分析机床运动的传递、联系情况，常采用传动系统图。传动系统图是表示机床全部运动的传动联系图，图中将每条传动链中的具体传动机构用机构运动简图符号表示（参见 GB/T 4460—2013《机械制图　机构运动简图用图形符号》），并标明齿轮和蜗轮的齿数、蜗杆头数、丝杠导程、带轮直径、电动机功率和转速等。传动链的传动机构，按照运动传递或联系顺序依次排列，以展开图形式画在能反映主要部件相互位置的机床外形轮廓中。该图只表示各种传动链及其传动关系，不代表各传动元件的实际尺寸和空间位置，它是分析机床内部传动规律的重要工具。示例见图 3－13。

提要：传动原理图和传动系统图的主要区别是什么？

四、机床的分类

为适应不同的加工对象和加工要求，机床就需要有许多的品种和规格。为便于区别、使用和管理，需对机床加以分类并编制型号。

机床有多种分类方法，最基本的是以机床的加工方法和所用刀具及其用途来分。根据我国制定的金属切削机床型号编制方法（GB/T 15375—2008），目前将机床分为 11 大类：车床、钻床、镗床、磨床、齿轮加工机床、螺纹加工机床、铣床、刨插床、拉床、锯床和其他机床。

在上述基本分类基础上，机床还可根据其他特征进行分类。

以通用性程度为特征，机床可分为以下几类。

1. 通用机床

通用机床的工艺范围很宽，可完成一定尺寸范围内的多种类型零件不同工序的加工，如卧式车床、万能外圆磨床及摇臂钻床等。

2. 专门化机床

专门化机床的工艺范围较窄，它是为加工一定尺寸范围内的某类（或少数几类）零件或某种（或少数几种）工序而专门设计和制造的，如曲轴车床、丝杠铣床等。

3. 专用机床

专用机床的工艺范围最窄，它通常是为某一特定零件的特定工序而设计制造的，如加工机床导轨的专用导轨磨床，大量生产汽车零件所用的各种钻、镗组合机床等。

按加工精度，机床可分为普通精度机床、精密机床和高精密机床。

以质量和尺寸的大小为特征，机床可分为仪表车床、中型机床、大型机床、重型机床和超重型机床。

以主要工作部件的多少，机床分为单轴、多轴、单刀、多刀机床等。

以自动化程度为特征，机床可分为手动、机动、半自动和自动机床。

随着机床特别是数控机床的不断发展，机床的分类方法也会发生变化。

五、机床的型号

机床的型号是机床产品的代号，应能够反映机床的类型、通用特性和结构特性、主要技术参数等。按照GB/T 15375—2008《金属切削机床　型号编制方法》规定，机床型号由汉语拼音字母和阿拉伯数字按一定规律排列组成。

1. 通用机床型号表示方法

通用机床型号表示方法如图3－9所示。

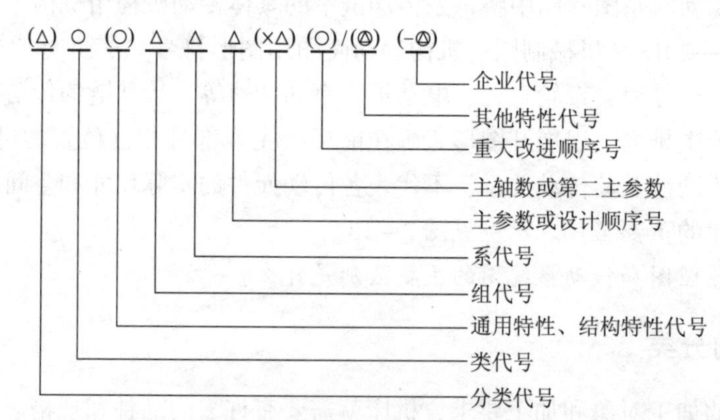

注：1.有“()”的代号或数字，当无内容时，则不表示；若有内容则不带括号。
2.有“○”符号者，为大写的汉语拼音字母。
3.有“△”符号者，为阿拉伯数字。
4.有“◎”符号者，为大写的汉语拼音字母或阿拉伯数字，或两者兼之。

图3－9　通用机床型号表示方法

通用机床型号说明如下。

1）机床类、组、系的划分及其代号

机床的类代号用汉语拼音的第一个大写字母表示，以区别11类不同机床。例如，“车床”的汉语拼音是“Che Chuang”，所以用“C”来表示。需要时，每类可分为若干分类，例如，磨床类分为M、2M、3M三类，用阿拉伯数字表示分类代号，放在类代号之前，但第一分类不予表示。机床的类别和代号如表3－1所示。

表3－1　机床的类别和代号

类别	车床	钻床	镗床	磨床			齿轮加工机床	螺纹加工机床	铣床	刨插床	拉床	锯床	其他机床
代号	C	Z	T	M	2M	3M	Y	S	X	B	L	G	Q
读音	车	钻	镗	磨	二磨	三磨	牙	丝	铣	刨	拉	割	其

每一类机床又按工艺特点、布局形式、结构性能的不同，细分为10个组，每一组又细分为若干系（系列）。机床的组别和系别代号用两位阿拉伯数字来表示，第一位数字代表组别，第二位数字代表系别，如车床分为10组，用阿拉伯数字“0～9”表示，其中“6”代表落地及普通车床组，“3”代表回轮、转塔车床组等；落地及普通车床组又有6个系，用数字“0～5”表示，其中“1”型代表普通车床，“2”型代表马鞍车床等。金属切削机床类、组划分如表3－2所示，系的划分可参阅相关国标。

表3－2　金属切削机床类、组划分

类别	组别									
	0	1	2	3	4	5	6	7	8	9
车床C	仪表车床	单线自动车床	多轴自动、半自动车床	回轮、转塔车床	曲轴及凸轮轴车床	立式车床	落地及卧式车床	仿形及多刀车床	轮、轴、辊、锭及铲齿车床	其他车床
钻床Z		坐标镗钻床	深孔钻床	摇臂钻床	台式钻床	立式钻床	卧式钻床	铣钻床	中心孔钻床	其他钻床
镗床T			深孔镗床		坐标镗床	立式镗床	卧式铣镗床	精镗床	汽车、拖拉机修理用镗床	其他镗床
磨床 M	仪表磨床	外圆磨床	内圆磨床	砂轮机	坐标磨床	导轨磨床	刀具刃磨床	平面及端面磨床	曲轴、凸轮轴、花键轴及轧辊磨床	工具磨床

续表

类别		组别									
		0	1	2	3	4	5	6	7	8	9
磨床	2M		超精机	内圆珩磨机	外圆及其他珩磨机	抛光机	砂带抛光及磨削机床	刀具刃磨及研磨机床	可转位刀片磨削机床	研磨机	其他磨床
	3M		球轴承套圈沟磨床	滚子轴承套圈滚道磨床	轴承套圈超精机		叶片磨削磨床	滚子加工磨床	钢球加工机床	气门、活塞及活塞环磨削机床	汽车、拖拉机修磨机床
齿轮加工机床 Y		仪表齿轮加工机		锥齿轮加工机	滚齿机及铣齿机	剃齿及珩齿机	插齿机	花键轴铣床	齿轮磨齿机	其他齿轮加工机	齿轮倒角及检查机
螺纹加工机床 S					套丝机	攻丝机		螺纹铣床	螺纹磨床	螺纹车床	
铣床 X		仪表铣床	悬臂及滑枕铣床	龙门铣床	平面铣床	仿形铣床	立式升降台铣床	卧式升降台铣床	床身铣床	工具铣床	其他铣床
刨插床 B			悬臂刨床	龙门刨床			插床	牛头刨床		边缘及模具刨床	其他刨床
拉床 L				侧拉床	卧式外拉床	连续拉床	立式内拉床	卧式内拉床	立式外拉床	键槽、轴瓦及螺纹拉床	其他拉床
锯床 C				砂轮片锯床		卧式带锯床	立式带锯床	圆锯床	弓锯床	锉锯床	
其他机床 Q		其他仪表机床	管子加工机床	木螺钉加工机		刻线机	切断机	多功能机床			

2）机床的通用特性、结构特性代号

这两种特性代号位于类代号之后，用大写的汉语拼音字母表示，当型号中有通用特性代号时，结构特性代号应排在通用特性代号之后。

当某类型机床除有普通型外，还有某种通用特性时，则在类代号之后加上相应的通用特性代号。当某类机床仅有某种通用特性而无普通型时，则通用特性不必表示。机床通用特性代号如表3－3所示。当在一个型号中同时有2～3个通用特性代号时，一般按重要程度的顺序排列，如“MBG”表示半自动高精度磨床。

表3－3　机床通用特性代号

通用特性	高精度	精密	自动	半自动	数控	加工中心（自动换刀）	仿形	轻型	加重型	简式或经济型	柔性加工单元	数显	高速
代号	G	M	Z	B	K	H	F	Q	C	J	R	X	S
读音	高	密	自	半	控	换	仿	轻	重	简	柔	显	速

结构特性代号与通用特性代号不同，在型号中没有统一的含义。在同类机床中，对主参数相同而结构、性能不同的机床，为区分其结构、性能，在型号中加结构特性代号予以区分。为避免混淆，结构特性代号不能使用通用特性代号已用的字母及“I”“O”两个字母。当单个字母不够用时，可将多个字母组合起来使用。

3）机床主参数、设计顺序号和第二主参数代号

机床主参数代表机床规格的大小，直接反映机床的加工能力，用折算值（主参数乘以折算系数，各类主要机床的主参数及折算系数如表3－4所示。折算系数，一般长度采用1/100，直径、宽度则采用1/10，也有少数是1）表示，一般取两位数字，位于系代号之后。

表3－4　各类主要机床的主参数和折算系数

机床	主参数名称	主参数折算系数	第二主参数
卧式车床	床身上最大回转直径	1/10	最大工件长度
立式车床	最大车削直径	1/100	最大工件高度
摇臂钻床	最大钻孔直径	1/1	最大跨距
卧式镗铣床	镗轴直径	1/10	—
坐标镗床	工作台面宽度	1/10	工作台面长度
外圆磨床	最大磨削直径	1/10	最大磨削长度
内圆磨床	最大磨削孔径	1/10	最大磨削深度
矩台平面磨床	工作台面宽度	1/10	工作台面长度
齿轮加工机床	最大工件直径	1/10	最大模数
龙门铣床	工作台面宽度	1/100	工作台面长度
升降台铣床	工作台面宽度	1/10	工作台面长度
龙门刨床	最大刨削宽度	1/100	最大刨削长度
插床及牛头刨床	最大插削及刨削长度	1/10	—
拉床	额定拉力	1/1	最大行程

某些通用机床，当无法用一个主参数表示时，则在型号中用设计顺序号表示，设计顺序号由01开始编号。

第二主参数一般是指主轴数、最大跨距、最大工件长度、工作台工作面长度等，可更完整地表示出机床的工作能力和加工范围。第二主参数也用折算值表示。

4）机床的重大改进序号

当机床的性能和结构布局有重大改进并按新产品重新设计、试制和鉴定时，按其改进的先后顺序在型号基本部分的尾部加A、B、C、D等汉语拼音字母（但I、O两个字母不得选用），以区别原机床型号。

5）其他特性代号及企业代号

其他特性代号及企业代号参见相关文献。

通用机床型号的编制示例如下。

CM1107：最大加工棒料直径为7 mm的精密单轴纵切自动车床。

Y3150E：最大加工齿坯直径为500 mm经第5次重大改进的滚齿机。

2. 专用机床型号编制方法

专用机床的型号一般由设计单位代号和设计顺序号组成，其表示方法如图3－10所示。

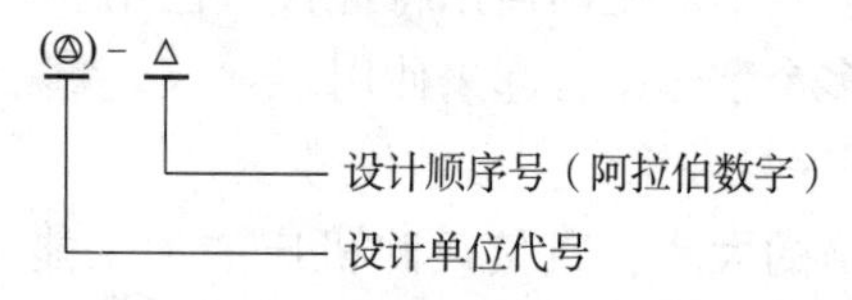

图3－10　专用机床的型号编制方法

1）设计单位代号

设计单位代号包括机床生产厂和机床研究单位代号，位于型号之首。

2）设计顺序号

设计顺序号按该单位设计专用机床的先后顺序，从“001”开始排列，位于设计单位代号之后，并用“－”隔开，读作“至”。例如，北京第一机床厂设计制造的第100种专用机床为专用铣床，其型号为B1－100。

提要：我国的机床型号编制方法，自1957年第一次颁布以来，随着机床工业的发展，曾经历过1959年、1963年、1971年、1976年、1985年、1994年等多次的修订和补充，现行的标准是GB/T 15375—2008《金属切削机床　型号编制方法》。目前工厂中使用和生产的机床，有相当一部分是按照以前的规定编制的，这些型号的含义可参阅以前历次颁布的标准。

第二节　车削与车床

一、车削概述

车削加工是机械加工中应用最为广泛的方法之一，是被加工工件边回转边被切削的一种加工方法，主要用于加工回转体零件，切削过程比较平稳，使用刀具较简单。车削加工精度一般为 IT8 ~ IT7，表面粗糙度 Ra 为 6.3 ~ 1.6 μm，精车时，可达 IT6 ~ IT5，表面粗糙度 Ra 为 0.8 ~ 0.4 μm。车削加工是一种通用性极强的零件加工方法，可加工圆柱面、圆锥面、回转体成形面、螺纹面、环形面，还可进行钻孔、扩孔、铰孔、滚花、切槽、切断等工作，如图 3 – 11 所示。

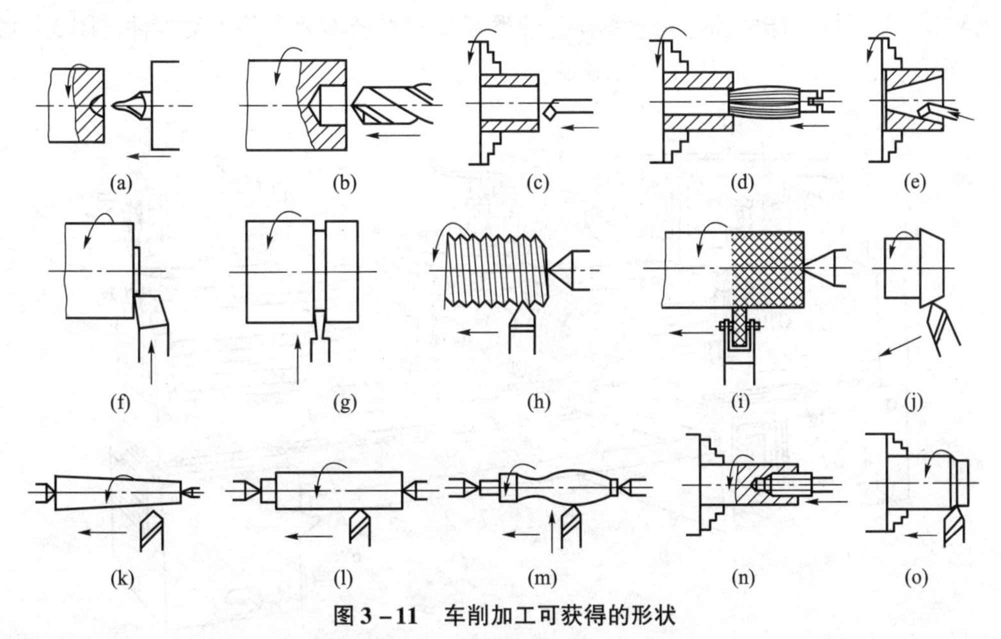

图 3 – 11　车削加工可获得的形状

(a) 钻中心孔；(b) 钻孔；(c) 扩孔；(d) 铰孔；(e) 车锥孔；(f) 车端面；(g) 切断（槽）；(h) 车螺纹；(i) 滚花；(j) 斜向车锥面；(k) 车锥面；(l) 车外圆；(m) 车成形面；(n) 攻螺纹；(o) 倒角（车外圆）

车削时需完成如下表面成形运动。

主运动：工件的旋转运动，其转速常以 n（r/min）表示。

进给运动：刀具移动实现车床的进给运动。刀具可做平行于工件旋转轴线的纵向进给运动或做垂直于工件旋转轴线的横向进给运动，刀具也可做与工件旋转轴线成一定角度的斜向运动或做曲线运动等，常以 f（mm/r）来表示其进给量的大小。

注意：在车圆柱面时，工件的旋转和刀具的纵向移动分别是两个成形运动，而车螺纹时，工件的旋转和刀具的纵向移动是一个复合的成形运动。

二、卧式车床

在一般机械制造工厂中，车床是使用最广泛的一类机床，在金属切削机床中所占的比例也最高，占机床总数的 20% ~ 35%。

1. 车床的类型

车床的种类很多，按其用途和结构特征的不同，主要分为：卧式及落地车床、立式车床、转塔（六角）车床、单轴自动和半自动车床、多轴自动和半自动车床、仿形及多刀车床、专门化车床（如凸轮轴车床、铲齿车床）等。在大批大量生产中，还使用各种专用车床。近年来，各类数控车床及车削中心也在越来越多地投入使用。

在所有各类车床中，卧式车床的应用最普遍，工艺范围也很广。其中，CA6140 型是比较典型的普通卧式车床，现以它为例进行介绍。

2. CA6140 型卧式车床

CA6140 型卧式车床的通用性强，但结构复杂而且自动化程度低，适用于单件、小批生产及修理车间。

1）CA6140 型卧式车床的组成部件

CA6140 型卧式车床的加工对象主要是轴类零件和直径不太大的盘类零件，图 3－12 所示为其外形，它的主要组成部件及功用如下。

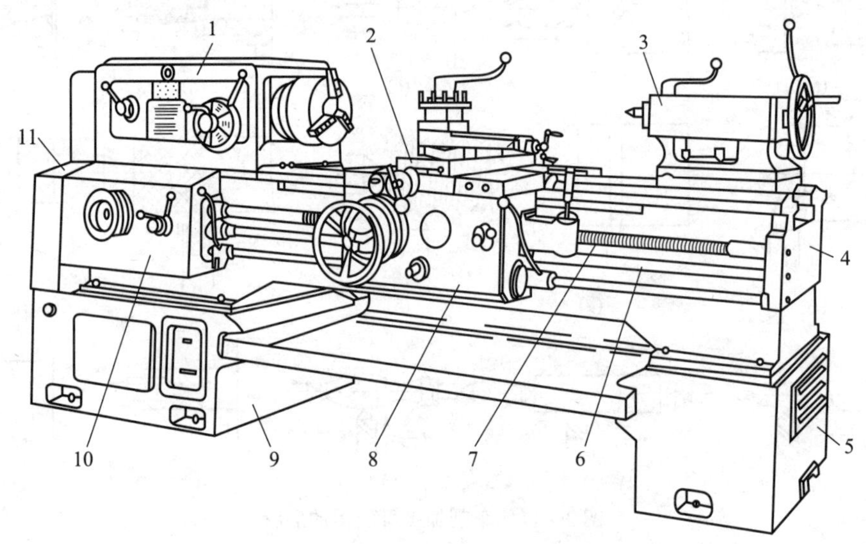

1—主轴箱；2—刀架；3—尾座；4—床身；5—右床腿；6—光杠；7—丝杠；
8—溜板箱；9—左床腿；10—进给箱；11—挂轮变换机构。

图 3－12　CA6140 型普通卧式车床外形

（1）主轴箱。主轴箱 1 又称床头箱，固定在床身 4 的左上端，内部装有主轴及其变速传动机构，利用卡盘等夹具将工件安装在主轴前端。主轴箱的功用是支承主轴并把动力经主轴箱内的变速机构传给主轴，使主轴带动工件按规定的转速旋转，以实现主运动，包括实现车床的启动、停止、变速和换向等。

（2）刀架。刀架 2 的功用是装夹车刀，并带动刀具一起沿床身 4 的刀架导轨做纵向、横向或斜向进给运动。

（3）尾座（尾架）。尾座（尾架）3 安装在床身 4 右端的尾座导轨面上，可沿导轨纵向调整位置，其主要功用是用后顶尖支承细长工件，或装上钻头、铰刀等孔加工工具以实现在车床上钻孔、扩孔、铰孔和攻螺纹等加工。

（4）床身。床身 4 装在左、右床腿 9 和 5 上，共同构成了车床的基础，其主要功用是安装车床的各个主要部件，使它们在工作时保持准确的相对位置或运动轨迹。

（5）溜板箱。溜板箱 8 装在床身 4 的前侧面，与刀架 2 下面的纵向溜板相连。其功用是把进给箱 10 传来的运动传递给刀架，使刀架实现纵向和横向进给，也可实现快速移动或车螺纹。

（6）进给箱。进给箱 10 又称走刀箱，固定在床身 4 的左前侧。进给箱中装有进给运动的变速机构，运动再通过光杠 6 或丝杠 7 传出，其主要功用是通过调整其变速机构，改变机动进给量或改变所加工螺纹的种类及导程。

此外，在床身 4 的左侧还装有挂轮变速机构 11，调整很方便。其主要功用是通过调整挂轮，得到一些特殊因子，以满足车削不同螺纹的需要。

总结：CA6140 型卧式车床的组成可用“三箱两架一床身，两腿两杠一挂轮”来形象地加以描述。

2）CA6140 型卧式车床的主要技术性能

CA6140 型卧式车床的主要技术性能如下。

床身上最大工件回转直径：			400 mm
最大工件长度：			750，1 000，1 500，2 000 mm
刀架上最大工件回转直径：			210 mm
主轴转速：	正转	24 级	10 ~ 1 400 r/min
	反转	12 级	14 ~ 1 580 r/min
进给量：	纵向	64 级	0.028 ~ 6.330 mm/r
	横向	64 级	0.014 ~ 3.160 mm/r
车削螺纹范围：	米制螺纹	44 种	P = 1 ~ 192 mm
	英制螺纹	20 种	α = 2 ~ 24 牙/in
	模数螺纹	39 种	m = 0.25 ~ 48 mm
	径节螺纹	37 种	DP = 1 ~ 96 牙/in
主电动机功率和转速：			7.5 kW，1 450 r/min
机床轮廓尺寸（长×宽×高）			2 668 mm × 1 000 mm × 1 267 mm

3）CA6140 型卧式车床的传动系统

卧式车床为了加工出所需的表面，传动系统需要具备以下传动链：主运动传动链以实现工件的旋转主运动，车螺纹传动链以实现螺纹进给运动，机动进给运动传动链以实现纵向、横向进给运动。此外，为了节省辅助时间和减轻工人劳动强度，CA6140 型卧式车床还有一条快速空行程传动链，加工中可使刀架实现纵、横向的机动快速移动。CA6140 型卧式车床的传动系统如图 3－13 所示。

分析机床传动系统图时，首先要确定机床的传动链数；接着在分析各传动链时，找出传动的链的始端件和末端件，研究从始端件至末端件之间的各传动轴间的传动方式及传动比，研究各轴上的传动元件数量、类型及与传动轴之间的连接关系，即采取“找两头，连中间”的分析方式；最后列出传动路线的表达式及运动平衡式。

下面逐一分析 CA6140 型卧式车床的各条传动链。

（1）主运动传动链。主运动传动链的两端件分别是主电动机与主轴，它的功用是把动力源（电动机）的运动及动力传给主轴，使主轴带动工件旋转实现主运动，并满足主轴变速和换向的要求。

主运动的传动路线从电动机开始，经 V 带轮传动副传至主轴箱中的轴Ⅰ。轴Ⅰ上装有一个双向多片摩擦离合器 M_1，M_1的功用是控制主轴Ⅵ的启动、停止及换向。离合器左半部接合时，轴Ⅰ的运动经齿轮副 56/38 或 51/43 传给轴Ⅱ，主轴正转；右半部接合时，经齿轮 50、轴Ⅶ上的空套齿轮 34 传给轴Ⅱ上的固定齿轮 30，这时轴Ⅰ至轴Ⅱ之间多了一个中间齿轮 34，故轴Ⅱ的转向与经 M_1 左部传动时相反，主轴反转；左右都不接合时，轴Ⅰ空转，主轴停止转动。轴Ⅰ运动经 M_1→轴Ⅱ→轴Ⅲ，然后分成两条路线传给主轴：当主轴Ⅵ上的滑移齿轮（z = 50）移至左边脱开位置时，运动从轴Ⅲ经齿轮副 63/50 直接传给主轴Ⅵ，使主轴得到高转速；当主轴Ⅵ上的滑移齿轮（$z=50$）向右移，使齿轮式离合器 M_2 接合时，运动经轴Ⅲ→Ⅳ→Ⅴ传给主轴Ⅵ，使主轴获得中、低转速。主运动传动路线表达式为

$$
\text{电动机}-\frac{\phi130}{\phi230}-\text{I}-\left\{\begin{array}{l} M_1\,\text{左（正转）}-\left\{\begin{array}{c}\frac{56}{38}\\ \frac{51}{43}\end{array}\right\}- \\ M_1\,\text{右（反转）}-\frac{50}{34}-\text{Ⅶ}-\frac{34}{30} \end{array}\right\}-\text{Ⅱ}-\left\{\begin{array}{c}\frac{39}{41}\\ \frac{30}{50}\\ \frac{22}{58}\end{array}\right\}-
$$

$$
\text{Ⅲ}-\left\{\begin{array}{l} \left\{\begin{array}{c}\frac{20}{80}\\ \frac{50}{50}\end{array}\right\}-\text{Ⅳ}-\left\{\begin{array}{c}\frac{20}{80}\\ \frac{51}{50}\end{array}\right\}-\text{Ⅴ}-M_2-\frac{26}{58} \\ \text{————}\ \frac{63}{50}\ \text{————} \end{array}\right\}-\text{Ⅵ（主轴）}
$$

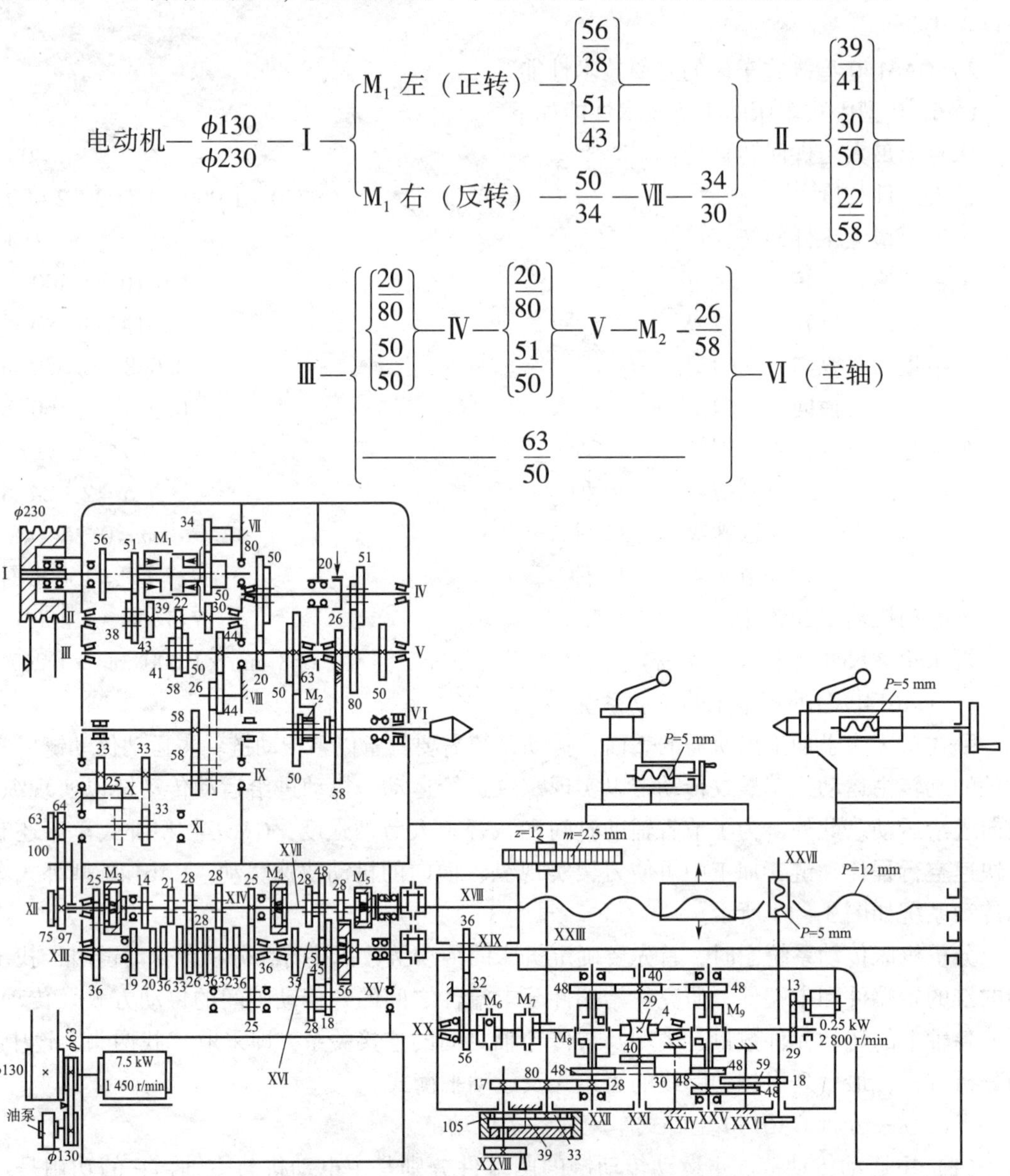

图 3－13　CA6140 型卧式车床的传动系统

根据传动系统图和传动路线表达式，当主轴正转时，轴Ⅱ上的双联滑移齿轮可有左、右两种啮合位置，分别经 56/38 或 51/43 使轴Ⅱ获得两种速度。其中的每种转速经轴Ⅲ的三联滑移齿轮 39/41 或 30/50 或 22/58 的齿轮啮合，使轴Ⅲ获得 3 种转速，因此轴Ⅱ的两种转速可使轴Ⅲ获得 $2\times3=6$ 种转速。经高速分支传动路线时，由齿轮副 63/50 使主轴Ⅵ获得 6 种高转速。经低速分支传动路线时，轴Ⅲ的 6 种转速经轴Ⅳ上的两对双联滑移齿轮，使主轴得到 $6\times2\times2=24$ 种低转速。主轴似可获得 30 级转速，但由于轴Ⅲ→Ⅳ→Ⅴ间的传动比为

$$u_1=\frac{50}{50}\times\frac{51}{50}\approx1,\ u_2=\frac{50}{50}\times\frac{20}{80}=\frac{1}{4},\ u_3=\frac{20}{80}\times\frac{51}{50}\approx\frac{1}{4},\ u_4=\frac{20}{80}\times\frac{20}{80}=\frac{1}{16}$$

其中 u_2、u_3 基本相等，因此经低速传动路线时，主轴Ⅵ获得的实际只有 $6\times(4-1)=18$ 级转速，其中有 6 种重复转速，再加上经高速分支传动路线时的 6 种高转速，主轴正转只能获得 24 级不同转速。

同理，主轴反转时也只能获得 $3+3\times(2\times2-1)=12$ 级转速。

主轴的转速可按下列运动平衡式计算

$$n_{主}=n_{电}\times\frac{130}{230}\times(1-\varepsilon)u_{\text{Ⅰ-Ⅱ}}\times u_{\text{Ⅱ-Ⅲ}}\times u_{\text{Ⅲ-Ⅵ}} \tag{3-1}$$

式中　ε——V 带轮的滑动系数，可取 $\varepsilon=0.02$；

$u_{\text{Ⅰ-Ⅱ}}$——轴Ⅰ和轴Ⅱ间的可变传动比，其余类推。

主轴的各级转速可根据各滑移齿轮的啮合状态求得，如图 3－13 中所示的齿轮啮合情况（离合器 M_2 拨向左侧），主轴的转速为

$$n_{主}=1\,450\times\frac{130}{230}\times(1-0.02)\times\frac{51}{43}\times\frac{22}{58}\times\frac{63}{50}\approx450\ \text{r/min}$$

主轴反转时，轴Ⅰ－Ⅱ之间的传动比大于正转时的传动比，故在其余条件相同时，反转时的转速要高于正转时的转速。主轴反转通常不是用于切削，而是主要用于车螺纹过程中，在不断开主轴和刀架间内联系传动的情况下，使刀架退回到起始位置以节省辅助时间。

（2）车螺纹传动链。CA6140 型卧式车床能车削米制、模数制、英制及径节制 4 种标准螺纹；此外，还可以车削加大螺距、非标准螺距及较精密的螺纹。这些螺纹可以是右旋的，也可以是左旋的。

车削螺纹时，需要在加工中形成母线（螺纹面形）和导线（螺旋线）。母线由螺纹车刀采用成形法形成，不需成形运动；螺旋线导线由轨迹法形成，需要一个复合的成形运动。车螺纹传动链的始末两端件分别是主轴和刀架，为了形成一定导程的螺旋线，主轴与刀架之间必须保持严格的传动比关系，即主轴每转一周，刀架应均匀地移动一个导程 P。根据这个相对运动关系，可列出车螺纹时的运动平衡式

$$1_{(主轴)}\times u\times P_s=P \tag{3-2}$$

式中　u——从主轴到丝杠之间全部传动副的总传动比；

P_s——机床丝杠的导程，mm，CA6140 型车床 $P_s=12$ mm；

P——被加工工件的导程，mm。

不同的螺纹用不同的螺纹参数表示螺距大小，表 3－5 列出了 4 种标准螺纹的螺距参数及其与螺距、导程之间的换算关系。

表 3－5　标准螺纹的螺距参数及其与螺距、导程的换算关系

螺纹种类	螺距参数	螺距/mm	导程/mm
米制	螺距 P/mm	P	$S=kP$
模数制	模数 m/mm	$P_m=\pi m$	$S_m=kP_m=k\pi m$
英制	每英寸牙数 a/（牙·in^{-1}）	$P_a=\frac{25.4}{a}$	$S_a=kP_a=\frac{25.4k}{a}$
径节制	径节 DP/（牙·in^{-1}）	$P_{DP}=\frac{25.4}{DP}\pi$	$S_{DP}=kP_{DP}=\frac{25.4k}{DP}\pi$

注：k 为螺纹线数。

①车削米制螺纹。米制螺纹是我国常用的螺纹，国家标准中已规定了其标准螺距值。米制螺纹标准螺距值的特点是按分段等差数列规律排列（见表3-6），故要求车螺纹传动链的变速机构能按分段等差数列的规律变换其传动比，此要求可通过适当调整进给箱中的变速机构来实现。

表3-6　CA6140型普通车床米制螺纹导程　mm

导程 P / 基本组 u_j / 增倍组 u_b	$\frac{26}{28}$	$\frac{28}{28}$	$\frac{32}{28}$	$\frac{36}{28}$	$\frac{19}{14}$	$\frac{20}{14}$	$\frac{33}{21}$	$\frac{36}{21}$
$u_{b1}=\frac{18}{45}\times\frac{15}{48}=\frac{1}{8}$	—	—	1	—	—	1.25	—	1.5
$u_{b2}=\frac{28}{35}\times\frac{15}{48}=\frac{1}{4}$	—	1.75	2	2.25	—	2.5	—	3
$u_{b3}=\frac{18}{45}\times\frac{35}{28}=\frac{1}{2}$	—	3.5	4	4.5	—	5	5.5	6
$u_{b4}=\frac{28}{35}\times\frac{35}{28}=1$	—	7	8	9	—	10	11	12

车削米制螺纹时，进给箱中的齿式离合器 M_3 和 M_4 脱开，M_5 接合。此时，运动由主轴Ⅵ经齿轮副58/58、轴Ⅸ至轴Ⅺ间的左右螺纹换向机构（车右螺纹时经33/33，车左螺纹时经33/25×25/33）、挂轮63/100×100/75传至进给箱的轴Ⅻ；然后由移换机构的齿轮副25/36传至轴ⅩⅢ，经两轴滑移变速机构的齿轮副（基本螺距机构）传至轴ⅩⅣ；再由移换机构的齿轮副25/36×36/25传至轴ⅩⅤ；接下去再经过轴ⅩⅤ与轴ⅩⅦ间的两组滑移变速机构（增倍机构）传至轴ⅩⅦ；最后由齿式离合器 M_5 传至丝杠ⅩⅧ。合上溜板箱中的开合螺母，使其与丝杠啮合，带动刀架纵向运动，完成米制螺纹的加工。

车削米制螺纹时的传动路线表达式为

$$\text{主轴Ⅵ}-\frac{58}{58}-\text{Ⅸ}-\left\{\begin{matrix}\frac{33}{33}(\text{右螺纹})\\ \frac{33}{25}-\text{Ⅺ}-\frac{25}{33}(\text{左螺纹})\end{matrix}\right\}-\text{Ⅹ}-\frac{63}{100}\times\frac{100}{75}-\text{Ⅻ}-\frac{25}{36}-\text{ⅩⅢ}-$$

$$u_j-\text{ⅩⅣ}-\frac{25}{36}\times\frac{36}{25}-\text{ⅩⅤ}-u_b-\text{ⅩⅦ}-M_5(\text{啮合})-\text{ⅩⅧ}(\text{丝杠})-\text{刀架}$$

u_j 为轴ⅩⅢ-ⅩⅣ间双轴滑移齿轮变速机构的可变传动比，共有8种：

$$u_{j1}=\frac{26}{28}=\frac{6.5}{7}\quad u_{j2}=\frac{28}{28}=\frac{7}{7}\quad u_{j3}=\frac{32}{28}=\frac{8}{7}\quad u_{j4}=\frac{36}{28}=\frac{9}{7}$$

$$u_{j5}=\frac{19}{14}=\frac{9.5}{7}\quad u_{j6}=\frac{20}{14}=\frac{10}{7}\quad u_{j7}=\frac{33}{21}=\frac{11}{7}\quad u_{j8}=\frac{36}{21}=\frac{12}{7}$$

它们近似按等差数列的规律排列，轴ⅩⅢ-ⅩⅣ间的变速机构是获得各种螺纹导程的基本机构，故通常称其为基本螺距机构，或称基本组。

u_b 为轴XV—XVII间三轴滑移齿轮机构的可变传动比，共有4种：

$$u_{b1}=\frac{18}{45}\times\frac{15}{48}=\frac{1}{8} \qquad u_{b2}=\frac{28}{35}\times\frac{15}{48}=\frac{1}{4}$$

$$u_{b3}=\frac{18}{45}\times\frac{35}{28}=\frac{1}{2} \qquad u_{b4}=\frac{28}{35}\times\frac{35}{28}=1$$

它们按倍数关系排列，改变 u_b 的值，可将基本组的传动比成倍地增加或缩小，这个变速机构用于扩大车削螺纹导程的种数，通常称其为增倍机构，或简称增倍组。

由传动系统图和传动路线表达式，即可列出车削米制螺纹的运动平衡式，即

$$P=1_{(主轴)}\times\frac{58}{58}\times\frac{33}{33}\times\frac{63}{100}\times\frac{100}{75}\times\frac{25}{36}\times u_j\times\frac{25}{36}\times\frac{36}{25}\times u_b\times 12 \tag{3-3}$$

式中 u_j、u_b——基本变速组传动比和增倍变速组传动比。

将式（3-3）化简可得

$$P=7u_ju_b \tag{3-4}$$

把 u_j、u_b 的值代入式（3-4），得到 $8\times4=32$ 种导程值，其中符合标准的有20种，如表3-6所示。

②车削英制螺纹。英制螺纹在英、美等采用英寸制的国家中应用较广泛，我国部分管螺纹也采用英制螺纹。英制螺纹以每英寸长度上的螺纹扣数 a（扣/in）表示，因此，英制螺纹的导程 $P_a=1/a$ 为

$$P_a=\frac{k}{a}\text{ in}=\frac{25.4k}{a}\text{ mm}$$

标准的螺纹扣数 a 也按分段等差数列的规律排列，所以英制螺纹的导程是分段调和数列（分母为分段等差数列）。此外，将以英寸为单位的导程值换算成以mm为单位的导程值时，数值中出现了特殊因子25.4。因此，要车削各种英制螺纹，需要对米制螺纹的传动路线做如下变动：首先将基本组两轴的主、被动关系对调，使轴XIV变成主动轴，轴XIII变成被动轴，这样可得8个按调和数列排列的传动比值；其次，改变传动链中部分传动副的传动比，在传动链中要能够产生特殊因子25.4。

为此，将进给箱中的离合器 M_3 和 M_5 接合，M_4 脱开，挂轮用 $63/100\times100/75$，同时轴XV左端的滑移齿轮 z_{25} 左移，与固定在轴XIII上的齿轮 z_{36} 啮合。运动由轴XII经 M_3 先传到轴XIV，然后传至轴XIII，再经齿轮副36/25传至轴XV，从而使基本组的运动方向刚好与车削米制螺纹时相反，同时轴XII与轴XV之间定比传动机构的传动比也由 $25/36\times36/25$ 变为36/25，其余部分传动路线与车削米制螺纹时相同，此时传动链的传动路线表达式为

$$\text{主轴IV}—\frac{58}{58}—\text{IV}—\begin{bmatrix}\frac{33}{33}\\(\text{右旋螺纹})\\\frac{33}{25}\times\frac{25}{33}\\(\text{左旋螺纹})\end{bmatrix}—\text{XI}—\begin{bmatrix}\frac{63}{100}\times\frac{100}{75}\\(\text{英制螺纹})\\\frac{64}{100}\times\frac{100}{97}\\(\text{径节螺纹})\end{bmatrix}—\text{XII}—M_3—$$

$$\text{XIV}—\frac{1}{u_j}—\text{XIII}—\frac{36}{25}—\text{XV}—u_b—\text{XVII}—M_5—\text{XVIII}（丝杠）—刀架$$

其运动平衡式为

$$P_a = 1_{(主轴)} \times \frac{58}{58} \times \frac{33}{33} \times \frac{63}{100} \times \frac{100}{75} \times \frac{1}{u_j} \times \frac{36}{25} \times u_b \times 12$$

$$= \frac{4}{7} \times 25.4 \times \frac{1}{u_j} \times u_b \tag{3-5}$$

其中，$\frac{63}{100} \times \frac{100}{75} \times \frac{36}{25} \approx \frac{25.4}{21}$，再将 $P_a = \frac{25.4k}{a}$ 代入式（3-5）得

$$a = \frac{7}{4} \times \frac{u_j}{u_b} \quad 扣/in \tag{3-6}$$

变换 u_j、u_b 的值，就可得到各种标准的英制螺纹。

③车削模数螺纹。模数螺纹主要用在米制蜗杆中，螺距参数为模数 m，国家标准规定的标准模数 m 值也是分段等差数列。与米制螺纹不同的是，在模数螺纹导程中，$P_m = k\pi m$ 含有特殊因子 π，故要求在运动平衡式传动链传动比中也应包含特殊因子 π，因此车削模数螺纹时所用的交换齿轮与车削米制螺纹时不同，需用 $\frac{64}{100} \times \frac{100}{97}$ 来代替 $\frac{63}{100} \times \frac{100}{75}$ 引入常数 π，其余部分的传动路线与车削米制螺纹的传动路线基本相同。其运动平衡式为

$$P_m = 1_{(主轴)} \times \frac{58}{58} \times \frac{33}{33} \times \frac{64}{100} \times \frac{100}{97} \times \frac{25}{36} \times u_j \times \frac{25}{36} \times \frac{36}{25} \times u_b \times 12 \tag{3-7}$$

式（3-7）中，$\frac{64}{100} \times \frac{100}{97} \times \frac{25}{36} \approx \frac{7\pi}{48}$ 的绝对误差为0.000 04，相对误差为0.000 09，这种误差很小，一般可以忽略。将运动平衡方程式整理后得

$$m = \frac{7}{4k} u_j u_b \tag{3-8}$$

变换 u_j、u_b 的值，就可得到各种不同模数的螺纹。

④车削径节螺纹。径节螺纹主要用于英制蜗杆，同英制蜗轮相配合，其螺距参数为径节，用 DP 表示。其定义为：对于英制蜗轮，将其总齿数折算到每一英寸分度圆直径上所得的齿数值，称为径节。根据径节的定义可得蜗轮齿距 p 为

$$p = \frac{\pi D}{z} = \frac{\pi}{\frac{z}{D}} = \frac{\pi}{DP} \quad in \tag{3-9}$$

式中 p——蜗轮齿距；

z——蜗轮的齿数；

D——蜗轮的分度圆直径，in。

只有英制蜗杆的轴向齿距 P_{DP} 与蜗轮齿距 π/DP 相等才能正确啮合，而径节制螺纹的导程为英制蜗杆的轴向齿距，即

$$P_{DP} = \frac{k\pi}{DP} \quad in = \frac{25.4k\pi}{DP} \quad mm \tag{3-10}$$

标准径节的数列也是分段等差数列，而螺距和导程的数列则是分段调和数列，螺距和导程值中有特殊因子25.4，这些都和英制螺纹类似，可采用英制螺纹的传动路线；另外，螺距和导程值中有特殊因子 π，这又和模数螺纹相同，挂轮需换为 $\frac{64}{100} \times \frac{100}{97}$，其运动平衡式为

$$P_{DP} = 1_{(主轴)} \times \frac{58}{58} \times \frac{33}{33} \times \frac{64}{100} \times \frac{100}{97} \times \frac{1}{u_j} \times \frac{36}{25} \times u_b \times 12 \tag{3-11}$$

式（3－11）中，$\frac{64}{100}\times\frac{100}{97}\times\frac{36}{25}\approx\frac{25.4\pi}{84}$，化简后得

$$DP=7k\frac{u_j}{u_b} \tag{3-12}$$

变换 u_j、u_b 的值，可得常用的24种螺纹径节。

⑤车削大导程螺纹。从表3－6可以看出，车米制螺纹的传动路线能加工的最大螺纹导程是12 mm。如果需车削导程大于12 mm的米制螺纹，应采用扩大导程传动路线。这时，主轴Ⅵ的运动（此时 M_2 接合，主轴处于低速状态）经斜齿轮传动副58/26到轴Ⅴ，再经背轮机构80/20与80/20（或50/50）传至轴Ⅲ，最后经44/44、26/58（轴Ⅸ滑移齿轮 z_{58} 处于右位与轴Ⅷ的 z_{26} 啮合）传到轴Ⅸ，其传动路线表达式为

$$\text{主轴Ⅵ}-\left\{\begin{array}{l}(\text{扩大导程})\ \frac{58}{26}-\text{Ⅴ}-\frac{80}{20}-\text{Ⅳ}-\left\{\begin{array}{c}\frac{50}{50}\\ \frac{80}{20}\end{array}\right\}-\text{Ⅲ}-\frac{44}{44}\times\frac{26}{58}\\ (\text{正常导程})\ \text{———————}\ \frac{58}{58}\ \text{———————}\end{array}\right\}-\text{Ⅸ}-\left(\begin{array}{l}\text{接正常导程}\\ \text{传动路线}\end{array}\right)$$

从传动路线表达式可知，扩大螺纹导程时，主轴Ⅵ到轴Ⅸ的传动比为

a. 当主轴转速为40～125 r/min时，$u_1=\frac{58}{26}\times\frac{80}{20}\times\frac{50}{50}\times\frac{44}{44}\times\frac{26}{58}=4$。

b. 当主轴转速为10～32 r/min时，$u_2=\frac{58}{26}\times\frac{80}{20}\times\frac{80}{20}\times\frac{44}{44}\times\frac{26}{58}=16$。

而螺纹导程正常时，主轴Ⅵ到轴Ⅸ的传动比为

$$u=\frac{58}{58}=1$$

所以，通过扩大导程传动路线可将正常螺纹导程扩大4倍或16倍。CA6140型卧式车床车削大导程米制螺纹时，最大螺纹导程为 $P_{max}=12\times16\ \text{mm}=192\ \text{mm}$。

同样，采用扩大导程传动路线也可车削大导程的英制螺纹、模数螺纹和径节螺纹。

注意：扩大螺距机构的传动齿轮就是主运动的传动齿轮，所以，只有主轴上的 M_2 合上，即主轴处于低速状态时，用扩大螺距机构才能车削大导程螺纹。当主轴转速确定后，这时导程可能扩大的倍数也就确定了。当主轴转速为40～125 r/min时，导程可以扩大4倍；主轴转速为10～32 r/min时，导程可以扩大16倍。大导程螺纹只能在主轴低转速时车削，这也符合工艺上的需要。

⑥车削非标准螺纹和精密螺纹。当需要车削非标准螺纹，用进给箱中的变速机构无法得到所要求的螺纹导程，或者虽是标准螺纹，但精度要求较高时，可将进给箱中的齿式离合器 M_3、M_4 和 M_5 全部接合，使轴Ⅻ、ⅩⅣ、ⅩⅦ、ⅩⅧ连成一体，运动从轴Ⅻ直接传到丝杠ⅩⅧ，被加工螺纹的导程 $P_{工}$ 依靠调整挂轮的传动比 $u_{挂}$ 来实现。其运动平衡式为

$$P_{工}=1_{(主轴)}\times\frac{58}{58}\times\frac{33}{33}\times u_{挂}\times12 \tag{3-13}$$

所以，挂轮的换置公式为

$$u_{挂}=\frac{a}{b}\times\frac{c}{d}=\frac{P_{工}}{12} \qquad (3-14)$$

适当地选择挂轮 a、b、c 及 d 的齿数，就可车出所需要的非标准螺纹。同时，由于螺纹传动链不再经过进给箱中任何齿轮传动，主轴至丝杠的传动路线大为缩短，减少了传动件制造和装配误差对被加工螺纹导程的影响，加工精度提高，若选择高精度的齿轮作挂轮，则可加工精密螺纹。

3. 机动进给运动传动链

进给运动传动链的两端件也是主轴和刀架，主要用来加工圆柱面和端面。为了减少螺纹传动链丝杠及开合螺母磨损，保证螺纹传动链的精度，机动进给是由光杠经溜板箱传动的。

这条传动链从主轴Ⅵ到轴ⅩⅦ之间的传动路线，与车削螺纹的传动路线相同。其后，将进给箱中的离合器 M_5 脱开，使轴ⅩⅧ的齿轮 z_{28} 与轴ⅩⅨ左端的 z_{56} 相啮合，运动由进给箱传至光杠ⅩⅨ，再经溜板箱中的传动机构分别传至齿轮齿条机构和横向进给丝杠ⅩⅩⅦ，使刀架做纵向和横向机动进给运动，其传动路线表达式为

$$\text{主轴（Ⅵ）}-\begin{Bmatrix}\text{米制螺纹传动路线}\\\text{英制螺纹传动路线}\end{Bmatrix}-\text{ⅩⅦ}-\frac{28}{56}-\text{ⅩⅨ（光杠）}-\frac{36}{32}\times\frac{32}{56}-$$

$$M_6\text{（超越离合器）}-M_7\text{（安全离合器）}-\text{ⅩⅩ}-\frac{4}{29}-\text{ⅩⅩⅠ}-$$

$$\left\{\begin{matrix}\begin{bmatrix}\frac{40}{48}-M_8\uparrow\\\frac{40}{30}\times\frac{30}{48}-M_8\downarrow\end{bmatrix}-\text{ⅩⅩⅡ}-\frac{28}{80}-\text{ⅩⅩⅢ}-z_{12}-\text{齿条}\\\begin{bmatrix}\frac{40}{48}-M_9\uparrow\\\frac{40}{30}\times\frac{30}{48}-M_9\downarrow\end{bmatrix}-\text{ⅩⅩⅤ}-\frac{48}{48}\times\frac{59}{18}-\text{ⅩⅩⅦ（横向丝杠）}\end{matrix}\right.$$

利用进给箱中的基本螺距机构和增倍机构，以及进给传动链的不同路线，可获得纵向机动进给量和横向进给量各64种。

当横向机动进给与纵向进给的传动路线一致时，所得到的横向进给量是纵向进给量的一半。

4. 快速运动传动链

按下快速移动按钮，快速电动机（0.25 kW，2 800 r/min）经齿轮副13/29使轴ⅩⅩ，再经蜗杆蜗轮副4/29传至轴ⅩⅩⅠ，然后沿与机动进给相同的传动路线，传至齿轮齿条机构或横向进给丝杠，使刀架实现纵向或横向的快速移动，其传动路线表达式为

$$\text{快速移动电动机}-\frac{13}{29}-\text{ⅩⅩ}-\frac{4}{29}-\text{ⅩⅩⅠ}-\begin{cases}M_8\cdots\text{（纵向）}\\M_9\cdots\text{（横向）}\end{cases}$$

当快速电动机旋转时，依靠在齿轮56与轴ⅩⅩ间安装的超越离合器 M_6，可不必脱开进给传动链，这是由于轴ⅩⅩ快速旋转时，M_6 使工作进给传动链自动断开，而当快速电动机停转时，M_6 使工作进给传动链又自动重新接通。

三、其他车床

1. 立式车床

立式车床结构布局上的主要特点是主轴垂直布置，并有一个直径很大的圆形工作台，工作台台面处于水平位置，供安装工件之用，因此笨重工件的装夹和找正比较方便。由于工件及工作台的质量由床身导轨或推力轴承承受，大大减轻了主轴及其轴承的载荷，因此较易保证加工精度。立式车床主要用于加工径向尺寸大而轴向尺寸相对较小，且形状比较复杂的大型或重型零件，是汽轮机、水轮机、矿山冶金设备等重型机械制造厂不可缺少的加工设备。

立式车床分单立柱式［见图 3－14（a）］和双立柱式［见图 3－14（b）］两种，前者加工直径一般小于 1 600 mm，后者加工直径一般大于 2 000 mm。

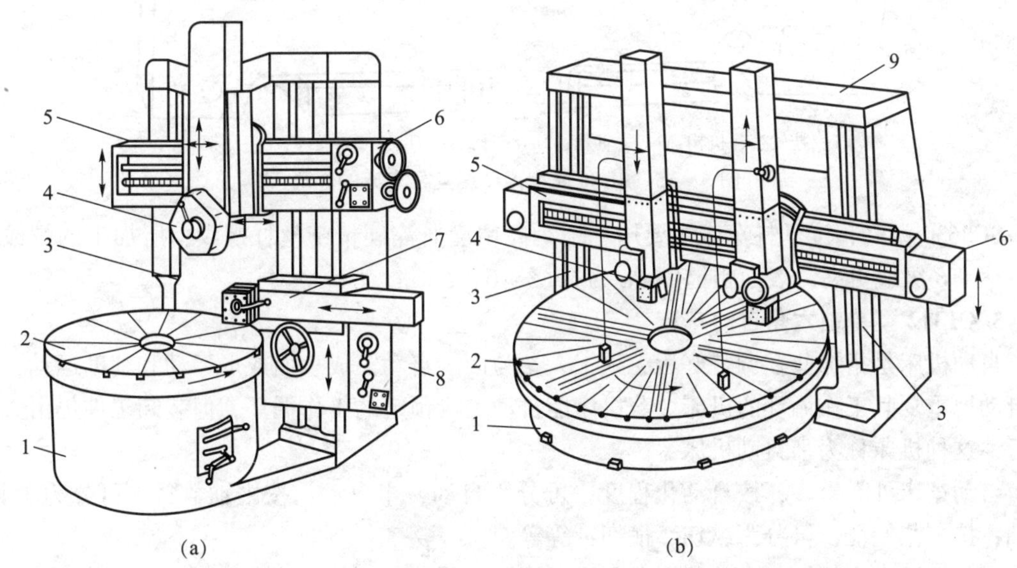

(a)　(b)

1—底座；2—工作台；3—立柱；4—垂直刀架；5—横梁；6—垂直刀架进给箱；
7—侧刀架；8—侧刀架进给箱；9—顶梁。

图 3－14　立式车床

(a) 单立柱式；(b) 双立柱式

在图 3－14 中，立式车床的工作台 2 装在底座 1 的环形导轨上，工件装夹在工作台上并由工作台带动做旋转主运动。进给运动由垂直刀架 4 和侧刀架 7 实现。侧刀架 7 可在立柱 3 的导轨上移动做垂直进给，还可沿刀架滑座的导轨做横向进给。侧刀架可完成车外圆、切端面、切沟槽和倒角等工序。垂直刀架 4 可在横梁 5 的导轨上移动做横向进给及沿其刀架滑座的导轨做垂直进给。刀架滑座可左右扳转一定角度，并带动刀架做斜向进给。因此，垂直刀架可完成车内外圆柱面、圆锥面，切端面及切沟槽等工序。在垂直刀架上还可装有一个五角形的转塔刀架，既可安装各种车刀完成上述工序，还可安装各种孔加工刀具进行钻、扩、铰等工序。

2. SG8630 型高精度丝杠车床

SG8630 型高精度丝杠车床是一种专用车床，结构布局与卧式车床相似，所不同的是取消了进给箱、光杠和溜板箱，简化了结构，联系主轴和刀架的螺纹进给传动链的传动比由挂轮保证，刀架由装在床身前后导轨之间的丝杠经螺母传动。

图3－15所示为SG8630型高精度丝杠车床的外形，其主要部件有挂轮变速机构1、主轴箱2、床身3、刀架4、丝杠5和尾架6。为保证高的螺纹加工精度和小的表面粗糙度，SG8630型高精度丝杠车床采取了多条有效措施，如螺纹进给传动链中只有两对挂轮（交换齿轮），缩短了传动链，传动结构简单、可靠，运转精度高，调速方便，减少了传动误差对螺距（导程）精度的影响；提高传动件（特别是丝杠和螺母）的制造精度；采用螺距校正装置，有效地提高了传动精度并保持良好的精度稳定性等。

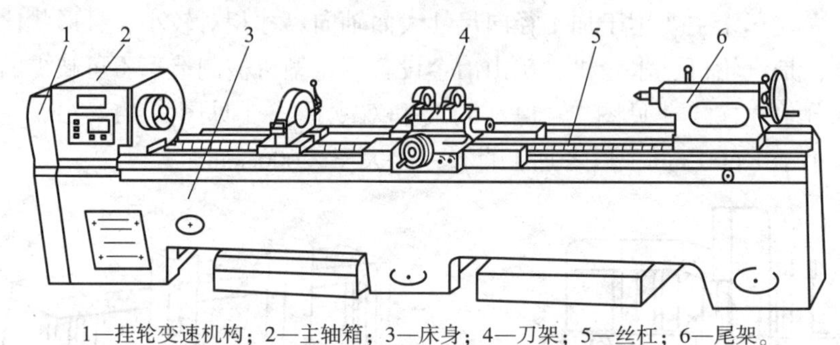

1—挂轮变速机构；2—主轴箱；3—床身；4—刀架；5—丝杠；6—尾架。

图3－15 SG8630型高精度丝杠车床的外形

SG8630型高精度丝杠车床主要用于精车高精度非淬硬精密丝杠螺纹，所加工的螺纹精度可达IT6级或更高，表面粗糙度 Ra 为0.63～0.32 μm。

3. C1312型单轴六角自动车床

自动机床是指那些在调整好后无须工人参与便能自动完成表面成形运动和辅助运动，并能自动地重复其工作循环的机床。若机床能自动完成预定的工作循环，但装卸工件仍由人工进行，这种机床称为半自动机床。

自动车床种类繁多，按自动化程度，可分为自动、半自动；按主轴数目，可分为单轴、多轴；按工艺特征，可分为纵切、横切；等等。

C1312型单轴六角自动车床采用凸轮、挡块自动控制系统来实现机床的自动工作循环，工人调整好机床并启动之后，机床就能自动地加工零件。工人只需定期地装上棒料、观察机床的工作状态和定期抽查零件加工质量。

图3－16所示为C1312型单轴六角自动车床的外形。它主要由底座1、床身2、分配轴3、主轴箱4、回转刀架8和辅助轴9等部件组成。这种机床适合将冷拔棒料加工成所需的零件，棒料的截面形状可以是圆形、六角形、方形等。机床可完成车削外圆、成形回转体表面、切槽、倒角、滚花、车端面、钻孔、扩孔、铰孔，用丝锥或板牙加工螺纹、切断等工作。主轴箱4的右侧分别装有前刀架5、立刀架6、后刀架7，它们各自独立地做径向、横向进给运动和快速移动，前、后刀架可完成相关的车削及滚花等工作，立刀架用来进行最后的切断。床身2上部的右侧装有回转刀架8，可沿床身导轨做快速移动和进给运动。回转刀架的圆周上有6个均布的刀具安装孔，通过辅具可分别装夹一组刀具，依次完成车外圆、钻孔、扩孔、铰孔、攻内螺纹、套外螺纹等工作。床身前面和右面装有两根等速旋转的分配轴3，二者互相垂直，通过安装在轴上的凸轮和具有可调挡块的定时轮控制各部件的运动，以实现机床的自动工作循环。机床后面的辅助轴9上装有定转离合器，定转地接通各工作部件使它们完成一个辅助动作，如送夹料、主轴变速变向、回转刀架转位等。

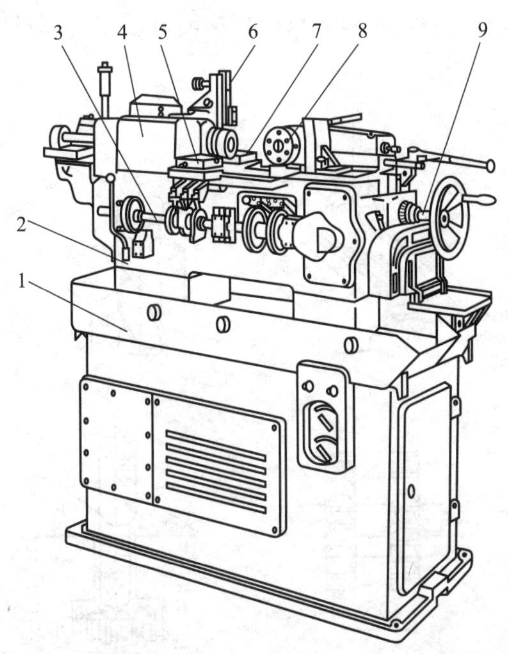

1—底座；2—床身；3—分配轴；4—主轴箱；5—前刀架；6—立刀架；7—后刀架；8—回转刀架；9—辅助轴。

图 3－16　C1312 型单轴六角自动车床的外形

C1312 型单轴六角自动车床加工棒料的最大直径为 12 mm，最大送料长度为 60 mm，最大车削长度为 50 mm，钻孔最大直径为 8 mm，高速钻孔最大直径为 4 mm，最大加工螺纹为 M8，单件加工时间为 2～180 s。

第三节　铣削与铣床

一、铣削概述

铣削是利用旋转的多齿铣刀在沿各个方向相对工件移动的过程中，切除工件材料的一种加工方法。铣削应用比较广泛，主要适用于加工平面、台阶、沟槽、分齿零件上的齿槽和螺旋面及各种成形曲面等，铣削还可以和车削复合加工回转面。铣削所能达到的加工精度为IT10～IT7，表面粗糙度 *Ra* 为 6.3～1.6 μm。图 3－17 所示为一些典型的铣削加工方法。

铣削时需要完成如下表面成形运动。

1. 主运动

主运动是指铣刀绕自身轴线旋转的运动，其转速常以 n（r/min）表示。

2. 进给运动

进给运动是指工件安装在工作台上相对铣刀移动做的运动或铣刀移动做的运动（工件不动）。进给量的大小通常有 3 种表示方法：一是铣刀转一周过程中，工件在进给方向上与铣刀的相对位移，即进给量 f（mm/r）；二是铣刀铣削时每转过一个刀齿，工件在进给方向上与铣刀的相对位移，即每齿进给量 f_z（mm/z）；三是单位时间内工件在进给方向上与铣刀的相对位移，即进给速度 v_f（mm/min）。进给运动的方向通常包含纵向、横向和高度等3个方向。

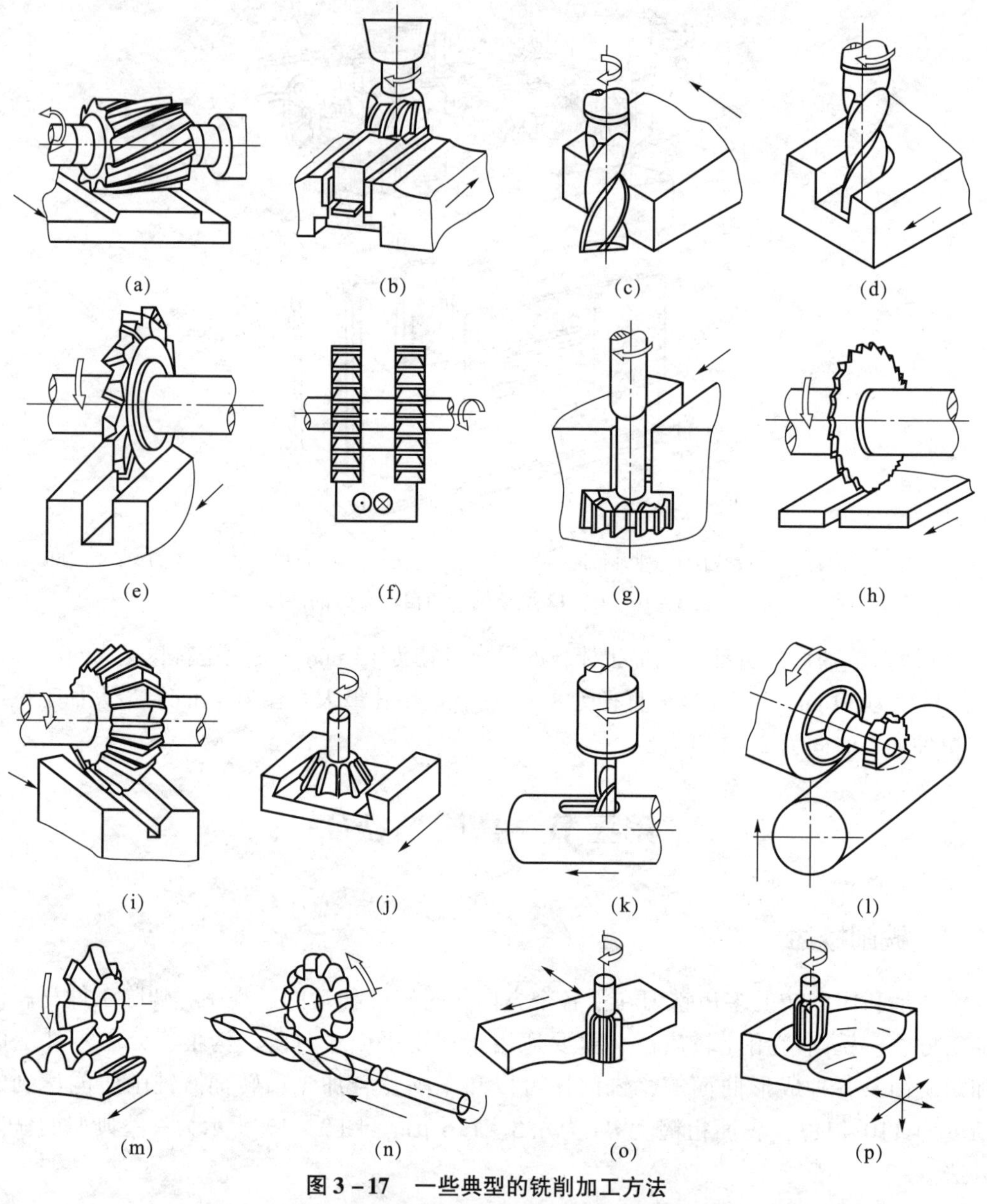

图3-17　一些典型的铣削加工方法

(a)，(b)，(c) 铣平面；(d)，(e) 铣沟槽；(f) 铣台阶；(g) 铣T形槽；
(h) 切断；(i)，(j) 铣角度槽；(k)，(l) 铣键槽；(m) 铣齿形；
(n) 铣螺旋槽；(o) 铣外曲面；(p) 铣内腔曲面

近年来，高速切削特别是高速铣削因能显著提高加工效率、加工精度和加工表面质量，并能直接切削硬材料和复杂形状表面等而备受重视，已在生产中得到较为广泛的应用。高速铣削由于利用多轴联动、程序控制等多种先进技术，可实现斜向、曲线等复杂进给。

二、铣床

铣床由于使用旋转的多齿刀具同时切削工件表面，所以其生产率较高。但铣刀每个刀齿的切削过程断断续续，且每个刀齿的切削厚度在变化，导致切削力发生变化，容易引起机床振动，因此对铣床的刚度和抗振性有较高要求。

铣床有很多种类，主要有升降台铣床、龙门铣床、工具铣床、各种专门化铣床及数控铣床和铣削加工中心等，近年来高速铣床也有快速的发展。这里仅简单介绍升降台铣床和龙门铣床等几种常用的传统铣床。

1. 升降台铣床

升降台式铣床是使用较为广泛的铣床，其工作台安装在可垂直升降的升降台上，可随之在相互垂直的3个方向上调整位置或完成进给运动，加工范围灵活。升降台铣床又可分为卧式升降台铣床、万能升降台铣床、立式升降台铣床三类。

1）卧式升降台铣床

卧式升降台铣床简称卧铣，其主轴水平布置，与工作台台面平行，主要用于单件及成批生产中加工平面、沟槽和成形表面。图3－18所示为常见的卧式升降台铣床的外形，它的各组成部分及功用如下。

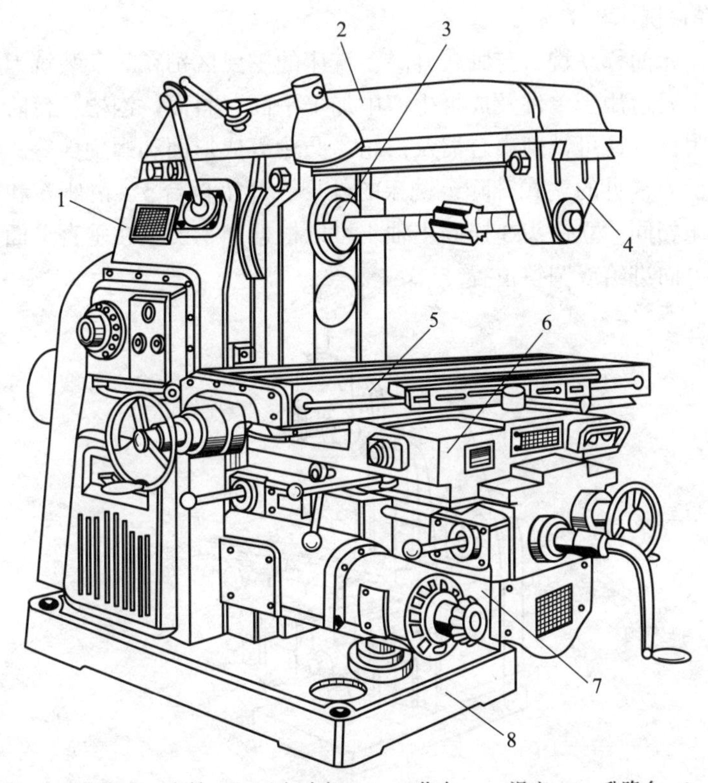

1—床身；2—横梁；3—主轴；4—刀杆支架；5—工作台；6—滑座；7—升降台；8—底座。

图3－18　常见的卧式升降台铣床的外形

（1）床身。床身1安装在底座8上，床身内装有主运动变速传动机构、主轴部件及操纵机构等，用来安装和支承铣床各部分。

（2）横梁。横梁2装在床身1顶部的水平燕尾形导轨上，可沿主轴3的轴线方向调整其前后位置。横梁前端装有刀杆支架4，用以支承刀杆的悬伸端，以减少刀杆的弯曲和颤动。

（3）主轴。主轴3是空心的，前端有锥孔以便安装刀杆锥柄，用来安装刀杆并带动铣刀旋转实现主运动。

（4）升降台。升降台7安装在床身1的垂直导轨上，可以上下（垂直）移动，从而调整工作台面到铣刀间的距离。升降台内装有进给运动变速传动机构及操纵机构等。

（5）滑座。滑座（又叫床鞍）6装在升降台7的水平导轨上，可沿平行于主轴轴线方向做横向进给运动。

（6）工作台。工作台5装在滑座6的导轨上，可沿垂直主轴轴线方向做纵向（水平）进给运动。

2）万能升降台铣床

万能升降台铣床简称万能铣，结构与卧式升降台铣床基本相同，但在工作台5和滑座6之间增加了一转台，它可以相对滑座6在水平面内调整一定的角度（±45°偏转），因此可改变工作台的移动方向，以便加工斜槽、螺旋槽时做斜向进给。万能升降台铣床还可选配立式铣头，以扩大工艺范围。

3）立式升降台铣床

立式升降台铣床简称立铣，与卧式升降台铣床的主要区别在于安装铣刀的机床主轴垂直于工作台台面，主要适用于单件及成批生产中加工平面、斜面、沟槽、台阶，若采用分度头或圆形工作台等附件，还可铣削离合器及齿轮、凸轮等成形面和螺旋面等。

图3-19所示为常见的立式升降台铣床的外形，其工作台5、滑座6和升降台7的结构与卧式升降台铣床相同。立铣头3连同主轴4可以根据加工要求在垂直平面内调整角度，主轴4可沿其轴线方向进给或调整位置。

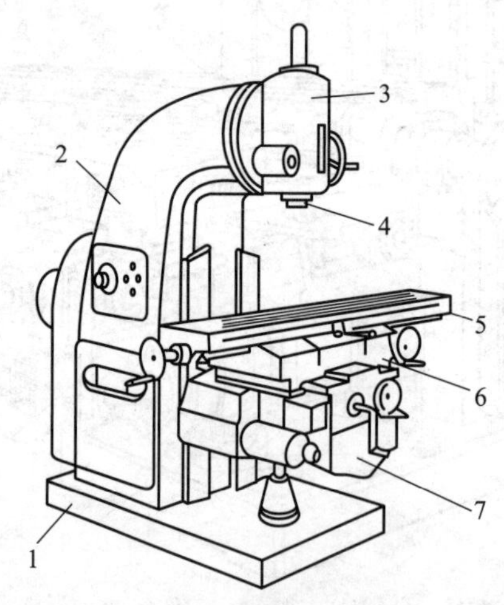

1—底座；2—床身；3—立铣头；4—主轴；5—工作台；6—滑座；7—升降台。

图3-19 常见的立式升降台铣床的外形

2. 龙门铣床

龙门铣床是一种大型高效通用铣床，主要用来加工大型工件上的平面和沟槽，借助于附件还可完成斜面、内孔等加工。机床具有龙门式框架，其外形如图 3－20 所示。加工时，工作台 10 连同工件做纵向进给运动。横梁 3 可沿立柱 5、7 升降，以适应不同高度工件的加工。横梁 3 上的两个立铣头 4、8 可沿横梁做水平横向运动。横梁 3 本身及立柱上的两个卧铣头 2、9 可沿立柱导轨升降。每个铣头都是一个独立部件，内装有主运动变速机构、主轴部件及操纵机构等，各铣刀的切削深度均由主轴套筒带动铣刀主轴沿轴向移动来实现。近年来，出现了龙门框架纵向移动而工作台及工件不动的龙门铣床。

龙门铣床可用多把铣刀同时加工几个表面或同时加工几个工件，生产率较高，在成批和大量生产中应用广泛。

3. 工具铣床

工具铣床除了能完成卧铣和立铣的加工，还配备有回转工作台、可倾斜工作台、平口钳、分度头、立铣头和插削头等多种附件，能完成镗、铣、钻、插等多种切削加工，从而扩大了机床的万能性程度，主要用在工具、机修车间加工各种刀具、夹具、冲模及压模等中小型模具和其他复杂零件。

图 3－21 所示为万能工具铣床的外形，主轴座 4 移动带动主轴实现横向进给运动，工作台 3 及升降台 2 移动带动工件，从而实现纵向及垂直方向进给运动。

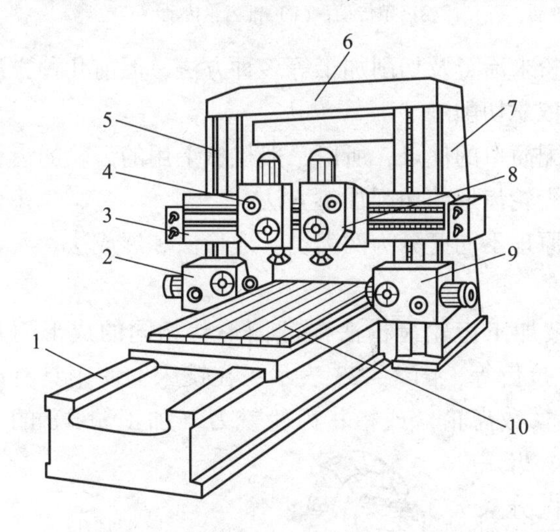

1—床身；2，9—卧铣头；3—横梁；4，8—立铣头；
5，7—立柱；6—顶梁；10—工作台。

图 3－20　龙门铣床的外形

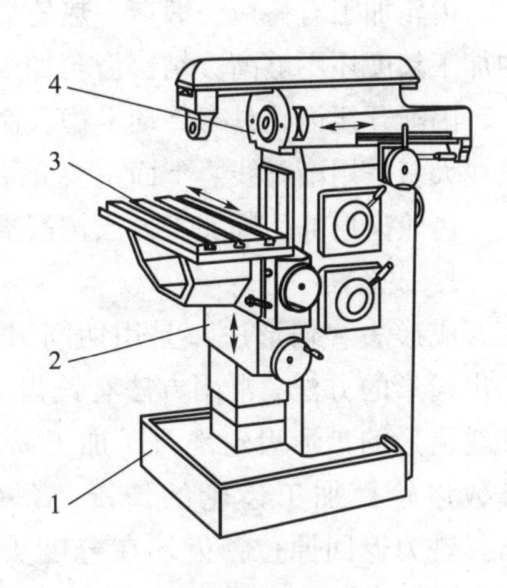

1—底座；2—升降台；
3—工作台；4—主轴座。

图 3－21　万能工具铣床的外形

第四节　齿轮加工方法与齿轮加工机床

一、齿轮加工方法

齿轮是机械传动中的重要零件，主要用来传递运动和动力。齿轮传动由于具有传动比准确、效率高、传动力大、结构紧凑、可靠耐用等优点，所以得到了广泛应用。齿轮的种类也很多，常用的如圆柱齿轮、圆锥齿轮和蜗轮蜗杆等。图 3－22 所示为常见的齿轮传动副。

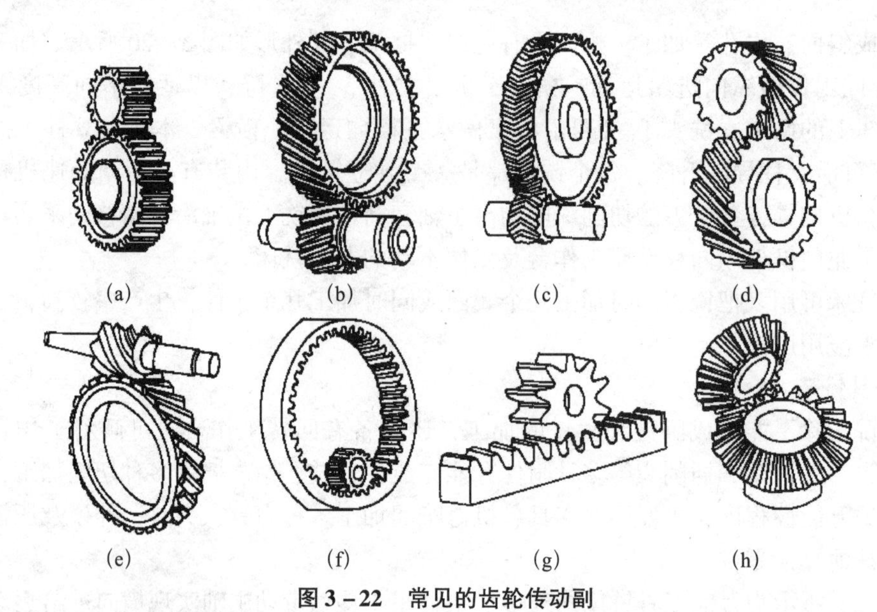

图3-22　常见的齿轮传动副

（a）直齿圆柱齿轮传动；（b）斜齿圆柱齿轮传动；（c）人字圆柱齿轮传动；（d）螺旋齿轮传动；（e）蜗轮蜗杆传动；（f）内啮合齿轮传动；（g）齿轮齿条传动；（h）锥齿轮传动

齿轮加工有铸造、锻造、热轧、冲压、粉末冶金及切削加工等多种方法，但前几种方法的加工精度还不够高，精密齿轮加工仍主要依靠切削法。

因渐开线齿轮具有传动平稳、制造和装配简单的优点，所以一般机械上用的齿轮的齿形曲线大多采用渐开线。下面主要介绍渐开线齿轮齿形的切削加工方法。

齿轮齿形的切削加工方法按齿廓的成形原理不同可分为两大类：成形法和展成法。

1. 成形法

成形法（仿形法）是用切削刃形状与被加工齿轮齿槽法向截面形状相同的成形刀具切出齿形的方法，常用方法有铣齿、刨齿、拉齿等，图3-23表示了在铣床上使用具有渐开线齿形的盘形齿轮铣刀（加工 $m<8$ 的小模数齿轮）或指状齿轮铣刀（加工 $m>8$ 的大模数齿轮）加工齿轮的情况。每铣完一个齿槽，铣刀返回原位，齿坯在分度头带动下做分度运动（转过 $360°/z$，z 是被加工齿轮的齿数），再铣下一个齿槽，重复此过程，直至加工出全部齿槽。

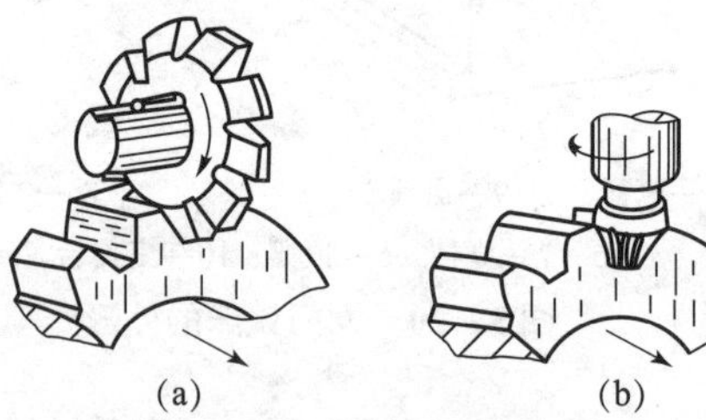

图3-23　成形法加工齿轮

（a）盘形齿轮铣刀加工齿轮；（b）指状齿轮铣刀加工齿轮

成形法加工齿轮时，机床的成形运动如下：

形成母线（齿廓渐开线）的方法为成形法，机床形成母线时不需要运动；

形成导线（直线）的方法是相切法，需要盘形齿轮铣刀的旋转和铣刀沿齿坯的轴向移动两个运动，它们都是简单运动。

在同一模数和压力角的条件下，每一齿数应有一把对应的铣刀，但这样需要制造很多把不同的铣刀，不便于管理也不经济。生产实践中是把铣刀铣削的齿数按照它们的齿形曲线接近的情况划分成段，并以这些段中最小齿数的齿轮齿形作为铣刀的齿形，以避免发生干涉，这种齿形的误差对精度要求不高的齿轮来说是许可的。另外，因需要重复进行切入、切出、退刀、分度等工作，生产率较低，故成形法仅适用于单件小批生产或修配加工一些精度不高的齿轮。

2. 展成法

展成法（范成法或包络法）是利用齿轮刀具与被切齿轮的啮合运动关系在专用的齿轮加工机床上切出齿轮齿形的方法，工件齿槽的齿形曲线是切削刃多次切削的包络线，常用的方法有滚齿、插齿等。在切齿过程中，将齿轮啮合副（齿轮－齿条或齿轮－齿轮）中的一个转化为刀具，强制刀具和工件做严格的啮合运动（展成运动）而切出齿形。展成法加工时刀具的切削刃相当于齿条或齿轮的齿廓，与被加工齿轮的齿数无关，可以用一把刀具加工出模数相同而齿数不同的齿轮，且其加工精度和生产率也比较高，是目前齿轮加工中最常用的一种方法，如滚齿机、插齿机、剃齿机等都采用这种加工方法。

展成法加工齿轮的原理及所需成形运动结合下一节滚齿机的内容加以说明。

二、齿轮加工机床

按照被加工齿轮种类的不同，齿轮加工机床可分为圆柱齿轮加工机床和圆锥齿轮加工机床两大类。圆柱齿轮加工机床主要有滚齿机、插齿机等；圆锥齿轮加工机床有加工直齿锥齿轮的刨齿机、铣齿机、拉齿机和加工弧齿锥齿轮的铣齿机等；用来精加工齿轮齿面的机床有珩齿机、剃齿机和磨齿机等。本节主要介绍圆柱齿轮加工机床。

（一）滚齿机

滚齿机是齿轮加工机床中应用最广泛的一种，主要用于加工直齿和斜齿圆柱齿轮、蜗轮，也可以加工花键轴和链轮，但不能加工齿条、内齿轮和相距太近的多联齿轮。

1. 滚齿原理

滚齿加工原理如图 3－24 所示，相当于一对交错轴斜齿轮啮合传动，如图 3－24（a）所示。将其中的一个齿轮的齿数减少到几个或一个，螺旋角 β 增大到很大（即螺旋升角 ω 很小），它就成了蜗杆［称为滚刀的成形蜗杆，见图 3－24（b）］；再将蜗杆开槽并铲背，形成刀齿和切削刃，变成齿轮滚刀，如图 3－24（c）所示。当强制滚刀与工件按确定的关系相对运动时，该刀各刀齿相继切去一薄层金属，每个齿槽在滚刀旋转中由几个刀齿依次切出，渐开线齿廓则由刀刃一系列瞬时位置包络而成。

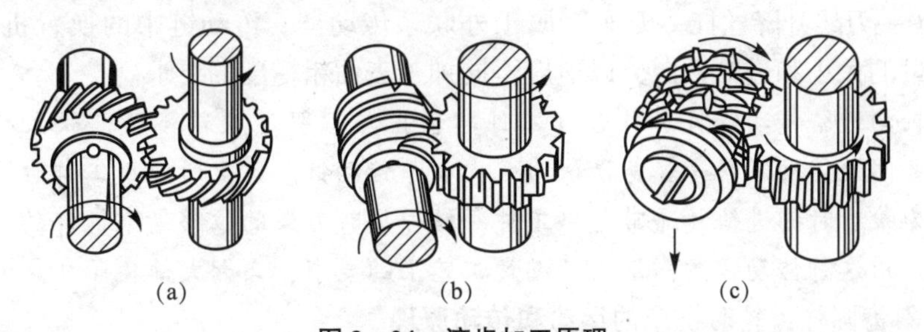

图 3－24　滚齿加工原理

（a）啮合传动；（b）转变为蜗杆；（c）滚刀加工

2. 滚切直齿圆柱齿轮时机床的运动和传动原理

1）机床的运动

根据表面成形原理，用滚刀加工直齿圆柱齿轮的成形运动应包括以下两个运动。

（1）形成渐开线齿廓（母线）所需的展成运动，即滚刀旋转运动和工件旋转运动组成的复合运动。

（2）形成直线形齿线（导线）所需的运动，依靠滚刀旋转运动和滚刀沿工件轴线的垂直进给运动来实现，这是两个简单运动。

注意： 滚刀旋转运动为形成母线和导线的运动所共有，所以滚切直齿圆柱齿轮只需两个独立的成形运动：一个复合成形运动和一个简单成形运动。但习惯上常常根据切削中所起的作用来定义滚齿时的运动，即称滚刀的旋转运动为主运动，工件的旋转运动为展成运动，滚刀沿工件轴线方向的移动为轴向进给运动，并借此来命名实现这些运动的传动链。

2）机床的传动原理

图3－25所示为滚切直齿圆柱齿轮的传动原理，各传动链分析如下。

（1）主运动传动链。滚刀和动力源之间的传动链称为主运动传动链（1—2—u_v—3—4）。因滚刀和动力源之间没有严格的相对运动要求，所以主运动传动链属于外联系传动链，传动链中的换置机构 u_v 用于改变滚刀的转速（转向），以满足加工工艺要求。

（2）展成运动传动链。联系滚刀主轴（滚动旋转 B_{11}）和工作台（工件旋转 B_{12}）的传动链称为展成运动传动链（4—5—u_x—6—7）。显然，这条传动链（$B_{11}+B_{12}$）属于内联系传动链，由它来保证滚刀和工件旋转运动之间严格的传动比关系，即滚刀转一周，工件转 k/z 周（z 为工件齿数，k 为滚刀头数）。传动链中的换置机构 u_x 用于调整它们之间的传动比，以适应工件齿数和滚刀头数的变化。

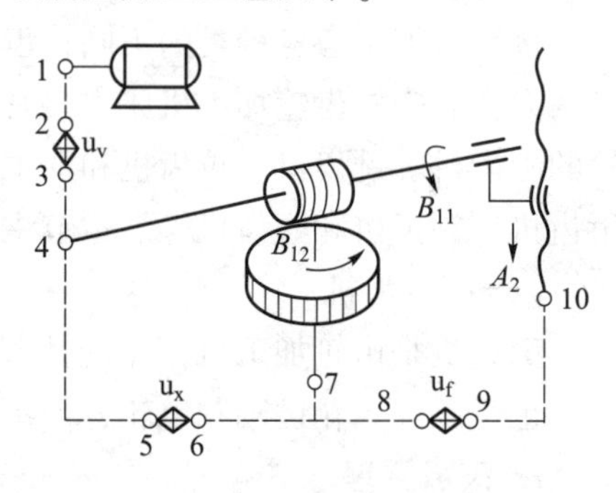

图3－25 滚切直齿圆柱齿轮的传动原理

注意： 这是一条内联系传动链，不仅要求它的传动比数值绝对准确，还要求滚刀和工件两者的旋转方向要互相配合，即必须满足一对交错轴斜齿轮啮合传动时的相对运动方向关系。当滚刀旋转方向确定后，工件的旋转方向由滚刀螺旋方向确定。

（3）轴向进给传动链。滚刀沿工件轴线所做的垂直进给（A_2），以便切出整个齿宽，这是由滚刀刀架沿立柱移动实现的。因轴向进给运动 A_2 是简单运动，其传动链（工件—7—8—u_f—9—10—刀架升降丝杠—刀架）属于外联系传动链。传动链中的换置机构 u_f 用于调整轴向进给量的大小和进给方向，以适应不同加工表面粗糙度的要求。

注意： 轴向进给传动链将工作台（工件转动）与刀架（滚刀移动）联系起来，貌似是两个执行件之间的传动联系，容易误认为是内联系传动链。这里所以用工作台作为间接动力源，主要因为滚齿时的进给量通常是以工件每转一周时刀架的位移量来计算的，且刀架运动速度较低，采用这种传动方案，不仅可满足工艺上的要求，又大大简化了机床的结构。

3. 滚切斜齿圆柱齿轮时机床的运动和传动原理

1）机床的运动

斜齿圆柱齿轮的轮齿齿线是一条螺旋线，如图3－26（a）所示。为了形成螺旋线齿线，在滚切斜齿圆柱齿轮时，除了与滚切直齿一样，需要有主运动、展成运动和轴向进给运动，还需要有一个附加运动：在滚刀做轴向进给运动的同时，工件还应做附加旋转运动，而且这两个运动之间必须保持确定的关系，即滚刀移动一个工件螺旋线导程时，工件应准确地附加转过一周，两者组成一个复合运动——螺旋轨迹运动。

2）机床的传动原理

图3－26（b）所示为滚切斜齿圆柱齿轮的传动原理，其中，展成运动、主运动及轴向进给运动传动链与加工直齿圆柱齿轮相同，只是在刀架与工件之间增加了一条附加运动传动链：刀架（滚刀移动A_{21}）—12—13—u_y—14—15—[合成]—6—7—u_x—8—9—工作台（工件附加转动B_{22}）。这是一条内联系传动链，由它来保证刀架和工件附加旋转运动之间严格的传动比关系：即刀架沿工件轴线方向移动一个螺旋线导程时，通过合成机构使工件附加转一周，形成螺旋线齿线。传动链中的换置机构u_y用于适应工件螺旋线导程S和螺旋方向的变化。由于这个传动联系利用合成机构，使工件转动加快或减慢，实现了“差动”，所以这个传动链又称为差动传动链。

注意：滚切斜齿圆柱齿轮的工件旋转运动既要与滚刀旋转运动配合，组成形成齿廓母线的展成运动，又要与刀架直线移动配合，组成形成螺旋线齿线的螺旋轨迹运动，而这两个运动又同时进行。所以，为使工件同时接受这两个分别从不同传动链（展成、附加）传来的运动而不发生干涉，需在传动系统中配置运动合成机构［见图3－26（b）中的“合成”］，将两个运动合成以后再传给工件。而当加工直齿轮时，只需取下换置机构挂轮，将差动传动链断开，并将合成机构调整成一个如同“联轴器”的整体，使之只起等速传动的作用。

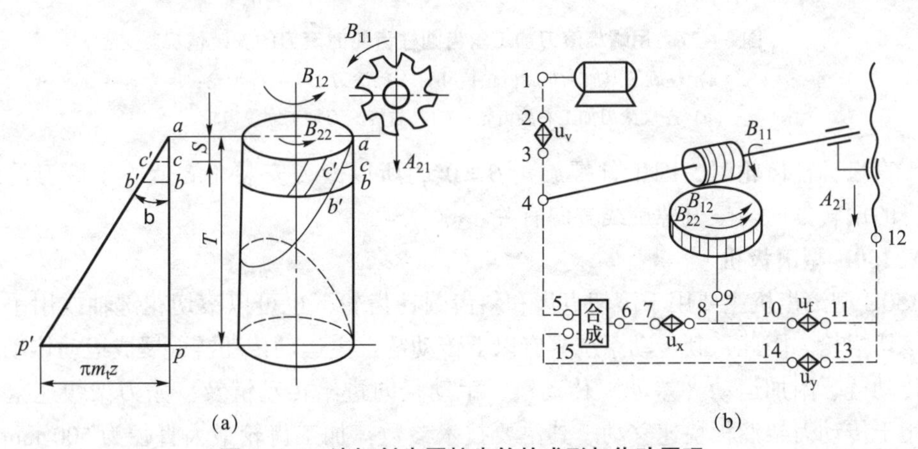

图3－26　滚切斜齿圆柱齿轮的成形与传动原理

（a）成形原理；（b）传动原理

4. 滚刀的安装角

滚齿时，应使滚刀切削点处螺旋线方向与被加工齿轮的齿槽方向一致。因此，加工前要调整滚刀轴线和工件顶面的安装角度。

图3－27所示为用螺旋滚刀加工斜齿圆柱齿轮时滚刀的安装情况。由于滚刀和被加工齿轮的螺旋方向都有左右方向之分，它们之间共有4种不同的组合，所以滚刀安装角δ为

$$\delta=\beta\pm\omega \tag{3-15}$$

式中　β——被加工齿轮螺旋角；

　　　ω——滚刀的螺旋升角。

当被加工的斜齿轮与滚刀的螺旋线方向相反时，上式取“＋”号；反之取“－”号。

用螺旋滚刀加工斜齿轮时，应尽量采用与工件螺旋方向相同的滚刀，使滚刀安装角较小，有利于提高机床运动平稳性及加工精度。

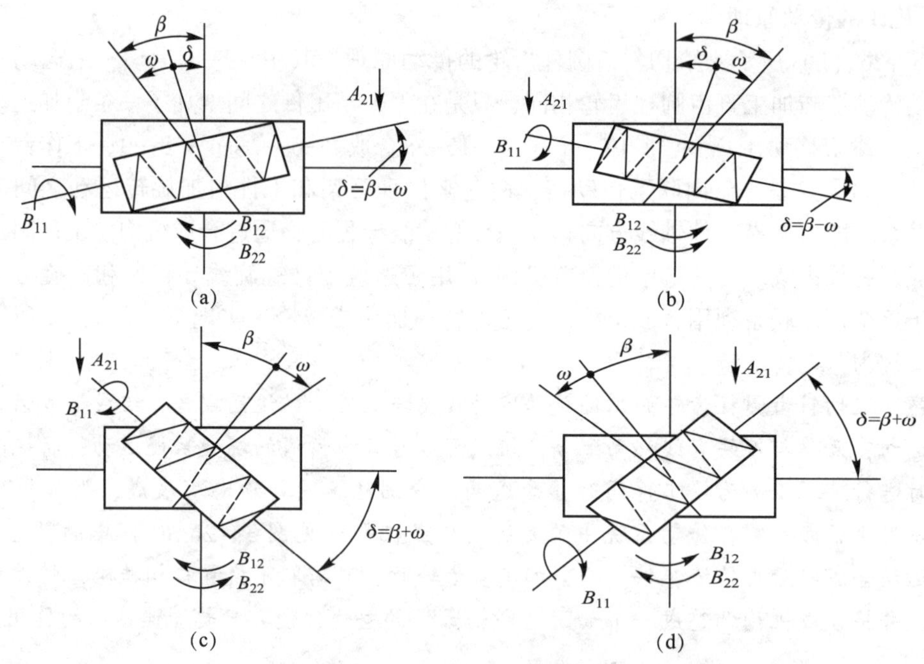

图3－27　用螺旋滚刀加工斜齿圆柱齿轮时滚刀的安装情况

（a）左旋滚刀加工左旋齿轮；（b）右旋滚刀加工右旋齿轮；

（c）左旋滚刀加工右旋齿轮；（d）右旋滚刀加工左旋齿轮

加工直齿圆柱齿轮时，因工件螺旋角 $\beta=0°$，所以滚刀安装角 δ 就等于该刀的螺旋升角，角度的偏转方向与滚刀螺旋线方向有关。

5. Y3150E 型滚齿机

Y3150E 型滚齿机主要用于滚切直齿和斜齿圆柱齿轮，也可以滚切花键轴或用手动径向进给法滚切蜗轮。因此，其传动系统具有以下传动链：主运动传动链、展成运动传动链、轴向进给传动链、附加运动（差动）传动链、手动径向进给传动链及一条刀架快速空行程传动链，用于传动刀架溜板快速移动。其主要技术参数：加工齿轮最大直径为 500 mm、最大宽度为 250 mm、最大模数为 8 mm、最小齿数为 5*K*（*K*——滚刀头数）、加工齿轮精度为 IT8～IT7 级、表面粗糙度 *Ra* 为 3.2～1.6 μm。

图3－28 所示为 Y3150E 型滚齿机的外形。立柱 2 固定在床身 1 上，刀架溜板 3 可沿立柱 2 上的导轨垂直移动，滚刀用刀杆 4 安装在刀架体 5 中的主轴上；工件安装在工作台 9 的心轴 7 上，可由工作台 9 带动旋转；后立柱 8 和工作台 9 装在床鞍 10 上，可沿床身的水平导轨移动，用于调整工件的径向位置或加工蜗轮时做径向进给运动；后立柱上的支架 6 可用轴套或顶尖支承工件心轴上端以增加心轴刚度。

（二）插齿机

插齿机主要用于加工直齿圆柱齿轮，尤其适用于加工在滚齿机上不能加工的内齿轮和多联齿轮，但插齿机不能加工蜗轮。它一次完成齿槽的粗加工和半精加工，其加工精度为 IT8～IT7 级，表面粗糙度值 *Ra* 为 1.6 μm。

1. 插齿原理

插齿机加工是按一对圆柱齿轮相啮合的原理进行的，如图 3－29 所示。其中一个是工件，另一个转化为齿轮形刀具（在轮齿端面上磨出前角，齿顶及齿侧磨有后角形成切削刃），即为插齿刀，它的模数和压力角与被加工齿轮相同。

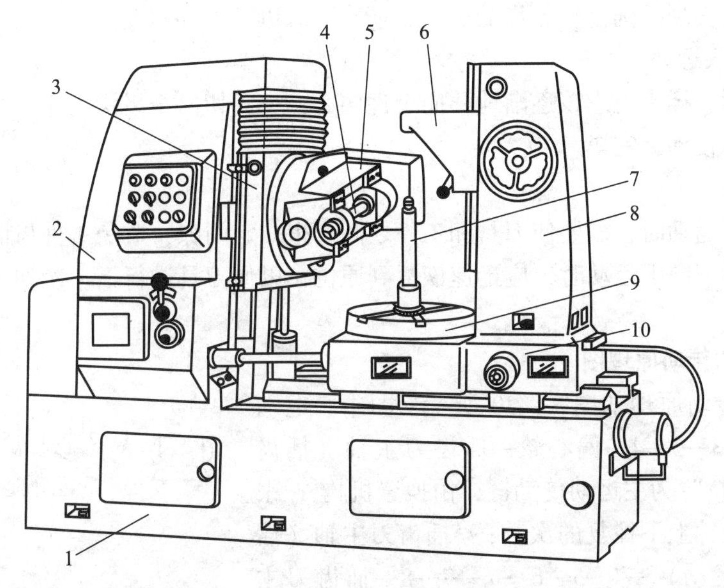

1—床身；2—立柱；3—刀架溜板；4—刀杆；5—刀架体；
6—支架；7—心轴；8—后立柱；9—工作台；10—床鞍。

图 3－28　Y3150E 型滚齿机的外形

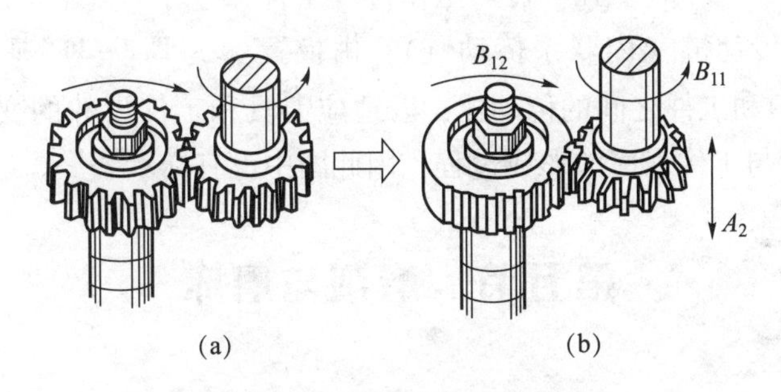

图 3－29　插齿机的工作原理

（a）圆柱齿轮啮合；（b）插齿

插齿机加工时需要以下两种成形运动。

1）主运动

插齿刀上下往复运动为主运动，以形成轮齿齿面的直导线，以插齿刀每分钟往复行程次数来表示，是一个简单成形运动。在一般立式插齿机上，刀具向下为工作行程，向上为空行程。

2）展成运动

插齿时，形成渐开线齿廓的运动，即插齿刀的旋转运动和工件的旋转运动组成的复合运动，它们必须按确定的传动比保持一对齿轮的啮合关系。

提要：插齿刀的转动为展成运动提供了运动和动力来源。插齿刀转动的快慢决定了工件轮坯转动的快慢，同时也决定了插齿刀每次切削的负荷，所以插齿刀的转动又称为圆周进给运动，进给量的大小用插齿刀每次往复行程中，刀具在分度圆圆周上所转过的弧长表示，其单位为mm/往复行程。降低圆周进给量将会增加形成齿廓的刀刃切削次数，从而提高齿廓曲线精度。

此外，为了实现插削齿轮轮齿的需要，还需要有以下两种运动。

1）径向切入运动

开始插齿时，插齿刀应该逐渐地移向工件中心，直到切出全齿深为止。当工件转过一整周时，全部轮齿便加工完毕。

2）让刀运动

插齿刀向上运动时，需要使刀具和工件之间产生一定间隙，避免工件齿面和刀具后刀面发生摩擦；插齿刀向下运动时，应迅速恢复到原位，以便刀具进行下一次切削，此运动称为让刀运动。

2. 插齿机的传动原理图

插齿机的传动原理如图3－30所示，图中“电动机—1—2—u_v—3—5—4—偏心轮—插齿刀主轴（插齿刀往复直线运动）”为主运动传动链，由换置机构u_v来调整插齿刀每分钟上下往复的次数；“插齿刀主轴（插齿刀往复直线运动）—4—5—6—u_f—7—8—插齿刀主轴（插齿刀转动）”为圆周进给传动链（外联系传动链），由u_f来确定渐开线成形运动的速度；“插齿刀主轴（插齿刀转动）—8—9—u_x—10—11—工作台（工件转动）”为展成运动传动链（内联系传动链），由换置机构u_x来调整插齿刀和工件之间的传动比，以适应刀具和工件齿数的变化。让刀运动及径向切入运动不直接参与工件表面的形成过程，因此图中没有标示。

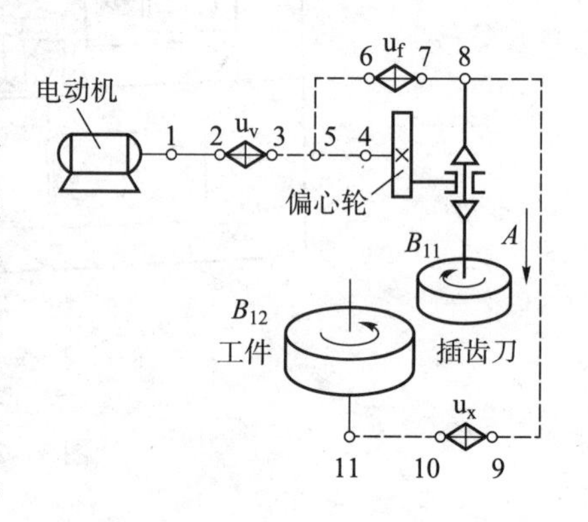

图3－30 插齿机的传动原理

第五节 磨削与磨床

一、磨削加工

磨削加工是在磨床上用磨具（砂轮、油石、砂带、研磨机等）对工件表面进行加工的方法。

磨削加工所需要的成形运动为：

主运动——磨具的旋转；

进给运动——工件的旋转与移动或磨具的移动。

1. 磨削过程

磨具表面随机排列着大量磨粒，每个磨粒都可以看作一把微小的切刀。磨粒的形状是很不规则的多面体，几何形状和切削角度也千差万别，具有较大的负前角（－60°～－40°）和钝圆半径。因此，磨粒接触工件的初期不会切下切屑，只是从工件表面滑擦而过，只有在磨粒的切削厚度增大到某一临界值后才开始切下切屑。磨粒的切削过程通常可分为3个阶段，如图3－31所示。

1）滑擦阶段

磨粒刚开始与工件接触时，切削厚度非常小，磨粒只是在工件上滑擦，工件仅产生弹性变形。这种滑擦会产生很高的温度，是引起磨削表面烧伤、裂纹等缺陷的主要原因之一。

2）耕犁阶段

随着切削厚度逐渐加大，磨粒逐渐切入工件表层材料，产生塑性变形，表层材料被挤向磨粒的前方和两侧而隆起，工件表面出现沟痕。此阶段磨粒对工件的挤压摩擦剧烈，热应力增加。

3）切削阶段

当磨粒的切削厚度增加到某一临界值时，磨粒前面的金属产生剪切滑移而形成切屑。

可见，磨削过程实质上是磨粒对工件表面进行滑擦、耕犁和切削 3 个综合作用的结果。

磨削加工的加工精度可达 IT7 ~ IT6，表面粗糙度 Ra 可达 0.8 ~ 0.2 μm，一般作为工件最后的精加工工序使用。磨削可加工各种材料，甚至是一般刀具难以切削的高硬度材料，适合加工各种形状的表面，如内外圆柱面和圆锥面、平面、齿轮、螺纹及各种成形面等，工艺范围十分广泛。但磨削时，产生的热量大，需要进行充分的冷却，否则会产生磨削烧伤，降低表面质量；而且径向磨削力 F_p 较大［见图 3 - 32，F_p——切深抗力（径向磨削力），F_f——进给抗力（轴向磨削力），F_c——主（切向）磨削力］，通常情况下，磨削的 F_p 为 F_c 的 1.5 ~ 3 倍，大的径向力因易引起系统弯曲变形而使磨削质量下降。因此，磨削到最后时要少进给或不进给（光磨），以消除因变形而产生的加工误差。

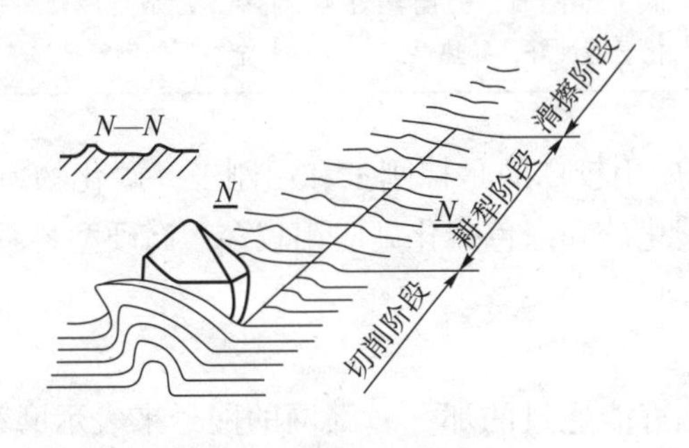

图 3 - 31　磨粒的切削过程

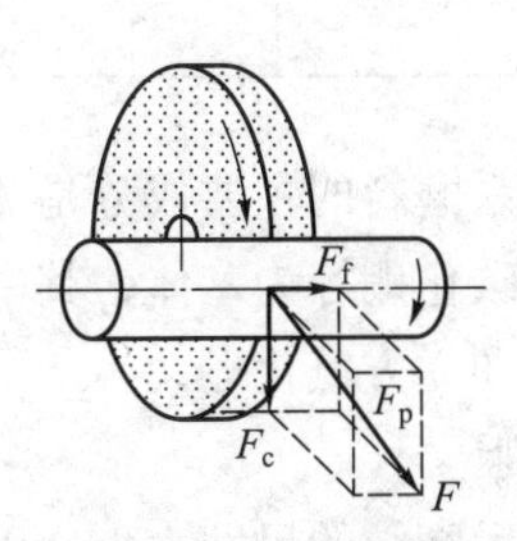

图 3 - 32　磨削力

2. 砂轮的特性与选择

在所有磨具中，砂轮是使用最广泛的一种。它是由磨料加结合剂经过压坯、干燥和烧结而制成的，由磨料、结合剂和气孔组成。制造砂轮时，用不同的配方和不同的投料密度来控制砂轮的硬度和组织。

砂轮的特性主要由磨料、粒度、结合剂、硬度和组织 5 个因素来决定。

1）磨料

磨料是组成砂轮的主要原料，担负着切削工作，应具有硬度高、耐磨性好、棱角多且锋利、良好的耐热性和化学稳定性等要求。常用的磨料有氧化物系、碳化物系、高硬磨料系三类。各种磨料性能不同，适用于磨削不同的材料，常用磨料的特性及适用范围如表 3 - 7 所示。

表3-7 常用磨料的特性及适用范围

系列	磨料名称	代号	显微硬度HV	特性	适用范围
氧化物系	棕刚玉	A	2 200～2 280	棕褐色。硬度高，韧性大，抗破碎能力强，价格便宜	磨削碳钢、合金钢、可锻铸铁和硬青铜等硬度较低的塑性材料
	白刚玉	WA	2 200～2 300	白色。硬度比棕刚玉高，切削力强，韧性较棕刚玉低	磨削淬火钢、高速钢等硬度较高的塑性材料，以及螺纹、齿轮和薄壁零件
碳化物系	黑碳化硅	C	2 840～3 320	黑色，有光泽。硬度比白刚玉高，性脆而锋利，导热性和导电性良好	磨削铸铁、黄铜等硬度较低的脆性材料及铝、耐火材料、非金属材料
	绿碳化硅	GC	3 280～3 400	绿色。硬度和脆性比黑碳化硅高，具有良好的导热性和导电性	磨削硬质合金、宝石、陶瓷、玉石、玻璃等硬度高、脆性大的材料
高硬磨料系	人造金刚石	D	6 000～10 000	硬度高，磨削能力强，磨削热少，但易发生化学磨损，耐热性差，比天然金刚石脆	磨削硬质合金、宝石、光学玻璃、半导体等脆硬材料
	立方氮化硼	CBN	6 000～8 500	立方晶体，硬度、韧性略低于金刚石，但耐热性好，化学惰性好，导热性好	对各种材料都有优良的磨削效果，特别是冷硬铸铁、高温合金、不锈钢等难加工材料

氧化物系磨料的主要成分是Al_2O_3，应用较广的是棕刚玉和白刚玉。碳化物系磨料主要以碳化硅、碳化硼等为基体，其中黑色碳化硅和绿色碳化硅应用较多。高硬磨料系中主要有人造金刚石和立方氮化硼。

2）粒度

粒度表示磨粒的尺寸大小。以磨粒刚好能通过的那一号筛网的网号来表示磨粒的粒度，如60粒度是指磨粒可通过每英寸长度上有60个孔眼的筛网。直径小于40 μm的磨粒称为微粉，微粉的粒度以其尺寸大小表示，如尺寸为20 μm的微粉，其粒度号为W20。常用磨粒粒度号和尺寸及其应用范围如表3-8所示。

表3-8 常用磨粒粒度号和尺寸及其应用范围

粒度号	颗粒尺寸/μm	应用范围	粒度号	颗粒尺寸/μm	应用范围
12～36	2 000～1 600 500～400	荒磨、粗磨、打毛刺	W40～W28	40～28 28～20	珩磨、研磨
46～80	400～315 200～160	粗磨、半精磨、精磨	W20～W14	20～14 14～10	研磨、超级加工、超精磨削
100～280	160～125 50～40	精磨、珩磨	W10～W5	10～7 5～3.5	研磨、超级加工、镜面磨削

磨粒粒度对磨削效率和被磨工件的表面粗糙度有很大影响。一般来说，粗磨选用粗粒度磨粒，精磨选用细粒度磨粒。当工件材料软、塑性大和磨削面积大时，为减少磨削热的产生和避免堵塞砂轮，也可采用较粗的磨粒。

3）结合剂

结合剂的作用是将磨粒黏合在一起，使砂轮具有必要的形状和强度。砂轮的强度、耐腐蚀性、耐热性和抗冲击性，主要取决于结合剂的性能。常用的砂轮结合剂有陶瓷结合剂、树脂结合剂、橡胶结合剂、金属结合剂（常见的是青铜结合剂）。表3－9所示为常用结合剂的性能及应用范围，应根据磨削方法、磨削速度和表面质量要求等选择结合剂。

表3－9　常用结合剂的性能及应用范围

结合剂	代号	性　能	应用范围
陶瓷	V	耐热、耐蚀、气孔多、易保持廓形，但脆性大	最常用，适用于各类磨削（除切断外）
树脂	B	弹性好，强度较V型结合剂高，自锐性好，但耐热性差	适用于高速磨削、切断、开槽
橡胶	R	弹性更好，强度更高，气孔少，耐热性差	适用于切断、开槽无心磨的导轮，但不宜用于粗加工砂轮
金属	M	强度最高，导电性好，磨耗少，自锐性差	适用于金刚石砂轮

4）硬度

砂轮的硬度是指磨粒在磨削力作用下从砂轮表面脱落的难易程度。砂轮硬，即表示磨粒难以脱落；砂轮软，表示磨粒容易脱落。砂轮的软硬和磨粒的软硬是两个不同的概念，必须区分清楚。砂轮的硬度等级名称和代号如表3－10所示。

表3－10　砂轮的硬度等级名称和代号

<table>
<tr><td>大级名称</td><td colspan="3">超软</td><td colspan="3">软</td><td colspan="2">中软</td><td colspan="2">中</td><td colspan="3">中硬</td><td colspan="2">硬</td><td>超硬</td></tr>
<tr><td>小级名称</td><td colspan="3">超软</td><td>软1</td><td>软2</td><td>软3</td><td>中软1</td><td>中软2</td><td>中1</td><td>中2</td><td>中硬1</td><td>中硬2</td><td>中硬3</td><td>硬1</td><td>硬2</td><td>超硬</td></tr>
<tr><td rowspan="2">代号</td><td colspan="3">CR</td><td>R1</td><td>R2</td><td>R3</td><td>ZR1</td><td>ZR2</td><td>Z1</td><td>Z2</td><td>ZY1</td><td>ZY2</td><td>ZY3</td><td>Y1</td><td>Y2</td><td>CY</td></tr>
<tr><td>D</td><td>E</td><td>F</td><td>G</td><td>H</td><td>J</td><td>K</td><td>L</td><td>M</td><td>N</td><td>P</td><td>Q</td><td>R</td><td>S</td><td>T</td><td>Y</td></tr>
</table>

选用砂轮时，硬度应选得适当。若砂轮选得太硬，磨钝的磨粒不能及时脱落，因而产生大量磨削热，易烧伤工件；若选得太软，磨粒脱落得太快而不能充分发挥切削作用，砂轮损耗增加，也不易保持廓形，影响磨削精度。选择砂轮硬度时，可参照以下几条原则。

（1）工件材料性能。工件材料硬，应选用较软的砂轮，使磨钝了的磨粒快点脱落，以便砂轮经常保持有锐利的磨粒在工作，避免工件烧伤；工件材料软，应选用较硬的砂轮，使磨粒慢些脱落，以便充分发挥磨粒的切削作用；磨削有色金属、橡胶、树脂等软而韧性大的材料，应选用较软的砂轮，以免砂轮表面被磨屑堵塞；磨削导热性差的材料和薄壁工件时，应选用较软的砂轮等。

（2）加工接触面。砂轮与工件的接触面大时，应选用软砂轮，使磨粒脱落快些，以免因磨屑堵塞砂轮表面而烧伤工件表面，如内圆磨削和端面平磨时，砂轮硬度应比外圆磨削的砂轮硬度低。

（3）加工性质。精磨和成形磨削时，应选用较硬的砂轮，以保持砂轮必要的形状精度；粗磨时，应选用较软的砂轮。

（4）砂轮粒度大小。砂轮的粒度号越大时，应选用较软的砂轮，以避免砂轮表面组织被磨屑堵塞。

（5）其他。砂轮旋转速度大时，应选较软1~2个小级的砂轮；用切削液磨削时，应选比干磨时硬1~2个小级的砂轮等。

在机械加工中，常用的砂轮硬度是软2(H)~中2(N)。一般磨削未淬火钢可用L~N级的砂轮，磨削淬火钢和高速钢可用H~K级砂轮。

5）组织

砂轮的组织反映了磨粒、结合剂、气孔三者之间的比例关系，以及砂轮中磨粒和结合剂结合的疏密程度。磨粒在砂轮中所占的比例越大，则砂轮的组织越紧密，气孔越小；反之，则组织越疏松，气孔越大。砂轮组织的级别可分为紧密、中等、疏松三大类，可细分为15级，如表3-11所示。

表3-11 砂轮的组织级别

级别	紧密			中等					疏松						
组织号	0	1	2	3	4	5	6	7	8	9	10	11	12	13	14
磨粒占砂轮体积百分比/%	62	60	58	56	54	52	50	48	46	44	42	40	38	36	34

砂轮组织的选择主要从工件所受的压力、磨削方法、工件材料等方面考虑。紧密组织的砂轮适用于重压力下的磨削，在成形磨削和精密磨削时，能保持砂轮形状，并可获得较低的表面粗糙度值。中等组织的砂轮适用于一般的磨削工作，常用于淬火钢的磨削及刀具刃磨等。疏松组织的砂轮不易堵塞，适用于磨削薄壁件、热敏性强的材料、韧性大而硬度低的材料及平面磨、内圆磨等磨削接触面积较大的工序。磨削软质材料最好采用组织号为10号以上的疏松组织，以免磨屑堵塞砂轮。

一般砂轮若未标明组织号，即为中等组织。

3. 砂轮的形状和尺寸

根据磨床类型和工件加工要求，可制成各种形状和尺寸的砂轮。常用砂轮的形状有平形砂轮（1）、筒形砂轮（2）、碗形砂轮（11）、碟形一号砂轮（12a）、薄片砂轮（14）等。

砂轮的标志一般都印在砂轮的端面上，例如1-400×150×203-A60L5V-35 m/s，表示该砂轮为平形砂轮（1），外径为400 mm，厚度为150 mm，内径为203 mm，磨料为棕刚玉（A），60号粒度，硬度为中软2（L），5号组织，陶瓷结合剂（V），最高圆周线速度为35 m/s。

二、磨床

用磨料磨具为工具进行切削加工的机床统称为磨床。由于现代机械对零件的精度要求越来越高，磨床的使用范围日益扩大，目前，它在金属切削机床中所占的比例约为13%~27%。

为了适应磨削各种加工表面、工件形状及生产批量的要求，磨床有很多种类，主要有：外圆磨床、无心磨床、内圆磨床、平面磨床、工具磨床、刀具和刃具磨床及各种专门化磨床（如曲轴磨床、凸轮磨床、齿轮磨床等）。此外，还有以砂带为切削工具的砂带磨床及珩磨机、研磨机和超精加工机床等。

在生产中应用最多的是外圆磨床、无心磨床、内圆磨床和平面磨床4种。

1. 外圆磨床

外圆磨床主要用于磨削内、外圆柱和圆锥表面，也能磨削阶梯轴的轴肩和端面，可获得IT7~IT6级精度、表面粗糙度 Ra 为1.25~0.08 μm的表面。外圆磨床的主要类型有万能外圆磨床、普通外圆磨床、无心外圆磨床、宽砂轮外圆磨床和端面外圆磨床等，其主参数是最大磨削直径。这里主要介绍万能外圆磨床和普通外圆磨床。

1）万能外圆磨床

图3-33所示为M1432A型万能外圆磨床的外形。床身1是磨床的基础支承件，上面安装其他主要部件，使它们在工作时保持准确的相对位置。床身1内部装有液压系统，用来驱动工作台3沿床身导轨往复移动，实现工件纵向进给运动。安装在床身1纵向导轨上的工作台3由上、下两层组成，上工作台可相对下工作台在水平面内转动很小的角度（±10°），用以磨削锥度较小的长圆锥面。上工作台面上装有头架2和尾座6，用以夹持不同长度的工件，头架带动工件旋转并可绕其垂直轴线转动一定角度，以便磨削锥度较大的圆锥面。装有砂轮主轴及其传动装置的砂轮架5安装在滑鞍7上，可绕滑鞍转动一定的角度以磨削短圆锥，利用横向进给机构可带动滑鞍7及其上的砂轮架5实现周期或连续的横向进给运动及调整位移，砂轮架5还可以做定距离的快进快退运动以方便装卸工件和测量。装在砂轮架上的内圆磨具4（磨内圆时放下）用于支承磨内孔的砂轮主轴部件，其主轴由单独的内圆砂轮电动机驱动。

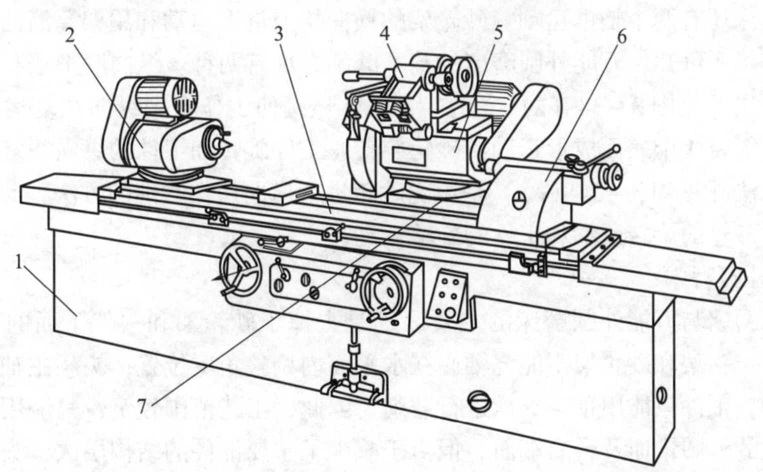

1—床身；2—头架；3—工作台；4—内圆磨具；5—砂轮架；6—尾座；7—滑鞍。

图3-33　M1432A型万能外圆磨床的外形

图3－34为万能外圆磨床几种典型加工示意图。从图中可知，为了实现磨削加工，万能外圆磨床应具有以下运动：外圆和内圆砂轮的旋转主运动，工件的圆周进给运动，工件（工作台）纵向往复运动以磨出工件全长，砂轮横向进给运动以实现间歇或连续的径向切入。万能外圆磨床的传动原理如图3－35所示。

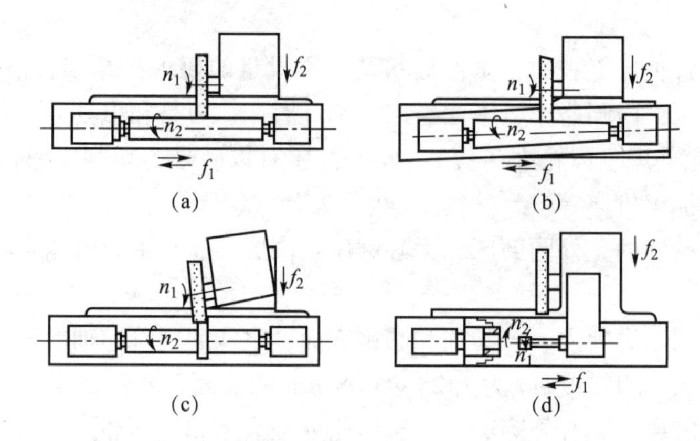

图3－34　万能外圆磨床几种典型加工示意图

（a）纵磨法磨外圆；（b）扳转工作台用纵磨法磨长圆锥面；
（c）扳转砂轮架用切入法磨短圆锥面；（d）扳转头架用纵磨法磨内圆锥面

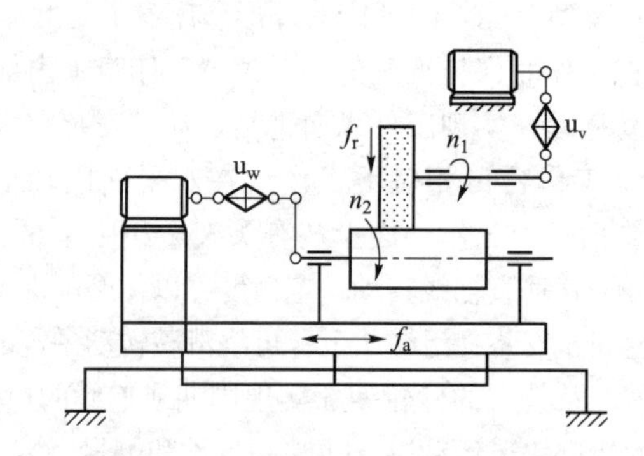

图3－35　万能外圆磨床的传动原理

此外，机床还有两个辅助运动：砂轮架的横向快速进退运动和尾架套筒的伸缩移动。

从图3－34还可知，万能外圆磨床的基本磨削方法有两种：纵向磨削法和切入磨削法。

纵向磨削法［见图3－34（a）、（b）和（d）］是使工作台做纵向往复运动进行磨削的方法，此法共需要3个表面成形运动：砂轮旋转、工件旋转和工件的纵向往复运动。

切入磨削法［见图3－34（c）］是用宽砂轮进行横向切入磨削的方法，此法只需2个表面成形运动：砂轮的旋转运动和工件的旋转运动。

2）普通外圆磨床

普通外圆磨床与万能外圆磨床的主要区别是去掉了砂轮架和头架下面的滑鞍及内圆磨具，在加工时：头架和砂轮架不能绕轴心在水平面内调整角度位置；头架主轴直接固定在箱体上不能转动，工件只能用顶尖支承进行磨削。因此，工艺范围较窄，只能用于磨削外圆柱面、锥度不大的外圆锥面及台肩端面。但由于减少了主要部件的结构层次，头架主轴又固定不动，故机床及头架主轴部件的刚度高，可采用较大的磨削用量以提高生产率。

2. 无心磨床

无心磨床通常指无心外圆磨床，其主参数为最大磨削工件直径。磨削时工件不是支承在顶尖上或夹持在卡盘中，而是直接放在砂轮与导轮之间，由托板和导轮支承进行磨削，其磨削工作原理如图 3－36 所示。磨削时工件在磨削力及导轮和工件间摩擦力的作用下带动旋转，实现圆周进给运动。导轮是摩擦因数较大的树脂或橡胶结合剂砂轮，不起磨削作用，靠摩擦力带动工件旋转，使工件的圆周线速度基本上等于导轮的线速度，实现圆周进给运动。导轮的线速度一般为 10～50 m/min，砂轮的转速很高，一般为 35 m/s，从而在砂轮和工件间形成很大的速度差，即磨削速度。

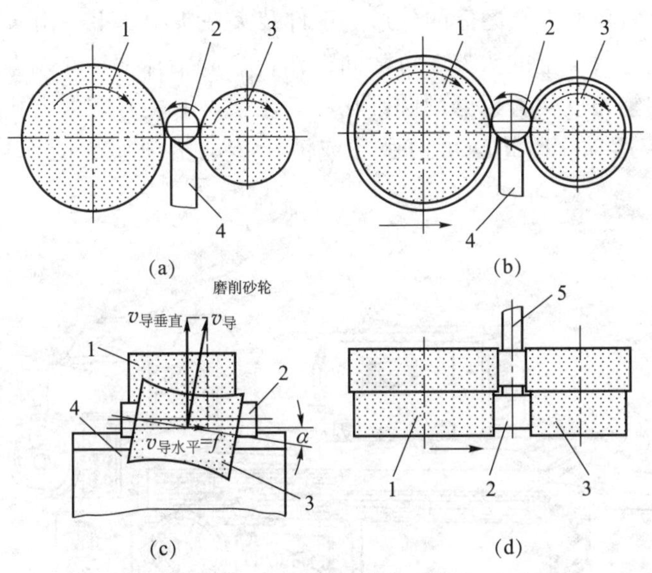

1—磨削砂轮；2—工件；3—导轮；4—拖板；5—挡块。

图 3－36　无心磨床磨削工作原理

（a）工件放置；（b）纵磨法加工过程；（c）导轮安装；（d）横磨法加工过程

无心磨削时，工件的中心应高于磨削砂轮与导轮的中心连线［见图 3－36（a），一般高出工件直径的 15%～25%］，使工件和导轮、砂轮的接触点不可能对称，这样工件的凸起部分在多次转动中被逐步磨圆。

无心磨床有两种磨削方法：纵磨法和横磨法。

1）纵磨法

纵磨法［见图 3－36（b）］是将工件从机床前面放到导板上，推入磨削区后，工件旋转，同时又轴向进给移动，穿过磨削区，从机床后面出去。磨削时，工件一个接一个地投入磨削，加工连续进行。工件的轴向进给是由于导轮在垂直面内倾斜了 α 角，导轮与工件接触处的线速度 $v_{导}$ 可分解为水平和垂直两个方向的分速度 $v_{导水平}$ 和 $v_{导垂直}$，$v_{导垂直}$ 使工件做圆周进给运动，$v_{导水平}$ 使工件做纵向进给［见图 3－36（c）］。所以，这种方法适用于不带台阶的圆柱形工件。

2）横磨法

横磨法［见图 3－36（d）］是先将工件放在托板和导轮之间，然后工件（连同导轮）或砂轮做横向切入进给。此法适用于磨削具有阶梯或成形回转表面的工件。

用无心磨床磨削，由于工件无须打中心孔，且装夹工件省时省力，可连续磨削，所以生产率高。若配上自动装卸料机构，可实现自动化生产。无心磨床适合在大批量生产中磨削细长轴及不带中心孔的轴、套、销等零件。

3. 内圆磨床

内圆磨床主要用于磨削圆柱孔和圆锥孔，主参数以最大磨削孔径的1/10表示，其类型主要有普通内圆磨床、无心内圆磨床和行星内圆磨床等。其中，普通内圆磨床比较常用，其自动化程度不高，磨削尺寸通常靠人工测量来加以控制，仅适用于单件小批生产。

图3－37所示为普通内圆磨床的外形。工件装夹在头架3上，由头架主轴带动做圆周进给运动。装在工作台2上的头架3可随同工作台一起沿床身1的导轨做纵向往复运动，也可在水平面内调整角度位置以磨削圆锥孔。砂轮架4上装有磨削内孔的砂轮主轴，它带动内圆磨轮做旋转运动，砂轮架可由手动或液压传动沿滑座5的导轨做周期性的横向进给。

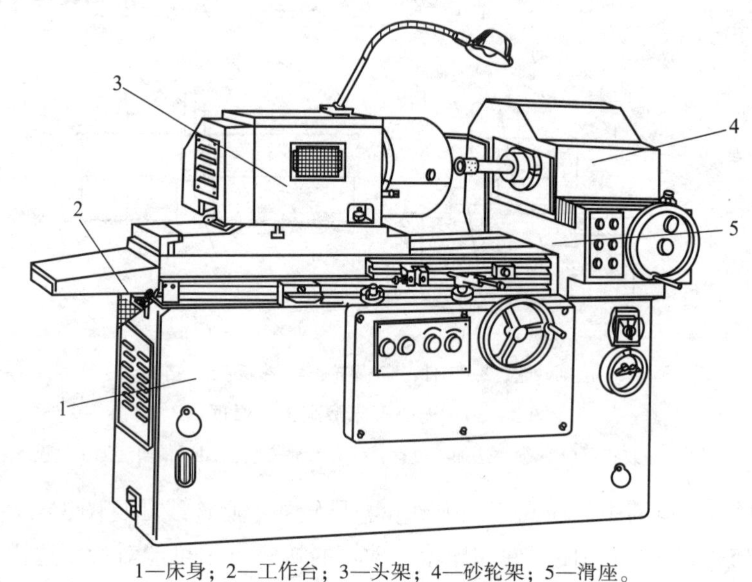

1—床身；2—工作台；3—头架；4—砂轮架；5—滑座。

图3－37　普通内圆磨床的外形

内圆磨床主要用于磨削圆柱形和圆锥形的通孔、盲孔和阶梯孔，根据工件形状和尺寸的不同，可采用纵磨法或切入法磨削内孔，如图3－38所示。

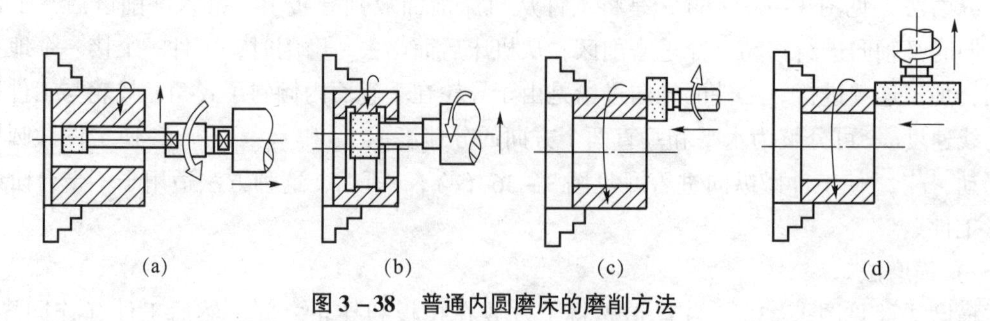

图3－38　普通内圆磨床的磨削方法

(a) 纵向磨内孔；(b) 横向磨内孔；(c) 用砂轮端面磨端面；(d) 用砂轮周边磨端面

4. 平面磨床

平面磨床用于磨削各种零件的平面，图 3－39 所示为平面磨床的磨削方法，并反映了机床的结构布局特点。根据砂轮主轴的布置和工作台的形状不同，平面磨床主要有：卧轴矩台式平面磨床、卧轴圆台式平面磨床、立轴矩台式平面磨床和立轴圆台式平面磨床 4 种类型。工件安装在矩形或圆形工作台上，做纵向往复直线运动或圆周进给运动（f_1），用砂轮的周边进行磨削［见图 3－39（a）、(b)］或端面进行磨削［见图 3－39（c）、(d)］。平面磨床的主参数是工作台台面宽度（矩台）或直径（圆台）。

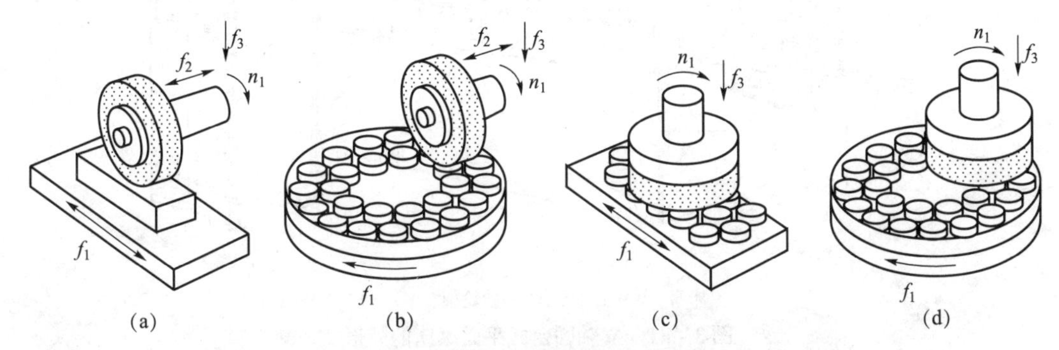

图 3－39　平面磨床的磨削方法

(a) 用砂轮周边磨平面（卧轴矩台）；(b) 用砂轮周边磨平面（卧轴圆台）；
(c) 用砂轮端面磨平面（立轴矩台）；(d) 用砂轮端面磨平面（立轴圆台）

端面磨削时，砂轮与工件的接触面积较大，所以生产率较高，但发热量大，冷却和排屑条件差，所以加工精度较低，表面粗糙度值较大。而周边磨削时，砂轮和工件的接触面较小，发热量少，冷却和排屑条件较好，可获得较高的加工精度和较小的表面粗糙度值。

圆台平面磨床是连续进给，而矩台平面磨床有换向时间损失，所以圆台平面磨床比矩台平面磨床的生产率稍高。但是，圆台式只适合磨削小零件和大直径的环形零件端面，不能磨削窄长零件，而矩台式可方便地磨削各种零件，工艺范围较广，除了用周边磨削水平面，还可用砂轮端面磨削沟槽、台阶等垂直侧平面。

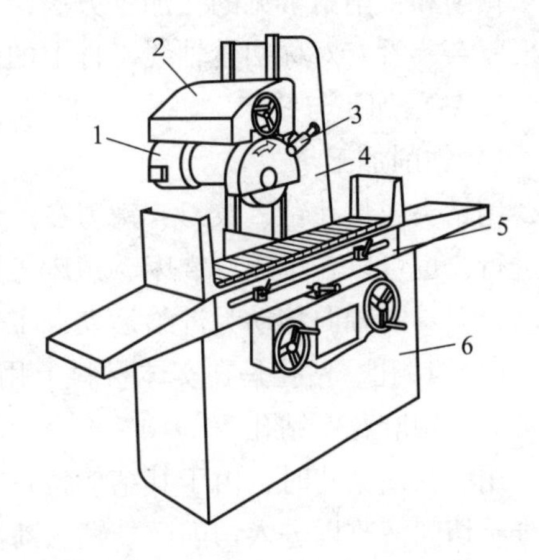

1—砂轮架；2—滑鞍；3—砂轮修整装置；
4—立柱；5—工作台；6—床身。

图 3－40　卧轴矩台式平面磨床的外形

目前，生产中平面磨床以卧轴矩台式平面磨床和立轴圆台式平面磨床最为常见，分别如图 3－40 和图 3－41 所示。在图 3－40 中，砂轮架 1 可沿滑鞍 2 的燕尾导轨做周期的横向间歇进给运动（可手动或液动），滑鞍 2 与砂轮架 1 一起可沿立柱 4 的导轨做周期的垂直进给运动，矩形工作台 5 沿床身 6 的导轨做纵向往复运动（液压传动）。在图 3－41 中，装在床身 1 上的圆形工作台 2，除了做旋转运动实现圆周进给，还可以带动工件一起沿床身 1 的导轨做纵向快进快退，以便装卸工件；砂轮架 3 可沿立柱 4 做快速垂直调位运动（间歇切入运动），以便磨削不同高度的工件。

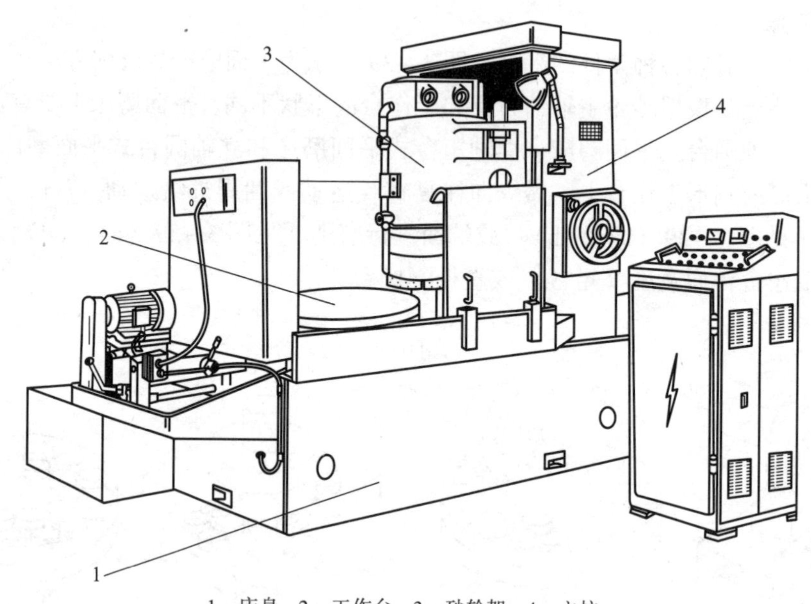

1—床身；2—工作台；3—砂轮架；4—立柱。

图3-41 立轴圆台式平面磨床的外形

第六节 其他加工方法与机床

一、钻削、镗削加工与孔加工机床

钻削和镗削是常见的孔加工方法，采用的钻床和镗床可称为孔加工机床，主要用于加工外形复杂、没有对称回转轴线工件上的孔，如箱体、支架、杠杆等零件上的单孔或孔系。

1. 钻削加工与钻床

1）钻削加工

用钻头或扩孔钻、铰刀、锪刀在工件上加工孔的方法统称为钻削加工，它既可以在钻床上进行，也可以在车床、铣床、镗床等机床上完成。在钻床上钻孔时，刀具的旋转运动为主运动，刀具的轴向移动为进给运动，工件静止不动。

（1）钻孔。钻孔是在实体材料上用钻头加工孔的方法，主要包括钻中心孔、钻深孔及最常见的用麻花钻钻孔等。

用麻花钻钻孔时，由于其结构特点和钻孔本身的工艺特点（半封闭式切削、散热和排屑难、切削液难以进入切削区、钻头易磨损等），造成钻孔时存在如下工艺问题：一是钻头容易引偏；二是加工质量较差。因此，钻孔主要用于孔的粗加工或精度、表面质量要求较高孔的预加工，尺寸公差等级一般为IT12～IT11，表面粗糙度 Ra 为25～12.5 μm。

针对上述工艺问题，生产上常采取以下一些改进措施：一是在工艺上采取预钻定心坑、大批量时使用钻模、提高刃磨质量使两主切削刃对称等措施；二是改进钻头的结构，如采用群钻等。

（2）扩孔。用扩孔刀具（扩孔钻、直径较大的麻花钻等）将工件上已加工孔、铸孔或锻孔直径扩大的方法称为扩孔。

与麻花钻相比，扩孔钻具有刀齿多、排屑槽浅而窄、钻芯刚度大、导向性好，以及无横刃减小了轴向力、加工余量小等特点，所以扩孔质量比钻孔高，精度可达 IT10 ~ IT9，表面粗糙度 *Ra* 为 6. 3 m ~ 3. 2 μm，属于孔的半精加工。

（3）铰孔。铰孔是用铰刀对工件上已有的孔进行精加工的方法，其加工余量一般为 0. 05 ~ 0. 25 mm，可分为粗铰和精铰。粗铰的精度一般为 IT8 ~ IT7，表面粗糙度 *Ra* 为1. 6 ~ 0. 8 μm；精铰的精度为 IT7 ~ IT6，表面粗糙度 *Ra* 为 0. 8 ~ 0. 4 μm。铰孔适合加工成批和大量生产中不能采用拉削加工的孔，以及单件小批生产中要求加工精度高、直径不大且未淬火的孔。在实际生产编制工艺方案时，钻孔 – 扩孔 – 铰孔及粗车孔 – 半精车孔 – 铰孔是最常用的孔加工工艺路线。

2）钻床

钻床的主参数是最大钻孔直径。根据用途和结构的不同，钻床可分为台式钻床、立式钻床、摇臂钻床、深孔钻床及其他钻床（如中心孔钻床）。

（1）立式钻床。立式钻床的外形如图 3 – 42 所示。主轴箱 3 中装有主电动机运动和进给运动变速机构、主轴组件及其操纵机构等。主轴 2 由电动机带动既做旋转运动，又随主轴套筒在主轴箱中的直线移动来做轴向进给运动，装在主轴箱上的进给操纵机构 5 可使主轴 2 实现手动进给、手动快速升降和接通、断开机动进给。加工时，工件直接或利用夹具安装在工作台 1 上，工作台 1 和主轴箱 3 都装在立柱 4 的垂直导轨上，可沿立柱导轨调整上下位置，以适应加工不同高度的工件。因主轴轴线位置固定，当加工不同位置的孔时，必须移动工件，使刀具旋转中心对准被加工孔的中心，因此它仅适用于单件、小批量生产中加工中小工件上的孔。

（2）摇臂钻床。摇臂钻床的外形如图 3 – 43 所示。工件固定在工作台 10 上，主轴 9 的旋转和轴向进给由电动机 6 通过主轴箱 8 来实现。主轴箱 8 可在摇臂 7 的导轨上水平移动，摇臂又可绕立柱的轴线转动并借助电动机 5 及丝杠 4 的传动沿外立柱 3 上下移动。外立柱 3 可绕内立柱 2 在 ±180°内回转。摇臂钻床由于结构上的这些特点，可以很方便地调整主轴 9 的坐标位置，而无须移动工件。所以，在单件和中、小批生产中广泛应用摇臂钻床来加工大、中型零件上的孔。

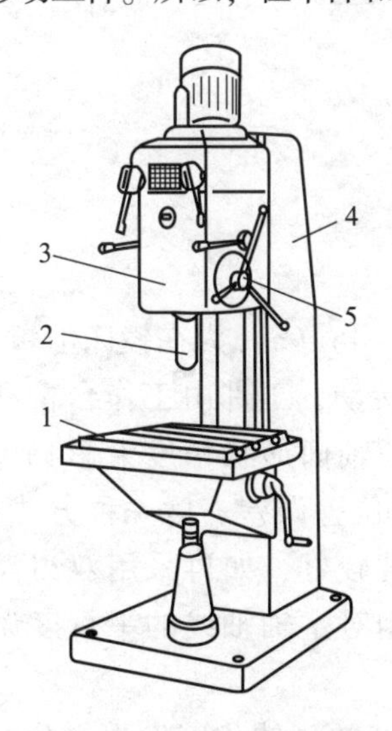

1—工作台；2—主轴；3—主轴箱；
4—立柱；5—进给操纵机构。

图 3 – 42　立式钻床的外形

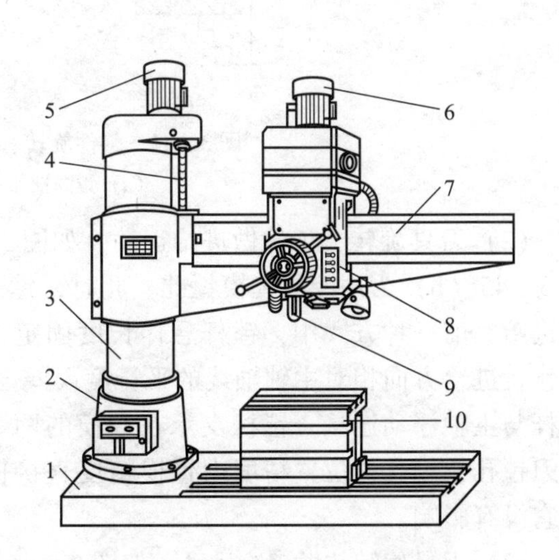

1—底座；2—内立柱；3—外立柱；4—丝杠；5，6—电动机；
7—摇臂；8—主轴箱；9—主轴；10—工作台。

图 3 – 43　摇臂钻床的外形

（3）深孔钻床。对长径比大于10的深孔（孔系）和精密浅孔进行钻削加工的专用机床统称为深孔钻床，如用来加工枪管、炮筒和机床主轴等零件的深孔。深孔钻床主要依靠先进的孔加工技术（枪钻、BTA内排屑深孔钻、喷吸钻等），通过一次连续的钻削即可达到一般需钻—扩—铰工序才能达到的加工精度和表面粗糙度，加工孔孔径尺寸精度可达IT11～IT7，孔表面粗糙度 Ra 可达6.3～0.2 μm。因加工的孔较深，加工时通常由工件转动来实现主运动，深孔钻头并不转动而只做直线进给运动以减少孔中心线的偏斜。由于孔较深且工件往往较长，为获得好的冷却效果及避免切屑排出影响工件表面质量，深孔钻床中设有切削液输送装置和周期退刀排屑装置。此外，为了便于排除切屑及避免机床太高，深孔钻床通常采用卧式布局。

2. 镗削加工

镗削加工是用切削刀具加工工件上已有孔使之扩大的一种方法，通常用于加工尺寸较大、精度要求较高的孔，特别是分布在不同表面上、孔距和位置精度要求（平行度、垂直度和同轴度等）较高的孔及孔系，如各种箱体、汽车发动机缸体等零件上的孔。镗孔既可在镗床上进行，也可在车床上进行。

1）镗孔

镗孔通常有3种不同的加工方式。

（1）工件旋转，刀具做进给运动，如图3－44所示。在车床上镗孔大都属于这种方式。此方式加工后孔的轴线与工件回转轴线一致，适合加工与外圆表面有同轴度要求的孔。此时，机床轴线的回转精度对孔的圆度、刀具进给方向相对工件回转轴线的位置误差对孔的轴向几何形状误差会产生很大的影响。

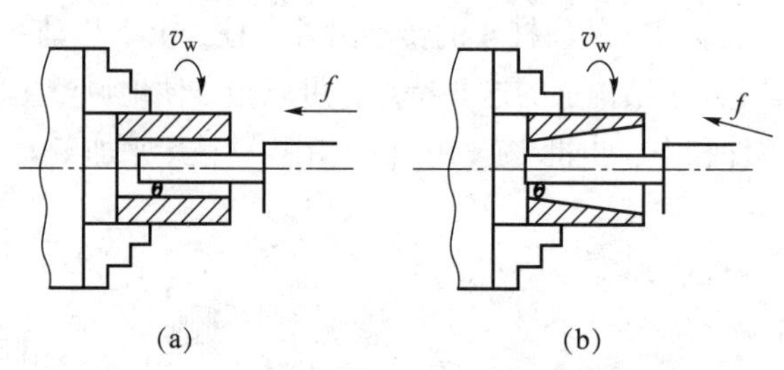

图3－44　工件旋转、刀具进给的镗孔方式

（a）镗圆柱孔；（b）镗锥孔

（2）刀具旋转，工件做进给运动，如图3－45所示。图3－45（a）为在镗床上镗孔，图3－45（b）为用专用镗模镗孔。此时，镗床主轴带动镗刀转动，工件由工作台带动实现进给。前一种方式中，镗杆悬伸长度固定，镗杆变形对孔的轴向形状精度无影响，但工作台进给方向相对主轴轴线的平行度误差会引起孔轴心线的位置误差。后一种方式中，镗杆与主轴浮动连接，镗杆支承在镗模的两个导向套中，刚性较好，如再采用双刃浮动镗刀镗孔，则孔的位置精度由镗模精度直接保证，进给方向相对主轴轴线的平行度误差对它没有影响。

（3）刀具旋转并做进给运动，如图3－46所示。此时，镗杆的悬伸长度发生变化，受力变形也发生变化，必然会导致孔的形状误差，形成锥孔，同时过大的镗杆悬伸长度及因主轴自重引起的弯曲变形也会使孔轴线产生相应的弯曲，所以只适合加工较短的孔。

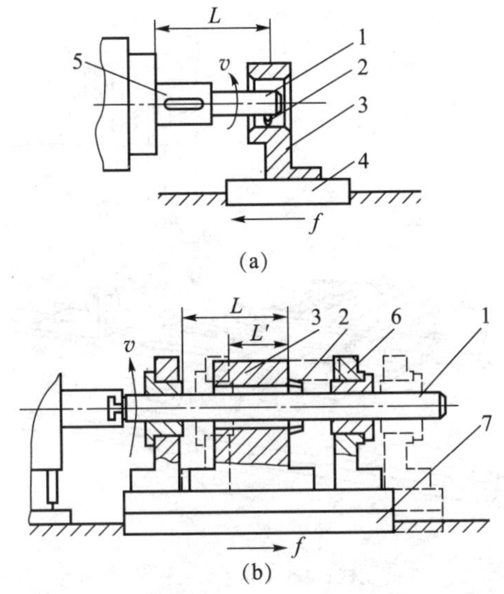

1—镗杆；2—镗刀；3—工件；4—工作台；5—主轴；6—镗模；7—拖板。

图 3－45　刀具旋转、工件进给的镗孔方式

（a）在镗床上镗孔；（b）用专用镗模镗孔

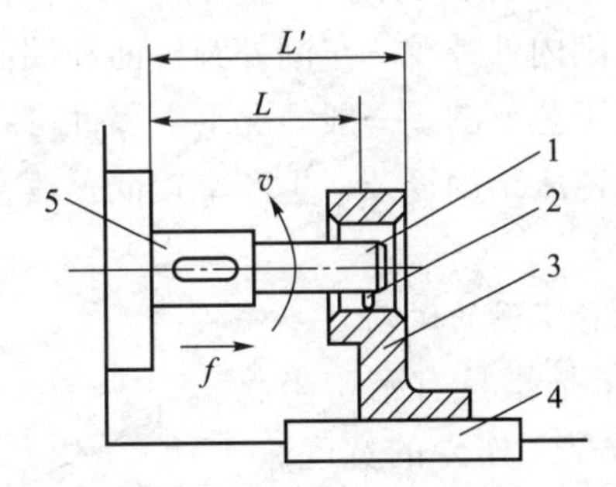

1—镗杆；2—镗刀；3—工件；4—工作台；5—主轴。

图 3－46　刀具旋转并进给的镗孔方式

2）镗床

卧式镗床的主参数是主轴直径。镗床加工时，镗刀的旋转为主运动，镗刀或工件的移动为进给运动。镗床的主要类型有卧式镗床、坐标镗床、金刚镗床和落地镗床等，这里主要介绍前两种。

（1）卧式镗床。图 3－47 所示为卧式镗床的外形。主轴箱 2 中安装有水平布置的主轴组件、主传动和进给传动的变速机构，可沿前立柱 3 垂直导轨上下移动。加工时，刀具安装在主轴 4 前端的锥孔中，或装在平旋盘 5 的径向刀架上。主轴既可以旋转，还可沿轴向移动做进给运动，平旋盘只能做旋转主运动，而装在平旋盘导轨上的径向刀架，可做径向进给运动，这时可以车端面。工作台 6 可在上滑座的圆导轨上绕垂直轴线转位，以便加工相互平行或成一定角度的孔与平面，也可与安装在其上的工件一起随上、下滑座 7 和 8 做横向或纵向移动。后立柱 11 可沿床身导轨做纵向移动，以调整位置，其上装有支承架 10，用来支承悬伸较长的刀杆，以增加刀杆的刚度。

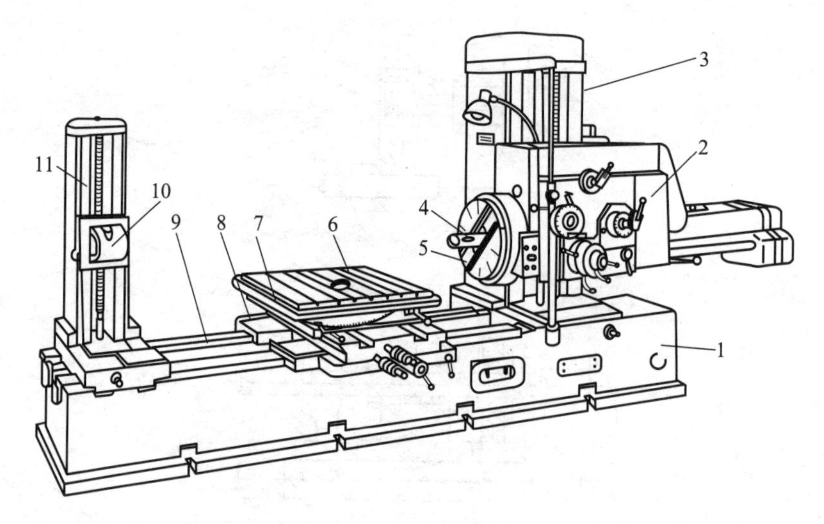

1—床身；2—主轴箱；3—前立柱；4—主轴；5—平旋盘；6—工作台；7—上滑座；
8—下滑座；9—导轨；10—支承架；11—后立柱。

图3－47　卧式镗床的外形

卧式镗床因其工艺范围非常广泛而得到普遍应用，可对各种大中型工件进行钻孔、镗孔、扩孔、铰孔、锪平面、车削内外螺纹、车削外圆柱面和端面及铣平面等加工，若再利用特殊附件和夹具，还可扩大其工艺范围。一般情况下，零件可在一次装夹中完成大部分甚至全部的加工工序。但由于卧式镗床结构复杂、生产率较低，故在大批量生产中加工箱体零件时多采用组合机床和专用机床。

提要：请总结卧式镗床所能实现的运动。

（2）坐标镗床。坐标镗床是指具有精密坐标定位装置的镗床，其主参数是工作台的宽度。它主要用于镗削精密的孔（IT5级或更高）及位置精度要求比较高的孔系，还能进行钻孔、扩孔、铰孔、锪端面、切槽、铣削等加工，也能进行精密刻度、样板的精密划线、孔间距及直线尺寸的精密测量等。

坐标镗床按其布局和形式不同有立式和卧式之分，立式坐标镗床适合加工轴线与安装基面（底面）垂直的孔系和铣削顶面，卧式坐标镗床适合加工与安装基面平行的孔系和铣削侧面。

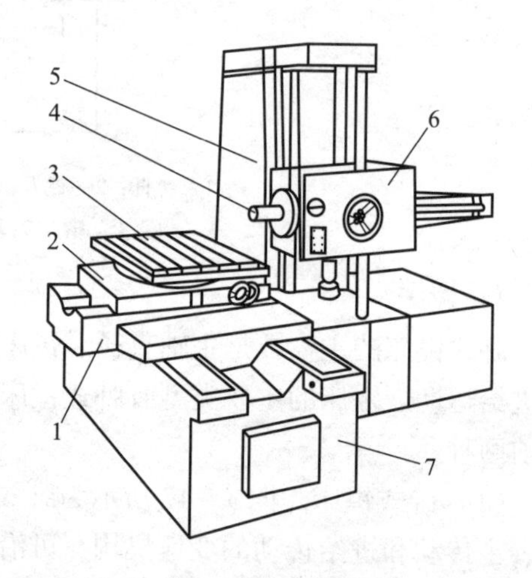

1—下滑座；2—上滑座；3—工作台；4—主轴；
5—立柱；6—主轴箱；7—床身。

图3－48　卧式坐标镗床的外形

图3－48所示为卧式坐标镗床的外形，其主轴4水平布置。镗孔坐标位置由下滑座1沿床身7的导轨纵向移动和主轴箱6沿立柱5的导轨上下移动来实现，主轴4轴向移动或上滑座2横向移动实现孔加工时的进给运动。回转工作台3可在水平面内回转一定角度，以进行精密分度。

二、刨削、插削、拉削加工与直线运动机床

刨削、插削和拉削的主运动都为直线运动，所使用的机床如刨床、插床和拉床统称为直线运动机床。

1. 刨削和插削加工与刨床、插床

1）刨削和插削加工

在刨床上用刨刀对工件做水平直线往复运动进行切削加工的方法称为刨削加工，其主要应用如图 3－49 所示。刨削只在进程中进行加工，回程为空行程。

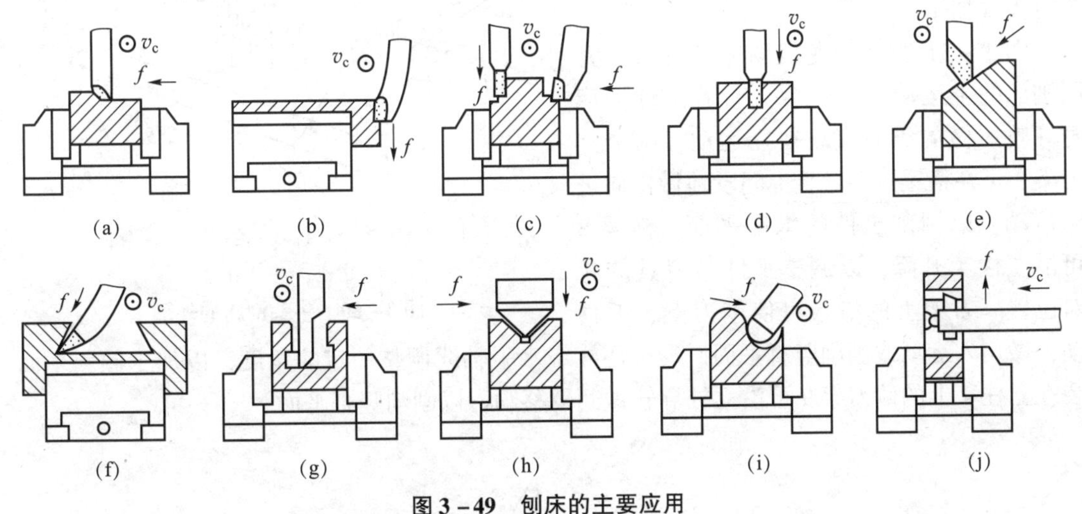

图 3－49 刨床的主要应用

（a）刨平面；（b）刨垂直面；（c）刨台阶；（d）刨垂直沟槽；（e）刨斜面；（f）刨燕尾槽；（g）刨 T 形槽；（h）刨 V 形槽；（i）刨曲面；（j）刨内孔键槽

刨削因主运动是直线往复运动且回程不切削，且刀具在切入切出时会产生冲击，因此切削速度受限，生产率较低。刨削有逐渐被其他加工方法取代的趋势，牛头刨床目前几乎只在维修、装配车间有应用。但在加工窄而长的表面时，刨削效率可能超过铣削。

刨削加工过程不连续引起的冲击和振动，使其加工质量不如车削。通常加工精度可达 IT9～IT7，表面粗糙度 Ra 一般为 6.3～1.6 μm。

在插床上用插刀相对工件做垂直直线往复运动的切削方法称为插削加工。插削可以看作是“立式刨削”，主要用于单件、小批生产中加工内孔中的键槽、花键槽等内表面及各种多边形孔，也可加工某些外表面，如扇形齿轮等。插削加工所能达到的加工精度、表面粗糙度与刨削相近。

2）刨床、插床

（1）刨床。刨床主要用于加工各种平面和沟槽，其主要类型有牛头刨床和龙门刨床。

①牛头刨床。图 3－50 所示为牛头刨床的外形。滑枕 3 带着刀架 1 可沿床身导轨在水平方向做往复直线运动，使刀具实现主运动，而工作台 6 带着工件做间歇的横向进给运动。刀架可沿刀架座导轨上下移动（一般手动），以调整刨削深度及在加工垂直平面和斜面时做进给运动，刀架还可左右偏转 60°（调整转盘 2），以加工斜面或斜槽。滑座 5 可在床身 4 上升降，以适应不同的工件高度。由于滑枕在换向的瞬间有较大的惯量，限制了主运动速度的提

高，使切削速度较低，且牛头刨床的刀具在返程时不加工，因此其生产率较低，多用于单件、小批生产或机修车间中加工中小型零件的平面、沟槽或成形平面。

②龙门刨床。龙门刨床因“龙门”式框架结构而得名，主要用于加工大型或重型零件上的各种平面、沟槽和各种导轨面，也可在工作台上一次装夹数个中小型零件进行多件加工。

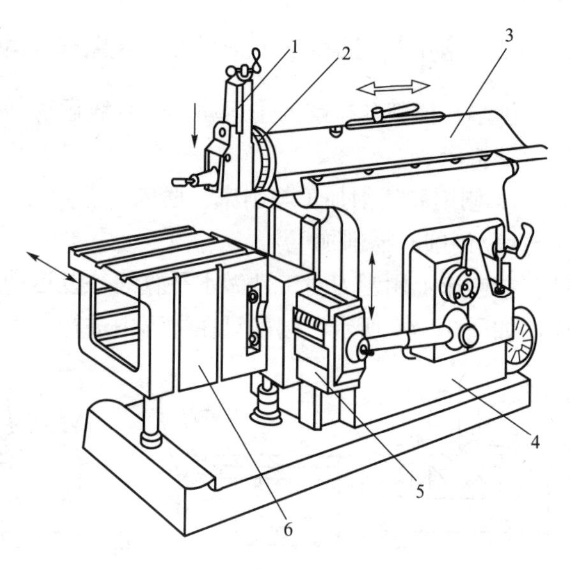

1—刀架；2—转盘；3—滑枕；4—床身；
5—滑座；6—工作台。

图3－50　牛头刨床的外形

图3－51所示为龙门刨床的外形。龙门刨床的主运动是工作台2带着工件沿床身导轨所做的纵向直线往复运动，两个立刀架5可在横梁3的导轨上间歇地做横向进给运动，以刨削工件的水平平面。横梁3可沿立柱4升降，以调整工件与刀具的相对位置。刀架上的滑板可使刨刀上、下移动，做切入运动或刨削竖直平面。滑板还能绕水平轴线调整一定的角度，以加工倾斜平面。装在立柱4上的侧刀架9可沿立柱导轨做间歇移动，以刨削竖直平面。

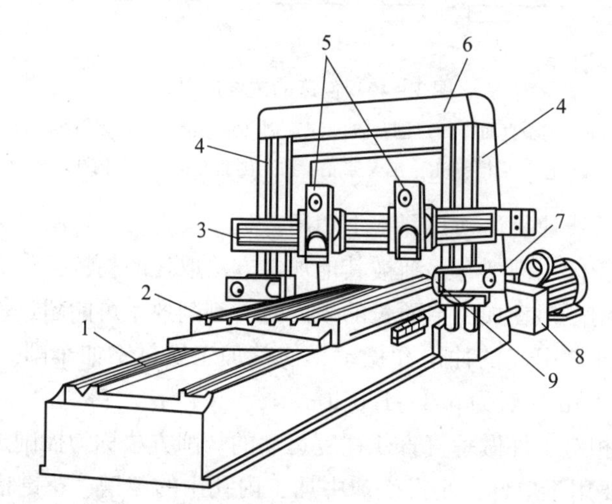

1—床身；2—工作台；3—横梁；4—立柱；5—立刀架；6—顶梁；
7—进给箱；8—变速箱；9—侧刀架。

图3－51　龙门刨床的外形

（2）插床。插床实质上是立式刨床，主要用于单件、小批量生产中插削与安装基面垂直的面，如内孔中的键槽及多边形孔或内外成形表面。

图3－52所示为插床的外形。滑枕2带动插刀沿立柱3垂直方向所做的直线往复运动为主运动。工件安装在圆工作台1上，通过下滑座5及上滑座6可分别做横向及纵向进给，圆工作台1可绕垂直轴线旋转，完成圆周进给或通过分度盘4实现分度。

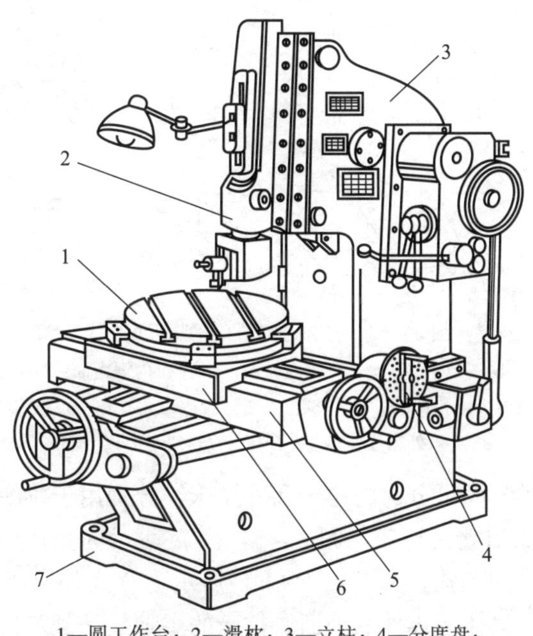

1—圆工作台；2—滑枕；3—立柱；4—分度盘；
5—下滑座；6—上滑座；7—底座。

图3－52　插床的外形

2. 拉削加工与拉床

1）拉削加工

在拉床上用拉刀加工工件的方法称为拉削加工。加工时，若刀具所施的力不是拉力而是推力，则称为推削，所用刀具称为推刀。但推削易引起推刀弯曲，因此远不如拉削应用范围广。

拉刀是一种复杂的多齿刀具，借助后刀齿比前刀齿高出一定的尺寸来去除加工余量，实现切削加工。通常，一次工作行程即能加工成形，生产效率极高，但因拉刀结构复杂，制造成本高，且有事实上的专用性，因此拉削主要用于成批大量生产。在单件、小批生产中，对于某些精度要求较高、形状特殊的成形表面，用其他方法很难加工时，也可采用拉削加工，但不能用于加工盲孔、深孔、阶梯孔及有障碍的外表面等。采用螺旋拉削装置，使螺旋齿拉刀与工件做相对直线运动和回转运动，还可拉削内螺纹、螺旋花键孔和螺旋内齿轮等。

因拉削速度较低，在拉削普通结构钢和铸铁时，一般粗拉速度为3～7 m/min，精拉速度小于3 m/min；且拉削一般采用润滑性能较好的切削液，如切削油和极压乳化液等，在高速拉削时，切削温度高，常选用冷却性能好的化学切削液和乳化液。所以，拉削加工的精度较高，可达IT7～IT5，表面粗糙度较好，*Ra*可达0.8～0.4 μm。

2）拉床

拉床是用拉刀加工各种内外成形表面的机床，可加工各种形状的通孔、平面及成形表面等，图3－53所示为拉削加工的典型表面形状。拉削时，拉刀使被加工表面一次拉削成形，所以拉床只有主运动，没有进给运动。拉床的主运动为拉刀的直线运动。拉床的主运动多采用液压驱动，以承受较大的切削力并使拉削过程平稳。

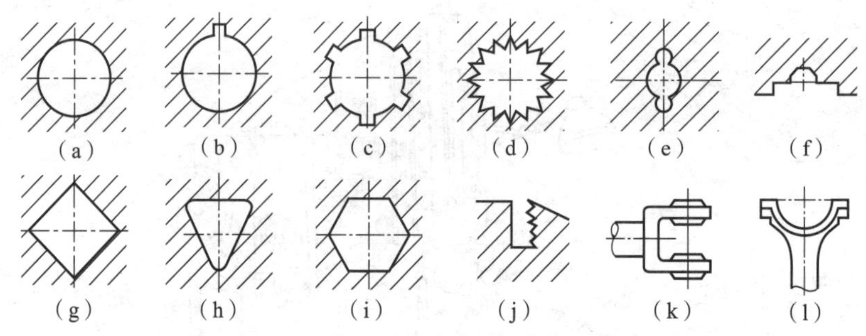

图3-53　拉削加工的典型表面形状

(a) 拉圆孔；(b) 拉内键槽；(c) 拉内齿轮；(d) 拉内锯齿面；(e) 拉内成形面；(f) 拉内半圆孔；(g) 拉内方孔；(h) 拉内三角孔；(i) 拉内六角；(j) 拉外锯齿；(k) 拉平面；(l) 拉连杆半圆孔

拉床按加工表面种类不同可分为内拉床和外拉床，分别用于拉削工件的内、外表面。按机床布局可分为卧式拉床和立式拉床。图3-54（a）所示为拉床中最常用的卧式内拉床，用以拉花键孔、键槽和精加工孔。图3-54（b）所示为立式外拉床，因行程较短，多用于汽车、拖拉机行业加工气缸体等零件的平面。拉床的主参数是额定拉力。

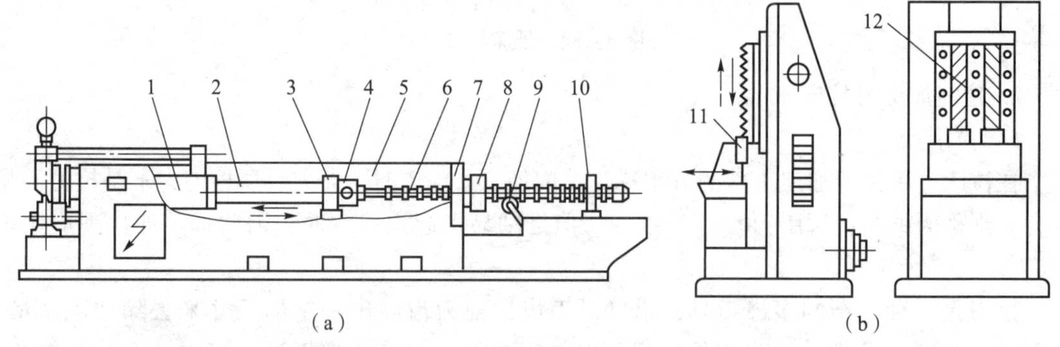

1—液压缸；2—活塞杆；3—随动支架；4—刀夹；5—床身；6—拉刀；7—支承座；8—工件；9—支承滚柱；10—拉刀尾部支架；11—工件；12—拉刀。

图3-54　拉床

(a) 卧式内拉床；(b) 立式外拉床

第七节　组合机床与数控机床简介

一、组合机床

组合机床是以系列化、标准化的通用部件为基础，配以少量的专用部件组成的多轴、多刀、多任务工序、多面或多任务位同时加工的高效专用机床。组合机床一般采用多刀、多轴、多面或多工位、多工序同时加工方式，用来加工箱体类或特殊形状的零件，既具有专用机床的结构简单、生产率和自动化程度较高的特点，又具有一定的重新调整能力，以适应工件变化的需要。加工时，工件一般不旋转，由刀具旋转实现主运动，刀具和工件的相对移动实现进给运动来进行钻、镗、铰、攻螺纹、车削、铣削等切削加工，最适用于在大批、大量生产中对一种或几种类似零件的一道或几道工序进行加工。

1. 组合机床的组成

图 3－55 为一种单工位双面复合式组合机床的组成示意图。机床由立柱底座 1、立柱 2、动力箱 3、镗削头 6、滑台 7、侧底座 8、中间底座 9 等通用部件及多轴箱 4、夹具 5 等主要专用部件组成，而这些专用部件中的绝大多数零件也是通用件或标准件，因此给设计、制造和调整带来很大方便。

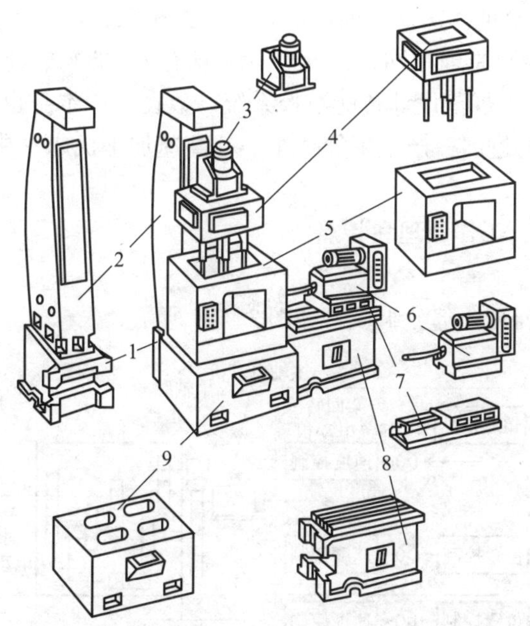

1—立柱底座；2—立柱；3—动力箱；4—多轴箱；5—夹具；
6—镗削头；7—滑台；8—侧底座；9—中间底座。

图 3－55　单工位双面复合式组合机床的组成示意图

被加工工件安装在夹具 5 中，加工时固定不动。多轴箱 4 上的许多钻头（或其他孔加工刀具）和镗削头 6 上的镗刀，分别由电动机通过动力箱 3、多轴箱 4 和传动装置驱动做旋转主运动，并由各自的滑台 7 带动做直线运动，完成预定的运动循环。

2. 组合机床的特点

组合机床具有如下特点。

（1）组合机床中有 70%～90% 的通用零、部件，由专业厂家经过精心设计和长期生产实践检验，工作稳定、可靠，使用和维修方便。

（2）设计和制造组合机床，只是设计少量专用部件，可大大缩短设计、制造周期，降低研制成本。

（3）工序集中，可多面、多任务位、多轴、多刀同时自动加工，所以生产率高。

（4）当加工对象改变时，通用零部件可重复利用，可按产品或工艺要求，组成新组合机床及自动线，有利于产品更新。

二、数控机床

数控机床是一种装有程序控制系统的自动化机床。该控制系统能够逻辑地处理具有控制编码或其他符号指令规定的程序，并将其译码，从而使机床动作并加工零件。数控机床是综合应用电子技术、计算机技术、自动控制、精密测量和机床设计等领域的先进技术成就而发展起来的一种新型自动化机床，其操作和监控全部在程序控制系统这个数控单元中完成，具有广泛的通用性和较大的灵活性，是柔性制造系统、计算机集成制造系统等的主体设备。

数控机床自 20 世纪 50 年代诞生以来，经过几代数控技术的革新，以前采用的专用计算机数控（NC）系统已逐渐被淘汰。目前广泛采用计算机数控（CNC）系统和微处理器控制（MNC）系统，它们的控制原理相同，并充分利用现有 PC 的软、硬件资源，正在开发新一代数控（PC－NC）系统，规范设计智能数控系统。数控机床本身也在结构、性能、传动方式等多方面取得了较大的进展，产生了加工中心、高速加工机床（中心）、并联机床等一些各具特色的加工设备。

1. 数控机床的组成、工作原理和特点

1）数控机床的组成

数控机床一般由下列几个部分组成，如图 3－56 所示。

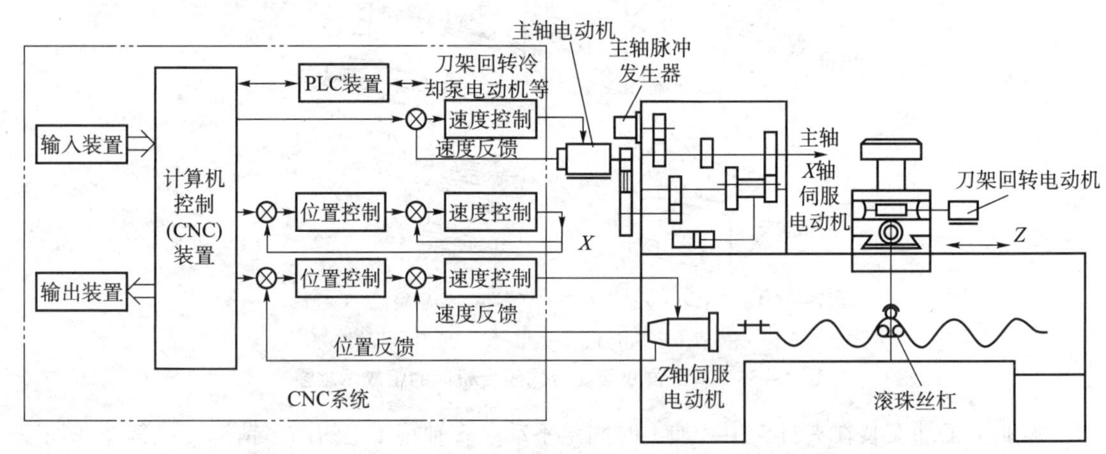

图 3－56　数控机床的组成

（1）数控装置。这是数控机床的中枢，包括硬件（印制电路板、CRT 显示器、键盒、纸带阅读机等）及相应的软件，用于输入数字化的零件程序，并完成输入信息的存储、数据的变换、插补运算及实现各种控制功能。

（2）控制介质。这是将零件的加工信息送到数控装置的信息载体，有多种形式，如穿孔带、穿孔卡、磁带及磁盘、光盘和 USB 接口介质等。随着 CAD/CAM 技术的发展，有些数控设备可利用 CAD/CAM 软件在其他计算机上编程，再通过计算机与数控系统通信技术，将程序和数据直接传送给数控装置。

数控装置和控制介质组成了 CNC 系统。

（3）伺服系统。这是数控机床执行机构的驱动部件，包括驱动和执行两大部分，并与机床上的机械传动和执行部件组成数控机床的进给系统。伺服系统接受数控装置的指令，并按照指令信息要求带动机床的执行部件运动，以加工出符合要求的零件，其性能决定了数控机床的加工精度、表面质量、工作效率、响应快慢和稳定程度等。常用的伺服驱动组件有步进电动机、宽调速直流伺服电动机、交流伺服电动机和直线电动机等。

（4）机床本体。它是数控机床的机械主体，同普通机床相似，就是数控机床上完成各种切削加工的机械部件。它对数控装置和伺服系统的功能的实现有较大的影响，所以在结构设计时需要采取一些措施：如采用高性能的主轴及伺服传动系统，以缩短传动链，简化机械传动结构；更多地采用高效、精密传动部件，如滚珠丝杠副和直线滚动导轨等，以减少摩擦，提高传动精度；提高部件的刚度、阻尼和耐磨性，减小热变形等。

除上述4个主要部分外，数控机床还有一些辅助装置和附属设备，如电气、液压、气动系统，冷却、排屑、润滑、照明、储运装置，以及编程机、对刀仪等，作用是接收数控装置发出的辅助指令信号，经过编译、逻辑判断、功率放大等处理后驱动相应的部件完成一些辅助功能，如工件的自动夹紧、松开，自动喷切削液等。

2）数控机床的工作原理

图3－57为数控机床的工作原理框图。首先将被加工零件的几何信息和工艺信息用数字量表示出来，用规定的代码和格式编制出数控加工程序，然后用适当的控制介质将此加工程序输入数控装置。数控装置对输入的信息进行处理和计算后，将结果输出到机床的伺服系统，控制机床运动部件按预定的轨迹和速度运动。当加工对象改变时，除了重新装夹工件和更换刀具，只需更换一个事先准备好的控制介质，不需对机床做任何调整，就能自动加工出所需的零件。

3）数控机床的特点

与普通机床相比，数控机床有以下优点。

（1）只需更换零件程序就能加工不同零件，因此适应性强，特别有利于加工形状复杂的工件和试制新产品。

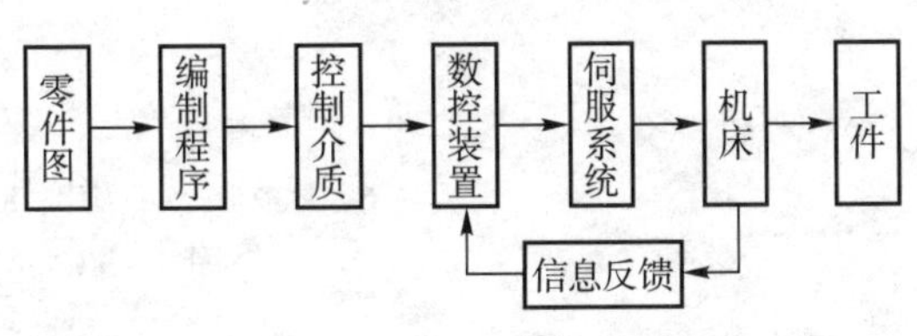

图3－57　数控机床的工作原理框图

（2）提高了机床本体部件的精度、刚度等性能，且加工过程由数控系统控制，消除了操作者的主观误差，因此加工精度高，产品质量稳定。

（3）数控机床具有不停车自动变速和快速空行程等辅助功能，大大缩短了辅助时间，因此生产率较高。

（4）通过程序编制，可以方便地加工形状复杂的零件。

（5）机床自动化程度高，可以减轻操作者的劳动强度。

数控机床也存在一些问题，如成本比普通机床高、需要专门的维护保养人员和熟练的零件编程技术人员等。

2. 加工中心

加工中心是一种功能较全的数控机床，往往配有刀库、换刀机械手、交换工作台、多动力头等装置。数控系统能控制机床按不同工序自动选择、更换刀具，自动对刀，自动改变主轴转速、进给量等，一次装夹即可连续完成铣削、镗削、钻削、铰削、攻螺纹等多种工序，因而大大减少了工件装夹、测量和机床调整等辅助工序时间，对加工形状比较复杂、精度要求较高、品种更换频繁的零件具有良好的经济效果，也可大大节约机床的数量。图3－58所示为立式加工中心，它实质上是一种具有自动换刀装置的数控立式镗铣机床，主要用于加工箱体类零件。

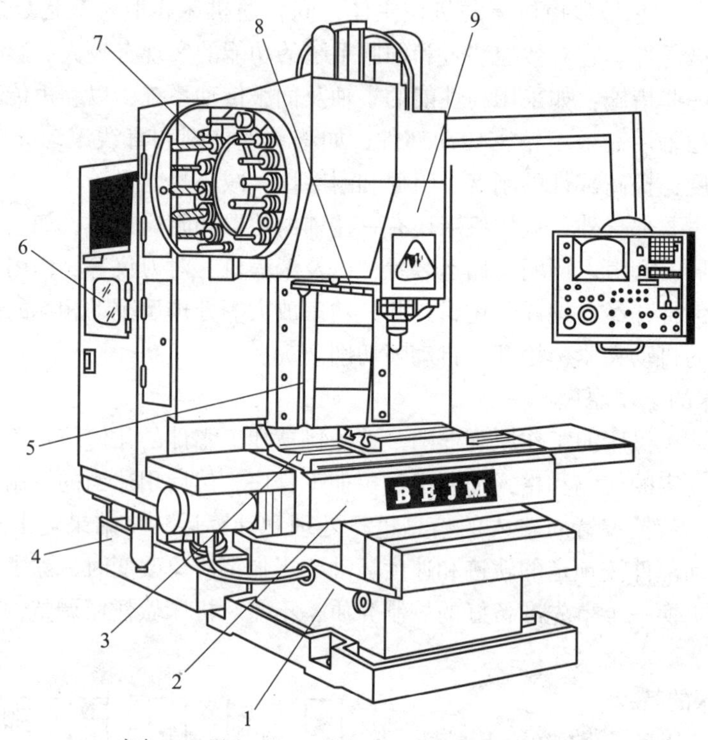

1—床身；2—滑座；3—工作台；4—数控柜底座；5—立柱；
6—数控柜；7—刀库；8—机械手；9—主轴箱。

图3-58 立式加工中心

3. 高速加工机床

1）高速加工机床简介

高速加工是指采用比传统切削速度高出很多（通常高出5~10倍）的速度进行的加工。它集高效、优质、低耗于一身，以高切削速度、高进给量、高加工精度为主要特征。20世纪30年代，德国切削物理学家萨洛蒙博士提出了高速切削的基本理论，至今已有80多年的历史，但相应的高速切削技术却进展缓慢，主要原因是缺乏相应的高速加工机床技术的支持。近些年来，随着科学技术水平的提高，特别是机床各主要单元技术（如主轴技术、CNC技术、进给技术、高速刀具技术、检测技术等）的迅速发展，推动了高速加工机床技术的快速发展，已经从20世纪90年代中后期的三轴高速加工中心发展到五轴高速加工中心，驱动方式已从直线运动（*X*/*Y*/*Z*轴）的伺服电动机和滚珠丝杠驱动发展到目前的直线电动机驱动，回转运动（*A*和*C*轴）采用了直接驱动的转矩电动机。有的公司通过直线电动机和转矩电动机使加工中心发展成全采用直接驱动的五轴加工中心，显著提高了高速加工中心的行程速度、动态性能和定位精度。图3-59所示为瑞士MIKRON公司生产的MIKRON UCP 800 Duro高速加工中心，其主轴最高转速为20 000 r/min，最大快移速度为30 m/min，刀库内有30把刀具，主电动机功率为30 kW，主轴最大扭矩为91 N·m，重复定位精度为±0.002 mm，主轴端径向圆跳动小于3 μm。机床的工作台尺寸为600 mm×600 mm，工作行程分别为*X* 800 mm、*Y* 650 mm、*Z* 500 mm、回转轴*C*为$n\times360°$，摆动轴*A*为+120°/-100°。

图 3-59 MIKRON UCP 800 Duro 高速加工中心

高速切削所用的 CNC 机床、刀具和 CAD/CAM 软件等，技术含量高，价格昂贵，使高速切削投资很大，这在一定程度上制约了高速切削技术的推广应用。高速机床要求高性能的主轴单元和冷却系统、高刚性的机床结构、安全装置及优良的静动力特性等，主要表现在以下几个方面。

（1）机床结构的刚性。要求机床提供高速进给的驱动器（快进速度约 40 m/min，3D 轮廓加工速度为 10 m/min），能够提供 0.4 ~ 10 m/s^2 的加速度和减速度。

（2）主轴和刀柄的刚性。要求满足 10 000 ~ 50 000 r/min 的转速，通过主轴压缩空气或冷却系统控制刀柄和主轴间的轴向间隙不大于 0.000 2 英寸（1 英寸 = 25.4 mm）。

（3）控制单元。要求 32 位或 64 位并行处理器，具有高的数据传输率，能够自动加减速。

（4）可靠性与加工工艺。能够提高机床的利用率（6 000 h/年）和无人操作的可靠性，工艺模型有助于对切削条件和刀具寿命之间关系的理解。

2）高速加工机床关键部件

（1）高频电主轴。高速主轴是高速加工中心最重要的部件。要求动平衡性很高，刚性好，回转精度高，有良好的热稳定性，能传递足够的力矩和功率，能承受高的离心力，带有准确的测温装置和高效的冷却装置。通常采用主轴电动机一体化的电主轴部件，实现无中间环节的直接传动，电动机大多采用感应式集成主轴电动机。而随着技术的进步，新近开发出一种使用稀有材料铌的永磁电动机，该电动机能更高效、大功率地传递扭矩，且传递扭矩大，易于对使用中产生的温升进行在线控制，且冷却简单，不用安装昂贵的冷却器，加之电动机体积小，结构紧凑，所以大有取代感应式集成主轴电动机之势。最高主轴转速受限于主轴的轴承性能，提高主轴的 *dn* 值（直径与转速的乘积）是提高主轴转速的关键。目前一般使用较多的是陶瓷轴承、空气轴承及性能极佳的磁力轴承。润滑多采用油 - 气润滑、喷射润滑等技术，主轴冷却一般采用主轴内部水冷或气冷。图3－60所示为一种采用陶瓷轴承的电主轴。

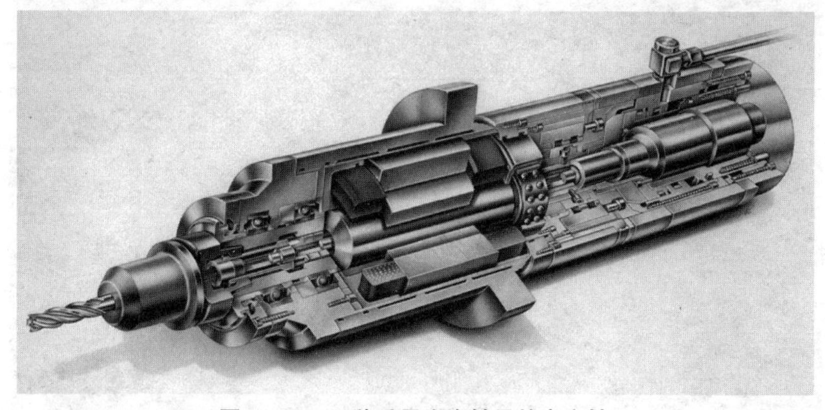

图3－60 一种采用陶瓷轴承的电主轴

（2）高精度快速进给系统。高速加工是高切削速度、高进给率和小切削量的组合，进给速度也为传统的5～10倍。这就要求机床进给系统有很高的进给速度和良好的加/减速特性，常规的进给系统（如滚珠丝杠）性能需要发挥到技术极限才能基本满足要求。采用先进的直线电动机驱动，使CNC机床不再有质量惯性、超前、滞后和振动等问题，加快了伺服响应速度，提高了伺服控制精度和机床加工精度。但直线电动机在使用中存在着承载力小、发热等问题，有待改进。图3－61为直线电动机驱动的快速进给系统示意图。

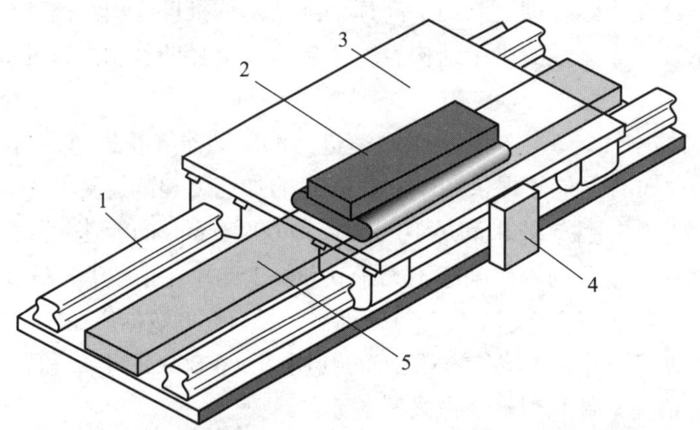

1—减摩导轨；2—主要部件；3—工作台；4—测量系统；5—二级部件。

图3－61 直线电动机驱动的快速进给系统示意图

（3）高性能CNC系统。高速加工要求CNC系统有快速处理数据的能力，来保证高速加工时的插补精度。新一代的高性能CNC系统采用32位或64位CPU，程序段处理时间短至1.6 ms。近几年网络技术已成为CNC机床加工中的主要通信手段和控制工具，相信不久的将来，将形成一套先进的网络制造系统，通信将更快和更方便。大量的加工信息可通过网络进行实时传输和交换，包括设计数据、图形文件、工艺资料和加工状态等，极大地提高了生产率。但目前用得最多的还是利用网络改善服务，给用户提供技术支持等。例如：美国Cincinati Machine公司研发的网络制造系统，用户只要购买所需的软件、调制解调器、网络摄像机和耳机等即可上网，无须安装网络服务器，通过网上交换多种信息，生产率得到了提高；

日立精机机床公司开发的万能用户接口的开放式 CNC 系统，能将机床 CNC 操作系统软件和因特网连接，进行信息交换。

（4）安全性要求。高速加工过程中，高速旋转的刀具具有很高的能量及很大的离心力，给机床、工件及操作工人等造成了一定的潜在威胁。为了避免这种可能发生的潜在伤害，高速加工机床必须配备主动及被动安全防护装置，如图 3－62 所示。

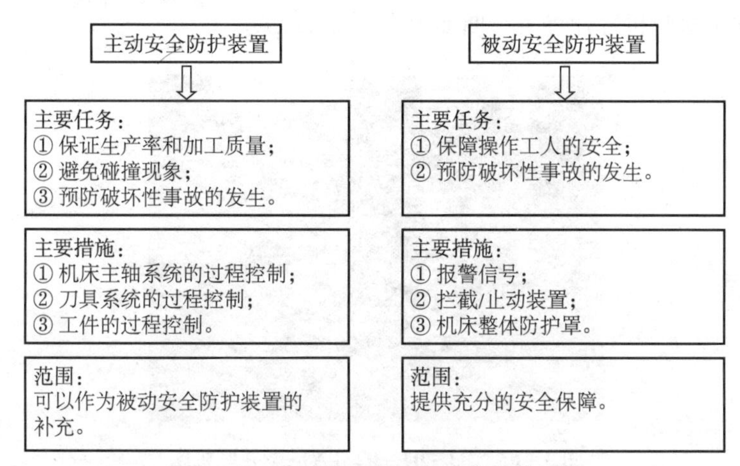

图 3－62　高速加工机床的安全防护系统

4. 并联机床

1）并联机床研究简介

前面介绍的各种机床，它们的基本结构基本相似，一般采用由床身、立柱、主轴箱和工作台等部件串联而成的结构布局。按这种模式制造的机床，虽具有容易计算和控制、作业范围大、灵活性好等优点，但也具有一些固有缺陷，如由于串联配置，终端构件需由始端构件和中间构件带动和加速；全部的力（包括横向力和弯矩、扭矩）都作用在每一根轴上，且终端构件还要承担始端构件的重力和惯性力等；为达到机床高刚度的要求，每个环节都要为此增加更多的材料，这不但增加了材料和能源的消耗，而且制约了进给速度的提高。

直到 1994 年的芝加哥国际机床展览会上，美国两家公司 Ingersoll 和 Giddings & Lewis 首次分别展出了名为 Hexapod 和 Variax 的并联机床，引起了极大的轰动，并由此带动了世界性的研究、开发并联机床的热潮。1997 年，德国汉诺威国际机床展览会上，展出了 10 多台并联机床样机，并首次进行了金属工件铣削表演。也就是在这次展览会上，将传统机床结构称为串联机构，而将“六条腿”类机床结构称为并联机构，在对这些机构本质的认识上有了重大的飞跃。1999 年，法国巴黎欧洲机床展览会上出现了一些新的并联机构，配套的功能部件品种已基本齐全，出现了专门制造关键部件的厂商，说明国际上并联机床正逐步走向商品化和实用化。

国内也有多家单位对此进行了研究开发：中科院机器人学开放研究实验室于 1995 年开发出了样机；清华大学在国家 863 高科技计划 CIMS 主题和清华大学“211”工程、“985”先进制造学科群建设项目的支持下，与天津大学合作于 1997 年 12 月共同开发出了我国第一台具有自主知识产权的名为“VAMT1Y”的原型样机，并在 1998 年的中国机床商品展览交易会上向公众展出；东北大学以钢坯修磨为实用目的研制了一台新型机器人化三腿机床；天津大学与天津第一机床厂合作研制了我国第一台商品化并联机器人机床，被列入天津市产学研重点项目，据业内权威人士评价，该机床已达国际领先水平。还有许多高校、研究所和企业也积极开展研究，如哈尔滨工业大学研制的“BJ－1并联机床”于1999年8月通过了省级鉴定，该校还和哈尔滨量具刃具厂联合研制了新一代商品化的“6自由度”的并联机床，在2001年北京国际机床展览会上展出，并进行了不锈钢1Cr13汽轮机叶片的实物切削加工，赢得了参展各界的好评，该项目获得2005年度中国机械行业科技进步二等奖。图3－63所示为哈尔滨工业大学和淮阴工学院联合开发的“BJ－04－02（A）型并联机床”，采用交叉轴式结构，在加工涡轮机叶片等复杂曲面上有明显的优势。

图3－63　BJ－04－02（A）型并联机床

2）并联机床的组成

并联机床实质上是机器人技术与机床结构技术结合的产物。机床的主轴（动平台）与机座（静平台）之间为并联连接，称为并联结构，具有这种结构的机床称为并联机床（曾称为虚拟轴机床、“六足虫”、新概念机床等）。并联机床被誉为“21世纪新一代的加工设备”“机床结构的重大革命”。这种机床通常由以下4个部分组成。

（1）上平台。上平台是一个刚性的箱体机架，上面装有固定工件的工作台。

（2）下平台。下平台用来安装主轴头，主轴头内有主驱动电动机，能同时进行6轴（X、Y、Z、A、B、C）运动，有的并联机床还能进行8轴控制。

（3）轴向可调的6根伸缩杆（6条腿）。每根伸缩杆由各自的伺服电动机和滚珠丝杠驱动，一端固定在下平台机架上，另一端则与上平台相连，通过这6条腿的伸缩协调实现主轴的位置和姿态控制，以满足刀具运动轨迹的要求，理论上可加工任意复杂的曲面零件（如叶轮、模具、雕刻品等）。

（4）控制系统及其软件。控制系统特别是软件的开发是该类机床的关键和难点。并联机床的控制系统不仅要实现向6条腿定时发送实现预定刀具运动轨迹的控制信号，而且要实时处理6条腿长度的测量反馈信号，以立即动态补偿刀具与工件的相对位置误差。

并联机床的结构组成及其与传统机床的区别如图3－64所示。

并联机构与串联机构的区别在于：传递力的运动链是6条腿构成的6个“并联”运动链，主轴平台所受外力由6根杆分别承担，故每杆受的力要比总负荷小得多，且这些杆件只承受拉压载荷，而不承受弯矩和扭矩，因此具有刚度高、传力大、质量小、末端执行件速度快、结构简单、精度高等优点。串联机构与并联机构的主要性能对比如表3－12所示。

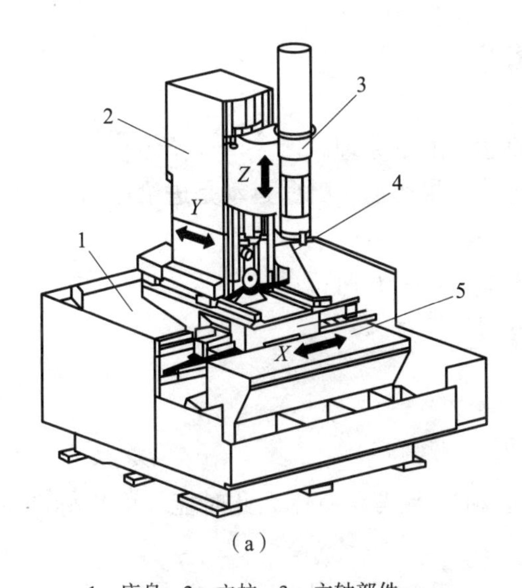

(a)

1—床身；2—立柱；3—主轴部件；
4—刀头点；5—工作台。

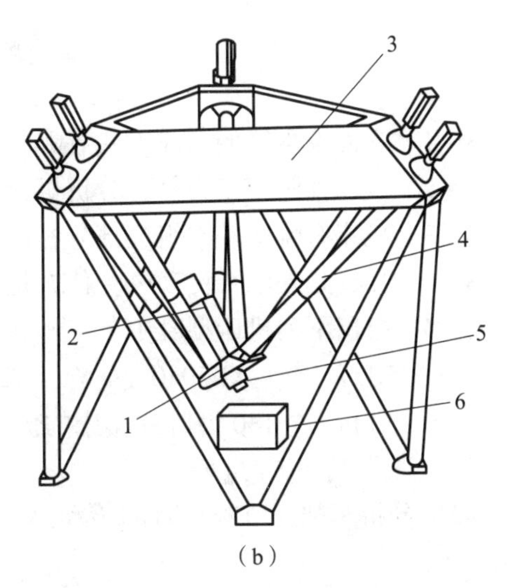

(b)

1—动平台；2—主轴部件；3—机床框架（固定平台）；
4—伸缩杆；5—刀头点；6—工作台。

图 3-64　并联机床的结构组成及其与传统机床的区别

(a) 传统机床；(b) 并联机床

表 3-12　串联机构与并联机构的主要性能对比

主要性能	串联机构	并联机构
刚性	低；柔性相互叠加；轴受到弯矩	高；刚性相互叠加；轴内只有拉力和压力
误差传递	各个轴的误差相互叠加而变大	各个轴的误差形成平均值，彼此间抵消一部分
运动质量	大；一个轴使跟随的轴加速；工件、工作台大部分都运动	小；只有主轴和腿运动；工件和工作台不动
动态性能	差；随着机床尺寸加大而恶化	好；即使大型机床也能达到很好的动态性能
坐标换算	一般不需要	绝对需要
运动耦合	各轴之间一般或少量耦合	各轴紧密耦合且非线性
控制	简单；各轴可以单独控制	复杂；需对整个系统进行控制
运动学	正运动学简单，逆运动学复杂	正运动学复杂，逆运动学简单

可见，两者在性能上存在对偶关系，在应用上不是替代关系，而是互补关系。传统串联机床已经有很长的发展历程和无数的应用，任何有关并联机床将取代串联机床的想法都是不现实的。

并联机床的出现为机床设计提供了一种全新的科学思路，对机床的产品创新具有重要的意义。但作为一个新生事物，还有许多问题有待研究，如运动学求解、关节运动精度、工作空间及动力学性能等问题，请参考有关文献。

复习思考题

3－1　表面发生线的形成方法有哪几种？试简述其形成原理。

3－2　试以外圆车床为例，分析机床的哪些运动是主运动，哪些运动是进给运动。

3－3　机床有哪些基本组成部分？试分析其主要功用。

3－4　什么是外联系传动链？什么是内联系传动链？各有何特点？

3－5　指出下列机床型号中各字母和数字代号的具体含义。

CG6125B　　　　XK5040　　　　Y3150E

3－6　分析 CA6140 型卧式车床的传动系统：

（1）证明 $f_{纵} \approx 0.5 f_{横}$。

（2）分析车削径节螺纹时的传动路线，列出运动平衡式。为什么此时能车削出标准的径节螺纹？

（3）当主轴转速分别为 40、160 和 400 r/min 时，能否实现螺距扩大 4 倍及 16 倍？为什么？

（4）为何既用光杠又用丝杠来实现刀架的直线运动？可否单独设置丝杠或光杠？为什么？

（5）为何在主轴箱中有两个换向机构？能否取消其中一个？溜板箱内的换向机构又有何用处？

（6）齿式离合器 M_3、M_4 和 M_5 的功用是什么？是否可取消其中之一？

3－7　试述铣床的工艺范围、种类及其适用范围。

3－8　应用范成法与成形法加工圆柱齿轮各有何特点？

3－9　对比滚齿机和插齿机的加工方法，说明它们各自的特点及主要应用范围。

3－10　画出滚切直齿圆柱齿轮、斜齿圆柱齿轮的传动原理图，分别有哪几条传动链？各自是什么性质？

3－11　磨削加工有何特点及应用？

3－12　砂轮的特性由哪些因素决定？什么叫砂轮硬度？如何正确选择砂轮的硬度？

3－13　万能外圆磨床磨削外圆柱面有几种方法？分别需要哪些运动？

3－14　无心外圆磨床的工作原理是什么？为什么它的加工精度和生产率往往比普通外圆磨床高？

3－15　试分析卧轴矩台平面磨床与立轴圆台平面磨床在磨削方法、加工质量、生产率等方面的区别及适用场合。

3－16　常用钻床、镗床各有哪几类？分别用于什么场合？

3－17　可用于加工外圆表面、内孔、平面和沟槽的各有哪些机床？它们的适用范围有何区别？

3－18　组合机床的组成有哪些？其特点是什么？适用于什么场合？

3－19　数控机床一般由哪些部分组成？试叙述其工作原理。

3－20　高速加工机床的特点及关键部件有哪些？

3－21　并联机床的组成及其与传统机床的主要区别有哪些？

第四章　机床夹具及其设计原理

本章知识要点：

(1) 机床夹具的作用、分类及组成；

(2) 六点定位原理；

(3) 常见定位方式与定位件；

(4) 定位误差的分析与计算；

(5) 夹紧装置、夹紧力的确定；

(6) 典型夹紧机构；

(7) 专用夹具设计。

前期知识：

金工实习、生产实习等实践性环节，前面各章节的理论及实践知识。

导学： 铣削如图4－1所示零件的键槽，要如何确定零件在机床上的正确位置，保证相关技术要求？加工时用什么零件和方式保持这一正确位置？会有哪些误差影响加工精度？如何设计一套机构将工件固定在预定位置？

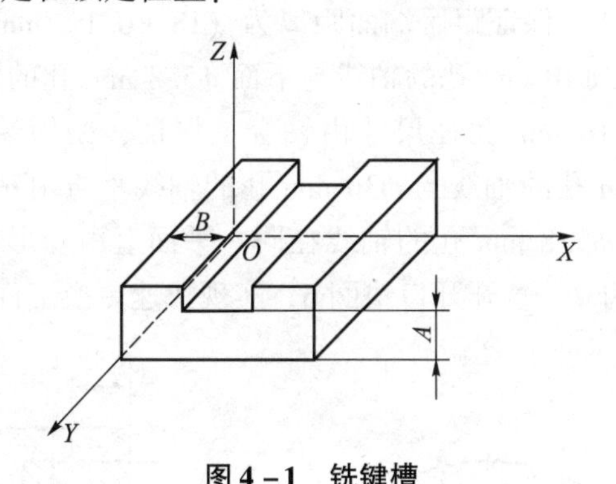

图4－1　铣键槽

第一节　概　　述

在机械制造中，用来固定加工对象，使其占有正确位置，以接受加工或检测的装置，统称为夹具。它广泛地应用于机械制造过程中，如焊接过程中用于拼焊的焊接夹具；零件检验过程中用的检验夹具；装配过程中用的装配夹具等。在金属切削机床上使用的夹具统称为机床夹具。在现代生产中，机床夹具是一种不可缺少的工艺装备，它直接影响着零件加工的精度、劳动生产率和产品的制造成本等。本章所讲述的夹具仅限于机床夹具，后面简称为“夹具”。

一、夹具的作用

在机床上加工零件时，为了使该工序所要加工的表面能够达到图纸所规定的尺寸、几何形状及与其他表面间的相互位置精度等技术要求，在加工前首先应将工件装好、夹牢。

把工件装好这一过程称为定位，就是在机床上使工件相对于刀具及机床占有正确的位置。工件只有在这个位置上接受加工，才能保证被加工表面达到各项技术要求。

把工件夹牢这一过程称为夹紧，以保证定位好的工件，在加工过程中不会受切削力、离心力、冲击力、振动力等外力的影响而变动位置。

因此，夹具的作用就是在加工过程中对工件进行定位和夹紧。

工件的装夹方法按其实现工件定位的方式分为两种：一种是按找正方式定位的装夹方法；另一种是用专用夹具装夹工件的方法。

1. 按找正方式定位的装夹方法

这种装夹方法，一般是先按图样要求在工件表面划线，划出加工表面的尺寸和位置，装夹时用划针或百分表找正后再夹紧。在金工实习时钻锤头上用于装锤柄的孔，就采用“先划线、再找正”这种方法装夹。

按找正方式装夹工件的方法，能够很好地适应工序或加工对象的变换，夹具结构简单，使用简便经济，适用于单件和小批生产。但这种方式生产效率低，劳动强度大，加工质量不高，往往需要增加划线工序。

2. 用专用夹具装夹工件的方法

当生产数量大、质量要求高时，需要专用夹具加工。在成批生产中，钻图4－2所示后盖零件上的ϕ10 mm径向孔，保证距后端面距离为（18±0.1）mm，ϕ10 mm孔的轴心线与ϕ30 mm孔的中心线垂直，ϕ10 mm孔的轴线与下面ϕ5.8 mm孔的轴线在同一平面上。其钻床夹具如图4－3所示。ϕ10 mm孔径尺寸由钻套1保证，距后端面距离（18±0.1）mm由支承板4保证，ϕ10 mm孔的轴线与ϕ30 mm孔的轴线垂直由钻套和圆柱销5共同保证，ϕ10 mm孔的轴线与下面ϕ5.8 mm孔的轴线在同一平面上由菱形销9保证。加工时拧紧螺母7，实现定位；松开螺母7，拿开开口垫圈6，实现快速更换工件。

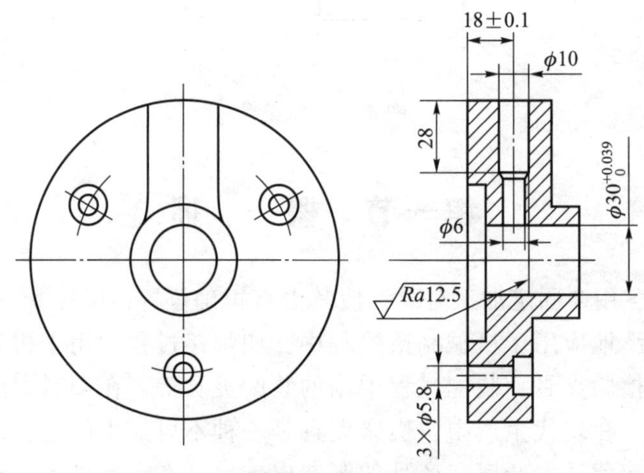

图4－2　后盖零件钻径向孔的工序图

通过上面的例子，不难看出使用专用夹具装夹工件主要有以下作用。

1）保证工件加工精度

用夹具装夹工件时，工件相对于刀具及机床的位置精度由夹具保证，不受工人技术水平的影响，使一批工件的加工精度趋于一致。

2）提高劳动生产率

使用夹具装夹工件方便、快速，工件不需要划线找正，可显著地减少辅助工时；工件在夹具中装夹后提高了工件的刚性，因此可加大切削用量；可使用多件、多工位装夹工件的夹具，并可采用高效夹紧机构。这些都可提高劳动生产率。

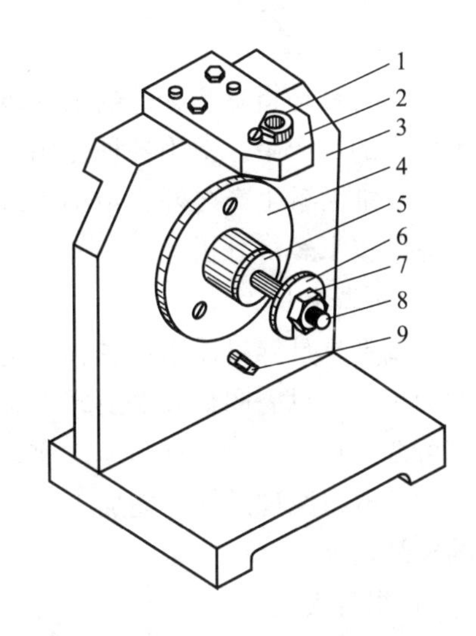

1—钻套；2—钻模板；3—夹具体；4—支承板；5—圆柱销；6—开口垫圈；7—螺母；8—螺杆；9—菱形销。

图4-3　后盖零件钻床夹具

3）扩大机床的使用范围

在通用机床上采用专用夹具可以扩大机床的工艺范围，充分发挥机床的潜力，达到一机多用的目的。例如，使用专用夹具可以在普通车床上很方便地加工小型壳体类工件，甚至在车床上拉出油槽，减少了昂贵的专用机床，降低了成本。这对中小型工厂尤其重要。

4）改善操作者的劳动条件

气动、液压、电磁等动力源在夹具中的应用，一方面减轻了工人的劳动强度；另一方面也保证了夹紧工件的可靠性，并能实现机床的互锁，避免事故的发生，保证了操作者和机床设备的安全。

5）降低成本

在批量生产中使用夹具后，由于劳动生产率的提高、使用技术等级较低的工人及废品率下降等，明显地降低了生产成本。夹具制造成本分摊在一批工件上，每个工件增加的成本是极少的。工件批量越大，使用夹具所取得的经济效益就越显著。

但专用夹具也有其弊端，如设计制造周期长；因工件直接装在夹具体中，不需要找正工序，因此对毛坯质量要求较高等。所以，专用夹具主要适用于生产批量较大、产品品种相对稳定的场合。

二、夹具的分类

1. 按夹具的通用特性分类

根据夹具在不同生产类型中的通用特性，夹具可分为通用夹具、专用夹具、可调夹具、组合夹具和自动线夹具等5大类。

1）通用夹具

通用夹具是指结构、尺寸已规格化、标准化，而且具有一定通用性的夹具，如自定心卡盘、单动卡盘、平口钳、万能分度头、顶尖、中心架和电子吸盘等。这类夹具通用性强，可用来装夹一定形状和尺寸范围内的各种工件，且已标准化，可由专门厂家生产，作为机床附件供应给用户。

2）专用夹具

专用夹具是指专为零件的某一道工序的加工而专门设计制造的夹具。在产品相对稳定、批量较大的生产中，常用各种专用夹具，以获得较高的生产率和加工精度。

除大批大量生产之外，中小批量生产中也需要采用一些专用夹具，但在结构设计时要进行具体的技术经济分析。

3）可调夹具

可调夹具是针对通用夹具和专用夹具的缺陷而发展起来的一类新型夹具。对不同类型和尺寸的工件，只需调整或更换原来夹具上的个别定位元件和夹紧元件便可使用。它一般分为通用可调夹具和成组夹具两种。前者的通用范围比通用夹具更大；后者则是一种专用可调夹具，它按成组原理设计并能加工一族相似的工件，故在多品种、中小批量生产中使用时有较好的经济效果。

4）组合夹具

组合夹具是一种按照零件的加工要求，由一套事先制造好的标准元件和部件组装而成的标准化、模块化的夹具。标准的模块元件具有较高的精度和耐磨性，可组装成各种夹具。夹具用毕可拆卸，清洗后留待组装新的夹具。由于组合夹具具有组装迅速、周期短、能反复使用等优点，因此在单件、小批生产和新产品试制中得到广泛应用。

5）自动线夹具

自动线夹具一般分为两大类：一是固定式夹具，它与专用夹具相似；另一种为随行夹具，使用中随工件一起运动，并将工件沿自动线从一个工位移至下一个工位。

2. 按使用的机床分类

夹具按使用机床可分为车床夹具、铣床夹具、钻床夹具、镗床夹具、磨床夹具和其他机床夹具等。

3. 按夹紧的动力源分类

夹具按夹紧的动力源可分为手动夹具、气动夹具、液压夹具、气液增力夹具、电动夹具、电磁夹具、真空夹具和离心力夹具等。

三、夹具的组成

夹具的种类和结构虽然繁多，但它们的组成均可概括为以下几个部分。

1. 定位元件

夹具的首要任务是定位，因此无论任何夹具，都有定位元件。当工件定位基准面的形状确定后，定位元件的结构也就基本确定了。如图4－3中的圆柱销5、菱形销9和支承板4都是定位元件，通过它们使工件在夹具中占据正确的位置。

2. 夹紧装置

工件在夹具中定位后，加工前必须要将工件夹紧，以确保工件在加工过程中不因受外力作用而破坏其定位。如图4－3中的螺杆8（与圆柱销合成一个零件）、螺母7和开口垫圈6构成夹紧装置。

3. 夹具体

夹具体是夹具的基体和骨架，通过它将夹具所有元件构成一个整体。如图4－3中的夹具体3。

以上这 3 个部分是夹具的基本组成部分，也是夹具设计的主要内容。

4. 对刀或导向装置

对刀或导向装置用于确定刀具相对于定位元件的正确位置。如图 4－3 中的钻套 1 和钻模板 2 组成导向装置，确定了钻头轴线相对定位元件的正确位置。

5. 连接元件

连接元件是确定夹具在机床上正确位置的元件。如图 4－3 中的底面为安装基面，保证了钻套 1 的轴线垂直于钻床工作台，以及圆柱销 5 的轴线平行于钻床工作台。因此，夹具体可兼作连接元件。车床夹具上的过渡盘、铣床夹具上的定位键都是连接元件。

6. 其他装置或元件

根据加工需要，有些夹具可分别采用分度装置、靠模装置、上下料装置、顶出器和平衡块等。这些元件或装置也需要专门设计。

四、夹具的现状及发展方向

夹具最早出现在 18 世纪后期。随着科学技术的不断进步，夹具已从一种辅助工具发展成为门类齐全的工艺装备。

1. 机床夹具的现状

国际生产工程科学院（CIRP）的统计表明，目前中、小批多品种生产的工件品种已占工件种类总数的 85% 左右。现代生产要求企业所制造的产品品种经常更新换代，以适应市场的需求与竞争。然而，一般企业仍习惯于大量采用传统的专用夹具，在具有中等生产能力的工厂里，约拥有数千甚至近万套专用夹具；同时，在多品种生产的企业中，每隔 3～4 年就要更新 50%～80% 专用夹具，而夹具的实际磨损量仅为 10%～20%。特别是近年来，数控机床、加工中心、成组技术、柔性制造系统（FMS）等新加工技术的应用，对机床夹具提出了如下新的要求：

（1）能迅速而方便地装备新产品的投产，以缩短生产准备周期，降低生产成本；

（2）能装夹一组具有相似性特征的工件；

（3）能适用于精密加工的高精度机床夹具；

（4）能适用于各种现代化制造技术的新型机床夹具；

（5）采用以液压站等为动力源的高效夹紧装置，以进一步减轻劳动强度和提高生产率；

（6）提高机床夹具的标准化程度。

2. 现代机床夹具的发展方向

现代机床夹具的发展方向主要表现为标准化、精密化、高效化和柔性化 4 个方面。

1）标准化

机床夹具的标准化与通用化是相互联系的两个方面。目前我国已有夹具零件及部件的行业标准 JB/T 8004—1999 和各类通用夹具、组合夹具标准等。机床夹具的标准化，有利于夹具的商品化生产，有利于缩短生产准备周期，降低生产总成本。

2）精密化

机械产品精度的日益提高，也相应提高了对夹具的精度要求。精密化夹具的结构类型很多，例如：用于精密分度的多齿盘，其分度精度可达 ±0.1 μm；用于精密车削的高精度自定心卡盘，其定心精度为 5 μm。

3）高效化

高效化夹具主要用来减少工件加工的基本时间和辅助时间，以提高劳动生产率，减轻工人的劳动强度。常见的高效化夹具有自动化夹具、高速化夹具和具有自动夹紧功能的夹具等。例如，在铣床上使用电动虎钳装夹工件，效率可提高5倍左右；在车床上使用高速自定心卡盘，可保证卡爪在转速为9 000 r/min的试验条件下仍能牢固地夹紧工件，从而使切削速度大幅提高。目前，除了在生产流水线、自动线配置相应的高效、自动化夹具，在数控机床上，尤其在加工中心上出现了各种自动装夹工件的夹具及自动更换夹具的装置，充分发挥了数控机床的效率。

4）柔性化

机床夹具的柔性化与机床的柔性化相似，它是指机床夹具通过调整、组合等方式，以适应工艺可变因素的能力。工艺的可变因素主要有：工序特征、生产批量、工件的形状和尺寸等。具有柔性化特征的新型夹具种类主要有：组合夹具、通用可调夹具、成组夹具、模块化夹具、数控夹具等。为适应现代机械工业多品种、中小批量生产的需要，扩大夹具的柔性化程度，改变专用夹具的不可拆结构为可拆结构，发展可调夹具结构，将是当前夹具发展的主要方向。

第二节　工件定位方法及定位元件

一、工件的定位

在确定工件定位方案时，主要利用六点定位原理，根据工件的具体结构特点和加工精度要求去正确选择定位方式、设计定位元件、进行定位误差的分析与计算。

1. 六点定位原理

一个物体在三维空间中可能具有的运动，称为自由度。在 $OXYZ$ 坐标系中，物体可沿 X、Y、Z 轴移动，以及绕 X、Y、Z 轴转动，共有6个独立的运动，即有6个自由度。所谓工件的定位，就是采取适当的约束措施，来消除工件的6个自由度。图4－4所示为长方体工件的定位，图4－5所示为圆盘工件的定位，图4－6所示为轴类工件的定位。

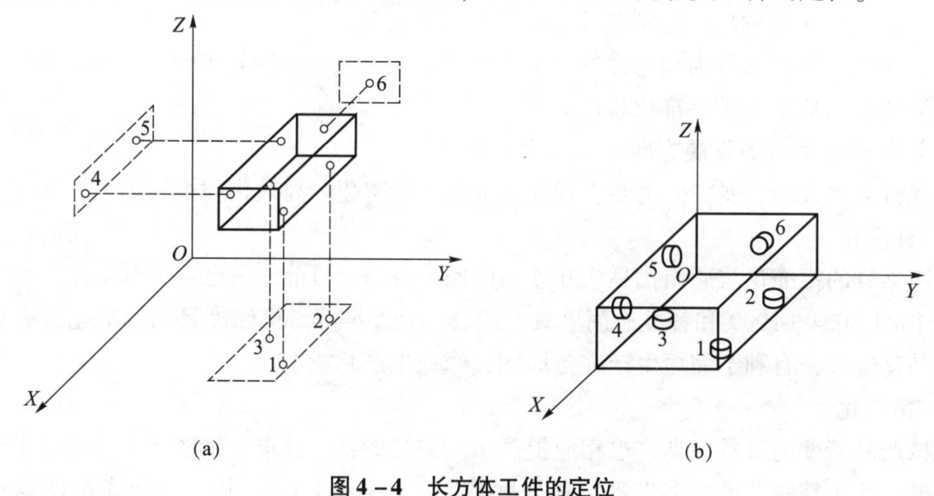

图4－4　长方体工件的定位

（a）约束坐标系；（b）定位方式

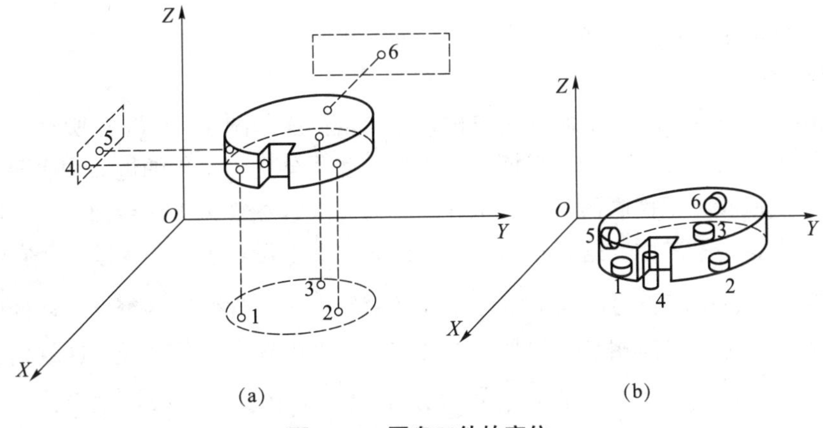

图 4－5　圆盘工件的定位

（a）约束坐标系；（b）定位方式

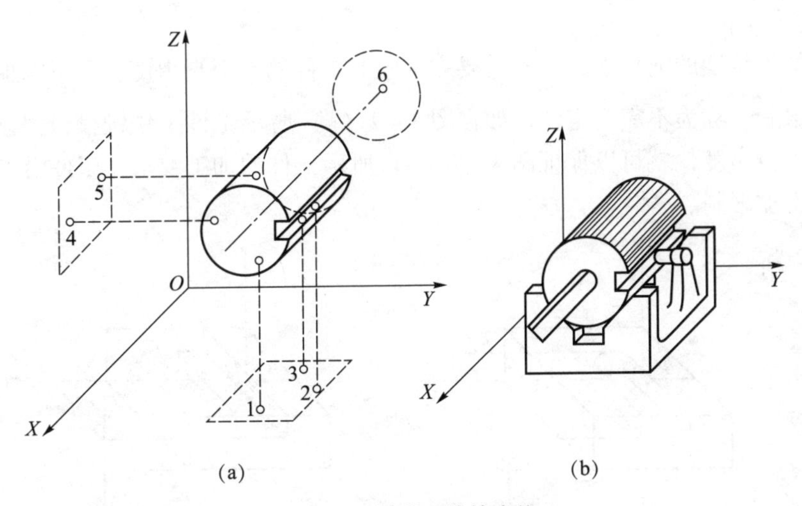

图 4－6　轴类工件的定位

（a）约束坐标系；（b）定位方式

六点定位原理就是采用 6 个按一定规则布置的约束点，限制工件的 6 个自由度，使工件实现定位。

通过上述分析，说明了六点定位原则的几个主要问题。

（1）定位支承点是定位元件抽象而来的。在夹具的实际结构中，定位支承点要通过具体的定位元件体现，即支承点不一定用点或销的顶端，而常用面或线来代替。由数学概念可知，两点决定一条直线，三点决定一个平面，即一条直线可代替 2 个支承点，一个平面可代替 3 个支承点。在具体应用时，还可用窄长平面（条形支承）代替直线，用较小的平面来替代点。

（2）定位支承点与工件定位基准面始终保持接触，才能起到限制自由度的作用。

（3）分析定位支承点的定位作用时，不考虑力的影响。工件的某一自由度被限制，是指工件在某个坐标方向有了确定的位置，并不是指工件在受到使其脱离定位支承点的外力时不能运动。使工件在外力作用下不能运动，要靠夹紧装置来完成。

2. 工件定位时的几种情况

加工时工件的定位需要限制几个自由度，完全由工件的加工要求所决定。

1）完全定位

工件的 6 个自由度完全被限制的定位称为完全定位。如图 4－7（a）所示，工件上铣键槽，要求保证工序尺寸 A、B、C，保证槽的侧面和底面分别与工件的侧面和底面平行。为保证工序尺寸 A 及槽底和工件底面平行，工件的底面应放置在铣床工作台面相平行的平面上定位，三点可以决定一个平面，这就相当于在工件的底面上设置了 3 个支承点，它限制了工件 $\vec{Z}$、$\widehat{Y}$ 和 $\widehat{X}$ 这 3 个自由度；为保证工序尺寸 B 及槽侧面与工件侧面平行，工件的侧面应紧靠与铣床工作台纵向进给方向相平行的某一直线，两点可以确定一条直线，这就相当于让工件侧面靠在 2 个支承点上，它限制了工件 $\vec{X}$ 和 $\widehat{Z}$ 这 2 个自由度；为保证工序尺寸 C，工件的端面紧靠在 1 个支承点上，以限制工件 $\vec{Y}$ 自由度。这样，工件的 6 个自由度完全被限制，满足了加工要求。图 4－4～图 4－6 所示也都是完全定位的实例。

2）不完全定位

在保证加工精度的前提下，并不需要完全限制工件的 6 个自由度，不影响加工要求的自由度可以不限制，称为不完全定位。如在图 4－7（a）所示工件上铣键槽，限制 $\vec{X}$、$\vec{Z}$、$\widehat{X}$、$\widehat{Y}$ 和 $\widehat{Z}$ 这 5 个自由度，就可以保证图 4－7（b）所示工件的加工要求，工件沿 Y 方向的移动自由度可以不加限制。

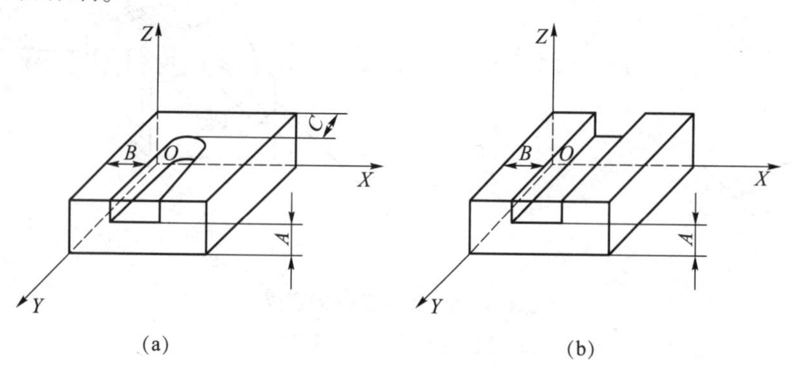

图 4－7　铣槽加工不同定位分析

（a）需完全定位；（b）不需完全定位

3）欠定位

根据加工要求，工件应该限制的自由度未被限制，称为欠定位。如图 4－7（b）所示，铣槽工序需限制 $\vec{X}$、$\vec{Z}$、$\widehat{X}$、$\widehat{Y}$ 和 $\widehat{Z}$ 这 5 个自由度，如果在工件侧面上只放置一个支承点，则工件的 $\widehat{Z}$ 自由度就未被限制，加工出来的工件就不能满足尺寸 B 的要求，也不能满足槽侧面与工件侧面平行的要求，很显然欠定位不能保证加工要求，因此是不允许的。

4）过定位

过定位也叫重复定位。它是指几个定位支承点重复限制一个或几个自由度的定位。过定位一般是不允许的，因为它可能产生破坏定位、工件不能装入、工件变形或夹具变形。如图 4－8 所示，加工连杆孔的定位方案中，长圆柱销 1 限制 $\vec{X}$、$\vec{Y}$、$\widehat{X}$、$\widehat{Y}$ 这 4 个自由度，支承板 2 限制 $\widehat{X}$、$\widehat{Y}$ 和 $\widehat{Z}$ 这 3 个自由度。其中，$\widehat{X}$、$\widehat{Y}$ 被 2 个定位元件重复限制，产生过定位。若工件孔与端面垂直度误差较大，且孔与销间隙又很小，则定位情况如图4－8（b）所示，定位后工件歪斜，端面只有一点接触。若长圆柱销刚度好，压紧后连杆将变形；若刚度不足，压紧后长圆柱销将歪斜，工件也可能变形［见图4－8（b）、（c）］，二者都会引起加工大孔的位置误差，使连杆两孔的轴线不平行。

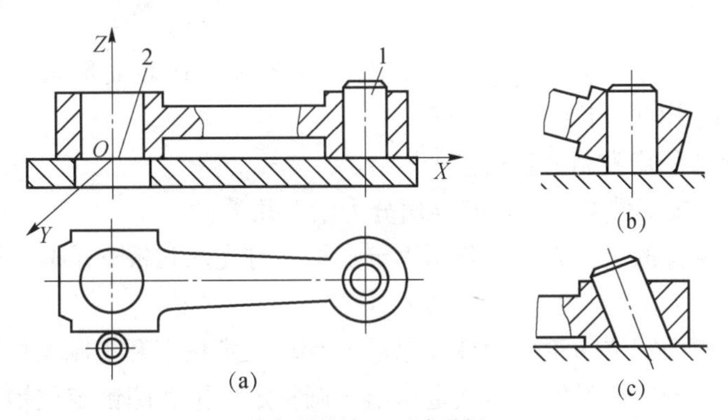

1—长圆柱销；2—支承板。

图4－8　连杆的过定位

（a）过定位；（b）工件变形；（c）销变形

消除过定位及其干涉有两种途径：一是改变定位元件的结构，以减少转化支承点的数目，消除被重复限制的自由度（如生产中常用的一面两销定位方案，其中一销为削边销，其限制的自由度数目由原来的2个减少为1个）；二是提高工件定位基面之间及夹具定位元件工作表面之间的位置精度，以消除过定位引起的干涉（如上例中保证销与基面、孔与连杆端面的垂直度；再如，以一个精确平面代替3个支承点来支承已加工过的平面，可提高定位稳定性和工艺系统刚度，对保证加工精度是有利的，这种表面上的过定位在生产实际中仍然应用）。

根据图4－9所示台阶式心轴定位，回答下面几个问题：

问题1：长圆柱心轴限制哪几个自由度？

问题2：台阶端面 B 限制哪几个自由度？

问题3：该工件的定位方法属于哪种定位？

问题4：该工件的定位方法有什么缺陷？如何解决？

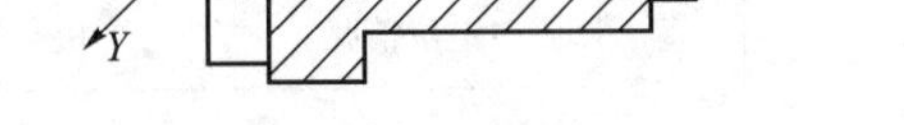

图4－9　台阶式心轴定位

二、典型的定位方式、定位元件及装置

工件在夹具中要想获得正确的定位，首先应正确选择定位基准，其次是选择合适的定位元件。工件定位时，工件定位基准和夹具的定位元件接触形成定位副，以实现工件的六点定位。

1. 对定位元件的基本要求

（1）限位基面应有足够的精度，才能保证工件的定位精度。

（2）限位基面应有较好的耐磨性。由于定位元件的工作表面经常与工件接触和磨擦，容易磨损，为此要求定位元件限位表面的耐磨性要好，以保持夹具的寿命和定位精度。

（3）支承元件应有足够的强度和刚度。定位元件在加工过程中，受工件重力、夹紧力和切削力的作用，因此要求定位元件应有足够的刚度和强度，避免使用中变形和损坏。

（4）定位元件应有较好的工艺性。定位元件应力求结构简单、合理，便于制造、装配和更换。

（5）定位元件应便于清除切屑。定位元件的结构和工作表面形状应有利于清除切屑，以防切屑嵌入夹具内影响加工和定位精度。

2. 常用定位元件所能限制的自由度

常用定位元件可按工件典型定位基准面分为以下几类：

（1）用于平面定位的定位元件，包括固定支承（钉支承和板支承）、自位支承、可调支承和辅助支承；

（2）用于外圆柱面定位的定位元件，包括V形块、定位套和半圆定位座等；

（3）用于孔定位的定位元件，包括定位销（圆柱定位销和圆锥定位销）、圆柱心轴和小锥度心轴。

由于工件千变万化，代替约束的定位元件是多种多样的。各种定位元件可以代替哪几种约束、限制工件的哪些自由度，以及它们的组合可以限制的自由度情况，对初学者来说，应反复分析研究，熟练掌握。常用定位元件所能限制的自由度如表4－1所示。

表4－1　常用定位元件所能限制的自由度

工件的定位面	夹具的定位元件				
平面	支承钉	定位情况	1个支承钉	2个支承钉	3个支承钉
		图示	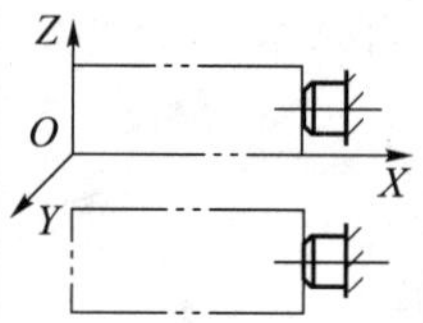	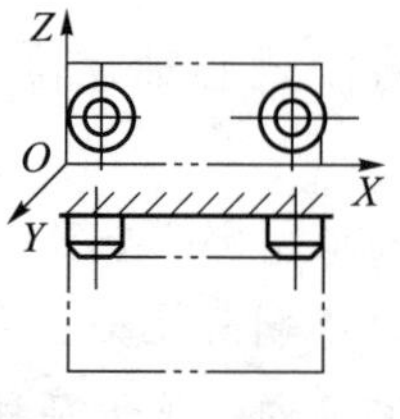	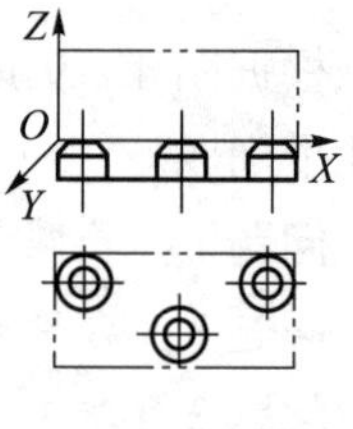
		限制的自由度	$\vec{X}$	$\vec{Y}$、$\widehat{Z}$	$\vec{Z}$、$\widehat{X}$、$\widehat{Y}$
	支承板	定位情况	1块条形支承板	2块条形支承板	1块矩形支承板
		图示	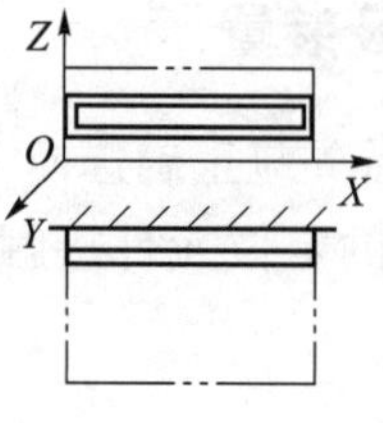	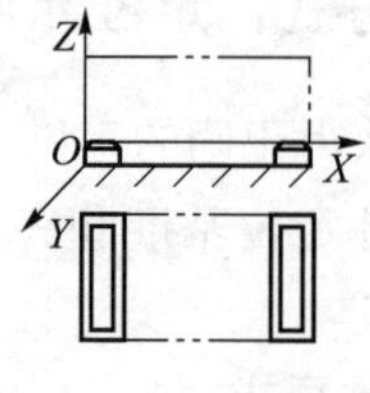	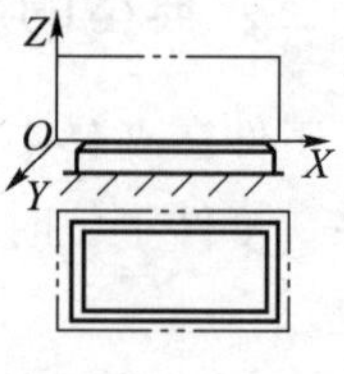
		限制的自由度	$\vec{Y}$、$\widehat{Z}$	$\vec{Z}$、$\widehat{X}$、$\widehat{Y}$	$\vec{Z}$、$\widehat{X}$、$\widehat{Y}$

续表

<table>
<tr><td>工件的定位面</td><td colspan="5">夹具的定位元件</td></tr>
<tr><td rowspan="12">圆孔</td><td rowspan="6">圆柱销</td><td>定位情况</td><td>短圆柱销</td><td>长圆柱销</td><td>两段短圆柱销</td></tr>
<tr><td>图示</td><td>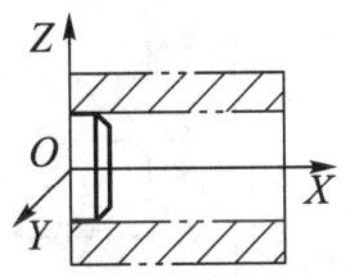</td><td>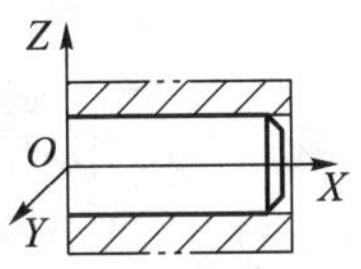</td><td>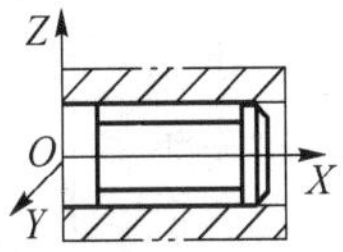</td></tr>
<tr><td>限制的自由度</td><td>$\vec{Y}$、$\vec{Z}$</td><td>$\vec{Y}$、$\vec{Z}$、$\overset{\frown}{Y}$、$\overset{\frown}{Z}$</td><td>$\vec{Y}$、$\vec{Z}$、$\overset{\frown}{Y}$、$\overset{\frown}{Z}$</td></tr>
<tr><td>定位情况</td><td>菱形销</td><td>长销小平面组合</td><td>短销大平面组合</td></tr>
<tr><td>图示</td><td>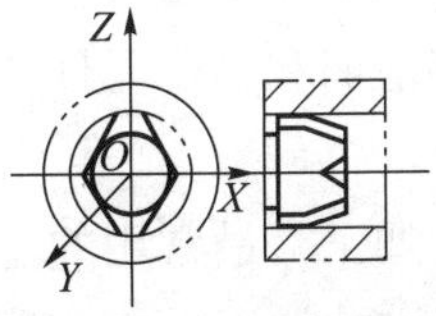</td><td>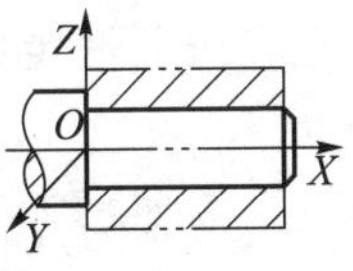</td><td>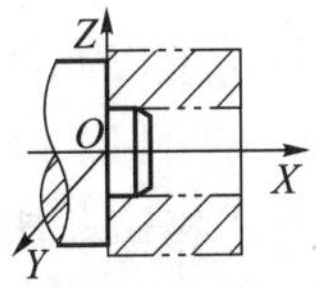</td></tr>
<tr><td>限制的自由度</td><td>$\vec{Z}$</td><td>$\vec{X}$、$\vec{Y}$、$\vec{Z}$、$\overset{\frown}{Y}$、$\overset{\frown}{Z}$</td><td>$\vec{X}$、$\vec{Y}$、$\vec{Z}$、$\overset{\frown}{Y}$、$\overset{\frown}{Z}$</td></tr>
<tr><td rowspan="3">圆锥销</td><td>定位情况</td><td>固定圆锥销</td><td>浮动圆锥销</td><td>固定与浮动圆锥销组合</td></tr>
<tr><td>图示</td><td>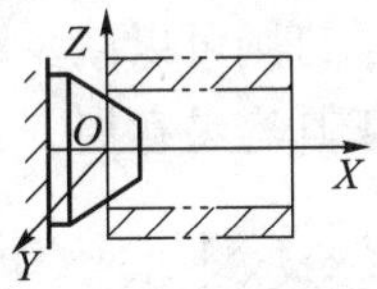</td><td>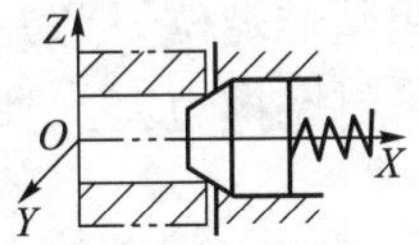</td><td>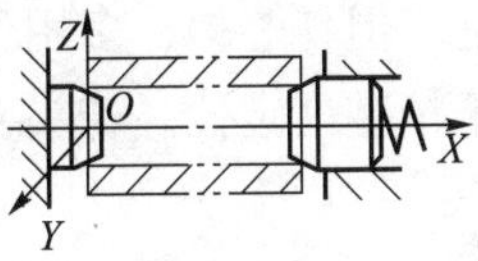</td></tr>
<tr><td>限制的自由度</td><td>$\vec{X}$、$\vec{Y}$、$\vec{Z}$</td><td>$\vec{Y}$、$\vec{Z}$</td><td>$\vec{X}$、$\vec{Y}$、$\vec{Z}$、$\overset{\frown}{Y}$、$\overset{\frown}{Z}$</td></tr>
<tr><td rowspan="3">芯轴</td><td>定位情况</td><td>长圆柱心轴</td><td>短圆柱心轴</td><td>小锥度心轴</td></tr>
<tr><td>图示</td><td>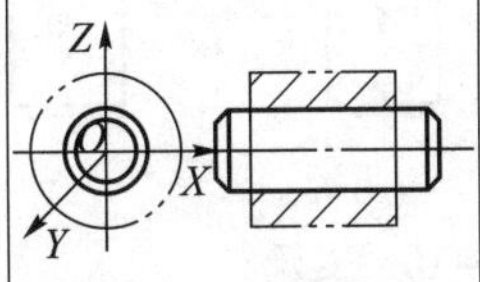</td><td>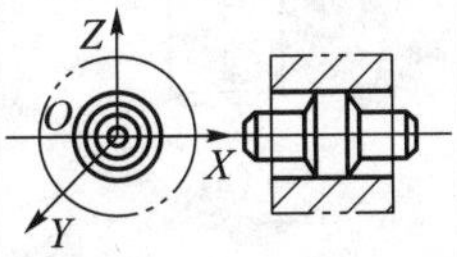</td><td>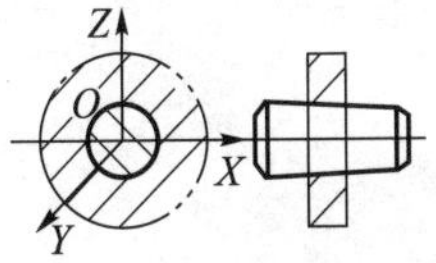</td></tr>
<tr><td>限制的自由度</td><td>$\vec{X}$、$\vec{Z}$、$\overset{\frown}{X}$、$\overset{\frown}{Z}$</td><td>$\vec{X}$、$\vec{Z}$</td><td>$\vec{X}$、$\vec{Z}$</td></tr>
<tr><td rowspan="6">外圆柱面</td><td rowspan="3">V形块</td><td>定位情况</td><td>1块短V形块</td><td>2块短V形块</td><td>1块长V形块</td></tr>
<tr><td>图示</td><td>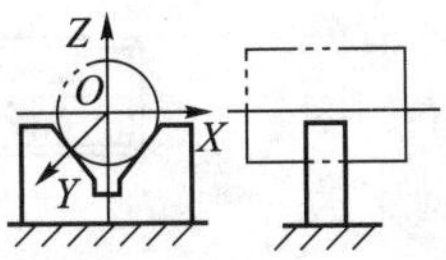</td><td>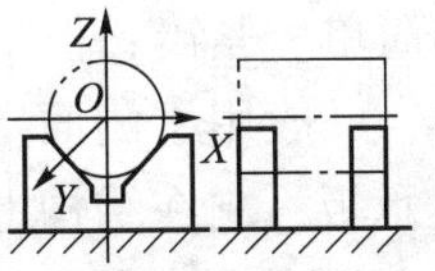</td><td>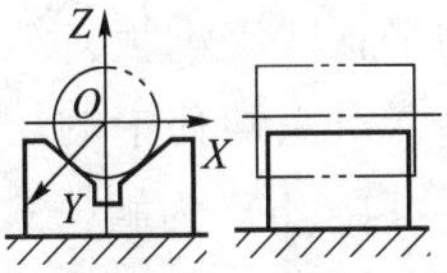</td></tr>
<tr><td>限制的自由度</td><td>$\vec{X}$、$\vec{Z}$</td><td>$\vec{X}$、$\vec{Z}$、$\overset{\frown}{X}$、$\overset{\frown}{Z}$</td><td>$\vec{X}$、$\vec{Z}$、$\overset{\frown}{X}$、$\overset{\frown}{Z}$</td></tr>
<tr><td rowspan="3">定位套</td><td>定位情况</td><td>1个短定位套</td><td>2个短定位套</td><td>1个长定位套</td></tr>
<tr><td>图示</td><td>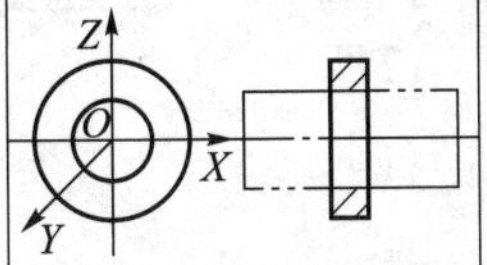</td><td>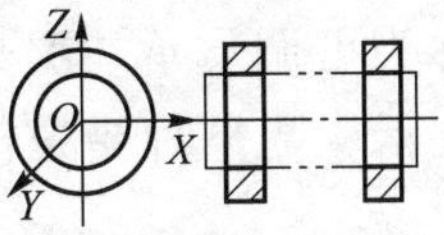</td><td>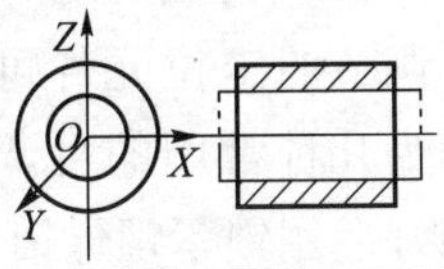</td></tr>
<tr><td>限制的自由度</td><td>$\vec{X}$、$\vec{Z}$</td><td>$\vec{X}$、$\vec{Z}$、$\overset{\frown}{X}$、$\overset{\frown}{Z}$</td><td>$\vec{X}$、$\vec{Z}$、$\overset{\frown}{X}$、$\overset{\frown}{Z}$</td></tr>
</table>

续表

工件的定位面	夹具的定位元件				
圆锥孔	锥顶尖和锥度心轴	定位情况	固定顶尖	浮动顶尖	锥度心轴
		图示			
		限制的自由度	$\vec{X}$、$\vec{Y}$、$\vec{Z}$	$\vec{Y}$、$\vec{Z}$	$\vec{X}$、$\vec{Y}$、$\vec{Z}$、$\overset{\frown}{Y}$、$\overset{\frown}{Z}$

3. 常用定位元件的选用

常用定位元件选用时，应按工件定位基准面和定位元件的结构特点进行选择。

1）工件以平面定位

对于箱体、床身、机座、支架类零件的加工，最常用的定位方式是以平面为基准。平面定位方式所需的定位元件及定位装置均已标准化，下面作一简单介绍。

（1）支承钉和支承板。支承钉和支承板又称为固定支承。支承钉有平头、圆头和花头之分，如图4-10所示。圆头支承钉容易保证它与工件定位基准面间的点接触，位置相对稳定，但易磨损，多用于粗基准定位。平头支承钉则可以减少磨损，避免压坏定位表面，常用于精基准定位。花头支承钉摩擦力大，但由于其容易存屑，常用于侧面粗定位。

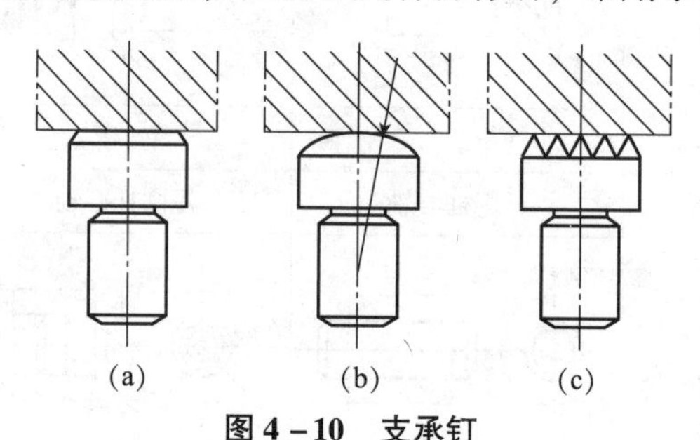

图4-10　支承钉

（a）平头；（b）圆头；（c）花（锯齿）头

两种常用的支承板如图4-11所示，用于大、中型零件的精基准定位。图4-11（a）为平板式支承板，结构简单、紧凑，但不易清除落入沉头螺孔中的切屑，一般用于侧面定位。图4-11（b）为斜槽式支承板，它在结构上做了改进，即在支承面上开两个斜槽为固定螺钉用，使清屑容易，适用于底面定位。

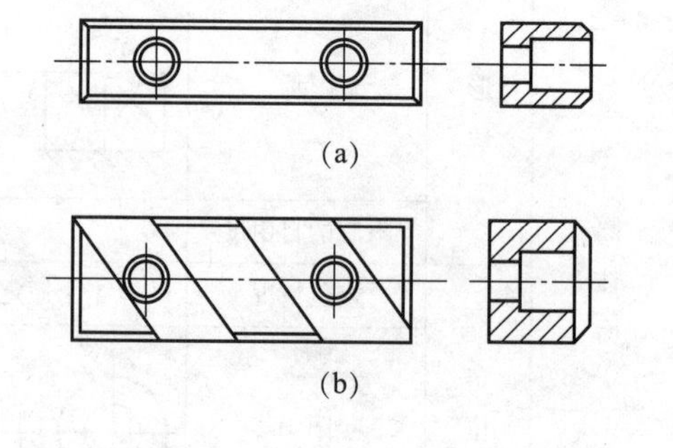

图4-11　支承板

（a）平板式；（b）斜槽式

（2）可调支承。在夹具体上，支承点的位置可调节的定位元件可称为可调支承。图4-12所示为几种常用的可调支承。调整时要先松后调，调好后用锁紧螺母锁紧。

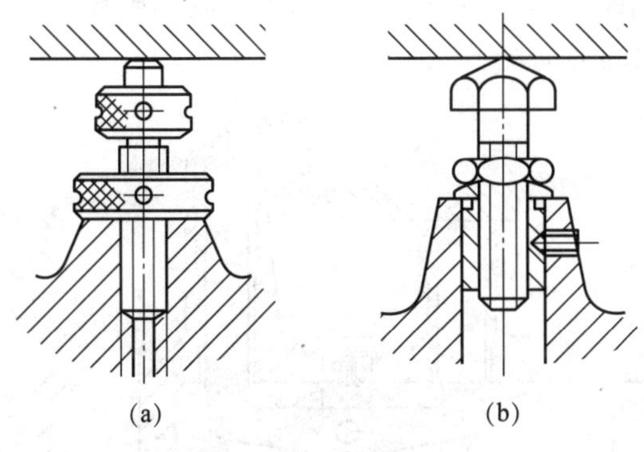

图 4-12　可调支承

(a) 平头可调支承；(b) 圆头可调支承

图 4-13 (a) 所示工件为砂型铸件，在加工过程中，一般先铣 B 面，再以 B 面为基准镗双孔。为了保证镗孔工序有足够和均匀的余量，最好先以毛坯孔为粗基准，但装夹不太方便。此时可将 A 面置于可调支承上，通过调整可调支承的高度来保证 B 面与两毛坯中心的距离尺寸 H_1、H_2，对于毛坯尺寸比较准确的小型工件，有时每批仅调整一次，这样对于一批工件来说，可调支承即相当于固定支承。

在同一夹具上加工形状相似而尺寸不等的工件时，也常采用可调支承。如图 4-13 (b) 所示，在轴上钻径向孔。对于孔至端面的距离不等的几种工件，只要调整支承钉的伸出长度，该夹具便都可适用。

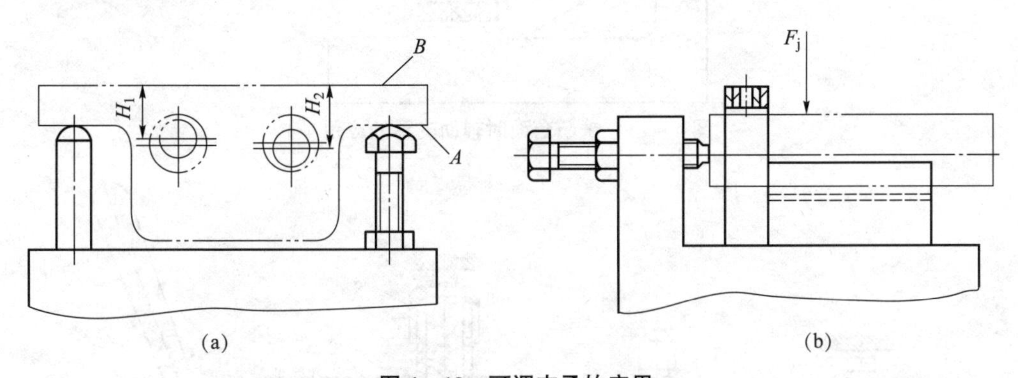

图 4-13　可调支承的应用

(a) 粗加工；(b) 加工形状相似工件

(3) 浮动支承（自位支承）。在工件定位过程中，能自动调整位置的支承称为浮动支承。浮动支承的结构如图 4-14 所示，它们与工件的接触点数虽然是二点、三点或更多点，但仍只限制工件的一个自由度。浮动支承点的位置随工件定位基准面的变化而自动调节，当基面有误差时，压下其中一点，其余各点即上升，直到全部接触为止。由于增加了接触点数，可提高工件的安装刚性和定位的稳定性，但夹具结构较复杂。浮动支承适用于工件以毛坯定位或刚性不足的场合。

(4) 辅助支承。辅助支承是每个工件定位后才经调整而参与支承的元件，它不起定位作用，而是用来提高工件的装夹刚度和稳定性，承受工件的重力、夹紧力或切削力。如图 4-15所示，铣凸台面时，工件以左侧圆柱销定位。由于右端为一悬臂，铣削时工件的刚性差。若在 A 处设置一辅助支承，用来承受铣削力，既不破坏定位，又增加了工件的刚性。图 4－16 所示为几种常用的辅助支承。

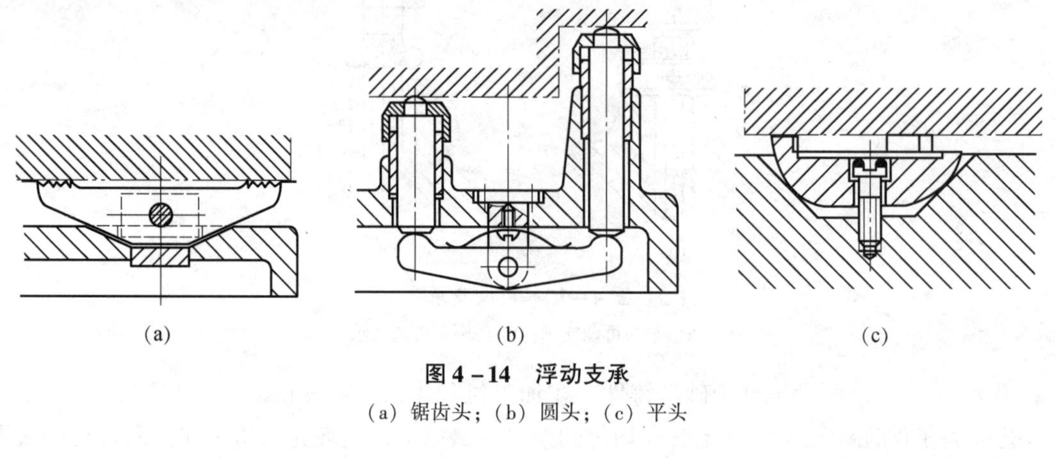

图 4－14　浮动支承

（a）锯齿头；（b）圆头；（c）平头

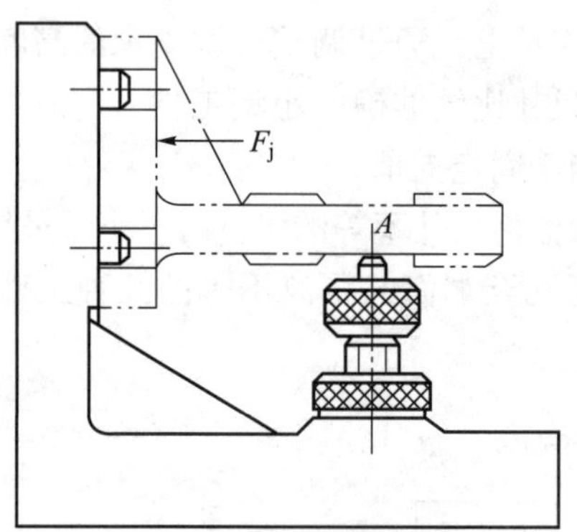

图 4－15　铣凸台面时辅助支承的应用

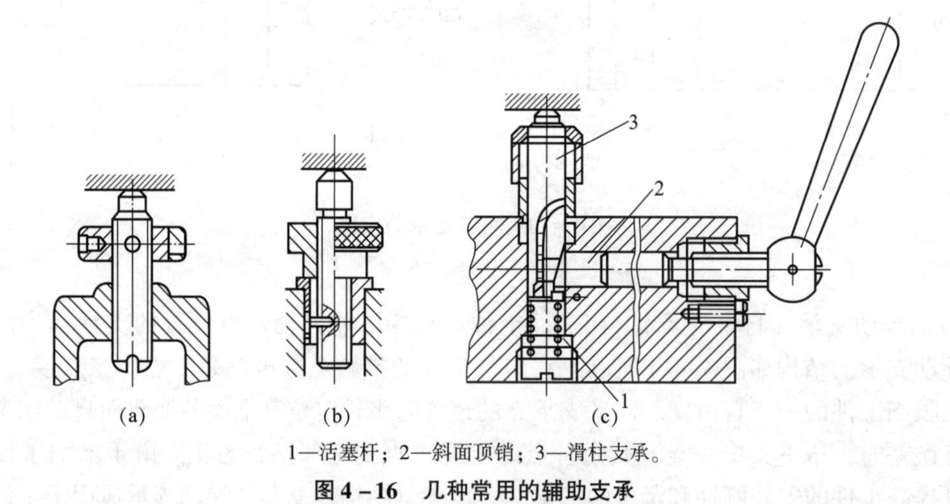

1—活塞杆；2—斜面顶销；3—滑柱支承。

图 4－16　几种常用的辅助支承

（a）销锁定；（b）螺母锁定；（c）斜面锁定

各种辅助支承在每次卸下工件后，必须松开，装上工件后再调整和锁紧。由于采用辅助支承会使夹具结构复杂，操作时间增加，因此当定位基准面精度较高，允许重复定位时，往往用增加固定支承的方法来增加支承刚度。

2）工件以内孔表面定位

工件以孔为定位基准时，常用的定位元件是各种定位销和定位心轴。定位销和定位心轴的种类比较多，所限制的自由度数应具体分析。

（1）定位销。定位销可分为固定式和可换式两种。图 4 – 17（a）、（b）、（c）所示为固定式定位销，固定式定位销是直接用过盈配合装在夹具体上，图 4 – 17（d）所示为可换式定位销。

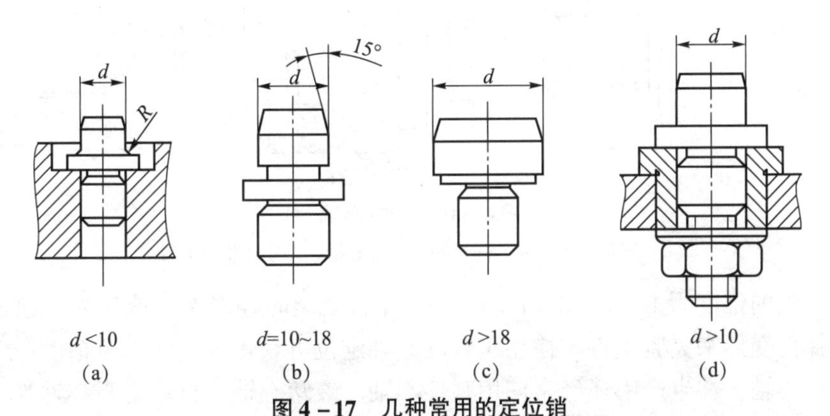

图 4 – 17　几种常用的定位销

（a），（b），（c）固定式定位销；（d）可换式定位销

当定位销直径 d 为 3 ~ 10 mm 时，为增加刚性，避免使用中折断或热处理时淬裂，通常把图 4 – 17 定位销顶部倒成圆角 R。夹具体上应设有沉孔，使定位销的圆角部分沉入孔内而不影响定位。在大量生产时，工件更换频繁，定位销易于磨损丧失定位精度，需要定期更换，可采用图 4 – 17（d）所示的可换式定位销，衬套外径与夹具体为过渡配合，衬套内径与圆柱销为间隙配合，两者存在的定位间隙会影响定位精度。但这种方式可就地更换定位销，快速方便。为便于工件装入，定位销头部有 15°倒角。定位销的有关参数可查阅有关国家标准。

圆锥销常用于工件孔端的定位，其结构如图 4 – 18 所示。图 4 – 18（a）用于精基准，图 4 – 18（b）用于粗基准，均可限制 3 个自由度。

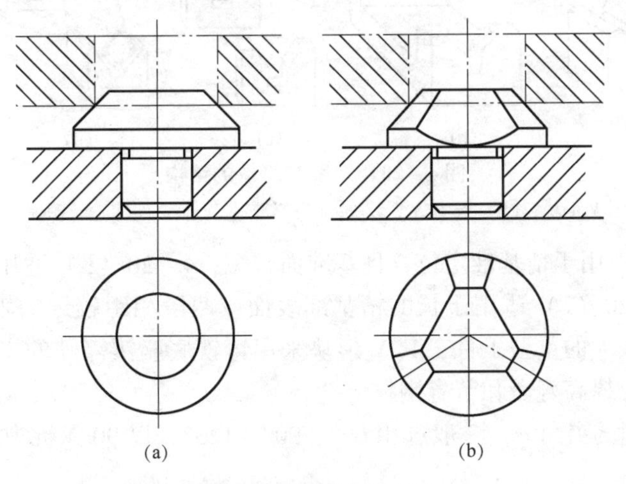

图 4 – 18　圆锥销的结构

（a）完整锥面；（b）削边锥面

（2）定位心轴。定位心轴主要用于盘套类零件的定位。工件在心轴上的定位通常限制了工件除绕自身轴线转动和沿自身轴线移动以外的4个自由度，是4点定位。

心轴形式很多，图4－19所示为几种常见的刚性心轴，其中：图4－19（a）所示为过盈配合心轴，图4－19（b）所示为间隙配合心轴，图4－19（c）所示为小锥度心轴。

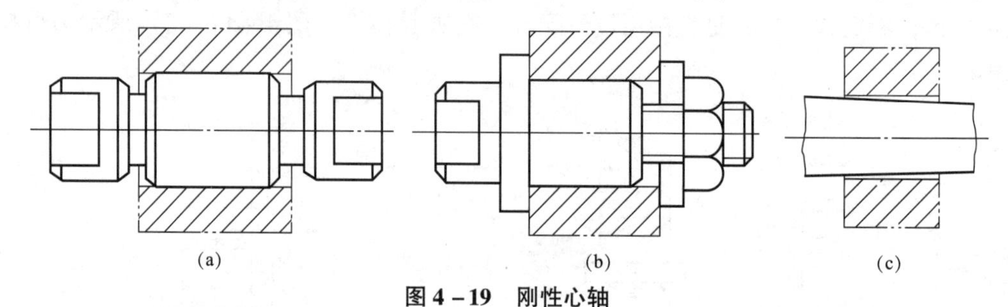

图4－19　刚性心轴

（a）过盈配合心轴；（b）间隙配合心轴；（c）小锥度心轴

小锥度心轴的锥度为1∶5 000～1∶1 000。工件安装时轻轻敲入或压入，通过孔和心轴接触表面的弹性变形来夹紧工件。使用小锥度心轴定位可获得较高的定位精度。

除了刚性心轴，在生产中还经常使用弹性心轴、液塑心轴、自动定心心轴等。这些心轴在对工件定位的同时也将工件夹紧，使用方便。

3）工件以外圆表面定位

以圆柱表面定位的工件有轴类、套类、盘类、连杆类及小壳体类等。常用的定位元件有V形块、定位套、半圆套、圆锥套等。

（1）V形块。不论定位基准是否经过加工、是完整的圆柱面还是圆弧面，都可以采用V形块定位。其优点是对中性好，即能使工件的定位基准轴线对中在V形块两斜面的对称面上，而不受定位基面直径误差的影响，并且安装方便。

常用V形块的结构如图4－20所示。

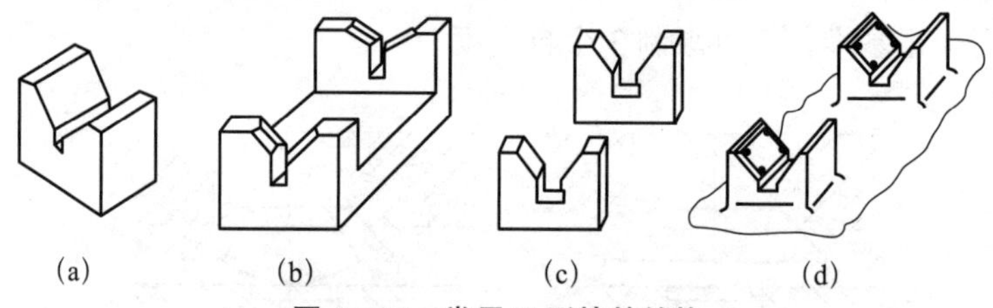

图4－20　常用V形块的结构

（a）短V形块；（b）长中凸V形块；（c）分段长V形块；（d）长镶硬V形块

图4－20（a）适用于精基准定位，且基准面较短；4－20（b）适用于粗基准或阶梯形圆柱面的定位；4－20（c）适用于长的精基准表面或两段相距较远的轴定位；4－20（d）适用于直径和长度较大的重型工件，其V形块采用铸铁底座镶淬硬的支承板或硬质合金的结构，以减少磨损，提高寿命和节省钢材。

V形块两斜面间的夹角α，一般选用60°、90°、120°，以90°V形块应用最广，其结构和尺寸均已标准化。

V形块有固定式和活动式两种。图4－21所示为加工连杆孔时活动式V形块的应用，活动式V形块限制工件一个转动自由度，其沿V形块对称面方向的移动可以补偿工件因毛坯尺寸变化而对定位的影响，同时还兼有夹紧的作用。

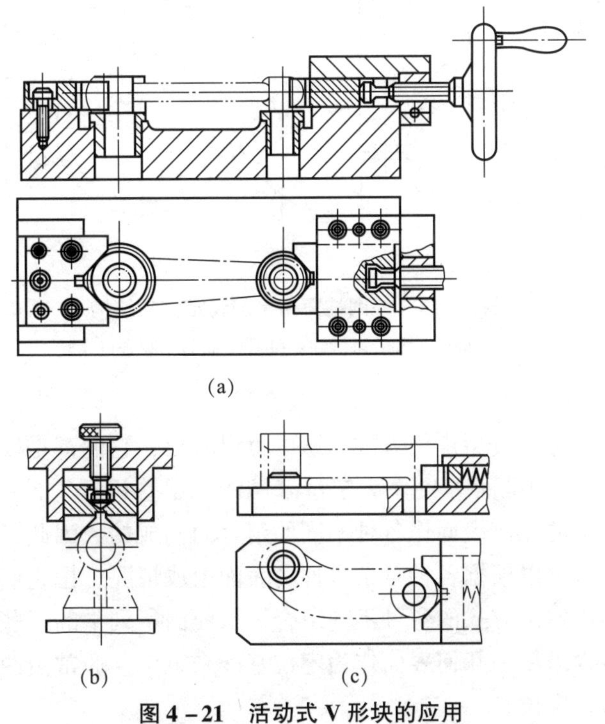

图 4－21　活动式 V 形块的应用

（a）水平移动；（b）垂直移动；（c）不同轴水平移动

（2）定位套。图 4－22 所示为常用工件在定位套内定位的情况，其内孔轴线是限位基准，内孔面是限位基面。为了限制工件沿轴向的自由度，常与端面联合定位。用端面作为主要限位面时，应控制套的长度，以免夹紧时工件产生不允许的变形。

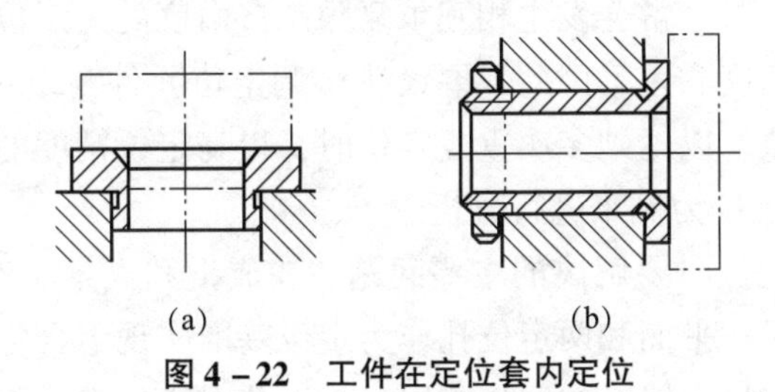

图 4－22　工件在定位套内定位

（a）普通定位套；（b）带螺纹定位套

定位套结构简单、容易制造，但定心精度不高，故只适用于精定位基面。

（3）半圆套。图 4－23 所示为外圆柱面用半圆套定位的结构。下面的半圆套是定位元件，上面的半圆套起夹紧作用，其最小直径应取工件定位外圆的最大直径。这种定位方式主要用于大型轴类零件及不便于轴向装夹的零件。定位基面的精度不低于 IT9～IT8，其定位的优点是夹紧力均匀，装卸工件方便。

问题 1：自定心卡盘属于什么定位方式？当自定心卡盘夹持工具部位长的时候限制几个自由度？当夹持工件部位短的时候限制几个自由度？

问题 2：举例说明哪些情况下可以出现过定位？

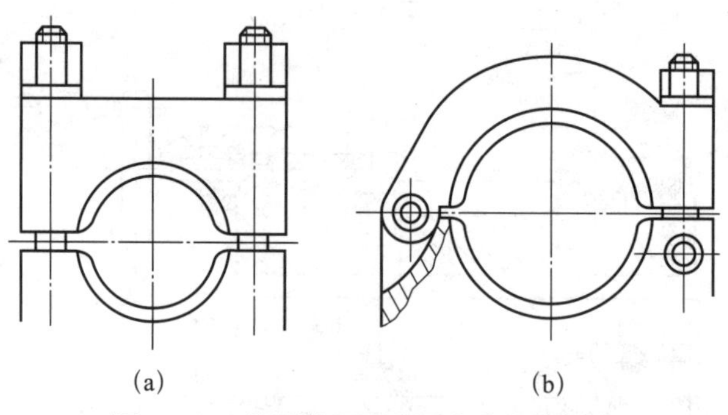

图4-23　外圆柱面用半圆套定位的结构

（a）上面的半圆套可拆卸；（b）上面的半圆套可旋转

4）工件以组合表面定位

前面介绍了一些常见的典型定位方式，从中可以看出，它们都是以一些简单的几何表面（如平面、内外圆柱面、圆锥面等）作为定位基准的。尽管机器零件的结构形状千变万化，但它们只是由一些简单的几何表面作各种不同的组合而构成的。因此，只要掌握简单几何表面的典型定位方式，就可以根据各种复杂零件的表面组成情况，把它们的定位问题简化为一些简单几何表面的典型定位方式的各种不同组合。从前面所列举的一些定位实例中，也可看到，一般机器零件很少以单一几何表面作为定位基准来定位，通常由两个以上的几何表面作为定位基准而采取组合定位。

采用组合定位时，如果各定位基准之间彼此无紧密尺寸联系（即没有尺寸精度要求），那么，这些定位基准的组合定位，就只能是把各种单一几何表面的典型定位方式直接予以组合而不能彼此发生重复限制自由度的过定位情况。但在实际生产中，有时是采用两个以上彼此有一定紧密尺寸联系（即有一定尺寸精度要求）的定位基准作组合定位，以提高多次重复定位时的定位精度。这时，常会发生相互重复限制自由度的过定位现象。由于这些定位基准相互之间有一定尺寸精度联系，因此只要设法协调定位元件与定位基准的相互尺寸联系，就可克服上述过定位现象，以达到多次重复定位时，提高定位精度的目的。下面就以生产中最常见的“一面两孔”定位为例来进行分析。

（1）“一面两孔”定位时要解决的主要问题。在成批和大量生产中，加工箱体、杠杆、盖板等类零件时，常常以一平面和两定位孔作为定位基准实现组合定位。这时，工件上的两个定位孔，可以是工件结构上原有的，也可以专为工艺上定位需要而特地加工出来的。

“一面两孔”定位时所用的定位元件是：平面采用支承板定位，两孔采用定位销定位，如图4-24（a）所示。“一面两孔”定位中，支承板限制了3个自由度，短圆柱定位销1限制了2个自由度，还剩下一个绕垂直轴线的转动自由度需要限制。短圆柱定位销2也要限制2个自由度，它除了限制这个转动自由度，还要限制一个沿X轴的移动自由度。但这个移动自由度已被短圆柱定位销1所限制，于是两个定位销1重复限制沿X轴的移动自由度$\vec{X}$而发生矛盾。最严重时，便如图4-24（b）所示。我们先不考虑两定位销中心距的误差，假设销心距为L；一批工件中每个工件上的两定位孔的孔心距是在一定的公差范围内变化的，其中最大是$L+\delta$，最小是$L-\delta$，即在2δ范围内变化。当这样一批工件以两孔定位装入夹具的定位销中时，就会出现像图4-24（b）所示那样的工件根本无法装入的严重情况，这就是定位销 1 和定位销 2 重复限制了 $\vec{X}$ 自由度所引起的。由于两定位销中心距和两定位孔中心距都在规定的公差范围内变化，因而只要设法改变定位销 2 的尺寸偏差或定位销 2 的结构，来补偿在这个范围内的中心距变动量，便可消除因重复限制 $\vec{X}$ 自由度所引起的矛盾。这就是采用“一面两孔”定位时所要解决的主要问题。

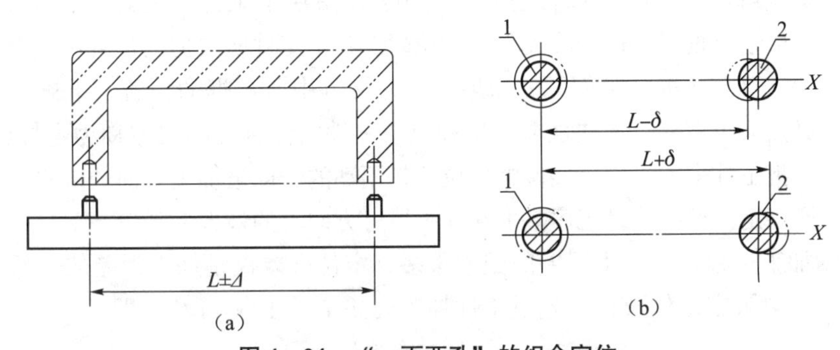

图 4－24 “一面两孔”的组合定位

（a）一面两孔定位；（b）产生干涉

（2）解决两孔定位问题的两种方法。

①采用两个圆柱定位销作为定位元件。当选用两个圆柱定位销作为定位元件时，采用减小定位销 2 直径的方法来解决上述两孔装不进定位销的矛盾，如图 4－25 所示。

②采用一个圆柱定位销和一个削边（又称菱形）定位销作为两孔定位时所用的定位元件，如图 4－26 所示，假定定位孔 1 和定位销 1 的中心完全重合，则两定位孔间的中心距差和两定位销间的中心距误差，全部由定位销 2 来补偿。

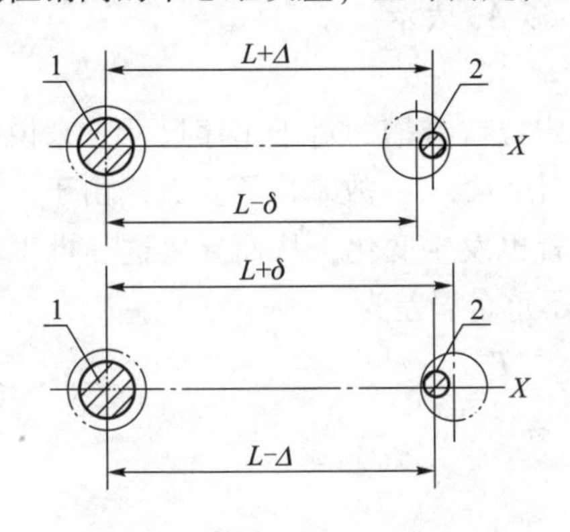

图 4－25 减小定位销的直径

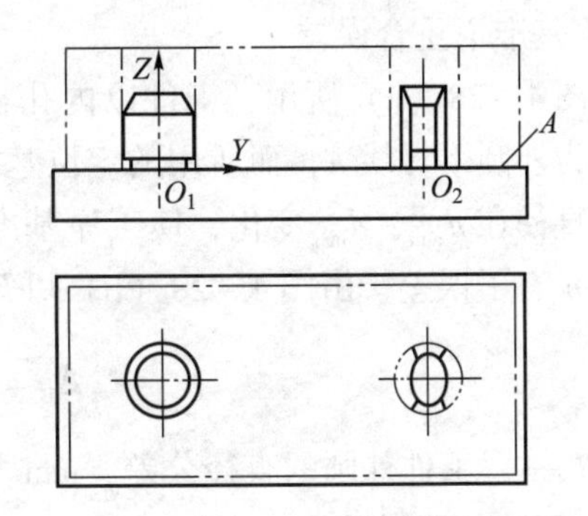

图 4－26 使用削边销

常用削边定位销的结构如图 4－27 所示。图中 4－27（a）用于定位孔直径很小时，为了不使定位销削边后的头部强度过分减弱，所以不削成菱形。图 4－27（c）用于孔径大于 50 mm 时，这时销钉本身强度已足够，故采用直槽削边销，制造起来更为简便。直径为 3～50 mm的标准削边销都是做成菱形

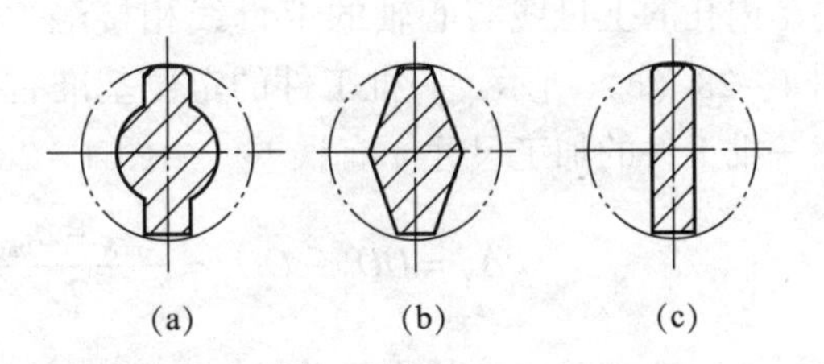

图 4－27 常用削边定位销的结构

（a）圆槽削边销；（b）菱形削边销；（c）直槽削边销

的，如图4-27（b）所示。

三、定位误差及其分析计算

1. 定位误差产生的原因

六点定位原则解决了消除工件自由度的问题，即解决了工件在夹具中位置“定与不定”的问题。但是，由于一批工件逐个在夹具中定位时，各个工件所占据的位置不完全一致，即出现工件位置定得“准与不准”的问题。如果工件在夹具中所占据的位置不准确，加工后各工件的加工尺寸必然大小不一，形成误差。这种只与工件定位有关的误差称为定位误差，用Δ_D表示。因为对一批工件来说，刀具经调整后位置是不动的，即被加工表面的位置相对于定位基准是不变的，所以定位误差就是工序基准在加工尺寸方向上的最大变动量。

在工件的加工过程中，产生误差的因素很多，定位误差仅是加工误差的一部分，为了保证加工精度，一般限定定位误差不超过工件加工公差T的1/5～1/3，即

$$\Delta_D \leqslant \left(\frac{1}{5} \sim \frac{1}{3}\right)T \tag{4-1}$$

式中　Δ_D——定位误差，mm；

T——工件的加工误差，mm。

造成定位误差的原因有：

（1）定位基准与工序基准不一致所引起的定位误差，称基准不重合误差，即工序基准相对定位基准在加工尺寸方向上的最大变动量，以Δ_B表示；

（2）定位副的制造公差及最小配合间隙的影响，会引起定位基准在加工尺寸方向上有位置变动，其最大位置变动量称为基准位移误差，以Δ_Y表示。

1）基准不重合误差

如图4-28（a）所示，工件以内孔在心轴上定位铣键槽。对于工序尺寸a来说，其工序基准为外圆下母线A，而所用的定位基准为内孔中心线O，故基准不重合。由于一批工件的外圆直径在$d_{min} \sim d_{max}$变化，使工序基准A的位置也发生变化，从而导致这一批工件的加工尺寸a有了误差。由图4-28（b）可知，基准不重合误差为

$$\Delta_B = \frac{d_{max}}{2} - \frac{d_{min}}{2} = \frac{T_d}{2} \tag{4-2}$$

式中　T_d——工件外圆的直径公差，mm。

2）基准位移误差

图4-28（a）所示的工件，由于定位副有制造公差和最小配合间隙，假设工件定位后始终是内孔的上母线与心轴的上母线相接触，则工件内孔中心线与心轴中心线O不同轴，如图4-28（c）所示，一批工件的定位基准——内孔中心线在O_1和O_2之间变动，从而也会使一批工件的加工尺寸a有误差。由图4-28（c）可知，基准位移误差为

$$\Delta_Y = OO_2 - OO_1 = \frac{D_{max} - d_{0min}}{2} - \frac{D_{min} - d_{0max}}{2} = \frac{T_D + T_{d_0}}{2} \tag{4-3}$$

式中　T_D——工件内孔的直径公差，mm；

T_{d_0}——定位心轴的直径公差，mm。

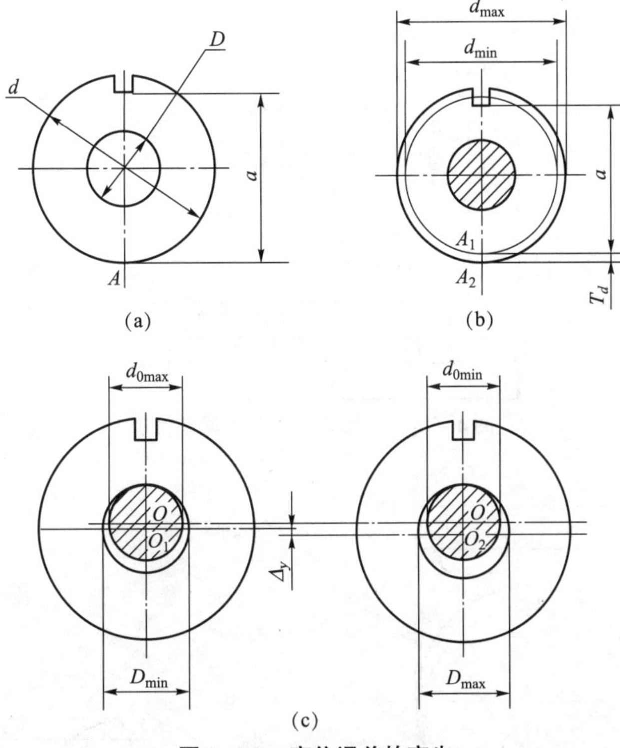

图 4－28　定位误差的产生

（a）工件；（b）基准不重合误差；（c）基准位移误差

2. 常见定位方式的定位误差分析与计算

1）工件以平面定位时的误差

工件以平面定位，夹具上相应的定位元件是支承钉或支承板，工件定位面的平面度误差和定位元件的平面度误差都会产生定位误差。从高度工序尺寸来说，如图 4－29 所示，当用已加工平面作定位基面时，此项误差很小，一般可忽略不计。对于水平方向的工序尺寸，其定位基准为工件左侧面 A，工序基准与定位基准重合，即 $\Delta_B=0$。由于工件左侧面与底面存在角度误差（$0\pm\Delta\alpha$），对于一批工件来说，其定位基准 A 的最大变动量为水平方向的基准位移误差，即

$$\Delta_r=2H\tan\Delta\alpha \tag{4-4}$$

水平方向的尺寸定位误差为

$$\Delta_D=\Delta_B+\Delta_r=2H\tan\Delta\alpha \tag{4-5}$$

式中　H——侧面支承点到底面的距离，当 H 等于工件高度的一半时，定位误差达最小值，所以从减小误差出发，侧面支承点应布置在工件高度一半处。

2）工件以外圆在 V 形块上定位时定位误差计算

如图 4－30 所示的键槽工序，工件在 V 形块上定位，定位基准为圆柱轴心线。如果忽略 V 形块的制造误差，则定位基准在垂直方向上的基准位移误差为

$$\Delta_Y=OO_1=\frac{d}{2\sin\dfrac{\alpha}{2}}-\frac{d-\delta_d}{2\sin\dfrac{\alpha}{2}}=\frac{\delta_d}{2\sin\dfrac{\alpha}{2}} \tag{4-6}$$

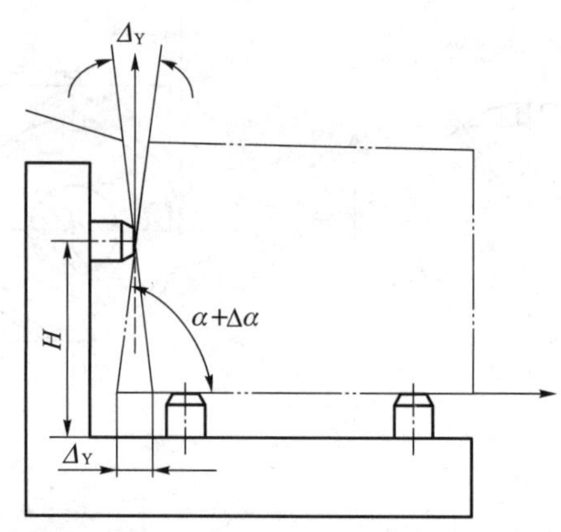

图4-29　平面定位的定位误差计算

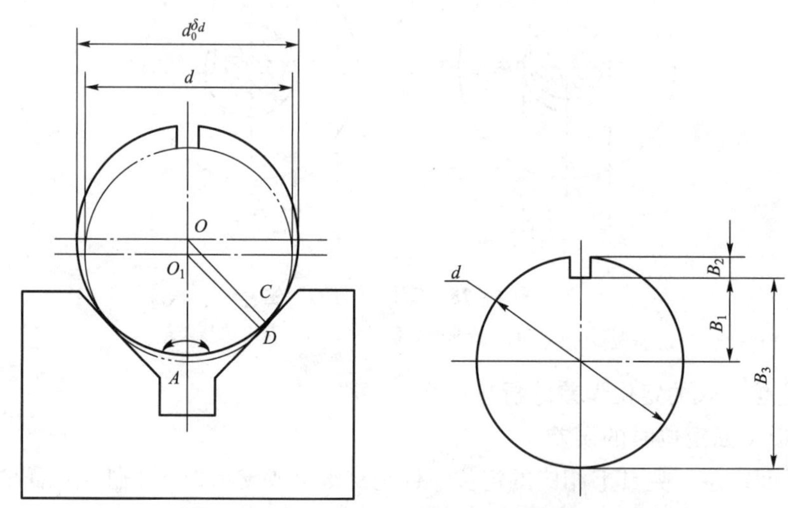

图4-30　工件在V形块上的定位误差分析

对于图4-30中的3种尺寸标注，下面分别计算其定位误差。

当尺寸标注为B_1时，工序基准和定位基准重合，故基准不重合误差$\Delta_B=0$。所以，B_1尺寸的定位误差为

$$\Delta_{D(B_1)}=\Delta_Y=\frac{\delta_d}{2\sin\frac{\alpha}{2}} \tag{4-7}$$

当尺寸标注为B_2时，工序基准为上母线。此时存在基准不重合误差，即

$$\Delta_B=\frac{1}{2}\delta_d \tag{4-8}$$

Δ_D应为Δ_B与Δ_Y的矢量和。由于当工件轴径由最大变到最小时，Δ_B与Δ_Y都是向下变化的，所以它们的矢量和应是相加，则

$$\Delta_{D(B_2)}=\Delta_Y+\Delta_B=\frac{\delta_d}{2\sin\frac{\alpha}{2}}+\frac{1}{2}\delta_d=\frac{\delta_d}{2}\left(\frac{1}{\sin\frac{\alpha}{2}}+1\right) \tag{4-9}$$

当尺寸标注为B_3时，工序基准为下母线。此时基准不重合误差仍然是$\frac{1}{2}\delta_d$，但当Δ_Y向

下变化时，Δ_B 的方向是朝上，所以它们的矢量和应是相减，则

$$\Delta_{D(B_3)}=\Delta_Y-\Delta_B=\frac{\delta_d}{2}\left(\frac{1}{\sin\frac{\alpha}{2}}-1\right) \tag{4-10}$$

通过以上分析可以看出：工件以外圆在 V 形块上定位时，加工尺寸的标注方法不同，所生产的定位误差也不同，所以定位误差一定是针对具体尺寸而言的。在这 3 种标注中，从下母线标注的定位误差最小，从上母线标注的定位误差最大。

3）圆孔定位时的定位误差

工件以圆孔定位时产生定位误差的原因是圆孔与心轴（或定位销）之间存在安装所需的间隙，造成圆孔中心与心轴（或定位销）中心发生偏移而产生了基准位移误差。如果工件以圆孔中心线为其工序基准在过盈配合心轴上定位，因无间隙存在，圆孔中心线的位置固定不变，属于基准重合，故不产生定位误差。

（1）固定边接触。如图 4－31（a）所示，工件以圆孔在动配合心轴上定位，若加工平面 M，要求保证加工表面位置尺寸 h。此时，假设工件轴心线与心轴轴心线重合，在这种理想的安装位置上不会有定位误差产生。但由于定位圆孔与心轴间存在着装配间隙，若心轴水平设置，工件便会因自重而始终使圆孔上母线和心轴上母线保持固定边接触，如图 4－31（b）所示。此时，工件上加工平面 M 的工序基准（定位圆孔中心线）向下产生偏移，由点 O 移至点 O_1。因此，工序基准 O 的极限位置变动量就是对加工尺寸 h 所产生的定位误差，即

$$\Delta_{dw(h)}=OO_1=h'-h''=\frac{1}{2}(D_{max}-d_{min}) \tag{4-11}$$

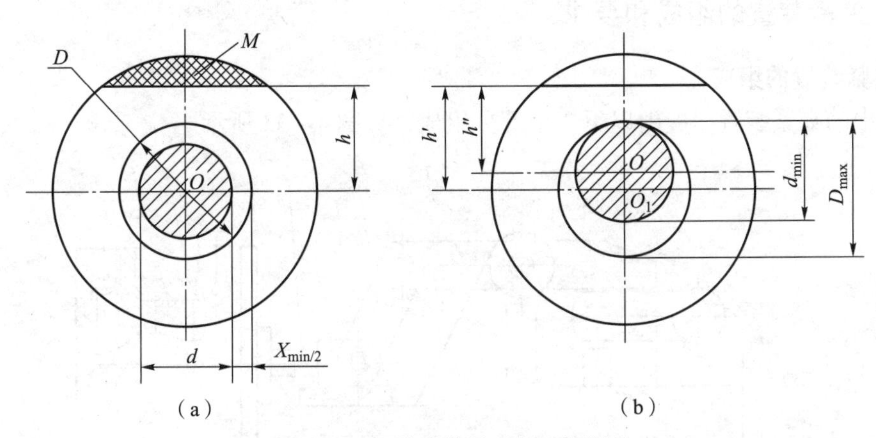

图 4－31　固定边接触时的定位误差

（a）轴心线重合；（b）存在装配间隙

（2）非固定边接触。如图 4－32（a）所示，工件仍以圆孔在动配合心轴上定位，若要求在该零件上加工一侧平面，并保证加工尺寸 L。如果心轴垂直设置时，工件定位圆孔与心轴母线之间的接触可以是任意方向，即非固定边接触。工序基准 O 的最大变动范围，如图 4－32（b）中虚线圆所示。本例中，对加工尺寸 L 产生影响的工序基准最大变动量为 OO_1。因此，对尺寸 L 所产生的定位误差为

$$\Delta_{dw(L)}=OO_1=L'-L''=OO_1+OO_2=D_{max}-d_{min} \tag{4-12}$$

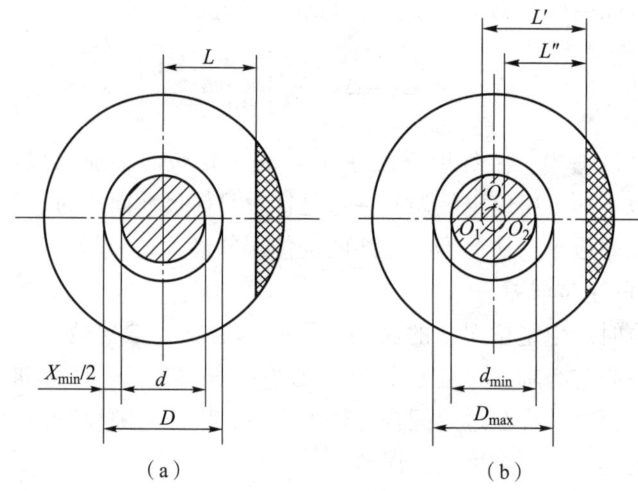

图4-32　非固定边接触时的定位误差

(a) 加工工序图；(b) 最大变动范围

第三节　工件在夹具中的夹紧

在机械加工过程中，工件会受到切削力、离心力、惯性力等的作用。为了保证在这些外力作用下，工件仍能在夹具中保持已由定位元件所确定的加工位置，而不致发生振动和位移，在夹具结构中必须设置一定的夹紧装置将工件可靠地夹牢。

一、夹紧装置的组成和要求

1. 夹紧装置的组成

夹具中的夹紧装置一般由以下3个部分组成，如图4-33所示。

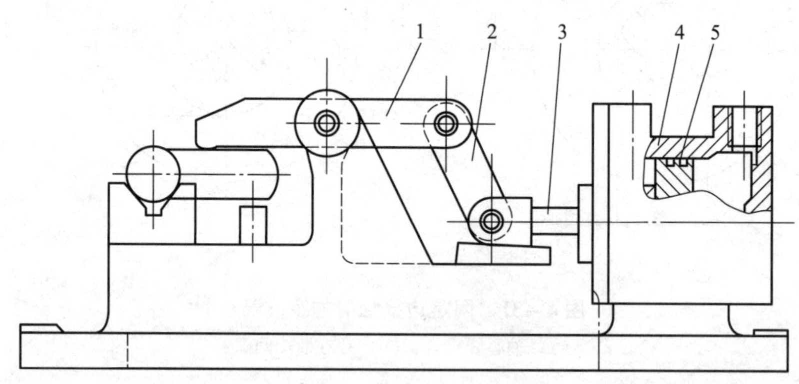

1—压板；2—铰链臂；3—活塞杆；4—气缸；4—活塞。

图4-33　气压夹紧铣床夹具

1）动力源装置

夹紧装置中产生动力的部分叫作动力源装置。常用的动力源装置大多采用机动夹紧方式，所使用的动力源主要有气动、液压、电动、真空以及利用机床的运动等，其中，以气动和液压装置的应用最为普遍。图4-33中气缸、活塞组成气压夹紧中的一种动力源装置。

2）传力机构

传力机构是介于动力源和夹紧元件之间的机构，它把动力源产生的原动力传递给夹紧元件。传力机构在传递夹紧力的过程中，可改变夹紧力的方向和大小。它还具有一定的自锁性能，以保证夹紧的可靠性，这一点对手动夹紧尤为重要。图 4 – 33 中的铰链臂、活塞杆便是中间传力机构。

3）夹紧元件

夹紧元件是实现夹紧的最终执行元件，通过它和工件直接接触而完成夹紧工件，如图 4 – 32中的压板。

2. 夹紧装置的设计要求

在夹紧工件的过程中，夹紧作用的效果会直接影响工件的加工精度、表面粗糙度及生产效率。因此，设计夹紧装置应遵循以下原则。

1）工件不移动原则

夹紧过程中，应不改变工件定位后所占据的正确位置。

2）工件不变形原则

夹紧力的大小要适当，既要保证夹紧可靠，又应使工件在夹紧力的作用下不致产生加工精度所不允许的变形。

3）工件不振动原则

对刚性较差的工件，或者进行断续切削，以及不宜采用气缸直接压紧的情况，应提高支承元件和夹紧元件的刚性，并使夹紧部位靠近加工表面，以避免工件和夹紧系统的振动。

4）安全可靠原则

夹紧传力机构应有足够的夹紧行程，手动夹紧要有自锁性能，以保证夹紧可靠。

5）经济实用原则

夹紧装置的自动化和复杂程度应与生产纲领相适应，在保证生产效率的前提下，其结构应力求简单，便于制造、维修，工艺性能好；操作方便、省力，使用性能好。

二、夹紧力的确定

夹紧力包括作用方向、作用点和大小三要素，它们的确定是夹紧机构设计中首先要解决的问题。

1. 夹紧力的作用方向

夹紧力的作用方向不仅影响加工精度，而且影响夹紧的实际效果。具体应考虑如下几点。

（1）夹紧力的作用方向应保证定位准确可靠，而不破坏工件的原有定位精度。工件在夹紧力作用下，应确保其定位基面贴在定位元件的工作表面上。为此，主要夹紧力的方向应指向主要定位基准面，其余夹紧力的方向应指向工件的定位支承。如图 4 – 34 所示，在直角支座零件上镗孔，要求保证孔与端面的垂直度，则应以端面 A 作为第一定位基准面，此时夹紧力作用方向应如图中 F_{j1} 所示，若要求保证孔的轴线与支座底面平行，则应以底面 B 作为第一定位基准面，此时夹紧力的作用方向应如图中 F_{j2} 所示，否则，由于 A 面与 B 面的垂直度误差，将会引起孔轴线相对于 A 面（或 B 面）的位置误差。实际上，在这种情况下，由于夹紧力的作用方向不当，会使工件的主要定位基准面发生转换，从而产生定位误差。

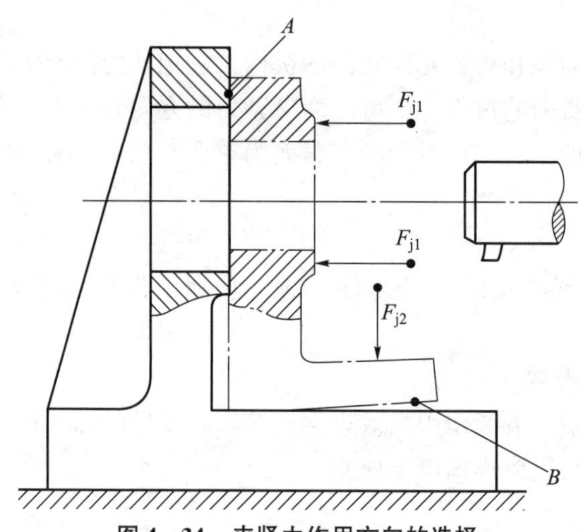

图4-34 夹紧力作用方向的选择

（2）夹紧力的作用方向应使工件的夹紧变形尽量小。由于工件在不同方向上刚度是不等的，不同的受力表面也因其接触面积大小而变形各异。如图4-35所示加工薄壁套筒，由于工件的径向刚度很差，用图4-35（a）的径向夹紧方式将产生过大的夹紧变形。若改用图4-35（b）的轴向夹紧方式，则可减少夹紧变形，保证工件的加工精度。

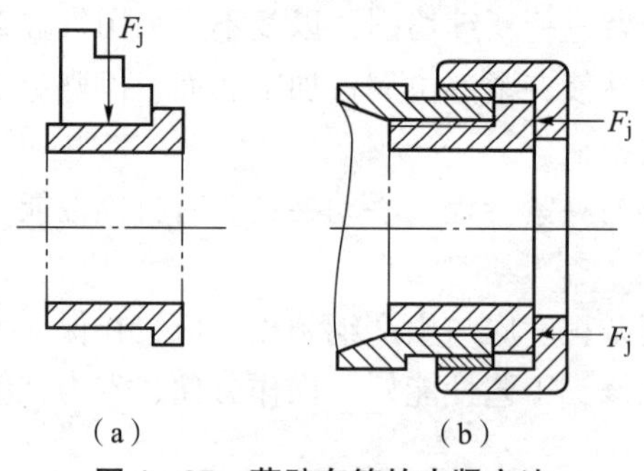

图4-35 薄壁套筒的夹紧方法

（a）径向夹紧方式；（b）轴向夹紧方式

（3）夹紧力的作用方向应尽可能与切削力、工件重力方向一致，以减小所需的夹紧力。如图4-36（a）所示，所需夹紧力 F_j 与主切削力方向一致，切削力由夹具的支承承受，所需夹紧力较小。如图4-36（b）所示，则夹紧力至少要大于切削力。

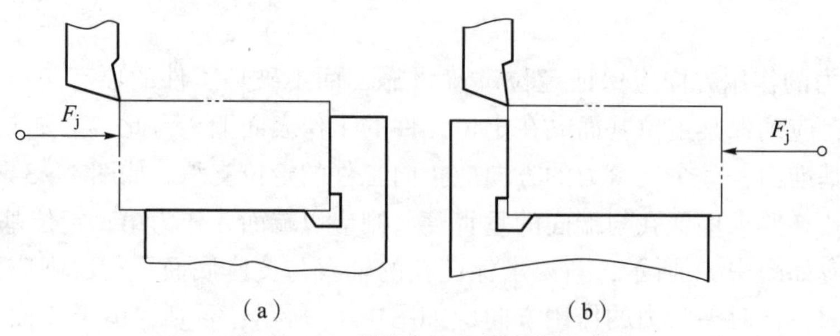

图4-36 夹紧力与切削力的方向

（a）夹紧力与切削力同向；（b）夹紧力与切削力反向

2. 夹紧力的作用点

夹紧力作用点的选择是指在夹紧力作用方向已确定的情况下，确定夹紧元件与工件接触点的位置和接触点的数目。选择夹紧力作用点时一般应注意以下几点。

（1）夹紧力作用点应正对支承元件或位于支承元件所形成的稳定受力区域内，以保证工件已获得的定位不变。如图 4－37 所示，夹紧力的作用点不正对支承元件或落到了支承元件的支承范围之外，产生了使工件翻转的力矩，破坏了工件的定位。

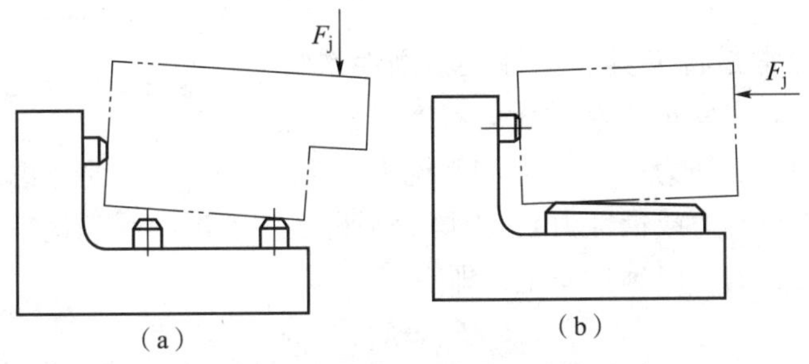

图 4－37　夹紧力的作用点位置不正确

（a）不正对支承元件；（b）支承范围之外

（2）夹紧力的作用点应处在工件刚性较好的部位，以减小工件的夹紧变形。如图 4－38（a）所示，夹紧薄壁箱体时，夹紧力不应作用在箱体的顶面，而应作用在刚性较好的凸边上，如图 4－38（b）所示。箱体上没有凸边时，可将单点夹紧改为三点夹紧，如图 4－38（c）所示。

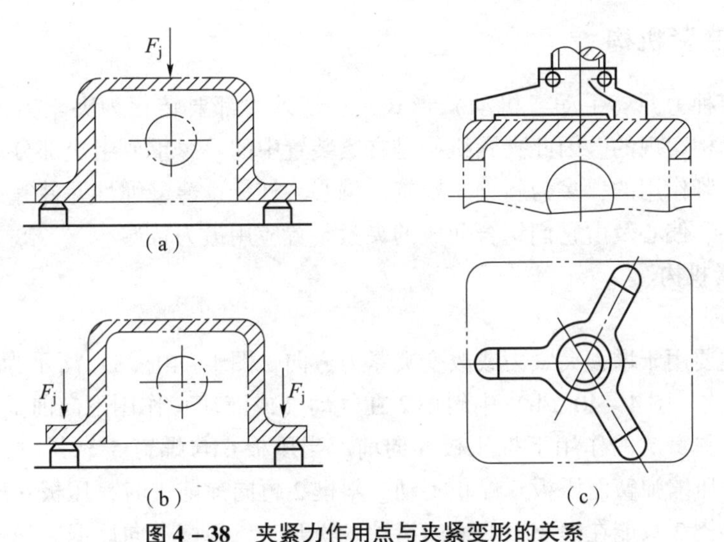

图 4－38　夹紧力作用点与夹紧变形的关系

（a）作用在薄弱部位；（b）作用在刚性较好部位；（c）三点夹紧

（3）夹紧力的作用点和支承点应尽量靠近切削部位，以提高工件切削部位的刚度和抗振性。如图 4－39 所示，辅助支承 a 尽量靠近被加工表面，同时给与附加夹紧力 F_{j2}，这样翻转力矩小又增加了工件的刚性，既保证了定位夹紧的可靠性，又减小了振动和变形。

3. 夹紧力的大小

当夹紧力的方向和作用点确定后，就应计算所需夹紧力的大小。夹紧力的大小直接影响夹具使用的安全性、可靠性。夹紧力过小，则夹紧不稳固，在加工过程中工件仍会发生位移而破坏定位。结果，轻则影响加工质量，重则产生安全事故。夹紧力过大，没必要，反而增加夹紧变形，对加工质量不利，同时夹紧机构的尺寸也会相应加大。所以夹紧力的大小应适当。

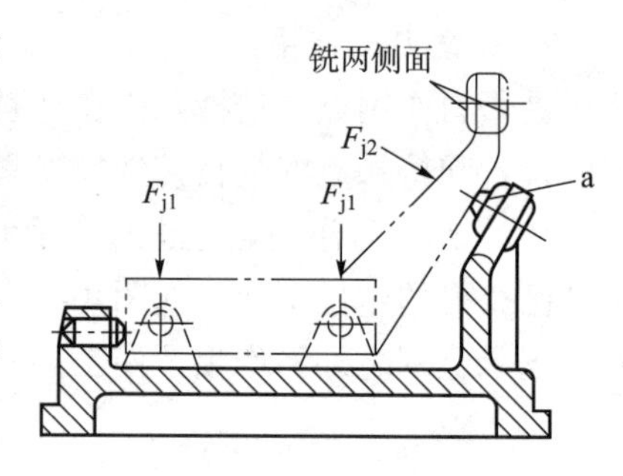

图4－39　夹紧力作用点的选择

在实际设计工作中，夹紧力的大小可根据同类夹具的实际使用情况，用类比法进行经验估计，也可用分析计算方法近似估算。

分析计算法，通常是将夹具和工件视为刚性系统，找出在加工过程中，对夹紧最不利的瞬时状态。根据该状态下的工件所受的主要外力即切削力和理论夹紧力（大型工件要考虑工件的重力，旋转运动下的工件要考虑离心力或惯性力），按静力平衡条件解出所需理论夹紧力，再乘以安全系数作为实际所需夹紧力，以确保安全，即

$$F_{sj}=KF_j \tag{4-13}$$

式中　F_{sj}——所需实际夹紧力，N；

F_j——按静力平衡条件解出的所需理论夹紧力，N；

K——安全系数，根据经验一般粗加工时取2.5～3，精加工时取1.5～2。

夹紧力三要素的确定，实际上是一个综合性的问题，必须全面考虑工件的结构特点、工艺方法，定位元件的结构和布置等多种因素，才能最后确定并具体设计出较为理想的夹紧装置。

三、典型夹紧机构

不论采用何种力源（手动或机动）形式，一切外力都要转化为夹紧力，这一转化过程都是通过夹紧机构实现的。因此夹紧机构是夹紧装置中的一个重要组成部分。在各种夹紧机构中，起基本夹紧作用的，多为斜楔、螺旋、偏心、杠杆、薄壁弹性元件等夹具元件，而其中以斜楔、螺旋、偏心及由它们组合而成的夹紧装置应用最为普遍。

1. 斜楔夹紧机构

1）作用原理

斜楔夹紧主要用于增大夹紧力或改变夹紧力方向。图4－40（a）所示为手动式，图4－40（b）为机动式。图4－40（b）中斜楔2在气动（或液动）作用下向前推进，装在斜楔2上方的柱塞3在弹簧7的作用下推压板6向前。当压板6与螺钉5靠紧时，斜楔2继续前进，此时柱塞3压缩弹簧而压板6停止不动。斜楔2再向前前进时，压板6后端抬起，前端将工件压紧。斜楔2只能在楔座1的槽内滑动。松开时，斜楔2向后退、弹簧7将压板6抬起，斜楔2上的销子4将压板6拉回。

2）夹紧力的计算

斜楔夹紧时的受力情况如图4－41（a）所示，斜楔受外力F_Q产生的夹紧力为F_j，按斜楔受力的平衡条件，可推导出斜楔夹紧机构的夹紧力计算公式为

$$F_j=\frac{F_Q}{\tan\varphi_1+\tan(\alpha+\varphi_2)}$$

$$F_Q=F_j\tan\varphi_1+F_j\tan(\alpha+\varphi_2) \tag{4-14}$$

式中　F_j——夹紧力，N；

F_Q——作用力，N；

φ_1、φ_2 分别为斜楔与支承面及与工件受压面间的摩擦角，常取 $\varphi_1=\varphi_2=5°\sim8°$；

α——斜楔的斜角，常取 $\alpha=6°\sim10°$。

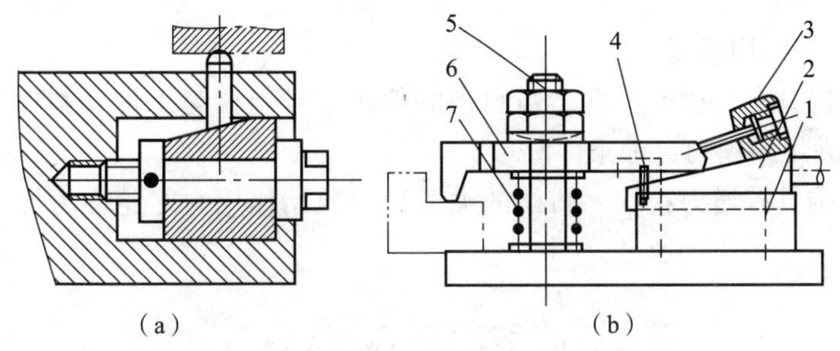

1—楔座；2—斜楔；3—柱塞；4—销子；5—螺钉；6—压板；7—弹簧。

图 4-40　斜楔夹紧机构

(a) 手动式；(b) 机动式

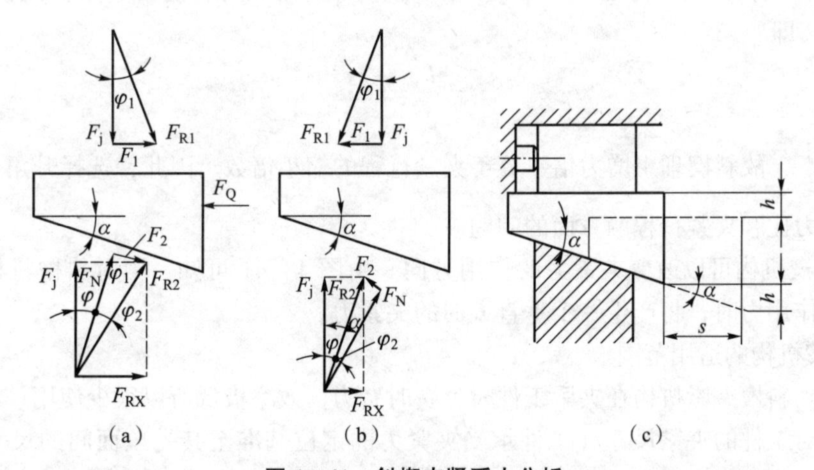

图 4-41　斜楔夹紧受力分析

(a) 夹紧受力图；(b) 自锁受力图；(c) 夹紧行程

当 α、φ_1、φ_2 均很小且 $\varphi_1=\varphi_2=\varphi$ 时，式 (4-14) 可近似简化为

$$F_j=\frac{F_Q}{\tan(\alpha+2\varphi)} \tag{4-15}$$

3) 斜楔的自锁条件

图 4-41 (b) 所示，当作用力消失后，斜楔仍能夹紧工件而不会自行退出。根据力的平衡条件，可推导出自锁条件

$$F_1\geqslant F_{R2}\sin(\alpha-\varphi_2) \tag{4-16}$$

$$F_1=F_j\tan\varphi_1 \tag{4-17}$$

$$F_j=F_{R2}\cos(\alpha-\varphi_2) \tag{4-18}$$

将式 (4-17)、式 (4-18) 代入式 (4-16)，得

$$F_j\tan\varphi_1\geqslant F_j\tan(\alpha-\varphi_2) \tag{4-19}$$

$$\alpha \leqslant \varphi_1 + \varphi_2 = 2\varphi \qquad （设\ \varphi_1 = \varphi_2 = \varphi） \tag{4-20}$$

一般钢铁的摩擦因数$\mu = 0.10 \sim 0.15$。摩擦角$\varphi = \arctan（0.10 \sim 0.15）= 5°43' \sim 8°32'$，故$\alpha \leqslant 11° \sim 17°$。但考虑到斜楔的实际工作条件，为自锁可靠起见，取$\alpha = 6° \sim 8°$。当$\alpha = 6°$时，$\tan\alpha \approx 0.1 = \frac{1}{10}$，因此斜楔机构的斜度一般取1∶10。

4）斜楔机构的结构特点

（1）斜楔机构具有自锁的特性。当斜楔的斜角小于斜楔与工件及斜楔与夹具体之间的摩擦角之和时，满足斜楔的自锁条件。

（2）斜楔机构具有增力特性。斜楔的夹紧力与原始作用力之比称为增力比i_F（或称为增力系数），即

$$i_F = \frac{F_j}{F_Q} = \frac{1}{\tan\varphi_1 + \tan（\alpha + \varphi_2）} \tag{4-21}$$

当不考虑摩擦时，$i_F = \frac{1}{\tan\alpha}$，此时$\alpha$越小，增力作用越大。

（3）斜楔机构的夹紧行程小。工件所要求的夹紧行程h与斜楔相应移动的距离s之比称为行程比i_s，即

$$i_s = \frac{h}{s} = \tan\alpha \tag{4-22}$$

因$i_F = \frac{1}{i_s}$，故斜楔理想增力倍数等于夹紧行程的缩小倍数。因此，选择升角α时，必须同时考虑增力比和夹紧行程两方面的问题。

（4）斜楔机构可以改变夹紧力的作用方向。由图4-41可知，当对斜楔机构外加一个水平方向的作用力时，将产生一个垂直方向的夹紧力。

5）斜楔机构的适用范围

由于手动斜楔夹紧机构在夹紧工件时，费时费力，效率极低所以很少使用。因其夹紧行程较小，故对工件的夹紧尺寸（工件承受夹紧力的定位基准至其受压面间的尺寸）的偏差要求很高，否则将会产生夹不着或无法夹紧的状况。因此，斜楔夹紧机构主要用于机动夹紧机构中，且毛坯的质量要求很高。

2. 螺旋夹紧机构

1）螺旋夹紧机构的作用原理

螺旋夹紧机构由螺钉、螺母、螺栓或螺杆等带有螺旋的结构件与垫圈、压板或压块等组成。它不仅结构简单、制造方便，而且由于缠绕在螺钉面上的螺旋线很长、升角小，所以螺旋夹紧机构的自锁性能好，夹紧力和夹紧行程都较大，是目前应用较多的一种夹紧机构。

螺旋夹紧机构中所用的螺旋，实际上相当于把斜楔绕在圆柱体上，因此，其作用原理与斜楔是一样的。只不过这是通过转动螺旋，使绕在圆柱体上的斜楔高度发生变化而产生夹紧力来夹紧工件。图4-42所示为典型的螺旋夹紧机构。

由于螺旋夹紧机构具有结构简单、制造容易、夹紧可靠、增力比大、夹紧行程不受限制等特点，所以在手动夹紧装置中广泛使用。螺旋夹紧机构的缺点是动作慢。为提高其工作效率，常采用一些快撤装置。

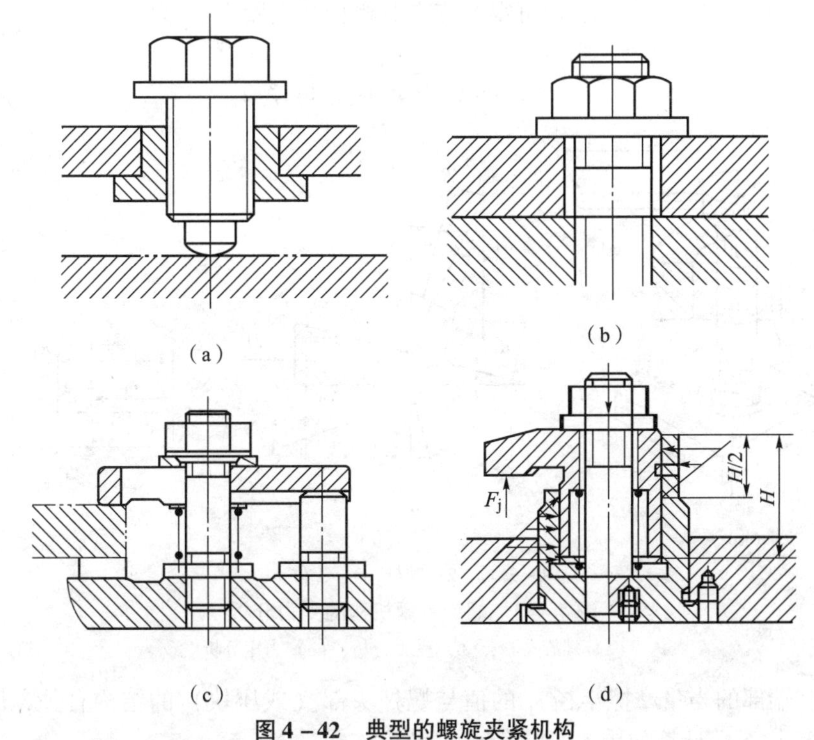

图 4-42　典型的螺旋夹紧机构

(a) 单螺旋夹紧机构；(b) 双头螺旋夹紧机构；(c) 螺旋压板夹紧机构；
(d) 承受倾覆力矩的夹紧机构

2）螺旋夹紧机构的夹紧力计算

图 4-43 所示为螺旋夹紧机构的受力分析。当工件处于夹紧状态时，根据力矩的平衡原理，图 4-43（a）所示的 3 个力矩满足下式

$$M = M_1 + M_2 \tag{4-23}$$

式中　M——作用于螺杆的原始力矩，N · mm；

M_1——螺母给螺杆的反力矩，N · mm；

M_2——工件给螺杆的反力矩，N · mm。

图 4-43（b）所示为螺旋沿中径展开图，螺杆可视为楔块，由图 4-43（c）可得

$$\begin{cases} M = Q \times L \\ M_1 = R_{1x} \times r_z = r_z F_j \tan(\alpha + \varphi_1) \\ M_2 = F_2 \times r_1 = r_1 F_j \tan\varphi_2 \end{cases} \tag{4-24}$$

式中　R_{1x}——螺母对螺杆反作用力 R_1 的水平分力，N，而 R_1 为螺母对螺杆的摩擦力 F_1 和正压力 R 的合力；

F_2——工件给螺杆的摩擦阻力，N；

r_z——螺旋中径的一半，mm；

r_1——压紧螺钉端部的当量摩擦半径，mm；

φ_1——螺母与螺杆间的摩擦角，(°)；

φ_2——工件与螺杆头部（或压块）间的摩擦角，(°)；

α——螺旋升角，(°)，一般为 2° ~ 4°。

由式（4-23）和式（4-24）可得螺旋夹紧机构的夹紧力 F_j 为

$$F_j=\frac{QL}{r_z\tan(\alpha+\varphi_1)+r_1\tan\varphi_2} \tag{4-25}$$

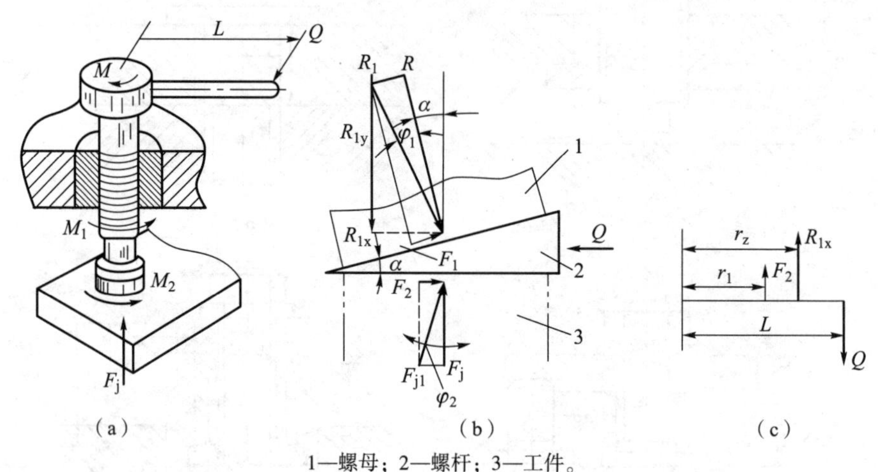

1—螺母；2—螺杆；3—工件。

图4-43 螺旋夹紧机构的受力分析

（a）螺旋夹紧；（b）受力分析；（c）力矩分析

压紧螺钉端部的当量摩擦半径 r_1 的值与螺杆头部（或压块）的结构有关，压紧螺钉端部的当量摩擦半径 r_1 计算如表4-2所示。

表4-2 压紧螺钉端部的当量摩擦半径 r_1 的计算 mm

接触形式	点接触	平面接触	圆环线接触	圆环面接触
r_1	0	$\frac{D}{3}$	$R\cot\frac{\beta}{2}$	$\frac{1}{3}\frac{D^3-d^3}{D^2-d^2}$
简图		D	β R	d D

3）螺旋夹紧机构的自锁条件

螺旋夹紧机构的自锁条件和斜楔夹紧机构相同，即

$$\alpha\leqslant\varphi_1+\varphi_2 \tag{4-26}$$

螺旋夹紧机构的螺旋升角 α 很小（一般为2°~4°），故自锁性能好。

4）螺旋夹紧的扩力比（扩力系数）

螺旋夹紧的扩力比为

$$i_p=\frac{F_j}{Q}=\frac{L}{r_z\tan(\alpha+\varphi_1)+r_1\tan\varphi_2} \tag{4-27}$$

因为螺旋升角小于斜楔的楔角，而 L 大于 r_z 和 r_1，可见，螺旋夹紧机构的扩力作用远大于斜楔夹紧机构。

5）应用场合

由于螺旋夹紧机构结构简单，制造容易，夹紧行程大，扩力比大，自锁性能好，所以在实际设计中得到广泛应用，尤其适用于手动夹紧机构。但其夹紧动作缓慢，效率低，不宜使用于自动化夹紧装置上。

在实际应用中，单螺旋夹紧机构常与杠杆压板构成螺旋压板组合夹紧机构，如图 4 - 44 所示。其中图 4 - 44（a）的扩力比最小，图 4 - 44（b）稍大，图 4 - 44（c）最大。实际设计时，在满足工件结构需要前提下，要注意合理布置杠杆比例，寻求最省力、最方便的方案。

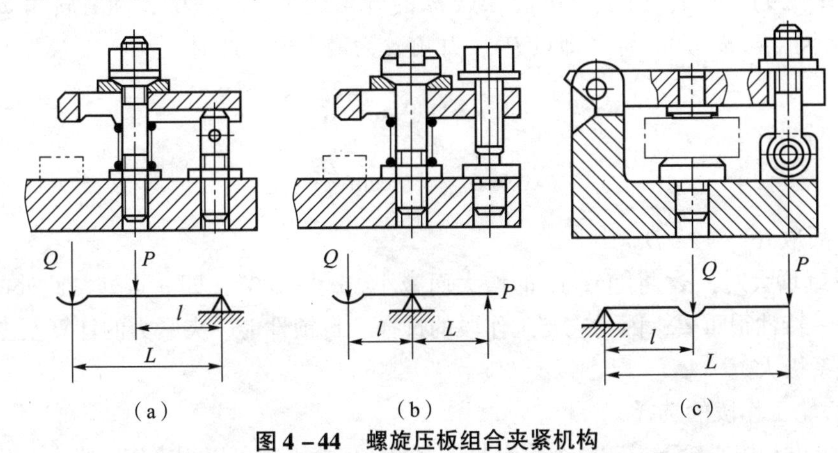

图 4 - 44　螺旋压板组合夹紧机构

（a）一端支承，夹紧臂长；（b）中间支承；（c）一端支承，夹紧臂短

3. 偏心夹紧机构

用偏心元件直接夹紧或与其他元件组合而实现对工件的夹紧机构称为偏心夹紧机构，它是利用转动中心与几何中心偏移的圆盘或轴等为夹紧元件。图 4 - 45 所示为常见的偏心夹紧机构，其中图 4 - 45（a）是偏心轮和螺栓压板的组合夹紧机构；图 4 - 45（b）是利用偏心轴夹紧工件。

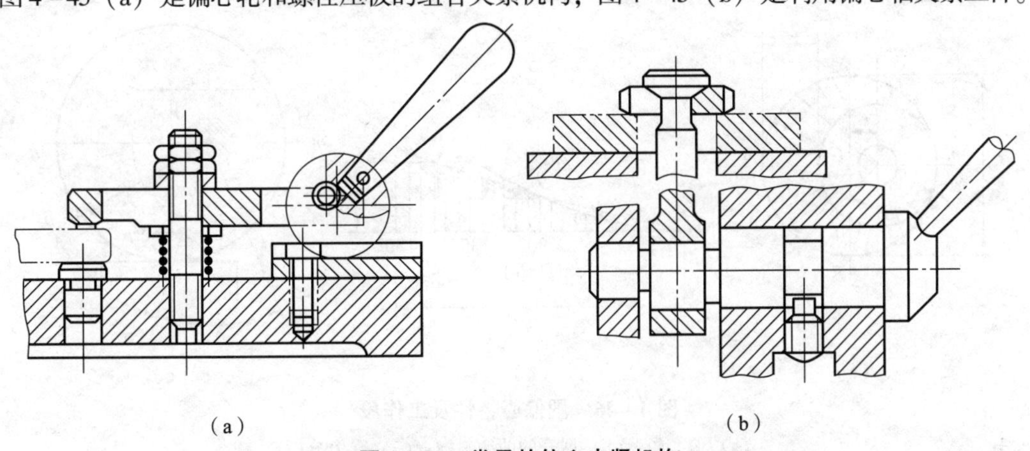

图 4 - 45　常见的偏心夹紧机构

（a）偏心轮和螺栓压板的组合夹紧机构；（b）利用偏心轴夹紧工件

1）偏心夹紧机构的工作特性

如图 4 - 46（a）所示的圆偏心轮，其直径为 D，偏心距为 e，由于其几何中心 C 和回转中心 O 不重合，当顺时针方向转动手柄时，就相当于一个弧形楔卡紧在转轴和工件受压表面之间而产生夹紧作用。将弧形楔展开，则得如图 4 - 46（b）所示的曲线斜楔，曲线上任意一点的切线和水

平线的夹角即为该点的升角。设 α_x 为任意夹紧点 x 处的升角，其值可由 $\triangle OxC$ 中求得

$$\frac{\sin\alpha_x}{e}=\frac{\sin(180°-\varphi_x)}{\frac{D}{2}} \tag{4-28}$$

$$\sin\alpha_x=\frac{2e}{D}\sin\varphi_x \tag{4-29}$$

式中，转角 φ_x 的变化范围为 0°～180°。

由式（4－29）可知，当 $\varphi_x=0°$ 时，点 m 的升角最小，$\alpha_m=0°$；随着转角 φ_x 的增大，升角 α_x 也增大，当 $\varphi_x=90°$ 时（即点 P），升角 α 为最大值，此时

$$\sin\alpha_P=\sin\alpha_{\max}=\frac{2e}{D} \tag{4-30}$$

$$\alpha_P=\alpha_{\max}=\arcsin\frac{2e}{D} \tag{4-31}$$

因 α 很小，故取 $\alpha_{\max}\approx 2e/D$。

当 φ_x 继续增大时，α_x 将随着 φ_x 的增大而减小，$\varphi_x=180°$，即 n 点处，此处的 $\alpha_n=0°$。偏心轮的这一特性很重要，因为它与工作段的选择、自锁性能、夹紧力的计算及主要结构尺寸的确定关系极大。

2）偏心轮工作段的选择

从理论上讲，偏心轮下半部整个轮廓曲线上的任何一点都可以用来作夹紧点，相当于偏心轮转过180°，夹紧的总行程为 $2e$，但实际上为防止松夹和咬死，常取点 P 左右圆周上的 1/6～1/4 圆弧，即相当于偏心轮转角为 60°～90°的所对应的圆弧为工作段。如图4－46（c）所示的 AB 弧段。由图4－46（c）可知，该段近似为直线，工作段上任意点的升角变化不大，几乎近于常数，可以获得比较稳定的自锁性能。因而，在实际工作中，多按这种情况来设计偏心轮。

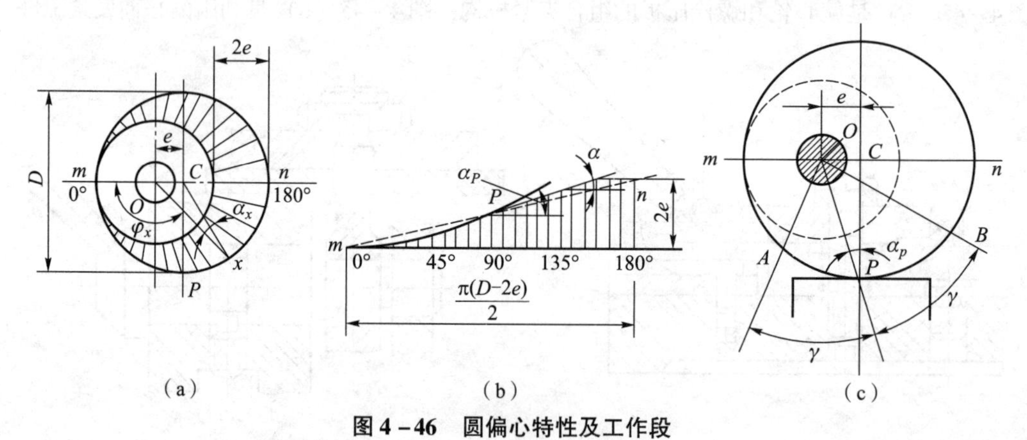

图4－46　圆偏心特性及工作段

（a）偏心轮；（b）展开的曲线斜楔；（c）受力分析

3）偏心轮夹紧的自锁条件

使用偏心夹紧时，必须保证自锁，否则将不能使用。要保证偏心轮夹紧时的自锁性能，和前述斜楔夹紧机构相同，应满足下列条件

$$\alpha_{\max}\leqslant\varphi_1+\varphi_2 \tag{4-32}$$

式中　$\alpha_{\max}$——偏心轮工作段的最大升角；

φ_1——偏心轮与工件之间的摩擦角；

φ_2——偏心轮转角处的摩擦角。

因为 $\alpha_P=\alpha_{\max}$，$\tan\alpha_P\leqslant\tan(\varphi_1+\varphi_1)$，已知 $\tan\alpha_P=2e/D$。为可靠起见，不考虑转轴处的摩擦，又 $\tan\varphi_1=\mu_1$，故得偏心轮夹紧点自锁时的外径 D 和偏心量 e 的关系为

$$\frac{2e}{D}\leqslant\mu_1 \tag{4-33}$$

当 $\mu_1=0.10$ 时，$D/e\geqslant20$；当 $\mu_1=0.15$ 时，$D/e\geqslant14$。

称 D/e 值为偏心率或偏心特性。按上述关系设计偏心轮时，应按已知的摩擦因数和需要的工作行程定出偏心量 e 及偏心轮的直径 D。一般摩擦因数取较小的值，以使偏心轮的自锁更可靠。

4）偏心夹紧机构的适用范围

偏心夹紧机构的特点是结构简单、动作迅速，但它的夹紧行程受偏心距 e 的限制，夹紧力较小，故一般用于工件被夹压表面的尺寸变化较小和切削过程中振动不大的场合，多用于小型工件的夹具中。对于受压面的表面质量有一定的要求，受压面的位置变化也要较小。

四、其他典型夹紧机构

1. 铰链夹紧机构

采用以铰链相连接的连杆作中间传力元件的夹紧机构，称为铰链夹紧机构。根据夹紧机构中所采用的连杆数量，可将其分为单臂夹紧机构、双臂夹紧机构及三臂和多臂夹紧机构等各种类型。其中应用最广的是图 4－47 所示的单臂和双臂铰链夹紧机构。图 4－47（a）为单臂铰链夹紧机构，图 4－47（b）为双臂单作用铰链夹紧机构，图 4－47（c）为双臂作用铰链夹紧机构。

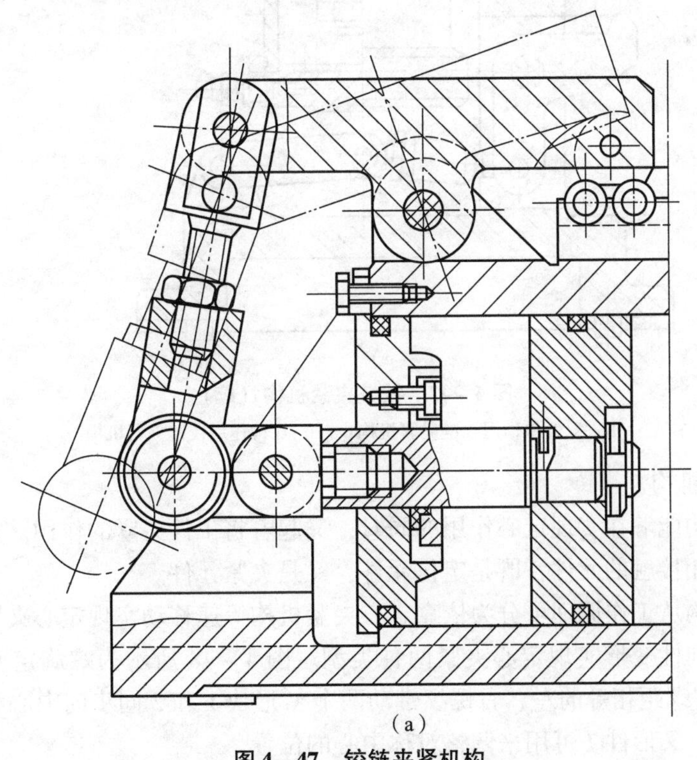

（a）

图 4－47　铰链夹紧机构

（a）单臂铰链夹紧机构

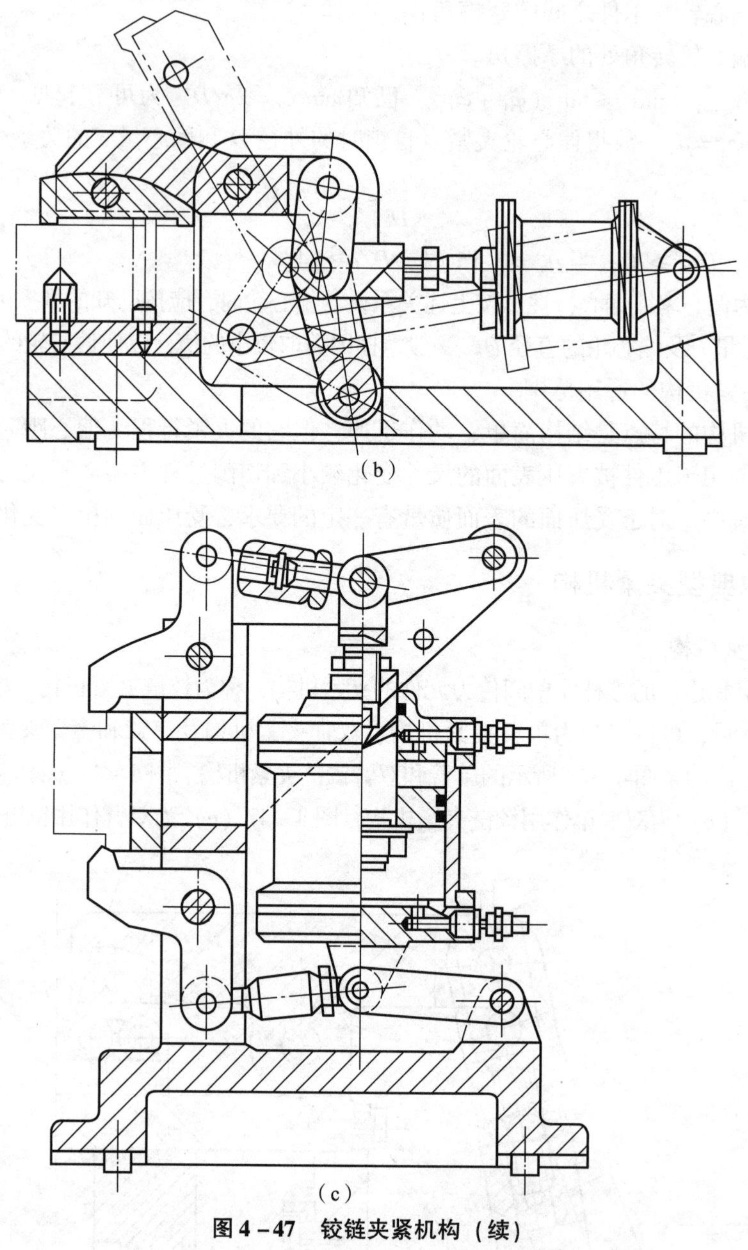

图4－47　铰链夹紧机构（续）

（b）双臂单作用铰链夹紧机构；（c）双臂作用铰链夹紧机构

2. 定心夹紧机构

定心夹紧机构能够在实现定心作用的同时，又起着将工件夹紧的作用。定心夹紧机构中与工件定位基面相接触的元件，既是定位元件，又是夹紧元件。

定心夹紧机构从工作原理可分为依靠定心夹紧机构等速移动实现定心夹紧和依靠定心夹紧机构产生均匀弹性变形实现定心夹紧两种类型。图4－48所示为螺旋定心夹紧机构，螺杆3的两端分别有螺距相等的左、右螺纹带动两个V形块1和2同步向中心移动，从而实现工件的定心夹紧。叉形件7可用来调整对称中心的位置。

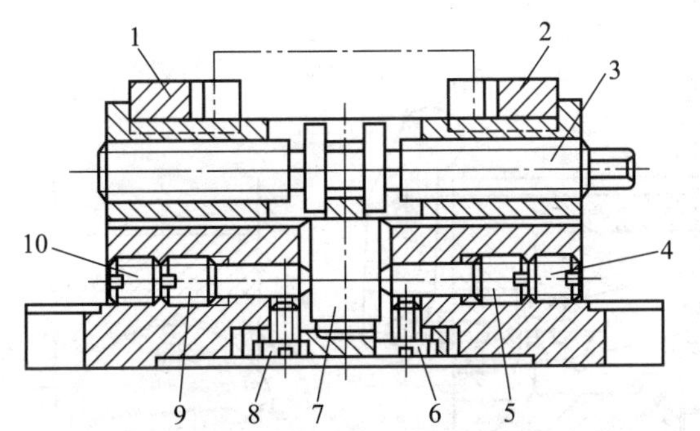

1，2—V 形块；3—螺杆；4，5，6，8，9，10—螺钉；7—叉形件。

图 4-48　螺旋定心夹紧机构

图 4-49（a）所示为工件以外圆柱面定位的弹簧夹头，旋转螺母 4，其内螺孔端面推动弹性筒夹 2 向左移动，锥套 3 内锥面迫使弹性筒夹 2 上的簧板向里收缩，将工件夹紧。图 4-49（b）所示为工件以内孔定位的锥度心轴，旋转带肩螺母 8 时，其端面向左推动锥套 7 迫使弹性筒夹 6 上的簧瓣向外张开，将工件定心夹紧。

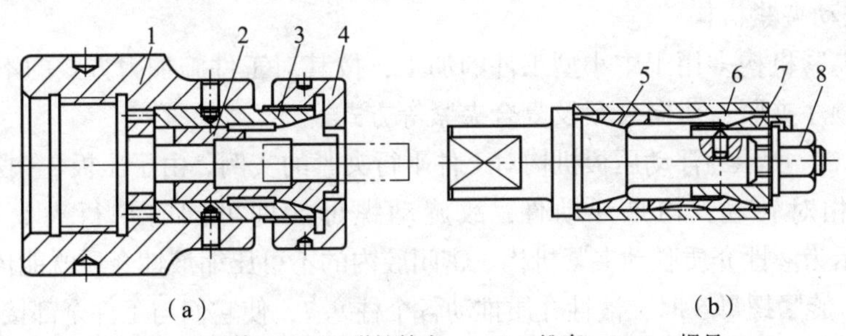

1，5—夹具体；2，6—弹性筒夹；3，7—锥套；4，8—螺母。

图 4-49　弹性定心夹紧机构

(a) 以外圆柱面定位的弹簧夹头；(b) 以内孔定位的锥度心轴

3. 联动夹紧机构

根据工件结构特点和生产率的要求，有些夹具要求对一个工件进行多点夹紧，或者需要同时夹紧多个工件。如果分别依次对各点或各工件夹紧，不仅费时，也不易保证各夹紧力的一致性。为提高生产率及保证加工质量，可采用各种联动夹紧机构实现联动夹紧。

联动夹紧机构是指操纵一个手柄或利用一个动力装置，就能对一个工件的同一方向或不同方向的多点进行均匀夹紧，或同时夹紧若干个工件。前者称为多点联动夹紧，后者称为多件联动夹紧。

1）多点联动夹紧机构

最简单的多点联动夹紧机构是浮动压头，如图 4-50 所示。其特点是具有一个浮动元件 2，当其中的某一点夹压后，浮动元件就会摆动或移动，直到另一点也接触工件均衡压紧工件为止。

图 4-51 所示为两点对向联动夹紧机构，当液压缸中的活塞杆向下移动时，通过双臂铰链使浮动压板 2 相对转动，最后将工件 1 夹紧。

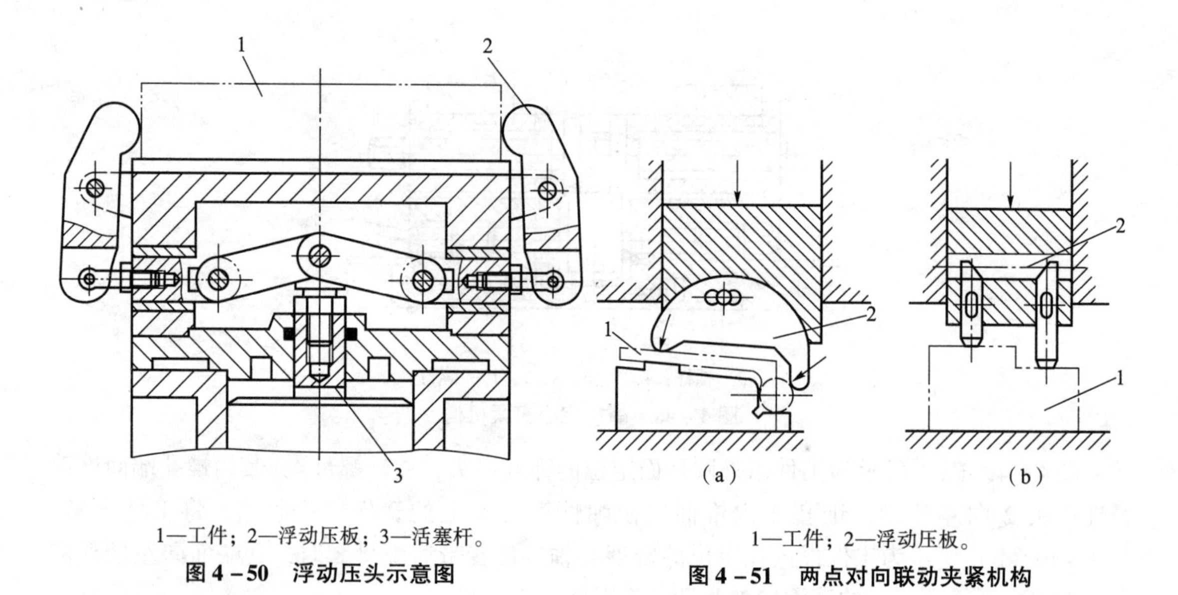

1—工件；2—浮动压板；3—活塞杆。

图4-50　浮动压头示意图

1—工件；2—浮动压板。

图4-51　两点对向联动夹紧机构

2）多件联动夹紧机构

多件联动夹紧机构多用于中小型工件的加工，按其对工件施加力方式的不同，一般可分为平行夹紧、顺序夹紧、对向夹紧及复合夹紧等方式。

图4-52（a）所示为浮动压板机构对工件平行夹紧的实例。由于压板2、摆动压块3和球面垫圈4可以相对转动，均是浮动件，故旋动螺母5即可同时平行夹紧每个工件。图4-52（b）所示为液性介质联动夹紧机构。密闭腔内的不可压缩液性介质既能传递力，还能起浮动环节作用。旋紧螺母5时，液性介质推动各个柱塞7，使它们与工件全部接触并夹紧。

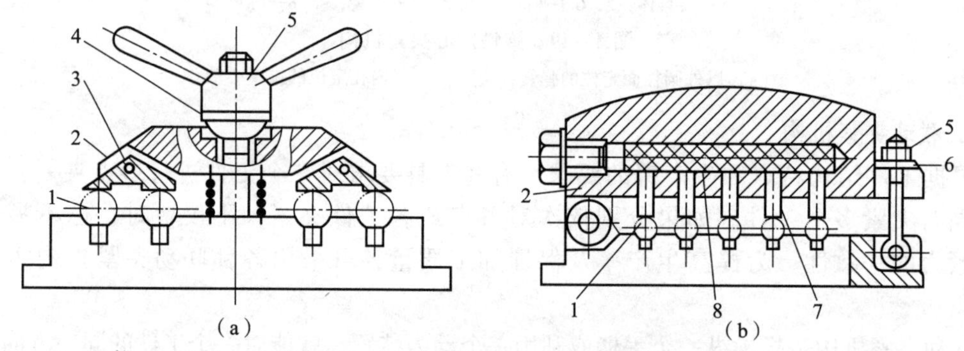

1—工件；2—压板；3—摆动压块；4—球面垫圈；5—螺母；6—垫圈；7—柱塞；8—液性物质。

图4-52　平行式多件联动夹紧机构

（a）浮动压板机构对工件夹紧；（b）液性介质联动夹紧机构

第四节　夹具设计

一、夹具设计的基本要求

夹具设计时，应满足以下主要要求。

（1）所设计的专用夹具，应当既能保证工序的加工精度又能保证工序的生产节拍。特别对于大批量生产中使用的夹具，应设法缩短加工的基本时间和辅助时间。

（2）夹具的操作要方便、省力和安全。若有条件，尽可能采用气动、液压及其他机械化、自动化的夹紧机构，以减轻劳动强度。同时，为保证操作安全，必要时可设计和配备安全防护装置。

（3）保证夹具有一定的寿命和较低的制造成本。夹具的复杂程度应与工件的生产批量相适应，在大批量生产中应采用气动、液压等高效夹紧机构；而小批量生产中，则宜采用较简单的夹具结构。

（4）要适当提高夹具元件的通用化和标准化程度。选用标准化元件，特别应选用商品化的标准元件，以缩短夹具的制造周期，降低夹具成本。

（5）应具有良好的结构工艺性，以便于夹具的制造和维修。

以上要求有时是相互矛盾的，故应在全面考虑的基础上，处理好主要矛盾，使之达到较好的效果。

二、夹具的设计步骤

1. 设计准备

根据设计任务书，明确本工序的加工技术要求和任务，熟悉加工工艺规程、零件图、毛坯图和有关的装配图，了解零件的作用、形状、结构特点和材料，以及定位基准、加工余量、切削用量和生产纲领等。收集所用机床、刀具、量具、辅助工具和生产车间等资料和情况。

收集夹具的国家标准、部颁标准、企业标准等有关资料及典型夹具资料。

2. 夹具结构方案设计

这是夹具设计的重要阶段。首先确定夹具的类型、工件的定位方案，选择合适的定位元件；再确定工件的夹紧方式，选择合适的夹紧机构、对刀元件、导向元件等其他元件；最后确定夹具总体布局、夹具体的结构形式和夹具与机床的连接方式，绘制出总体草图。对夹具的总体结构，最好设计几个方案，以便进行分析、比较和优选。

3. 绘制夹具总图

总图的绘制，是在夹具结构方案草图经过讨论审定之后进行的。总图比例一般取 1∶1，但若工件过大或过小，可按制图比例缩小或放大。夹具总图应有良好的直观性，因此，总图上的主视图，应尽量选取正对操作者的工作位置。在完整地表示出夹具工作原理的基础上，总图上的视图数量要尽量少。

总图的绘制顺序如下。先用黑色细双点画线画出工件的外形轮廓、定位基准面、夹紧表面和被加工表面，被加工表面的加工余量可用网纹线表示（必须指出：总图上的工件，是一个假想的透明体，因此，它不影响夹具各元件的绘制）；然后，围绕工件的几个视图依次绘出定位元件、对刀（或导向）元件、夹紧机构、动力源装置等的夹具体结构；最后绘制夹具体，标注有关尺寸、形位公差、其他技术要求和零件编号，编写主标题栏和零件明细表。

三、机床夹具总图的主要尺寸和技术条件

1. 机床夹具总图上应标注的主要尺寸

1）外形轮廓尺寸

外形轮廓尺寸是指夹具的最大轮廓尺寸，以表示夹具在机床上所占据的空间尺寸和可能

活动的范围。

2）工件与定位元件之间的联系尺寸

如工件定位基面与定位件工作面的配合尺寸、夹具定位面的平直度、定位元件的等高性、圆柱定位销工作部分的配合尺寸公差等，以便控制工件的定位精度。

3）对刀或导向元件与定位元件之间的联系尺寸

这类尺寸主要是指对刀块的对刀面至定位元件之间的尺寸、塞尺的尺寸、钻套导向孔尺寸和钻套孔距尺寸等。

4）与夹具安装有关的尺寸

这类尺寸用以确定夹具体的安装基面相对于定位元件的正确位置。如铣床夹具定向键与机床工作台上T形槽的配合尺寸，车、磨夹具与机床主轴端的连接尺寸，以及安装表面至定位表面之间的距离尺寸和公差。

5）其他配合尺寸

其他配合尺寸主要是指夹具内部各组成元件之间的配合性质和位置关系，如定位元件和夹具体之间、钻套外径与衬套之间、分度转盘与轴承之间等的尺寸和公差配合。

2. 夹具总图上应标注的位置精度

夹具总图上通常应标注以下3种位置精度：

（1）定位元件之间的位置精度；

（2）连接元件（含夹具体基面）与定位元件之间的位置精度；

（3）对刀或导向元件的位置精度。通常这类精度是以定位元件为基准，为了使夹具的工艺基准统一，也可取夹具体的基面为基准。夹具上与工序尺寸有关的位置公差，一般可按工件相应尺寸公差的1/2～1/5估算。其角度尺寸的公差及工作表面的相互位置公差，可按工件相应值的1/2～1/3确定。

3. 夹具的其他技术条件

夹具在制造上和使用上的其他要求，如夹具的平衡和密封、装配性能和要求、磨损范围和极限、打印标记和编号及使用中应注意的事项等，要用文字标注在夹具总图上。

四、夹具设计实例

1. 夹具设计任务

图4-53（a）所示为钻摇臂小头孔的工序简图。已知：工件材料为45钢，毛坯为模锻件，所用机床为Z5125型立式钻床，成批生产规模。试为该工序设计一钻床夹具。

2. 确定夹具的结构方案

1）确定定位元件

根据工序简图规定的定位基准，选用定位销和活动V形块实现定位，如图4-53（b）所示。

上述定位方案是否可行，需核算其定位误差。

定位孔与定位销的配合尺寸取为$\phi 36\frac{H7}{g6}$（定位孔$\phi 36^{+0.026}_{0}$ mm，定位销$\phi 36^{-0.0095}_{-0.0265}$ mm）。对于工序尺寸（120±0.08）mm而言，其定位基准与工序基准重合$\Delta_B=0$；其定位基准位移误差$\Delta_Y=(0.0260+0.0170+0.0095)$ mm$=0.0525$ mm；定位误差$\Delta_D=0.0525$ mm，它小

于该工序尺寸制造公差 0. 16 的 1/3，证明上述定位方案可行。

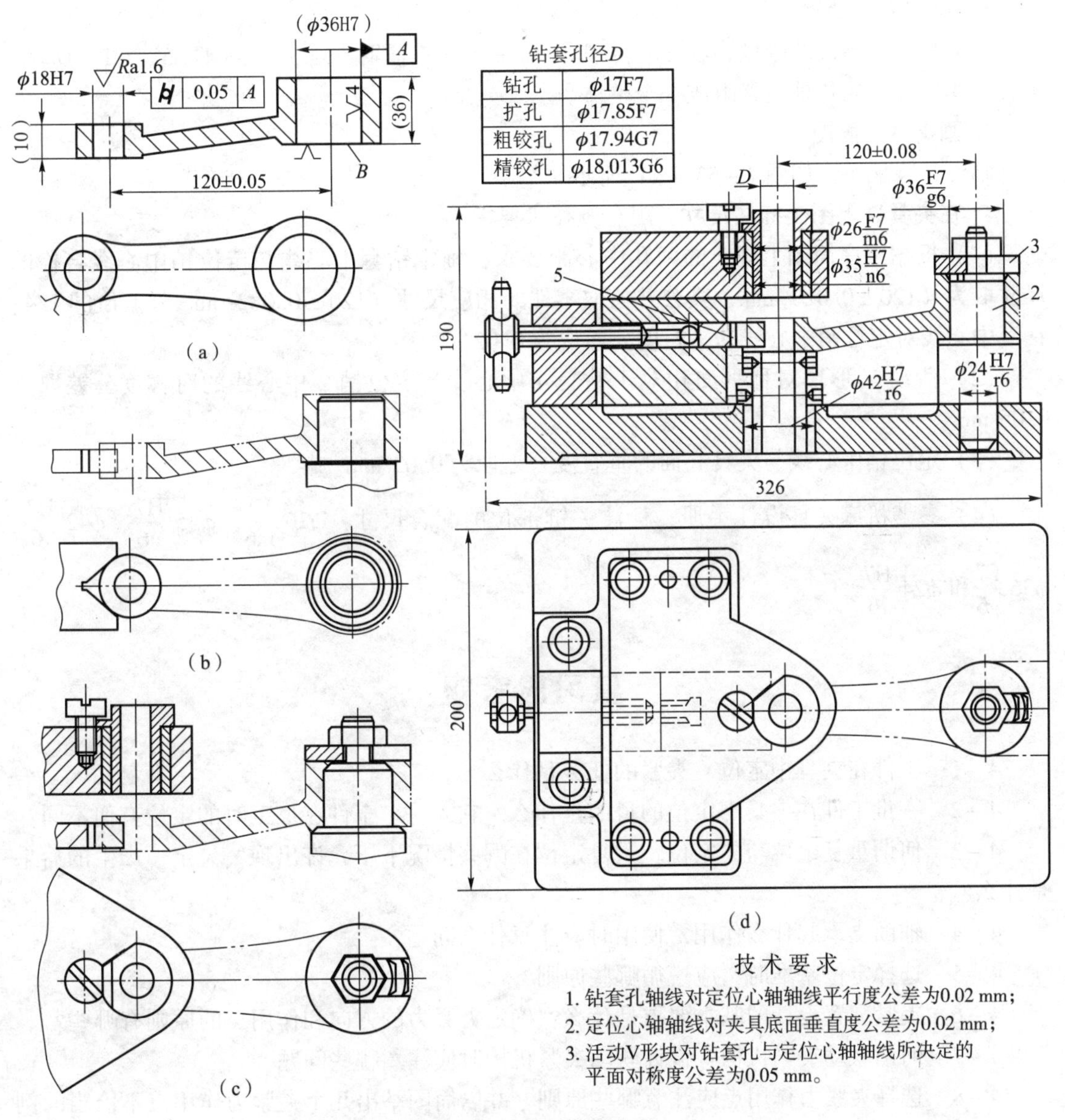

图 4－53　夹具设计实例

(a) 工序简图；(b) 确定定位元件；(c) 确定导向装置；(d) 画夹具装配图

2） 确定导向装置

本工序需依次对被加工孔进行钻、扩、粗铰、精铰等 4 个工序的加工，才能最终达到工序简图上规定的加工要求［φ18H7、(120 ±0. 08) mm］，故此夹具选用快换钻套 4 作导向元件，如图 4－53 (c) 所示。

钻套高度 $H = 1.5D = 1.5 \times 18\ \text{mm} = 27\ \text{mm}$，排屑空间高度 $h = d = 18\ \text{mm}$。

3） 确定夹紧机构

针对成批生产的工艺特征，此夹具选用螺旋夹紧机构夹压工件，如图 4－53 (d) 所示。装夹工件时，先将工件定位孔装入定位销 2 上，接着向右移动 V 形块 5 使之与工件小头外圆靠紧，实现定位；然后将工件与螺母之间插上开口垫圈3，拧紧螺母夹紧工件。

4）确定其他装置

为提高工艺系统的刚度，在工件小头孔端面设置一辅助支承，如图4－53（d）所示。画夹具体，将上述各种装置组成一个整体。

3. 画夹具装配图

画夹具装配图，如图4－53（d）所示。

4. 在夹具装配图上标注尺寸、配合及技术要求

（1）根据工序简图上规定的两孔中心距要求，确定钻套中心线与定位销中心线自检的尺寸取为（120 ±0.02）mm，其公差值取零件的相应尺寸（120 ±0.08）mm公差值的1/4；钻套中心线对定位销中心线的平行度公差取为0.02 mm。

（2）活动V形块对称平面相对于钻套4中心线与定位销2中心线的对称度公差取为0.05 mm。

（3）定位销中心线与夹具底面的垂直度公差取为0.02 mm。

（4）参考机床夹具设计手册，标注关键部位的配合尺寸：$\phi 26\,\frac{F7}{m6}$、$\phi 35\,\frac{H7}{n6}$、$\phi 42\,\frac{H7}{r6}$、$\phi 36\,\frac{F7}{g6}$和$\phi 24\,\frac{H7}{r6}$。

复习思考题

4－1　工件在夹具中定位、夹紧的任务是什么？

4－2　一批工件在夹具中定位的目的是什么？它与一个工件在加工时的定位有何不同？

4－3　何谓重复定位与欠定位？重复定位在哪些情况下不允许出现？欠定位产生的后果是什么？

4－4　辅助支承起什么作用？使用时应注意什么问题？

4－5　选择定位基准时，应遵循哪些原则？

4－6　夹紧装置设计的基本要求是什么？确定夹紧力的方向和作用点的原则有哪些？

4－7　何谓联动夹紧机构？设计联动夹紧机构时应注意哪些问题？

4－8　选择夹紧力作用点应注意哪些原则？并以简图举出几个夹紧力作用点不恰当的例子，说明其可能产生的后果。

4－9　图4－54（a）所示的夹具用于在三通管中心O处加工一孔，应保证孔轴线与管轴线OX、OZ垂直相交；图4－54（b）所示为车床夹具，应保证该外圆与内孔同轴；图4－54（c）所示为车台阶轴；图4－54（d）所示为在圆盘零件上钻孔，应保证孔与外圆同轴；图4－54（e）所示为钻铰连杆小头孔，应保证大小头孔的中心距精度和两孔的平行度。试分析图中各图的定位方案，指出各方案所限制的自由度，判断有无欠定位或过定位，对方案中不合理处提出修改意见。

4－10　在图4－55（a）所示零件上铣键槽，要求保证尺寸$54_{-0.14}^{\ 0}$及对称度。现有3种定位方案，分别如图4－55（b）、（c）、（d）所示。已知内、外轴的同轴度误差为0.02 mm，其余参数如图4－55（a）所示。试计算这3种方案的定位误差，并从中找出最优方案。

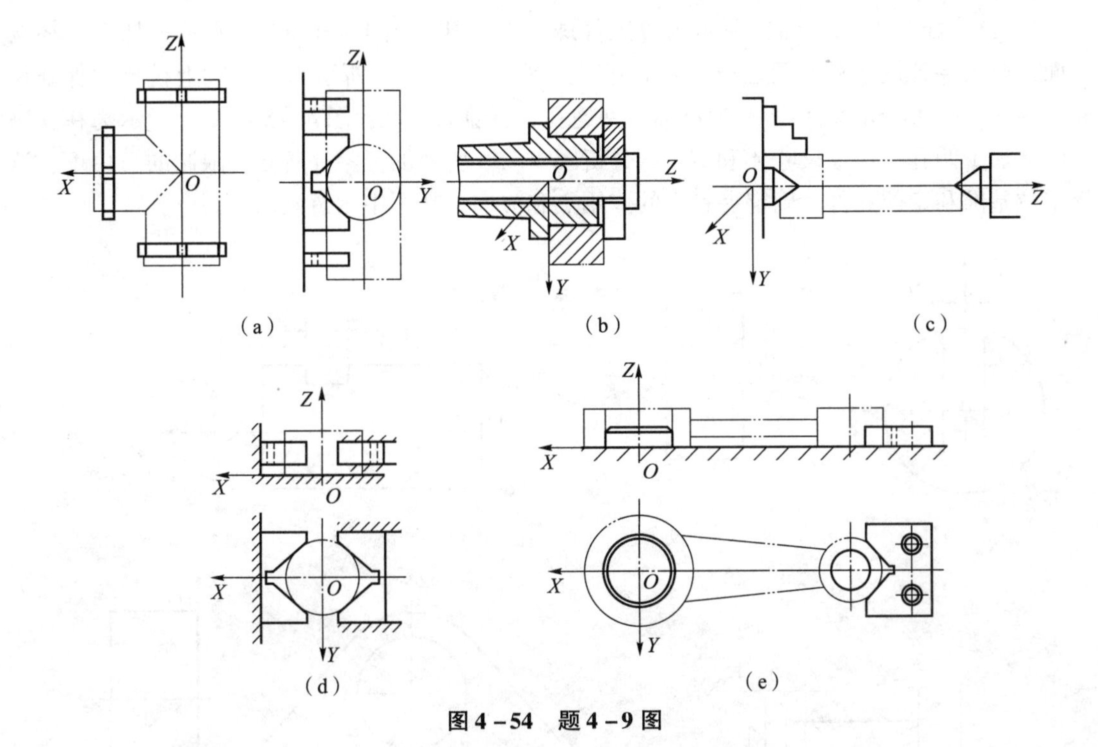

图 4-54　题 4-9 图

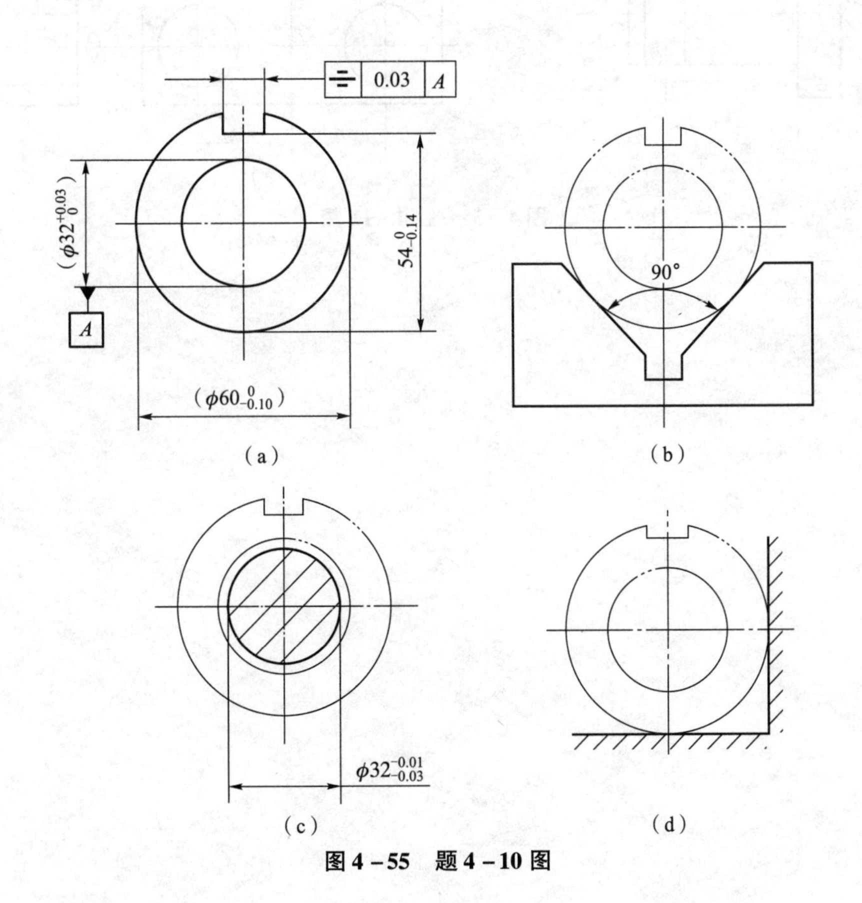

图 4-55　题 4-10 图

4-11 如图4-56（a）所示为过工件球心钻一孔；图4-56（b）所示为加工齿坯两端面，要求保证尺寸A及两端与孔的垂直度；图4-56（c）所示为在小轴上铣槽，保证尺寸H和L；图4-56（d）所示为过轴心钻通孔，保证尺寸L；图4-56（e）所示为在支座零件上加工两孔，保证尺寸A和H。试分析图4-56所列加工零件所必须限制的自由度；选择定位基准和定位元件；确定夹紧力的作用点和方向，在图中示意画出。

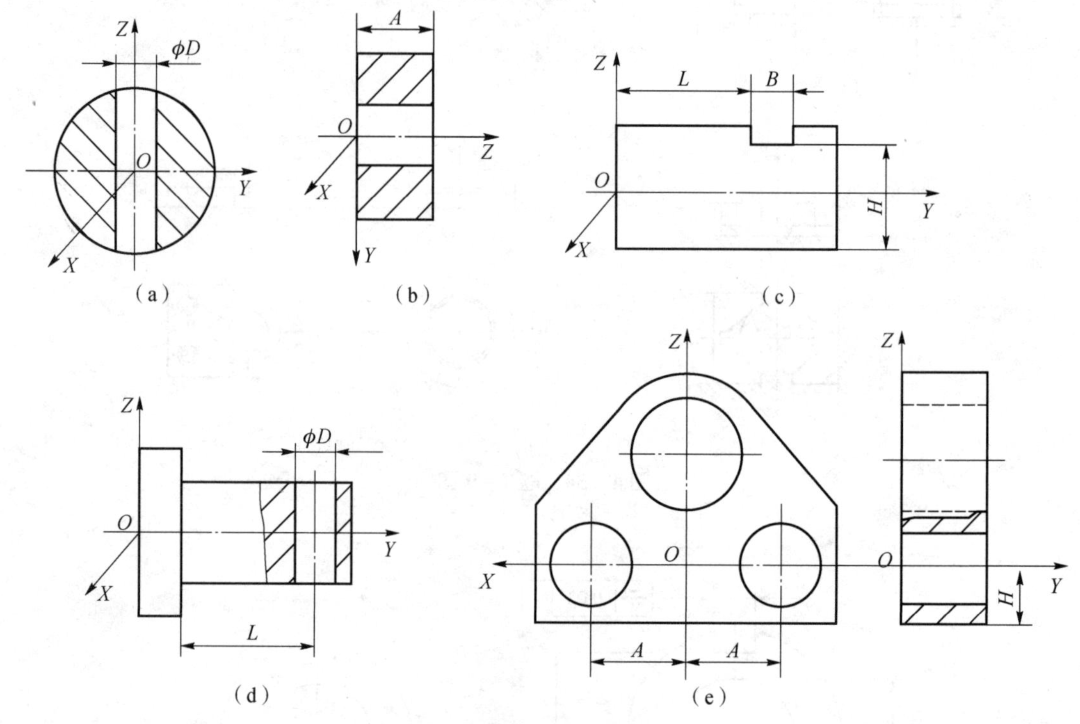

图4-56 题4-11图

第五章　机械加工质量控制

本章知识要点：

(1) 加工精度及加工精度获得的方法，原始误差的概念及包含内容；

(2) 加工精度的影响因素及其分析——静误差、动误差及提高加工精度的方法；

(3) 加工误差的统计分析方法——分布图分析法和点图分析法；

(4) 机械加工表面质量及改进办法；

(5) 机械加工过程中的振动及控制。

前期知识：

复习“机械工程材料”“机械原理”“机械设计”“金工实习”等课程及实践环节知识。

导学： 图5-1所示为车削外圆时可能出现的情况，原本应该是外圆却变成了腰鼓形、马鞍形及锥形，出现了较大的误差。那么这些误差是如何形成的？受哪些因素影响？如何采取措施来减小或消除这些误差？理论上能不能分析误差产生的规律？加工时表面质量会不会受影响？如何提高表面质量？

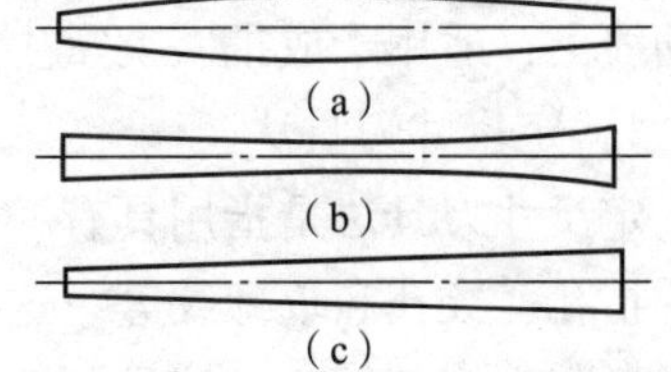

图5-1　车削外圆时可能出现的情况

(a) 腰鼓形；(b) 马鞍形；(c) 锥形

机械产品的质量与其组成零件的加工质量及装配质量有着密切的关系，而零件的加工质量直接影响产品的工作性能、使用寿命、生产效率和可靠性等质量指标，它主要包括加工精度和表面质量两个方面。

零件的机械加工精度是指其加工后宏观的尺寸精度、形状精度和相互位置精度，表面质量以零件的加工表面和表面层作为分析对象，主要指其加工后表面的微观几何精度及物理力学性能。加工精度和表面质量的形成机理与分析方法大不相同。

第一节　机械加工精度概述

一、机械加工精度与加工误差

机械加工精度是指零件经机械加工后，其实际几何参数（尺寸、形状、表面相互位置）与理想几何参数的符合程度。符合程度越高，加工精度就越高。反之，实际几何参数与理想几何参数的偏离程度，就称为加工误差。加工误差越小，加工精度就越高。保证和提高加工精度，实际上就是控制和减小加工误差。

生产实践证明，实际加工不可能把零件做得与理想零件完全相符，总会产生一定的偏差。从机器的使用要求来说，也没有必要把每个零件都加工得绝对准确，只要其误差值不影响机器的使用性能，就允许其在一定的范围内变动，也就是允许有一定的加工误差存在。这个允许变动的范围就是公差，只要加工误差小于图纸上规定的公差，这个零件就是合格的。

零件的加工精度包括3个方面的内容：尺寸精度、形状精度和位置精度，三者之间在数值上有一定的对应关系。形状误差应限制在位置公差内，而位置误差又应限制在尺寸公差内。一般尺寸精度高，其相应的形状精度、位置精度也高。通常零件的位置公差和形状公差是相应尺寸公差的1/3～1/2。但也有一些特殊功用的零件，其形状精度很高，但其位置精度、尺寸精度却不一定要求高，如测量用的检验平板，对工作平面的平面度要求很高，但对平面与底面的尺寸要求和平行度要求却不高。

二、加工精度的获得方法

1. 尺寸精度的获得方法

1）试切法

试切法是指通过试切、测量、调整、再试切，如此经过两三次，当被加工尺寸达到要求再切削整个表面的方法。这种方法的效率低、劳动强度大、对操作者的技术水平要求高，主要适用于单件、小批生产。

2）调整法

调整法是指利用机床上的定程装置、对刀装置等，先调整好刀具和工件在机床上的相对位置，并保持这个位置不变加工一批零件的方法。调整法广泛用于各类半自动、自动机床和自动线上，适用于成批、大量生产。

3）定尺寸刀具法

定尺寸刀具法是指用具有一定尺寸精度的刀具来保证被加工工件尺寸精度的方法，如钻孔、扩孔、铰孔和攻螺纹等。这种方法的加工精度，主要取决于刀具的制造、磨损和切削用量等，其生产率较高，刀具制造较复杂，常用于孔、槽和成形表面的加工。

4）自动控制法

自动控制法是指用测量装置、进给机构和控制系统等构成加工过程的自动控制系统，当工件达到要求的尺寸时，自动停止加工的方法。这种方法又有自动测量和数字控制两种，前者机床上具有自动测量工件尺寸的装置，完成自动测量、调整和误差补偿等工作，后者是根据预先编制的数控程序实现切削加工。

2. 形状精度的获得方法

1）轨迹法

轨迹法是指利用切削运动中刀具与工件的相对运动轨迹来获得工件形状的方法。该方法的加工精度主要取决于这种成形运动的精度。例如，车削时工件旋转，刀具沿工件轴线做直线运动，刀尖在工件表面上的轨迹形成外圆或内孔。

2）成形法

成形法是指采用成形刀具切削刃的形状切出工件表面的方法，如用花键拉刀拉花键槽、用曲面成形车刀加工回转曲面等。成形法的加工精度主要取决于刀刃的形状精度和刀具的装夹精度。

3）展成法

展成法是指利用刀具与工件做展成切削运动，切削刃在工件表面上的包络线形成工件形状的方法，如滚齿或插齿。这种方法的加工精度与刀具制造精度及展成运动的传动精度有关。

3. 位置精度的获得方法

零件相互位置精度的获得与工件的装夹方式和加工方法有关。如果工件一次装夹加工多个表面，其精度主要由机床精度保证，即数控加工中主要靠机床的精度来保证工件各表面之间的位置精度；如果需要多次装夹加工，工件的位置精度与机床精度、工件找正精度、夹具精度以及量具精度有关。多次装夹根据工件的安装方式，有直接找正法、划线找正法和夹具定位法 3 种。

三、原始误差

机械加工中，在机床、夹具、刀具和工件组成的工艺系统中，凡是能直接引起加工误差的因素都称为原始误差。这是工件产生加工误差的根源，由于工艺系统中各种原始误差的存在，会使工件和刀具切削运动的相互位置关系遭到破坏。研究加工精度的目的，就是研究工艺系统原始误差的物理、力学本质，掌握其基本规律及其对加工误差的影响规律，从而采取适当措施来保证和提高加工精度。

这些原始误差可以分为 3 类：第一类是加工原理误差，如采用近似成形方法等进行加工而存在的误差；第二类是与工艺系统初始状态有关的原始误差，可称为几何误差或静态误差，如机床、夹具、刀具的制造误差等；第三类是与工艺过程有关的原始误差，可称为动态误差，也称为加工过程误差，如在加工过程中产生切削力、切削热和摩擦而引起的受力变形、受热变形和磨损等。可能出现的影响加工精度的原始误差如图 5－2 所示。

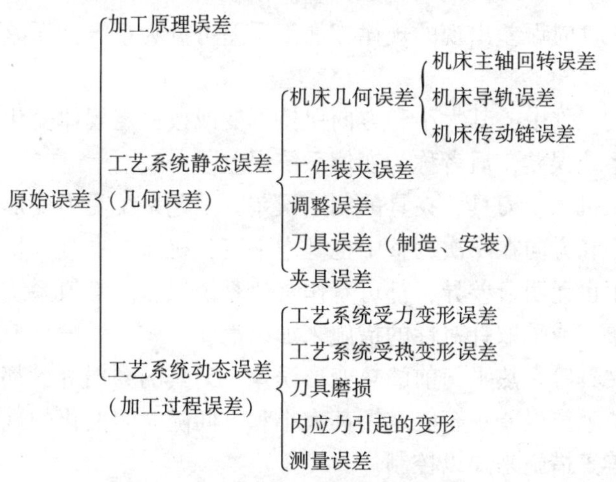

图 5－2　影响加工精度的原始误差

对于具体加工过程，原始误差因素需要具体分析，上述 3 类原始误差不一定全部都会出现，如车削外圆时就不需考虑原理误差。

四、误差敏感方向

通常，各种原始误差的大小和方向各不相同，对加工精度的影响程度也不一样。把对加工误差影响最大的原始误差方向称为误差敏感方向，它是通过切削刃加工表面的法线方向。在图5－3外圆车削过程中，工件的回转轴心是O，刀尖正确位置在A，假定某瞬时由于各种因素的影响，使刀尖位移到A'。$\overline{AA'}$就是原始误差δ，它与OA间夹角为ϕ，引起工件加工后的半径由$R_0=\overline{OA}$变为$R=\overline{OA'}$，故半径上（即工序尺寸方向上）的加工误差ΔR为

$$\Delta R=\overline{OA'}-\overline{OA}=\sqrt{R_0^2+\delta^2+2R_0\delta\cos\phi}-R_0$$

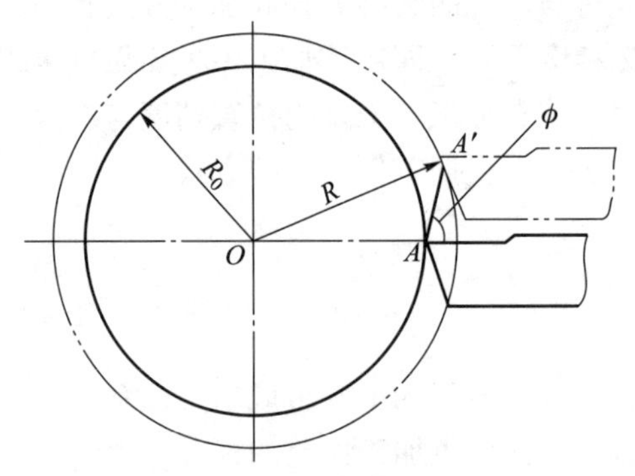

图5－3　误差的敏感方向

可以看出：当原始误差的方向恰为加工表面法线方向时（$\phi=0°$），引起的加工误差$\Delta R_{max}=\delta$为最大，原始误差1∶1地反映为加工误差。当原始误差的方向为加工表面的切线方向时（$\phi=90°$），引起的加工误差为最小，通常可以忽略不计。

对一般方向的原始误差，ϕ在0°～90°变化，可将该原始误差引起的加工误差向误差敏感方向投影，并只考虑该投影对加工误差的影响，从而简化分析。

五、加工误差的性质

根据加工一批工件时误差出现的规律，加工误差可分为系统性误差和随机性误差。

1. 系统性误差

在顺序加工一批工件中，其大小和方向保持不变或按一定规律变化的误差称为系统性误差。前者称为常值系统误差，后者称为变值系统误差。

加工原理误差，机床、刀具、夹具的制造误差，工艺系统受力变形引起的加工误差，均与时间无关，其大小和方向在一次调整中也基本不变，机床、夹具、量具等磨损引起的加工误差，在一次调整中也无明显差异，都可看作常值系统误差。常值系统误差可以通过对工艺装备进行维修、调整，或采取针对性的措施来加以消除。

机床、刀具、夹具等在热平衡前的热变形误差、刀具的磨损等，都是随加工时间而有规律变化的，属于变值系统误差。若能掌握其大小和方向随时间变化的规律，可以通过采取自动连续、周期性补偿等措施来加以控制。

2. 随机性误差

在顺序加工一批工件中，其加工误差的大小和方向的变化是随机性的，称为随机性误差。毛坯误差（余量不均、硬度不均等）的复映、夹紧误差、残余应力引起的误差、多次调整的误差等，都属于随机性误差。

随机性误差是不可避免的，但可以从工艺上采取措施来控制其影响，如提高工艺系统刚度、提高毛坯加工精度（使余量均匀）、毛坯热处理（使硬度均匀）、时效（消除内应

力）等。

提要：在不同场合下，误差的表现性质也可能不同。比如，机床一次调整中加工一批工件时，调整误差是常值系统误差。但大批量加工时，可能需要多次调整机床，每次调整时的误差不可能是常值，也无一定的变化规律，此时对这样的大批工件，调整误差所引起的加工误差又转化为随机误差。

第二节　加工精度的影响因素及其分析

一、原理误差

加工原理误差是由于采用了近似的加工方法、近似的成形运动或近似的切削刃轮廓而产生的误差，也称为理论误差。例如，用齿轮滚刀切削渐开线齿轮时，滚刀应为一渐开线蜗杆，而实际上为了使滚刀制造方便，采用阿基米德基本蜗杆或法向直廓基本蜗杆代替渐开线蜗杆，从而在加工原理上产生了误差。另外，由于滚刀切削刃数有限，切削不连续，滚切出的齿形不是光滑的渐开线，齿形实际上是由刀具上有限条切削刃所切出的折线包络而成。再如，在普通车床上加工英制螺纹时，螺纹导程的换算参数中包含无理数，不可能用调整交换齿轮的齿数来准确实现，只能用近似的传动比值即近似的成形运动来切削，也会带来一定的误差。

采用近似的成形运动或近似的刀刃轮廓虽然会带来加工原理误差，但往往可简化机床或刀具的结构，工艺上容易实现，有利于从总体上提高加工精度、降低生产成本。因此，原理误差的存在有时是合理的、可以接受的，只要其误差不超过规定的精度要求，在生产中仍能广泛地应用。

二、工艺系统的几何误差（静态误差）

工艺系统的几何误差（静态误差）包括机床、夹具、刀具的误差，是由制造误差、安装误差、调整误差以及使用过程中的磨损（不含刀具磨损）等引起的。

1. 机床的几何误差

根据《金属切削机床　精度分级》（GB/T 25372—2010），机床在出厂前都要通过精度检验，要求相关指标不超过规定的数值。工件的加工精度也在很大程度上取决于机床的精度。机床几何误差中对工件加工精度影响较大的是主轴回转误差、导轨误差和传动链误差。

1）主轴回转误差

（1）主轴回转误差的概念。主轴回转误差是指主轴的实际回转轴线对其理想回转轴线（各瞬时回转轴线的平均位置）的偏移量。偏移量越大，回转误差越大，回转精度越低。

机床主轴回转误差表现为端面圆跳动、径向圆跳动、角度摆动 3 种基本形式，如图 5－4所示。

端面圆跳动——实际主轴回转轴线沿平均回转轴线的方向做轴向运动，又称纯轴向窜动，如图 5－4（a）所示。

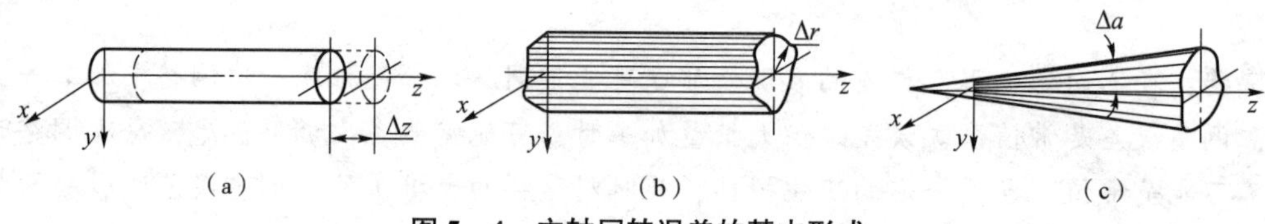

（a）　（b）　（c）

图5－4　主轴回转误差的基本形式

（a）端面圆跳动；（b）径向圆跳动；（c）角度摆动

径向圆跳动——实际回转轴线相对于平均回转轴线在径向方向的偏移量，如图5－4（b）所示。

角度摆动——实际回转轴线相对于平均回转轴线成一个倾斜角度，但其交点位置固定不变的运动，如图5－4（c）所示。

（2）主轴回转误差的影响因素。实践和理论分析表明，影响主轴回转误差的因素主要有主轴支承轴颈的误差、轴承的误差、轴承的间隙、箱体支承孔的误差、轴承定位端面与轴向垂直度误差，以及主轴刚度和热变形等。不同类型的机床，影响因素也不相同。在主轴采用滑动轴承时，主轴是以轴颈在轴套内旋转的，对于工件回转类机床（如车床、内圆磨床），因切削力的方向不变，主轴轴颈被压向轴套表面的一定地方，孔表面接触点几乎不变，此时，主轴支承轴颈的圆度误差影响较大，而轴套孔的误差影响较小，如图5－5（a）所示；对于刀具回转类机床（如钻床、铣床、镗床），切削力方向随旋转方向而改变，轴表面接触点几乎不变，此时，轴套孔的圆度误差影响较大，而主轴支承轴颈的圆度误差影响较小，如图5－5（b）所示。当机床主轴采用滚动轴承时，影响主轴回转误差的主要因素有轴承内外滚道的圆度误差、内环的壁厚差、内环滚道的波纹度以及滚动体的圆度误差、尺寸误差等，如图5－6所示。

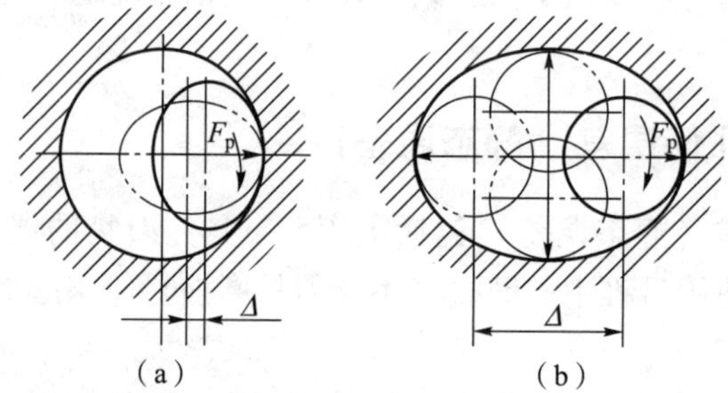

（a）　（b）

图5－5　采用滑动轴承时影响主轴回转误差的因素

（a）主轴支承轴颈的圆度误差；（b）轴套孔的圆度误差

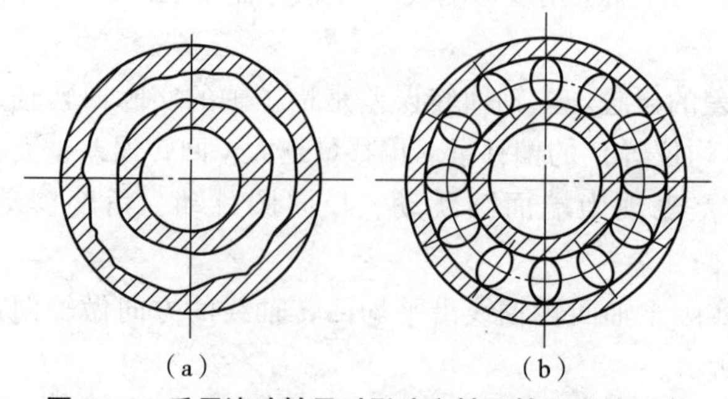
（a）　（b）

图5－6　采用滚动轴承时影响主轴回转误差的因素

（a）内外环滚道的圆度误差；（b）滚动体的圆度、尺寸误差

（3）主轴回转误差对加工精度的影响。不同的加工方法，主轴回转误差引起的加工误差也不同。轴向圆跳动对内、外圆柱面车削或镗孔影响不大，它主要在车端面时使工件端面产生垂直度、平面度误差和轴向尺寸精度误差，车螺纹时，使导程产生误差。表 5－1 列出了不同加工方法时机床主轴回转误差引起的加工误差。

表 5－1　不同加工方法时机床主轴回转误差引起的加工误差

<table>
<tr><td rowspan="2">主轴回转误差的基本形式</td><td colspan="3">车　削</td><td colspan="2">镗　削</td></tr>
<tr><td>内、外圆</td><td>端面</td><td>螺纹</td><td>孔</td><td>端面</td></tr>
<tr><td>径向圆跳动</td><td>近似真圆（理论上为心脏线形）</td><td>无影响</td><td>形状误差</td><td>椭圆孔（每周跳动一次时）</td><td>无影响</td></tr>
<tr><td>端面圆跳动</td><td>无影响</td><td>平面度、垂直度</td><td rowspan="2">螺距误差</td><td>无影响</td><td>平面度、垂直度</td></tr>
<tr><td>角度摆动</td><td>近似圆柱（理论上为锥形）</td><td>影响极小</td><td>椭圆柱孔（每周摆动一次时）</td><td>平面度
（马鞍形）</td></tr>
</table>

主轴回转误差实际上是上述 3 种形式误差的合成，主轴实际回转轴线在空间的运动轨迹不断变化，既影响所加工工件圆柱面的形状精度，又影响端面的形状精度，且上述 3 种运动所引起的误差是一个瞬时值。

（4）提高主轴回转精度的措施如下：

①提高主轴轴承精度。轴承是影响主轴回转精度的关键部件，对精密机床宜采用精密滚动轴承、多油楔动压和静压滑动轴承。

②减少主轴回转误差对加工精度的影响。例如，外圆磨削时，采用固定顶尖加拨杆的方式，可避免主轴回转误差的影响；再如，采用高精度镗模镗孔时，让镗杆与机床主轴浮动连接等。

③提高主轴轴颈、箱体支承孔及与轴承相配合零件有关表面的加工精度。

④对滚动轴承进行预紧，以消除间隙，提高承载能力。

提要：对各种静态误差及下面的动态误差、后续章节的机械加工质量方面的内容，本教材都是采用在分析它们对加工过程影响的基础上，探讨这些误差、衡量指标受哪些因素影响，然后给出减少这类误差、改进相关指标的常用措施。掌握这种学习思路，对综合理解这些知识会有很大帮助。

2）导轨误差

导轨是机床中确定各主要部件位置关系的基准，也是运动的基准，它的各项误差直接影响工件的加工精度。

（1）机床导轨误差对工件加工精度的影响。

①导轨在水平面内的直线度误差。导轨如果有水平面内的直线度误差，则在纵向加工时，刀尖运动轨迹相对于主轴轴线不能保持平行，使工件在纵向截面和横向截面内分别产生形状误差和尺寸误差。当导轨向后凸出时，工件上产生鞍形误差；当导轨向前凸出时，工件上产生鼓形误差。如图 5－7 所示，磨床导轨在水平方向存在误差 Δ，磨削外圆时工件沿砂轮法线方向产生位移，引起工件在半径方向上的误差为 $\Delta R=\Delta$。当磨削长外圆柱表面时，这一误差将明显反映到工件上，造成工件的圆柱度误差。

②导轨在垂直面内的直线度误差。如图5-8所示，由于磨床导轨在垂直面内存在误差Δ，磨削外圆时，工件沿砂轮切线方向（误差非敏感方向）产生位移，此时工件半径方向上产生误差$\Delta R \approx \Delta^2/2R$，其值甚小。但对平面磨床、龙门刨床、铣床等，导轨在垂直方向上的误差将引起法向方向（误差敏感方向）的位移，将直接反映到被加工工件的表面，造成工件的形状误差，如图5-9所示。

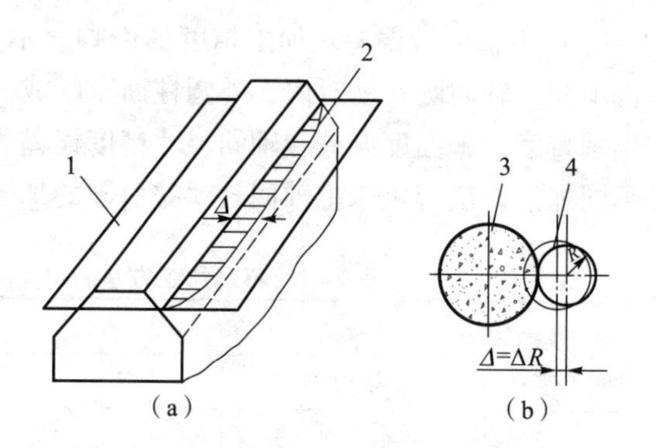

1—水平面；2—导轨水平面内直线度；3—砂轮；4—工件。

图5-7　磨床导轨在水平面内的直线度误差

（a）导轨在水平面内的直线度误差；（b）引起的加工误差

③前后导轨的平行度误差（扭曲）。若车床前后导轨有平行度误差，会使大溜板产生横向倾斜扭曲，刀具产生位移，因而引起工件形状误差。从图5-10可知，工件产生的半径误差值为$\Delta R = \Delta x = \dfrac{H}{B}\Delta$。一般车床$H/B \approx 2/3$，外圆磨床$H/B \approx 1$，因此导轨扭曲对加工精度的影响不容忽视。

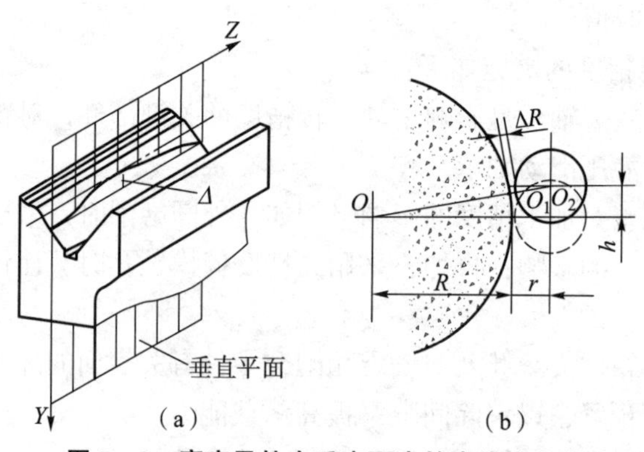

图5-8　磨床导轨在垂直面内的直线度误差

（a）导轨在垂直面内的直线度误差；（b）引起的加工误差

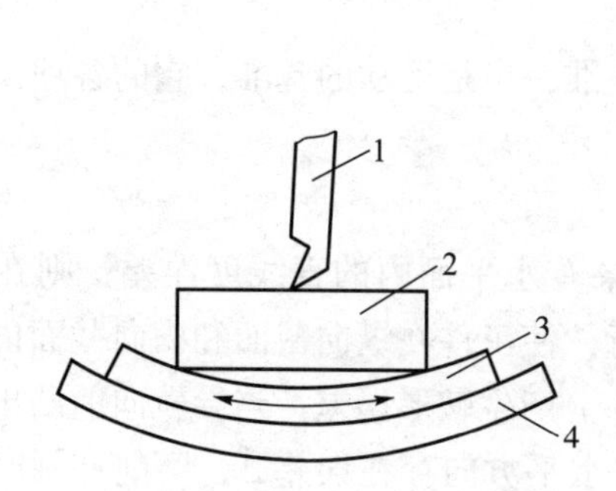

1—刀具；2—工件；3—工作台；4—床身导轨。

图5-9　龙门刨床导轨在垂直方向上的直线度误差

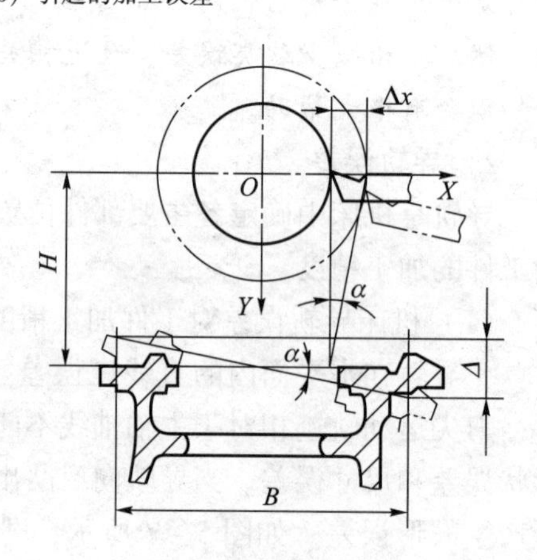

图5-10　导轨的扭曲

④导轨对主轴回转轴线的位置误差。若导轨与机床主轴回转轴线存在误差，则会引起工件的几何形状误差，如车床导轨与主轴回转轴线在水平面内不平行，会使工件的外圆柱表面产生锥度；在垂直面内不平行，会使工件的外圆柱表面产生马鞍形误差。

（2）影响机床导轨误差的因素及提高导轨运动精度的措施。影响因素主要有以下几方面：一是导轨原有精度，主要受机床制造误差，包括导轨、溜板的制造误差及机床的装配误差等的影响；二是机床安装不正确或地基不牢固引起的导轨误差，往往远大于制造误差，尤其是刚性较差的长床身，在自重的作用下很容易产生变形；三是导轨磨损，由于使用程度不同及受力不均，导轨在全长上的磨损量不等，会引起导轨在水平面和垂直面内产生位移及倾斜。

因此，提高导轨运动精度主要从以下几方面入手：一是提高机床导轨、溜板的制造精度及配合接触精度；二是采用耐磨合金铸铁、镶钢导轨、贴塑导轨、导轨表面淬火等措施提高导轨的耐磨性及选用适当的导轨类型（如滚动导轨、液体或气体静压导轨等）来减少或防止导轨面在使用过程中的磨损；三是正确安装机床和定期检修等，以提高导轨导向精度。

3）传动链误差

传动链误差是指内联系传动链中首末两端传动元件之间相对运动的误差。例如，车螺纹、滚齿、插齿等加工时，刀具和工件之间有严格的传动比要求，这是由刀具与工件间的传动链来保证的。传动链中的各传动元件，如齿轮、蜗轮、蜗杆等有制造误差（主要是影响运动精度的误差）、装配误差（主要是装配偏心）和磨损时，就会破坏正确的运动关系，使工件产生误差，这些误差的累积，就是传动链的传动误差。

通过分析，减少传动链传动误差的措施主要有以下几点。

（1）减少传动环节，尽量缩短传动链，以减少误差来源。

（2）提高传动元件的制造精度和装配精度，特别是末端传动元件（如车床丝杆螺母副、滚齿机分度蜗杆副）的精度。因为它的原始误差对加工精度的影响要比传动链中其他零件的影响大。

（3）尽可能采用降速传动。传动件在同样原始误差的情况下，采用降速传动时，其对加工误差的影响较小。特别是末端传动副的降速比尽量大一些，如齿轮加工机床，分度蜗轮的齿数一般比被加工齿轮的齿数多，目的就是得到很大的降速传动比，一些精密滚齿机的分度蜗轮的齿数在 1 000 齿以上。

（4）采用误差校正机构对误差进行补偿。

2. 夹具误差与工件安装误差

夹具误差主要是指夹具的定位元件、导向元件及夹具体等的加工与装配误差，它将直接影响工件加工精度，对被加工工件的位置误差影响最大。在设计夹具时，凡影响工件精度的尺寸应严格控制其制造误差，一般夹具可取工件上相应尺寸公差或位置公差的 1/2 ~ 1/10，粗加工（工件公差较大）时夹具可取工件公差的 1/5 ~ 1/10，精加工（工件公差较小）时可取工件公差的 1/2 ~ 1/3。夹具的磨损是逐渐而缓慢的过程，它对加工误差的影响不是很明显，对它们进行定期的检测和维修即可。工件安装误差包括定位误差与夹紧误差。

3. 刀具制造和安装误差

刀具制造误差对加工精度的影响因刀具的种类不同而不同，依具体加工条件可能会影响工件的尺寸、形状或位置精度。机械加工中常用的刀具有：一般刀具、定尺寸刀具、成形刀具和展成刀具。一般刀具（普通车刀、单刃镗刀和平面铣刀等）的制造误差，对加工精度没有直接影响。定尺寸刀具（如钻头、铰刀、拉刀等）的尺寸误差直接影响加工工件的尺寸精度。成形刀具和展成刀具（如成形车刀、成形铣刀及齿轮刀具等）的制造误差，直接影响被加工表面的形状精度。刀具在使用中安装不当，也将影响加工精度。

4. 调整误差

在机械加工工序中，总是要对机床、刀具、夹具等进行这样或那样的调整工作。由于调整不可能绝对准确，这就带来了一项原始误差即调整误差。

工艺系统的调整有如下两种基本方式，相应的误差来源也不同。

1）试切法调整

单件、小批生产中，通常采用试切法调整，产生调整误差的来源除测量误差外主要有以下两种。

（1）进给机构的位移误差。试切时要微量调整刀具的位置，这时常会出现进给机构的"爬行"（低速时由于静、动摩擦系统不同而引起的进给机构时走时停、时快时慢的现象），刀具的实际位移与刻度盘上的数值就会不一致，造成加工误差。

（2）加工余量的影响。精加工时，试切的最后一刀余量往往很小，若切削余量小于最小切削厚度，切削刃就会打滑，只起挤压作用而不起切削作用。为使切削刀不打滑，就会多切工件，正式切削时的深度就会较大，从而造成工件的尺寸误差。

2）调整法调整

在大批量生产时，常用调整法加工。影响调整精度的因素主要有以下3种。

（1）定程机构的误差。定程机构的制造、调整误差，以及与它们配合使用的电、液、气动元件的灵敏度等是调整误差的主要来源。

（2）样件或样板的误差。样件或样板的制造误差、安装误差和对刀误差，以及它们的磨损等都对调整精度有影响，多刀加工时常用这种方法。

（3）抽样件数的影响。工艺系统调整时，一般要试切几个工件，并以其平均尺寸作为判断调整是否准确的依据。由于试切加工的工件数（称为抽样件数）不可能太多，不能完全反映整批工件切削过程中的各种误差，故这几个工件的平均尺寸与总体尺寸不会完全符合，从而造成加工误差。

三、加工过程误差（动态误差）

1. 工艺系统受力变形引起的误差

机械加工中工艺系统在切削力、夹紧力及重力等的作用下，将产生相应的变形，破坏已调好的刀具和工件在静态下调整好的位置关系，从而产生加工误差。例如，车削细长轴时，工件在切削力的作用下弯曲变形，加工后会产生中间粗、两头细的腰鼓形的情况；在内圆磨床上用横向切入法磨孔时，由于内圆磨头主轴弯曲变形，磨出的孔带有锥度，造成圆柱度误差。

1）工艺系统的刚度

工艺系统的受力变形通常是弹性变形，其大小不仅取决于外力的大小，而且和工艺系统抵抗变形的能力有关，这种能力用刚度来描述。工艺系统在各种外力作用下，将在各个受力方向产生相应的变形，我们主要研究误差敏感方向上的变形。因此，工艺系统的刚度 k_{xt} 定义为：作用在加工表面法向方向的切削分力 F_p 与工艺系统的法向变形（位移）δ 的比值。

$$k_{xt}=\frac{F_p}{\delta} \tag{5-1}$$

要注意，此处的变形 δ 是总切削力的 3 个分力 F_c、F_p、F_f 综合作用的结果，因此有可能出现变形方向与 F_p 方向不一致的情况，若 F_p 与变形的方向相反，工艺系统就处于副刚度状态。如图 5-11 所示的车削加工中，刀架在 F_p 的作用下引起同向变形，而在主切削力 F_c 作用下引起的变形与 F_p 方向相反，这时就出现副刚度现象。这种现象应尽量避免，此时车刀的刀尖将扎入工件的外圆表面，造成刀具的破损与振动。

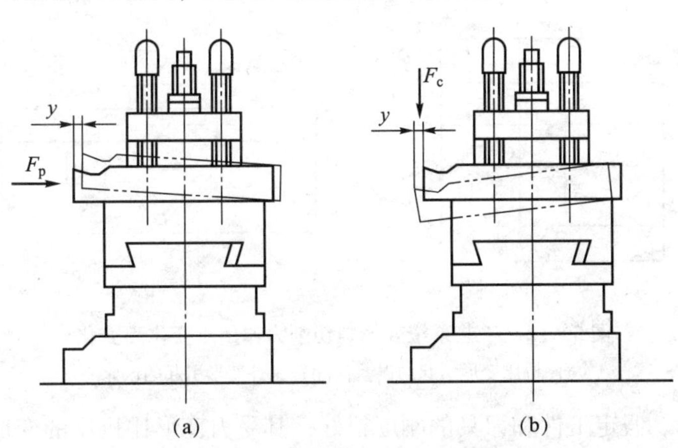

图 5-11　车削加工的副刚度现象

（a）F_p 引起同向变形；（b）F_c 引起反向变形

2）工艺系统刚度的计算

（1）工艺系统总刚度的计算。由于工艺系统各个部分在外力作用下都会产生变形，故工艺系统的总变形量应是

$$\delta=\delta_{jc}+\delta_{dj}+\delta_{jj}+\delta_{g} \tag{5-2}$$

而根据刚度的概念得

$$k_{jc}=\frac{F_p}{\delta_{jc}},\ k_{dj}=\frac{F_p}{\delta_{dj}},\ k_{jj}=\frac{F_p}{\delta_{jj}},\ k_{g}=\frac{F_p}{\delta_{g}}$$

式中　δ_{jc}，δ_{dj}，δ_{jj}，δ_{g}——分别为机床、刀具、夹具、工件的变形量，mm；

k_{jc}，k_{dj}，k_{jj}，k_{g}——分别为机床、刀具、夹具、工件的刚度，N/mm。

综上，工艺系统的总刚度为

$$\frac{1}{k_{xt}}=\frac{1}{k_{jc}}+\frac{1}{k_{dj}}+\frac{1}{k_{jj}}+\frac{1}{k_{g}} \tag{5-3}$$

因此，若已知工艺系统各组成部分的刚度，即可求出系统的刚度。

由于切削过程中切削力是不断变化的，工艺系统在动态力作用下的变形与静态变形不一样，即有静刚度和动刚度之分。一般情况下，工艺系统的动刚度与静刚度成正比，此外还与系统的阻尼、交变力频率与系统固有频率之比有关。本节只讨论静刚度，简称为刚度。动刚度是系统振动问题的一部分。

（2）各部分刚度的计算。当工件、刀具的形状比较简单时，其刚度可用材料力学的有关公式进行近似计算，结果与实际相差无几。

对于由若干个零件组成的机床部件及夹具，结构复杂，其受力变形与各零件间的接触刚度和部件刚度有关，至今还没有合适的计算方法，需要用实验方法测定。因夹具一般总是固定在机床上使用，可视为机床的一部分，一般情况下一起用实验方法测定即可。

3）工艺系统刚度对加工精度的影响

（1）切削力作用点位置变化引起的加工误差。切削过程中，工艺系统的刚度会随切削力作用点位置的变化而变化，使工艺系统受力变形随之变化。下面以在车床顶尖间加工光轴为例来讨论，如图5-12所示。

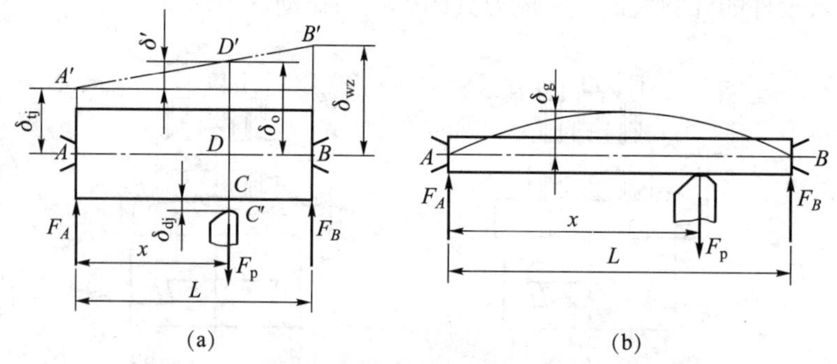

图5-12 工艺系统变形随切削力作用点变化而变化

（a）机床变形引起的误差；（b）工件变形引起的误差

①机床的变形。假定工件和刀具的刚度很好，其受力变形比机床的变形要小得多，可忽略不计。也就是说，工艺系统的变形主要取决于机床，即机床头架、尾座（含顶尖）和刀架的位移，如图5-12（a）所示，同时假定在加工过程中切削力保持不变。

再设当车刀以径向切削力 F_p 进给到图5-12（a）所示的 x 位置时，车床主轴箱（头架）受作用力 F_A，相应的变形 $\delta_{tj}=\overline{AA'}$；尾座受力 F_B，相应的变形 $\delta_{wz}=\overline{BB'}$；刀架受力 F_p，相应的变形 $\delta_{dj}=\overline{CC'}$。这时工件轴心线 AB 位移到 $A'B'$，因而刀具切削点处工件轴线的变形 δ_x 为

$$\delta_x=\delta_{tj}+\delta'=\delta_{tj}+(\delta_{wz}-\delta_{tj})\frac{x}{L}$$

式中 L——工件长度；

x——车刀至头架的距离。

考虑到刀架的变形量 δ_{dj} 与工件轴线的变形量 δ_x 的方向相反，所以机床总的变形为

$$\delta_{jc}=\delta_x+\delta_{dj} \tag{5-4}$$

由刚度定义有

$$\delta_{tj}=\frac{F_A}{k_{tj}}=\frac{F_p}{k_{tj}}\left(\frac{L-x}{L}\right),\ \delta_{wz}=\frac{F_B}{k_{wz}}=\frac{F_p}{k_{wz}}\frac{x}{L},\ \delta_{dj}=\frac{F_p}{k_{dj}} \tag{5-5}$$

式中 k_{tj}，k_{wz}，k_{dj}——分别为头架、尾座、刀架的刚度。

把式（5-5）代入式（5-4），最后可得机床的总变形为

$$\delta_{jc}=F_p\left[\frac{1}{k_{tj}}\left(\frac{L-x}{L}\right)^2+\frac{1}{k_{wz}}\left(\frac{x}{L}\right)^2+\frac{1}{k_{dj}}\right] \tag{5-6}$$

可见，随着切削力作用点位置的变化，工艺系统的变形是变化的，这正是由于工艺系统的刚度随切削力作用点变化而变化所致。根据具体位置将 x 代入，就可求出各点的变形量，

并可用极值的方法，求出当 $x=\left(\frac{k_{wz}}{k_{tj}+k_{wz}}\right)L$ 时，机床变形最小，即

$$\delta_{jc,\min}=F_p\left(\frac{1}{k_{tj}+k_{wz}}+\frac{1}{k_{dj}}\right)$$

由于变形大的地方，从工件上切去的金属层薄，变形小的地方，切去的金属层厚，因此因机床受力变形而使加工出来的工件产生两端粗、中间细的马鞍形圆柱度误差。

②工件的变形。若在两顶尖间车削细长轴等刚性很差的零件，此时在切削力作用下，其变形大大超过机床、夹具和刀具所产生的变形，则必须考虑工件的变形。此时可不考虑机床、夹具和刀具的受力变形。如图 5－12（b）所示，可由材料力学公式计算工件在切削点的变形量

$$\delta_g=\frac{F_p}{3EI}\frac{(L-x)^2x^2}{L}$$

显然，当 $x=0$ 或 $x=L$ 时，$\delta_g=0$；当 $x=L/2$ 时，工件刚度最小、变形最大，即

$$\delta_{g,\max}=\frac{F_pL^3}{48EI}$$

因此加工后的工件产生两端细、中间粗的腰鼓形圆柱度误差。

③工艺系统的总变形。当同时考虑机床和工件的变形时，工艺系统的总变形为二者的叠加。故工艺系统的总变形为

$$\delta=\delta_{jc}+\delta_g=F_p\left[\frac{1}{k_{tj}}\left(\frac{L-x}{L}\right)^2+\frac{1}{k_{wz}}\left(\frac{x}{L}\right)^2+\frac{1}{k_{dj}}\right]+\frac{F_p}{3EI}\frac{(L-x)^2x^2}{L}$$

因此，如果测得机床头架、尾座、刀架 3 个部件的刚度，确定了工件的材料和尺寸，就可由 x 值估算工艺系统的刚度。再根据切削条件等算出切削力，利用上面的公式就可估算出不同位置处工件半径的变化量。

另外，机床类型不同，因切削力作用点变化而引起的刚度变化形式也不相同，其造成的加工误差也就不同。例如，立式车床、龙门刨床、龙门铣床等的横梁及刀架、铣床滑枕内的主轴等，其刚度随刀架位置或滑枕伸出长度不同而异，分析过程一般也可参照上面的方法进行。

提要：这部分内容需要用到材料力学课程的知识，学习时要注意复习相关前期知识。

（2）切削力大小变化引起的加工误差。在切削加工中，加工余量或材料硬度不均匀，都会引起切削力大小的变化，工艺系统变形的大小就会不一致而产生加工误差。

在车削短圆柱外圆时，如图 5－13 所示，由于毛坯的形状误差，在工件每转一周中，背吃刀量在最大值 a_{p1} 与最小值 a_{p2} 中变化，相应的切削力在 F_{p1} 和 F_{p2} 之间变化，导致产生相应的变形 δ_1 和 δ_2，车削后得到的工件仍然具有圆度误差。因此，当车削具有圆度误差 $\Delta_m=a_{p1}-a_{p2}$ 的毛坯时，由于工艺系统受力变形不一致而使工件产生相应的圆度误差 $\Delta_g=\delta_1-\delta_2$。这种由于工艺系统受力变形不一致而使毛坯的形状误差复映到加工后工件表面的现象，称为“误差复映”，因误差复映现象而产生的加工误差，称复映误差。可以用

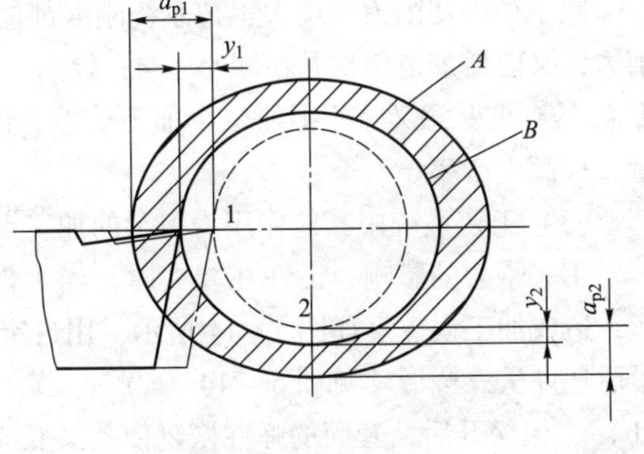

图 5－13　误差复映

工件误差 Δ_g 与毛坯误差 Δ_m 之比来衡量误差复映的程度，即

$$\varepsilon=\frac{\Delta_g}{\Delta_m} \tag{5-7}$$

式中　ε——误差复映系数，$\varepsilon\leqslant 1$。

设工艺系统的刚度为 k_{xt}，则工件的圆度误差为

$$\Delta_g=\delta_1-\delta_2=\frac{1}{k_{xt}}(F_{p1}-F_{p2}) \tag{5-8}$$

由前面切削原理的公式可知

$$F_p=\lambda C_{F_c}a_pf^{0.75}$$

式中　$\lambda=F_p/F_c$，一般取 $\lambda=0.4$；

C_{F_c}——与工件材料、刀具几何参数及切削条件有关的系数；

a_p——背吃刀量；

f——进给量。

由上式有

$$\delta_1=\frac{\lambda C_{F_c}a_{p1}f^{0.75}}{k_{xt}},\ \delta_2=\frac{\lambda C_{F_c}a_{p2}f^{0.75}}{k_{xt}}$$

把 δ_1、δ_2 代入式（5-8）得

$$\Delta_g=\delta_1-\delta_2=\frac{\lambda C_{F_c}f^{0.75}}{k_{xt}}(a_{p1}-a_{p2})=\frac{\lambda C_{F_c}f^{0.75}}{k_{xt}}\Delta_m \tag{5-9}$$

则

$$\varepsilon=\frac{\lambda C_{F_c}f^{0.75}}{k_{xt}}$$

ε 是一个小于1的正数，定量地反映了毛坯误差经加工后所减小的程度，并且工艺系统刚度越高，则 ε 越小，毛坯复映到工件上的误差也越小。经多次进给或多道工序后，ε_Σ 降至一个极小的数值，工件加工误差也逐渐降低到工件公差所允许的范围内。则经过 n 次进给加工后，误差复映为

$$\Delta_g=\varepsilon_1\varepsilon_2\varepsilon_3\cdots\varepsilon_n\Delta_m=\varepsilon_\Sigma\Delta_m$$

式中　ε_Σ——总误差复映系数，$\varepsilon_\Sigma=\varepsilon_1\varepsilon_2\varepsilon_3\cdots\varepsilon_n$。

减小径向切削力或增大工艺系统刚度都能使 ε 减小。例如，减小进给量 f，既可减小切削力，又能增加进给次数，减小了 ε，提高了加工精度，但生产率降低了。增大工艺系统刚度 k_{xt} 具有重要意义，不但能减小加工误差，而且可以在保证加工精度前提下相应增大进给量，提高生产率。

（3）工艺系统中其他作用力引起的加工误差。

①夹紧力的影响。工件在装夹时，当工件刚度较低或夹紧不当时，会使其产生相应变形，造成加工误差。如图5-14所示，用自定心卡盘夹持薄壁套筒，假定坯件是正圆形，夹紧后坯件呈三棱形［见图5-14（a）］，虽在夹紧状态下镗出的孔为正圆形［见图5-14（b）］，但松开后，套筒的弹性恢复使孔又变成三角棱圆形［见图5-14（c）］。为了减少加工误差，可采用开口过渡环［见图5-14（d）］或采用宽卡爪等专用卡爪［见图5-14

(e)] 夹紧，使夹紧力均匀分布。

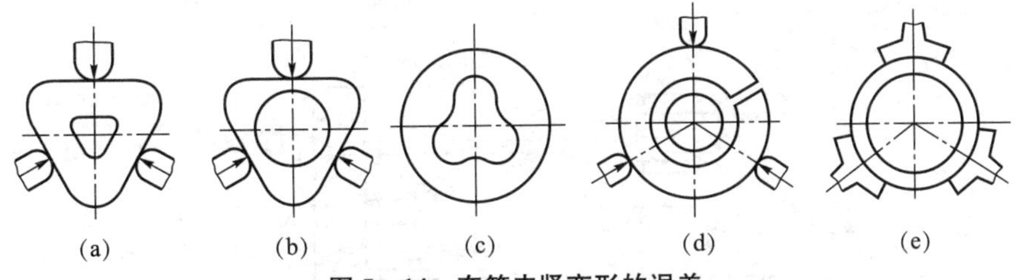

图 5-14　套筒夹紧变形的误差

(a) 第一次夹紧；(b) 镗孔；(c) 松开后工件变形；(d) 采用开口过渡环；(e) 采用专用卡爪

②重力的影响。工艺系统中有关零部件自身的重力所引起的相应变形，如龙门铣床、龙门刨床刀架横梁的变形，镗床的镗杆自重下垂变形等都会造成加工误差。在图 5-15 中，大型立式车床刀架的自重引起的横梁变形，使工件端面的平面度和外圆圆柱度产生了误差。

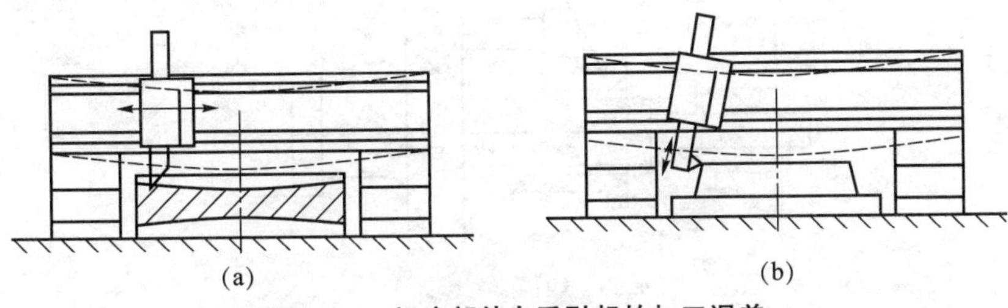

图 5-15　机床部件自重引起的加工误差

(a) 变形引起平面度误差；(b) 变形引起外圆圆柱度误差

③惯性力的影响。在高速切削时，如果工艺系统中高速旋转的构件（包括夹具、工件和刀具等）不平衡，就会产生离心力。离心力在工件的每一转中不断变更方向，引起工件的回转误差和工艺系统振动，既降低加工精度又影响被加工零件的表面质量。可采用“对重平衡”等方法来消除这种影响。

④传动力的影响。在车床或磨床上加工轴类零件时，常用单爪拨盘拨动工件旋转。传动力在每一转中不断改变方向，与切削力时而同向，时而反向，造成与惯性力相似的加工误差。精度要求较高时应采用双爪拨盘或柔性连接装置带动工件旋转。

4）减少工艺系统受力变形的措施

由式（5-1）及以上分析可知，减少工艺系统受力变形的措施有两点：一是提高工艺系统刚度；二是减小切削力及其变化。

（1）提高工艺系统刚度。

①提高接触刚度。减少组成件的数量、提高接触面的表面质量，均可减少接触变形，提高接触刚度。例如，采用刮研与研磨等方法提高机床导轨副、锥体与锥孔、顶尖与中心孔等配合面的配合质量，使实际接触面增加，从而有效地提高接触刚度；又如，在各类轴承的调整中，可在接触面间适当预紧消除间隙，增大受力面积，减少受力后的变形量。

②提高工件的刚度。在加工叉架类、细长轴等自身刚度较低的零件时，常采用中心架或跟刀架作为辅助支承，缩小切削力的作用点到支承之间的距离，以增大工件在切削时的刚度。

③提高机床部件的刚度。当机床部件刚度低时常采用增加辅助装置、减少悬伸量，以及增大刀杆直径等措施来提高机床部件的刚度。图 5-16（a）、（b）所示分别为在转塔车床上

采用固定导向支承套，以及在主轴孔内采用转动导向支承套，并用加强杆与导向支承套配合以提高机床部件的刚度。

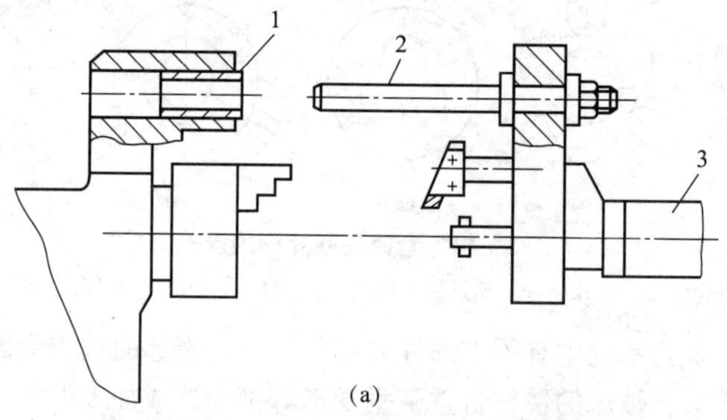

(a)
1—固定导向支承套；2—加强杆；3—转塔刀架。

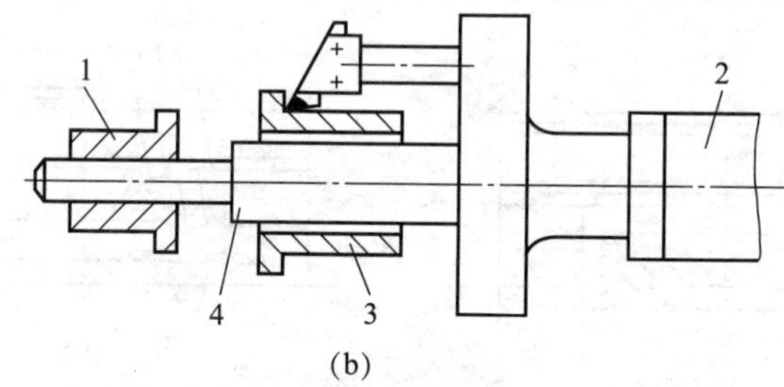

(b)
1—转动导向支承套；2—转塔刀架；3—工件；4—加强杆。

图5-16　提高机床部件刚度的装置

(a) 采用固定导向支承套；(b) 采用转动导向支承套

④合理的装夹方式和加工方法。加工刚度低的工件时，采用合理的装夹方式和加工方法，能减少夹紧变形，提高加工精度。在铣床上加工角铁零件，图5-17（a）所示的卧式安装、面铣刀加工时工艺系统刚度显然比图5-17（b）所示的立式安装、圆柱铣刀加工时的刚度高。

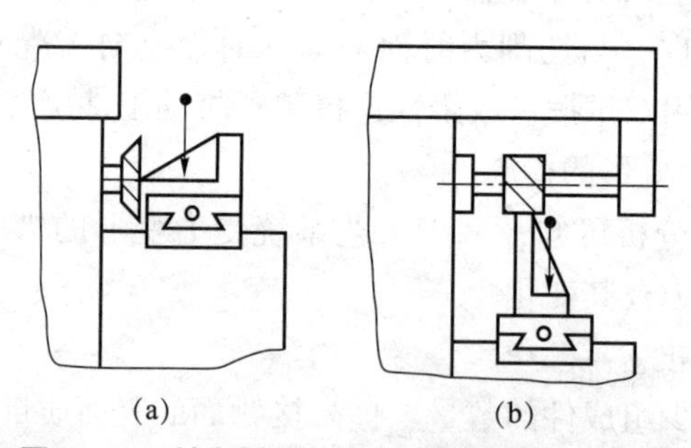
(a)　(b)

图5-17　铣角铁工件的两种安装及加工方法

(a) 卧式安装、面铣刀加工；(b) 立式安装、圆柱铣刀加工

(2) 减小切削力及其变化。改善毛坯制造工艺，尽量使一批工件的材料性能均匀，对工件材料进行适当的热处理以改善材料的加工性能，合理选择刀具的几何参数和刀具材料、保持加工余量均匀等都可使切削力及其变化幅度减小。

2. 工艺系统受热变形引起的误差

工艺系统受到切削热、摩擦热，以及阳光和取暖设备的辐射热等各种热的影响而产生变形，破坏刀具与工件的相对位置关系，造成工件的加工误差。据统计，由于热变形所引起的加工误差通常会占到工件加工总误差的 40% ~70% 。工艺系统热变形不仅影响加工精度，而且影响加工效率。随着高精度、高效率加工及自动化加工技术的发展，加工误差不能再由人工进行补偿，工艺系统热变形问题就更加突出。

1）工艺系统的热源

实践表明，引起工艺系统变形的热源可分为内部热源和外部热源两大类。

内部热源包括切削热和摩擦热。切削热是切削加工过程中的主要热源，对加工精度的影响也最为直接。不同加工方式切削热的影响也不一样，如车削时，大部分热量被切屑带走，传给工件的只有 10% 左右，而磨削时传给工件的热量多达 80% 以上，磨削区温度可高达 800 ~1 000 ℃。传动部分（如轴承副、齿轮副、离合器、导轨副、液压泵、丝杠螺母副等）将产生摩擦热，并通过润滑油将热量散布开来，虽然摩擦热比切削热少，但有时会使工艺系统某个局部产生较大的热变形。

外部热源包括环境热和辐射热，如靠近窗口的机床受到日光照射的影响，会使机床产生变形等。

工艺系统在工作时，一方面受到各种热源的影响使温度逐渐升高；另一方面，它也通过各种传热方式和介质向周围散发热量。当单位时间内传入、传出的热量接近相等时，工艺系统就达到了热平衡状态，工艺系统各部分的温度保持在某一相对固定的数值上，热变形将趋于相对稳定。

2）工件热变形对加工精度的影响

工件在机械加工过程中的热变形主要是由切削热引起的，有些大型零件、精密零件的周围环境温度变化和日光、取暖设备等外部热源对工艺系统的局部辐射等也不容忽视。不同的材料、形状尺寸、加工方法，工件的热变形也不相同。例如，加工铜、铝等有色金属零件时，由于热膨胀系数大，其热变形尤为显著。

一些形状简单、对称的零件，加工时热量能比较均匀地传入工件，如轴类零件在车削或磨削时，其热变形可按下式求出

$$\Delta L = \alpha L \Delta t \tag{5-10}$$

式中　L——工件变形方向的尺寸（长度或直径），mm；

α——工件材料的热膨胀系数，1/℃；

Δt——工件的平均温升，℃。

通常，工件热变形在精加工中比较突出，特别是长度长而精度要求很高的零件，如精密丝杆磨削时，工件的受热伸长会引起螺距累积误差。若丝杠长度为 3 m，每一次走刀磨削温度升高约 3 ℃，则丝杠的伸长量 $\Delta L = \alpha L \Delta t = (1.17 \times 10^{-5} \times 3\ 000 \times 3)$ mm = 0.1 mm（1.17×10^{-5}为钢材的热膨胀系数），已超过 6 级丝杠的螺距累积误差在全长上不允许超过 0.02 mm 的要求，由此可见热变形的严重性。

对均匀受热的工件，一般情况下只影响尺寸精度。若工件受热不均匀，如刨削、铣削、磨削平面，工件单面受热，上、下平面间产生温差将导致工件向上凸起，凸起部分被工具切去，加工完毕冷却后，加工表面就产生了中凹，造成了形状误差，而形状误差很难用调整的方法解决。

3）刀具热变形对加工精度的影响

刀具热变形主要是由切削热引起的。通常传入刀具的热量并不太多，但由于热量集中在切削部分，刀头体积小，热容量小，导致刀具切削部分温升急剧升高，而其热伸长直接改变刀具和工件的相对位置，对加工精度的影响比较显著。例如，高速钢刀具车削时，刃部的温度可达700～800 ℃，刀具热伸长量可达0.03～0.05 mm；又如，车削长轴时，可能由于刀具热伸长而产生锥度（尾座处的直径比主轴箱附近的直径大）。

为了减小刀具的热变形，降低切削温度，应合理选择刀具几何参数、切削用量，并给以充分冷却和润滑。

4）机床热变形对加工精度的影响

由于机床结构、工作条件及热源形式各不相同，分布也不均匀，因此，不仅各部件的温升不同，而且同一部件不同位置的温升也不相同，形成不均匀的温度场，热变形对加工精度的影响也不相同。图5－18所示为几种机床在工作状态下热变形的趋势。车、铣、钻、镗类机床的主要热源是主轴箱的齿轮、轴承摩擦发热及润滑油发热，使主轴箱和床身（或立柱）的温度升高而产生变形和翘曲，从而造成主轴的位移和倾斜；磨床类机床的主要热源为砂轮主轴轴承和液压系统的发热，引起砂轮架位移、工作头架位移和导轨床身的变形。龙门刨床、导轨磨床、立式车床等大型机床导轨副的摩擦热会使导轨面与底面产生温差，导致床身产生较大的中凸热变形。

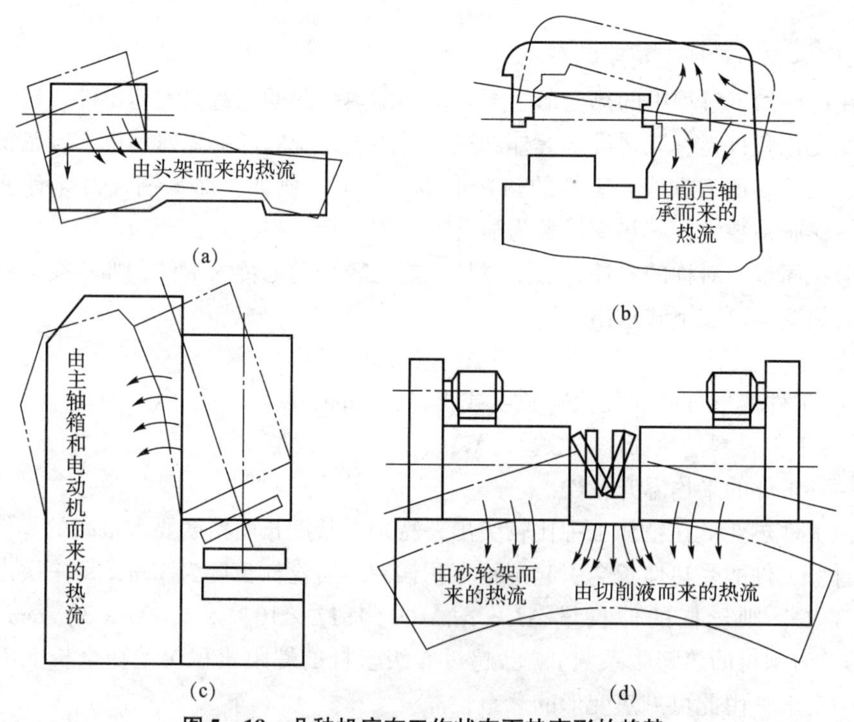

图5－18　几种机床在工作状态下热变形的趋势

（a）车床；（b）铣床；（c）平面磨床；（d）双端面磨床

在机床达到热平衡状态之前，机床几何精度不稳定，对加工精度的影响也变化不定。生产上要求，精密加工应在机床处于热平衡之后进行。一般机床，如车床、磨床等，其空运转的热平衡时间为4～6 h，中小型精密机床为1～2 h，大型精密机床往往要超过12 h。

5）减少工艺系统热变形对加工精度影响的措施

（1）减少发热和隔离热源。凡能分离出去的热源，如电动机、变速箱、液压系统、冷却系统等尽可能移出，使之成为独立单元；不能分离的热源，如主轴轴承、丝杠螺母副、高速运动的导轨副、摩擦离合器等，尽可能从结构设计、润滑等方面改善其摩擦特性，减少发热。例如，机床主轴可采用静压轴承、静压导轨，改用低黏度润滑油、锂基润滑脂，或使用循环润滑、油雾润滑等措施。此外，也可采用隔热措施，将发热部件和机床的床身、立柱等基础件隔离开来。

（2）均衡温度场。图 5－19 为端面磨床均衡温度场的示意图。由风扇将主轴箱内的热空气，经管道引导至防护罩和立柱后壁的空间排出，使原来温度较低的立柱后壁温度升高，和立柱前壁的温度大致相等，这样可以降低立柱的弯曲变形。据测定，采取这种热补偿方法后，使被加工零件的端面平行度误差降低为原来的 1/4～1/3。

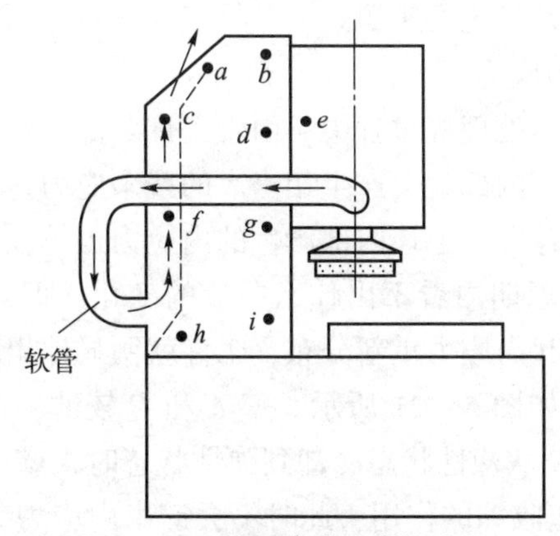

图 5－19　端面磨床均衡温度场

（3）采用合理的机床部件结构及装配基准。

①采用热对称结构。例如，对加工中心，单立柱结构会产生较大的扭曲变形，双立柱结构因左右对称，仅产生垂直方向的平移，这就很容易用垂直坐标的移动量来补偿，如图 5－20 所示。

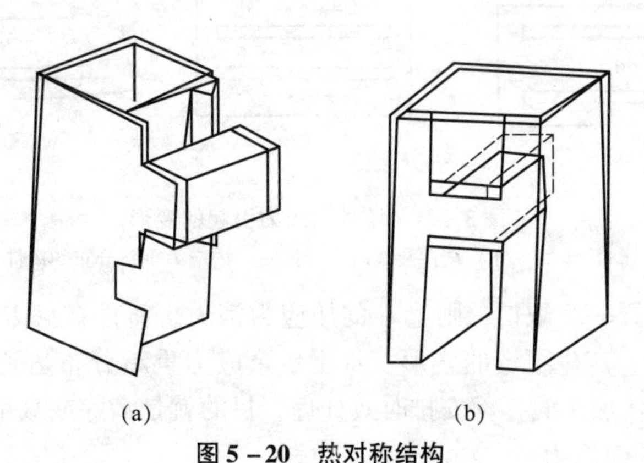

(a)　　(b)

图 5－20　热对称结构

（a）单立柱结构；（b）双立柱结构

②合理选择机床零部件的安装基准。合理选择机床零部件的安装基准，使关键件的热变形尽量避开误差敏感方向。

（4）加速达到工艺系统的热平衡。为了缩短机床达到热平衡状态的时间，可以在加工前使机床做高速空运转，或在机床的适当部位增设控制热源，人为给机床加热，使机床在较短时间内达到热平衡。

（5）控制环境温度。精密机床应安装在恒温车间，平均温度一般为 20 ℃，冬季可取 17 ℃，夏季取 23 ℃，其恒温精度一般控制在 ±1 ℃以内，精密级为 ±0.5 ℃。

3. 工艺系统内应力引起的变形

内应力（或残余应力）是指没有外力作用或将外部载荷去除后，仍残存在工件内部的应力。内应力是由金属内部的组织发生了不均匀的体积变化而产生的，其影响因素主要来自热加工或冷加工。具有内应力的零件处于一种很不稳定的状态，其内部组织一直有恢复到稳定的没有内应力状态的倾向。在内应力变化的过程中，零件产生相应的变形，原有的加工精度逐渐丧失，用这些零件装配成的机器在使用过程中也会逐渐产生变形，从而破坏整台机器的质量。内应力主要有以下几种主要来源。

1）毛坯制造中产生的内应力

在铸造、锻造、焊接及热处理等过程中，由于工件各部分热胀冷缩不均匀及金相组织转变时引起的体积变化，在毛坯内部就会产生相当大的残余应力。毛坯的结构越复杂、壁厚越不均匀，散热的条件差别就越大，毛坯内部产生的内应力也越大。具有内应力的毛坯，内应力暂时处于相对平衡状态，短期内看不出什么明显的变化，但当条件变化如切去某些表面后，就会打破这种平衡，引起内应力重新分布，工件就明显地出现变形。

铸件内应力引起的变形如图 5 - 21 所示。壁 A 和 C 较薄，散热容易，冷却较快；壁 B 较厚，冷却较慢。当壁 A、C 从塑性状态冷却到弹性状态时，壁 B 尚处于塑性状态，所以当壁 A、C 收缩时，B 不起阻止收缩的作用，此时不会产生内应力。而当 B 亦冷却到弹性状态时，壁 A、C 的温度已经降低很多，收缩速度变得很慢，但这时 B 收缩较快，因而受到了壁 A、C 的阻碍。这样，壁 B 就受产生了拉应力，壁 A、C 产生了压应力，形成了相互平衡的状态。

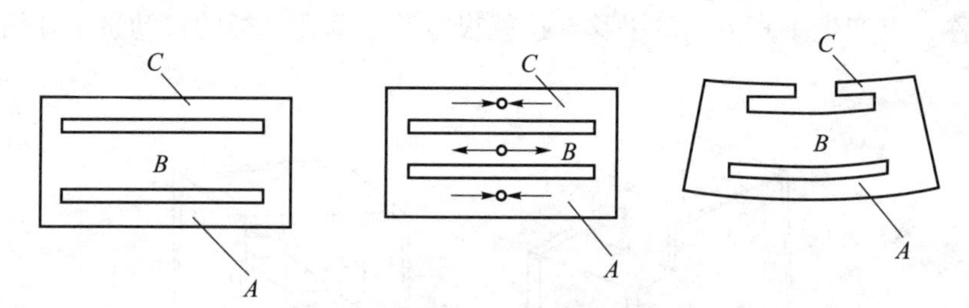

图 5 - 21　铸件内应力引起的变形

（a）铸件；（b）铸件及其内应力；（c）内应力重新分布的铸件

如果在壁 C 处切开一个缺口，则壁 C 的压应力消失。铸件在壁 B、A 的内应力作用下，壁 B 收缩，壁 A 伸长，产生了弯曲变形，直至残余应力重新分布达到新的平衡为止。一般对较复杂铸件，如箱体加工时，都安排时效处理，目的就是消除或减小工件内应力。

2）冷校直产生的内应力

冷校直工艺是对一些刚度较差容易变形的长棒料或细长零件，室温状态下在其弯曲的反方向施加外力使之变直的方法，如图 5 - 22（a）所示。在外力 F 的作用下，工件内部应力的分布如图 5 - 22（b）所示，在轴线以上产生压应力（用负号表示），在轴线以下产生拉应力（用正号表示），轴线和上下两条细双点画线之间是弹性变形区域，在细双点画线之外是塑性变形区域。当外力 F 去除后，弹性变形本可完全恢复，但受外层的塑性变形区域的阻止而恢复不了，使残余应力重新分布而平衡，如图 5－22（c）所示。由于这种平衡处于不稳定状态，再加工时，工件内部的应力又会重新分布而使工件产生弯曲变形。所以，高精度丝杠（6 级以上）不允许采用冷校直工艺，而是采用加大毛坯余量，经过多次切削和时效处理来消除内应力，或采用热校直。

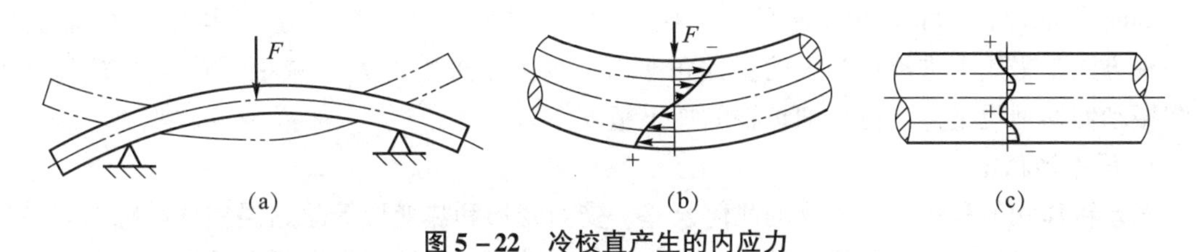

图 5－22　冷校直产生的内应力

（a）冷校直方法；（b）加载时残余应力的分布；（c）卸载后残余应力的分布

3）切削加工中产生的内应力

工件切削过程中，在切削力、摩擦力、切削热等的作用下，使表层金属产生塑性变形，引起体积改变，从而产生残余应力。具体参见本章第四节。

4）减少或消除内应力的措施

（1）合理设计零件结构。设计机器零件结构时，应尽量简化结构，使壁厚均匀、结构对称，以减少毛坯制造过程中内应力的产生。

（2）合理安排热处理和时效处理。对铸、锻、焊接件进行退火或回火、零件淬火后进行回火，对箱体、床身等重要零件、丝杠、精密主轴等精密零件，应在粗加工或半精加工后安排时效处理（自然时效、人工时效及振动时效）等。

（3）合理安排工艺过程。应尽可能将粗、精加工分阶段进行，使粗加工后有一定的时间让内应力重新分布，以减少对精加工的影响。对于大型工件，即使在同一台重型机床进行粗、精加工也应该在粗加工后松开工件，使其充分变形后，然后用较小的力夹紧进行精加工。

4. 刀具的磨损

随着切削过程的进行，刀具会逐渐产生磨损，除了对切削性能、加工表面质量有不良影响，也直接影响加工精度。例如，成形刀具刃口的不均匀磨损将直接复映在工件上，造成形状误差；在加工一次走刀需较长时间的较大表面时，刀具的尺寸磨损会严重影响工件的形状精度；用调整法加工一批工件时，刀具的磨损会扩大工件尺寸的分散范围。

5. 测量误差

工件在加工过程中要用各种量具、量仪等进行检验测量，对工件进行试切或调整机床；工件加工后要用测量结果来评定加工精度。测量方法和量具本身的制造误差、测量时的接触力、测量环境、目测正确程度等，都直接影响加工误差。

提要： 刀具的磨损、测量误差这两部分内容，许多教材放在前面静态误差部分做一简单介绍，参考相关资料时，要明确这是属于动态误差的范畴。

四、提高加工精度的途径

在生产中保证和提高加工精度的工艺措施很多，下面列举一些常用的且行之有效的方法以说明如何运用理论知识来分析和解决加工精度的问题。

1. 直接减少或消除误差法

这是生产中应用较广的一种基本方法，是在分析、确定产生加工误差的主要因素后，设法对其直接进行消除或减少。例如，细长轴车削加工时，由于其刚性特别差，受力后易引起弯曲变形和振动。除可采用中心架、跟刀架加工外，还可采用如下两种常用方法：一是反拉法切削，即工件用卡盘夹持，进给方向由卡盘一端指向尾座，使背向力 F_p 对工件起拉伸作用，同时另一端采用可伸缩的活顶尖装夹，此时工件就不会因背向力 F_p 和热应力而弯曲。另一种方法是采用大进给量和大的主偏角车刀，增大了进给力 F_f，减小了背向力 F_p，从而抑制振动使切削更平稳，提高细长轴的加工精度。

2. 误差转移法

误差转移法就是将工艺系统的几何误差、受力变形和热变形等原始误差从敏感方向转移到误差的非敏感方向，如磨削主轴锥孔时，锥孔与轴颈的同轴度靠专用夹具精度来保证，机床主轴与工件主轴之间用浮动连接，这样就转移了机床主轴的回转误差，不再影响加工精度。又如，立轴转塔车床车削外圆时，若采用如图 5－23（a）所示的普通安装外圆车刀（车刀平行于水平面），其转位刀架的分度、转位误差将直接影响工件有关表面的加工精度。若采用如图5－23（b）所示的“立刀”安装法（车刀垂直于水平面），即把刀刃的切削基面放在垂直平面内，这样就能把刀架的转位误差转移到误差的非敏感方向上去，可以显著降低由刀架转位误差所引起的加工误差。

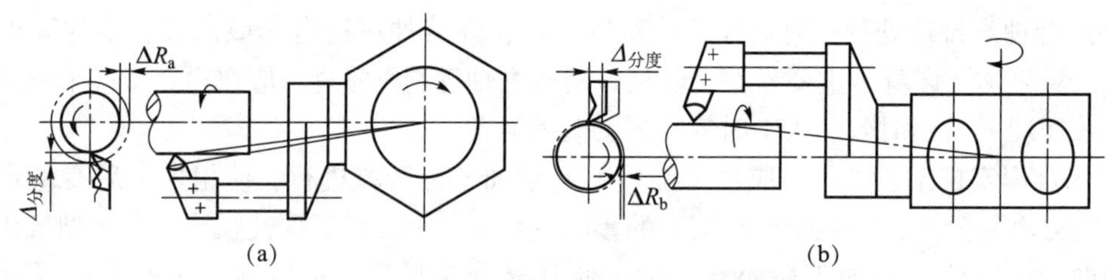

图 5－23　转塔车床刀架转位误差的转移

（a）普通安装；（b）立刀安装

3. 误差分组法

如果毛坯误差、定位误差等引起的工序误差过大，由于误差复映等原因，使得本工序难以保证加工要求时，可采取误差分组的方法，将毛坯或上道工序加工的工件尺寸经测量按大小分为 n 组，每组工件的尺寸误差范围就缩减为原来的 $1/n$，然后按组调整刀具与工件的相对位置或选用合适的定位元件，就可以显著减少上一工序的加工误差对本工序加工精度的影响。这种方法比一味提高毛坯或定位基准的精度要经济得多。例如，某厂采用心轴装夹工件剃齿，由于配合间隙太大，剃齿后工件的齿圈径向跳动超差。为不用提高齿坯加工精度而减少配合间隙，采用误差分组法，将工件内孔尺寸按大小分成 4 组，配置相应的 4 根心轴，一根心轴相应加工一组孔径的齿圈，保证了剃齿的加工精度要求。

4. 就地加工法

在机械加工和装配中，有些精度问题牵涉很多零部件的相互关系，如果单纯依靠提高零部件的精度来满足设计要求，显然是不经济和不可取的，此时可以采用就地加工法来解决这种难题。

例如，制造转塔车床时，转塔上 6 个安装刀具的孔的轴心线必须与机床主轴回转中心线重合，而 6 个端面又必须与主轴回转中心垂直。如果把转塔作为单独零件加工出这些表面，就很难在装配时同时满足这两项要求。实际生产中采用就地加工法，转塔上的孔和端面经半精加工后就装配到机床上，在机床主轴上安装镗杆和能径向进给的小刀架，分别对这些孔和端面进行精加工。由于转塔上孔的轴心线和平面都是依据主轴轴心线加工的，因此保证了与主轴轴心线之间的同轴度和垂直度。

此外，还有很多实例，如为了使牛头刨床、龙门刨床的工作台面对滑枕和横梁保持平行的位置关系，就都是在装配后的自身机床上进行“自刨自”的精加工。平面磨床的工作台面也是在装配后做“自磨自”的精加工等。

5. 误差平均法

误差平均法就是利用有密切联系的表面之间的相互比较、相互修正或利用互为基准进行加工，以达到很高的加工精度。原始误差根据工艺系统局部的最大误差来判定，若能让这局部最大误差对整个加工表面影响相同，使传递到工件表面的加工误差均分，就相对提高了加工精度。例如，生产上常采用研磨的方法来加工配合精度要求很高的轴和孔，研具本身的精度并不高，磨粒粒度大小也可能不一样，但由于研磨时工件与研具间的相对运动，磨粒对工件进行微量切削；最初是表面粗糙的最高点相接触，在一定的压力下，高点先磨损，高低不平处逐渐接近，几何形状精度也逐步提高，并进一步使误差均化。

所谓有密切联系的表面主要有 3 种类型，通常采用研配的方法来保证精度。第一类是成套件的表面，如 3 块一组的精密标准平板，就是利用 3 块平板相互对研、配刮的方法加工的，刮去显著的最高点，逐步提高这 3 块平板的平面度，使被加工表面原有的平面度误差不断缩小而使误差均化的。第二类是精密偶件，如上面的轴和孔及精密标准丝杠与螺母等。第三类是工件本身相互有牵连的表面，如精密分度盘的各个槽等。

6. 误差补偿法

误差补偿法是人为地造出一种新的原始误差，去抵消或补偿原来工艺系统中存在的原始误差，并尽量使两者大小相等、方向相反。

图 5 - 24 为螺纹加工常采用的丝杆误差校正机构。刀架纵向移动时，校正尺 7 工作表面的校正曲线使杠杆产生位移并使丝杠螺母 2 产生一个附加转动，从而使刀架得到一个附加位移，以校正尺 7 的人为误差补偿传动误差，来达到补偿机床丝杠的螺距误差的目的。

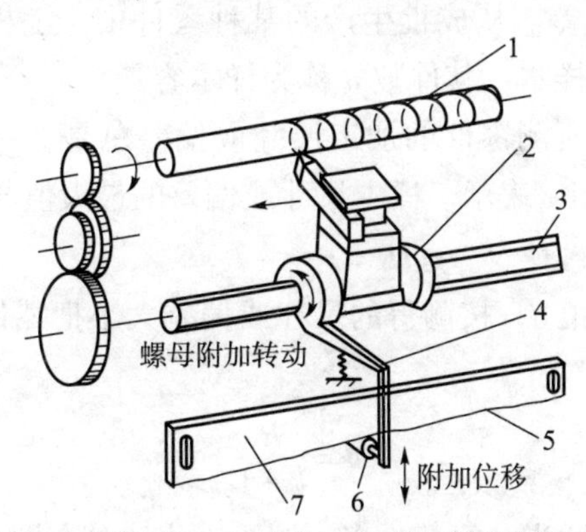

1—工件；2—丝杠螺母；3—车床丝杠；4—杠杆；5—校正误差曲线；6—滚柱；7—校正尺。

图 5 - 24　丝杆误差校正机构

采用机械式的校正装置只能校正机床静态传动误差，如果要同时校正机床静态及动态传动误差，则需采用计算机控制的柔性的“电子校正尺”来取代传统的机械校正尺。

7. 控制误差法

用误差补偿的方法来消除或减小常值系统误差一般来说是比较容易的，只要把固定不变的常值系统误差测量出来就可以补偿。而对于变值系统误差的补偿就不能用这种固定补偿方法，于是生产中就发展了可变补偿，即积极控制的误差补偿方法，称为控制误差法。

控制误差法是在加工循环中，利用测量装置连续地测量出工件的实际尺寸（形状、位置）精度，随时给刀具以附加的补偿量，控制刀具和工件间的相对位置，直至实际值与调定值的差不超过预定的公差为止。现代机械加工中的自动测量和自动补偿就属于这种形式。除这种主动测量方式外，还可采用偶件自动配磨（将互配件的一件作为基准，去控制另一件的加工精度，加工过程中自动测量尺寸并比较）和积极控制起决定性作用的加工条件（多种因素很难同时控制，选取关键因素，将其控制在很小的变动范围内，如精密螺纹磨床的自动恒温控制等）等方法。

第三节　加工误差的统计分析

实际生产中，影响加工精度的因素很多，加工误差往往是多种因素综合影响的结果，而且其中不少因素的作用带有随机性。对于一个受多个随机因素综合作用的工艺系统，就需要用数理统计的方法对加工误差数据进行处理和分析，才能得到符合实际的结果，发现误差形成规律，找出影响加工误差的主要因素，这就是加工误差的统计分析法。

本节的中心内容是阐明加工误差统计分析的方法和步骤。

一、加工误差的统计分析

常用的统计分析法有分布图（曲线）分析法和点图分析法两种。

1. 分布图分析法

1）实际分布图——直方图

作实际分布图的步骤如下。

（1）采集样本，计算极差。从成批生产的某种零件中，随机抽取足够数量的工件进行测量，抽取的这些零件称为样本，其件数 n 称为样本容量。

由于加工误差的存在，所测零件的加工尺寸或偏差总是在一定范围内变动（称为尺寸分散），亦即为随机变量，用 x 表示。样本尺寸或偏差的最大值与最小值之差称为极差 R。

$$R = x_{\max} - x_{\min} \tag{5-11}$$

（2）确定分组数 k、组距 d。按测得的尺寸或偏差大小把零件分成 k 组，每两组之间的尺寸间隔称为组距 d。

$$d = \frac{R}{k-1} \tag{5-12}$$

选择的组数 k 和组距要适当。组数过多，组距太小，分布图会被随机波动所歪曲；组数太少，组距太大，分布特征将被掩盖：k 值一般应根据样本容量来选择，如表5-2所示。

表 5-2　分组数的推荐值

样本总数 n	50 以下	50~100	100~250	250 以上
分组数 k	6~7	6~10	7~12	10~20

（3）计算频率分布或频率密度。同一尺寸间隔内的零件数量称为频数，用 m_i 表示；频数与样本总数，即样本容量之比称为频率，用 f_i 表示；频率与组距（尺寸间隔用 d 表示）之比称为频率密度。

（4）计算样本的算术平均值和标准差。

$$\bar{x} = \frac{1}{n}\sum_{i=1}^{n} x_i \tag{5-13}$$

$$s = \sqrt{\frac{1}{n-1}\sum_{i=1}^{n} (x_i - \bar{x})^2} \tag{5-14}$$

式中　x_i——各工件的尺寸，mm；

$\bar{x}$——样本的算术平均值，mm；

s——样本的标准差（均方根偏差），mm。

这两个参数反映了该样本的统计数据特征。样本的平均值表示该样本的尺寸分散中心，它主要取决于调整尺寸的大小和常值系统误差。样本的标准差反映了该批工件的分散程度，它是由变值系统误差和随机误差决定的，误差大，标准差也大。当样本的容量比较大时，为简化计算，可直接用 n 代替式（5-14）中的（$n-1$）。

（5）画直方图，并标出相关参数。以零件尺寸（或误差）为横坐标，以频数或频率、频率密度为纵坐标，就可绘出该批工件加工尺寸（误差）的实际分布图，即直方图。连接各直方块的顶部中点得到一条折线，即为实际分布曲线。

例 5-1　磨削一批轴径为 $55^{+0.06}_{+0.01}$ mm 的工件，绘制工件加工尺寸的实际分布图。

解　（1）收集数据，一般取 100 件左右。测量它们的尺寸和偏差，本例以偏差值计算。找出最大值 $x_{max} = 54$ μm，最小值 $x_{min} = 16$ μm，如表 5-3 所示。

表 5-3　轴径偏差实测值　　μm

44	20	46	32	20	40	52	33	40	25	43	38	40	41	30	36	49	51	38	34
22	46	38	30	42	38	27	49	45	45	38	32	45	48	28	36	52	32	42	38
40	42	38	52	38	36	37	43	28	45	36	50	46	38	30	40	44	34	42	47
22	28	34	30	36	32	35	22	40	35	36	42	46	42	50	40	36	20	16	53
32	46	20	28	46	28	54	18	32	33	26	46	47	36	38	30	49	18	38	38

（2）确定分组数、组距，各组组界和组中值。

组数一般用表 5-2 的经验数值确定，本例取组数 $k = 9$。则组距为

$$d = \frac{x_{max} - x_{min}}{k-1} = \frac{54-16}{9-1}\ \mu\text{m} = 4.75\ \mu\text{m}$$

取计量单位的整数值，即 $d = 5$ μm。

第一组的上、下界限值为 $x_{min} \pm \frac{d}{2}$。

第一组的上界限值为 $x_{\min}+\frac{d}{2}=16+\frac{5}{2}\ \mu m=18.5\ \mu m$；下界限值为 $x_{\min}-\frac{d}{2}=16-\frac{5}{2}\ \mu m=13.5\ \mu m$。

第一组的上界限值就是第二组的下界限值，第二组的下界限值加上组距就是第二组的上界限值，其余类推。

计算各组的中心值 x_i。中心值是每组中间的数值。

$$x_i=\frac{\text{某组上限值}+\text{某组下限值}}{2}$$

第一组的中心值为

$$x_i=\frac{13.5+18.5}{2}\ \mu m=16\ \mu m$$

（3）记录各组数据，统计各组尺寸的频数、频率和频率密度，整理成频数分布表，如表5－4所示。

表5－4　频数分布表

组号	组界/μm	中心值 x_i/μm	频数统计	频数	频率/%	频率密度/μm^{-1}
1	13.5～18.5	16	下	3	3	0.6
2	18.5～23.5	21	正丅	7	7	1.4
3	23.5～28.5	26	正下	8	8	1.6
4	28.5～33.5	31	正正𠫓	14	14	2.8
5	33.5～38.5	36	正正正正正	25	25	5.0
6	38.5～43.5	41	正正正一	16	16	3.2
7	43.5～48.5	46	正正正一	16	16	3.2
8	48.5～53.5	51	正正	10	10	2
9	53.5～58.5	56	一	1	1	0.2

（4）计算 $\bar{x}$ 和 s。

$$\bar{x}=\frac{1}{n}\sum_{i=1}^{n}x_i=37.29\ \mu m$$

$$s=\sqrt{\frac{1}{n}\sum_{i=1}^{n}(x_i-\bar{x})^2}=8.93\ \mu m$$

（5）按表5－4中数据画出直方图，如图5－25所示；再由直方图的各矩形顶端的中心点连成折线，在一定的条件下，此折线接近理论分布曲线（见图中曲线），标出相关参数。

2）理论分布图——正态分布曲线方程及特性

概率论已经证明，相互独立的大量微小随机变量，其总和的分布是服从正态分布的。大量实验表明，在用调整法加工时，当所取工件数量足够多，且无任何优势误差因素的影响，则加工后零件的尺寸分布曲线近似于正态分布，如图5－26所示。在分析工件的加工误差

时，用正态分布曲线代替实际分布曲线，可使问题的研究大大简化。正态分布曲线又称高斯曲线，其概率密度函数表达方程式为

$$y=\frac{1}{\sigma\sqrt{2\pi}}\mathrm{e}^{-\frac{1}{2}\left(\frac{x-\mu}{\sigma}\right)^{2}}\quad(-\infty<x<+\infty,\ \sigma>0) \tag{5-15}$$

式中　y——正态分布的概率密度；

x——随机变量；

μ——正态分布随机变量总体的算术平均值（数学期望），$\mu=\frac{1}{n}\sum_{i=1}^{n}x_i$，表示加工尺寸的分布中心；

σ——正态分布随机变量的标准差（总体均方根偏差），$\sigma=\sqrt{\frac{1}{n}\sum_{i=1}^{n}(x_i-\mu)^2}$，表示加工的尺寸分散程度。

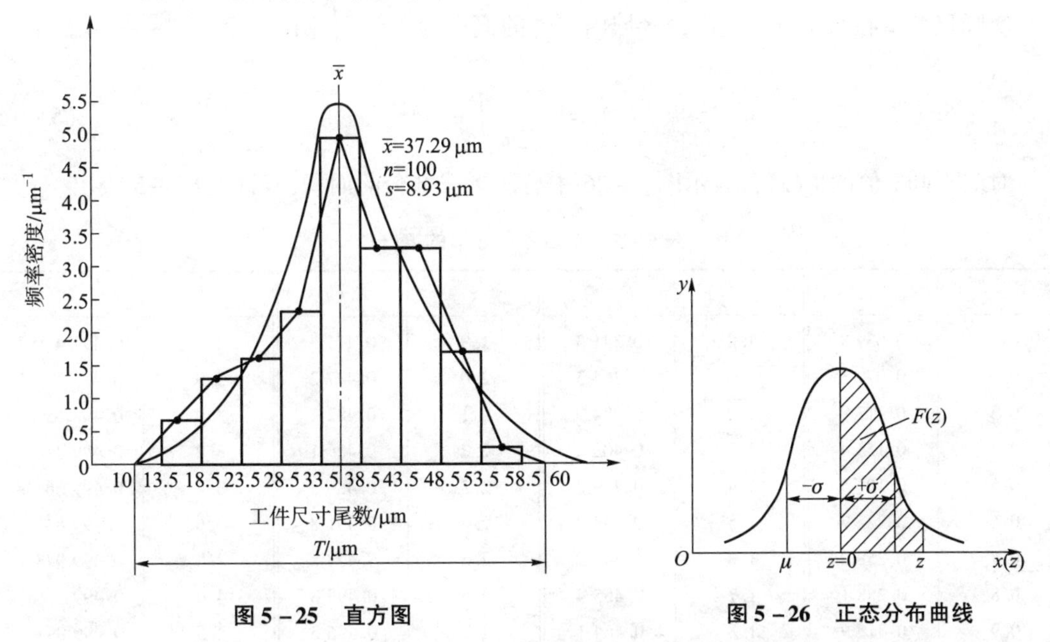

图 5-25　直方图

图 5-26　正态分布曲线

正态分布总体的 μ 和 σ 通常未知，但在成批加工工件时，可以抽检其中的一部分，当样本足够大时，可用样本的 $\bar{x}$ 代替总体的 μ，用样本的 s 代替总体的 σ，即可判断整批工件的加工精度。

正态分布曲线具有以下一些特征。

（1）正态分布曲线对称于直线 $x=\bar{x}$，在 $x=\bar{x}$ 处达到最大值 $y_{\max}=\frac{1}{\sigma\sqrt{2\pi}}$。在 $x=\bar{x}\pm\sigma$ 处有拐点。靠近 $\bar{x}$ 的工件尺寸出现概率较大，远离 $\bar{x}$ 的工件尺寸概率较小。

（2）具有平均值 $\bar{x}$ 和标准差 σ 两个特征参数。平均值 $\bar{x}$ 是表征分布曲线位置的参数，即表示了尺寸分散中心的位置，曲线对称于 $\bar{x}$。$\bar{x}$ 不同，分布曲线沿 x 轴平移而不改变其形状，主要是受常值系统误差的影响，如图 5-27（a）所示。标准差 σ 是表征分布曲线形状和尺寸分散程度的参数，不影响曲线位置，表示了随机性误差的影响程度，随机误差越大，σ 越大，曲线变平坦，如图 5-27（b）所示。

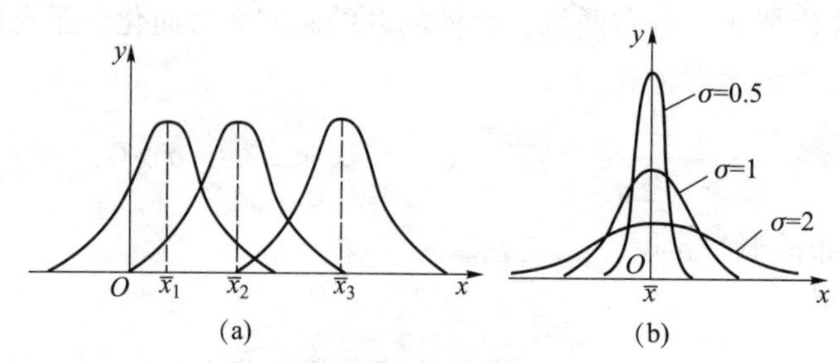

图5－27　不同特征参数下的正态分布曲线

（a）不同 $\bar{x}$ 值的情况；（b）不同 σ 值的情况

（3）正态分布曲线下所包含的全部面积 $F(x)=\int_{-\infty}^{+\infty}y\mathrm{d}x=1$，代表了工件（样本）的总体，即100%，其相对面积为1。

实际尺寸落在从 $\bar{x}$ 到 x 这部分区域内工件的概率为 $F_x=\int_{\bar{x}}^{x}y\mathrm{d}x$。令 $z=\dfrac{x-\bar{x}}{\sigma}$，则

$$F(z)=\frac{1}{\sqrt{2\pi}}\int_0^z \mathrm{e}^{-\frac{z^2}{2}}\mathrm{d}z \tag{5-16}$$

对应不同 z 值的 $F(z)$，表示图5－26中有阴影线部分的面积，可由表5－5查出。

表5－5　对应不同 z 值的 $F(z)$

z	F（z）	z	F（z）	z	F（z）	z	F（z）
0.1	0.039 8	1.0	0.341 3	1.9	0.471 3	2.8	0.497 4
0.2	0.079 3	1.1	0.364 3	2.0	0.477 2	2.9	0.498 1
0.3	0.117 9	1.2	0.384 9	2.1	0.482 1	3.0	0.498 65
0.4	0.155 4	1.3	0.403 2	2.2	0.486 1	3.2	0.499 31
0.5	0.191 5	1.4	0.419 2	2.3	0.489 3	3.4	0.499 66
0.6	0.225 7	1.5	0.433 2	2.4	0.491 8	3.6	0.499 841
0.7	0.258 0	1.6	0.445 2	2.5	0.493 8	3.8	0.499 928
0.8	0.288 1	1.7	0.455 4	2.6	0.495 3	4.0	0.499 968
0.9	0.315 9	1.8	0.464 1	2.7	0.496 5	4.5	0.499 997
						5.0	0.499 999 97

计算结果表明，工件落在 $\bar{x}\pm3\sigma$ 间的概率为99.73%，而落在该范围以外的概率仅0.27%，可忽略不计。因此生产中常常认为，正态分布的分散范围为 $\bar{x}\pm3\sigma$，就是工程上经常用到的 $\pm3\sigma$ 原则，或称 6σ 原则。

6σ 原则是一个很重要的概念，在研究加工误差时应用很广。6σ 的大小代表了某加工方法在一定的条件（如切削用量及正常的机床、刀具等）下所能达到的加工精度。所以在一般情况下，应使所选择的加工方法的标准差 σ 与公差带宽度 T 之间满足关系式：$6\sigma\leqslant T$。

提要： 正态分布曲线和 6σ 原则在各行各业的质量管理工作中也有很广泛的应用。

3）非正态分布

工件的实际分布有时并不接近于正态分布，可根据分布曲线的形状分析判断变值系统误差的类型，分析误差产生的原因并采取有效措施加以抑制或消除。例如，将两次调整下加工

或两台机床加工的工件混在一起，尽管每次调整加工的工件都接近正态分布，但由于其常值系统误差不同，叠加在一起就得到双峰分布曲线［见图 5－28（a）］。常见的非正态分布还有平顶分布、偏态分布和瑞利分布等。

平顶分布的分布曲线呈平顶状，如图 5－28（b）所示。其主要原因是生产过程中某种缓慢变动倾向的影响，其算术平均值近似成线性变化，如加工中刀具或砂轮的均匀磨损而没有补偿时，加工的每一瞬时，工件的尺寸呈正态分布，但随着刀具或砂轮的磨损，其分散中心是逐渐移动的，可以看成是众多正态分布曲线的组合结果。

偏态分布是指分布图顶偏向一侧，图形不对称［见图 5－28（c）］。其主要原因可能是操作者由于主观上不愿意产生不可修复的废品，用试切法加工轴颈或孔时，加工轴颈时宁大勿小，加工孔时宁小勿大，使分布曲线呈不对称状态；或者是工艺系统存在显著的热变形，如刀具热变形严重，受热伸长，加工轴时会偏小，曲线凸峰偏向左；加工孔时孔偏大，曲线凸峰偏向右。

偏态分布还有一种情况是瑞利分布，如图 5－28（d）所示。对于端面跳动和径向跳动一类的误差，一般不考虑正负号，所以接近 0 的误差值较多，远离 0 的误差值较少，其分布也是不对称的。

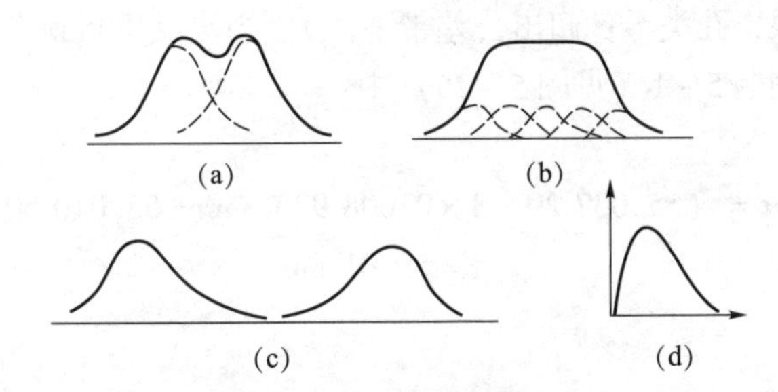

图 5－28　几种非正态分布

（a）双峰分布；（b）平顶分布；（c）偏态分布；（d）瑞利分布

4）分布图分析法的应用

（1）判断加工误差的性质。根据前面分析，若实际分布与正态分布基本相符，则加工过程中就没有变值系统误差（或影响很小）。接着看样本平均值 $\bar{x}$ 是否与公差带中心重合，若分布图的 $\bar{x}$ 值偏离公差带中心，则加工过程中工艺系统存在常值系统误差，其误差值大小等于分布中心与公差带中心的偏离量，可通过重新调整加以修正。如实际分布与正态分布有较大出入，可根据直方图的情况（非正态的具体形状）初步判断变值系统误差是什么类型。

（2）确定给定加工方法所能达到的加工精度。由于加工方法在随机因素的影响下所得到的加工尺寸的分布规律符合正态分布，因而可在统计的基础上，求得给定加工方法的标准差 σ 值，正态分布曲线的分散范围为 $\pm 3\sigma$（6σ），6σ 即为该加工方法的加工精度。

（3）确定工序能力及其等级。工序能力是指工序处于稳定、正常状态时，加工误差正常波动的幅度。当加工尺寸服从正态分布时，其尺寸分散范围是 6σ，因此可以根据 6σ 和公差带的关系来表示工序能力。

工序能力等级是以工序能力系数 C_p 来表示的，它代表工序能满足加工精度要求的程度。

$$C_p = \frac{T}{6\sigma} \tag{5-17}$$

式中　T——工件尺寸公差带宽度。

根据工序能力系数 C_p 的大小，可将工序能力分为五级，如表5-6所示。在一般情况下，工序能力不应低于二级，即应该满足 $C_p>1$。

表5-6　工序能力等级

工序能力系数	能力等级	说　明
$C_p>1.67$	特级	工序能力过高，可以允许有异常波动，不经济
$1.67\geqslant C_p>1.33$	一级	工序能力足够，可以允许有一定的异常波动
$1.33\geqslant C_p>1.00$	二级	工序能力勉强，必须密切注意
$1.00\geqslant C_p>0.67$	三级	工序能力不足，可能出现少量不合格品
$0.67\geqslant C_p$	四级	工序能力很差，必须加以改进

（4）估算合格品率或不合格品率。将分布图与工件尺寸公差带进行比较，超出公差带范围的曲线面积代表不合格品的数量，不合格品率包括废品率和可返修的不合格品率（轴类零件超出公差带上限，孔类零件超出公差带下限）。当废品不可避免产生，应尽量使废品属于可修复废品。在例题5-1（见图5-25）中：

工件最小尺寸

$$d_{min}=\bar{x}-3\sigma=(55.037\ 29-3\times0.008\ 93)\ \text{mm}=55.010\ 50\ \text{mm}>x_{min}$$

$$x_{min}=55.01\ \text{mm}$$

故不会产生废品。

工件最大尺寸

$$d_{max}=\bar{x}+3\sigma=(55.037\ 29+3\times0.008\ 93)\ \text{mm}=55.064\ 08\ \text{mm}>x_{max}$$

$$x_{max}=55.06\ \text{mm}$$

故将产生不合格品，但这是可修复的，通过进一步磨削使最大尺寸减小至要求公差即可。

不合格品率

$$Q=0.5-F(z)$$

$$z=\frac{|x-\bar{x}|}{\sigma}=\frac{|55.06-55.037\ 29|}{0.008\ 93}\approx2.54$$

查表5-5得 $F(z)\approx0.494\ 5$，所以不合格品率为 $0.5-0.494\ 5=0.005\ 5\approx0.55\%$，且为可修复的。

重新调整机床，设法使分散中心 $\bar{x}$ 与公差带中心重合，则可减少不合格品率。具体调整方法就是将砂轮向前进刀 $\Delta=(55.037\ 29-55.035\ 00)\ \text{mm}=0.002\ 29\ \text{mm}$。

大批量生产时，对一些关键工序，经常根据分布曲线判断加工误差的性质，分析产生废品的原因，并采取措施，提高加工精度。但分布曲线法不考虑零件加工的先后顺序，故不能反映误差变化的趋势，且不能区别变值系统误差和随机性误差；最大的问题是只能在一批零件加工后才能得到尺寸分布情况，绘制分布图，因此不能在加工过程中起到及时控制质量的作用。生产上采用点图法来弥补上述不足。

2. 点图分析法

与分布图分析法不同，用点图来评价工艺过程稳定性采用的是顺序样本，即工艺系统在一次调整中，按加工工件的先后顺序来抽取样本。这样可以得到在时间上与工艺过程运行同步的有关信息，反映出加工误差随时间变化的趋势。

点图有多种形式，这里仅介绍 $\bar{x}-R$ 图（平均值 - 极差点图）。

1）$\bar{x}-R$ 图基本形式

$\bar{x}-R$ 图是由平均值 $\bar{x}$ 点图和极差 R 点图组成的，如图 5 - 29 所示。点图分析法采用的是顺序小样本，即每隔一定时间，随机抽取几个工件作为一个小样本，每组工件数 $m=2\sim10$ 件，一般取 $m=4\sim5$ 件，共抽取 $k=20\sim25$ 组，得到 80 ~ 100 个工件的数据，再计算每组的平均值 $\bar{x}_i$ 和极差 R_i 值

$$\bar{x}_i = \frac{1}{m}\sum_{i=1}^{m} x_i\ ;\ R_i = x_{i,\max} - x_{i,\min}$$

式中　$x_{i,\max}$、$x_{i,\min}$——分别是第 i 组中工件的最大尺寸和最小尺寸；

$\bar{x}_i$、R_i——分别是第 i 组的平均值和第 i 组的极差。

$\bar{x}-R$ 图以样组序号为横坐标，分别以 $\bar{x}_i$ 和 R_i 为纵坐标，就可以作出 $\bar{x}$ 点图和 R 点图。

$\bar{x}$ 点图上的点代表了瞬时分散中心的位置，所以它控制工艺过程质量指标的分布中心。$\bar{x}$ 点图主要反映系统性误差及其变化趋势，R 点图上的点代表了瞬时分散范围，所以控制工艺过程质量指标的分散程度，R 点图主要表明加工过程中随机性误差的变化趋势。两种点图必须结合使用，才能全面地反映加工误差的情况。

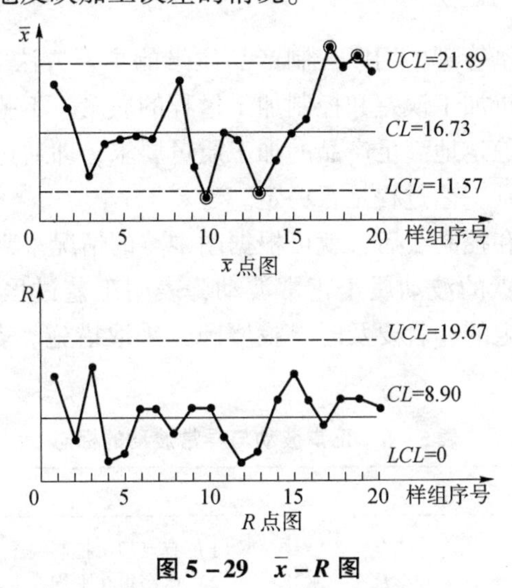

图 5 - 29　$\bar{x}-R$ 图

2）$\bar{x}-R$ 图上、下控制线的绘制

工件的加工尺寸都有波动性，因此各样组的平均值 $\bar{x}$ 和极差 R 也都有波动性。为判定某工艺是否稳定地满足产品的加工质量要求，要在 $\bar{x}-R$ 图上加上平均线和上、下控制线。

$\bar{x}$ 点图的平均线

$$\bar{\bar{x}} = \frac{1}{k}\sum_{i=1}^{k}\bar{x}_i$$

R 点图的平均线

$$\overline{R} = \frac{1}{k}\sum_{i=1}^{k} R_i$$

式中　k——小样本组数。

$\bar{x}$ 点图的上控制线为

$$\bar{x}_{\mathrm{s}} = \bar{\bar{x}} + A\overline{R}$$

$\bar{x}$ 点图的下控制线为

$$\bar{x}_{\mathrm{x}} = \bar{\bar{x}} - A\overline{R}$$

R 点图的上控制线为

$$R_{\mathrm{s}} = D_1\overline{R}$$

R 点图的下控制线为

$$R_{\mathrm{x}} = D_2\overline{R}$$

系数 A、D_1、D_2 值如表 5－7 所示。

表 5－7　系数 A、D_1、D_2 值

m	2	3	4	5	6	7	8	9	10
A	1.880 6	1.023 1	0.7285	0.576 8	0.483 3	0.419 3	0.372 6	0.336 7	0.308 2
D_1	3.268 1	2.574 2	2.281 9	2.114 5	2.003 9	1.924 2	1.864 1	1.816 2	1.776 8
D_2	0	0	0	0	0	0.075 8	0.135 9	0.183 8	0.223 2

3）点图的应用

点图分析法是全面质量管理中用以控制产品质量的主要方法之一，主要用于工艺验证、判断工艺过程稳定性、分析加工误差和控制加工过程的质量。工艺验证主要是判定现行工艺或准备投产的新工艺是否稳定地满足产品的加工质量要求，即通过抽样调查，确定其工艺能力和工艺能力系数，并判别工艺过程是否稳定。

在点图上作出平均线和控制线后，就可根据图中点的情况来判别工艺过程是否稳定、点的波动状态是否正常。若点的波动属于正常波动，表明工艺过程是稳定的；若出现异常波动，表明工艺过程是不稳定的，就要及时寻找原因，采取措施。表 5－8 列出了正常波动与异常波动的标志。

表 5－8　正常波动与异常波动的标志

正常波动	异常波动
（1）没有点超出控制线； （2）大部分点在平均线上、下波动，小部分在控制线附近； （3）点波动没有明显的规律性	（1）有点超出控制线； （2）点密集在平均线上、下附近； （3）点密集在控制线附近； （4）连续 7 点以上出现在平均线一侧； （5）连续 11 点中有 10 点出现在平均线一侧； （6）连续 14 点中有 12 点以上出现在平均线一侧； （7）连续 17 点中有 14 点以上出现在平均线一侧； （8）连续 20 点中有 16 点以上出现在平均线一侧； （9）点有上升或下降倾向； （10）点有周期性波动

提要：工艺过程出现异常波动，表明总体分布的数字特征$\bar{x}$、σ发生了变化，这种变化不一定就是坏事。例如，发现点密集在中心线上下附近，说明分散范围变小了，这是好事，但应查明原因，使之巩固，以进一步提高工序能力（即减小6σ值）。再如，刀具磨损会使工件平均尺寸的误差逐渐增加，使工艺过程不稳定，如果不适时加以调整，就有可能出现废品。这样，就可以使质量管理从事后检验变为事前预防。

另外也必须指出，工艺过程的稳定性与加工工件是否会出现废品两者之间没有必然的联系。工艺过程是否稳定是由其本身的误差情况（用$\bar{x}-R$图）来判定的，工件是否合格是由工件规定的公差来判定的。

第四节 机械加工表面质量

研究表面质量，就是要掌握机械加工中各种工艺因素对表面质量影响的规律，以便控制加工过程，达到提高表面质量、提高产品使用性能的目的。

一、加工表面质量的概念

加工表面质量包含以下两个方面的内容。

1. 表面层的几何形状特征

根据特征，可将表面轮廓分为以下3种：一是宏观几何形状误差，如圆度误差、圆柱度误差等，它们属于加工精度范畴，前面已讨论过；二是微观几何形状误差，亦称表面粗糙度，由加工中的残留面积、塑性变形、积屑瘤、鳞刺及工艺系统的高频振动等造成；三是波纹度，介于宏观与微观几何形状误差之间的周期性几何形状误差，由加工中工艺系统的低频振动引起。表面质量研究后两种。

2. 表面层材料的物理、力学、化学性能的变化

由于机械加工中力和热的综合作用，加工表面层金属的物理力学性能和化学性能将发生一定的变化，主要表现为以下几方面。

1）表面层因塑性变形引起的冷作硬化

在机械加工中，零件的表面层金属产生强烈的冷态塑性变形后，晶粒间剪切滑移、晶格扭曲、晶粒拉长、破碎和纤维化，引起表层材料强度和硬度有所提高、塑性有所降低的现象就是冷作硬化。表面层金属硬度的变化程度用硬化程度和深度两个指标来衡量。

2）表面层金属金相组织的变化

在机械加工过程中，加工区域的温度会急剧升高，当温度升高到超过工件材料金相组织变化的临界点时，就会发生金相组织变化。例如，磨削淬火钢件时，常会出现回火烧伤、退火烧伤等金相组织变化，将严重影响零件的工作性能。

3）表面层金属的残余应力

由于加工过程中切削力和切削热的综合作用，使工件表层金属产生的内应力，称为表面层残余应力。它与前面铸造、锻造等过程中产生的残余应力的区别在于，前面的是整个工件上平衡的内力，它的重新分布会引起工件变形，而此处的是加工表面材料中平衡的内力，重新分布不会引起工件变形，但对表面质量有重要影响。

二、表面质量对机器零件工作性能的影响

1. 表面质量对耐磨性的影响

1）表面粗糙度对耐磨性的影响

通常，表面粗糙度值越大越不耐磨，因为表面越粗糙，有效接触面积就越小而实际压强增大，粗糙不平的凸峰间相互咬合、挤裂，磨损加剧。但表面粗糙度值也不能太小，表面太光滑，因存不住润滑油使接触面间容易发生干摩擦而导致磨损加剧。

2）表面冷作硬化对耐磨性的影响

零件加工表面层的冷作硬化一般能提高耐磨性，因冷作硬化使表面金属层的显微硬度提高，可降低磨损。但是过度的表面硬化，将引起表面层金属组织的“疏松”，甚至产生微观裂纹和剥落，反而会加剧磨损。

3）表面纹理对耐磨性的影响

表面纹理方向也会影响实际接触面积和存油情况，对耐磨性有重要影响。一般在轻载时，两相对运动零件表面的刀纹运动均与运动方向相同时，耐磨性较好；刀纹方向均与运动方向垂直时，耐磨性差，这是因为两个摩擦面在相互运动中，切去了妨碍运动的加工痕迹。但在重载时，规律有所不同，两相对运动零件表面的刀纹方向均与相对运动方向一致时容易发生咬合，磨损量反而大。

2. 表面质量对耐疲劳性的影响

1）表面粗糙度

零件的疲劳破坏主要是在交变应力作用下，在内部缺陷和应力集中处产生疲劳裂纹而引起的。表面粗糙度的凹谷部位很容易引起应力集中，故对零件的疲劳强度影响很大。减小零件的表面粗糙度值，可以提高零件的抗疲劳性。

2）表面层物理力学性能

适度的冷作硬化能够阻止已有裂纹的扩大和新的裂纹的产生，有利于提高零件的耐疲劳强度；但冷作硬化强度过高时，会使表面脆性增加反而降低疲劳强度。加工表面层的残余应力对疲劳强度的影响很大，残余压应力可抵消一部分交变载荷引起的拉应力，阻碍和延缓疲劳裂纹的产生或扩大，使疲劳强度有所提高，而残余拉应力则有引起疲劳扩展的趋势，使耐疲劳强度降低。

3. 表面质量对耐腐蚀性的影响

1）表面粗糙度

零件表面粗糙度值越大，加工表面与气体、液体接触面就大，潮湿空气和腐蚀介质越容易沉积于表面凹坑中而发生化学腐蚀。

2）表面层物理力学性能

当零件表面层有残余压应力时，能够阻止表面裂纹的进一步扩大，有利于提高零件表面抵抗腐蚀的能力。加工表面的冷作硬化或金相组织变化亦常会促进腐蚀。

4. 表面质量对零件配合质量的影响

对于间隙配合，表面粗糙度值大，初期磨损就大，使配合间隙很快增大，从而改变原有的配合性质，影响间隙配合的稳定性。对于过盈配合，两表面相配合时表面凸峰易被挤掉，会使实际过盈量减少，降低过盈配合的可靠性，因此对有配合精度要求的表面，应具有较小

的表面粗糙度值。

5. 其他影响

表面质量对零件的使用性能还有其他一些影响，例如：较大的表面粗糙度值会影响液压油缸、滑阀等的密封性；较小的表面粗糙度值可提高零件的接触刚度和滑动零件的运动灵活性，减少发热和功率损失；表面层残余应力会使工件在使用过程中缓慢变形等。

三、表面粗糙度的影响因素及控制措施

在机械加工中，产生表面粗糙度的主要原因可归纳为几何因素和物理因素两方面。不同的加工方法，产生的表面粗糙度 *Ra* 也不同，一般磨削加工表面的 *Ra* 值小于切削加工的 *Ra* 值。

1. 切削加工中影响表面粗糙度的因素及控制措施

1）影响因素

产生表面粗糙度的几何因素是切削残留面积和刀刃刃磨质量。在理想切削条件下，由于切削刃的形状和进给量的影响，在加工表面上遗留下来的切削层残留面积（见图 5－30）就形成了理论表面粗糙度。其最大高度 H 可由刀具形状、进给量 f 求得。

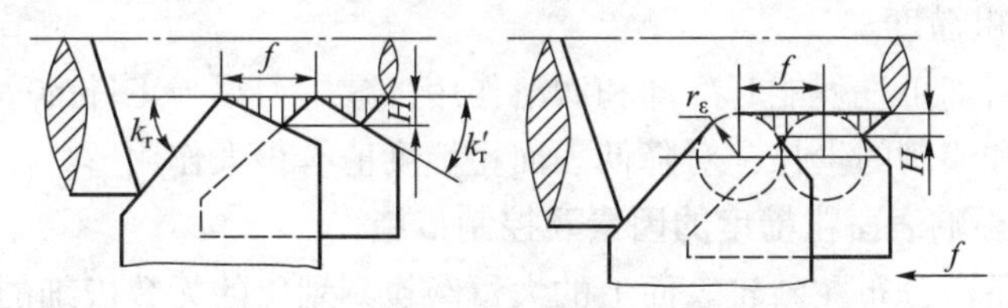

图 5－30　切削层残留面积

（a）刀尖圆弧半径为 0；（b）刀尖圆弧半径不为 0

当刀尖圆弧半径为 0 时

$$H=\frac{f}{\cot\kappa_r+\cot\kappa_r'}$$

当刀尖圆弧半径为 r_ε 时

$$H=\frac{f^2}{8r_\varepsilon}$$

式中　κ_r、κ_r'——刀具的主偏角和副偏角；

r_ε——刀尖圆弧半径。

此外，刀具刃口本身的刃磨质量对加工表面粗糙度影响也很大。

产生表面粗糙度的物理因素是被加工材料的性能及切削机理等，切削过程中的塑性变形、摩擦、积屑瘤、鳞刺及工艺系统中的高频振动等会使表面粗糙度恶化。切削过程中，刀具刃口圆角及后刀面对工件的挤压与摩擦，使工件材料发生弹性、塑性变形，引起已有的残留面积歪扭或沟纹加深，促使表面粗糙度变差。

2）降低表面粗糙度的措施

由几何因素引起的表面粗糙度过大，可通过减小残留面积高度和提高刃磨质量来解决，如增大刀尖圆弧半径，减小主偏角、副偏角，采用副偏角为 0°的修光刃刀具等措施。减小进给量也能有效地减小残留面积，但会使生产率降低。

由物理因素引起的表面粗糙度过大，主要应采取措施减小加工时的塑性变形，有效抑制积屑瘤和鳞刺。对此影响较大的是切削速度 v、被加工材料性质及刀具材料和几何参数等。

（1）切削速度 v。加工弹塑性材料时，在一定的切速范围内容易产生积屑瘤或鳞刺，因此，合理选择切削速度 v，避开此速度范围是减小粗糙度值的重要条件。如第二章所介绍，切削速度处于20～40 m/min，最易出现积屑瘤，表面粗糙度值最大。选择低速宽刃精切和高速精切，可以得到较小的表面粗糙度值。

（2）被加工材料性质。一般说来，韧性较大的塑性材料，加工后的粗糙度值较大，而脆性材料的加工粗糙度值比较接近理论值。同样的材料，晶粒组织越粗大，加工后的粗糙度值也越大。因此，可采取在切削加工前正火或调质处理，以得到均匀细密的组织和较高的硬度。

（3）刀具材料和几何参数。刀具材料与被加工材料分子间的亲和力大时，易生成积屑瘤。实验表明，在切削条件相同时，用硬质合金刀具加工的工件表面粗糙度值比用高速钢刀具的更小。用金刚石车刀加工因不易形成积屑瘤，故可获得表面粗糙度值很小的表面。刀具的几何角度对塑性变形、刀瘤和鳞刺的产生均有很大的影响，前角 γ_0 增大时，塑性变形减小；刃倾角的大小又会影响刀具的实际前角；后角 α_0 过小会增加摩擦；因此它们都会影响表面粗糙度。

此外，切削液对加工过程能起冷却和润滑作用，减少刀刃与工件的摩擦，从而减少塑性变形并抑制积屑瘤和鳞刺的生长，对降低表面粗糙度值有很大作用。

2. 磨削加工中影响表面粗糙度的因素及控制措施

磨削加工表面是由分布在砂轮表面上的大量磨粒刻划出的无数极细的沟槽形成的。单位面积上的刻痕越多，且刻痕细密均匀，则表面粗糙度值越小。

1）影响磨削表面粗糙度的因素

（1）磨削用量。当砂轮速度大时，单位时间内参与切削的磨粒数增多，可以增加工件单位面积上的刻痕数，又因高速磨削时塑性变形不充分，因而提高磨削速度有利于降低表面粗糙度值。磨削深度与工件速度增大时，将使塑性变形加剧，因而使表面粗糙度值增大。

（2）砂轮及其修整。砂轮的粒度越细，单位面积上的磨粒数越多，则表面粗糙度值亦越小。但粒度过细，容易堵塞砂轮而使工件表面塑性变形增加，影响表面粗糙度。

砂轮硬度应适宜，使磨钝的磨粒能及时脱落，即具有良好的“自砺性”，工件就能获得较小的表面粗糙度。

砂轮应及时修整，以去除已钝化的磨粒，保证砂轮具有等高微刃。砂轮上的微刃越多，等高性越好，磨出的表面粗糙度亦越小。

（3）工件材料。工件材料的硬度、塑性、韧性和导热系数等对表面粗糙度有显著影响。工件材料太硬时，磨粒易钝化；太软时，砂轮易堵塞；韧性大和导热性差会使磨粒早期崩落，因此均使表面粗糙度值增大。

（4）切削液和其他。正确选用切削液对减少磨削力、温度及砂轮磨损等对减小表面粗糙度值都有良好的效果。磨削工艺系统的刚度、主轴回转精度、砂轮的平衡等方面，都将影响砂轮与工件的瞬时接触状态，从而影响表面粗糙度。

2）降低磨削表面粗糙度的措施

根据加工时的具体情况，主要从磨削用量、砂轮及冷却润滑等其他条件入手。

（1）合理选择磨削用量。通常在开始磨削时采用较大的磨削深度，而后采用小的磨削深度或光磨，以减小表面粗糙度值，并注意：

①当磨削温度不太高时，可以降低工件的线速度 $v_{工件}$ 和纵向进给量 f_a（提高砂轮切削速度往往受到机床结构和砂轮强度的限制，故一般不采用），但优先考虑降低工件的线速度；

②如果磨削表面出现微熔点，首先考虑减小磨削深度，必要时适当提高工件的线速度，同时还应考虑砂轮是否太硬、切削液是否充分、是否有良好的冷却性和流动性。

（2）合理选择砂轮并仔细修整。在确定砂轮磨料后，可采取以下措施：

①适当地选择砂轮的粒度、硬度、组织和材料；

②仔细修整砂轮，保持微刃的等高性和适当增加光磨次数；

③如果表面拉毛、划伤，则应检查切削液是否清洁，砂轮是否太软。

对切削加工、磨削加工后的表面，除了采取上面的相关措施，还可采取光整加工方法，如珩磨、研磨、抛光等以进一步减小表面粗糙度值。

四、表面物理、力学性能的影响因素及控制措施

1. 影响加工表面冷作硬化的因素及控制措施

冷作硬化的硬化程度取决于产生塑性变形的力、变形速度及切削温度。切削力大，塑性变形大，硬化程度加强；塑性变形速度快，变形不充分，硬化程度就减弱。当温度低于相变温度时，切削热可使已强化的金属表层软化，可能引起回复和再结晶，从而使材料弱化。因此，在机械加工时表面层的冷硬，就是强化作用和回复作用的综合结果。这主要取决于相关的工艺因素。

1）切削用量

切削速度和进给量对冷硬影响较大。切削速度增加，刀具与工件的接触时间减少，塑性变形不充分，强化作用小，同时因速度提高使切削温度增加，回复作用就大，故表面冷硬程度也随之减少。进给量 f 增加，切削力增大，塑性变形加大，因而冷硬程度亦随之增加，但 f 太小时，由于刀具刃口圆角对工件的挤压次数增多，硬化程度也会增大。

2）刀具

一般当刃口圆弧半径和磨损量增加时，硬化程度也随之增加。

3）工件材料

工件材料的塑性越大，加工表面层的冷硬越严重。碳钢中含碳量越高，强度越高。

因此通常采取以下一些工艺措施，以减轻表面层的冷作硬化程度。

（1）合理选择切削用量，采用较高的切削速度和较小的进给量。

（2）合理选择刀具的几何参数，采用较大的前角和后角，并在刃磨时尽量减小其切削刃口圆角半径；使用刀具时，应合理限制其后刀面的磨损程度。

（3）加工时采用有效的切削液。

2. 影响加工表面残余应力的因素及控制措施

1）影响因素

工件在机械加工后，其表面层都存在残余应力，引起残余应力的原因有下面 3 个方面。

（1）冷态塑性变形。冷态塑性变形主要是由切削力引起的。在切削及磨削加工时，由于切削力的作用使工件表面受到很大的塑性变形，应力较大，使表面积增大，产生伸长塑性

变形，内层应力较小，处于弹性变形状态。当刀具移去，内层材料趋向复原，但受到外层已塑性变形金属的限制，故工件表面产生残余压应力，里层金属中产生残余拉应力。

（2）热塑性变形。热塑性变形主要是由切削热引起的。由于切削热使工件产生热膨胀，外层温度比里层温度高得多，因此表面层金属产生热膨胀变形也比里层大。当外层温度足够高，热应力超过材料的屈服极限时，就会产生热塑性变形。当切削过后，表层温度下降时，因已热塑性变形，材料不能充分收缩，又受到基体的阻碍，于是工件表面产生残余拉应力。切削温度越高，残余拉应力也越大，甚至出现裂纹。

（3）金相组织的影响。切削加工时的高温有可能超过材料的相变温度，引起工件表层的金相组织发生变化。不同的组织密度不同，比热容不同，故相变会引起体积变化。由于基体材料的限制，体积膨胀时受到里层金属的阻碍而产生残余压应力，反之则产生拉应力。

实际加工后表面层残余应力是以上三方面综合作用的结果。在一定条件下，可能由某一、二种原因起主导作用。如切削热不高时，以冷塑性变形为主，表面将产生残余压应力；而磨削时温度较高，热变形和相变占主导地位，则表面产生残余拉应力。当表层残余拉应力超过材料的强度极限时，就会产生裂纹。

2）控制措施

采用一定的表面加工方法，改变零件表面的力学物理性能和减小表面粗糙度值，使之朝着有利的方向转化，提高零件使用性能的加工方法称为表面强化工艺。

表面强化工艺包括化学热处理、电镀和表面冷压强化工艺等几种。其中，冷压强化工艺是通过冷压加工方法使表层金属发生冷态塑性变形，以降低表面粗糙度，并在表面层产生残余压应力和冷硬层，从而提高耐疲劳强度及抗腐蚀性能。采用强化工艺时应合理控制参数，不要造成过度硬化，以免表面层完全失去塑性性质甚至引起显微裂纹和材料剥落。

凡是减少塑性变形和降低加工温度的措施都有助于减小加工表面残余应力值。对切削加工，上面减少加工硬化的工艺措施一般都有利于减小残余应力；对磨削加工，凡能减小表面热损伤的措施，均有利于避免或减小残余应力。另外，还采用喷丸、滚压等表面强化工艺来改善零件的表面力学性能，同时减小表面粗糙度。

（1）喷丸强化。喷丸强化是利用压缩空气或离心力将大量直径细小（$\phi0.4 \sim \phi2$ mm）的珠丸（钢丸、玻璃丸）高速（35 ~ 50 m/s）向零件表面喷射的方法，可用于任何复杂形状的零件。喷丸造成工件的冷作硬化和残余压应力，表面粗糙度 Ra 可达 0.63 ~ 0.32 μm，可显著提高零件的疲劳强度和使用寿命。

（2）滚压强化。滚压是用经过淬硬和精细研磨过的滚轮或滚珠，在常温下对零件表面进行滚压、碾光，使表层材料产生塑性流动，修正零件表面的微观几何形状，表面粗糙度 Ra 可达 0.1 μm，表面硬化层深度达 0.2 ~ 1.5 mm 并使金属组织细化，形成残余压应力。

3. 影响加工表面金相组织变化的因素及控制措施

只有当温度足够高时才会发生金相组织变化。一般的切削加工，切削热大部分被切屑带走，加工表面温升不高，故一般不会发生相变。而磨削时的功率消耗远远大于一般切削加工，常是切削加工的数十倍。而加工所消耗能量的绝大部分转化为热，而因磨屑细小，砂轮导热性很差，这些热量中的大部分（约 80%）将传给被加工表面，使工件表面具有很高的温度。结合不同的冷却条件，表层金属的金相组织可发生复杂的变化，引起磨削烧伤。

以磨削淬火钢为例，在工件表面层形成的瞬时高温将使表层金属产生以下 3 种金相组织变化。

1）回火烧伤

如果切削区的温度未超过淬火钢的相变温度（一般中碳钢为 720 ℃），但已超过马氏体的转变温度（中碳钢为 300 ℃），马氏体将转化为硬底较低的回火组织（索氏体或托氏体），这称为回火烧伤。

2）淬火烧伤

如果磨削区温度超过了相变温度，马氏体转变为奥氏体，如切削液充分，表层金属会出现二次淬火马氏体组织，硬度比回火马氏体高；在它的下层，因冷却较慢，为回火索氏体或托氏体组织，这称为淬火烧伤。

3）退火烧伤

如果磨削区温度超过了相变温度，则表层转变为奥氏体，此时若无冷却液，表层金属将产生退火组织，表层金属的硬度将急剧下降，这称为退火烧伤。

对零件使用性能危害甚大的残余拉应力、表面烧伤和裂纹的主要原因是磨削区的温度过高，故凡是能降低磨削温度的措施，都有利于改善和避免烧伤、减小残余应力。为降低磨削热可以从减少磨削热的产生和加速磨削热的传出两途径入手，主要有以下几种方法。

（1）选择合理的磨削用量。磨削用量的选择应在保证表面质量的前提下尽量不影响生产率和表面粗糙度。根据前述知识可知，减少背吃刀量，适当提高进给量和工件转速，但这会使表面粗糙度值增大，一般采用提高砂轮速度和较宽砂轮来弥补。实践证明，同时提高砂轮转速和工件转速，可以避免烧伤。

（2）合理选择砂轮并及时修整。若砂轮的粒度越细、硬度越高时自锐性差，则磨削温度也增高，应选软砂轮。砂轮组织太紧密时磨屑堵塞砂轮，易出现烧伤。砂轮钝化时，大多数磨粒只在加工表面挤压和摩擦而不起切削作用，使磨削温度增高，故应及时修整砂轮。另外还要根据被磨材料选择适宜磨料的砂轮，如氧化铝砂轮适宜磨削低合金钢，碳化硅砂轮磨削铸铁的耐磨性优于氧化铝。

（3）选择有效的冷却方法。现有冷却方法效果较差，由于高速旋转的砂轮表面上产生强大的气流，使切削液很难进入磨削区。因此，应选择适宜的切削液和有效的冷却方法，例如：采用高压大流量冷却、内冷却砂轮等，也可加装空气挡板，减轻高速旋转的砂轮表面的高压附着气流的作用，以使冷却液能顺利地喷注到磨削区。

采用开槽砂轮也是改善冷却条件和散热条件的一种有效方法。在砂轮的四周上开一些横槽，能使砂轮将切削液带入磨削区，从而提高冷却效果；砂轮开槽同时形成间断磨削，可改善散热条件，工件受热时间也缩短。

第五节　机械加工过程中的振动

机械加工过程中，工艺系统常常发生振动。产生振动时，工艺系统的正常切削过程便受到干扰和破坏，刀具与工件间的振动位移会使被加工表面产生振痕，影响了零件的表面质量和使用性能；工艺系统将持续承受动态交变载荷的作用，刀具易于磨损，有时甚至崩刃，机床连接部位的连接特性会受到破坏；严重时，强烈的振动会使切削过程无法进行。为此，经常不得不降低切削用量，这限制了生产率的提高。振动还影响刀具的耐用度和机床的寿命，还会发出刺耳的噪声，造成环境污染，影响工人的身心健康。

机械加工过程中振动的基本类型有自由振动、强迫振动和自激振动3类。其中，自由振动是由于切削力的突变或外界传来的冲击力引起，是一种迅速衰减的振动，对加工过程的影响较小。这里主要讨论强迫振动和自激振动。

一、机械加工中的强迫振动

机械加工中的强迫振动与一般机械振动中的强迫振动没有什么区别，是指在周期性干扰力（激振力）的持续作用下，振动系统受迫产生的振动。强迫振动的频率与干扰力的频率相同或是其整数倍；当干扰力的频率接近或等于工艺系统某一薄弱环节固有频率时，系统将产生共振。

1. 强迫振动产生的原因

强迫振动的振源有来自机床内部的机内振源和来自机床外部的机外振源。

1）机内振源

机内振源包括机床上的带轮、卡盘或砂轮、电动机转子、被加工工件等旋转不平衡引起的振动；机床传动机构制造或安装的缺陷（齿轮啮合冲击、滚动轴承滚动体误差、液压脉冲等）引起的振动；切削过程的不连续（如铣、拉、滚齿等加工）引起的振动；往复运动部件的惯性力引起的振动等。

2）机外振源

机外振源如其他机床（冲压设备、刨床等）、打桩机、交通运输设备等通过地基传来的振动，主要是通过地基传给机床的，可以通过加设隔振地基来隔离外部振源，消除其影响。

2. 强迫振动的主要特点

（1）强迫振动是在外界周期性干扰力作用下产生的，振动本身并不能引起干扰力的变化。当干扰力停止时，则工艺系统的振动也随之停止。

（2）强迫振动的频率总是等于干扰力的频率或其整数倍（这可用来分析、查找振源）。

（3）强迫振动的振幅大小与干扰力的大小、系统的刚度及阻尼系数有关，干扰力越大、系统刚度及阻尼系数越小，振幅就越大；另外，振幅在很大程度上取决于干扰力频率与系统固有频率的比值。当两者等于或接近时，振幅最大，即产生了“共振”。

二、机械加工中的自激振动

1. 自激振动的概念

由系统本身产生和维持的振动称为自激振动。它没有外加的周期性激振力作用在系统上，这是与受迫振动的区别。

没有周期性外力，激发自激振动的交变力是如何产生的？图5－31所示的框图揭示了自激振动系统的组成环节，这是一个由振动系统和调节系统组成的闭环系统。这个系统维持稳定振动的条件为：在一个振动周期内，从能源机构经调节系统输入振动系统的能量等于系统阻尼所消耗的能量。

金属切削过程中自激振动的原理可用图 5－31 分析。它也具有两个基本部分：切削过程产生交变力，激励工艺系统；工艺系统产生振动位移，再反馈给切削过程。维持振动的能量来源于机床的能源。

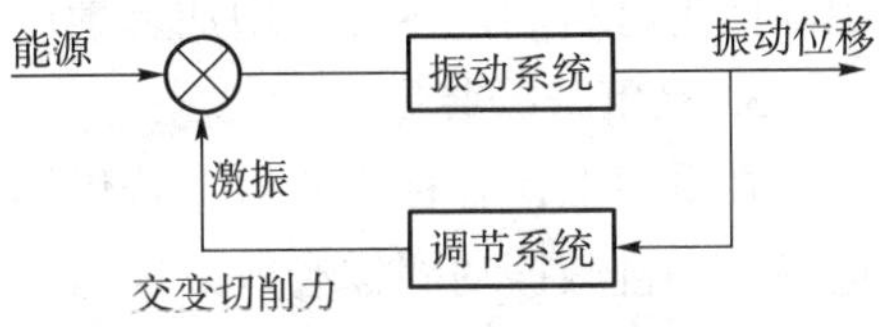

图 5－31　自激振动系统框图

2. 自激振动的特点

（1）自激振动所需的交变力是由振动过程本身产生和控制的。外界的干扰力是瞬时性的，仅在最初起触发振动的作用，在很多情况下，振动的触发也是由振动系统本身的、偶然的干扰力引起的。

（2）自激振动的频率接近于系统的某一固有频率，即自激振动频率取决于振动系统的固有特性。这一点与强迫振动根本不同，强迫振动的频率取决于外界干扰力的频率。

（3）自激振动能否产生及振幅大小，取决于每一振动周期内系统所获得的能量与所消耗的能量的比值。当获得的能量大于消耗的能量时，振幅加大；当相等时，振幅稳定；反之，振幅衰减。此外，振幅的大小也与系统的刚度及阻尼系数有关，系统刚度及阻尼系数越小，振幅就越大，但不会因阻尼存在而衰减。

三、控制机械加工振动的途径

首先应判别振动是强迫振动还是自激振动，然后再采取相应措施来消除或减小振动，主要有以下 3 种途径。

1. 消除或减弱产生振动的条件

1）消除或减弱产生强迫振动的条件

（1）消除或减小机内、外干扰力。机床上高速回转的零件，如砂轮、卡盘、电动机转子及刀盘等，必须给予平衡；尽量减少机床传动机构制造或安装的缺陷，如提高带传动、链传动、齿轮传动等的稳定性；使动力源与机床本体分开。

（2）调节振源频率。可通过改变电动机转速或传动比、切削刀具的齿数等措施，使激振力的频率远离机床加工薄弱环节的固有频率，以避免共振。

（3）采取隔振措施。隔振是在振动传递的路线上设置隔振材料，使由内、外振源所激起的振动被隔离装置所隔离或吸收，不能传递到刀具和工件上去。

2）消除或减弱产生自激振动的条件

自激振动的产生与加工本身密切相关，但是产生自激振动的机理不同，所采取的措施也不同。例如，采用变速切削、合理选择切削用量、合理选择刀具的几何参数、合理调整振型的刚度比和方位角等，可以减小或抑制自激振动的产生。

2. 改善工艺系统的动态特性

1）提高工艺系统的抗振性

提高工艺系统薄弱环节的刚度，例如：可用刮研连接表面、增强连接刚度等方法提高机床零部件之间的接触刚度和接触阻尼；使用高弯曲与扭转刚度、高弹性模数、高阻尼系数的刀具，以增加刀具的抗振性；采用中心架、跟刀架，提高顶尖孔的研磨质量；对滚动轴承施加预紧力等方法，都有助于提高工艺系统的抗振性。

2）增大工艺系统的阻尼

可通过多种方法来增加零件材料的内阻尼、结合面上的摩擦阻尼及其他附加阻尼，如使用高内阻材料制造零件，增加运动件的相对摩擦，在床身、立柱的封闭内腔中充填型砂等。

3. 采用减振装置

在采用上述各种措施后，若仍得不到满意的减振效果时，可使用减振装置。该装置对强迫振动和自激振动同样有效，现已广泛应用。常用的减振装置有以下3类。

1）动力式减振器

动力式减振器通过一个弹性元件将附加质量连接到主振系统上，利用附加质量的动力作用，使加到主振系统上的附加作用力与激振力大小相等、方向相反。

2）阻尼减振器

阻尼减振器又称摩擦减振器，就是在动力减振器的主系统和副系统之间增加一个阻尼器，利用摩擦阻尼消耗振动能量。

3）冲击式减振器

冲击式减振器利用两物体相互撞击时要损失动能的原理，让附加质量直接冲击振动系统或振动系统的一部分，并利用冲击能量把主振系统能量耗散。

提要： 自激振动因为是切削过程本身所产生和维持的振动，很难完全消除，所以对加工过程影响很大。

复习思考题

5-1　加工精度、加工误差、公差的概念分别是什么？试举例说明它们之间的区别与联系。

5-2　何谓加工原理误差？试举例说明。生产中是否允许有加工原理误差？

5-3　什么是主轴回转精度？分别对主轴旋转类机床和刀具旋转类机床有什么影响？

5-4　试分析在车床上加工时产生下述误差的原因：

（1）在车床上镗孔时，引起被加工孔圆度误差和圆柱度误差。

（2）在车床自定心卡盘上镗孔和切端面时，引起内孔与外圆不同轴度以及端面与外圆的不垂直度。

5-5　车床床身导轨在垂直平面内及水平面内的直线度对轴类零件分别有何影响？影响程度有何不同？为什么卧式车床床身导轨在水平面内的直线度要求高于垂直面内的直线度要求？

5-6　在车床上用两顶尖装夹工件车削细长轴时，出现如图5-32所示误差是什么原因？分别采用什么办法来减少或消除？

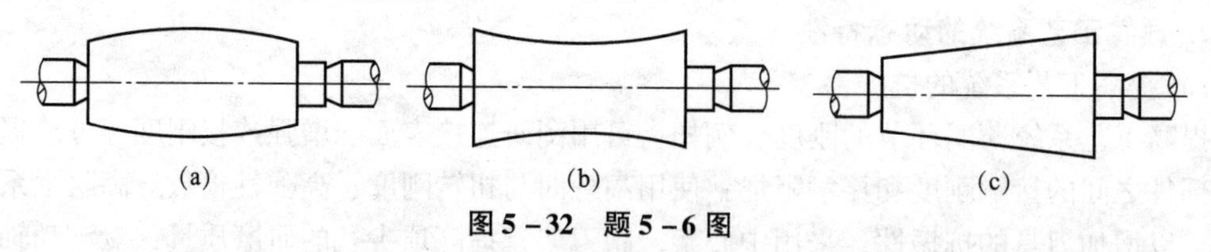

图5-32　题5-6图

5-7　如果被加工齿轮分度圆直径 $D=100$ mm，滚齿机滚切传动链中最后一个交换齿轮的分度圆直径 $d=200$ mm，分度蜗杆副的降速比为1∶72，此交换齿轮的齿距累积误差为 $\Delta F=0.10$ mm，则由此引起的工件的齿距偏差是多少？

5－8　设已知一工艺系统的误差复映系数为0.26，工件在本工序前有圆柱度（椭圆度）0.5 mm。若本工序形状精度规定公差为0.01 mm，问至少进给几次方能使形状精度合格？

5－9　在车床上加工丝杠，工件总长为2 700 mm，螺纹部分的长度$L=2\ 000$ mm，工件材料和母丝杠材料都是45钢，加工时室温为20 ℃，加工后工件温度升到40 ℃，母丝杠温度升至30 ℃。试求工件全长上由于热变形引起的螺距累积误差。

5－10　横磨一刚度很大的工件时（见图5－33），设横向磨削力$F_p=160$ N，头架刚度$K_{tj}=55\ 000$ N/mm，尾座刚度$K_{wz}=45\ 000$ N/mm，加工工件尺寸如图所示，试分析加工后工件的形状，并计算形状误差。

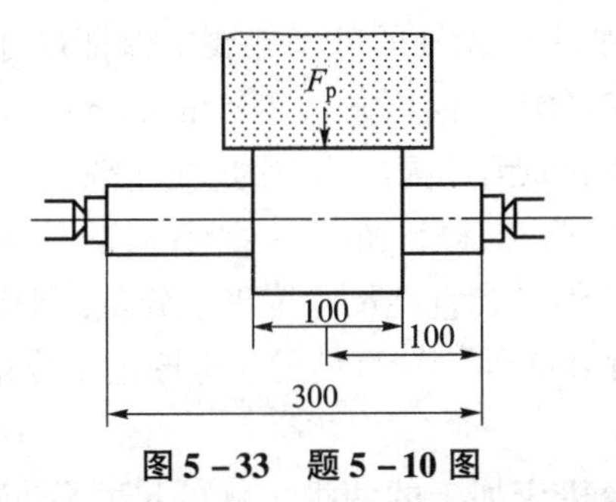

图5－33　题5－10图

5－11　按图5－34（a）所示的装夹方式在外圆磨床上磨削薄壁套筒A，卸下工件后发现工件成鞍形，如图5－34（b）所示，试分析产生该形状误差的原因。

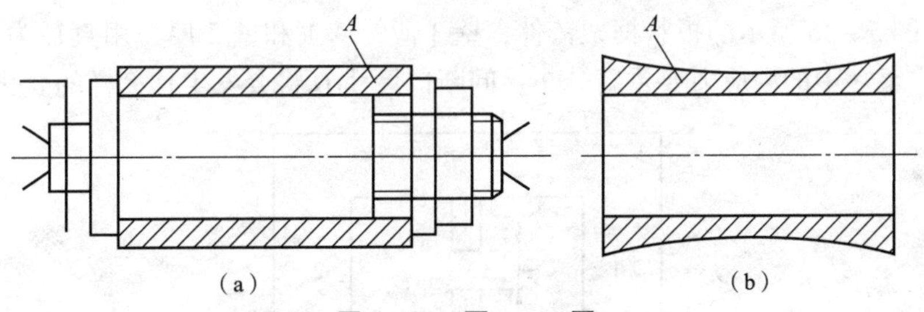

图5－34　题5－11图

5－12　在车床上加工一长度为800 mm、直径为60 mm的45钢光轴。现已知机床各部件的刚度分别为$K_{tj}=90\ 000$ N/mm、$K_{wz}=55\ 000$ N/mm、$K_{dj}=50\ 000$ N/mm，加工时的切削力$F_c=700$ N，$F_p=0.4F_c$。试分析计算一次进给后工件的轴向形状误差（工件装夹在两顶尖之间）。

5－13　在卧式铣床上铣削键槽（见图5－35），经测量发现靠工件两端的深度大于中间，且都比调整的深度尺寸小。试分析这一现象的原因。

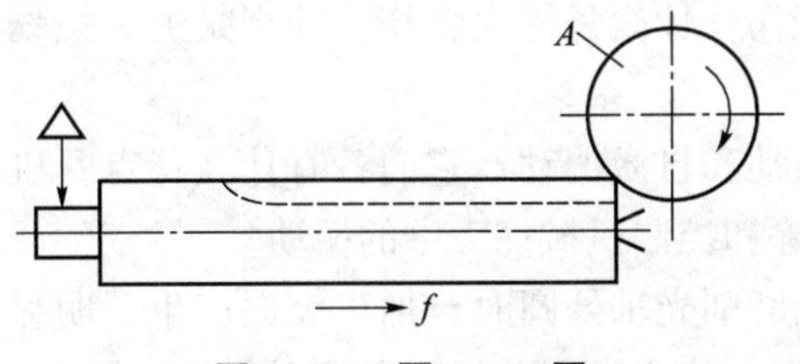

图5－35　题5－13图

5－14　什么是误差复映？误差复映系数的大小与哪些因素有关？

5－15　加工误差按照统计规律可分为哪几类？各有什么特点？采取什么工艺措施可减少或控制其影响？

5－16　正态分布曲线及其特征参数是什么？特征参数反映了分布曲线的哪些特征？

5－17　车一批外圆尺寸要求为 $\phi 18_{-0.1}^{\ 0}$ mm 的轴。已知：外圆尺寸按正态分布，均方根偏差 $\sigma=0.025$ mm，分布曲线中心比公差带中心大0.03 mm。试计算加工这批轴的合格品率及不合格品率。

5－18　在自动车床上加工一批轴件，要求外径尺寸为 ϕ（24 ±0.1） mm，已知均方根偏差 $\sigma=0.02$ mm，试求此机床的工序能力等级？

5－19　在无心磨床上磨削一批光轴的外圆，要求保证尺寸为 $\phi 20_{-0.021}^{\ 0}$ mm，加工后测量尺寸按正态规律分布，$\sigma=0.003$ mm，$\bar{x}=19.995$ mm。试绘制分布曲线图，求出废品率，并分析误差的性质、产生废品的原因及提出相应的改进措施。

5－20　在两台相同的自动车床上加工一批小轴的外圆，要求保证直径 ϕ（16 ±0.02） mm，第一台加工1 500件，其直径尺寸按正态分布，平均值 $\bar{x}_1=16.005$ mm，标准差 $\sigma_1=0.004$ mm；第二台加工1 000件，其直径尺寸也按正态分布，且 $\bar{x}_2=16.015$ mm，$\sigma_2=0.0025$ mm。试求：

（1）在同一图上画出两台机床加工的两批工件的尺寸分布图，并指出哪台机床的工序精度高。

（2）计算并比较哪台机床的废品率高，试分析其产生的原因及提出改进的办法。

5－21　图5－36所示的板状框架铸件，壁3薄，壁1和壁2厚，用直径为 D 的立铣刀铣断壁3后，毛坯中的内应力要重新分布，问断口尺寸 D 将会发生什么样的变化？为什么？

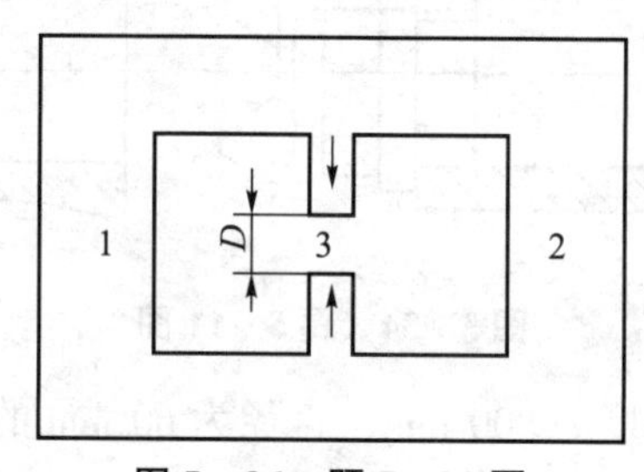

图5－36　题5－21图

5－22　试以磨削为例，说明磨削用量对磨削表面粗糙度的影响。减小表面粗糙度值的工艺措施有哪些？

5－23　加工后，零件表面层为什么会产生加工硬化和残余应力？提高表面层物理力学性能的工艺措施有哪些？

5－24　什么是回火烧伤？什么是淬火烧伤？什么是退火烧伤？为什么磨削加工容易产生烧伤？

5－25　什么是强迫振动和自激振动？它们各有什么特点？机械加工中引起两种振动的主要原因是什么？如何消除和控制机械加工中的振动？

5－26　在外圆磨床上磨削光轴外圆时，加工表面产生了明显的振痕，有人认为是因电动机转子不平衡引起的，有人认为是因砂轮不平衡引起的，如何判别哪一种说法是正确的？

第六章　工艺规程设计

本章知识要点：

(1) 机械加工工艺规程的基本概念；

(2) 机械加工工艺规程设计；

(3) 加工余量与工序尺寸的确定；

(4) 典型零件的加工工艺；

(5) 成组技术与计算机辅助工艺设计；

(6) 工艺方案的技术经济性分析；

(7) 装配工艺规程设计。

前期知识：

金工实习、生产实习等实践性环节，前面各章节的理论及实践知识。

导学：图 6 - 1 所示为某车床主轴的零件图，它是采用哪些方法和什么样的加工路线制成的？加工时要注意哪些问题？各种技术要求如何保证？是否只有一种加工路线？如有多种加工路线，如何确定一种加工质量最好、效率最高、成本最低的加工路线？该主轴装配到机床上又要注意哪些问题？

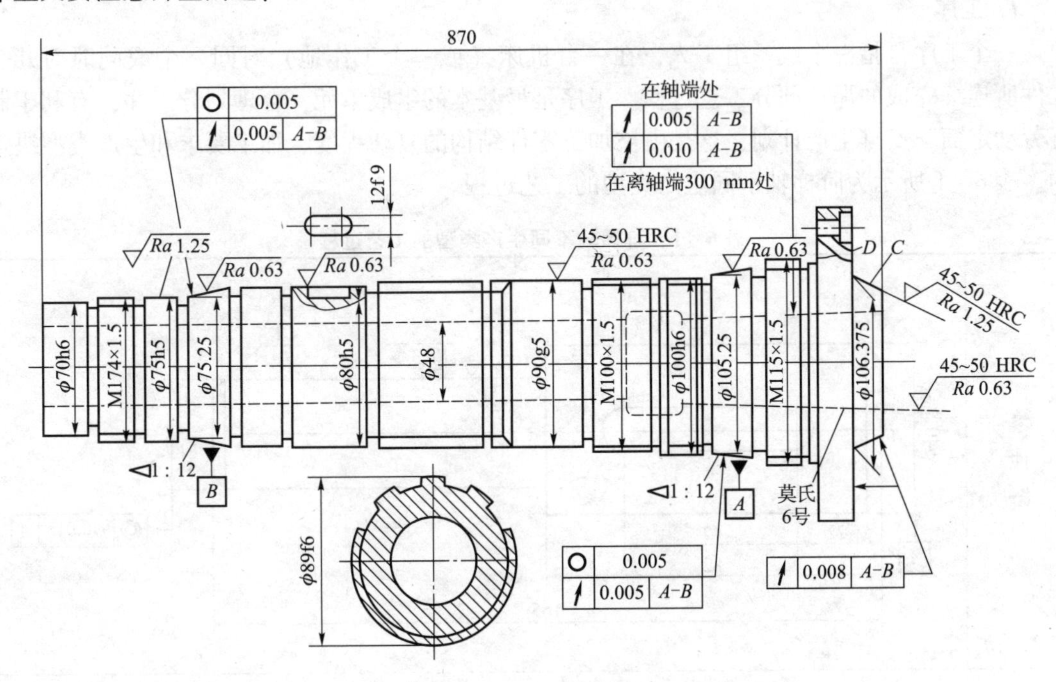

图 6 - 1　车床主轴零件图

第一节 概　　述

一、生产过程、工艺过程与工艺规程

生产过程是指将原材料转变为成品的全过程。它包括原材料的运输和保管、生产的准备、毛坯的制造、零件加工（包含热处理）、产品的装配和调试、包装等内容，可以看成是一个具有输入和输出的生产系统。其中，凡是改变生产对象（毛坯）的形状、尺寸、位置和性能使其成为半成品或成品的过程称为工艺过程。它又可细分为铸造、锻造、焊接、冲压、机械加工、装配等工艺过程。

对于机器中的某一零件，可以采用多种不同的工艺过程完成，但其中总存在一种工艺过程在特定条件下是最为合理的。如将这合理工艺过程的有关内容用工艺文件形式加以规定，用以指导生产，得到的工艺文件则统称工艺规程。工艺规程的内容因生产类型的不同而详略不一，批量越大越详细具体。经审定批准的工艺规程，生产人员必须严格遵守。当然，工艺规程也会随着科学技术的发展而发展，不应一成不变，但是工艺规程的修订或更改，必须经过充分的工艺试验验证，并按照相关规定、流程履行审批手续。

本章主要介绍机械加工和装配两种工艺规程设计的基本知识。

二、机械加工工艺过程的组成

机械加工工艺过程是由一个或若干个按顺序排列的工序组成的，每一个工序又可依次细分为安装、工位、工步和走刀。

1. 工序

一个工序是指一个或一组工人，在一台机床（或一个工作地）对同一个或同时对几个工件所连续完成的那一部分工艺过程。工序是最基本的组成单元，合理划分工序，有利于制订劳动定额、安排生产计划，这是由被加工零件结构的复杂程度、加工要求和生产类型决定的。表6－1所示为阶梯轴不同生产类型的工艺过程。

表6－1　阶梯轴不同生产类型的工艺过程

零件图	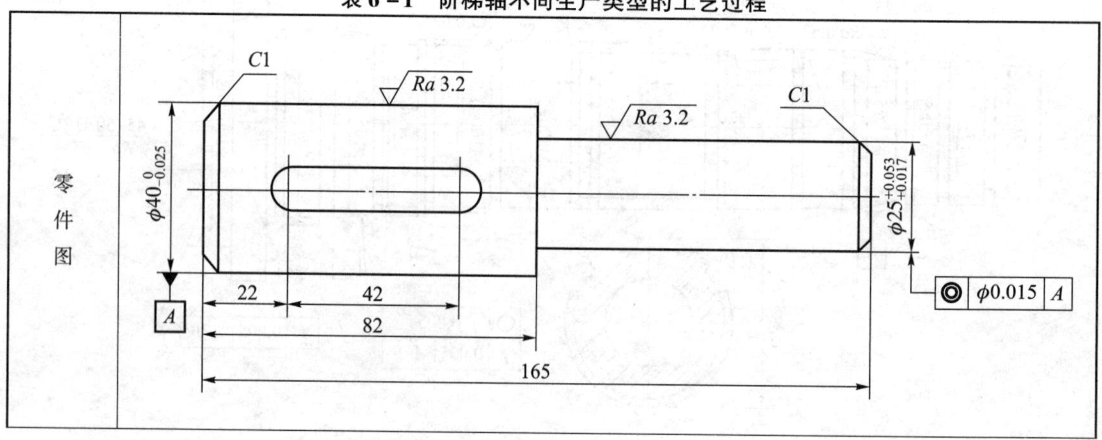

续表

单件、小批量生产工艺过程			大批、大量生产工艺过程		
工序号	工序内容	设备	工序号	工序内容	设备
1	车一端面、钻中心孔，调头车另一端面、钻另一中心孔	车床	1	两边同时铣端面、钻中心孔	专用机床
2	车大外圆及倒角，调头车小外圆及倒角	车床	2	车大外圆及倒角	车床
3	铣键槽、去毛刺	铣床	3	车小外圆及倒角	车床
			4	铣键槽	铣床
			5	去毛刺	钳工台

2. 安装

安装是工件经一次装夹后所完成的那部分工序。在一个工序中，可以是一次或多次安装。零件在加工过程中应尽量减少工件的安装次数，以缩短辅助时间和减少安装误差。

3. 工位

通过分度（或移位）装置，使工件在一次安装中有不同的加工位置，把工件在机床上所占据的每个工作位置所完成的那一部分工序称为工位。图 6 – 2 所示为利用回转工作台或回转夹具，依次完成装卸、钻孔、扩孔、铰孔多工位加工的实例。

4. 工步

在加工表面、加工工具、切削速度和进给量不变的条件下，连续完成的那一部分工序内容称为工步。为了提高效率，采用多刀同时切削几个加工表面的工步，也可看作一个工步，称为复合工步。图 6 – 3 所示为立轴转塔车床加工齿轮内孔及外圆的一个复合工步。

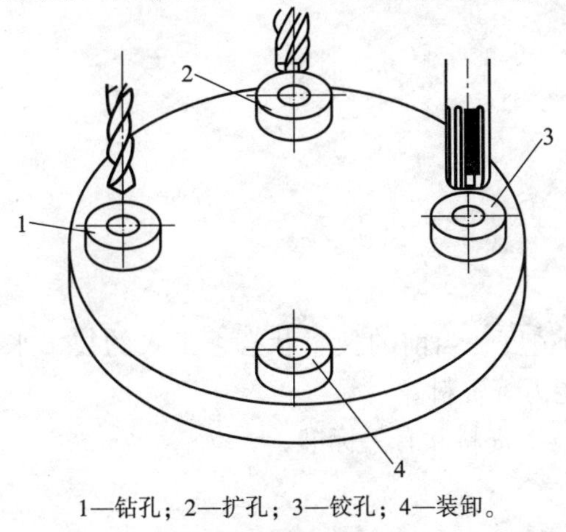

1—钻孔；2—扩孔；3—铰孔；4—装卸。

图 6 – 2　多工位加工

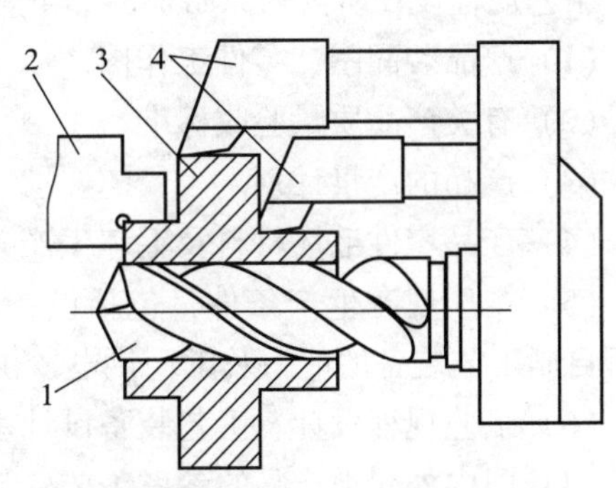

1—钻头；2—夹具；3—工件；4—刀具。

图 6 – 3　复合工步

5. 走刀

加工工具在加工表面上切削一次所完成的工步内容称为一个工作行程或走刀。当需要切去的金属层很厚，同一表面往往要用同一工具分几次走刀才能完成。

提要： 这些概念应用很广，需要仔细区分，掌握它们的实质特点以及相互之间的联系。

三、工艺规程的作用及设计原则

1. 工艺规程的作用

1）生产准备、生产组织、计划调度的主要依据

生产产品之前要做大量的准备工作，如原材料和毛坯的准备、机床的配备和调整、专用工装的设计制造、生产成本的核算和人员配备等，所有这些工作都要按照工艺规程进行。

2）指导工人操作的主要技术文件

工人按照工艺规程进行生产，可以稳定保证产品质量和较高的生产效率和经济效果，质量检验人员也有验收产品的依据。

3）工厂和车间进行设计或技术改造的重要原始资料

在进行技改、新建、扩建工厂或车间时，必须要根据工艺规程确定机床和辅助设备的种类、规格和数量，车间面积，设备布置，生产工人的工种、等级和数量等。

2. 工艺规程的设计原则

1）保证质量原则

所设计的工艺规程必须保证机器零件加工质量和机器的装配质量，达到设计图纸上规定的各项技术要求。

2）提高效率原则

工艺规程应具有较高的生产效率，便于尽快将产品投放市场。

3）降低成本原则

尽量降低加工和装配成本，提高经济效益。

4）其他

如注意减轻工人劳动强度、保证生产安全等。

四、工艺规程设计所需的原始资料

工艺规程设计所需的原始资料如下：

（1）产品装配图、零件工作图。

（2）有关产品质量验收标准。

（3）产品的产量计划。

（4）产品零件毛坯材料及毛坯生产条件。

（5）本厂现有生产条件，包括设备能力和精度、当前的技术状态、工人的技术水平、工厂自制工艺装备的能力及工厂供电、供气的能力等资料。

（6）工艺规程设计、工艺装备设计手册、技术资料和有关标准。

（7）国内外同类产品的参考工艺资料等。

第二节　机械加工工艺规程设计

一、机械加工工艺文件

零件机械加工工艺规程确定后，应按相关标准和格式，将有关内容填入各种不同的卡

片，以便贯彻执行，这些卡片总称为工艺文件。常用的工艺文件有下列几种。

1. 机械加工工艺过程卡片

机械加工工艺过程卡片以工序为单位，简要说明零件加工步骤和加工内容，又称过程卡。其中包括工艺过程的工序名称和序号、实施车间和工段及各工序时间定额等内容。它概述了加工过程的全貌，是制订其他工艺文件的基础，主要用于单件、小批量生产中，也可用于生产管理中。

2. 机械加工工序卡片

机械加工工序卡片又称工序卡，以工序为单位，说明各工序的详细工艺资料并附有工序简图，用来具体指导工人的操作，多用于大批大量生产和重要零件的成批生产。

3. 机械加工工艺卡片

机械加工工艺卡片又称工艺卡。以工序为单位详细说明零件的加工过程。工艺卡的详细程度介于工艺过程卡和工序卡之间，用来指导生产和管理加工过程，广泛用于成批生产或重要零件的小批生产。

提要：这些卡片的具体形式和内容请参见有关资料，且要注意各个企业可能略有不同。

二、制订机械加工工艺规程的步骤

制订机械加工工艺规程的步骤如下。

（1）分析研究产品的装配图和零件图。了解产品的性能、用途、工作条件，明确各零件的相互装配位置和作用，找出其主要技术要求和关键技术问题；对装配图和零件图进行工艺审查，如图样上规定的视图、公差和技术要求是否完整、统一、合理，零件的结构工艺性是否良好，如发现有问题应及时提出，并会同有关设计人员共同商讨，按规定手续进行修改与补充。

（2）根据零件的生产纲领和自身特性决定生产类型。

（3）确定毛坯的类型、尺寸和制造方法。应全面考虑毛坯制造成本和机械加工成本，以达到降低零件总成本的目的。

（4）拟订机械加工工艺路线。这是制订的核心内容，主要包括选择定位基准、选择零件表面加工方法、划分加工阶段、确定工序集中和分散程度、安排加工顺序和热处理、检验及其他工序等。进行技术经济分析，在几种方案中确定一种最为合理的工艺方案。

（5）工序设计。工序设计包括确定加工余量、计算工序尺寸及其公差、确定切削用量和工时定额，选择机床和工艺装备等。

（6）填写工艺文件。

三、零件结构工艺性分析

零件结构的工艺性是指所设计的零件在能满足使用要求的前提下，制造的可行性和经济性。使用性能完全相同的零件，因结构稍有不同，它们的加工难易和制造成本可能有很大差别。所谓良好的结构工艺性，应是在不同生产类型的具体生产条件下，能够采用简便和经济的方法加工出来。

零件结构工艺性分析主要包括以下几个方面。

（1）工件应有便于装夹的定位基准和夹紧表面，并应尽量减少装夹次数。

（2）保证刀具正常和以较高生产率工作，如刀具要易于接近加工部位，便于进刀、退刀、越程和测量，以及便于观察切削情况等，尽量减少刀具调整和走刀次数，尽量减少加工面积及空行程，提高生产率。

（3）便于采用标准刀具，尽可能减少刀具种类，减少刀具采购、制造和管理成本。

（4）尽量减少工件和刀具的受力变形。

（5）改善加工条件，便于加工，必要时应便于采用多刀、多件加工。

一些常见零件的结构工艺性对比如表6－2所示。

表6－2　一些常见零件的结构工艺性对比

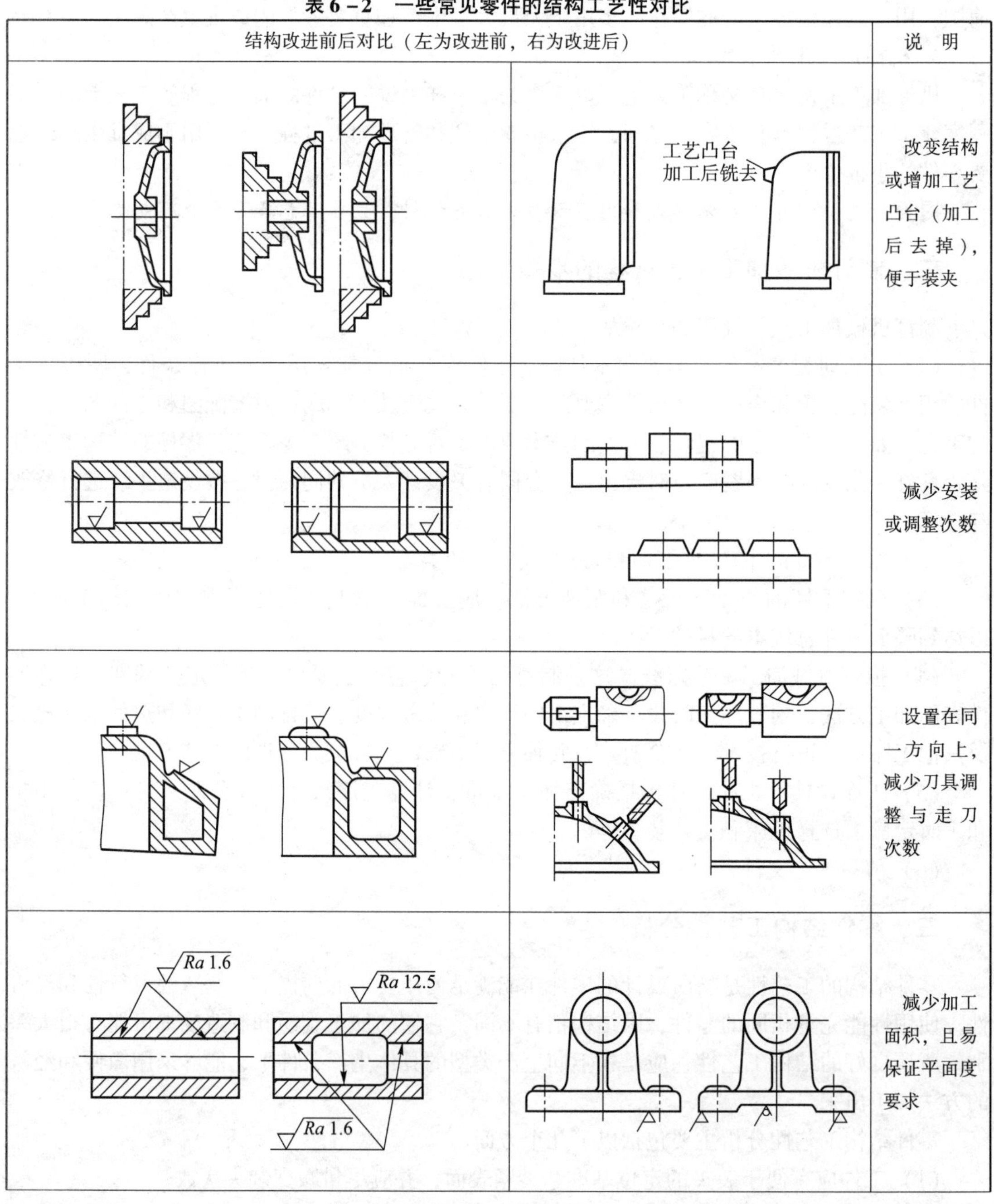

结构改进前后对比（左为改进前，右为改进后）		说　明
	工艺凸台 加工后铣去	改变结构或增加工艺凸台（加工后去掉），便于装夹
		减少安装或调整次数
		设置在同一方向上，减少刀具调整与走刀次数
Ra 1.6 *Ra* 12.5 *Ra* 1.6		减少加工面积，且易保证平面度要求

续表

结构改进前后对比（左为改进前，右为改进后）		说　明
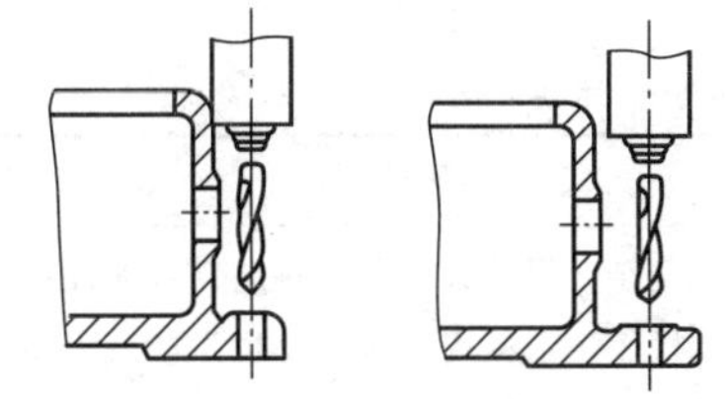	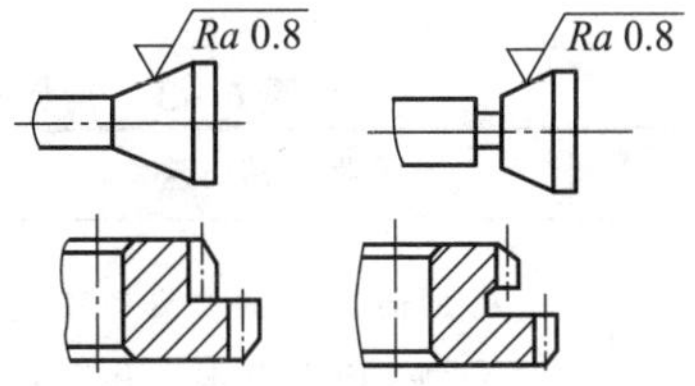 Ra 0.8　Ra 0.8	留出刀具加工空间
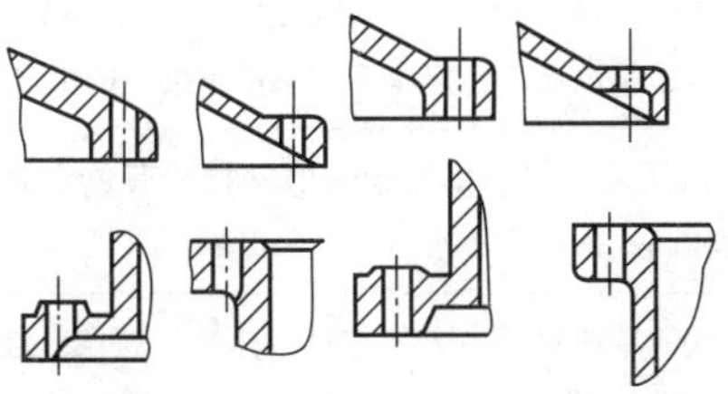	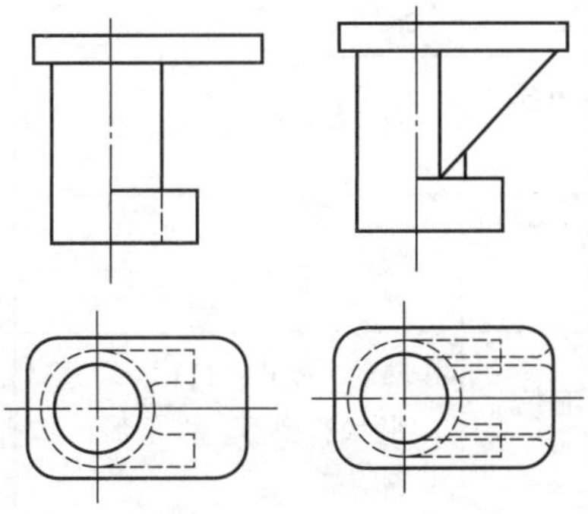	改善加工条件
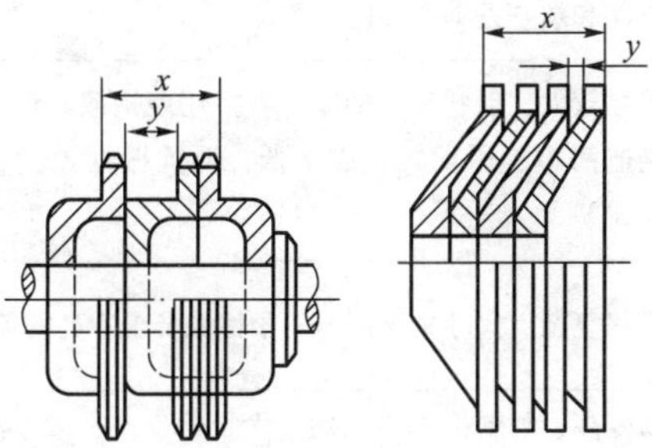 x y　x y	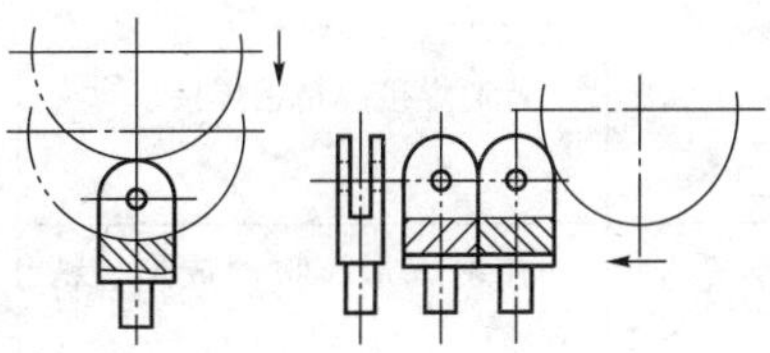	提高加工效率
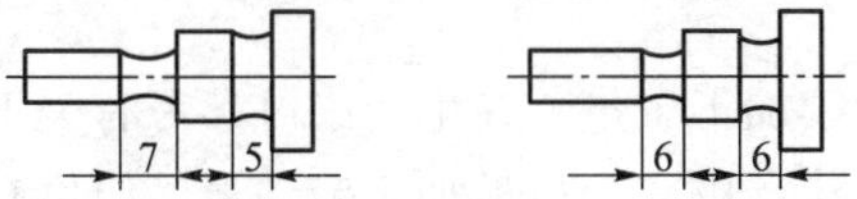 7 5　6 6	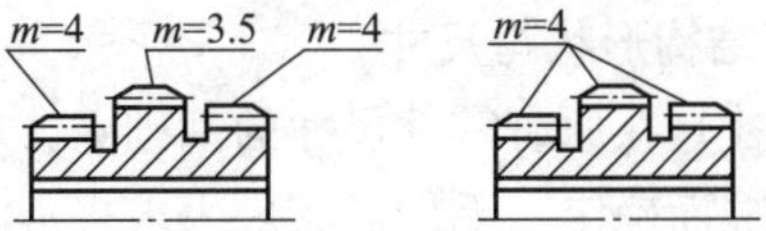 m=4　m=3.5　m=4　m=4	减少刀具种类和换刀时间

四、毛坯选择

毛坯的种类和质量与机械加工质量、材料的节约、生产率的提高和成本的降低都有密切的关系。毛坯选择既要考虑热加工方面的因素，也要考虑冷加工方面的因素，并要充分注意到采用新工艺、新技术、新材料的可能性，由工艺人员依据设计要求确定毛坯种类、形状尺寸及制造精度。

1. 毛坯种类选择

常见毛坯的种类有铸件、锻件、型材、焊接件、冲压件、粉末冶金件和工程塑料件等，各种毛坯的种类和特点如表6－3所示。

表6－3　常见各种毛坯的种类和特点

毛坯种类	毛坯制造方法	特　点
铸件（灰铸铁、球墨铸铁、合金铸铁、铸钢和有色金属）	砂型铸造（手工造型和机器造型，模型有木模和金属模）、离心铸造、压力铸造、熔模铸造等	多用于形状复杂、尺寸较大的零件。其吸振性能好，但力学性能低。木模手工造型用于单件小批生产或大型零件，生产效率低，精度低。金属模用于大批量生产，生产效率高，精度高。离心铸造用于空心零件。压力铸造用于形状复杂、精度高、大量生产、尺寸小的有色金属零件
锻件（碳钢和合金钢）	自由锻、模锻、精密模锻	用于制造强度高、形状简单的零件（轴类和齿轮类）。模锻和精密锻造精度高、生产率高，单件小批生产用自由锻
冲压件（钢、有色金属）	板料加工	用于形状复杂、生产批量较大的钢材和有色金属板料毛坯，精度较高，但厚度不宜过大
型材（钢、有色金属）	热轧、冷轧（拉） 形状有圆形、六角形、方形截面等	用于形状简单或尺寸不大的零件，热轧钢材尺寸较大、规格多、精度低，冷拉钢材尺寸较小、精度较高，但规格不多、价格较贵
冷挤压件（有色金属和钢材）	冷挤压	用于形状简单、尺寸小和生产批量大的零件。如各种精度高的仪表件和航空发动机中的小零件
焊接件	普通焊接、精密焊接	用于尺寸较大、形状复杂的零件，多用型钢或锻件焊接而成，其制造简单、周期短、成本低，但抗振性差、容易变形，尺寸误差大
工程塑料件	注射成形、吹塑成形、精密模压	用于形状复杂、尺寸精度高、力学性能要求不高的零件
粉末冶金	粉末冶金、粉末冶金热模锻	尺寸精度高、材料损失少，用于大批量生产、成本高，不适合结构复杂、薄壁、有锐边的零件

2. 毛坯结构形状与尺寸

毛坯尺寸是在原有零件尺寸的基础上，考虑后续加工余量，在生产中可参考有关工艺手册或企业标准而确定。毛坯形状应力求接近零件形状，以减少机械加工劳动量。但也有几种特殊情况，如尺寸小而薄的零件和某些特殊零件，可多个工件连在一起制成一个整体毛坯，或加工到一定阶段后再切割分离，如车床开合螺母外壳，就是将毛坯做成整体，加工至一定阶段后再切开；有时为加工时安装方便，毛坯上留有工艺搭子等。

3. 毛坯制造精度

毛坯制造精度高，材料利用率高，后续机械加工费用低，但相应的设备投入大。因此，确定毛坯制造精度时，需综合考虑毛坯制造成本和后续加工成本及市场需求。通常，生产纲领大，毛坯制造精度要高。只要有可能，应提倡采用精密铸造、精密锻造、冷轧、冷挤压、粉末冶金等先进的毛坯制造方法。

五、定位基准的选择

定位基准选择是制订工艺规程的一项重要工作。定位方案的选择直接影响加工误差，影响夹具的复杂性及操作方便性，是制订工艺规程中的一个十分重要的问题。

1. 基准的概念

基准就是用来确定生产对象上几何关系所依据的点、线或面，按功用可分为设计基准和工艺基准。

1）设计基准

在设计过程中，根据零件在机器中的位置、作用，为了保证其使用性能而确定的基准，即设计图纸上标注设计尺寸所依据的基准，称为设计基准。在图 6－4 所示的钻套中，端面 *A* 是端面 *B*、*C* 的设计基准，内孔表面 *D* 的中心线是 ϕ40h6 外圆表面的径向圆跳动和端面 *B* 轴向跳动的设计基准。

2）工艺基准

工艺过程中所使用的基准，称为工艺基准。按用途不同又可分为工序基准、定位基准、测量基准和装配基准。

（1）工序基准。在工序图上用来确定本工序所加工表面尺寸、形状和位置的基准，称为工序基准。如在图 6－5 所示的工序简图中，端面 *A* 是端面 *B*、*C* 的工序基准，孔轴心线为外圆 D_1 和内孔 *D* 的工序基准。

（2）定位基准。定位基准是在加工中用于工件定位的基准。作为定位基准的点、线、面有时在工件上并不一定具体存在，如孔和轴的中心线、平面的对称面等，而是由某些具体的几何表面来体现的，这些定位表面称为定位基面。在加工图 6－5 所示的零件时，工件夹在自定心卡盘上，加工外圆 D_1 和内孔 *D*，此时被加工尺寸 *D* 和 D_1 的设计基准和定位基准均为中心线，外圆面即为定位基面。

（3）测量基准。在加工中和加工后用来测量工件的尺寸、形状和位置误差所依据的基准，称为测量基准。在图 6－5 中，尺寸 *L*、*l* 用游标卡尺来测量，端面 *A* 就是端面 *B* 和 *C* 的测量基准。

（4）装配基准。装配时用来确定零件或部件在产品中相对位置所采用的基准，称为装配基准。图 6－4 中的 ϕ40*h*6 外圆表面就是钻套的装配基准。

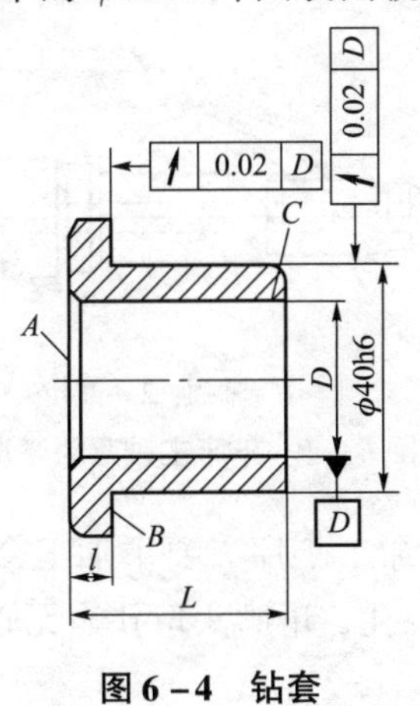

图 6－4 钻套

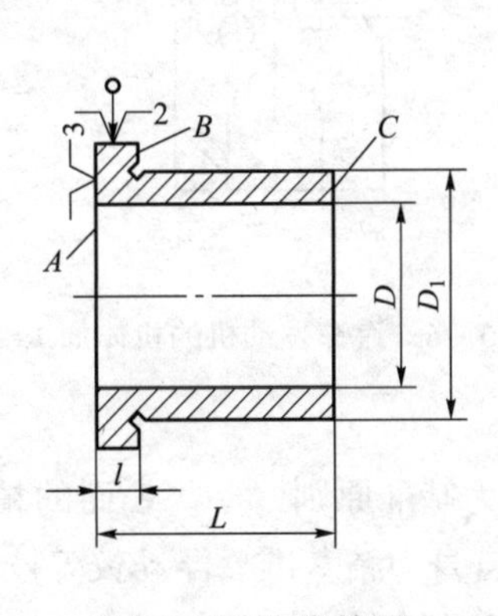

图 6－5 工序简图

上述基准应尽可能使之重合，以消除由于基准不重合引起的误差。

2. 定位基准的选择

定位基准分粗基准和精基准。用工件上未加工的毛坯面作为定位基准，称为粗基准；用加工过的表面作为定位基准，称为精基准。在选择定位基准时一般是先根据零件的加工要求选择精基准，然后考虑如何选择粗基准把作为精基准的表面先加工出来。

1）精基准的选择原则

选择精基准应从整个工艺过程考虑如何保证加工精度，并使装夹方便可靠。选择精基准一般应遵循以下几项原则。

（1）基准重合原则。应尽量选用所加工表面的设计基准作为精基准，这样可以避免由于基准不重合引起的定位误差（由于基准不重合而引起的定位误差的分析与计算参见第五章）。在用设计基准不可能或不方便时，允许出现基准不重合的情况。

（2）基准统一原则。应尽可能采用统一的精基准加工工件上尽可能多的表面，称为基准统一原则。采用基准统一原则便于保证各加工表面之间的位置精度，避免基准转换带来的误差，并可以减少夹具种类，降低夹具的设计制造费用。例如，加工轴类零件时，一般采用两个顶尖孔作为统一精基准来加工轴类零件上的所有外圆表面和端面，这样可以保证各外圆表面间的同轴度和端面对轴心线的垂直度。

有些工件可能找不到合适的表面作为统一基准，必要时在工件上专门设计和加工出专供定位用的表面，这称为辅助基准面定位，如箱体类零件“一面两孔”定位时的两定位孔。例如，在加工图6－6所示汽车发动机的机体时，主轴承座孔、凸轮轴座孔、气缸孔及主轴承座孔端面，都采用统一的基准——底面A及底面A上相距较远的两个工艺孔作为精基准来加工，这样能较好地保证这些加工表面的相互位置关系。这两个工艺孔就是专门加工出来进行辅助定位的。

（3）互为基准原则。当工件上两个加工表面之间的位置精度要求比较高时，可以采用互为基准、反复加工的方法。例如，加工图6－7所示车床主轴时，主轴前后支承轴颈与主轴锥孔间有严格的同轴度要求，一般先以前、后支承轴颈定位加工锥孔，然后再以主轴锥孔为基准磨主轴前、后支承轴颈表面，如此反复加工来达到同轴度的要求。

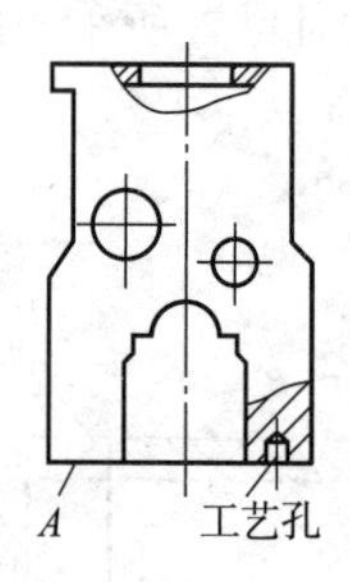

图6－6　汽车发动机的机体加工

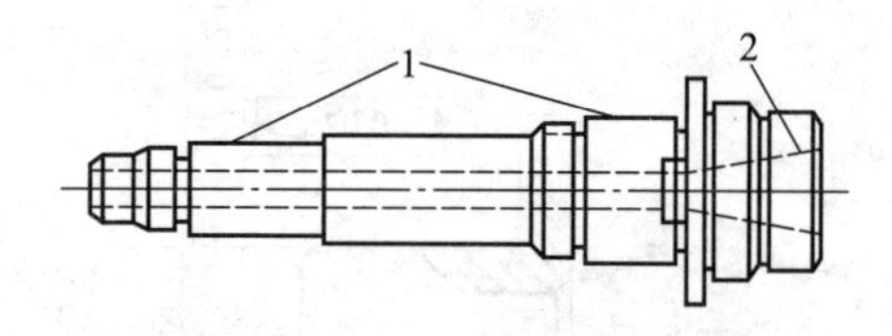

1—轴颈；2—锥孔。

图6－7　车床主轴互为基准加工

（4）自为基准原则。一些表面的精加工或光整加工工序，要求加工余量小而均匀，常以加工表面自身为精基准。浮动铰刀铰孔、圆拉刀拉孔、珩磨头珩孔、无心磨床磨外圆等都是以加工表面作为精基准的例子。

图 6－8 所示为导轨磨床上磨削床身导轨表面，就是以导轨面本身为基准来找正定位。被加工工件（床身）支承在可调支承上，用轻压在被加工导轨面上的百分表找正导轨面相对于机床导轨的正确位置，满足导轨面的加工要求。

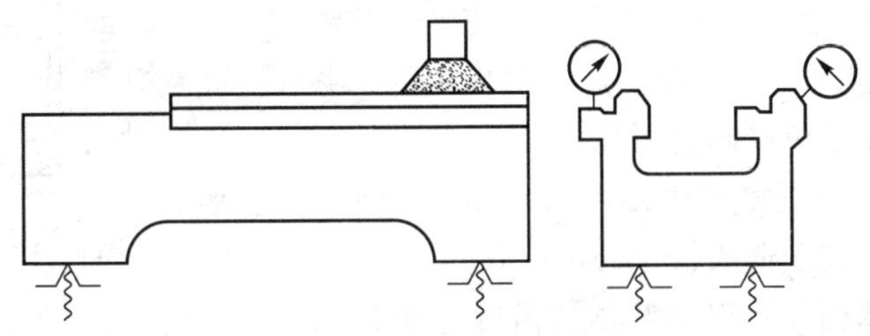

图 6－8　导轨磨床上磨削床身导轨表面

（5）便于装夹原则。所选择的精基准，一定要保证定位准确、夹紧可靠，夹紧机构简单，操作方便。因此，精基准除应具有较高精度和较小的表面粗糙度值外，还应具有较大的面积并尽量靠近加工表面。

2）粗基准的选择原则

粗基准的选择主要考虑如何使各加工面的余量分配合理及保证不加工表面与加工表面之间的位置精度。

（1）为了保证工件上加工表面与不加工表面之间的位置要求，应选择不加工表面为粗基准。如果工件上有多个不加工表面，则应以其中与加工表面位置精度要求较高的表面作为粗基准。如图 6－9 所示的套筒法兰零件，表面 1 为不加工表面，为保证镗孔后零件的壁厚均匀，应选择表面 1 作粗基准镗孔、车外圆、车端面。如图 6－10 所示零件加工时，若 ϕA、ϕB、ϕC 这 3 个表面都不加工，而 ϕB 外圆与内孔 $\phi 50^{+0.1}_{0}$ mm 之间壁厚均匀要求较高时，应选择不加工表面 ϕB 作粗基准加工 $\phi 50^{+0.1}_{0}$ mm 孔。

（2）如果工件必须首先保证某重要表面的加工余量均匀，则应选择该表面为粗基准。例如，机床导轨面是床身的主要工作表面，要求在加工时切去薄而均匀的一层金属，保证导轨面有均匀的金相组织和较高的耐磨性，因此希望此时应以导轨面为粗基准，先加工床脚的底平面，再以底平面为精基准加工导轨面，如图 6－11 所示。这就可以保证导轨面的加工余量均匀。

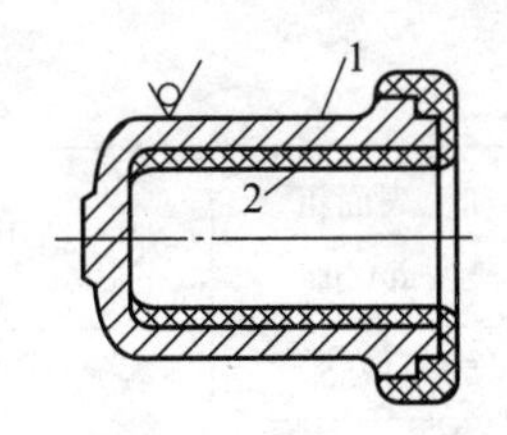

1—不加工表面；2—加工表面。

图 6－9　套筒法兰零件加工

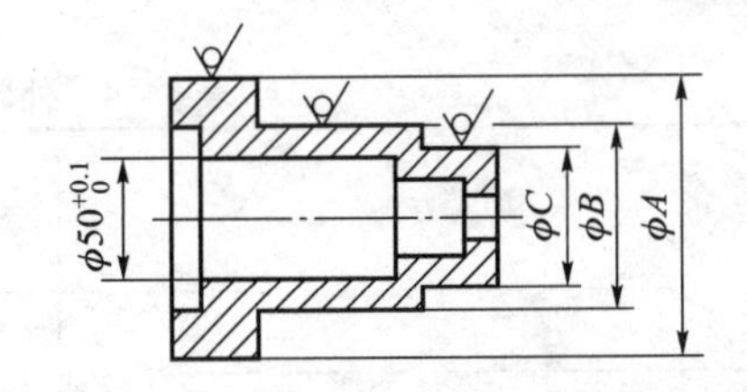

图 6－10　多个表面不加工时的粗基准选择

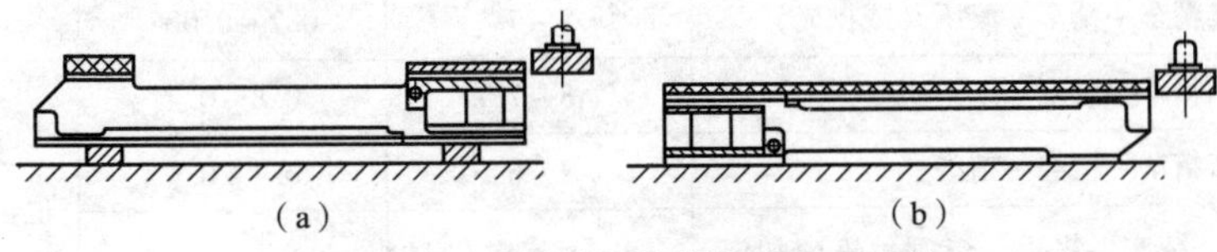

图 6－11　以导轨面为粗基准加工导轨

(a) 工序Ⅰ；(b) 工序Ⅱ

（3）为使各主要加工表面都得到足够的加工余量，应选择毛坯上加工余量最小的表面作为粗基准。如图6-12所示的阶梯轴，应选余量小的ϕ55 mm小端外圆作为粗基准。若选择大端外圆为粗基准，因毛坯偏心，加工小端外圆时，会出现余量不足，而使工件报废。

（4）选作粗基准的表面，应平整，没有飞边、浇口、冒口及其他缺陷，以便定位准确、可靠。

（5）粗基准应避免重复使用，在同一尺寸方向上，通常只允许使用一次，否则会造成较大的定位误差。

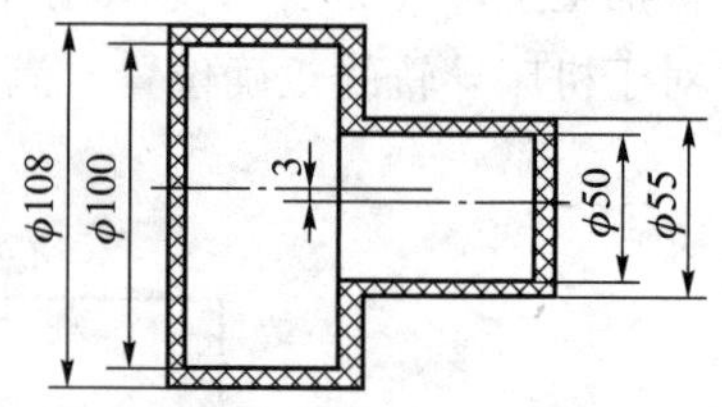

图6-12　阶梯轴加工时的粗基准选择

提要：上述基准选择原则在具体使用时，可能会出现矛盾之处，应根据具体情况灵活运用。保证主要方面，兼顾次要方面，从整体上尽量使定位基准选择更加合理。

六、工艺路线的拟订

1. 表面加工方法选择

机器零件的结构形状都可以看成是由一些最基本的表面（外圆、孔、平面等）组成的，零件加工过程就是获得这些几何表面的过程。同一表面的最终加工可以选用不同的方法，但是不同加工方法（方案）所能获得的加工质量、生产率、费用及生产准备和设备投入却是各不相同的。工程技术人员的任务就是要根据具体加工要求选用最适当的加工方法，安排合理的加工路线，加工出符合图纸要求的机器零件。表6-4、表6-5、表6-6分别列出了外圆表面加工、孔加工和平面加工的各种常见加工方案及其所能达到的经济精度和表面粗糙度，供选择加工方法时参考。加工经济精度是指在正常加工条件下（采用符合质量标准的设备、工艺装备和标准技术等级的工人，不延长加工时间）所能达到的加工精度。表中所列的是加工后的尺寸精度，各种加工方法能达到的经济形状精度和位置精度可参考相关的工艺人员手册。但也必须指出，这是在一般条件下可能达到的精度和表面粗糙度，在具体条件下会产生一定的差别，而且随着技术的进步，工艺水平的提高，同一种加工方法所能达到的精度也会提高，表面粗糙度的数值会减小。

表6-4　外圆表面加工方案

序号	加工方案	经济加工精度等级 IT	加工表面粗糙度 Ra/μm	适用范围
1	粗车	13~11	50~12.5	适用于淬火钢以外的各种金属
2	粗车—半精车	10~8	6.3~3.2	
3	粗车—半精车—精车	8~7	1.6~0.8	
4	粗车—半精车—精车—滚压（或抛光）	8~7	0.2~0.025	
5	粗车—半精车—磨削	8~7	0.8~0.4	主要用于淬火钢，也可用于未淬火钢，但不宜加工有色金属
6	粗车—半精车—粗磨—精磨	7~6	0.4~0.1	
7	粗车—半精车—粗磨—精磨—超精加工（或轮式超精磨）	6~5	0.1~0.01	

续表

序号	加工方案	经济加工精度等级 IT	加工表面粗糙度 $Ra/\mu m$	适用范围
8	粗车—半精车—精车—金刚石车	7～6	0.4～0.025	主要用于要求较高的有色金属的加工
9	粗车—半精车—粗磨—精磨—超精磨（或镜面磨）	5～	<0.025	极高精度的钢或铸铁的外圆加工
10	粗车—半精车—粗磨—精磨—研磨	5～	<0.1	

表 6-5　孔加工方案

序号	加工方案	经济加工精度等级 IT	加工表面粗糙度 $Ra/\mu m$	适用范围
1	钻	13～11	≥12.5	加工未淬火钢及铸铁的实心毛坯，也可用于加工有色金属（但粗糙度稍高），孔径<20 mm
2	钻—铰	9～8	3.2～1.6	
3	钻—粗铰—精铰	8～7	1.6～0.8	
4	钻—扩	11～10	12.5～6.3	加工未淬火钢及铸铁的实心毛坯，也可用于加工有色金属（但粗糙度稍高），孔径>20 mm
5	钻—扩—铰	9～8	3.2～1.6	
6	钻—扩—粗铰—精铰	7	1.6～0.8	
7	钻—（扩）—拉（或推）	9～7	1.6～0.1	大批大量生产中小零件的通孔
8	粗镗（或扩孔）	13～11	12.5～6.3	除淬火钢外各种材料，毛坯有铸出孔或锻出孔
9	粗镗（粗扩）—半精镗（精扩）	10～9	3.2～1.6	
10	粗镗（粗扩）—半精镗（精扩）—精镗（铰）	8～7	1.6～0.8	
11	粗镗（扩）—半精镗（精扩）—精镗—浮动镗刀块精镗	7～6	0.8～0.4	
12	粗镗（扩）—半精镗—磨孔	8～7	0.8～0.2	主要用于加工淬火钢，也可用于不淬火钢，但不宜用于有色金属
13	粗镗（扩）—半精镗—粗磨—精磨	7～6	0.2～0.1	
14	粗镗—半精镗—精镗—金刚镗	7～6	0.4～0.05	主要用于精度要求较高的有色金属加工
15	钻—（扩）—粗铰—精铰—珩磨 钻—（扩）—拉—珩磨 粗镗—半精镗—精镗—珩磨	7～6	0.2～0.025	精度要求很高的孔
16	以研磨代替工序 15 中的珩磨	6～5	<0.1	
17	钻（或粗镗）—扩（或半精镗）—精镗—金刚镗—脉冲滚挤	7～6	0.1	成批大量生产的有色金属零件中的小孔

表6-6　平面加工方案

序号	加工方案	经济加工精度等级 IT	加工表面粗糙度 Ra/μm	适用范围
1	粗车—半精车	9~8	6.3~3.2	端面加工
2	粗车—半精车—精车	7~6	1.6~0.8	
3	粗车—半精车—磨削	9~7	0.8~0.2	
4	粗刨（铣）	10~9	50~12.5	一般不淬硬的平面粗加工
5	粗刨（或粗铣）—精刨（或精铣）	9~7	6.3~1.6	一般不淬硬的平面半精加工（端铣粗糙度可较低）
6	粗刨（或粗铣）—精刨（或精铣）—刮研	6~5	0.8~0.1	精度要求较高的不淬硬表面，批量较大宜采用宽刃精刨
7	粗刨（或粗铣）—精刨（或精铣）—宽刃精刨	7~6	0.8~0.2	
8	粗刨（或粗铣）—精刨（或精铣）—磨削	7~6	0.8~0.2	精度要求较高的淬硬表面或不淬硬表面
9	粗刨（或粗铣）—精刨（或精铣）—粗磨—精磨	6~5	0.4~0.25	
10	粗铣—拉	9~6	0.8~0.2	大量生产较小的平面
11	粗铣—精铣—磨削—研磨	5~	<0.1	高精度平面
12	粗插	10~9	50~12.5	淬火钢以外金属件内表面粗加工
13	粗插—精插	8	3.2~1.6	淬火钢以外金属件内表面半精加工
14	粗插—精插—拉削	7~6	1.6~0.4	淬火钢以外金属件内表面精加工

选择加工方法时应遵循下列原则。

（1）应考虑每种加工方法的加工经济精度范围。所选方法要与加工表面的精度要求、表面粗糙度要求相适应，做到质量可靠，生产率和加工成本合理。

（2）应考虑被加工零件材料的性质。例如：淬火钢、耐热钢等因硬度高则应采用磨削作为精加工；有色金属宜采用金刚车、高速精细车或精细镗切削作为精加工。

（3）应考虑零件的结构形状、尺寸及工作情况。例如：箱体上IT7的孔，一般不采用拉或磨，而选择镗（大孔）或铰（小孔）；狭长平面更适宜刨削加工而不用铣削等。

（4）应结合生产类型考虑生产率和经济性。大批量生产时，应采用高效的机床设备和先进的加工方法；在单件小批生产中，多采用通用机床、通用工艺装备和常规的加工方法。

（5）应考虑企业现有设备条件和工人技术水平。

提要：在生产实际中选择加工方法时，一般先根据零件主要表面的技术要求和工厂具体条件，选定它的最终工序的加工方法，再逐一选定该表面各有关前导工序的加工方法。例如，加工一个精度等级为IT6、表面粗糙度为*Ra* 0.2 μm的钢质外圆表面，其最终工序选用精磨，则其前导工序可分别选为粗车、半精车和粗磨（参见表6－4）。主要表面的加工方案和加工方法选定之后，再选定次要表面的加工方案和加工方法。

2. 加工阶段的划分

零件的加工质量要求较高时，必须把整个加工过程分为以下几个阶段。

1）粗加工阶段

粗加工阶段的主要任务是高效切除各加工表面上的大部分余量，使毛坯在形状和尺寸上接近成品零件。粗加工的主要问题是如何获得高的生产率。

2）半精加工阶段

半精加工阶段的主要目的是为主要表面的精加工做好准备（消除粗加工后留下的误差，使其达到一定的精度，保证一定的精加工余量），并完成一些次要表面的加工（如钻孔、攻螺纹、铣键槽等）。半精加工一般应在热处理之前进行。

3）精加工阶段

精加工阶段是保证各主要表面达到图纸所规定的质量要求。

4）光整加工阶段

对于精度要求很高（IT5以上）、表面粗糙度值要求很小（$Ra \leqslant 0.2$ μm）的零件，还要安排专门的光整加工阶段，以进一步提高尺寸精度和形状精度，降低表面粗糙度值，但一般不能提高位置精度。光整加工的典型方法有珩磨、研磨、超精加工及镜面磨削等。

划分加工阶段的主要原因如下：

（1）保证加工质量。粗加工切除余量大，切削力、切削热及所需夹紧力大，因此产生较大的变形和内应力，不可能达到高的精度和低的表面粗糙度值。因此，划分加工阶段，通过半精加工和精加工可使粗加工引起的误差得到纠正，最终达到图纸要求。表面精加工安排在最后，还可避免或减少在夹紧和运输过程中损伤已精加工过的表面。

（2）有利于合理使用机床设备和技术工人。粗加工可使用大功率、高刚度、精度一般的机床，精加工使用精度高的设备，这样可充分发挥机床设备各自的效能，又有利于高精度机床长期保持精度。不同加工阶段对工人的技术要求也不同，可以合理使用技术工人。

（3）有利于及早发现毛坯缺陷并及时处理。毛坯的各种缺陷（气孔、砂眼、裂纹和加工余量不足等），在粗加工后就能发现，便于及时修补或报废，避免工时浪费。

（4）有利于合理安排热处理工序，使冷、热加工工序配合得更好。例如，精密主轴加工时，在粗加工后进行去应力时效处理，在半精加工后进行淬火处理，精加工后进行冰冷处理及低温回火，最后再进行光整加工，使热处理发挥充分的效果。

提要：加工阶段的划分不是绝对的，对于毛坯质量高、余量较小、刚性较好、加工质量要求不高的工件就不必划分加工阶段；重型零件，由于安装、运输不便，常在一次装夹中完成某些表面的粗、精加工，或在粗加工后松开工件，消除夹紧变形，再用较小的夹紧力夹紧工件，进行精加工。在组合机床和自动机床上加工零件，也常常不划分加工阶段。

3. 加工顺序安排

复杂零件的机械加工工艺路线中要经过切削加工、热处理和辅助工序，在安排工艺路线时要将这三者加以全面考虑。

1）机械加工工序的安排

（1）基面先行。作为精基准的表面一般安排在起始工序先进行加工，以便尽快为后续工序的加工提供精基准。例如，箱体零件一般是以主要孔为粗基准来加工平面，再以平面为精基准来加工孔系。

（2）先主后次。零件的装配基面和工作表面（一般是指加工精度和表面质量要求高的表面）等主要表面应先加工，从而及早发现毛坯中可能出现的缺陷。螺孔、键槽、光孔等次要表面可穿插进行，但一般应放在主要表面加工到一定精度之后、最终精加工之前进行。

（3）先粗后精。一个零件的切削加工过程，总是先进行粗加工，再进行半精加工，最后是精加工和光整加工。

（4）先面后孔。箱体、支架和连杆等类零件，应先加工面后加工孔。平面一般轮廓较大和平整，用它作定位基准面稳定可靠。此外，在加工过的平面上钻孔比在毛坯面上钻孔不易产生孔轴线的偏斜，且较易保证孔距尺寸。

2）热处理工序的安排

热处理的目的在于改变工件材料的性能和消除内应力。热处理工序的安排主要取决于热处理的目的。

（1）预备热处理。常用的热处理方法有退火与正火，通常安排在粗加工之前，其目的是改善工件材料的切削性能，消除毛坯制造时的内应力。高碳钢零件用退火降低硬度，低碳钢零件用正火提高硬度；对锻造毛坯，因其表面软硬不均不利于切削，通常也进行正火处理。

（2）改善力学性能热处理。常用的热处理方法有调质、淬火、渗碳淬火、渗氮等，目的是提高材料的强度、表面硬度和耐磨性。调质即淬火后高温回火，目的在于获得良好的综合力学性能，可以作为后续表面淬火和渗氮的预备热处理，也可作为某些要求不高零件的最终热处理，一般安排在粗加工以后进行，对淬透性好、截面积小或切削余量小的毛坯，也可以安排在粗加工之前。因淬火、渗碳淬火变形较大，硬度较高，淬火后只能磨削加工，因此淬火安排在半精加工之后和磨削加工之前。渗氮处理是为了获得更高的表面硬度和耐磨性，更高的疲劳强度，因渗氮层一般较薄，所以渗氮处理后磨削余量不能太大，故一般安排在粗磨之后、精磨之前进行，且为了消除内应力，减少渗氮变形，改善加工性能，渗氮前应对零件进行调质处理和去内应力处理。

（3）时效处理。时效处理有人工时效和自然时效两种，目的都是消除毛坯制造和机械加工中产生的内应力。精度不高的铸件，只需进行一次时效处理，安排在粗加工后较好，可同时消除铸造和粗加工所产生的应力。精度要求较高的铸件，则应在半精加工之后安排第二次时效处理，使精度稳定。精度要求很高的精密丝杆、主轴等零件，则应安排多次时效处理。

（4）表面处理。为了进一步提高表面的抗蚀能力、耐磨性等安排的热处理及使表面美观光泽而安排的表面处理工序，如镀铬、镀锌、镀镍、镀铜及镀金、镀银、发蓝等，一般安排在工艺过程的最后进行。

3）辅助工序的安排

检查、检验工序，去毛刺、平衡、清洗工序等也是工艺规程的重要组成部分。

检查、检验工序是主要的辅助工序，是保证产品质量的重要措施。每个操作工人在每道工序的进行中都必须自检，下列情况下应安排检查工序：

（1）零件加工完毕之后；

（2）从一个车间转到另一个车间的前后；

（3）工时较长或重要的关键工序的前后。

对特殊零件安排的特种检验，如多用于工件（毛坯）内部的质量检查的 X 射线检查、超声波探伤检查等，一般安排在工艺过程的开始；主要用于工件表面质量检验的磁力探伤、荧光检验，通常安排在精加工的前后进行；密封性检验、零件的平衡、零件的质量检验，一般安排在工艺过程的最后阶段进行。

在相应的工序后面还要考虑安排去毛刺、倒棱边、去磁、清洗、涂防锈油等辅助工序。

应该认识到辅助工序仍是必要的工序，缺少了辅助工序或是对辅助工序要求不严，将会影响装配操作、装配质量，甚至会影响整机性能。

4. 工序的集中与分散

确定加工方法后，就要按照生产类型和工厂的具体条件确定工艺过程的工序数。通常有两种截然不同的安排原则：一种是工序集中原则；另一种是工序分散原则。在不同的生产条件下，工艺人员编制的工艺过程会有所不同。

工序集中就是每个工序中安排的加工内容很多，尽可能在一次安装中加工许多表面，或尽量在同一台设备上连续完成较多的加工要求。这样，零件工艺过程中工序少，工艺路线短。工序分散则相反，每个工序加工内容很少，表现为工序多，工艺路线长。

工序集中的主要特点如下。

（1）减少工件的装夹、运输等辅助时间，而且一次安装中加工了许多表面，有利于保证位置公差要求较高的工件的加工质量。

（2）有利于利用自动化程度较高的高效机床和工艺装备，提高劳动生产率。

（3）工序数少，可减少设备数量、减少操作人员、减少生产面积。

工序分散的主要特点如下。

（1）工序多，每个工序内容少，工艺装备可以简单，而且容易调整，对工人技术水平要求不高，能较快地适应产品的变换。

（2）有利于选择最合理的切削用量，减少机动时间。

（3）机床数量多，操作工人多，占地面积大。

由于工序的集中和分散各有特点，生产上都有应用，要根据生产纲领、机床设备及零件本身的结构和技术要求等做全面的考虑。大批大量生产时，若使用多刀多轴的自动或半自动高效机床、加工中心，可按工序集中原则组织生产；若使用由专用机床和专用工艺装备组成的生产线，则应按工序分散的原则组织生产，这有利于专用设备和专用工装的结构简化和按节拍组织流水生产。单件小批生产则在通用机床上按工序集中原则组织生产。成批生产时两种原则均可采用，重型零件的加工，应采用工序集中的原则。但从技术的发展方向来看，随着数控机床、加工中心的发展和应用，今后将更多地趋向于工序集中。

5. 机床与工艺装备的选择

机床和工艺装备的选择是一件很重要的工作，对零件加工质量、生产率及制造成本产生重要影响。

1）机床的选择

选择机床应遵循如下原则：

（1）机床的主要规格尺寸应与零件的外廓尺寸相适应；

（2）机床的精度应与本工序的加工要求相适应；

（3）机床的生产率应与零件的生产类型相适应；

（4）机床的选择应结合现场的实际情况，如设备的类型、规格或精度情况，设备负荷的平衡情况，以及设备的分布排列情况等。

2）工艺装备的选择

工艺装备的选择即确定各工序所用的夹具、刀具和量具等，其选择原则如下。

（1）夹具的选择。夹具的选择主要考虑生产类型。单件小批生产应尽量选用通用夹具和机床附件，如卡盘、台虎钳、分度头等。有组合夹具站的，可选用组合夹具。大批量生产时，为提高生产效率采用或设计制造高效率专用夹具，积极推广气、液传动与电控结合的专用夹具。多品种、中小批量生产可采用可调夹具或成组夹具。夹具的精度应与零件的加工精度相适应。

（2）刀具的选择。刀具的选择主要取决于工序所采用的加工方法、加工表面的尺寸、工件材料、加工精度和表面粗糙度、生产率及经济性等，在选择时一般应优先选用标准刀具。采用工序集中时，可采用高效的专用刀具、复合刀具和多刃刀具等。自动线和数控机床刀具选择应考虑刀具寿命期内的可靠性，加工中心机床所使用的刀具还要注意选择与其相适应的刀夹、刀套结构。

（3）量具的选择。量具的选择主要是根据生产类型和要求检验的精度。在单件小批生产中，应尽量采用通用量具量仪，而大批大量生产中则应采用各种量规和高效的专用检验仪器和量仪等。

提要：本书是按照机械加工工艺规程设计所需要完成的工作进行编排，具体需要计算的部分集中在工序设计和工艺尺寸链的内容中。

第三节　工 序 设 计

一、加工余量的确定

用去除材料法加工零件时，一般要从毛坯上切去一层层材料，各表面尺寸及相互位置关系不断发生变化，直至达到图纸规定的要求。在加工过程中，某工序加工应达到的尺寸，称为工序尺寸。工序尺寸确定不仅与设计尺寸有关，还与工序余量有关。

1. 加工余量概念

加工余量是指在加工过程中，从被加工表面上切除的金属层厚度。加工余量有工序余量和加工总余量（毛坯余量）之分。某一工序所切去的金属层厚度，即相邻两工序的工序尺寸之差称为工序余量。在某加工表面上切去的金属层总厚度，即毛坯尺寸与零件图的设计尺寸之差称为加工总余量（毛坯余量），其值等于各工序的工序余量总和。

$$Z_{\Sigma} = \sum_{i=1}^{n} Z_i \tag{6-1}$$

式中　Z_{Σ}——加工总余量；

Z_i——第 i 道工序余量；

n——该表面所经历的加工工序数。

加工余量有单边余量和双边余量之分。对于非对称表面［如图 6－13（a）所示的平面］，加工余量用单边余量 Z_b 表示，即实际切除的金属层厚度。对于对称表面［如图 6－13（b）、（c）所示的外圆、孔］，加工余量用双边余量 $2Z_b$ 表示，实际切除的金属层厚度为工序余量的一半。计算如下：

单边余量

外表面　$$Z_b = l_a - l_b \tag{6-2a}$$

内表面　$$Z_b = l_b - l_a \tag{6-2b}$$

式中　l_a——前一工序的公称（名义、基本）尺寸；

l_b——本工序的公称尺寸。

双边余量

外表面（轴）　$$2Z_b = d_a - d_b \tag{6-3a}$$

内表面（孔）　$$2Z_b = D_b - D_a \tag{6-3b}$$

式中　d_a、D_a——外表面、内表面前一工序的公称尺寸；

d_b、D_b——外表面、内表面本工序的公称尺寸。

由于毛坯和各工序尺寸不可避免存在误差，各工序实际切除的余量存在一定的变动范围。所以，加工余量又可分成公称余量（Z_b，简称余量，相邻两工序的公称尺寸之差）、最大余量（Z_{max}）、最小余量（Z_{min}），如图 6－14 所示。

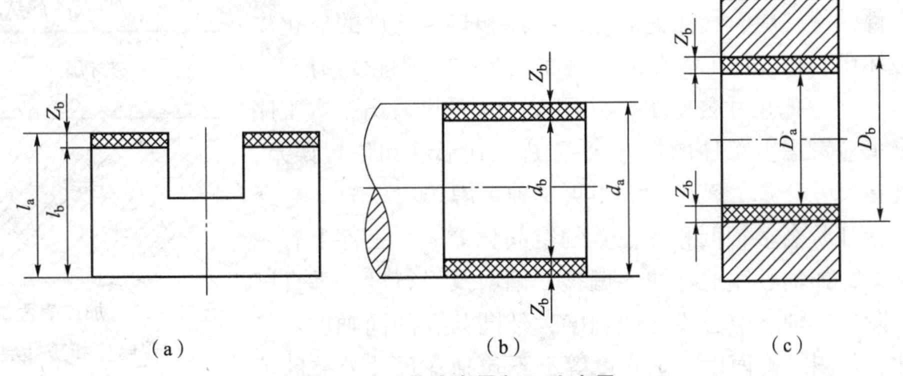

图 6－13　单边余量与双边余量

（a）单边余量；（b），（c）双边余量

因工序尺寸公差带规定按“入体原则”标注（即外表面工序尺寸取上极限偏差为 0，内表面工序尺寸下极限偏差取 0），按极值法计算，公称余量为上工序基本尺寸与本工序基本尺寸之差。对外表面，Z_{min} 为上工序最小尺寸与本工序最大尺寸之差，而 Z_{max} 为上工序最大尺寸与本工序最小尺寸之差。对双边余量，余量值为图 6－14 所示值的两倍。对内表面，可以照图推导。

显然，公称余量变动值（余量公差 T_Z）为

$$T_Z = Z_{max} - Z_{min} = T_a + T_b \quad (6-4)$$

式中 T_a——上工序尺寸公差；

T_b——本工序尺寸公差。

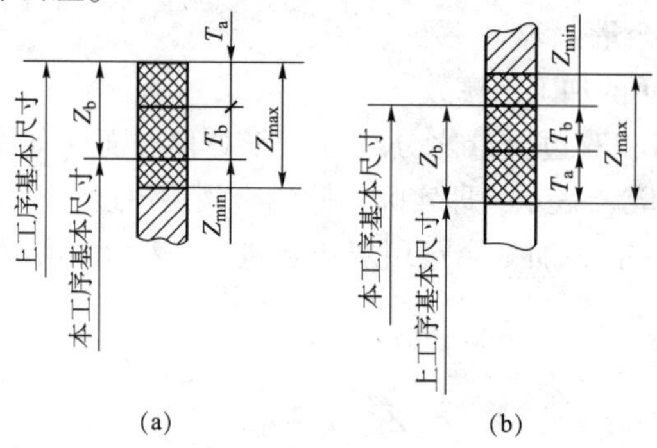

图6-14　加工余量及公差

（a）外表面；（b）内表面

提要：正确规定加工余量的大小十分重要，加工余量过大，不仅浪费材料，而且增加人力、机床、刀具及电力消耗，导致加工成本增加。加工余量过小，不能保证切除和修正前工序的各种误差和表面缺陷，因而也就没有达到设置本道工序的目的。

2. 影响加工余量的因素

确定加工余量的基本原则是在保证加工质量的前提下，余量越小越好。影响加工余量的主要因素如下。

1）前道工序的各种表面缺陷和误差

（1）加工表面的表面粗糙度 Ra 和表面破坏层的深度 D_a。本工序必须把前道工序留下的表面粗糙度及缺陷层全部切去，如图6-15所示。表面破坏层指的是铸件的冷硬层、气孔夹渣层，锻件和热处理件的氧化皮或其他破坏层，切削加工后在加工表面上造成的塑性变形层等。

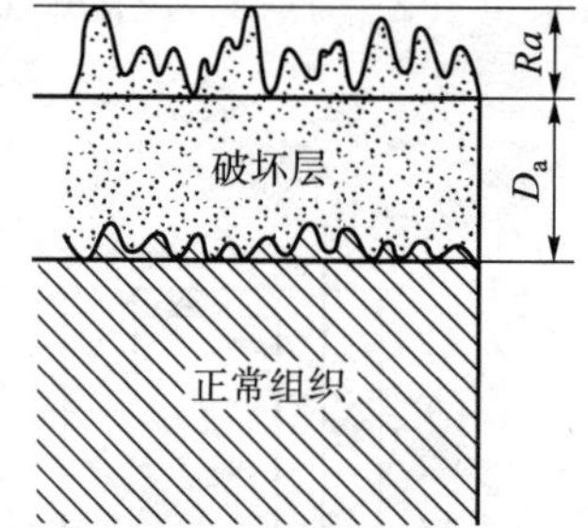

图6-15　加工表面的表面粗糙度和破坏层

（2）上工序的尺寸公差 T_a。从图6-14可以看出，本工序的加工余量应考虑上工序的尺寸公差 T_a。其形状和位置误差，一般包含在尺寸公差 T_a 范围内，不再单独考虑。

（3）上工序各表面间相互位置的空间偏差 e_a。工件上有一些形位误差，如轴心线的弯曲、偏移、偏斜及平行度、垂直度等误差，阶梯轴轴颈中心线的同轴度，外圆与孔的同轴度，平面的弯曲、偏斜、平面度、垂直度等，不包括在尺寸公差的范围内（如图6-16所示轴的弯曲误差），但这些误差又必须在加工中加以纠正，因此，需要单独考虑它们对加工余量的影响。如图6-16的轴弯曲量为 e_a，直径上的加工余量至少需增加 $2e_a$ 才能保证该轴在加工后消除弯曲的影响。

2）本工序加工时的安装误差

这一误差包括工件的定位误差和夹紧误差，以及夹具在机床上的装夹误差，在确定工序余量时，应将这些误差计入在内。如图6-17所示，用自定心卡盘夹持工件磨削内孔，存在偏心 e，在考虑磨削余量时，应加大 $2e$。

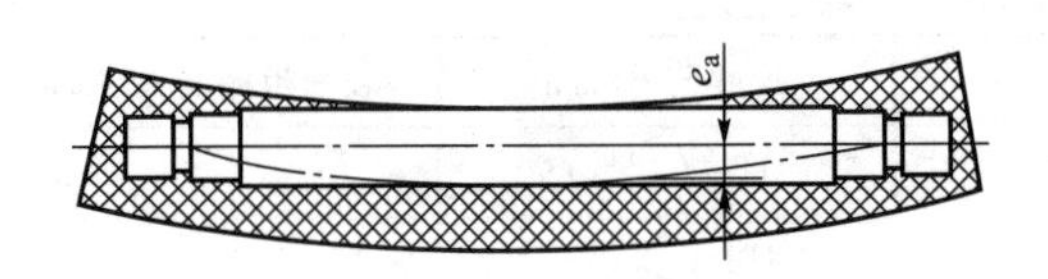

图 6-16　轴的弯曲对加工精度的影响

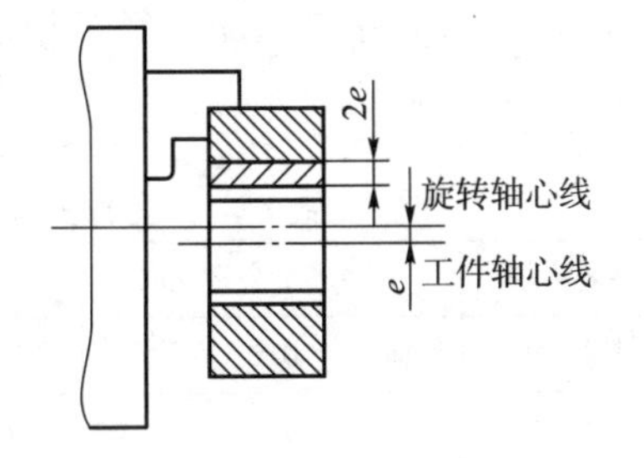

图 6-17　自定心卡盘上的装夹误差

3. 加工余量的确定方法

从理论上讲，加工余量可以通过对前述相关影响因素的分析而计算确定。但这种方法操作不方便，目前很少实际应用。常用的方法是以下两种。

1）经验估计法

凭积累的生产经验来确定加工余量，为避免产生废品，估计的加工余量值一般偏大，此法只可用于单件、小批生产。

2）查表修正法

根据工艺手册或工厂中的统计经验资料查表，并按具体生产条件加以修正来确定加工余量。此方法应用比较广泛。

二、工序尺寸及其公差的确定

由于加工的需要，在工序简图或工艺规程中要标注一些专供加工用的工序尺寸。工序尺寸往往不能直接采用零件图上的尺寸，如许多中间工序的尺寸及其公差就无法直接得到，必须要通过一定的计算。因此，正确确定工序尺寸及其公差，是制订工艺规程的重要工作之一，通常有以下几种情况。

1. 基准重合时工序尺寸的计算

对于加工过程中基准面没有变换（工艺基准与设计基准重合）的情况，工序尺寸的确定比较简单。此时，各工序尺寸及其公差取决于各工序加工余量及所采取的加工方法的经济加工精度。计算时，由最后一道工序开始往前推算，直到毛坯尺寸，再将各工序尺寸的公差按“入体原则”标注。

例 6-1　在某一钢制零件上加工一内孔，图纸上设计尺寸为 $\phi 72.5^{+0.03}_{0}$，表面粗糙度为 Ra 0.4。毛坯为锻件，孔预制。工艺路线定为：粗镗—半精镗—精镗—粗磨—精磨。试确定各工序的工序尺寸及公差。

解题步骤和方法如下：

(1) 按工艺方法查表，确定加工余量，即工序加工余量，如表 6-7 所示（表中所列为双边余量）。

(2) 计算各工序基本尺寸。从设计尺寸开始，到第一道加工工序，逐次减去（内表面加工，如为外表面加工，就要加上）下一工序加工余量，可分别得到各工序的基本尺寸，如表 6-7 所示。

(3) 除最终加工工序的公差、表面粗糙度取设计值外，其余加工工序的公差及表面粗糙度按所采用加工方法的加工经济精度选取。各工序加工余量、尺寸及其公差分布关系如图6－18所示。

表6－7　工序尺寸、公差、表面粗糙度及毛坯尺寸确定

工序名称	工序加工余量/mm	工序尺寸 ϕ/mm	尺寸公差/mm	表面粗糙度 Ra/μm
精磨	0.2	72.5（设计尺寸）	IT7（$^{+0.03}_{0}$）	0.4
粗磨	0.3	72.5－0.2＝72.3	IT8（$^{+0.045}_{0}$）	1.6
精镗	1.5	72.3－0.3＝72	IT9（$^{+0.074}_{0}$）	3.2
半精镗	2.0	72－1.5＝70.5	IT10（$^{+0.12}_{0}$）	6.3
粗镗	4.0	70.5－2＝68.5	IT12（$^{+0.3}_{0}$）	12.5
毛坯	—	68.5－4＝64.5	±1.0	—

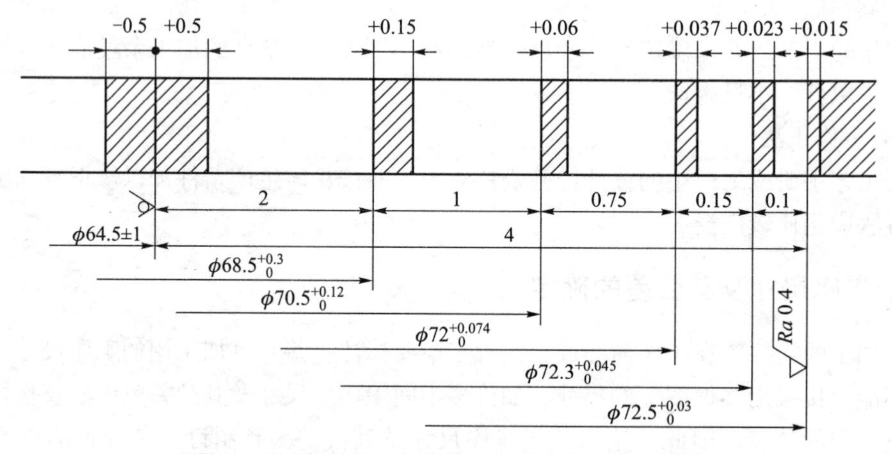

图6－18　各工序加工余量、尺寸及其公差分布图

2. 基准不重合时工序尺寸的计算

在复杂件的加工过程中，常常出现工艺基准无法同设计基准重合的情况，此时，工序尺寸的计算就复杂多了。这种情况就不能用上面的反推计算法，而要借助尺寸链的原理进行分析和计算，具体计算方法将在下节详述。

三、切削用量的确定

切削用量是机床调整的依据，确定切削用量就是要确定切削工序的背吃刀量 a_p、进给量 f、切削速度 v_c 及刀具寿命 T。

1. 切削用量的选择原则

切削用量的选择依据第二章第七节——“切削条件的合理选择”的相关内容。

2. 刀具寿命的选择原则

如上所述，切削用量对刀具寿命有很多影响。在选择切削用量时，应首先确定合理的刀具寿命，而合理的刀具寿命则应根据优化的目标而定。在实际生产中，刀具寿命同生产效率和加工成本之间存在着较复杂的关系。刀具寿命并不是越高越好，如果把刀具寿命选得过高，则切削用量势必被限制在很低的水平，加工效率过低会使经济效果变得很差；若刀具寿

命选得过低，虽可采用较高的切削用量使效率提高，但由于刀具磨损加快而使换刀、刃磨的工时和费用显著增加，同样达不到高效、低成本的要求。

一般分最高生产率刀具寿命和最低成本刀具寿命两种。

1）最高生产率刀具寿命

最高生产率刀具寿命即按工序加工时间最少原则确定的刀具寿命，用 T_P 表示。

2）最低成本刀具寿命

最低成本刀具寿命又称经济寿命，即按工序加工成本最低原则确定的刀具寿命，用 T_C 表示。

前面两种寿命中，刀具的最高生产率寿命 T_P 比最低成本寿命 T_C 低。一般情况下，多采用最低成本寿命，并依此确定切削用量；只有当生产任务紧迫或生产中出现不平衡的薄弱环节时，才选用最高生产率寿命。

在下列情形下，刀具寿命可规定得高一些：刀具材料切削性能差；刀具结构复杂、制造刃磨成本高；刀具装卸、调整复杂；大件精加工刀具（避免在加工同一表面时中途换刀，刀具寿命应规定得至少能完成一次走刀）。

在下列情形下，刀具寿命可规定得低一些：某工序的生产成为生产线上的瓶颈时；某工序单位时间的生产成本较高时，这样可选用较大的切削用量，加快该工序生产节拍或缩短加工时间。

四、工艺过程的生产率

1. 时间定额的确定

在一定生产条件下，规定生产一件产品或完成一道工序所需消耗的时间称为时间定额。时间定额是安排生产计划、核算生产成本的主要依据，在设计新厂时，又是计算设备数量、布置时间和工人数量的依据。因此，时间定额是工艺规程的重要组成部分。合理的时间定额能促进工人的生产技能和技术熟练程度的不断提高，调动工人的积极性，对保证产品质量、提高生产率、降低成本具有重要意义。

完成一个工件的一个工序的时间称为单件时间 t_d，它由以下几部分组成。

1）基本时间

直接改变生产对象的尺寸、形状、相对位置关系和性能等工艺过程所消耗的时间称为基本时间，用 t_j 表示。它包括刀具切入、切削加工和切出等时间，对车削、磨削而言，可按下式计算

$$t_j = \frac{l + l_r + l_c}{nf} i \qquad (6-5)$$

式中 $i = Z/a_p$（其中 Z 为加工余量，mm；a_p 为背吃刀量，mm）；

n——机床主轴转速，r/min；

f——进给量，mm/r；

l——加工长度，mm；

l_r——刀具切入长度，mm；

l_c——刀具切出长度，mm。

2）辅助时间

为实现工艺过程所必须进行的各种辅助动作所消耗的时间称为辅助时间，用 t_f 表示，如装卸工件、开停机床、改变切削用量、测量尺寸、引进及退回刀具等所消耗的时间。

基本时间和辅助时间的总和称为作业时间，用 t_o 表示。它是直接用于制造产品或零、部件所消耗的时间。

3）布置工作地时间

为使加工正常进行，工人为照管工作地（如换刀、润滑机床、清理切屑、收拾工具等）所消耗的时间称为布置工作地时间，用 t_b 表示。很难精确估计，一般按作业时间的2%～7%计算。

4）休息和生理需要时间

休息和生理需要时间是指工人在工作班时间内为恢复体力和满足生理上的需要所消耗的时间，用 t_x 表示。一般按作业时间的2%估算。

单件时间是上述4部分时间的总和，即

$$t_d = t_j + t_f + t_b + t_x \tag{6-6}$$

5）准备终结时间

在成批生产中，工人为了生产一批产品或零、部件，进行准备和结束工作所消耗的时间，如熟悉工艺文件、领取毛坯、领取和安装刀具及夹具、调整机床及工艺装备等，或在加工一批零件终了后需要拆下和归还工艺装备、发送成品等所消耗的时间，用 t_z 表示。准备终结时间对一批零件只消耗一次。零件的批量 N 越大，分摊到每个工件上的准备终结时间（t_z/N）就少。所以成批生产时的单件时间定额 t_{dj} 为

$$t_{dj} = t_d + \frac{t_z}{N} \tag{6-7}$$

2. 提高劳动生产率的工艺措施

劳动生产率是指工人在单位时间内制造合格产品的数量或指制造单件产品所消耗的劳动时间。提高劳动生产率与产品设计、制造工艺、组织管理等都有关。显然，采取合适的工艺措施，缩减各工序的单件时间，是提高劳动生产率的有效途径。可以从以下几个方面提高劳动生产率。

1）缩减基本时间

（1）提高切削用量。增大切削速度、进给量和背吃刀量都可减少基本时间，但这要受到刀具寿命和机床动力条件、表面粗糙度等的制约，可以采用新型刀具材料及高速切削和磨削技术；适当改善工件材料的切削加工性，改善冷却润滑条件；改进刀具结构，提高刀具制造质量。

（2）合并工步，减少工件加工长度。用几把刀具或是用一把复合刀具对一个零件的几个表面同时加工，使每把刀具的加工长度缩短；还可将原来的几个工步合并为一个工步，从而使需要的基本时间全部或部分地重合，缩短了工序基本时间。如图6-19所示的多刀车削、图6-20所示的曲轴多砂轮磨削。

（3）多件加工。图6-21（a）所示为多件顺序加工，即在一次刀具行程中顺序切削多个工件，可减少每个工件的切入切出时间；图6-21（b）所示为平行多件加工，即在一次行程中同时加工多个并行排列的工件，其基本时间与加工一个工件的基本时间相同；图6-

21（c）所示为平行顺序加工，是前两种方法的综合应用，适用于工件较小、批量较大的情况。

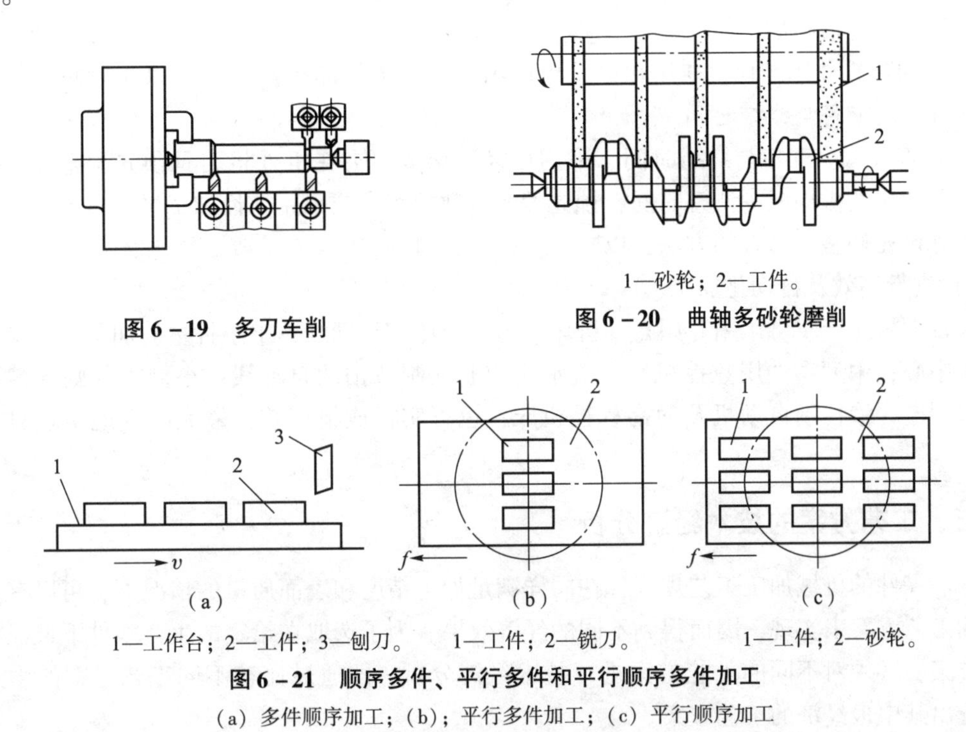

1—砂轮；2—工件。

图6－19　多刀车削

图6－20　曲轴多砂轮磨削

1—工作台；2—工件；3—刨刀。　1—工件；2—铣刀。　1—工件；2—砂轮。

图6－21　顺序多件、平行多件和平行顺序多件加工

（a）多件顺序加工；（b）；平行多件加工；（c）平行顺序加工

（4）改变加工方法，采用新工艺、新技术。在大批量生产中用拉削、滚压代替铣、铰、磨削；在成批生产中用精刨、精磨或金刚镗代替刮研；难加工材料或复杂型面采用特种加工技术。毛坯制造时，采用冷挤压、粉末冶金、精密铸造、压力铸造、精密锻造等先进工艺提高毛坯制造精度，减少机械加工余量，以缩短基本时间，有时甚至无须再进行机械加工。

2）缩短辅助时间

（1）直接缩减辅助时间。采用先进的高效夹具和各种上下料装置，如气动、液压及电动夹具或成组夹具等，可缩减装卸工件时间。采用主动检测装置或数显装置在加工过程中进行实时测量，可大大节省停机测量时间。

（2）使辅助时间和基本时间重合。采用多工位回转工作台机床或转位夹具加工，在大量生产中采用自动线等均可使装卸工件时间与基本时间重合，使生产率得到提高。如图6－22所示为在立式铣床上对工件进行连续加工的实例，工件装卸时间与加工时间完全重合。

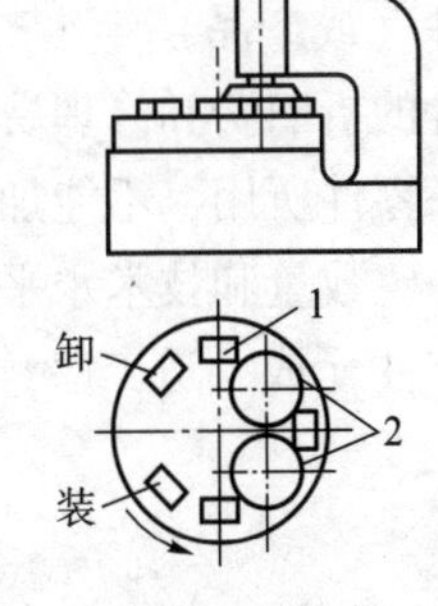

1—工件；2—铣刀。

图6－22　连续铣削加工实例

3）缩短布置工作地时间

布置工作地时间大部分消耗在更换（调整）刀具上，因此，主要采取减少换刀次数，并缩短换刀时间的工艺措施：提高刀具或砂轮的寿命减少换刀次数、采用刀具微调装置、专用对刀样板或对刀块、使用不重磨刀片等来减少刀具的调整、装卸、连接和夹紧等工作所需的时间。

4）缩短准备与终结时间

缩短准备与终结时间主要是减少调整机床、刀具和夹具的时间，缩短数控编程时间和调试时间等。工艺措施如下。

（1）通过零件标准化、通用化或采用成组技术扩大产品生产批量，以相对减少分摊到每个零件上的准备与终结时间。

（2）直接减少准备与终结时间。采用可换刀架或刀夹在机外将刀具预先调整好；采用刀具微调和快调机构减少调整时间；预先编制好数控程序或采用数控加工过程虚拟仿真技术等在机外预先调整、修改的方法，以减少机内调试时间。

5）进行高效及自动化加工

大批大量生产，可采用专用自动机床、组合机床和自动线；中小批量的加工，主要零件用加工中心；中型零件用数控机床、流水线或非强制节拍的自动线；小型零件则视情况不同，可用电-液控制自动机及简易程控机床，也可实行成组工艺，最大限度地实现自动化加工。

五、工艺方案的技术经济分析

某一零件的机械加工工艺规程，在同样满足加工精度和表面质量的情况下，可以有多种不同的工艺方案来实现，因而得到不同的经济效果。为了选取在给定的生产条件下最经济合理的方案，必须对不同的工艺方案进行技术经济分析，即通过比较不同工艺方案的生产成本，选出其中最经济的工艺方案。

1. 工艺成本的组成

生产成本是制造一个零件或一台产品所必需的一切费用的总和。这种制造费用可分为两大类：一类是与工艺过程直接相关的费用，称为工艺成本，占生产成本的70%～75%；另一类是与工艺工程无关的费用，如行政人员工资、厂房折旧、照明取暖等。由于在同一生产条件下与工艺工程无关的费用基本上相等，因此对工艺方案进行经济分析时，只要分析与工艺工程直接有关的工艺成本即可。

工艺成本按性质不同可分成可变费用和不变费用。可变费用与零件（或产品）年产量有关，如材料费、工人工资、通用机床、通用夹具折旧费和修理费、刀具损耗等；不变费用与零件（或产品）年生产量没有直接关系，是相对固定的费用，如专用机床、专用夹具及刀具等的折旧费和修理费、调整维修工人的工资等，因为专用机床、专用夹具及刀具专为加工某一零件所用，不能加工其他零件，而设备及工艺装备的折旧年限是一定的，企业也必须要有一定数量和技术水平的调整维修工人，这种费用基本上保持不变，与年产量无关。

零件（或一道工序）的全年工艺成本 S_n 与单件工艺成本 S_d，可用下式表示

$$S_n = VN + C_n \tag{6-8}$$

$$S_d = V + \frac{C_n}{N} \tag{6-9}$$

式中 V——每件零件的可变费用，元/件；

N——零件年生产纲领，件；

C_n——全年的不变费用，元。

从式（6-8）和式（6-9）可知，全年工艺成本与生产纲领成线性正比关系，而单件

工艺成本与生产纲领成双曲线关系，即当 C_n 值（主要是专用设备费用）一定时，N 若很小，C_n/N 与 V 相比在成本中所占比例就较大，由于设备负荷很低，单件工艺成本会很高，此时 N 略有变化，会使成本变化很大，这种情况相当于单件小批生产；当 N 超过一定范围，C_n/N 所占比例已很小，此时就需采用生产效率更高的方案，使 V 减小，才能获得好的经济效果，这就相当于大批大量生产的情况。

2. 工艺方案的经济评价

对于工艺方案进行经济性评价时，可分为下面两种情况。

（1）当评比两种基本投资相近或均采用现有设备，只有少数工序不同的工艺方案时，可按式（6－9）对两种方案的单件工艺成本进行比较，即

$$S_{d1}=V_1+\frac{C_{n1}}{N}$$

$$S_{d2}=V_2+\frac{C_{n2}}{N}$$

当产量 N 一定时，根据上面两式可直接算出 S_{d1} 和 S_{d2}，数值小的方案经济性更好。

当产量 N 为一变量时，则可根据上述方程式作出曲线进行比较，如图 6－23 所示，图中 N_K 为两曲线交点，称为临界产量，可见，当 $N<N_K$ 时，$S_{d2}<S_{d1}$，第二种方案经济性较好；当 $N>N_K$ 时，$S_{d1}<S_{d2}$，则采取第一种方案较好。

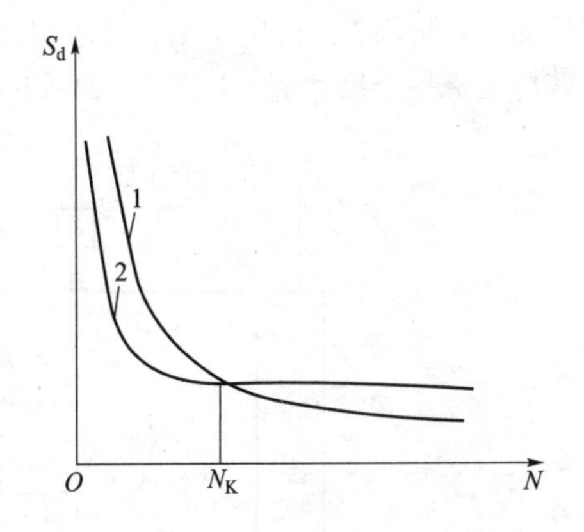

图 6－23　两种方案单件工艺成本的比较

（2）当两种工艺方案的基本投资差额较大时，这通常是某工艺方案中采用了高生产率的设备或工艺装备，使单件工艺成本下降，此时，只比较其工艺成本难以全面评定两种方案的经济性，还要考虑基本投资差额的回收期限，回收期越短则经济效果越好。

投资回收期 T 可用下式求得

$$T=\frac{K_1-K_2}{S_{n2}-S_{n1}}=\frac{\Delta K}{\Delta S_n} \tag{6-10}$$

式中　K_1——第一种方案的投资额，较大，元；

K_2——第二种方案的投资额，较小，元；

ΔK——基本投资差额，元；

ΔS_n——全年工艺成本节约额，元。

投资回收期必须满足以下要求：

①回收期限应小于所采用设备或工艺装备的使用年限；

②回收期限应小于该产品由于结构性或市场需求因素决定的市场寿命；

③回收期限应小于国家所规定的标准回收期，如采用专用工艺装备的标准回收期为 2～3 年，采用专用机床的标准回收期为 4～6 年。

在决定工艺方案的取舍时，不能简单的比较投资额和单件工艺成本，如某一方案投资额和单件工艺成本均相对较高，但若能使产品上市快，工厂从中取得较大的经济收益，从整体

经济效益来看，该工艺方案仍然是可行的。

提要：本节是按照工序设计所需要完成的工作进行编排的，工艺尺寸链因计算很多，且非常重要，所以单独列于下节。待这些工作都完成后，就可以填写机械加工工序卡等工艺文件。

第四节　工艺尺寸链

尺寸链原理是分析和计算工序尺寸的有效工具，在制订机械加工工艺规程和保证装配精度中都有很大的作用，对其基本概念和计算方法应该很好地掌握。

一、尺寸链的基本概念

1. 尺寸链的定义和特征

尺寸链是零件加工或机器装配过程中，由互相联系且按一定顺序排列的尺寸组成的封闭尺寸组合。图6－24（a）所示的工件，先以面A定位加工面C，得尺寸A_1；然后仍以面A定位加工台阶面B，得尺寸A_2；要求保证面B和面C之间的距离为A_0；A_1、A_2、A_0这3个尺寸就构成了一个尺寸链，如图6－24（b）所示。

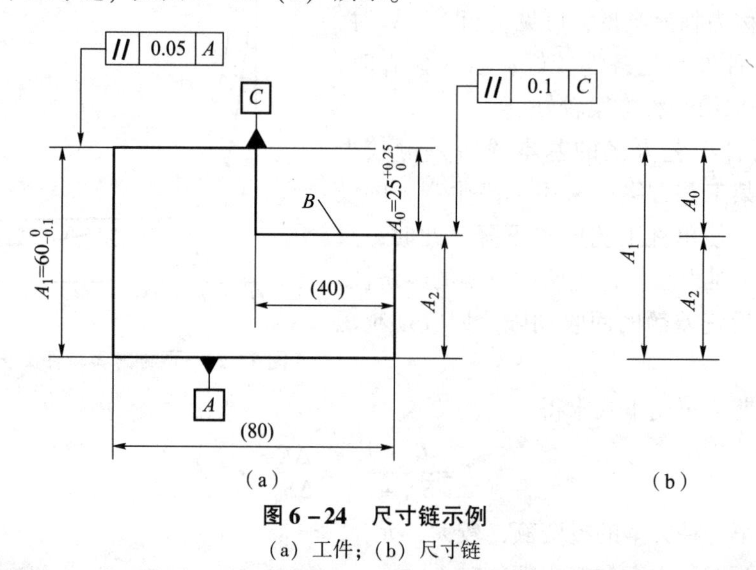

图6－24　尺寸链示例

（a）工件；（b）尺寸链

必须特别注意，此时尺寸A_1、A_2是加工过程中直接获得的，而尺寸A_0是间接保证的。尺寸链的主要特征有以下几点。

1）封闭性

尺寸链必须是一组有关尺寸首尾相接构成封闭形式的尺寸，其中，应包含一个间接保证的尺寸和若干个对此有影响的直接获得的尺寸。

2）关联性

尺寸链中间接保证的尺寸的大小和变化（即精度），受这些直接获得的尺寸的精度所支配，彼此间具有特定的函数关系，并且间接保证的尺寸精度必然低于直接获得的尺寸精度。

2. 尺寸链的组成

环是指尺寸链中的每一个工艺尺寸。它可分为封闭环和组成环。

1）封闭环

封闭环指在零件加工或装配过程中最终形成或间接得到的环。

2）组成环

组成环指尺寸链中对封闭环有影响的其余各环。这些环中任一环的变动必然引起封闭环的变动。组成环按其对封闭环的影响又分为增环和减环。

（1）增环。本身的变动引起封闭环同向变动，即该环增大（其余组成环不变）时，封闭环增大；反之，该环减小时封闭环也减小。

（2）减环。本身的变化引起封闭环反向变动，即该环增大时封闭环减小或该环减小时封闭环增大。

在图6－24的工艺尺寸链中，A_0间接获得，为封闭环，A_1、A_2为组成环，根据与封闭环关系可知，A_1为增环，A_2为减环。

提要：尺寸链的建立及各环性质判别十分重要。封闭环是间接获得的尺寸，是尺寸链中最后形成的一个环，并且对于直线尺寸链，一个尺寸链中有且只有一个封闭环，工序尺寸均为组成环。

环数较少时，可以根据定义判别增、减环；环较多时通常先给封闭环任定一个方向画上箭头，然后沿此方向环绕尺寸链依次给每一个组成环画出箭头，凡是组成环箭头方向与封闭环箭头相同的，为减环，相反的为增环。如图6－25所示，A_1、A_2、A_4、A_5、A_7、A_8为增环，A_3、A_6、A_9、A_{10}为减环。

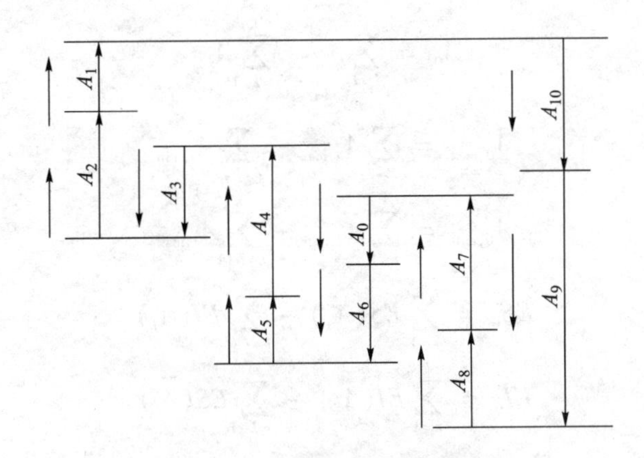

图6－25 增、减环的判别

3. 尺寸链的分类

按尺寸链的形成与应用范围，可分为工艺尺寸链和装配尺寸链。

按链中各环所处的空间位置及几何特征分成以下4类。

1）直线尺寸链

尺寸链全部尺寸位于同一平面，且相互平行，如图6－24、图6－25中所示的尺寸链。

2）平面尺寸链

尺寸链全部尺寸位于同一平面内，但其中有一个或几个尺寸不平行。

3）空间尺寸链

尺寸链的全部尺寸位于几个不平行的平面内。

4）角度尺寸链

尺寸链的全部环均为角度。

尺寸链中最常见是直线尺寸链，平面尺寸链和空间尺寸链可以用投影的方法分解为直线尺寸链来进行计算。此处只介绍直线尺寸链的计算方法。

二、尺寸链的计算

尺寸链的计算有正计算、反计算和中间计算3种类型。已知组成环尺寸、公差，求封闭环尺寸、公差的计算方式，称作正计算，主要用于设计图纸审核及工序尺寸验算；已知封闭环尺寸、公差，求组成环尺寸、公差，称作反计算，主要用于将封闭环公差合理分配给各组成环；已知封闭环尺寸、公差及部分组成环的尺寸、公差，求其余的一个或几个组成环的尺寸、公差，称作中间计算，主要用于工序尺寸计算。计算方法有以下两种。

（1）极值法。极值法是按尺寸链各环均处于极值条件来求解封闭环尺寸与组成环尺寸之间关系的。此法简便、可靠，通常情况下优先选用，但当封闭环公差小、组成环数较多时，会使组成环的公差过于严格，增加制造难度。

（2）概率法。概率法是运用概率论理论来求解封闭环尺寸与组成环尺寸之间关系的。此法在尺寸链环数较多，以及大批大量自动化生产中采用，允许组成环的公差比极值法时的公差大一些，易于加工，但会出现极少量废品。

1. 极值法求尺寸链计算公式

$$A_0 = \sum_{i=1}^{k} \overrightarrow{A}_i - \sum_{i=k+1}^{m} \overleftarrow{A}_i \tag{6-11}$$

$$A_{0,\max} = \sum_{i=1}^{k} \overrightarrow{A}_{i,\max} - \sum_{i=k+1}^{m} \overleftarrow{A}_{i,\min} \tag{6-12}$$

$$A_{0,\min} = \sum_{i=1}^{k} \overrightarrow{A}_{i,\min} - \sum_{i=k+1}^{m} \overleftarrow{A}_{i,\max} \tag{6-13}$$

$$ES_0 = \sum_{i=1}^{k} ES(\overrightarrow{A}_i) - \sum_{i=k+1}^{m} EI(\overleftarrow{A}_i) \tag{6-14}$$

$$EI_0 = \sum_{i=1}^{k} EI(\overrightarrow{A}_i) - \sum_{i=k+1}^{m} ES(\overleftarrow{A}_i) \tag{6-15}$$

$$T_0 = \sum_{i=1}^{m} T_i \tag{6-16}$$

式中 A_0，$A_{0,\max}$和$A_{0,\min}$——封闭环的基本尺寸、最大极限尺寸、最小极限尺寸；

$\overrightarrow{A}_i$，$\overrightarrow{A}_{i,\max}$和$\overrightarrow{A}_{i,\min}$——组成环中增环的基本尺寸、最大极限尺寸、最小极限尺寸；

$\overleftarrow{A}_i$，$\overleftarrow{A}_{i,\max}$和$\overleftarrow{A}_{i,\min}$——组成环中减环的基本尺寸、最大极限尺寸、最小极限尺寸；

ES_0，$ES(\overrightarrow{A}_i)$ 和 $ES(\overleftarrow{A}_i)$ ——封闭环、增环和减环的上极限偏差；

EI_0，$EI(\overrightarrow{A}_i)$ 和 $EI(\overleftarrow{A}_i)$ ——封闭环、增环和减环的下极限偏差；

T_0，T_i——封闭环、组成环的公差；

k——增环数；

m——尺寸链中的组成环数。

2. 概率法求尺寸链计算公式

机械制造中尺寸分布若为正态分布（大多数是），可用下述方法求解（非正态分布可参考相关手册计算）。

将工艺尺寸链中各环的基本尺寸改用平均尺寸标注，且公差变为对称分布的形式。这时组成环的平均尺寸为

$$A_{i\mathrm{M}}=\frac{A_{i,\max}+A_{i,\min}}{2}=A_i+\frac{ES_i+EI_i}{2} \tag{6-17}$$

封闭环的平均尺寸为

$$A_{0\mathrm{M}}=\frac{A_{0,\max}+A_{0,\min}}{2}=A_0+\frac{ES_0+EI_0}{2}=\sum_{i=1}^{k}\vec{A}_{i\mathrm{M}}-\sum_{i=k+1}^{m}\overleftarrow{A}_{i\mathrm{M}} \tag{6-18}$$

式中 $\vec{A}_{i\mathrm{M}}$，$\overleftarrow{A}_{i\mathrm{M}}$——增环、减环的平均尺寸。

封闭环的公差为

$$T_0=\sqrt{\sum_{i=1}^{m}T_i^2} \tag{6-19}$$

采用概率法，各环尺寸及偏差可标注如下形式

$$A_0=A_{0\mathrm{M}}\pm\frac{T_0}{2} \tag{6-20}$$

$$A_i=A_{i\mathrm{M}}\pm\frac{T_i}{2} \tag{6-21}$$

三、工序尺寸及其公差的计算实例

正确地分析和计算工艺尺寸链，合理确定工序尺寸，是制订工艺规程不可缺少的重要内容，也有助于分析工艺路线拟定的合理性。下面介绍几种利用尺寸链原理计算工序尺寸及其公差的常见情况。

1. 基准不重合时工序尺寸的计算

1）定位基准与设计基准不重合时的工序尺寸计算

例 6－2 如图 6－26（a）所示零件，面 1 已加工好，现以面 1 定位加工面 2 和面 3，其工序简图如图 6－26（b）所示。试求工序尺寸 A_1 和 A_2。

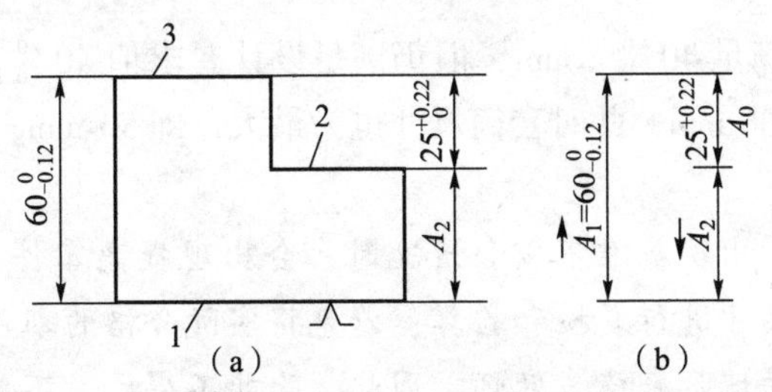

图 6－26 定位基准与设计基准不重合时的工序尺寸计算

（a）零件；（b）尺寸链

解 加工面 3 时的定位基准与设计基准重合（均为面 1），因此工序尺寸 A_1 即为设计尺寸，$A_1=60^{\;0}_{-0.12}$ mm。

加工面2时，对要保证的设计尺寸$25^{+0.22}_{0}$ mm而言，设计基准（面3）和定位基准（面1）不重合，工序尺寸A_2由如图6-26（b）所示的尺寸链计算。其中，A_0为最后间接保证的尺寸，属于封闭环，A_1是增环，A_2是减环。

由式（6-11）可知

$$A_0 = A_1 - A_2$$

所以

$$A_2 = A_1 - A_0 = (60 - 25)\ \text{mm} = 35\ \text{mm}$$

由式（6-14）可知

$$ES_0 = ES_1 - EI_2$$

所以

$$EI_2 = ES_1 - ES_0 = (0 - 0.22)\ \text{mm} = -0.22\ \text{mm}$$

由式（6-15）可知

$$EI_0 = EI_1 - ES_2$$

所以

$$ES_2 = EI_1 - EI_0 = (-0.12 - 0)\ \text{mm} = -0.12\ \text{mm}$$

即

$$A_2 = 35^{-0.12}_{-0.22}\ \text{mm}$$

2）测量基准与设计基准不重合时的工序尺寸计算

例6-3 如图6-27（a）所示的套筒零件，零件图上轴线方向上标注了$10^{\ 0}_{-0.36}$ mm和$50^{\ 0}_{-0.17}$ mm两个尺寸，但$10^{\ 0}_{-0.36}$ mm尺寸不便测量，而是从右侧用深度尺测量，试求大孔的深度尺寸。

解 在实际加工中，尺寸$10^{\ 0}_{-0.36}$ mm不便测量，用测量大孔深度来代替，大孔深度A_1作为工序尺寸直接获得。因此，在工艺尺寸链图6-27（b）中，尺寸$10^{\ 0}_{-0.36}$ mm间接保证，为封闭环。按前面的公式，可以求得A_1等于$40^{+0.19}_{0}$ mm（计算过程略）。

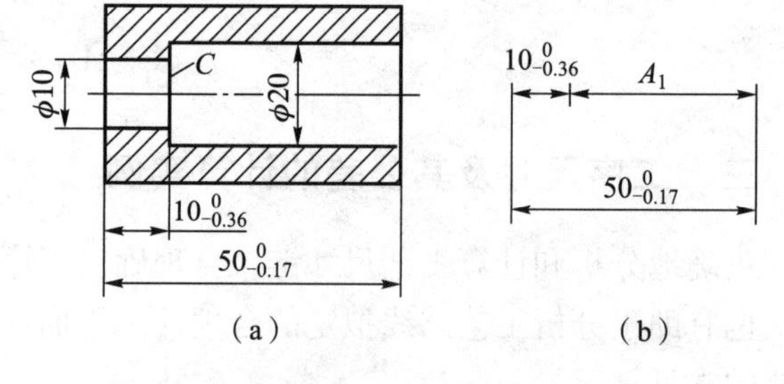

图6-27 测量基准与设计基准不重合时的工序尺寸计算

（a）套筒零件；（b）尺寸链

比较上述情况，可以看出以下两点。

（1）按设计尺寸为$10^{\ 0}_{-0.36}$ mm，但改用大孔深度进行测量时，工序尺寸为$40^{+0.19}_{0}$ mm，尺寸公差减少0.17 mm，正好等于基准不重合误差。

（2）当工序尺寸不满足$40^{+0.19}_{0}$ mm，但仍满足设计要求值$40^{+0.36}_{-0.17}$ mm时，会出现假废品问题，如大孔深度为40.36 mm，此时套筒尺寸也为最大，即50 mm，则小孔长度为9.64 mm，仍满足要求。

提要：从该例可见，出现基准不重合情况时，会出现提高零件加工精度及假废品问题。为此应对该零件各有关尺寸进行复检和验算，以免将实际合格的零件报废而导致浪费。假废品的出现，给生产质量管理带来诸多麻烦，因此，除非不得已，不要出现基准不重合现象。

2. 多尺寸保证时工序尺寸的计算

1）工序基准是尚需加工表面

例6-4 图6-28（a）所示为一带键槽的内孔，加工工艺路线为：

工序1：镗内孔至$\phi 39.6^{+0.1}_{0}$ mm；

工序2：插键槽至尺寸 A；

工序3：热处理：淬火；

工序4：磨内孔至 $\phi40^{+0.05}_{0}$ mm，间接保证键槽深度 $43.6^{+0.34}_{0}$ mm。

试确定工序尺寸 A 及其公差（为简化计算，不考虑热处理引起的内孔变形误差）。

解　键槽设计尺寸 $43.6^{+0.34}_{0}$ mm 的设计基准是内孔，而所求工序尺寸 A 的工序基准是尚未磨削的内孔。在磨内孔工序中，一方面要直接保证内孔设计尺寸 $\phi40^{+0.05}_{0}$ mm，另一方面还需间接保证键槽设计尺寸 $43.6^{+0.34}_{0}$ mm。

由于镗孔直径和磨孔直径之间通过彼此的中心线发生位置联系，故分别以半径尺寸表示，根据尺寸关系，可以建立整体尺寸链如图6-28（b）所示，其中 $43.6^{+0.34}_{0}$ mm 是封闭环。A 和 $20^{+0.025}_{0}$ mm（内孔半径）为增环，$19.8^{+0.05}_{0}$ mm（镗孔 $\phi39.6^{+0.10}_{0}$ mm 的半径）为减环。则

$$A=(43.6+19.8-20)\ \text{mm}=43.4\ \text{mm}$$

$$ES(A)=(0.34-0.025)\ \text{mm}=0.315\ \text{mm}$$

$$EI(A)=(0+0.05)\ \text{mm}=0.05\ \text{mm}$$

所以 $A=43.4^{+0.315}_{+0.050}$ mm $=43.45^{+0.265}_{0}$ mm。

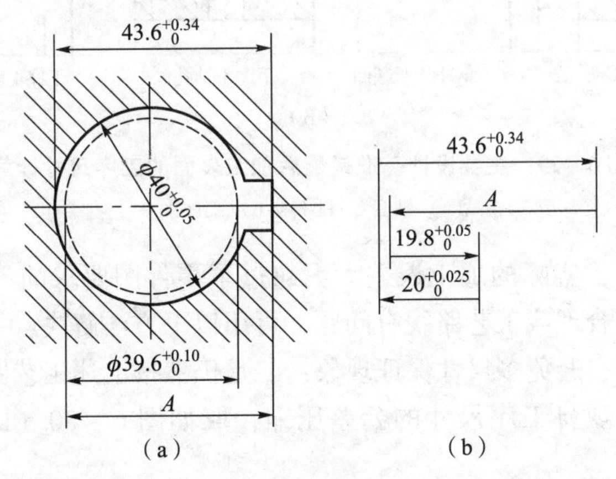

图6-28　工序基准是尚需加工表面的工序尺寸计算

（a）带键槽的内孔零件；（b）尺寸链

2）主要设计基准是最后加工表面

例6-5　图6-29（a）所示的轴套零件，其加工工艺路线如图6-29（b）所示，面 B 是轴向的主要基准，有两个设计尺寸 $10^{\ 0}_{-0.2}$ mm、(15 ± 0.2) mm 与之有关，试校验工序尺寸标注是否合理。

解　从图6-29（b）可知，设计尺寸 $50^{\ 0}_{-0.34}$ mm 的 A、C 两端面在工序1和2后就不再加工，因而在工序2时就要求达到设计尺寸 $50^{\ 0}_{-0.34}$ mm；在最终工序4磨外圆及台阶面时，不但要保证零件设计尺寸 $10^{\ 0}_{-0.2}$ mm，而且要保证设计尺寸（15±0.2）mm。因尺寸 $10^{\ 0}_{-0.2}$ mm的要求比尺寸（15±0.2）mm 的要求高，故该工序应直接保证 $10^{\ 0}_{-0.2}$ mm，而尺寸（15±0.2）mm 只能间接保证，根据其加工工艺，可作出其工艺尺寸链如图6-30（a）所示。其中，（15±0.2）mm 为封闭环，即为 A_0，$10.4^{\ 0}_{-0.3}$ mm、（14.6±0.2）mm 为增环，

$10_{-0.2}^{0}$ mm 为减环。则

$$A_0=(10.4+14.6-10)\ \text{mm}=15\ \text{mm}$$
$$ES(A_0)=[(0+0.2)-(-0.3)]\ \text{mm}=0.5\ \text{mm}$$
$$EI(A_0)=[(-0.2-0.2)-0]\ \text{mm}=-0.4\ \text{mm}$$

所以 $A_0=15_{-0.4}^{+0.5}$ mm。

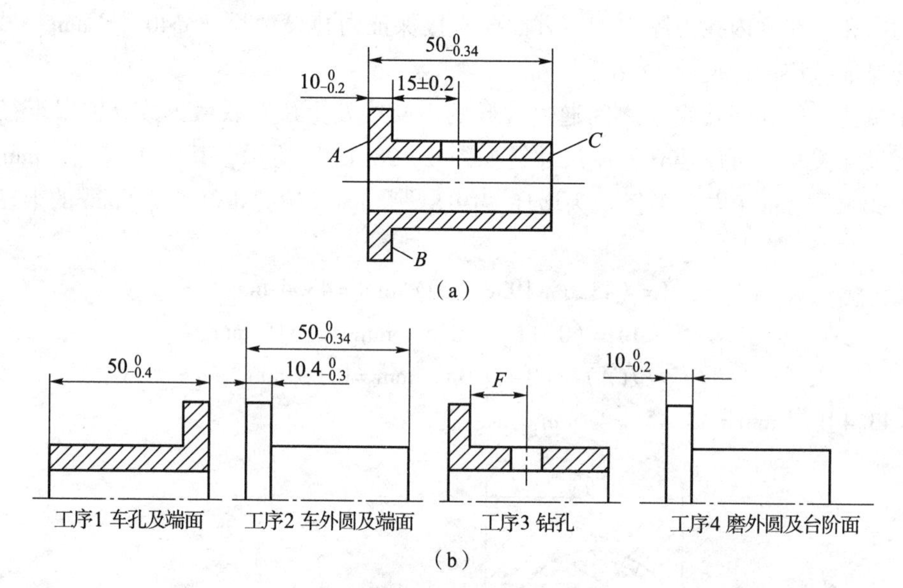

图6－29　主要设计基准是最后加工表面的工序尺寸计算

(a) 轴套零件图；(b) 工序图

从上面的计算看出，实际的加工误差大大超过了零件图要求的（15 ±0.2）mm，极易产生废品，说明标注不合理或工艺路线有问题，可用以下方法解决：一是改变工艺路线，将工序3放在工序4后面，避免多尺寸保证现象；二是仍然按上述工艺路线进行，但必须压缩有关工序尺寸的公差。现将工序尺寸的公差压缩，取如图6－30（b）所示的数值，并作校验

$$A_0=(10.4+14.6-10)\ \text{mm}=15\ \text{mm}$$
$$ES(A_0)=[(0+0.1)-(-0.1)]\ \text{mm}=0.2\ \text{mm}$$
$$EI(A_0)=[(-0.1-0.1)-0]\ \text{mm}=-0.2\ \text{mm}$$

所以 $A_0=15_{-0.2}^{+0.2}$ mm。

表明符合图纸要求，但这增加了制造的难度。

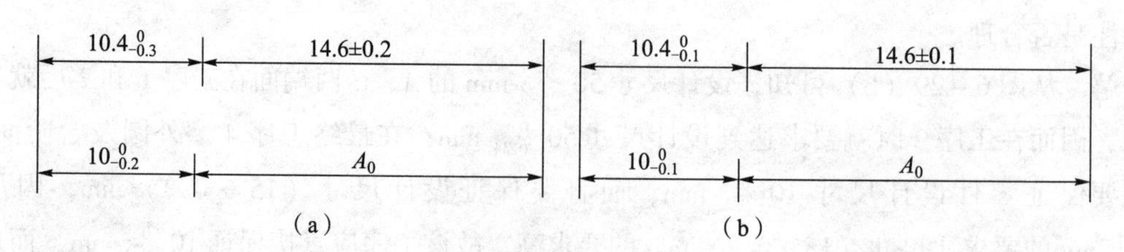

图6－30　主要设计基准最后加工时的多尺寸保证工艺尺寸链

(a) 尺寸链；(b) 改进后的尺寸链

3. 零件进行表面处理时的工序尺寸计算

1）零件表面进行电镀类处理

例 6－6　如图 6－31（a）所示圆环零件，表面镀铬，镀层双边厚度为 0.05～0.08 mm（即 $0.08_{-0.03}^{\ 0}$ mm），镀前进行磨削加工。试确定镀前工序尺寸 A 及其偏差。

解　根据题意，零件设计尺寸 $\phi28_{-0.045}^{\ 0}$ mm 镀后间接保证，为封闭环，建立尺寸链如图 6－31（b）所示。解尺寸链得

$$A=(28-0.08)\text{mm}=27.92\text{ mm}$$

$$ES(A)=(0-0)\text{mm}=0\text{ mm}$$

$$EI(A)=[-0.045-(-0.03)]=-0.015\text{ mm}$$

所以，镀前工序尺寸为

$$A=\phi27.92_{-0.015}^{\ 0}\text{ mm}$$

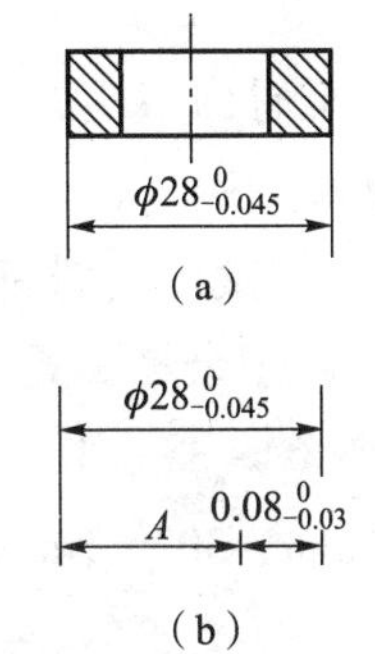

图 6－31　电镀类处理的工序尺寸计算

（a）圆环零件；（b）尺寸链

提要： 表面处理后一般不再进行机械加工，可通过控制电镀时的工艺参数来控制镀层厚度（即为图样上的镀层厚度），因此，镀层厚度为组成环，而镀后零件的设计尺寸是间接保证的，是封闭环。此时，应该按照组成环、封闭环的定义来计算，不要拘泥于增、减环的有无问题（该例就没有减环）。但需要注意的是，某些镀层处理零件，只是为了装饰或防锈，而无尺寸精度要求，就不存在工序尺寸换算问题。

2）零件表面进行渗入类（渗碳、渗氮等）处理

例 6－7　如图 6－32（a）所示轴颈衬套零件，内孔 $\phi148_{\ 0}^{+0.04}$ mm 的表面要求渗氮，要求渗层厚度为 0.3～0.5 mm。渗氮前内孔尺寸为 $\phi147.76_{\ 0}^{+0.04}$ mm，渗氮后磨内孔至 $\phi148_{\ 0}^{+0.04}$ mm，并保证剩余渗氮层厚度达到规定要求。求渗氮工序的渗氮层厚度 δ（不计渗氮变形）。

解　零件表面经渗氮处理后还需要进一步加工以达到零件图的设计尺寸，同时保证渗氮层厚度要求，此时图纸上的渗氮层厚度应为封闭环。

建立尺寸链如图 6－32（b）所示，因渗氮层厚度是单边的，故图中内孔尺寸以半径的平均值表示，所有尺寸改写成对称公差形式，渗层厚度（0.4 ± 0.1）mm是封闭环，经计算可得

$$\delta=(74.01+0.4-73.89)\text{mm}=0.52\text{ mm}$$

$$T(\delta)=(0.2-0.02-0.02)\text{mm}=0.16\text{ mm}$$

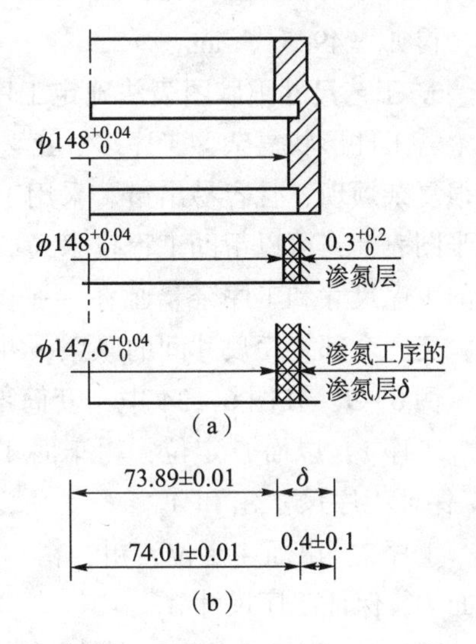

图 6－32　渗入类处理的工序尺寸计算

（a）轴颈衬套零件；（b）尺寸链

所以渗氮工序的渗层厚度为

$$\delta=(0.52\pm0.08)\text{mm}=0.44\sim0.60\text{ mm}$$

提要： 对一些对称表面，如计算厚度或深度等尺寸，要注意往往会将问题化为单边情况来计算。

4. 精加工余量校核的尺寸计算

在以工序余量为封闭环的工艺尺寸链中，如果组成环数目较多，由于误差累积原因，有可能使工序的余量过大或过小，因此必须对余量（因精加工余量较小，一般仅对精加工余量）进行校核。

例6－8 图6－33（a）所示小轴零件的加工过程为：车端面A；车肩面B，保证与面A距离为$49.5^{+0.3}_{0}$ mm；车端面C，保证总长$80^{0}_{-0.2}$ mm；以端面C定位，磨肩面B，工序尺寸$30^{0}_{-0.14}$ mm。试校核端面B的磨削余量。

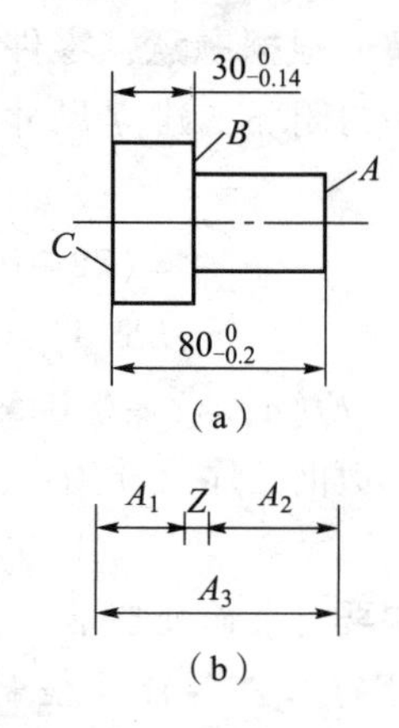

图6－33 精加工余量校核的工艺尺寸计算

（a）小轴零件；（b）尺寸链

解 由于余量Z是在加工中间接获得的，因此是封闭环。建立如图6－33（b）所示的尺寸链，$80^{0}_{-0.2}$ mm为增环，$49.5^{+0.3}_{0}$ mm、$30^{0}_{-0.14}$ mm为减环，按尺寸链计算公式得

$$Z=A_3-(A_1+A_2)=[80-(30+49.5)]\ \text{mm}=0.5\ \text{mm}$$

$$ES(Z)=[0-(-0.14+0)]\ \text{mm}=0.14\ \text{mm}$$

$$EI(Z)=[-0.2-(0.3+0)]\ \text{mm}=-0.5\ \text{mm}$$

所以$Z=0.5^{+0.14}_{-0.50}$ mm $=0\sim0.64$ mm，可以看出$Z_{min}=0$ mm。这样，在磨台阶面B时，有的零件因磨削余量不足而难以达到加工要求。因此，必须加大Z_{min}。若$Z_{min}=0.1$ mm，则其他尺寸就要发生变化，因A_1和A_3为设计尺寸，必须要加以保证，所以减少A_2，经过计算，得$A_2=49.5^{+0.2}_{0}$ mm。

5. 工艺尺寸跟踪图表法确定工序尺寸

若工件形状复杂、工序多、工艺基准多次变换、工艺尺寸链环数较多时，工序尺寸公差就很复杂烦琐，且容易出错。采用工艺尺寸跟踪图表法将加工过程中的尺寸关系直观地列在一张图表上，可以帮助工程技术人员查找、建立尺寸链。这是一种整体联系计算的方法，将全部工序尺寸和工序余量画在一张图表上，根据加工经济精度确定工序加工精度和工序余量，建立全部工序尺寸间的联系，并依此计算工序尺寸和工序余量。

例6－9 在图6－34中，套筒零件轴向有关表面的加工工序如下。

工序1：以面D定位，粗车面A，然后以面A定位，粗车面C，保证工序尺寸A_1和A_2。

工序2：以面A定位，粗、精车面B，保证工序尺寸A_3；粗车面D，保证工序尺寸A_4。

工序3：以面B定位，精车面A，保证工序尺寸A_5；精车面C，保证工序尺寸A_6。

工序4：热处理。

工序5：用靠火花磨削法磨面B，控制磨削余量Z_7。

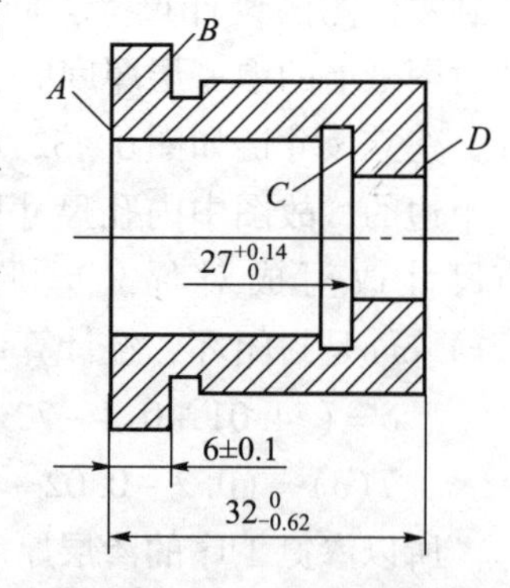

图6－34 套筒零件简图

解 1）工艺尺寸跟踪图表的格式

工艺尺寸跟踪图表的格式如图6－35所示，其绘制过程如下。

（1）在图表上方画出零件毛坯图（当零件为对称形状时，可以只画出它的一半），标出有关的轴向设计尺寸，并从有关表面向下引出表面线（加工表面）。

（2）按加工顺序自上而下地填入工序号和加工内容。

（3）按图6－35所规定的符号标出工序基准（定位基准或测量基准）、加工余量、工序尺寸及设计尺寸。

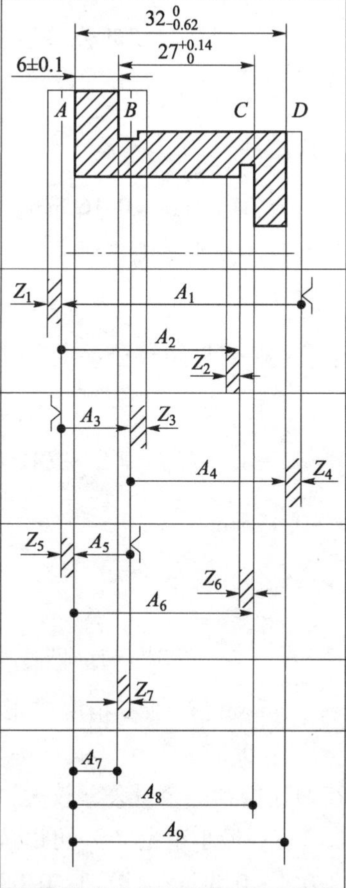

工序号	工序内容	$32^{0}_{-0.62}$　$27^{+0.14}_{0}$　6±0.1 A　B　C　D	工序尺寸公差 $\pm\frac{TA_i}{2}$	余量公差 $\pm\frac{TZ_i}{2}$	最小余量 $Z_{i,\min}$	最大余量 $Z_{i,\max}$	平均尺寸 A_{iM}
1	粗车面A，保证A_1； 粗车面C，保证A_2	Z_1　A_1 A_2　Z_2	±0.3 ±0.2	毛坯 毛坯	1.2 1.2	— —	33.8 26.8
2	粗精车面B，保证A_3； 精车面D，保证A_4	A_3　Z_3 A_4　Z_4	±0.1 ±0.23	毛坯 ±0.63	1.2 1	— 2.26	6.58 25.59
3	精车面A，保证A_5； 精车面C，保证A_6	Z_5　A_5 Z_6 A_6	±0.08 ±0.07	±0.18 ±0.45	0.3 0.3	0.66 1.2	6.1 27.07
4	靠磨B面；控制余量Z	Z_7	±0.02	±0.02	±0.08	0.12	—
设计尺寸	6±0.1 27.07±0.07 31.69±0.31	A_7 A_8 A_9	按工序尺寸链或按经济加工精度确定	按余量尺寸链确定	按经验选取	—	—

注：图中“——►”表示工序尺寸；“ 〉”表示定位基准；“●—●”表示封闭环；“ ┿ ”表示测量基准；“ ▨ ”表示工序余量；“ —►| ”表示加工表面。

图6－35　工艺尺寸跟踪图表的格式

用余量符号隔开的上方竖线为该次加工前的待加工面，余量符号按“入体”原则标注，与确定工序尺寸无关的粗加工余量（如Z_1）一般不必标出（这是因为总余量通常由查表法或经验比较法确定，也就可确定对应的毛坯尺寸）。

工序尺寸箭头指向加工后的已加工表面，应注意同一工序内的所有工序尺寸，要按加工或尺寸调整的先后顺序依次列出。

（4）为方便计算，将有关设计尺寸的公差换算成平均尺寸和双向对称偏差$\left(\pm\frac{TA_i}{2}\right)$的形式，标于结果尺寸栏内，即逐项初步确定各工序尺寸的公差（可参阅工艺人员手册中有关“尺寸偏差的经济精度”来确定），按对称标注形式自下而上填入“$\pm\frac{TA_i}{2}$”栏内。

2）用跟踪图表法列工艺尺寸链

（1）一般情况下，设计要求和加工余量（除直接控制余量的加工方式外）往往是封闭环，所以应查找出以所有的设计要求和加工余量为封闭环的工艺尺寸链。查找规则是：从封闭环的两端开始一起向上找箭头，找到箭头就拐弯到该工序尺寸起点，然后继续向上找箭头，一直到两路跟踪线汇合封闭为止。各组成环的公差可按等公差或等精度法将设计尺寸的公差按极值法分配给各组成环。当设计尺寸精度较高（封闭环公差很小）组成环又较多时，为了使每个工序尺寸尽可能公差大一些，也可以用概率法去分配设计尺寸的公差。

例如，设计尺寸 $A_7=(6\pm0.1)$ mm 的尺寸链为 $A_7—Z_7—A_5$，若靠磨量 $Z_7\pm\frac{TZ_7}{2}=(0.1\pm0.02)$ mm，则 $TA_5=TA_7-TZ_7=(0.2-0.04)$ mm $=0.16$ mm，填入表中。又如，设计尺寸 $A_9=(31.69\pm0.31)$ mm，其尺寸链为 $A_9—A_5—A_4$，则 $TA_4=TA_9-TA_5=(0.62-0.16)$ mm $=0.46$ mm。

例如，以待定公差的余量 $\pm\frac{TZ_i}{2}$ 做封闭环。根据封闭环公差与组成环公差的关系可知，该余量的公差等于各组成环公差之和。

例如，余量 Z_6 的尺寸链为 $Z_6—A_8—A_5—A_3—A_2$，$TZ_6=TA_8+TA_5+TA_3+TA_2=(0.14+0.16+0.2+0.4)$ mm $=0.9$ mm，则 $\pm\frac{TZ_6}{2}=\pm0.45$ mm。

又如，余量 Z_4 的尺寸链为 $Z_4—A_4—A_3—A_1$，则

$$\pm\frac{TZ_4}{2}=\pm\left(\frac{TA_4}{2}+\frac{TA_3}{2}+\frac{TA_1}{2}\right)=\pm(0.23+0.1+0.3)\text{ mm}=\pm0.63\text{ mm}$$

（2）不进入尺寸链计算的工序尺寸公差，可按经济加工精度或工厂经验值确定，如粗车：0.3～0.6 mm，精车：0.1～0.3 mm，磨削：0.02～0.10 mm。

没有进入尺寸链关系的余量多系由毛坯切除得到，余量公差较大，可不必填写。

（3）最小余量 $Z_{i,\min}$ 和最大余量 $Z_{i,\max}$ 的填写。最小余量 $Z_{i,\min}$ 可以按照工厂实际加工情况经验取值，如粗车：0.8～1.56 mm，精车：0.1～0.3 mm，磨削：0.08～0.12 mm。

最大余量 $Z_{i,\max}$ 可以通过计算得到，即

$$Z_{i,\max}=Z_{i,\min}+TZ_i$$

（4）计算各工序的平均尺寸。从待求尺寸两端沿竖线上、下寻找，看它由哪些已知的工序尺寸、设计尺寸、加工余量叠加而成，如 $A_{4M}=A_{9M}-A_{5M}=(31.69-6.1)$ mm $=25.59$ mm。

最后将工序尺寸改写成“入体”分布形式 A_i，如 $A_1=34.1_{-0.6}^{0}$ mm，$A_6=27_{0}^{+0.14}$ mm 等。

将计算得到的有关数据及结果填入工艺尺寸跟踪图表中。

提要：本节计算内容很多，且形式多样，与生产实际结合较紧，需举一反三，多加练习。

第五节　典型零件的加工工艺

机械产品零件要实现不同功能，很少是由单一形状表面所构成，而往往是由一些典型表面组合而成，其加工方法是各类表面加工方法的综合应用。同类型零件的加工工艺具有一定

的共性。分析典型零件的加工工艺，找出这类零件的加工工艺，就可以指导同类零件的工艺设计工作。下面主要介绍轴类零件、箱体类零件和齿轮的加工工艺。

一、轴类零件加工工艺

1. 概述

1）轴类零件的功用及结构特点

轴类零件是机器中最常见的一类零件，它主要用来支承传动零件、传递运动和扭矩。轴类零件是回转体零件，主要由内外圆柱面、圆锥面及螺纹、花键、键槽、横向孔、沟槽等组成。按其结构形状特点，可将轴分为光滑轴、阶梯轴、空心轴和异形轴（包括曲轴、凸轮轴、偏心轴和十字轴等）。

2）轴类零件的主要技术要求

（1）尺寸精度。轴颈是轴类零件的主要表面。轴颈尺寸精度按照配合关系确定，一类是与轴承内圈配合的支承轴颈，尺寸精度要求较高，通常为 IT7～IT5；另一类是与各类传动件配合的轴颈，即配合轴颈，尺寸精度通常为 IT9～IT5；轴上非配合表面及长度方向的尺寸要求不高，通常只规定其基本尺寸。

（2）几何形状精度。几何形状精度主要是指轴颈表面、外圆锥面、锥孔等重要表面的圆度、圆柱度。这些误差将影响其与配合件的接触质量。一般轴颈的几何形状精度应限制在尺寸公差范围之内，对几何形状精度要求较高时，要在零件图上另行规定形状公差。

（3）相互位置精度。相互位置精度包括内、外表面及重要轴线的同轴度、圆柱面的径向圆跳动、定位端面与轴心线的垂直度等。例如，普通精度的轴，配合轴颈对支承轴颈的径向圆跳动一般为 0.01～0.03 mm，高精度轴为 0.001～0.005 mm。

（4）表面粗糙度。支承轴颈比其他轴颈要求严格，取 $Ra=0.63\sim0.16$ μm，其他轴颈取 $Ra=2.5\sim0.63$ μm。

2. 轴类零件的工艺方案分析

1）轴类零件的材料、毛坯及热处理

轴类零件材料有碳钢、合金钢及球墨铸铁。一般轴常用 45 钢，并根据其工作条件采用不同的热处理工艺，以获得较好的切削性能和综合力学性能。对中等精度、转速较高的轴类零件，可选用 40Cr 等合金结构钢，经调质和表面油冷淬火处理后，具有较高的综合力学性能。精度较高的轴可选用轴承钢 GCr15、弹簧钢 65Mn 及低变形的 CrMn 或 CrWMn 等材料，通过调质和表面高频感应淬火及其他冷热处理，具有更高的耐磨、耐疲劳或结构稳定性能。对于高速、重载荷等条件下工作的轴可选用 20CrMnTi、20Mn2B、20Cr 等低合金钢，经渗碳淬火处理后，具有很高的表面硬度、耐冲击韧性及心部强度。高精度、高转速的轴可选用 38CrMoAl 氮化钢，经调质和表面氮化后，具有很高的心部强度，优良的耐磨性能及耐疲劳强度。大型轴或结构复杂的轴，如曲轴等，可选用铸钢或球墨铸铁。

轴类零件最常用的毛坯是轧制圆棒料和锻件，某些大型的、结构复杂的轴采用铸件。因毛坯经过加热锻造后，能使金属内部纤维组织沿表面均匀分布，获得较高的抗拉、抗弯及扭转强度，所以除光轴、直径相差不大的阶梯轴可使用圆棒料外，一般比较重要的轴大都采用锻件毛坯。锻造毛坯在机械加工前需进行正火或退火处理，以使晶粒细化、消除锻造内应力、降低硬度和改善切削加工性能。

2）轴类零件的一般加工工艺路线

轴类零件的加工路线主要围绕轴颈表面来安排，常用如下路线。

渗碳钢轴类零件：锻造→正火→钻中心孔→粗车→半精车、精车→渗碳（或碳氮共渗）→淬火、低温回火→粗磨→次要表面加工→精磨。

一般精度调质钢轴类零件：锻造→正火（退火）→钻中心孔→粗车→调质→半精车、精车→表面淬火、回火→粗磨→次要表面加工→精磨。

精密氮化钢轴类零件：锻造→正火（退火）→钻中心孔→粗车→调质→半精车、精车→低温时效→粗磨→氮化处理→次要表面加工→精磨→光磨。

整体淬火轴类零件：锻造→正火（退火）→钻中心孔→粗车→调质→半精车、精车→次要表面加工→整体淬火→粗磨→低温时效→精磨。

3. 轴类零件加工工艺的拟订

CA6140 车床主轴的加工工艺在轴类零件中具有代表性，现以其为例加以说明。

1）主轴加工工艺过程分析

分析前面的图6-1可知，主轴的支承轴颈 *A*、*B* 为装配基准，圆度公差为0.005 mm，径向圆跳动公差为0.005 mm，表面粗糙度 *Ra* 0.4 μm，要求很高；主轴莫氏6号锥孔为顶尖、工具锥柄的安装面，必须与支承轴颈的中心线严格同轴；主轴前端圆锥面 *C* 和端面 *D* 是安装卡盘的定位表面，对支承轴颈 *A*、*B* 径向圆跳动公差为0.005 mm，表面粗糙度*Ra* 0.4 μm，即要保证同轴度和垂直度要求。此外，配合轴颈及螺纹也应与支承轴颈同轴。

(1) 定位基准选择与转换。按照基准统一的原则，选择两顶尖孔为定位基准进行加工，所以主轴在粗车之前应先加工中心孔。主轴钻通孔后，以锥堵或锥套心轴代替作为定位基准。

(2) 加工阶段划分。安排工序应粗、精加工分开，以调质处理为分界点，次要表面加工及热处理工序适当穿插其中，作为主要表面的支承轴颈和锥孔精加工最后进行。

(3) 加工顺序安排。按照先粗后精、基面先行原则，在各阶段先加工基准，后加工其他面，热处理根据零件技术要求和自身特点合理安排，淬硬表面上孔、槽加工应在淬火之前完成，非淬硬表面上的孔、槽尽可能往后安排，一般在外圆精车（或粗磨）之后，精磨加工之前进行。深孔加工属粗加工，余量大、发热多，变形也大，故不能放到最后，一般安排在外圆粗车或半精车之后（之前作为基准），以便有一个较为精确的轴颈作定位基准。

2）工艺的制订

主轴成批生产的加工工艺过程如表6-8所示。

二、箱体类零件加工工艺

1. 概述

1）箱体类零件功用及结构特点

箱体类零件是机器的基础件之一，将机器部件中的轴、轴承、套和齿轮等零件装配在一起，按规定的传动关系协调地运动，保持正确的相互位置关系。箱体类零件结构复杂，呈封闭或半封闭状，壁薄且不均匀，加工部位多，加工难度大，以平面和孔的加工为主。

表 6－8　CA6140 车床主轴加工工艺过程

序号	工序名称	工序内容	加工设备	序号	工序名称	工序内容	加工设备
1	精锻	—	立式精锻机	13	精车	精车外圆各段并切槽	数控车床
2	热处理	正火	—	14	粗磨	粗磨 *A*、*B* 外圆	外圆磨床
3	铣端面，打中心孔	控制总长 872 mm	专用机床	15	粗磨	粗磨小头工艺内锥孔（重配锥堵）	内圆磨床
4	粗车	车各外圆面	卧式车床	16	粗磨	粗磨大头莫氏锥孔（重配锥堵）	内圆磨床
5	热处理	调质	—	17	铣	粗、精铣花键	花键铣床
6	车	车大头各台阶面	卧式车床	18	铣	铣 12f9 键槽	铣床
7	车	仿形车小头各台阶面	仿形车床	19	车	车大端内侧面及三段螺纹	卧式车床
8	钻	钻中心通孔深孔	深孔钻床	20	磨	粗、精磨各外圆及两定位端面	外圆磨床
9	车	车小端内锥孔	卧式车床	21	磨	组合磨三圆锥面及短锥端面	组合磨床
10	车	车大端内锥孔、外短锥及端面	卧式车床	22	精磨	精磨莫氏锥孔	主轴锥孔磨床
11	钻	钻、锪大端端面各孔	立式钻床	23	钳工	端面孔去锐边倒角、去毛刺	—
12	热处理	高频淬火 ϕ75h5、ϕ90g6，莫氏 6 号锥孔及短锥	—	24	检查	按图纸要求检查	—

2）箱体类零件的技术要求

下面以图 6－36 所示某车床主轴箱体为例介绍箱体类零件的技术要求。

（1）支承孔的尺寸精度、几何形状精度及表面粗糙度。主轴箱体轴孔的公差、形状精度、表面粗糙度都要求较高，它们对轴承的配合质量有很大影响，尤其以主轴孔要求为最高。主轴支承孔的尺寸精度为 IT6 级，表面粗糙度 *Ra* 为 0.8～0.4 μm；其他各支承孔的尺寸精度为 IT7～IT6 级，表面粗糙度 *Ra* 为 1.6～0.8 μm；孔的几何形状精度（如圆度、圆柱度）一般不超过孔径公差的一半。

（2）支承孔的相互位置精度。各支承孔的孔距公差小于 ±0.1 mm，中心线的不平行度大多为 0.03 mm/300 mm，同中心线上的支承孔的同轴度公差为其中最小孔径公差值的一半。

（3）主要平面的形状精度、相互位置精度和表面粗糙度。主要平面（箱体底面、顶面及侧面）的平面度公差为 0.03 mm，表面粗糙度 *Ra*≤1.6 μm；主要平面间的垂直度公差为 0.02 mm/100 mm。

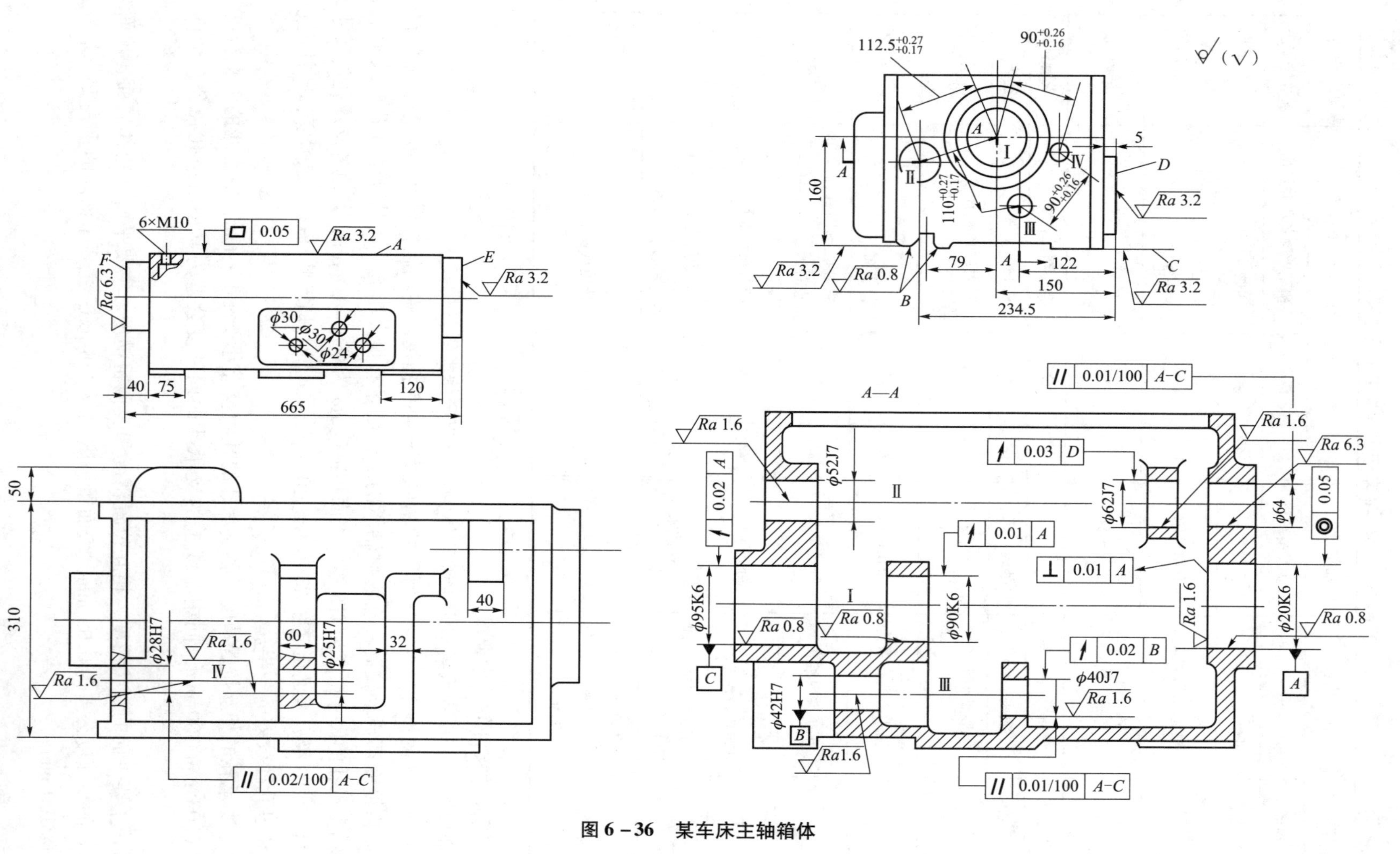

图 6-36　某车床主轴箱体

（4）孔与平面间的相互位置精度。主轴孔轴线对装配基面的平行度允差为 0.03 mm/650 mm，且只允许主轴前端向上和向前。

2. 箱体类零件的工艺方案分析

1）箱体类零件的材料及热处理

多数箱体采用铸铁制造，一般为 HT200 或 HT250 灰铸铁；当载荷较大时，可采用 HT300、HT350 高强度灰铸铁。对于承受较大或冲击载荷的箱体，可选用 ZG230 – 450、ZG270 – 500 铸钢件。某些简易箱体或单件小批情况，为了缩短生产周期，箱体也可采用铸 – 焊、铸 – 锻 – 焊、锻 – 焊、型材焊接等结构。

结构特点决定了箱体类零件在铸造时会产生较大的残余应力，通常在毛坯未进行机械加工之前，对铸铁件、铸钢件、焊接结构件须进行人工时效处理。对大型毛坯和易变形、精度要求高的箱体，在粗加工后还要安排一次时效处理。

2）箱体类零件的加工工艺路线

通常箱体类零件平面的加工精度容易保证，而一系列孔的精度较难保证，所以，在制订加工工艺过程时，应以如何保证孔系的精度、孔与面之间位置精度为重点，同时要注意批量的大小和工厂的条件。

中小批量生产：毛坯铸造→时效→油漆→划线→粗、精加工基准面→粗、精加工各平面→粗、半精加工各主要孔→精加工各主要孔→粗、精加工各次要孔→加工各螺孔、紧固孔、油孔等→去毛刺→清洗→检验。

大批量生产：毛坯铸造→时效→油漆→粗、半精加工精基准→粗、半精加工各平面→精加工精基准→粗、半精加工各主要孔→精加工各主要孔→粗、精加工各次要孔（螺孔、紧固孔、油孔等）→精加工各平面→去毛刺→清洗→检验。

3. 箱体类零件的加工工艺

1）箱体类零件的加工工艺过程分析

（1）精基准选择。应尽可能选择设计基准作为精基准，使基准重合，并作为其他表面加工的基准，做到基准统一。常见的方案有两种。一是以箱体底面和导向面作为精基准。这种方案符合基准重合和基准统一原则，定位稳定可靠，同时在加工各孔时，由于箱口朝上，观察和测量，更换导向套，安装和调整刀具也较方便。但箱体中间壁孔需要镗削，必须设置导向支承板以提高刚度，因箱口朝上，中间导向支承板只能放在夹具上，做成悬挂结构，刚度差，安装误差大，且装卸不便。这种方案只适用于中小批量的生产，如图 6 – 37 所示。另一方案采用主轴箱顶面及两定位销孔作为定位精基准，符合基准统一原则。但由于基准不重合，需进行工艺尺寸换算。加工时箱体口朝下，中间导向支承架可以紧固在夹具座体上，观察、测量及调整刀具困难，需采用定径尺寸镗刀加工。这种方案适合大批大量生产，如图 6 – 38 所示。

（2）粗基准的选择。粗基准选择时，应能保证主轴支承孔（箱体中要求最高的孔）的加工余量均匀；应保证装入箱体中的零件与箱体内壁各表面间有足够的间隙（主要是齿轮），应保证所有轴孔都有适当的加工余量和孔壁厚度，保证底面和导向面有足够的加工余量。

为此，通常选择主轴孔和与主轴孔相距较远的一个轴孔（Ⅰ轴孔）作为粗基准。生产批量小时采用划线工序，生产批量较大时采用夹具，生产率高。

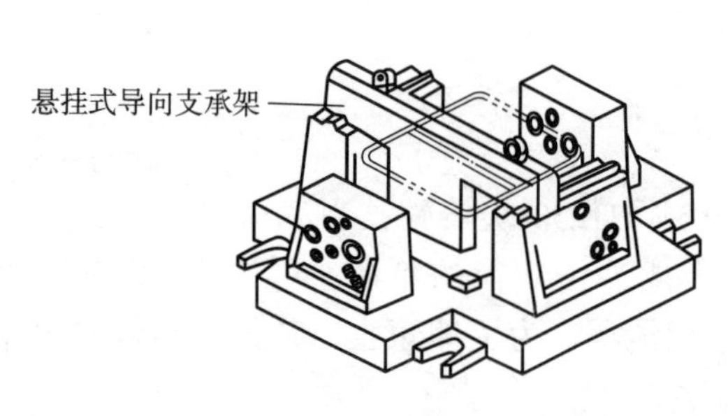

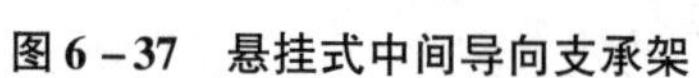
图6－37　悬挂式中间导向支承架

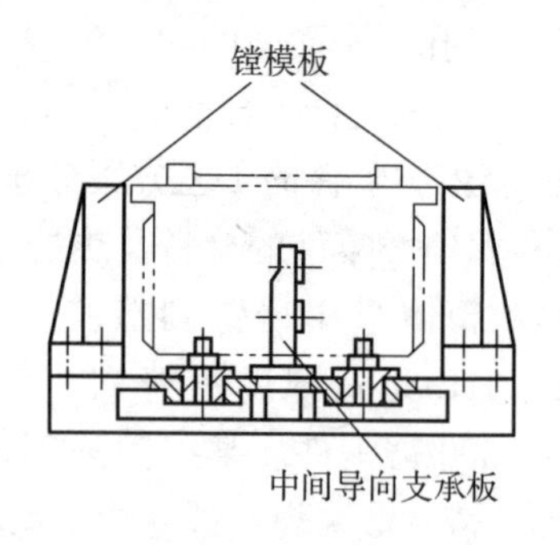

图6－38　用“一面两孔”定位

（3）粗、精分开，先粗后精。对精度要求高的加工表面，为减少或消除粗加工对加工精度的影响，一般应尽可能把粗精加工分开，并分别在不同的机床上进行。至于要求不高的平面、孔则可以在同一工序完成粗精加工，以提高工效。

（4）先面后孔。平面加工总是先于平面上孔的加工。选为精基准的平面加工后就可以作为后续工序的精基准，其他平面加工也可以改善孔的加工条件，减少钻孔时钻头偏斜，扩、铰、镗时刀具崩刃等。

（5）热处理工序安排。为了消除内应力、减少变形、保证箱体的尺寸稳定性，根据精度要求，需要安排一次、二次或多次的时效处理。

（6）加工方法选择。箱体加工主要是平面和孔的加工。平面加工时，粗、半精加工多采用铣削；精加工批量小时，采用精刨（少量手工刮研），批量大时，采用磨削。孔的精加工时，常采用精铰（直径较小孔）和精镗（直径较大孔）。

2）车床箱体工艺过程

以图6－36所示的某车床主轴箱体为例加以编制。按照生产类型的不同，可以分成两种不同的工艺方案，分别如表6－9和表6－10所示。

表6－9　中小批量生产某车床主轴箱体的工艺过程

序号	工序内容	定位基准	序号	工序内容	定位基准
1	铸造	—	11	划线，划出各轴孔加工线	—
2	时效	—	12	粗、半精加工各纵向孔	底面 *G*
3	漆底漆	—	13	粗、半精加工各横向孔	底面 *G*
4	划线，各面加工、找正线	主轴孔轴线	14	时效	—
5	粗、半精加工顶面 *B*	按划线找正，支承底面 *G*	15	精加工各纵向孔	底面 *G*
6	粗、半精加工底面 *G* 及侧面 *F*、精铣面 *D*	支承顶面 *B* 并校正主轴孔的中心线	16	精加工各横向孔	底面 *G*
7	磨定位面 *D* 及面 *E*	支承顶面 *B*，找正面 *E*	17	精加工主轴孔	底面 *G*
8	粗、半精加工端面 *A*、*C*	底面 *G*	18	加工螺孔及紧固孔	—
9	精加工顶面 *B*	底面 *G*	19	清洗	—
10	精加工底面 *G*	顶面 *B*	20	检验	—

表 6-10 大批大量生产某车床主轴箱体的工艺过程

序号	工序内容	定位基准
1	铸造	—
2	时效	—
3	漆底漆	—
4	铣顶面 B	Ⅵ轴和Ⅰ轴铸孔
5	钻、扩、铰顶面两定位工艺孔，加工固定螺孔	顶面 B、Ⅵ轴孔及内壁一端
6	铣底面 G 及各平面	顶面 B 及两工艺孔
7	磨顶面 B	底面及侧面
8	粗镗各纵向孔	顶面 B 及两工艺孔
9	时效	—
10	精镗各纵向孔	顶面 B 及两工艺孔
11	半精、精镗主轴三孔	顶面 B 及两工艺孔
12	加工各横向孔	顶面 B 及两工艺孔
13	钻、锪、攻螺纹各平面上的孔	—
14	滚压主轴支承孔	顶面 B 及两工艺孔
15	磨底面、侧面及端面	—
16	钳工去毛刺	—
17	清洗	—
18	检验	—

三、齿轮加工工艺

1. 概述

1）齿轮的功用与结构特点

齿轮是机械工业的标志性零件，其功用是按规定的速比传递运动和动力，在各类机械中得到了广泛应用。

齿轮结构形状由于使用场合和要求不同可大致分为盘形齿轮、套筒齿轮、轴齿轮、内齿轮、扇形齿轮和齿条等，其中以盘形齿轮应用最广。

2）圆柱齿轮的技术要求

GB/T 10095.1—2022 和 GB/T 10095.2—2008 将平行传动的圆柱齿轮各项公差分成三组，规定 13 个等级。其中，0~2 级为待开发的精度等级，3~4 级为超精密级，5~6 级为精密级，7~8 级为普通级，8 级以上为低精度级。齿轮传动精度包括 4 个方面，即运动精度（传递运动的准确性）、工作平稳性、齿面接触精度（载荷分布的均匀性）及适当的齿侧间隙。

2. 工艺方案分析

1）齿轮的材料、热处理及毛坯

齿轮材料根据齿轮的工作条件和失效形式确定。低速、轻载或中载的普通精度齿轮，常用中碳结构钢（如 45 钢）进行调质或表面淬火；速度较高、载荷较大、精度较高的齿轮，可用中碳合金结构钢（如 40Cr）进行调质或表面淬火。高速、中载或具有冲击载荷的齿轮可用渗碳钢（如 20Cr、20CrMnTi 等）制造，渗碳钢经渗碳后淬火，齿面硬度可达 58~63 HRC，而心部又有较好的韧性，既耐磨又能承受冲击载荷。高速传动的齿轮可用氮化钢（如 38CrMoAlA）制造，氮化钢经氮化处理后，比渗碳淬火齿轮具有更高的耐磨性与耐蚀性，变形又小，可以不用磨齿。轻载荷的传动齿轮可用铸铁及其他非金属材料（如胶木与尼龙等）制造，这些材料强度低，容易加工。

齿轮毛坯形式有轧钢件、锻件和铸件，取决于齿轮的材料、结构形状、尺寸大小、使用条件及生产类型等因素。轧制棒料一般用于尺寸较小、结构简单而且对强度要求不高的钢制齿轮；锻钢件多用于强度、耐磨性和耐冲击性要求较高的齿轮；铸钢毛坯多用于结构复杂的齿轮，其中小尺寸的齿轮常采用精密铸造或压铸方法制造毛坯。

2）齿轮加工工艺路线

齿轮根据其结构、精度等级及生产批量的不同，工艺路线有所不同，但基本工艺路线大致相同，即：备料→毛坯制造→毛坯热处理→齿坯加工→齿形加工→齿部淬火→精基准修正→齿形精加工→终检。渗碳钢齿轮淬火前做渗碳处理。

3. 齿轮零件加工工艺

（1）定位基准选择。齿形加工时，定位基准的选择因结构形状不同而有所差异，主要遵循基准重合和自为基准原则，应选择齿轮的装配基准和测量基准作为定位基准，而且尽可能在整个加工过程中保持基准的统一。轴齿轮主要采用顶尖定位，孔径大时则采用锥堵；带孔齿轮，一般选择内孔和端面联合定位，基准端面相对内孔的端面圆跳动应符合规定要求。

（2）齿形加工方法选择。齿形的加工是整个齿轮加工的核心和关键。齿形加工按原理分为成形法和展成法两大类。常见齿形加工方法如表6－11所示。

表6－11　常见齿形加工方法

齿形加工方法		齿轮精度等级	齿面粗糙度 $Ra/\mu m$	适用范围
成形法	铣齿	IT9以下	6.3～3.2	单件修配生产中加工低精度的齿轮
	拉齿	IT7	1.6～0.4	大批量生产IT7级内齿轮，外齿轮拉刀制造复杂，使用较少
展成法	滚齿	IT8～IT6	3.2～1.6	各种批量生产中，加工中等精度的直齿、斜齿外圆柱齿轮及蜗轮
	插齿	IT8～IT6	1.6	各种批量生产中，加工中等精度的内、外圆柱齿轮扇形齿轮、齿条、多联齿轮
	剃齿	IT7～IT6	0.8～0.4	大批量生产中齿轮滚、插加工后，淬火前的精加工
	冷挤齿	IT8～IT6	1.6～0.4	多用于齿轮淬火前的精加工，以代替剃齿
	珩齿	IT7～IT6	0.8～0.4	多用于剃齿和高频淬火后，齿形的精加工
	磨齿	IT6～IT3	0.4～0.2	多用于齿形淬硬后的精密加工，生产率较低，成本较高

（3）齿轮热处理。一般包括齿坯热处理和齿面热处理。齿坯在粗加工前常安排正火作为预先热处理，以改善材料的可加工性，减少锻造引起的内应力；粗加工后常安排调质，以改善材料的综合力学性能。齿面热处理是根据齿轮的材料与技术要求，在齿形加工后，常安排高频感应加热淬火或渗碳淬火以提高齿面的硬度和耐磨性。

（4）齿轮加工工艺过程。图6－39为某一高精度齿轮的零件图。材料为40Cr，齿部高频淬火52 HRC，小批生产。该齿轮加工工艺过程如表6－12所示。

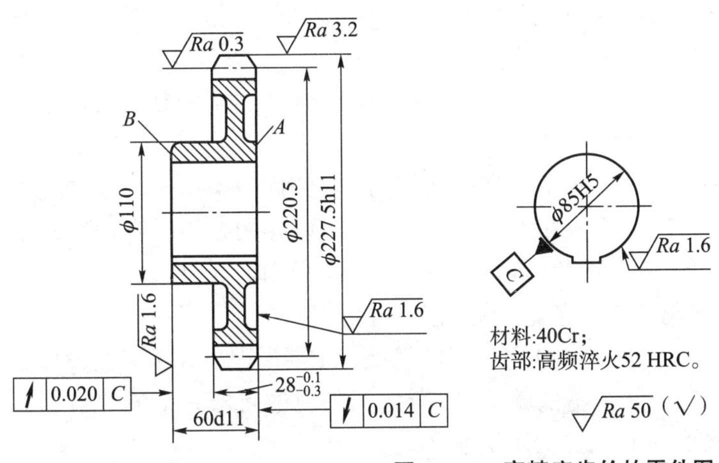

模数	3.5
齿数	63
压力角	20°
精度等级	6-5-5
基节极限偏差	±0.006 5
周节累积公差	0.045
公法线平均长度	$80.58^{-0.14}_{-0.22}$
跨齿线	8
齿向公差	0.007
齿形公差	0.007

图 6－39　高精度齿轮的零件图

表 6－12　高精度齿轮加工工艺过程

序号	工序内容	定位基准
1	毛坯锻造	—
2	正火	—
3	粗车各部分，留加工余量 1.5 ~ 2 mm	外圆及端面
4	精车各部分，内孔至 ϕ84.8H7，总长留加工余量 0.2 mm，其余至尺寸	外圆及端面
5	检验	—
6	滚齿（齿厚留磨削余量 0.10 ~ 0.15 mm）	内孔及端面 *A*
7	倒角	内孔及端面 *A*
8	插键槽	内孔及端面 *A*
9	钳工去毛刺	—
10	齿部高频淬火，硬度 52 HRC	—
11	磨内孔至 ϕ85H5	分度圆和端面 *A*
12	靠磨大端面 *A*	内孔
13	平面磨面 *B* 至总长尺寸	端面 *A*
14	磨齿	内孔及端面 *A*
15	检验	—

第六节　计算机辅助工艺规程设计

一、概述

前面介绍的工艺规程设计方法还是由工艺人员凭经验、查手册等手段进行，设计质量因人而异，效率低下。计算机辅助工艺规程设计（Computer Aided Process Planning，CAPP）是指工艺人员利用计算机及其软件，将零件设计信息转换成工艺信息的先进工艺设计手段。

CAPP还是联系CAD与CAM系统之间的桥梁，也是生产管理调度部门的信息来源之一。与传统的工艺设计方法相比，CAPP具有以下明显的优点：

（1）CAPP的运用可以将工艺人员从烦琐、重复的工作中摆脱出来，集中精力去从事新工艺的开发研究，提高工艺水平和产品质量。

（2）可以大大缩短工艺准备周期，提高编制工效，提高了产品对市场的快速响应能力。

（3）保证工艺文件的一致性和工艺规程的精确性，可避免不必要的差错，有助于对工艺设计人员的宝贵经验进行总结和继承，使工艺准备工作达到最优化和标准化。

（4）可优化工艺过程，为实现制造业信息化、集成化创造条件。

目前，CAPP的技术发展落后于CAD、CAM等技术的发展，主要原因也在于工艺设计影响因素多，设计过程具有不确定性（有些还依赖于经验），工艺理论尚未完全成熟等，因此，研究和开发CAPP技术和系统具有很重要的现实意义。

随着市场竞争日益加剧，产品更新速度越来越快，多品种、小批量生产已成为市场发展主流。据统计，世界上75%~80%的机械产品是以中、小批生产方式制造的。与大量生产相比，多品种、小批量生产必然会引起生产率低、成本高、生产周期长等弊端。如何用规模生产方式组织中小批量产品的生产，一直是国际生产工程界广为关注的重大研究课题，成组技术（Group Technology，GT）就是针对生产中的这种需求发展起来的一种先进制造技术，在CAPP系统的开发中也占有非常重要的地位。

二、成组技术

1. 成组技术的概念

成组技术是充分利用事物之间的相似性，将许多具有相似信息的研究对象归并成组，并用大致相同的方法来解决这一组研究对象的生产技术问题的方法。这样就可以扩大同类零件的生产数量，发挥规模生产的优势，达到提高生产效率、降低生产成本的目的。

2. 零件的分类编码

将零件归并成组实施分类编码是推行成组技术的基础。零件编码就是用数字表示零件的形状特征，代表零件特征的每一个数字码称为特征码。迄今为止，世界上已有70多种分类编码系统，应用最广的是德国奥匹兹（Opitz）分类编码系统，很多国家以它为基础建立了各国的分类编码系统。我国于1984年由机械工业部组织制定了“机械零件编码系统（简称JLBM-1系统）”。该系统是在分析德国奥匹兹系统和日本KK系统的基础上，根据我国机械产品设计的具体情况制定的。该系统采用主码和辅码分段的混合式结构，由名称类别码、形状及加工码、辅助码三部分共15个码位组成，如图6-40所示。前9位码是主码，后6位是辅码。该系统的特点是零件类别按名称类别矩阵划分，既便于检索，又具有足够的描述信息的容量。

3. 成组工艺

成组工艺是成组技术的核心，它把结构、材料、工艺相近的零件组成一个零件族（组），按零件族制订工艺进行加工，便于采用高效方法，提高生产率。

1）划分零件族（组）

根据零件的编码划分零件族（组），可以用特征码位法（以加工相似性为出发点）、码域法（对特征码规定一定的码域）或特征位码域法（上述两种方法的综合）3种不同的方法进行划分。

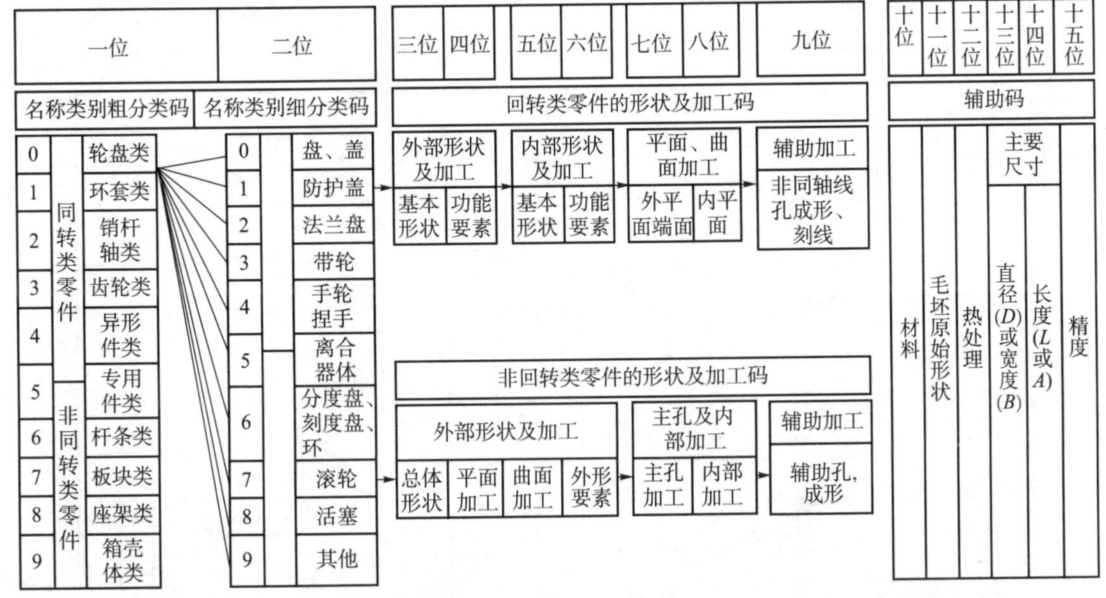

图 6－40　JLBM－1 系统

2）拟订零件组的工艺过程

可采用综合零件法或综合工艺路线法来编制成组工艺规程。用综合零件法时，首先需设计一个能集中反映该组零件全部结构特征和工艺特征的综合零件，它可以是组内的一个真实零件，也可以是人为综合的“假想”零件。按综合零件制订的工艺规程，可加工组内的每一个零件，有的零件可能没有其中的一个工序（工步）或几个工序（工步）。综合零件法常用于编制形体比较简单的回转体类零件的成组加工工艺规程。图 6－41 所示为 6 个零件组成的套筒类零件的成组工艺过程卡的示意图。

用综合工艺路线法时，以组内零件最长工艺路线为基础，适当补充组内其他零件工艺过程的某些特有工序，最终形成能加工全组零件的成组加工工艺规程。这种方法常用于编制形体比较复杂的回转体类零件和非回转体类零件的成组加工工艺规程。

3）机床选择与布置

按照成组工艺要求选择机床，组织生产。机床应具有良好的精度和刚度，工艺范围应可调，并使机床负荷率达到规定的指标，若机床负荷不足或过高时，可适当调整零件组。常见形式有成组单机、成组制造单元、成组流水线和成组加工柔性制造系统。

三、计算机辅助工艺规程设计

1. CAPP 的基本方法

1）派生法

派生法又叫样件法，设计流程如图 6－42 所示。在成组技术的基础上，将编码相同或相近的零件组成零件组（族），并设计一个能集中反映该组零件全部结构特征和工艺特征的主样件（综合零件），然后按主样件设计适合本厂生产条件的典型工艺规程。当需要设计某一零件的工艺规程时，根据该零件的编码，计算机会自动识别它所属的零件组（族），并检索出该组主样件的典型工艺文件，此时只要进一步输入零件的形面编码、尺寸公差和表面粗糙度要求等，对检索出的典型工艺规程通过人机对话方式进行修改和编辑，便可得到该零件的工艺规程。派生法系统简单，但要求工艺人员参与并进行决策。

零件简图	工步									综合零件
	1	2	3	4	5	6	7	8	9	
	切端面	车外圆	车外圆	钻孔	钻孔	镗锥孔	车外圆	倒角	切断	
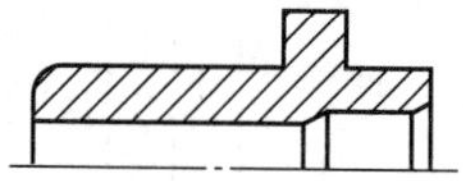	✓	✓	✓	✓	✓	✓	✓	✓	✓	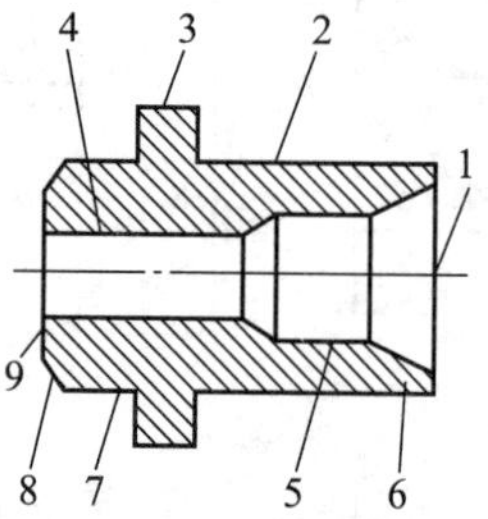 4 3 2 1 9 8 7 5 6 注：表面代号与工件代号一致
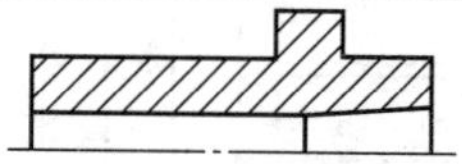	✓	✓	✓	✓		✓	✓		✓	
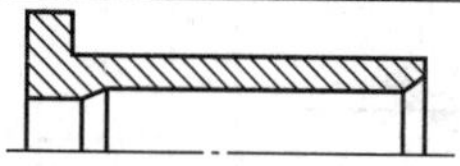	✓	✓	✓	✓	✓	✓			✓	
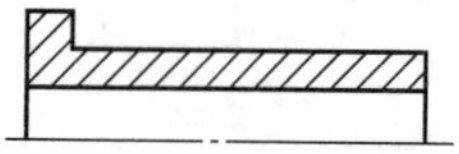	✓	✓	✓	✓					✓	
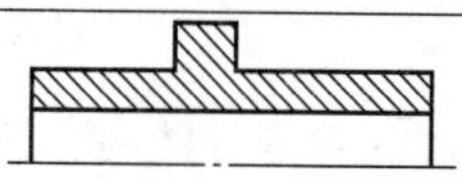	✓	✓	✓	✓					✓	
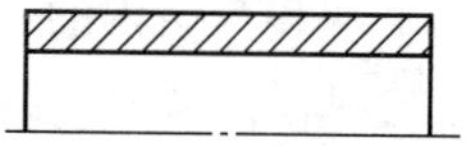	✓	✓	✓	✓					✓	

图6-41　套筒类零件的成组工艺过程卡的示意图

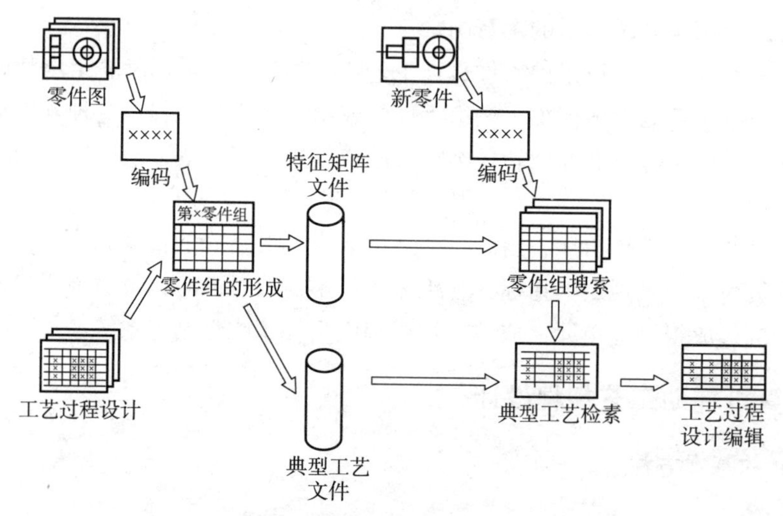

图6-42　派生法CAPP设计流程

2）创成法

创成法只要求输入零件的图形和工艺信息（材料、毛坯、加工精度和表面质量要求等），计算机便会在没有人工干预的情况下，利用逻辑算法语言（按工艺决策制订），自动生成工艺规程。其特点是自动化程度高，但系统复杂，技术上尚不成熟。目前利用创成法设计工艺规程还只局限于某一特定类型的零件，其通用系统尚待进一步研究开发。

3）综合法

综合法是一种以派生法为主、创成法为辅的设计方法，兼取两者之长，因此很有发展前途。

本章仅简要介绍派生法 CAPP 的基本原理与工艺规程的设计过程。

2. 派生法 CAPP 的基本原理

1）工艺信息数字化

（1）零件编码矩阵化。为使零件按其编码输入计算机后能够找到相应的零件组（族），必须先将零件的编码转换为矩阵。例如，图 6－43 所示零件按 JLBM－1 系统的编码为 252700300467679，图 6－44（a）所示为根据一定规则设计的反映图 6－43 所示零件结构特征和工艺特征的特征矩阵。

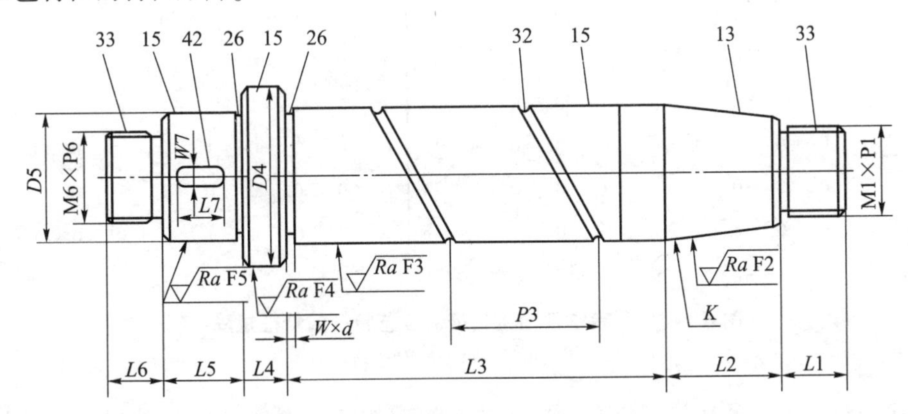

形面尺寸代号：*D*—直径，*L*—长度，*K*—锥度，*W*—槽宽或键宽，*d*—槽深，M—外螺纹外径，*P*—螺距，*F*—粗糙度等级；

形面编码：13—外锥面，15—外圆面，26—退刀槽，32—油槽，33—外螺纹，42—键槽。

图 6－43　轴类零件组的主样件及其形面尺寸代号及编码

（2）零件组特征的矩阵化。按照上述由零件编码转换为特征矩阵的原理，将零件组内的所有零件都转换成各自的特征矩阵。将同组所有零件的特征矩阵叠加起来就得到了零件组的特征矩阵，如图 6－44（b）所示。

（3）综合零件设计。在图 6－44 所示特征矩阵图中交点上出现“1”与“0”的频数是各不相同的，频数大的特征必须反映到主样件中，频数小的特征可以舍去，使综合零件既能反映零件组的多数特征，又不至于过分复杂。

（4）零件上各种形面的数字化。零件的编码只表示该零件的结构、工艺特征，而没有提供零件表面信息，因此必须对零件表面逐一编码以表示零件的表面构成，才能设计工艺规程。例如，用 13 表示外锥面，用 15 表示外圆面，用 26 表示退刀槽，用 32 表示油槽，用 33 表示外螺纹，用 42 表示键槽等，使零件形面数字化。

（5）工序工步名称编码。为使计算机能按预定的方法调出工序和工步的名称，就要对所有工序、工步按其名称进行统一编码，编码以工步为单位，包括热处理、检验等非机械加工工序，此外诸如装夹、调头等操作也要当作一个工步编码。假设某一 CAPP 系统有 99 个工步，就可用 1、2、3、4、…、99 这 99 个数来表示这些工步的编码，例如，用 32、33 分别表示粗车、精车，44表示磨削，1表示装夹，5表示检验，10表示调头装夹等。

	0	1	2	3	4	5	6	7	8	9
1	0	0	1	0	0	0	0	0	0	0
2	0	0	0	0	0	1	0	0	0	0
3	0	0	1	0	0	0	0	0	0	0
4	0	0	0	0	0	0	0	1	0	0
5	1	0	0	0	0	0	0	0	0	0
6	1	0	0	0	0	0	0	0	0	0
7	0	0	0	1	0	0	0	0	0	0
8	1	0	0	0	0	0	0	0	0	0
9	1	0	0	0	0	0	0	0	0	0
10	0	0	0	0	1	0	0	0	0	0
11	0	0	0	0	0	0	1	0	0	0
12	0	0	0	0	0	0	0	1	0	0
13	0	0	0	0	0	0	1	0	0	0
14	0	0	0	0	0	0	0	1	0	0
15	0	0	0	0	0	0	0	0	0	1

（a）

	0	1	2	3	4	5	6	7	8	9
1	0	0	1	0	0	0	0	0	0	0
2	0	0	0	0	0	1	0	0	0	0
3	1	1	1	0	0	0	0	0	0	0
4	1	1	1	1	1	1	1	1	0	0
5	1	0	0	0	0	0	0	0	0	0
6	1	0	0	0	0	0	0	0	0	0
7	1	1	1	1	0	0	0	0	0	0
8	1	0	0	0	0	0	0	0	0	0
9	1	0	0	0	0	0	0	0	0	0
10	0	0	1	1	1	0	0	0	0	0
11	1	0	0	0	0	0	1	0	0	0
12	1	0	1	1	0	1	1	1	0	0
13	0	0	0	0	1	1	1	0	0	0
14	0	0	0	0	0	1	1	1	0	0
15	0	0	0	0	1	0	0	0	0	1

（b）

图6－44 反映零件结构特征、工艺特征的特征矩阵

（a）零件特征矩阵；（b）零件组特征矩阵

（6）综合加工工艺路线的数字化。有了零件各种形面和各种工步的编码之后，就可用一个（$N\times4$）的矩阵来表示零件的综合加工工艺路线，如图6－45所示。

（7）工序工步内容矩阵。对工序工步名称进行编码后，就可以用一个矩阵来描述工序工步的具体内容，如图6－46所示。

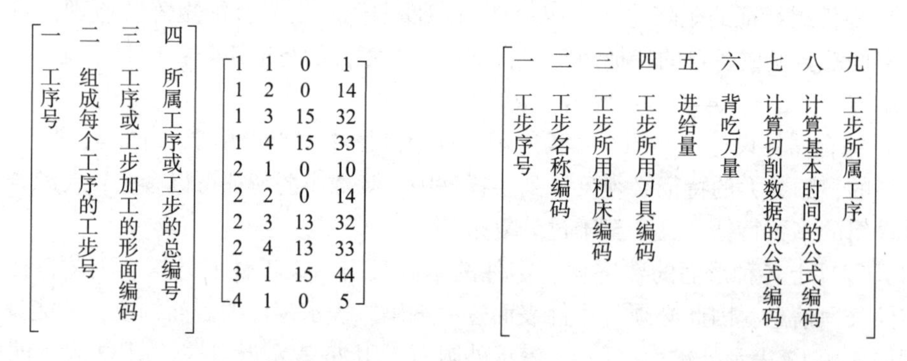

图6－45 综合零件加工工艺路线矩阵

图6－46 工序工步内容矩阵

2）派生法CAPP工艺规程的设计过程

编制某一零件工艺规程时，首先输入零件的编码代号（零件特征矩阵），计算机根据零件特征矩阵检索出对应零件组，并调出该零件组对应的综合工艺路线矩阵。接着，用户再将零件的形面编码及各有关表面的尺寸公差、表面粗糙度要求等数据输入计算机，计算机就可从已调出的综合工艺路线矩阵中选取该零件的加工工序及工步编码，从而得到由工序及工步编码组成的零件加工工艺路线。然后，计算机根据该零件的工序及工步编码，从工序、工步文件中逐一调出工序及工步具体内容，并根据机床、刀具的编码查找该工步使用的机床、刀具名称及型号，再根据输入的零件材料、尺寸等信息计算该工步的切削用量，计算切削力和功率，计算基本时间、单件时间、工序成本等。计算机将每次查到的工序或工步的具体内容都保存在存储区内，最后形成一份完整的加工工艺规程，并以一定的格式打印出来。

第七节　机器装配工艺规程设计

一、装配的基本概念

无论多么复杂的机器都是由许多零件所组成的。根据规定的技术要求将零件或部件进行配合和连接，使之成为半成品或成品的工艺过程称为装配。装配是机器制造中的最后环节，它包括装配、调整、检验、试验等工作。装配过程使零件、部件间获得一定的相互位置关系，所以也是一种工艺过程。装配质量在很大程度上决定机器的最终质量。

为保证有效地进行装配工作，通常将机器划分为若干能进行独立装配的装配单元。装配单元通常分为五个等级：零件、套件（合件）、组件、部件和机器。零件是组成机器和装配的最小单元。如果在一个基准零件上装上一个或若干个零件，则构成套件，为此而进行的装配称为套装。在一个基准件上，装上若干零件和套件，则构成组件，为组件装配进行的工作称为组装，如车床的主轴组件就是以主轴为基准件装上若干齿轮、套、垫、轴承等零件组成的。在一个基准件上，装上若干组件、套件和零件而构成部件，为此而进行的装配工作称为部装，如车床主轴箱装配就是将箱体作为基准零件而进行的部装。在一个基准件上，装上若干部件、组件、套件和零件构成机器，这种将上述全部装配单元装配成最终产品的过程，称为总装。

在设计装配工艺规程时，常用装配单元系统图表示零、部件的装配流程和零、部件间相互装配关系。图 6－47～图 6－49 分别给出了组装、部装和总装的装配单元系统，图中每一个单元用一个长方形框表示，标明零件、套件、组件和部件的名称、编号及数量。在装配单元系统图上，装配工作由基准件开始沿水平线自左向右进行，一般将零件画在上方，套件、组件、部件画在下方，其排列次序就是装配工作的先后次序。

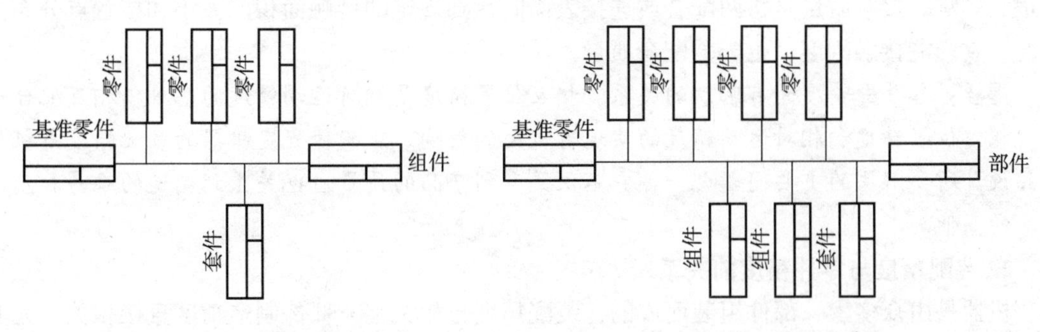

图 6－47　组件装配单元系统　　图 6－48　部件装配单元系统

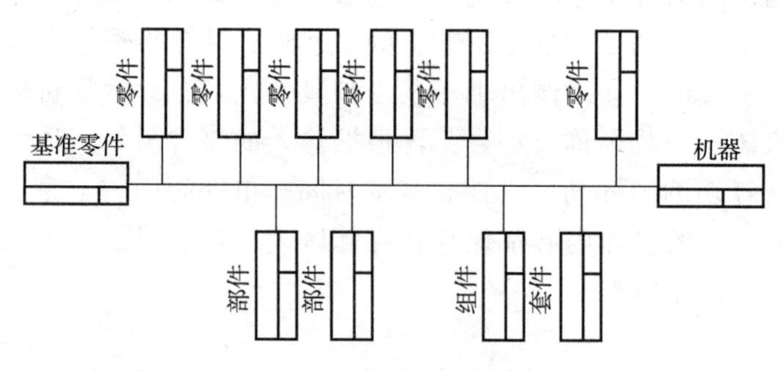

图6－49　总装的装配单元系统

在装配单元系统图上加注必要的工艺说明，如焊接、配钻、配刮、冷压、热压和检验等，就得到装配工艺系统图。它比较全面地反映了装配单元的划分、装配顺序和装配工艺方法。装配工艺系统图是装配工艺规程制订的主要文件，也是划分装配工序的依据。

二、装配精度与保证装配精度的方法

1. 装配精度

装配精度是产品设计时根据机器的使用性能要求规定的，装配时必须保证的质量指标，所包含的内容可根据机械的工作性能来确定，一般包括以下几类。

1）相互位置精度

相互位置精度是指产品中相关零部件间的距离精度和相互位置精度，如机床主轴箱装配时，相关轴中心距尺寸精度和同轴度、平行度、垂直度等。

2）相对运动精度

相对运动精度是指产品中有相对运动的零、部件之间在运动方向和相对运动速度上的准确性。运动方向的准确性常表现为部件间相对运动的平行度和垂直度，如机床溜板移动轨迹对主轴中心线的平行度。相对运动速度的准确性即是传动精度，如滚齿机滚刀主轴与工作台的相对运动精度，它将直接影响滚齿机的加工精度。

3）相互配合精度

相互配合精度包括配合表面间的配合质量和接触质量。配合质量是指零件配合表面之间达到规定的配合间隙或过盈的程度，它影响配合的性质，对机器工作过程中的磨损、发热等有很大影响。接触质量是指两配合或连接表面间达到规定的接触面积的大小和接触点分布的情况，它影响接触刚度，也影响配合质量。

提要：各装配精度间有密切的关系，相互位置精度是相对运动精度的基础，相互配合精度对相对位置精度和相对运动精度的实现有较大的影响。正确地规定机器的装配精度是机械产品设计所要解决的重要问题之一，它不仅关系到产品的质量，也关系到制造的难易和产品成本的高低。

2. 装配精度与零件精度的关系

机器是由众多零、部件组装而成的，装配精度与相关零、部件制造精度直接相关，尤其是关键零、部件的精度。例如，图6－50所示的车床主轴中心线与尾座套筒中心线对床身导

轨等高度 A_0 的要求，这项装配精度主要取决于主轴箱、尾座及底板对应的 A_1、A_2 及 A_3 的尺寸精度。

根据装配精度要求来设计机器零、部件尺寸及其精度时，还必须考虑装配方法的影响。如图 6－50 中等高度 A_0 的精度要求很高，如果靠控制尺寸 A_1、A_2 及 A_3 的精度来达到 A_0 的精度就很不经济。实际生产中常按经济精度来制造相关零部件尺寸 A_1、A_2 及 A_3，装配时则采用修配底板 3 的工艺措施保证等高度 A_0 的精度。装配中采用不同的工艺措施，会形成各种不同的装配方法。设计师可根据装配精度要求和所采用的装配方法，通过解算装配尺寸链来确定有关零、部件的尺寸精度和公差。

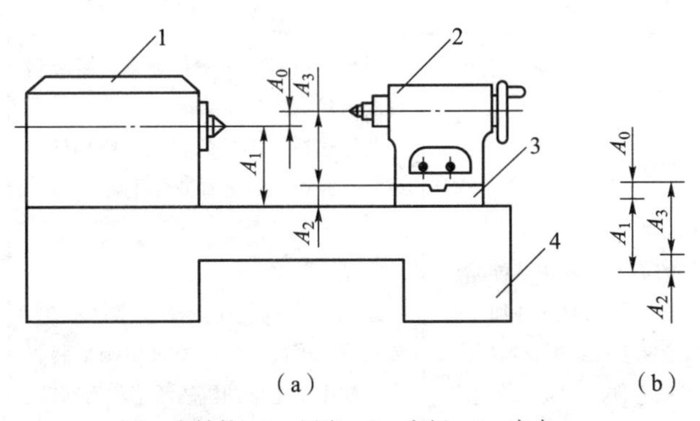

1—主轴箱；2—尾座；3—底板；4—床身。

图 6－50　车床主轴中心线与尾座套筒中心线等高示意图

(a) 车床结构示意图；(b) 装配尺寸链

3. 保证装配精度的工艺方法

生产中常用的保证产品装配精度的方法有互换装配法、分组装配法、修配装配法及调整装配法。

(1) 互换装配法可分为完全互换装配法和不完全互换装配法。完全互换装配法指在全部产品中，所有零件无须挑选、修配或调整，装配后即能达到装配精度要求的装配方法。如果绝大多数产品装配后都能达到装配精度要求，少数产品存在不合格品的可能性，这种装配方法称为不完全互换装配法。

(2) 分组装配法是先将配合件中各零件的公差相对于互换装配法所要求之值放大，使其能经济地加工出来，然后各零件按其实际尺寸大小分成若干组，并按对应组进行互换装配，从而满足装配精度要求。

(3) 修配装配法是将各配合件中各零件的公差相对于互换装配法所求之值增大，使其能按该生产条件下较经济的公差加工，装配时将某一预先选定的零件去除部分材料，以满足装配精度要求。

(4) 调整装配法与修配装配法在原则上是相似的，但它是在其他零件均以加工经济精度制造的基础上，用一个可调整的零件，在装配时调整它在机器中的位置或增加一个定尺寸零件（如垫片、垫圈、套筒等）以达到装配精度要求。常用装配方法的特点及适用范围如表 6－13 所示。装配方法的具体选择应根据机器的使用性能、结构特点、装配精度要求、生产批量及现有生产技术条件等因素综合考虑。

表6－13　常用装配方法的特点及适用范围

装配方法	工艺特点	适用范围	注意事项
完全互换装配法	（1）操作简单，对工人技术水平要求不高，质量稳定，生产率高。 （2）便于组织流水装配和自动化装配。 （3）备件供应方便，有利于维修工作。 （4）对零件的加工精度要求较高	适合大批量生产中装配精度要求高而零件数较少或批量较小、零件数较多而装配精度不高时，如汽车、拖拉机、中小型柴油机和缝纫机的部件装配，应用较广	一般情况下优先考虑
不完全互换装配法	零件加工公差较完全互换法放宽，仍具有完全互换法（1）~（3）项的特点，但有极少数超差产品	适用于批量大、零件数多、装配精度要求较高的机器结构。 此方法适用产品的其他一些部件的装配，并可以对超差进行补救	注意检查，对不合格的零件须退修或更换为能补偿偏差的零件
分组装配法	（1）各零件的加工公差按装配精度要求的允差放大数倍；或零件加工公差不变，而以选配来提高配合精度。 （2）增加了对零件的测量、分组以及储存、运输工作。 （3）同组内的零件仍可以互换	适用于大批量生产中，零件数少、装配精度很高，又不便采用调整装置时，如中小型柴油机的活塞和活塞销、滚动轴承的内外圈与滚动体	一般以分成2~4组为宜。 对零件的组织管理工作要求严格。 配合件的表面粗糙度和形位公差要保持原设计要求
修配装配法	（1）依靠工人的技术水平，可获得很高的精度，但增加了装配过程中的手工修配或机械加工。 （2）在复杂、精密产品的部装或总装后作为整体，进行一次精加工修配，以消除其累积误差	一般用于单件小批生产、装配精度高、不便于组织流水作业的场合，如主轴箱底用加工或刮研除去一层金属，更换加大尺寸的新键，平面磨床工作台进行“自磨”。 特殊情况下也可用于大批生产	一般应选用易于拆装且修配面较小的零件为修配件。 应尽可能利用精密加工方法代替手工操作
调整装配法	（1）零件可按经济加工精度加工，仍有高的装配精度，但在一定程度上依赖工人技术水平。 （2）增加调整件或机构，易影响配合副的刚性、增加制造费用或增加机构体积	如喷油泵精密偶件的自动配磨或配研适用于零件较多、装配精度高而又不宜用分组装配时；易于保持或恢复调整精度。 可用于多种装配场合，如滚动轴承调整间隙的隔圈、锥齿轮调整啮合间隙的垫片、机床导轨的镶条等	采用可调件应考虑有防松措施

三、装配尺寸链

1. 装配尺寸链的概念

装配尺寸链是把与某项装配精度指标（或装配要求）有关的零件尺寸（或位置要求）依次排列，构成一组封闭的链形尺寸。其中该项装配精度（或装配要求）常作为封闭环，有关的尺寸都是组成环。

提要：装配尺寸链与工艺尺寸链有所不同。工艺尺寸链中所有尺寸都分布在同一个零件上，主要解决零件加工精度问题；而装配尺寸链中每一个尺寸都分布在不同零件上，每个零件的尺寸是一个组成环，有时两个零件之间的间隙也构成组成环，装配尺寸链主要解决装配精度问题。封闭环不是一个零件或一个部件上的尺寸，而是不同零件或部件的表面或轴心线之间的相对位置尺寸，是要保证的装配精度。装配尺寸链和工艺尺寸链都是尺寸链，有共同的形式和计算方法。

装配尺寸链同样可以按各环的几何特征和所处空间位置分为直线尺寸链、角度尺寸链、平面尺寸链及空间尺寸链。平面尺寸链可分解成直线尺寸链求解。

正确建立装配尺寸链，是进行尺寸链分析、计算的前提。建立尺寸链时，应遵循封闭及环数最少原则。

首先，应在装配图上找出封闭环，封闭环是在装配之后形成的，而且该环是具有装配精度要求的。组成环是对装配精度要求发生直接影响的那些零件或部件上的尺寸或角度，在进入装配时，各个零件的装配基准贴接（基准面相接，或在轴孔配合时轴心线重合）从而形成尺寸相接或角度相接的封闭图形。

其次，要遵循最短路线（最少环数）原则，要把无关的尺寸去掉，此时必须做到一个零件上只允许一个尺寸列入装配尺寸链中，即“一件一环”，这些尺寸就是零件图上应该标注的尺寸，即零件的设计尺寸，它们都有一定的精度要求。

2. 装配尺寸链的计算方法

装配尺寸链的计算方法与工艺尺寸链相同，也分极值法和概率法两种。装配尺寸链的计算同样分正计算和反计算。正计算指已知与装配精度有关的各零、部件的基本尺寸及其偏差，求解装配精度（封闭环）的基本尺寸及其偏差的过程；反计算是指已知装配精度（封闭环）的基本尺寸及其偏差，求解与该项装配精度有关的各零、部件（组成环）的基本尺寸及其偏差。因此，正计算用于对已设计的图样的校验，而反计算用于产品设计阶段，用来确定各零、部件的尺寸及加工精度，并标注在零件图上，这是解尺寸链问题的重点。

装配尺寸链的具体计算方法与所采取的装配方法密切相关，同一项装配精度所用的装配方法不同，其装配尺寸链的计算方法也不相同。具体计算方法参见有关资料。

四、装配工艺规程制订

装配工艺规程是用文件形式规定下来的装配工艺过程，是指导装配生产的主要技术文件，是指导装配生产计划和技术准备工作的主要依据。当前，大批大量生产的企业大多有完备的装配工艺规程，而单件小批生产的企业的装配工艺规程就比较简单，甚至没有。

1. 装配工艺规程制订的原则

（1）保证产品装配质量，以提高产品质量和延长产品的使用寿命。

（2）合理安排装配顺序和工序，尽量减少装配劳动量，缩短装配周期，提高装配效率。

（3）尽量减少装配所占车间面积，提高单位面积的生产率。

（4）尽量减少装配工作所占的成本。

2. 装配工艺规程制订的步骤和内容

1）研究产品的装配图和装配技术条件

审核产品图样的完整性、正确性；分析产品的结构工艺性和装配工艺性；审核产品装配的技术条件和验收标准，分析与计算产品装配尺寸链。

机器的装配工艺性是指机器结构符合装配工艺上的要求，主要有以下3个方面。

（1）机器结构能被分解成若干独立的装配单元。如图6－51（a）所示，齿轮顶圆直径大于箱体轴承孔孔径，轴上零件须依次逐一装到箱体中去；如图6－51（b）所示，齿轮直径小于轴承孔径，轴上零件可以先组装成组件后，一次装入箱体。

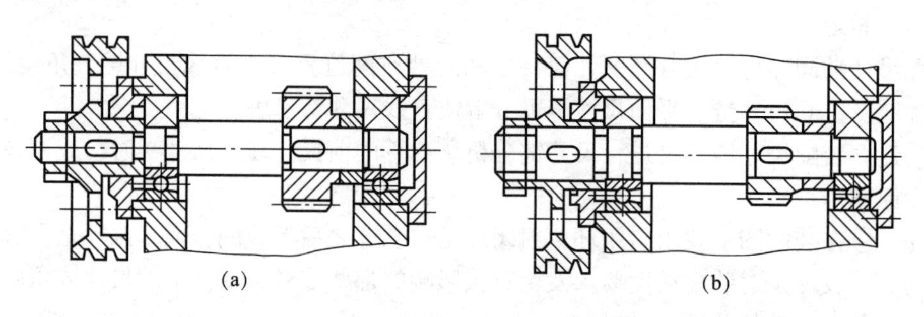

图6－51　两种传动轴结构比较

（a）依次装入；（b）一次装入

（2）装配中的修配工作和机械加工工作应尽可能少。把图6－52（a）所示活塞上配钻销孔的销钉连接改为图6－52（b）所示的螺纹连接，装配就不需要机械加工。

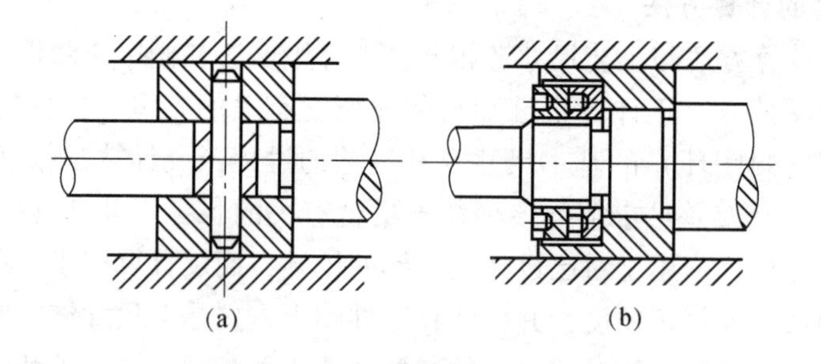

图6－52　两种活塞连接结构

（a）销钉连接；（b）螺纹连接

（3）装配和拆卸方便。在图6－53（a）中轴承拆卸难，图6－53（b）中在箱体上与轴承外圆相应的部位设3～4个螺孔，拆卸时用螺钉将轴承顶出。

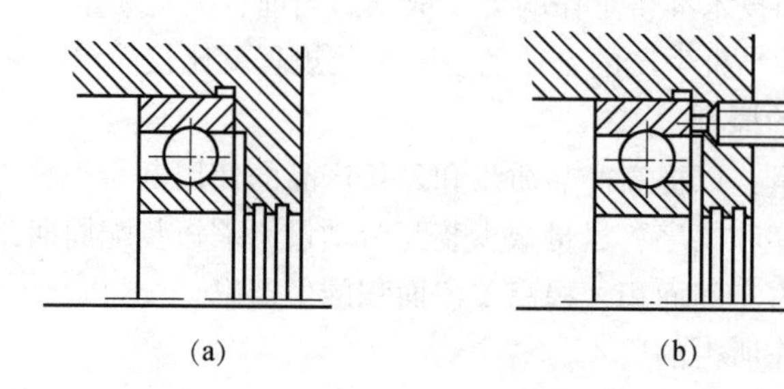

图6－53　便于拆卸

（a）不便拆卸；（b）拆卸方便

2）确定装配方法与组织形式

装配的方法和组织形式的选择主要取决于产品的结构特点（包括质量、尺寸和复杂程度)、生产类型和现有生产条件。装配方法通常在设计阶段即应确定，并优先采用完全互换法。

装配的组织形式分为移动式和固定式两种，而移动式又有强迫节奏和自由节奏之分。

(1) 移动式装配，即装配基准件沿装配路线从一个工作地向另一工作地移动，在各装配地点完成其中某一固定的装配工作。强迫节奏的节拍是固定的，各工位的装配工作必须在规定时间内完成。强迫节奏移动装配又可分为连续移动和断续移动两种形式。连续移动装配时，装配线做连续缓慢的移动，工人在装配时随装配线走动，一个工位的装配工作完毕后工人立即返回原地，这种方式不适合装配那些装配精度较高的产品；断续移动装配时，装配线在工人装配时不动，到规定时间，装配线带着被装配的对象移动到下一工位，工人不走动。自由节奏的节拍不固定，移动比较灵活，具有柔性，适合多品种装配。移动式装配流水线多用于大批大量生产，产品可大可小。

(2) 固定式装配，即全部装配工作都在固定工作地点进行，多用于单件、小批生产或重型产品的成批生产。固定式装配又可分为集中式和分散式两种，前者所有装配工作都由一个或一组工人在一个地方集中完成，多用于单件小批生产；后者将整台产品的装配分为部装和总装，分别由几个或几组工人同时在不同地点分散完成，专业化程度较高，多用于成批生产结构比较复杂、工序数多的产品，如机床、汽轮机的装配。

3. 划分装配单元，确定装配顺序，绘制装配工艺系统图

将产品划分为套件、组件及部件等能进行独立装配的装配单元是制订装配工艺规程中最重要的一个步骤，这对大批大量生产中装配那些结构复杂的产品尤为重要。无论哪一级装配单元，都要选定某一应有较大的体积和质量零件或比它低一级的装配单元作为装配基准件（通常应是产品的基体或主干零、部件，有足够大的支承面），例如：床身部件是机床产品的装配基准件、床身组件是床身部件的装配基准件、床身零件是床身组件的装配基准件等。

接着就要安排装配顺序，并以装配工艺系统图的形式表示出来。安排装配顺序的原则一般是“先难后易、先内后外、先下后上，先精密后一般，预处理工序在前”。

图 6－54 为卧式车床床身的装配简图，图 6－55 为床身部件的装配工艺系统图。

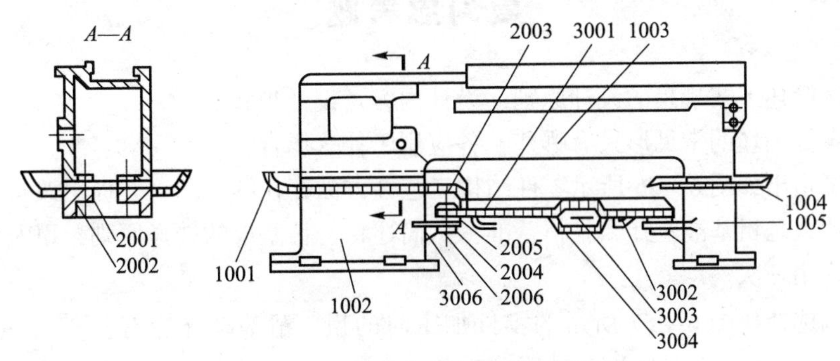

图 6－54 卧式车床床身的装配简图

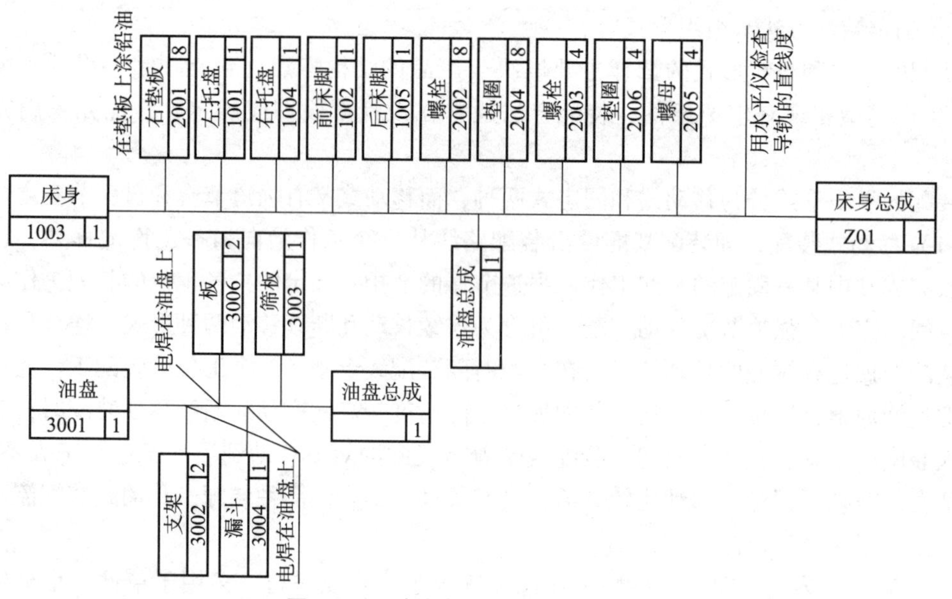

图6－55　床身部件装配工艺系统图

4. 划分装配工序，进行工序设计

（1）划分装配工序，确定工序内容。

（2）确定各工序所需的设备和工具，如需专用夹具与设备，则应提交设计任务书。

（3）制订各工序装配操作规范，如过盈配合的压入力、装配温度及拧紧固件的力矩等。

（4）规定各工序装配质量要求与检测方法。

（5）确定工序时间定额，平衡各工序节拍。

5. 编制装配工艺文件

单件、小批生产时，通常只绘制装配工艺系统图，装配时，按产品装配图及装配工艺系统图工作。成批生产时，通常还制订部装、总装的装配工艺卡，按工序写明工序次序、简要工序内容、设备名称、工夹具名称与编号、工人技术等级和时间定额等。在大批、大量生产中，除装配工艺卡外，还要编制装配工序卡，以直接指导工人进行产品装配。此外，还应按产品图样要求，制订装配检验卡、试验卡等工艺文件。

复习思考题

6－1　试简述工艺规程的设计原则、设计内容及设计步骤。

6－2　零件毛坯的常见形式有哪些？各应用于什么场合？

6－3　试指出如图6－56所示零件结构工艺性方面存在的问题，并提出改进意见。

6－4　什么是粗基准？什么是精基准？试简述粗、精基准的选择原则，以及为什么粗基准通常只允许用一次。

6－5　试选择如图6－57所示的零件加工时的粗、精基准（标有$\surd$符号的为加工面，其余的为非加工面），并简要说明理由。图（a）、（b）、（c）所示零件要求内外圆同轴，端面与孔轴线垂直，非加工面与加工面间尽可能保持壁厚均匀；图（d）所示零件毛坯孔已铸出，要求孔加工余量尽可能均匀。

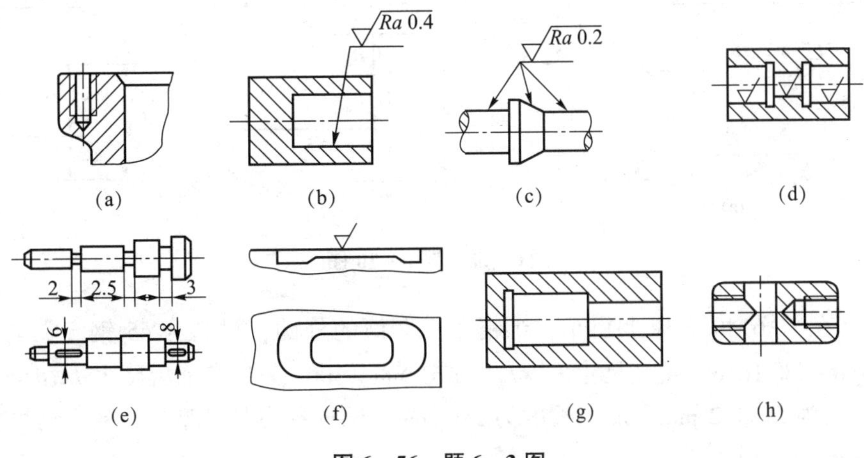

图6-56 题6-3图

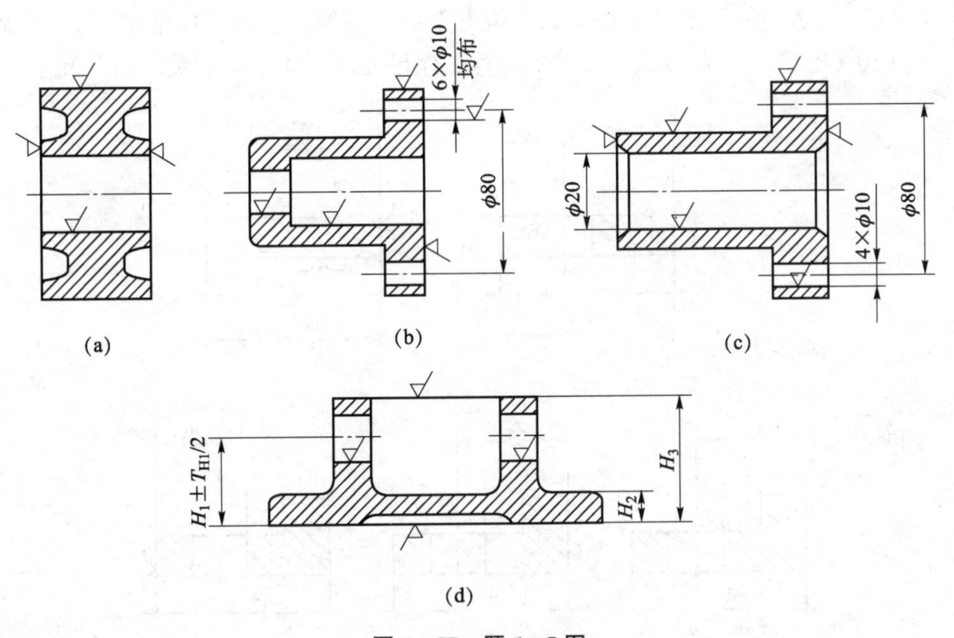

图6-57 题6-5图

6-6 试简述按工序集中原则、工序分散原则组织工艺过程的工艺特征，各用于什么场合。

6-7 工序顺序安排应遵循哪些原则？如何安排热处理工序？

6-8 为何要划分加工阶段？各阶段的主要作用是什么？

6-9 试分析影响工序余量的因素，为什么在计算本工序加工余量时必须考虑本工序装夹误差和上工序制造公差的影响？

6-10 如图6-58所示尺寸链中，A_0、B_0、C_0、D_0是封闭环，试判别其余各环的性质(增环还是减环)。

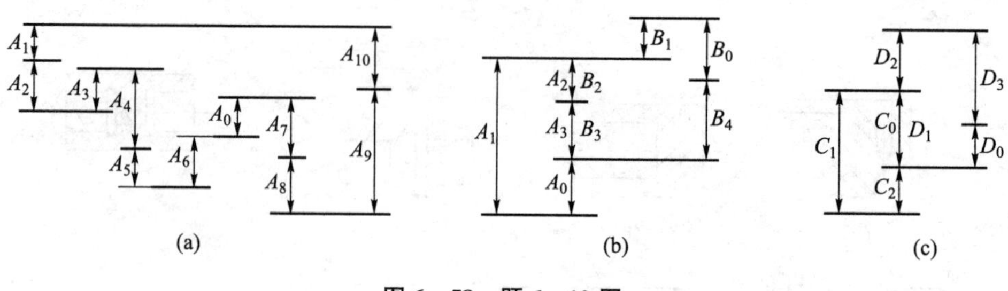

图 6－58　题 6－10 图

6－11　在 CA6140 车床上粗车、半精车一套筒的外圆，材料为 45 钢（调质），R_m = 681 MPa，200～230 HBW，毛坯尺寸 $d_W \times l_W = \phi70$ mm × 300 mm。车削后尺寸 $d = \phi65_{-0.25}^{\ 0}$ mm，表面粗糙度均为 Ra 3.2 mm，加工长度为 280 mm。试选择刀具类型、材料、结构、几何参数及切削用量。

6－12　图 6－59（a）所示为一轴套零件图，图 6－60（b）所示为车削工序简图，图 6－60（c）所示为钻孔工序 3 种不同定位方案的工序简图，均需保证图（a）所规定的位置尺寸（10 ± 0.1）mm 的要求，试分别计算工序尺寸 A_1、A_2、A_3 有关的轴向尺寸。

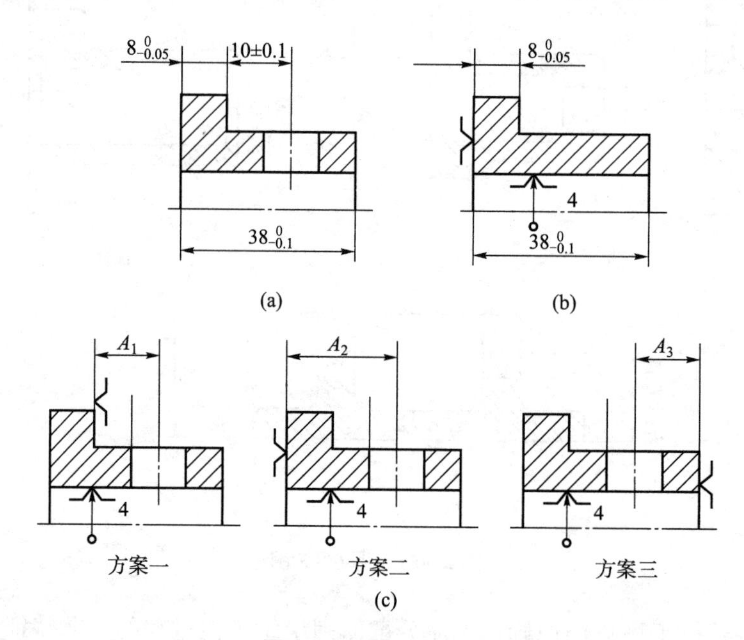

图 6－59　题 6－12 图

6－13　如图 6－60 所示工件，成批生产时以端面 B 定位加工面 A，保证尺寸 $10_{\ 0}^{+0.20}$ mm，试标注铣此缺口时的工序尺寸及公差。

6－14　如图 6－61 所示零件的部分工艺过程为：以端面 B 及外圆定位粗车端面 A，留精车余量 0.4 mm 镗内孔至面 C，然后以尺寸 $60_{-0.05}^{\ 0}$ mm 定距装刀精车 A。孔的深度要求为（22 ± 0.10）mm。试标出粗车端面 A 及镗内孔深度的工序尺寸 L_1、L_2 及其公差。

6－15　加工如图 6－62（a）所示零件端面，保证轴向尺寸 $50_{-0.10}^{\ 0}$ mm，$25_{-0.30}^{\ 0}$ mm 及 $5_{\ 0}^{+0.4}$ mm，其有关工序如图 6－62（b）、（c）所示，试求工序尺寸 A_1、A_2、A_3 及其偏差。

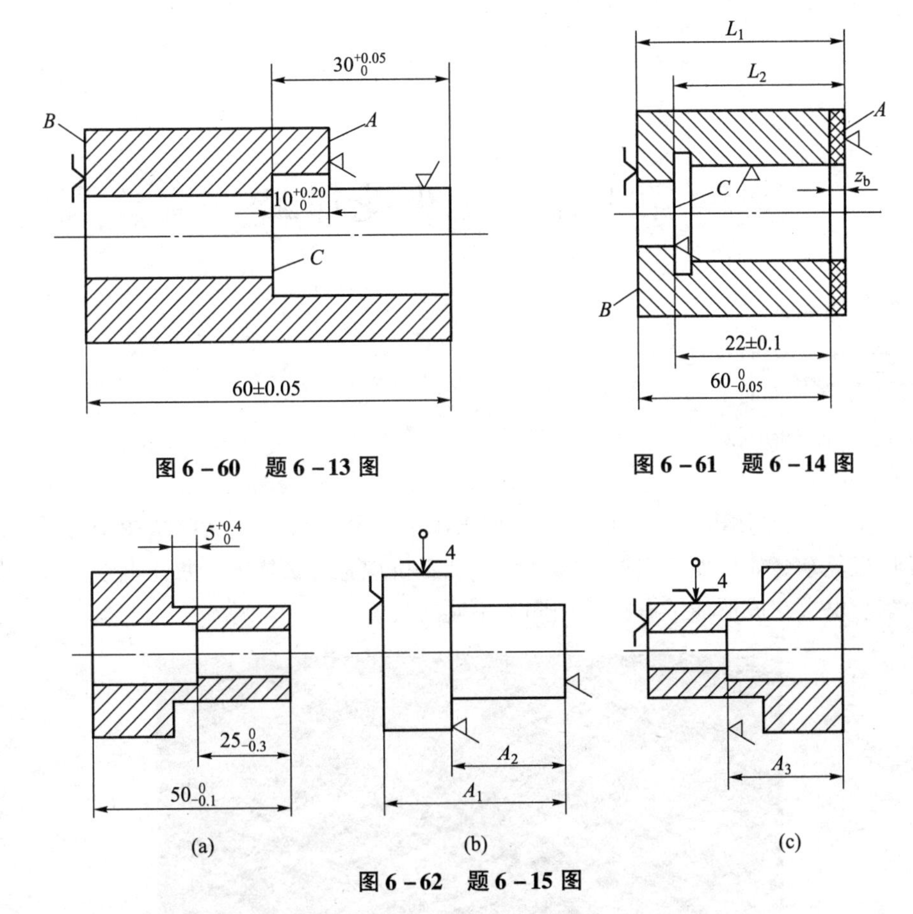

图 6－60　题 6－13 图

图 6－61　题 6－14 图

图 6－62　题 6－15 图

6－16　什么是生产成本、工艺成本？什么是可变费用、不变费用？如何正确运用经济分析方法合理选择工艺方案？

6－17　试分析成组工艺的科学内涵和推广应用成组工艺的重要意义。

6－18　机械结构的装配工艺性包括哪些主要内容？试举例说明。

6－19　装配精度一般包括哪些内容？保证装配精度的方法有哪几种？各适用于什么装配场合？

6－20　试述装配工艺规程制订的主要内容及其步骤。

6－21　如何建立装配尺寸链？装配尺寸链与工艺尺寸链的主要区别是什么？

第七章　电火花加工

本章知识要点：

(1) 电火花加工的机理；

(2) 电火花加工的基本规律；

(3) 电火花线切割加工。

导学：图7-1是用电火花线切割技术加工出的各种零件、样品。从图中可见，它们的形状各异且很复杂。如何加工出这些零件？其加工机理是怎么样的？加工时受到哪些因素影响？线切割与电火花成形加工有哪些相同与不同之处？

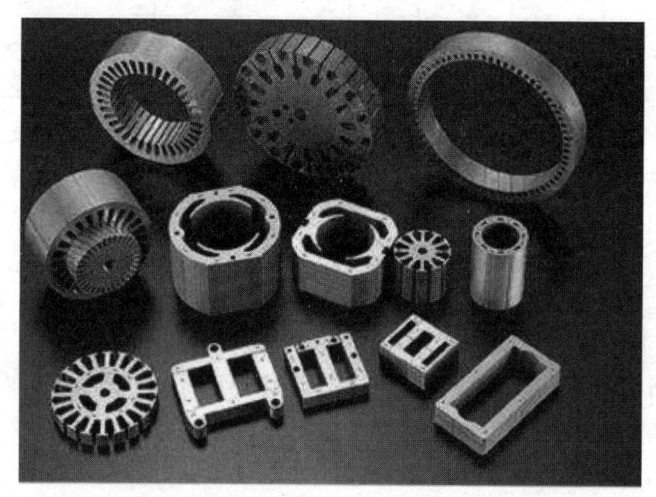

图7-1　电火花线切割加工出的零件、样品

第一节　概述

电火花加工（Electrospark Machining），又称放电加工（Electrical Discharge Machining，EDM）、电蚀加工、电脉冲加工等，于20世纪40年代开始研究并逐步应用于生产，是目前机械制造业中应用最为广泛的特种加工方法之一，是一种基于正负电极间脉冲放电时的电腐蚀现象，利用电、热能量对材料进行加工的方法。电火花线切割加工（Wire Cut EDM，WEDM）是在电火花加工的基础上于20世纪50年代末最早在苏联发展起来的一种工艺形式，是用线状电极（通常为钼丝或黄铜丝），依靠火花放电对工件进行切割，有时简称线切割。目前，电火花线切割技术已获得广泛的应用，国内外的线切割机床已占电加工机床的70%以上。

一、电火花加工特点及应用

1. 电火花加工的主要优点

（1）适合难切削材料的加工，且适用材料的范围广。由于加工中材料的去除是靠放电时的电热作用实现的，材料的可加工性主要取决于材料的导电性及其热学特性，而几乎与其力学性能（硬度、强度等）无关，因此可以突破传统切削加工对刀具的限制，加工任何硬、软、韧、脆、高熔点的材料。

（2）适合特殊及复杂形状零件的加工。由于加工中工具电极和工件不直接接触，没有机械加工所伴随的宏观切削力，因此电火花加工适用于低刚度工件、复杂形状工件等的加工及微细加工。且通过数控技术可较好地解决刀具干涉问题，使得用简单的电极加工形状复杂的零件也成为可能，如复杂型腔模具的加工等。

（3）便于实现加工过程自动化。由于直接利用电能进行加工，而电参数较机械量更易于自动控制，因此更易于实现自动化加工，并可减少机械加工工序，缩短加工周期和降低劳动强度。

2. 电火花加工的局限性

（1）存在电极损耗，影响成形精度，但近年来电火花粗加工已能将电极相对损耗比控制在0.1%以下，甚至更小。

（2）一般加工速度较慢，且主要用于加工金属等导电材料，由于电火花加工是依靠工具与工件电极间脉冲性的火花放电蚀除材料的，其原理决定了上述局限存在的必然性。但现在上述问题正逐渐得以解决，如在一定条件下也可以加工半导体和非导体材料，也有研究成果表明，采用特殊水基不燃性工作液进行电火花加工，其生产效率甚至不亚于切削加工。

基于上述特点及技术进展，电火花加工目前已广泛应用于航空、航天、机械（特别是模具制造）、电子、电机电器、精密机械、仪器仪表、汽车拖拉机、轻工等行业，以解决难加工材料及复杂形状零件的加工问题，加工范围可从小至几微米的小轴、孔、缝，扩展到大到几米的超大型模具和零件。

二、电火花加工工艺方法的分类

按工具电极和工件相对运动的方式及用途的不同，可大致分为电火花穿孔成形加工、电火花线切割、电火花磨削和镗磨、电火花同步共轭回转加工、电火花高速小孔加工、电火花铣削加工、电火花表面强化与刻字7类，其中以电火花穿孔成形加工和电火花线切割应用最为广泛。其中，前6类属尺寸加工方法，用于改变零件形状或尺寸；最后一类则属表面加工方法，用于改善或改变零件表面性质。具体分类及各类加工方法的主要特点和用途如表7－1所示。

表7－1 电火花加工工艺方法具体分类

类别	工艺方法	特点	用途
1	电火花穿孔成形加工	（1）工具和工件间主要有一个相对的伺服进给运动； （2）工具为成形电极，与被加工表面有相同的截面或形状	（1）型腔加工：加工各类型腔模及各种复杂的型腔零件。 （2）穿孔加工：加工各种冲模、挤压模、粉末冶金模、各种异形孔及微孔等

续表

类别	工艺方法	特点	用途
2	电火花线切割	（1）工具电极为线状电极，沿其轴线方向移动； （2）工具与工件在两个水平方向同时有相对伺服进给	（1）切割各种冲模和具有直纹面的零件； （2）下料、切割和窄缝加工或直接加工出零件
3	电火花磨削和镗磨	（1）工具与工件有相对回转运动； （2）工具与工件间有类似磨削的径向和轴向进给运动	（1）加工高精度、低表面粗糙度的小孔，如拉丝模、挤压模、微型轴承内环、钻套等； （2）加工外圆、小模数滚刀等
4	电火花同步共轭回转加工	（1）成形工具与工件均做旋转运动，二者角速度相等或成整数倍，接近的放电点可有切向相对运动速度； （2）工具相对工件可做纵、横向进给运动	以同步回转、展成回转、倍角速度回转等不同方式，加工各种复杂型面的零件，如高精度的异形齿轮，精密螺纹环规，高精度、高对称、小表面粗糙度的内外回转体表面等
5	电火花高速小孔加工	（1）采用细（直径3 mm以下）空心管状电极，管内冲入高压水基工作液； （2）细管电极旋转	（1）加工速度可高达60 mm/min，加工深径比很大的小孔，如喷嘴等，深径比可达1∶100以上； （2）线切割预穿丝孔
6	电火花铣削加工	工具电极相对工件作平面或空间运动，类似常规铣削	（1）适合用简单电极加工复杂形状； （2）由于加工效率不高，一般用于加工较小的零件
7	电火花表面强化与刻字	（1）工具在工件表面上振动； （2）工具相对工件移动	（1）模具、刀具、量具刃口表面强化和镀覆； （2）电火花刻字、打印等

第二节　电火花加工机理

一、电火花加工的基本条件

早在19世纪初，人们就发现，插头或电器开关触点在闭合或断开时，会出现明亮的蓝白色的火花，因而烧损接触部位，即产生了电腐蚀。苏联学者拉扎连柯夫妇在研究电腐蚀现象的基础上，首次将这种原理运用到了生产制造领域。若要利用这种电腐蚀现象对材料进行尺寸加工，就必须具备以下基本条件：

（1）必须使工具电极和工件被加工表面之间保持一定的放电间隙，通常为数微米至数百微米，随加工条件而定。如果间隙过大，极间电压不能击穿极间介质，因而不会产生火花放电。如果间隙过小，很容易形成接触短路，同样也不能产生火花放电。为此，在电火花加工过程中必须具有工具电极的自动进给和调节装置。

（2）放电点的局部区域具有足够的能量，要有足够高的电流密度（一般为$10^4 \sim 10^6$ A/cm^2），以确保被加工材料能在局部熔化、气化，否则只能加热被加工材料。

(3) 火花放电必须是瞬时的脉冲性放电（放电持续时间一般为 $10^{-7} \sim 10^{-3}$ s)，且要有足够的停歇时间，这样才能使放电所产生的热量足以使工件材料局部熔化或气化，且来不及传导扩散到其余部分，从而把每一次的放电蚀除点分别局限在很小的范围内，达到尺寸加工的目的。否则，像持续电弧放电那样，会使表面烧伤而无法用于尺寸加工。为此，接在工具电极和工件电极间电火花加工用电源必须采用脉冲电源。

(4) 火花放电必须在有一定绝缘性能的介质中进行。对导电材料进行尺寸加工时，一般是用液体介质，如煤油、皂化液或去离子水等，它们具有较高的绝缘强度（$10^3 \sim 10^7$ Ω·cm)，有利于产生脉冲性的火花放电。同时，液体介质还能把电火花加工过程中产生的金属小屑、炭黑等电蚀产物从放电间隙中排除出去，并且对电极和工件表面有较好的冷却作用。而在对材料表面进行电火花强化时，一般采用气体介质。

以上这些问题的综合解决，可通过图 7－2（a）所示的电火花加工原理图来说明。工件

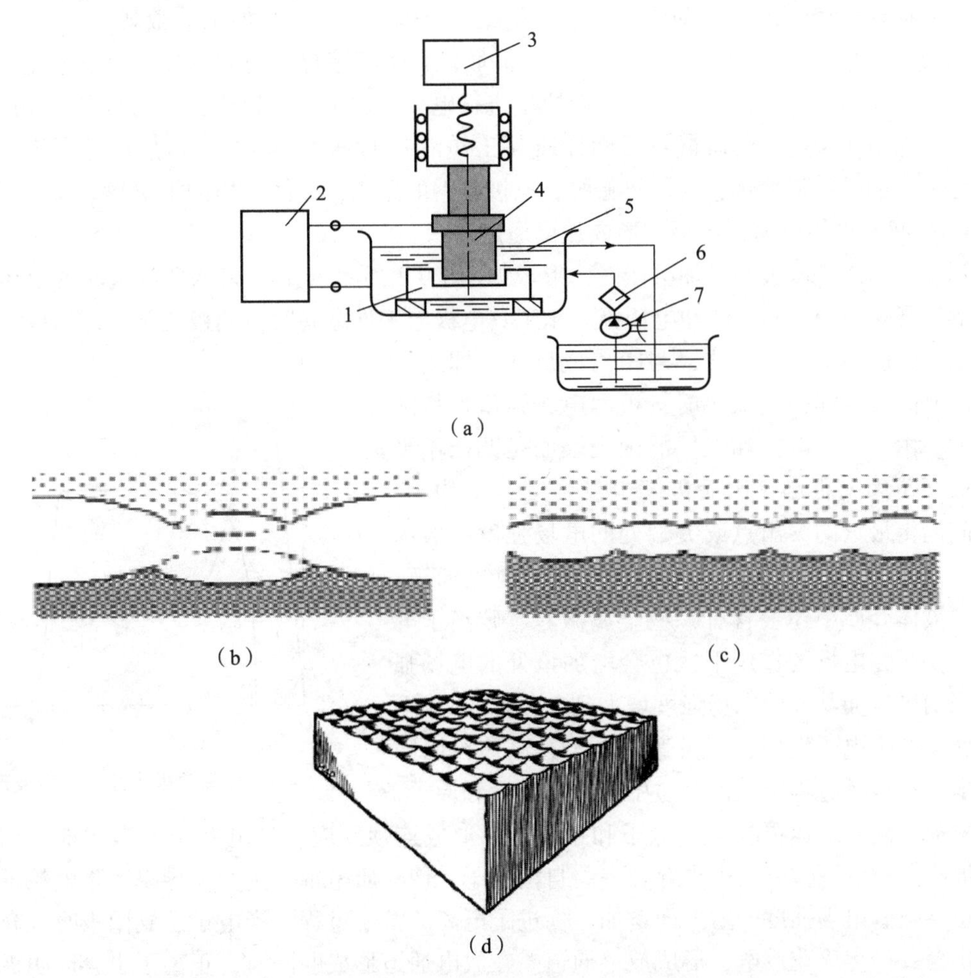

1—工件；2 —脉冲电源；3—自动进给调节装置；4—工具；5—工作液；6—过滤器；7—工作液泵。

图 7－2　电火花加工原理及表面放大图

(a) 加工原理图；(b) 单脉冲放电后表面；(c) 多脉冲放电后表面；(d) 工件表面形貌

1与工具4分别与脉冲电源2的两输出端相连接。自动进给调节装置3使工具和工件间经常保持一很小的放电间隙。当脉冲电压加到两极之间时，某一相对间隙最小或绝缘强度最低处的工作液将最先被电离为负电子和正离子而被击穿，形成放电通道，电流随即剧增，在该局部产生火花放电，瞬时高温使工件和工具表面都蚀除掉一小部分金属。图7－2（b）表示单个脉冲放电后的电蚀坑。脉冲放电结束后，经过一段间隔时间（即脉冲间隔），使工作液恢复绝缘后，第二个脉冲电压又加到两极上，又会在当时极间距离相对最近或绝缘强度最弱处击穿放电，又电蚀出一个小凹坑。图7－2（c）表示多次脉冲放电后的电极表面。这样，上述火花放电过程周而复始地进行，工件表面的金属将会不断地被蚀除，在工件表面复制出工具电极的形状，加工出所需要的零件，工件表面形貌如图7－2（d）所示。

二、电火花加工的机理

火花放电时，在微小的放电间隙中，电极表面的金属材料究竟是怎样被蚀除下来的？这一微观的物理过程（本质）即所谓的电火花加工的机理。电火花加工的微观过程十分复杂，是电场力、磁力、热力、流体动力、电化学和胶体化学等综合作用的过程。对电火花加工机理的认识，目前仍在进行中。在液体介质中进行电火花加工时，目前公认的材料蚀除过程大致可分为以下4个连续的阶段：极间介质（工作液）的电离、击穿，形成放电通道；工作液热分解、电极材料熔化、气化热膨胀；电极材料的抛出；极间介质的消电离。

1. 极间介质的电离、击穿，形成放电通道

当工具与工件电极间施加电压时，形成如图7－3所示的矩形波脉冲放电时的电压和电流波形。当80～100 V的脉冲电压施加于工具电极与工件之间时，两极之间立即形成一个电场。电场强度与电压成正比，与距离成反比，即当极间电压升高或极间距离减小时，极间电场强度也将随着增大。由于工具电极和工件的微观表面是凹凸不平的，极间距离又很小，因而极间电场强度很不均匀，两极间离得最近的突出点或尖端处的电场强度一般为最大，其间的液体介质将首先被击穿形成放电通道。此外，液体介质中还会含有一些金属微粒、碳离子等导电杂质，在电场的作用下，也会增加该处的电场强度。当阴极表面某处的电场强度增大到10^5 V/cm以上时，就会产生电子发射，阴极逸出电子并高速奔向阳极。电子在运动过程中撞击介质中的中性分子和原子，产生碰撞电离，形成更多的负电子和正离子，形成连锁反应，带电粒子雪崩式地增加。此外，混有杂质的液体介质中也存在一些自由电子，使介质呈现一定的电导率，带电粒子的迁移率也会随着电场强度的增大而增加，促进了电离的雪崩过程。当电子达到阳极时，介质被瞬时击穿，产生火花放电，形成放电通道。在放电通道形成的同时，正离子也奔向阴极。

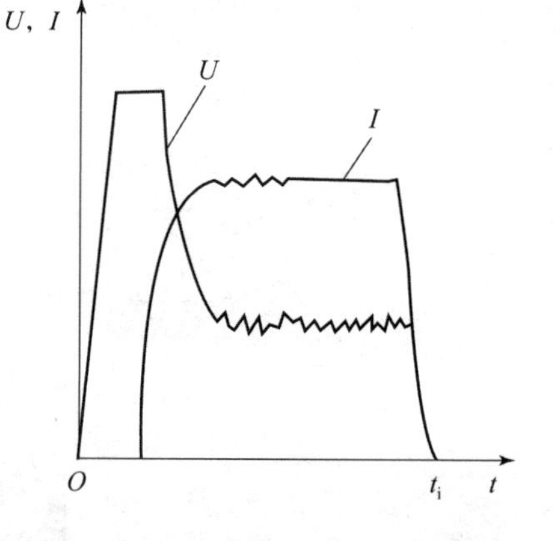

图7－3　极间放电电压、电流波形

从雪崩电离开始，到建立放电通道的过程非常迅速，一般小于0.1 μs，间隙电阻迅速从绝缘状况降低到几分之一欧姆，间隙电流迅速，电流密度可高达10^5～10^6 A/cm²，间隙电压则由击穿电压迅速降至电火花放电维持电压（一般为20～25 V）。

带电粒子对高速运动相互碰撞，产生大量的热，使通道温度升高，中心温度可高达

10 000 ℃以上。放电时的电流产生磁场，磁场又反过来对电子流产生向心的磁压缩效应和周围介质惯性动力压缩效应的作用，通道难以瞬间扩展，故放电开始阶段通道截面很小，而通道内由高温热膨胀形成的初始压力可达数十 MPa。高压高温的放电通道及随后瞬时气化形成的气体（以后发展成气泡）急速扩展，并产生一个强烈的冲击波向四周传播。

2. 工作液热分解、电极材料熔化、气化热膨胀

除了放电通道内大量的高速带电粒子剧烈碰撞产生大量的热，高速带电粒子对电极表面的轰击也产生大量的热，于是在通道两端的正极和负极表面分别形成瞬时热源，并在瞬间达到很高温度。通道高温首先把工作液气化，进而热裂分解（如煤油等碳氢化合物工作液，高温后裂解为 H_2、C_2H_2、CH_4、C_2H_4 小气泡和游离碳等），其次也使金属材料熔化，直至沸腾气化。这些热分解后的工作液和气化后的金属蒸气，瞬时体积猛增，迅速热膨胀，具有一定的爆炸特性。

这样就导致在火花放电的同时，会伴随着一系列派生现象，如热效应、电磁效应、光效应、声效应及频率范围很宽的电磁波辐射和局部爆炸冲击波等。观察电火花加工过程，可以见到放电间隙间冒出很多小气泡，工作液逐渐变黑，同时会听到轻微而清脆的爆炸声。

3. 电极材料的抛出

工作液气化、热分解，金属材料熔化、气化，热膨胀，在放电通道内产生很高的瞬时压力。通道中心的压力最高，使气体体积不断向外膨胀，形成一个扩张的气泡。在气化过程中，产生很大的热爆炸力，使被加热至熔化状态的材料挤出或溅出。电极蒸气、介质蒸气及放电通道的急剧膨胀，也会产生相当大的压力，参与熔融金属的抛出过程。脉冲放电持续时间较短时，这种热爆炸力的抛出效应是比较显著的。

在脉冲放电持续期间，放电通道中的带电粒子将在电场作用下形成电子流和离子流，并分别冲击阳极和阴极表面，产生很大的压力，使放电点的局部金属过热。而过热的熔融金属内部又会形成气化中心，引起气化爆炸，把熔融金属抛出。

在脉冲电流结束之后的一段时间内，由于流体动力作用，熔融金属还会额外抛出一部分。

实际上熔化和气化了的金属在抛离电极表面时，向四处飞溅，除绝大部分抛入工作液中收缩成小颗粒外，也会有一小部分飞溅、镀覆、吸附在对面的电极表面上，这在某些条件下可以用来减少或补偿工具电极在加工过程中的损耗。

实际上，金属材料的蚀除、抛出过程远比上述复杂，是热爆炸力、电磁动力、流体动力等综合作用的结果，对这一复杂的抛出机理的认识还在不断深化之中。

4. 极间介质的消电离

两次脉冲放电之间，必须有一定的间隔时间，使间隙介质消电离，即放电通道中的带电粒子复合为中性粒子，排除间隙中的电蚀产物，介质温度降低，恢复本次放电通道处间隙介质的绝缘强度，以免总是在同一处发生放电而导致电弧放电，从而保证下一次在两极相对最近处或电阻率最小处形成击穿放电通道。

脉冲间隔时间的选择，不仅要考虑介质本身消电离所需的时间（与脉冲能量有关），还要考虑电蚀产物扩散、排出放电区域的难易程度（与脉冲爆炸力大小、放电间隙大小、抬刀过程及加工面积有关）及放电通道中的热量传散。

电火花加工过程是一个典型的多场耦合过程，到目前为止，人们对于电火花加工微观过程的了解还远远不够。例如，工作液成分的影响，极间介质的作用，间隙介质的击穿现象，放电间隙内的状况，正负电极间能量的转换与分配，材料的抛出，电火花加工过程中热场、流场、力场的变化及耦合作用，通道结构及其振荡等，都需要做进一步的研究。

三、电火花加工中的基本工艺规律

电火花加工是靠电能瞬时、局部转换成热能来熔化和气化而蚀除金属的，与金属切削的原理和基本规律完全不同。只有了解和掌握电火花加工中的基本工艺规律，才能正确地针对不同工件材料选用合适的工具电极材料，合理选择粗、中、精电加工参数，从而提高电火花加工的生产率，降低工具电极的损耗，改进加工精度和表面质量。

1. 影响放电蚀除量的主要因素

电火花加工时，影响材料放电腐蚀的因素有很多，主要有以下几种。

1）极性效应

在电火花加工过程中，无论是正极还是负极，都会受到不同程度的电蚀，但正、负电极的电蚀量不同，即使两极材料相同也是如此，如钢加工钢。这种单纯由于正、负极性不同而彼此电蚀量不一样的现象叫作极性效应。关于加工极性，我国通常把工件接脉冲电源的正极、工具电极接负极时，称“正极性加工”；反之，称“负极性加工”。有些国家如日本的规定则正好相反，这一点要加以注意，以免引起混淆。

产生极性效应的原因很复杂，对这一问题的原则性解释如下。

（1）蚀除能量在两极分配不均匀。在火花放电过程中，在电场作用下，通道中的电子奔向阳极，正离子奔向阴极，两电极表面分别受到电子和正离子的轰击和瞬时热源的作用，在两极表面所分配到的能量不一样，因而熔化、气化抛出的电蚀量也不一样。

（2）电子和离子的质量和放电时间不同导致蚀除量不同。由于电子的质量和惯性均小，容易获得很高的加速度和速度，在击穿放电的初始阶段就有大量的电子奔向正极，把能量传递给阳极表面，使阳极材料迅速熔化和气化；而正离子则由于质量和惯性较大，起动和加速较慢，在击穿放电的初始阶段，大量的正离子来不及到达负极表面，到达负极表面并传递能量的只有一小部分离子。所以在用短脉冲加工时，电子的轰击作用大于离子的轰击作用，使正极的蚀除速度明显大于负极的蚀除速度。当采用长脉冲加工时，质量和惯性大的正离子将有足够的时间加速，到达并轰击负极表面的离子数将随放电时间的延长而增多。由于正离子的质量大，对负极表面的轰击破坏作用强，同时自由电子挣脱负极时要从负极获取逸出功，而正离子到达负极后与电子结合释放位能，故负极的蚀除速度将大于正极。

从提高加工生产率和减少工具损耗的角度来看，极性效应越显著越好，故在电火花加工过程中必须充分利用。因此，当采用窄脉冲、精加工时，应选用正极性加工；当采用长脉冲、粗加工时，应采用负极性加工。当用交变的脉冲电流加工时，单个脉冲的极性效应便相互抵消，增加了工具的损耗，因此，电火花加工一般采用单向脉冲电源。此外，还应合理选用工具电极的材料，根据电极对材料的物理性能、加工要求选用最佳的电参数，正确地选用极性，以减少工具的损耗，提高加工效率。

2）电参数

电参数主要是指电火花加工时所选用的脉冲宽度、脉冲间隔、放电频率、峰值电流、峰值电压、开路电压等，又称为电规准。它们决定了每次放电所形成的放电痕大小，对材料的电蚀过程影响很大。

影响放电痕尺寸，即影响电蚀量的主要参数是单个脉冲能量，在一定范围内，单个脉冲的蚀除量与单个脉冲能量成正比，其比例系数是与电极材料、脉冲参数、工作液等有关的工艺系数。某一段时间内的总蚀除量约等于这段时间内各单个有效脉冲蚀除量的总和，而单个脉冲能量取决于极间放电电压、放电电流和放电持续时间，可用公式表示为

$$W_M = \int_0^{t_g} U(t) I(t) \mathrm{d}t \tag{7-1}$$

式中　t_g——单个脉冲实际放电时间，s；

$U(t)$——放电间隙中随时间而变化的电压，V；

$I(t)$——放电间隙中随时间而变化的电流，A；

W_M——单个脉冲放电能量，J。

可见，放电电压越高，电流越大，放电时间越长，则间隙中获得的单个脉冲能量就越大。由于火花放电间隙阻抗的非线性，击穿后间隙上的火花维持电压是一个与电极对材料及工作液种类有关的数值（如在煤油中用纯铜加工钢时约为25 V，用石墨加工钢时为30 V）。火花维持电压与脉冲电压幅值、极间距离及放电电流大小等的关系不大，因而可以说，单个脉冲能量主要取决于平均放电电流和脉宽。对于矩形波脉冲电流，可以近似地用放电峰值电流和脉冲宽度来表达，即

$$W_M = (25 \sim 30) \hat{I}_e t_e \tag{7-2}$$

式中　$\hat{I}_e$——脉冲峰值电流，A；

t_e——电流脉宽，μs；

可见，提高电蚀量和生产率的途径主要有：提高脉冲频率；增加单个脉冲能量，即增加平均放电电流（对矩形脉冲即为峰值电流）和脉冲宽度；减小脉冲间隔；设法提高工艺系数等。当然，实际生产时要考虑到这些因素之间的相互制约关系和对其他工艺指标的影响。例如，脉冲间隔时间过短，将产生电弧放电；随着单个脉冲能量的增加，加工表面粗糙度值也随之增大等。

3）电极对材料的热学常数

电极对材料的热学常数包括熔点、沸点（气化点）、热导率（导热系数）、比热容、熔化热、气化热等，它们对放电蚀除量影响较大。材料的热学常数可以查阅相关手册。

当脉冲放电能量相同时，金属的熔点、沸点、比热容、熔化热、气化热越高，电蚀量将越少，金属越难加工；热导率越大的金属会将瞬时产生的热量较多地传导散失到其他部位，因而降低了本身的蚀除量。

此外，当材料选好（即热学常数不变），单个脉冲能量一定时，脉冲电流幅值越小，脉冲宽度则越长，散失的热量也越多，使电蚀量减少；脉冲宽度越短，脉冲电流幅值就越大，会使热量过于集中而来不及传导扩散，虽然散失的热量减少，但抛出金属中的气化部分比例增大，多耗了气化热，使得电蚀量也降低。可见，电极的蚀除量与热学常数、放电持续时间和单个脉冲能量等都有密切关系。当脉冲能量一定时，有一个使工件电蚀量最大的最佳脉宽。由于各种材料的热学特性和热学常数不同，故获得最大电蚀量的最佳脉宽和最佳后沿变

化率也是不同的。

4）工作液对电蚀量的影响

在电火花加工过程中，工作液的作用是形成火花击穿放电通道，并在放电结束后迅速恢复间隙的绝缘状态，并具有压缩放电通道、产生局部高压、冷却、消电离、加速电蚀产物排除等作用，是参与放电蚀除过程的重要因素，它的种类、成分、性质等对加工过程有重要影响。介电性能好、密度和黏度大的工作液有利于压缩放电通道，提高放电能量密度，强化电蚀产物的抛出效应，但黏度大，不利于电蚀产物的排出，影响正常放电。目前电火花成形加工主要采用油类为工作液，粗加工时采用的脉冲能量大，加工间隙也较大、爆炸排屑抛出能力强，往往选用介电性能、黏度较大的机油，且机油的燃点较高，大能量加工时着火燃烧的可能性小；而在中、精加工时放电间隙比较小，排屑比较困难，故一般均选用黏度小、流动性和渗透性都好的煤油作为工作液。

由于油类工作液有气味，容易燃烧，尤其在大能量粗加工时工作液高温分解产生的烟气较多，故研究人员一直在努力寻找一种像水那样的流动性好、不燃烧、无色无味、环保、节能的工作液介质。在同样加工条件下，因水的绝缘性能和黏度较低，其放电间隙较大，对放电通道的压缩作用差，蚀除量较小，还会产生电化学阳极溶角和阴极电镀沉积现象，影响电极的蚀除量，且易锈蚀机床。但最新的研究成果表明，采用各种添加剂，可以改善其性能，水基工作液在粗加工时的加工速度可大大高于煤油。在电火花线切割加工中，广泛采用去离子水或乳化液作为工作液，获得了很好的工艺效果。

5）其他因素

影响电蚀量的其他因素如下。

（1）加工过程的稳定性。加工过程不稳定将干扰甚至破坏正常的火花放电，使有效脉冲利用率降低。加工深度、加工面积的增加，加工间隙的减小，或者加工型面复杂程度的增加，都不利于电蚀产物的排出，降低加工速度，严重时将造成结炭拉弧，影响加工稳定性，使加工难以进行。所以，生产、科研实践中需要采取有效措施来提高加工过程的稳定性，如采用强迫冲油和工具电极定时抬刀等措施来改善排屑条件，提高加工速度和防止拉弧；合理选择电极材料对，如钢电极加工钢时，间隙容易磁化，吸附铁屑，不易稳定，纯铜、黄铜加工钢时则比较稳定；另外，如果加工面积较小时采用较大的加工电流，也会使局部电蚀产物浓度过高，放电点不能分散转移，放电后的余热来不及传播扩散而积累起来，造成过热，形成电弧，破坏加工的稳定性。

（2）蚀除产物抛出速度。电火花加工过程电极材料瞬时熔化或气化而抛出，如果抛出速度很高，就会冲击另一电极表面而使蚀除量增大；如果抛出速度较低，则当喷射到另一电极表面时，会涂覆在电极表面，减少其蚀除量。

（3）炭黑膜的形成。电火花加工中最常用的工作液为煤油等碳氢化合物，其在放电过程中将发生热分解而产生大量的碳，并能与被融化的金属结合形成碳化物微粒，即胶团。由于碳胶团一般带负电荷，因此在电场作用下会不断地向正极移动并吸附在正极表面，形成一定强度和厚度的化学吸附碳层，一般称为“炭黑膜”。由于碳的熔点和气化点很高，炭黑膜可对电极起到保护和补偿作用，也将影响到电极的蚀除量。

（4）脉冲电源的波形及其前后沿陡度。在一定能量下，脉冲波形，特别是放电电流波形不同，波形的上升率和下降率不同，影响着输入能量的集中或分散程度，对间隙的击穿、通道扩展、能量分布、产物抛出、介质消电离等放电蚀除过程的影响很大。寻求最佳放电波形以实现高生产率和低电极损耗，已成为新型脉冲电源研制的一个重要方向。

2. 加工速度和工具电极的损耗速度

电火花加工时，工具和工件同时遭到不同程度的蚀除。单位时间内工件的蚀除量称之为加工速度，亦即生产率；单位时间内工具的蚀除量称之为损耗速度。

1）加工速度

加工速度一般采用体积加工速度 v_w（mm^3/min）来表示，即

$$v_w = V/t$$

有时为了测量方便，也采用质量加工速度来表示，单位为 g/min；或直线加工速度，单位为 mm/min。

从前面的分析及式（7－2）可知，要增加电蚀量，必须增加单个脉冲能量、提高脉冲频率、提高极间能量分配系数（工艺系数）等。

增加单个脉冲能量是提高加工速度最为直接的手段，主要靠加大脉冲电流和增加脉冲宽度来实现，但同时又会使表面粗糙度变大和降低加工精度，因此一般只用于粗加工和半精加工的场合。在不改变单个脉冲放电能量的前提下，放电频率的提高，意味着脉冲停歇时间的缩小，但这会使消电离过程不充分，电蚀产物来不及排除，可能导致稳定电弧放电，使电火花过程不能正常进行。提高工艺系数的途径很多，如合理地选用电极对材料、电参数、伺服控制策略、工作液及改善工作液的循环过滤方式等，从而达到提高工艺系数和有效脉冲利用率，以提高加工速度。在具体条件下，极间能量分配系数特定数值的确定还有待于深入研究。

另外工件的加工面积、加工极性、排屑条件等都将对加工速度有一定影响。

电火花成形加工速度分别为粗加工（加工表面粗糙度 Ra 为 20～10 μm）可达到 200～1 000 mm^3/min；半精加工（加工表面粗糙度 Ra 为 10～2. 5 μm）可达到 20～100 mm^3/min；精加工（加工表面粗糙度 Ra 为 2. 5～0. 32 μm）可达到 10 mm^3/min 以下。随着表面粗糙度数值下降，加工速度明显降低。

2）工具电极损耗速度和相对损耗比

在生产实际中，衡量工具电极是否耐损耗，不应只看工具损耗速度，还要看同时能达到的加工速度。因此，采用相对损耗（或称损耗比）作为衡量工具电极损耗的指标，即

$$\theta = (v_E/v_w) \times 100\% \quad (7-3)$$

式中 θ——工具相对损耗（体积、质量或直线）；

v_E——工具损耗速度；

v_w——加工速度。

要降低工具电极的相对损耗，首先要根据电极对的材料特性确定最佳脉宽，再次有效利用电火花加工过程中的各种效应，如极性效应、吸附效应、传热效应及材料的选择等。

（1）极性效应。

由于电子和正离子对两极的轰击作用，为充分利用极性效应，短脉冲精加工时采用正极性加工，长脉冲粗加工时采用负极性加工。

（2）吸附效应。

如前所述，由于炭黑膜只能在正极表面形成，因此，可以采用负极性加工，从而可以利

用炭黑膜的补偿作用来实现电极的低损耗。实验表明，当峰值电流、脉冲间隔一定时，炭黑膜厚度随脉宽的增加而增厚；而当脉冲宽度和峰值电流一定时，炭黑膜厚度随脉冲间隔的增大而减薄。反之，随着脉冲间隔的减小，电极损耗随之降低。但过小的脉冲间隔会使放电间隔来不及消电离和电蚀产物扩散而造成拉弧烧伤。

采用强迫冲油、抽油，有利于间隙内电蚀产物的排除，使加工稳定；但也会使电极的吸附效应减弱，因而可能使电极的损耗加大，影响加工精度。因此强迫冲油、抽油加工时，应对油压进行有效控制，以协调加工效率和电极损耗的关系。

（3）传热效应。

电极表面放电点的瞬时温度分布，与瞬时放电的总热量、放电通道的截面积、电极材料的导热性能有关。因此，在放电初期限制脉冲电流的增长率，使电极表面温度不致过高，将有利于降低电极损耗。另外，一般采用的工具电极的导热性能比工件好，如果采用较大的脉冲宽度和较小的脉冲电流进行加工，传热效应使工具电极表面温度较低而减少损耗，而工件表面温度仍比较高而得到更多的蚀除。

（4）材料的选择。

在电火花的加工过程中，必须正确选用工具材料来减少其损耗。钨、钼的熔点和沸点较高，损耗小，但其机械加工性能不好，价格又贵，所以除线切割外很少采用。铜的熔点虽较低，但其导热性好，因此损耗也较少，又能制成各种精密、复杂形状，是目前电火花成形加工中最常用的工具电极材料。石墨电极不仅热学性能好，而且在长脉冲粗加工时能吸附游离的碳，所以相对损耗很低，目前已广泛用于型腔加工。铜碳、铜钨、银钨合金等材料，不仅导热性好，而且熔点高，因而电极损耗小，但由于价格较贵、制造成形比较困难，因而一般只在精密电火花加工时采用。

3. 影响加工精度的主要因素

影响加工精度的因素很多，如与普通切削加工相类似的机床本身的各种误差，以及工件和工具电极的定位、安装误差都会影响到加工精度。这里主要讨论与电火花加工工艺有关的因素，有放电间隙的大小及其一致性、工具电极的损耗及其稳定性和“二次放电”。

电火花加工放电间隙对加工精度的影响表现在放电间隙的不稳定性（通常是随电参数、电极对材料、工作液绝缘性能等的变化而变化的）和间隙内电场分布不均匀性。如果加工过程中放电间隙能保持不变，则可以通过修正工具电极的尺寸，对放电间隙进行补偿，能够获得较高的加工精度。

除了间隙能否保持一致性，间隙大小对加工尺寸精度也有影响，尤其是对复杂形状的加工表面，棱角部位电场强度分布不均，间隙越大影响越严重。因此，应该采用较小的加工规准，缩小放电间隙且间隙愈小，可能产生的间隙变化量也愈小，这样就能提高仿形精度，另外还必须尽可能使加工过程稳定。放电间隙在精加工时一般为 0.01 mm，粗加工时可达 0.5 mm以上（单面）。

间隙内电场分布不均匀性和工具电极的损耗将直接影响电火花加工的成形精度，尤其是受尖端放电效应等的影响，使得电极的尖角、棱边处的损耗加剧，工具的尖角或凹角很难精确地复制在工件上，从而不易得到清棱清角工件。电火花穿孔加工时，工具电极可以贯穿工件型孔而补偿它的损耗；但型腔加工时，则无法采用此法补偿，故精密型腔加工时常采用更换电极等加工方法。

“二次放电”是指已加工表面上由于电蚀产物等的介入而再次进行的非正常放电。二次放电对加工精度的影响主要反映在加工深度方向产生斜度和加工棱角棱边变钝方面。如图7－4所示，由于工具电极下端部加工时间长，绝对损耗大，而电极入口处的放电间隙则由于会存在电蚀产物，“二次放电”的概率大，因而产生了加工斜度。“二次放电”同时也会造成电极的频繁抬刀，这也会进一步造成加工斜度的增加，应予以注意。

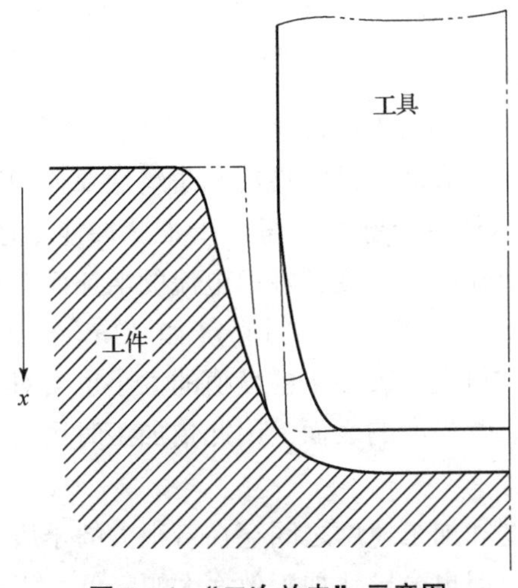

图7－4 “二次放电”示意图

放电间隙中的电蚀产物除了靠自然扩散、定期抬刀和使工具电极附加振动等排除，常采用强迫循环的办法加以排除，这也可带走一部分热量。图7－5所示为工作液强迫循环的两种方式。图7－5（a）、（b）所示为冲油式，较易实现，排屑能力强，多被采用。但电蚀产物仍通过已加工区，稍影响加工精度，图7－6（c）、（d）所示为抽油式，在加工过程中，分解出来的气体（H_2、C_2H_2 等）易积聚在抽油回路的死角处，遇电火花引燃会爆炸“放炮”，因此一般用得较少，但在要求小间隙、精加工时也会使用。目前生产上应用的循环系统形式很多，常用的工作液循环过滤系统应既可以冲油，也可以抽油。

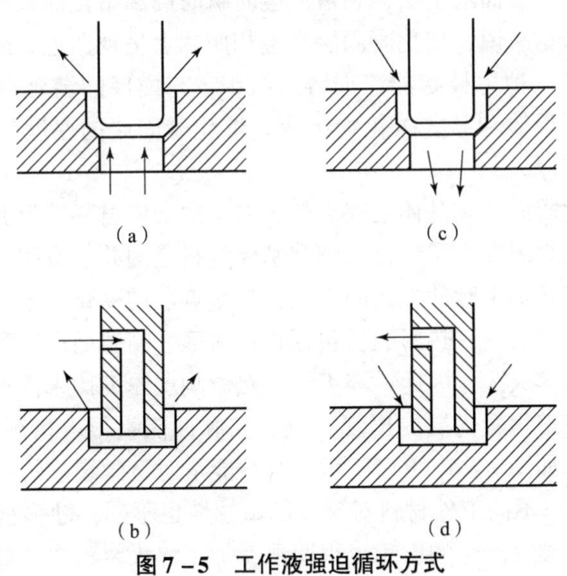

图7－5 工作液强迫循环方式

（a），（b）冲油式；（c），（d）抽油式

工作液越脏，也越容易产生“二次放电”。为了不使工作液越用越脏，影响加工性能，必须加以净化、过滤，常用方法有自然沉淀法、介质过滤法、高压静电过滤、离心过滤法等。

4. 影响表面质量的主要因素

电火花加工表面质量要用表面完整性来衡量，即要包括表面粗糙度、表面变质层和表面力学性能几个参数。

1）影响表面粗糙度的主要因素

电火花加工表面由无方向性的若干电蚀小凹坑和硬凸边组成，特别有利于储存润滑油，故在同等表面粗糙度情况下，其表面的润滑性能和耐磨性要比切削加工的表面好。

对表面粗糙度影响最大的是单个脉冲能量，单个脉冲能量越大，则放电凹坑越大、越深，表面粗糙度值越大，其值随脉冲宽度、峰值电流的增加而增加。工件材料的性质也有一定的影响，在一定的脉冲能量下，熔点高的材料（如硬质合金）表面粗糙度值一般要比熔点低的材料小。工具电极的材料及其表面粗糙度值的大小也会对工件加工表面的粗糙度产生影响，如石墨电极很难得到非常光滑的表面，因此精加工时用石墨电极加工出的表面粗糙度值也较大。

电火花加工的表面粗糙度和加工速度之间存在着很大的矛盾。减少脉冲宽度和峰值电流有利于表面粗糙度值的下降，但也会导致加工效率大幅降低。当然，随着混粉电火花加工等新工艺的出现，目前用电火花加工方法在较大面积上实现 $Ra \leqslant 0.1\ \mu m$ 的镜面加工已成为可能。

2）表面变质层和表面力学性能

电火花加工过程中，在瞬时高温和工作液的快速冷却作用下，材料表面层的化学成分、微观结构发生了很大的变化，形成一层通常存在残余应力和微观裂纹的变质层，厚度一般为 0.01 ~0.5 mm。对于熔化、气化材料，可将变质层分为熔化凝固层和热影响层，如图7－6（a）所示。

熔化凝固层位于工件表面最上层，它被放电时瞬时高温熔化而又滞留下来，受工作液快速冷却而凝固。对于碳钢来说，熔化凝固层在金相照片上呈现白色，故又称之为白层，它与基体金属完全不同，是一种树枝状的淬火铸造组织，与内层的结合也不甚牢固。它由马氏体、晶粒极细的残余奥氏体和某些碳化物组成。熔化凝固层的厚度一般为 0.01 ~0.1 mm，随脉冲能量的增大而变厚。

热影响层介于熔化凝固层和基体之间。热影响层的金属材料并没有熔化，只是受到高温的影响，使材料的金相组织发生了变化，它和基体材料之间并没有明显的界限。由于加工材料和加工前热处理状态及加工脉冲参数的不同，热影响层的变化也不同。耐热合金的热影响层与基体差异不大；对淬火钢，热影响层包括再淬火区、高温回火区和低温回火区；对未淬火钢，热影响层主要为淬火区。因此，淬火钢的热影响层厚度比未淬火钢大。

显微裂纹一般仅在熔化凝固层内出现，只有在脉冲能量很大情况下（粗加工时）才有可能扩展到热影响层，如图7－6（b）所示。脉冲能量对显微裂纹的影响非常明显，能量越大，显微裂纹越宽越深。不同工件材料对裂纹的敏感性也不同，硬脆材料容易产生裂纹。工件预先的热处理状态对裂纹产生的影响也很明显，加工淬火材料要比加工淬火后回火或退火的材料容易产生裂纹，因为材料脆硬，且表面残余拉应力也较大。

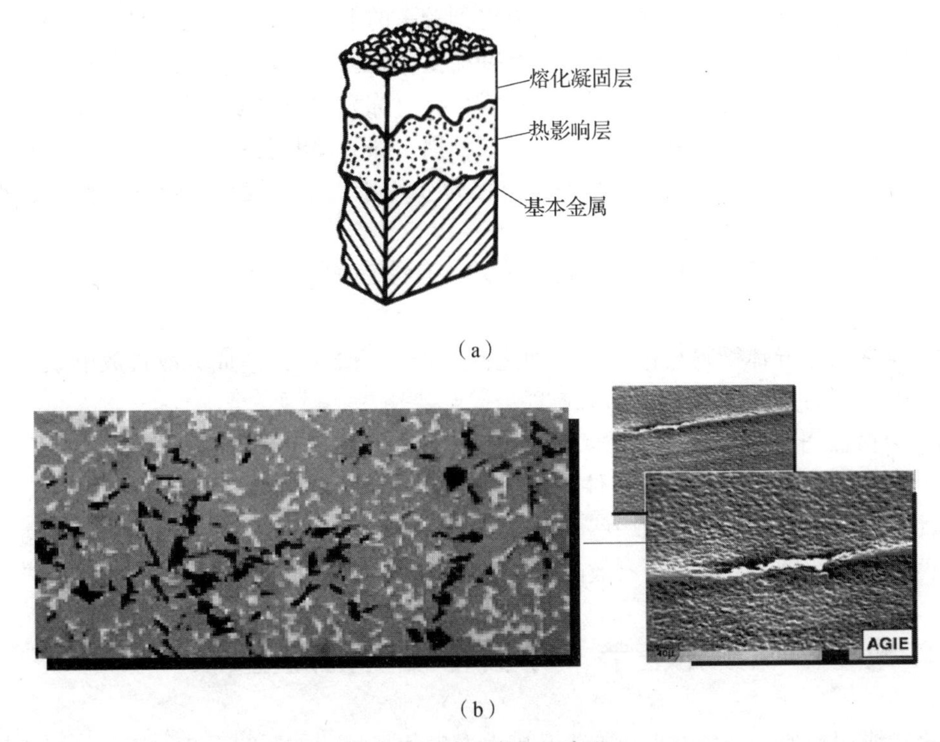

（a）

（b）

图7-6　电火花加工表面

（a）表面变质层；（b）显微裂纹

表面变质层的形成导致电火花加工表面力学性能的改变，主要反映在显微硬度及耐磨性、残余应力及耐疲劳性能等几个方面。

一般来说，电火花加工表面最外层的硬度比较高，耐磨性好。但对于滚动摩擦来说，由于是交变载荷，尤其是干摩擦，因熔化层和基体的结合不牢固，容易剥落而磨损。因此，有些要求较高的模具需把电火花加工后的表面变质层预先研磨掉。

电火花加工表面存在着由于瞬时先热后冷作用而形成的残余拉应力，其大小和分布主要取决于加工前工件的热处理的状态及加工时的脉冲能量。因此对表层要求质量较高的工件，应尽量避免使用较大的加工规准，同时要注意工件热处理的质量，以减少工件表面的残余应力。采用小的加工规准是减小残余拉应力的有力措施。

工件表面变质层金相组织的变化，会使耐疲劳性能比机械加工表面低许多倍。采用回火处理、喷丸处理甚至去掉表面变质层，将有助于降低残余应力或使残余拉应力转变为压应力，从而提高其耐疲劳性能。

要提高表面完整性，必须设法减小表面变质层的厚度。研究表明，高能窄脉宽电火花加工工艺是解决表面完整性和提高加工效率的有效方法。

此外，推广应用混粉工作液也可显著改善表面完整性。从电火花加工机理可知，要降低加工表面粗糙度值，就要减小单个脉冲放电能量，这对小面积电火花加工非常有效。但对大面积电火花加工，很难达到最佳的表面粗糙度。这是因为在煤油工作液中的工具和工件相当于电容的两个极，相当于在放电间隙上并联了一个电容，具有“潜布电容”（寄生电容），当小能量的单个脉冲到达工具和工件时，电能被此电容“吸收”，只能起“充电”作用而不会引起火花放电。只有当多个脉冲到达，充电到较高的电压，积累了较多的电能后，才能引起击穿放电，此时放电能量已远大于单个脉冲能量，就会打出较大的放电凹坑。这种由于潜布电容加工较大面积使表面粗糙度恶化的影响，有时称为“电容效应”。20世纪80年代末，日本学者研究出在工作液中添加一定数量的硅、铝、镍等导电微粉，能有效降低电火花加工的表面粗糙度值，达到类似镜面的效果，并已逐步用于生产。混粉工作液的作用机理分析如下。

（1）加工中放电间隙明显增大，使放电对工件表面的冲击力减小，从而使放电凹坑中蚀除抛出量减少，形成较浅的放电凹坑。

（2）金属及半导体微粉与被加工表面之间将产生微放电，形成分散式放电状况，有效地防止放电凹坑的多次重叠，使凹坑较浅。

（3）分散极间电容，使极间电容减小，从而有效地减小了放电脉冲能量。

（4）混粉工作液中的微粉对工件表面有抛光、磨料喷射加工等作用。

在油性和水溶性工作液中加一些电极低损耗添加剂、降低表面粗糙度值添加剂等以改善工作液的性能和效果，也是行之有效的一种方法。

第三节　电火花线切割加工

电火花线切割加工是在电火花加工基础上发展起来的一种新的工艺形式，是用线状电极（钼丝或铜丝等）靠火花放电对工件进行切割加工，故称为电火花线切割。电火花线切割加工技术已经得到了迅速发展，逐步成为一种高精度和高自动化的加工方法，在模具、各种难加工材料、成形刀具和复杂表面零件的加工等方面得到了广泛应用。近年来，由于数控技术、脉冲电源、机床设计等方面的不断进步，电火花线切割机床的加工功能及加工工艺指标均比以前有大幅度的扩展与提高。

一、电火花线切割的基本原理、特点

1. 基本原理

电火花线切割加工与电火花成形加工的基本原理一样，都是基于电极间脉冲放电时的电火花腐蚀原理，实现零部件的加工。它利用移动的细金属丝（钼丝或铜丝）作为工具电极，工件按照预定的轨迹运动，“切割”出所需的各种尺寸和形状。根据机床电极丝移动的速度不同，又可分为高速走丝电火花线切割（快走丝）和低速走丝电火花线切割（慢走丝）。通常认为电极丝与工件之间的放电间隙在0.01 mm左右，若电脉冲的电压高，放电间隙会大一些。图7-7为电火花线切割加工示意图。

为了确保每一个电脉冲时在电极丝和工件之间产生的是火花放电而不是电弧放电，首先必须使两个电脉冲之间有足够的时间间隔，满足放电间隙中的介质消电离。一般情况下，脉冲间隔应为脉冲宽度的4倍以上。

2. 线切割加工的特点

与电火花成形加工相比，电火花线切割加工有以下主要特点。

（1）不需要制造复杂的成形电极。

（2）能够方便快捷地加工薄壁、窄槽、异形孔等复杂结构零件；切缝可窄达仅

0.005 mm，可对工件材料沿轮廓进行“套料”加工，材料利用率高，能有效节约贵重材料。

(3) 一般采用精规准一次加工成形，在加工过程中大都不需要转换加工规准。

(4) 由于采用移动的长电极丝进行加工，使单位长度电极丝的损耗较少，从而对加工精度的影响比较小，特别是在低速走丝线切割加工时，电极丝一次性使用，电极丝的损耗对加工精度的影响更小。

(5) 工作液多采用水基乳化液，很少使用煤油，不易引燃起火，容易实现安全无人操作运行。

(6) 电极丝与工件之间存在“疏松接触”式轻压放电现象，间隙状态可认为正常放电、开路和短路共存。

(7) 脉冲电源的加工电流较小，脉冲宽度较窄，属于中、精加工范畴，采用正极性加工方式。

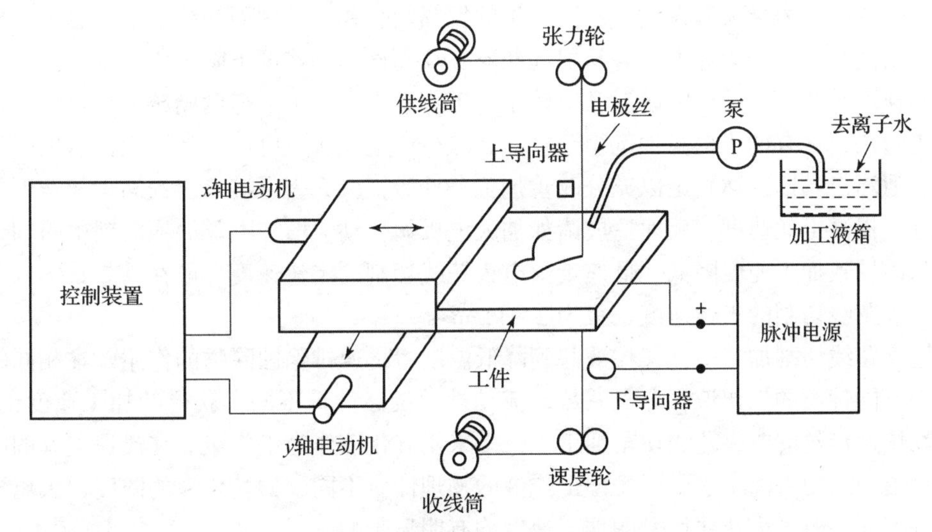

图 7-7　电火花线切割加工示意图

二、电火花线切割的工艺规律

电火花线切割加工工艺的效果，一般用切割速度、加工精度和加工表面质量来衡量。影响线切割加工工艺效果的因素很多，并且相互制约。

1. 切割速度

切割速度是指在一定的加工条件下，单位时间内电极丝中心线在工件上切过的面积总和，单位为 mm^2/min。

影响切割速度的因素很多，既有电参数，如峰值电流、脉冲宽度等脉冲参数，也有非电参数，如电极丝的直径、电极丝材料、工件、工作液、进给方式及排屑条件等。

在其他条件保持不变的情况下，提高脉冲峰值电流、增加脉冲宽度、减小脉冲间隔都可提高切割速度。但这些条件都有一定的限度，如脉冲放电电流、脉冲放电时间分别达到某一临界值后，它们的继续增加会导致加工稳定性变差，加工速度反而明显下降；如果一味地减小脉冲间隔，影响了放电间隙产物的排出和火花通道消电离过程，也会破坏加工的稳定性，从而大幅度降低加工速度。提高脉冲空载电压，实际上起到了提高脉冲放电电流的作用，而且可加大间隙，便于介质的消电离和蚀除产物的排出，提高加工稳定性，有利于提高电火花线切割加工速度。

电极丝的材料不同，电火花线切割加工速度也不同。比较理想的电极丝材料有钼丝、钨丝、钨钼合金丝、黄铜丝及铜钨丝等。钼丝比较适应快速走丝的线切割系统，目前国内普遍采用；黄铜丝比较适应慢速走丝的线切割系统，国外大多采用。电极丝的直径对加工速度的影响较大。若直径过小，承受电流小，切缝小，不利于排屑和稳定加工，就不可能获得理想的切割速度；但超过一定限度以后，造成切缝过大，蚀除量过大，反而又影响电火花线切割加工速度，因此，电极丝的直径又不宜过大。在电火花线切割的实用过程中，选择和确定电极丝直径必须兼顾工件的厚度及几何形状对清棱、清角的要求等。一般情况下，当加工较厚工件时，尽量采用直径较大的电极丝，这样有利于加工的稳定性和提高加工速度。常用的工具电极丝的直径在0.05～0.3 mm之间。

电极丝的张紧力越大，在加工时所发生的振幅则会变小，因而切缝变窄，且不易发生短路，加工精度高。但张力过大，容易引起断丝，反而使切割速度下降。

走丝速度越快，切缝放电区温升就较小，工作液进入加工区速度则越快，电蚀产物的排出速度也越快，这有助于提高加工稳定性，并减少产生二次放电的概率，因而有助于提高切割速度。但当走丝速度达到足以充分改善加工条件后，就失去了进一步提高走丝速度的必要性，若继续提高走丝速度，反而造成诸如加大电极丝抖动、增加贮丝筒换向断电时间等不利因素，从而导致加工速度降低。低速走丝电火花线切割的走丝速度一般在0.2 m/s以下，高速走丝电火花线切割的走丝速度一般为2～11 m/s。

在电火花线切割加工中，工作液起到降低温度、迅速排除蚀除物的作用。在相同的工艺条件下，不同种类的工作液，介电系数、流动性、洗涤性等不同，获得的加工速度也不同。目前，在快速走丝的电火花线切割加工中，多采用乳化液作为工作液。在慢速走丝的电火花线切割加工中采用去离子水。同类型工作液的物理性质不同，如乳化液的浓度、去离子水的电阻率等不同，对电火花线切割的加工速度均有明显影响。

工件材料薄，工作液易进入，对排屑和消电离有利，加工稳定性好，但工件太薄，电极丝易抖动，很难获得较高的脉冲利用率和理想的加工速度；工件材料厚，电极丝不易抖动，但工作液难以进入和充满放电间隙，加工稳定性差，也难于获得理想的加工速度。因此，只有在工件厚度适中时，才最容易获得理想的加工速度。

工件材料不同，其熔点、气化点、热导率不同，加工效果也不同。常用材料的切割速度从高到低排列如下：铜＞钢＞铜钨合金＞硬质合金。

理想的电火花线切割加工，加工进给速度应严格跟踪蚀除速度。加工进给过快，容易造成频繁短路；加工进给过慢，则容易造成频繁开路。这些现象都大大地影响脉冲利用率。

2. 加工精度

加工精度是指线切割加工后工件的尺寸精度、几何形状精度和相互位置精度的总称。

影响线切割加工精度的因素包括了机床、脉冲电源、控制系统、工作液、电极丝、工件材料及电参数等。尺寸精度主要与流速、脉冲电源的稳定性等有关；形状精度除指线切割加工中出现的一般形状精度外，还有切缝宽度、角部精度、圆度、直线度、上下端面尺寸差等。位置精度一般与机床精度关系较大，影响形状精度的一些因素对位置精度也有影响。

电火花线切割的尺寸精度很大程度上取决于坐标工作台的传动精度，如其达不到要求，则无法实现工件的尺寸加工。传动精度主要取决于如下4个因素：传动机构部件的精度（丝杠、螺母、齿轮、蜗轮、蜗杆、导轨等部件制造精度）、配合间隙（主要包括丝杠副、齿轮副、蜗轮副及键等配合间隙）、装配精度（如纵、横向两拖板的丝杠与导轨的平行度，两拖板导轨间的垂直度等）、工作环境的影响（温度、湿度、防尘、振动等）。

走丝机构是机床重要的组成部分之一，它直接影响着加工效果，走丝速度越快，影响越大。电极丝在放电加工区域移动的平稳程度，取决于走丝机构的传动精度。实践表明，导轮径向跳动、轴向蹿动、V形槽磨损、导轮安装密封不好、贮丝筒振动等因素均使电极丝传动精度降低，引起电极丝抖动，使加工表面出现条纹，直接影响加工精度和表面粗糙度。为了减少电极丝抖动，提高电极丝运动精度，除了保证走丝机构的加工与装配精度，有的还在两导轮之间加装电极丝保持器，即宝石限位器，可使电极丝在放电间隙中的振动减小，提高电极丝的位置精度，有利于提高各项工艺指标。

3. 加工表面质量

电火花线切割加工的表面质量主要包括加工表面粗糙度、切割条纹及表面组织变化层三部分。

1）影响加工表面粗糙度的主要因素

影响加工表面粗糙度的因素很多，主要是脉冲参数，此外工件材料、工作液、电极丝张紧力与移动速度等其他因素也有一定的影响。

（1）脉冲参数。脉冲参数对电火花线切割表面粗糙度的影响，基本上与电火花成形加工相同。无论是增大脉冲峰值电流还是增加脉宽，都会因它增大了脉冲能量而使加工表面粗糙度值增大。在电火花成形加工中，脉冲间隔的变化对加工表面粗糙度影响不大；而在电火花线切割加工中，脉冲间隔的变化对加工表面粗糙度有较为明显的影响。由于一般电火花线切割加工用的电极丝都是直径0.25 mm以下的细丝，放电面积很小，在其余脉冲参数不变的条件下，脉冲间隔的减小使加工电流增大和平均加工电流密度增大，致使加工表面粗糙度值增大。

（2）工件材料。由于工件材料的热学性质不同，在相同的脉冲能量下加工的表面粗糙度是不一样的。加工高熔点材料（如硬质合金），其加工表面粗糙度值就要比加工熔点低的材料（如铜、铝）小，当然切割速度也会下降。

（3）工作液。采用乳化液作为工作液时，加工过程产生含碳物质，影响了加工过程的消电离和蚀除物的排出。而采用去离子水作为工作液时，不产生含碳物，并始终保持良好的流动性，有利于间隙的消电离和蚀除物排出。因此，采用去离子水作为工作液比采用乳化液时的加工表面粗糙度的值小。同类型工作液的物理性质不同，电火花线切割加工的表面粗糙度也不同。水的离子浓度稍大一些，加工表面粗糙度数值反而较小。这是由于在以水为工作液的电火花线切割加工中，除了有放电加工作用，还存在微量的电化学加工作用。电化学加工作用对电腐蚀表面起到了再修整的作用，从而有利于改善加工表面粗糙度。

2）影响切割条纹的主要因素

电火花线切割加工表面，从微观来看是由无数个放电小凹坑叠加而成的表面，但从宏观来看，电火花线切割加工表面会呈现许多切割条纹，这在高速走丝电火花线切割加工中尤为明显。

影响切割条纹深度与宽度的因素很多，包括脉冲参数、走丝方式、工件厚度与材质、工作液及进给控制方式等。

（1）脉冲参数。脉冲参数的改变，不仅会影响放电间隙大小，而且对电极丝振动也会有影响。降低脉冲电压或者减小脉冲放电能量，有利于减小单面放电间隙及电极丝的振动振幅，有利于减小切割条纹的深度。对低速走丝电火花线切割来说，由于运丝系统工作比较平稳，重要任务是设法稳定脉冲参数，减少放电间隙及电极丝振幅变化，以减小切割条纹深度。

（2）走丝方式。走丝方式及运丝系统的稳定性对切割条纹的影响十分显著。快速走丝方式进行电火花线切割加工时，在加工过程中不断进行电极丝的换向动作，电极丝的走向不同，就造成工作液的分布随电极丝方向往复变化而变化。电极丝顺向运动时，它在工件上表面入口处的工作液充分，下口工作液则不充分，加工面呈上深下浅状；电极丝逆向运动时，一切相反，加工面呈下深上浅状。每次换向后颜色就变一次，反复换向的结果，就便工件的加工面出现了黑白交错相间的条纹，便形成了加工表面的纵向波纹。出现这种波纹以后，波纹的凸凹不平度往往大大超过电腐蚀形成的放电痕的不平度，从而也增大了工件表面粗糙度值。采用慢速走丝方式进行电火花线切割加工，上述很多不利于加工表面粗糙度的因素可以得到克服。慢速走丝无须换向，加之便于维持放电间隙，工作液和蚀除物大体均匀，可以避免黑白条纹，又因慢速走丝的运丝系统比较平稳，不容易产生大幅度的机械振动，从而避免了加工面的波纹。提高低速走丝的电极丝张紧力、缩短导向器与工件之间的距离、降低电极丝移动速度及选用与电极丝丝径相匹配的导向器，都有助于电极丝运行稳定，减小条纹深度。

（3）工件厚度与材质。切割的工件厚度越小，或是导向器和工件越远，其切割条纹就越明显。此外，如果工作材料中含有不导电的杂质，也会迫使电极丝“绕道而行”，产生明显的条纹，严重时还会影响加工精度。

（4）工作液。在同样的加工条件下，使用不同的工作液，切割速度不同，加工表面切割条纹相差较大。因此实际应用中，需根据所加工的材料及厚度，合理选择合适的工作液。

3）影响加工表面组织变化层的主要因素

与电火花成形加工相似，在电火花线切割加工过程中，由于脉冲放电时所产生的瞬时高温和工作液冷却作用，工件表面会发生组织变化，并可粗略地分为熔融凝固层（包括新黏附的松散层和凝固层）、淬火层和热影响层3部分。

三、电火花线切割的合理电参数选择

线切割加工时，其电参数主要有空载电压、峰值电流、脉冲宽度、脉冲间隔、放电电流等。它们决定着脉冲能量、加工过程稳定性等，并进而决定放电痕（表面粗糙度）、蚀除率、切缝宽度的大小和电极丝的损耗率，影响加工的工艺指标。

1）要求切割速度高时

当脉冲电源控制电压高、短路电流大、脉冲宽度大时，则切割速度高，但表面粗糙度要差些，因此在满足表面粗糙度的前提下追求高的切割速度，同时要选择适当的脉冲间隔。

2）要求表面粗糙度好时

无论是矩形波还是分组波，其单个脉冲能量小，则表面粗糙度值小，即脉冲宽度小、脉冲间隔适当、峰值电压低、峰值电流小时，表面粗糙度较好。若切割的工件厚度在80 mm

以内，则选用分组的脉冲电源。与其他电源相比，在相同的切割速度条件下，它可获得较好的表面粗糙度。

3）要求电极丝损耗小时

应当选用前阶梯波形或脉冲前沿上升缓慢的波形，由于这种波形电流的上升率低，故可减少电极丝损耗。

4）要求切割厚工件时

选用矩形波、高压波、大电流、大脉冲宽度和大的脉冲间隔可充分消除电离，从而保证加工的稳定性。

四、线切割的数控编程

数控线切割加工机床的控制系统是根据人的“命令”控制机床进行加工的。必须先将要加工工件的图形用线切割控制系统所能接受的“语言”编好“命令”，输入控制系统（控制器），这种“命令”就是线切割加工程序。

线切割编程方法分为手工编程和微机自动编程。手工编程能使操作者比较清楚地了解编程所需要进行的各种计算和编程过程，但计算工作比较繁杂。近年来，由于计算机技术的快速发展，线切割加工的编程目前普遍采用微机自动编程。

1. 线切割基本编程方法

线切割加工程序的格式有3B、4B、5B、ISO和EIA等，国内使用最多的是3B格式，为了与国际接轨，目前有些厂家也使用ISO代码格式。本教材只介绍3B格式，ISO代码格式请参见数控编程等课程的相关内容。

1）3B程序格式及编写3B程序的方法

3B程序格式如表7－2所示。表中的B叫分隔符号，它在程序单上起着把X、Y和J数值分隔开的作用。当程序输入控制器时，读入第一个B后，它使控制器做好接受X坐标值的准备，读入第二个B后做好接受Y坐标值的准备，读入第三个B后做好接受J值的准备。加工圆弧时，程序中的X、Y必须是圆弧起点对其圆心的坐标值。加工斜线时，程序中的X、Y必须是该斜线段终点对其起点的坐标值，斜线段程序中的X、Y值允许把它们同时缩小相同的倍数，只要其比值保持不变即可。对于与坐标轴重合的线段，在其程序中的X或Y值，均不必写出0。

表7－2 3B程序格式

B	X	B	Y	B	J	GZ	
	X坐标值		Y坐标值		计数长度	计数方向	加工指令

2）计数方向G和计数长度J及其选择

为了保证所要加工的圆弧或直线段能按要求的长度加工出来，一般线切割加工机床是通过控制从起点到终点某个滑板进给的总长度来实现的。因此，在计算机中设立一个J计数器进行计数。即将加工该线段的滑板进给总长度J数值，预先置入J计数器中，加工时被确定为计数长度这个坐标的滑板每进给一步，J计数器就减1。这样，当J计数器减到0时，则表示该圆弧或直线段已加工到终点。在X、Y两个坐标中用哪一个坐标作计数长度，要根据计数方向的选择而定。

加工斜线段时，必须用进给距离比较长的一个方向作进给长度控制。若线段的终点为 *A*（Xe，Ye），当|Ye|>|Xe|时，计数方向取 G_Y；当|Ye|<|Xe|时，计数方向取 Gx；当|Ye|=|Xe|时，理论上应该是在插补运算加工过程中，最后一步走的是哪个坐标，则取该坐标为计数方向。从这个观点来考虑，直线在Ⅰ、Ⅲ象限应取 G_Y。在Ⅱ、Ⅳ象限应取 Gx，才能保证加工到终点。

圆弧计数方向的选取，应根据圆弧终点情况而定。从理论上来分析，应该是当加工圆弧到达终点时，走最后一步的是哪个坐标，就应选该坐标作计数方向，若圆弧终点坐标为 *B*（Xe，Ye），当|Ye|>|Xe|时，计数方向取 Gx；当|Ye|<|Xe|时，计数方向取 G_Y；当|Ye|=|Xe|时，不易准确分析，按习惯任取。

计数长度 J 的确定：当计数方向确定后，计数长度 J 应取计数方向从起点到终点滑板移动的总距离，即圆弧或直线段在计数方向坐标轴上投影长度的总和。

3）加工指令 Z

Z 是加工指令的总称，共分为 12 种。其中圆弧加工指令有 8 种，直线加工指令有 4 种。如图 7－8 所示。

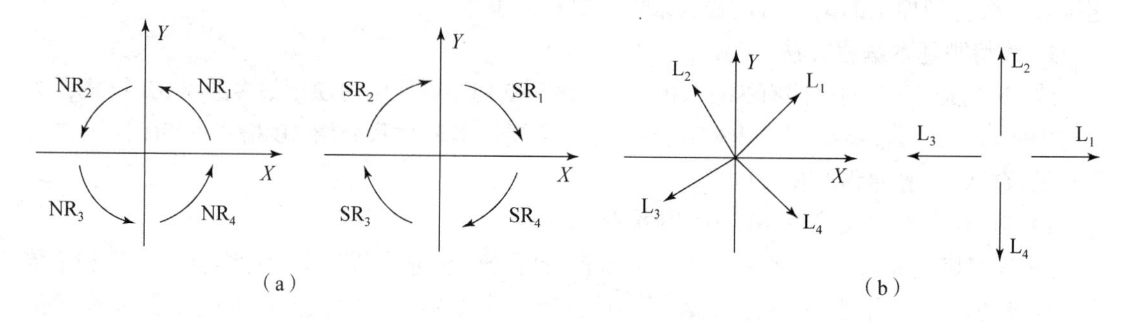

图 7－8　加工指令

SR 表示顺圆，NR 表示逆圆，字母后面的数字表示该圆弧起点所在的象限，例如，SR_1 表示顺圆弧，其起点在第一象限。对于直线段的加工指令用 L 表示，L 后面的数字表示该直线段所在的象限。对于与坐标轴重合的直线段，正 *X* 轴为 L_1，正 *Y* 轴为 L_2，负 *X* 轴为 L_3，负 *Y* 轴为 L_4。

4）零件编程实例

在线切割程序中，X、Y 和 J 的值用微米（μm，一般最多为 6 位数）表示，手工编程时，应将工件的加工图形分解成若干圆弧与直线段，然后逐段编写程序。例如，对图 7－9 所示的零件进行编程，该工件由 6 段直线和 2 段圆弧组成，需要分成 8 段来编写程序。

加工直线段 *AB*，以起点 *A* 为坐标原点，*AB* 与 *X* 轴重合，程序为：

B60000BB60000GxL1 或 BBB60000GxL1

加工斜线段 *BC*，以点 *B* 为坐标原点，则点 *C* 对点 *B* 的坐标为 X＝－25 mm，Y＝－40 mm，程序为：

B25000B40000B40000GyL4 或 B5B8B40000GyL4

加工直线 *CD*，以点 *C* 为坐标原点，*CD* 与 －*Y* 轴重合，程序为：

BB24000B24000GxL4 或 BBB24000GyL4

加工圆弧 DE，以该圆弧圆心为坐标原点，经计算，圆弧起点 D 对圆心的坐标为 X = 16 mm，Y = 0，程序为：

B16000B0B16000GxSR$_4$

加工线段 EF，以点 E 为坐标原点，AB 与 $-X$ 轴重合，程序为：

BBB78000GxL$_3$

加工圆弧 FG，以该圆弧圆心为坐标原点，经计算，圆弧起点 F 对圆心的坐标为 X = 0，Y = −16 mm，程序为：

B0B16000B16000GySR$_4$

加工线段 GH，以点 G 为坐标原点，GH 与 Y 轴重合，程序为：

BBB24000GyL$_2$

加工斜线段 HA，以点 H 为坐标原点，则点 A 对点 H 的坐标为 X = 25 mm，Y = 40 mm，程序为：

B5B8B40000GyL$_1$

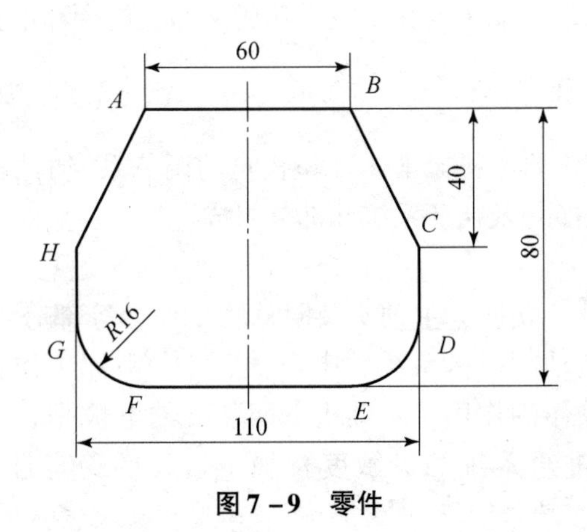

图 7－9　零件

2. 自动编程

当零件的形状比较复杂或具有非圆曲线时，人工编程的工作量大，容易出错，甚至无法实现。为了简化编程工作，提高工作效率，利用计算机进行自动编程是必然的趋势。自动编程的思想是通过某种手段将零件的几何特征输入计算机辅助编程系统，编程系统通过处理后生成相应格式的加工程序代码，从而完成零件编程。传统的辅助编程系统通常通过特定的语言（APT 语言）将零件信息输入计算机，而近年的发展趋势是编程系统直接读取零件图信息，通过后置处理后生成零件的加工程序。

自动编程中的应用软件（编译程序）是针对数控编程语言开发的。国际上主要采用 APT 数控编程语言，输出的程序格式为 ISO 或 EIA。

我国研制了多种自动编程软件（包括数控语言和相应的编译程序），如 XY、SKX－1、SXZ－1、SB－2、SKG、XCY－1、SKY、CDL、TPT 等。通常，经过后置处理可按需要显示或打印出 3B（或 4B、5B 扩展型）格式的程序清单。北航海尔软件有限公司的“CAXA 线切割 V2”编程软件就是典型的 CAD 方式输入的编程软件。“CAXA 线切割 V2”可以完成绘图设计、加工代码生成、连机通信等功能，集图样设计和代码编程于一体。“CAXA 线切割 V2”还可直接读取 EXB、DWG、DXF 等格式文件，完成加工编程。

微机自动编程系统的主要功能如下：

（1）处理直线、圆弧、非圆曲线和列表曲线所组成的图形；

（2）能以相对坐标和绝对坐标编程；

（3）能进行图形旋转、平移、对称（镜像）、比例缩放、偏移、加线径补偿量、加过渡圆弧和倒角等；

（4）CRT显示、打印图表、绘图机作图、直接输入线切割加工机床等多种输出方式。

此外，低速走丝线切割加工机床和近年来我国生产的一些高速走丝数控线切割加工机床，本身已具有多种自动编程机的功能，实现控制机与编程机合二为一，在控制加工的同时，可以“脱机”进行自动编程。

第四节　电火花加工设备

电火花加工工艺及机床设备的类型较多，其中应用最广、数量较多的是电火花成形加工机床和电火花线切割机床。本节主要介绍电火花成形加工机床和电火花线切割机床。

一、电火花成形加工机床

电火花成形加工机床主要由机床本体（包括自动调节系统的执行机构）、脉冲电源、自动进给调节系统、工作液净化及循环系统几部分组成。

1. 机床本体

机床本体主要由床身、立柱、主轴头及附件、工作台等部分组成，是用以实现工件和工具电极的装夹固定和运动的机械系统。床身、立柱、坐标工作台是电火花机床的骨架，起着支承、定位和便于操作的作用。主轴头下面装夹的电极是自动调节系统的执行机构，其质量的好坏将影响到进给系统的灵敏度及加工过程的稳定性，进而影响工件的加工精度。

机床主轴头和工作台常有一些附件，如可调节工具电极角度的夹头、平动头等。

普通机床一般选用灰铁HT200，普通铸造；数控机床的床身、立柱材料通常选用灰铁HT200，树脂砂铸造，应经两次时效处理消除内应力，使其减少变形，保持良好的稳定性和尺寸精度。

近年来，由于工艺水平的提高及微机、数控技术的发展，已有三坐标伺服控制的、主轴和工作台回转运动并加三向伺服控制的五坐标数控电火花机床，有的机床还带有工具电极库，可以自动更换工具电极，机床的坐标位移精度为1 μm。

主轴头是电火花成形加工机床中最关键的部件，是自动调节系统中的执行机构，主要由进给系统、导向防扭机构、电极装夹及其调节环节组成。它控制工件与工具电极之间的放电间隙，直接影响生产率、几何精度和表面粗糙度等工艺指标。对主轴头的要求是：结构简单、传动链短、传动间隙小、热变形小、具有足够的精度和刚度，以适应自动调节系统的惯性小、灵敏度好、能承受一定负载的要求。常用的有电－液压式主轴头和电－机械式主轴头。

电－液压式主轴头结构有两种：一种是液压缸固定、活塞连同主轴上下移动；另一种是活塞固定，液压缸体连同主轴上下移动。前者结构简单，但刚性差，主轴导向部分为滑动摩擦，灵敏度差；活塞固定式结构复杂些，但刚性好，导向部分可制成静压导轨或滚动导轨，灵敏度高些。由于液压系统易漏油污染，液压油泵有噪声，油箱占地面积大，液压进给难以数字控制化，因此随着步进电动机、力矩电动机和数控直流、交流伺服电动机的出现和技术进步，电火花机床中已越来越多地采用电－机械式主轴头。

电－机械式主轴头可由电动机直接带动进给丝杠，传动链短，主轴头的导轨可采用矩形滚柱或滚针导轨，刚性好、摩擦力小、灵敏度高。现在大部分电火花机床的主轴进给已实现了数控、数显，采用转速传感器作速度反馈、用光栅传感器作位置反馈对主轴头进行闭环控制。图 7－10 所示为带有速度和位置反馈的全闭环控制的主轴头。

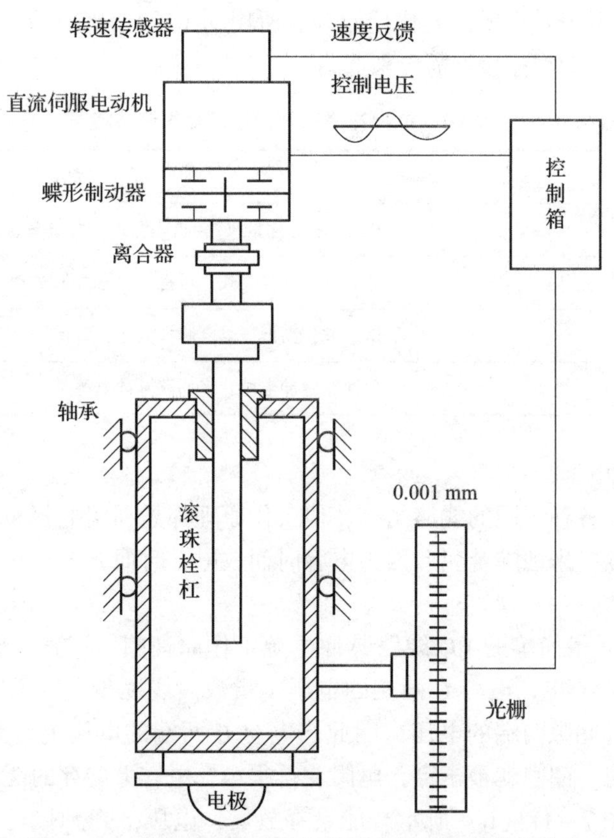

图 7－10　带有速度和位置反馈的全闭环控制的主轴头

工具电极的装夹及其调节装置的形式很多，其作用是调节工具电极和工作台的垂直度以及调节工具电极在水平面内微量的扭转角。常用的是十字铰链式和球面铰链式。

2. 脉冲电源

脉冲电源的作用是把 220 V 或 380 V 的 50 Hz 的工频正弦交流电转换成频率较高的单向脉冲电流，向电极放电间隙提供所需要的放电能量以蚀除金属，同时提供可供选择的放电参数：电流（平均或峰值）、电压（平均或峰值，不同波形）、脉宽、脉间，直接影响电火花的加工速度、表面粗糙度、电极损耗、加工精度等各项工艺指标。

1）对脉冲电源的要求及其分类

对脉冲电源的要求如下：

（1）要有较高的加工速度，故要求有一定的单个脉冲放电能量（脉宽 × 峰值电流），保证能对工件材料进行放电蚀除。

（2）工具电极损耗低，故要求所产生的脉冲应该是单向的，没有负半波或负半波很小，以便充分利用极性效应，提高加工速度和降低工具电极损耗。

（3）加工过程稳定性好，故要求脉冲电压波形的前后沿应该较陡，这样才能减少电极间隙的变化及油污程度等对脉冲电宽度和能量等参数的影响，抗干扰、不易产生电弧放电。

（4）工艺范围广，要求电源的主要参数的调节范围广，以适应粗、中、精加工的要求，而且适应不同工件材料和不同工具电极材料进行加工的要求。

（5）性能稳定可靠，低成本、长寿命，采用模块化结构，以便于操作、检测和维修。

电火花成形加工用脉冲电源按其作用原理和所用的主要元件、脉冲波形等可分为表7-3所示的几种类型，加工时根据生产需要来选用。

表7-3　电火花成形加工用脉冲电源分类

分类方式	类型
按主要元件种类	RC线路（弛张式），晶体管式，大功率集成器件式
按间隙状态对脉冲参数的影响	非独立式，独立式，可控（半独立）式
按输出脉冲波形	矩形波，高低压复合脉冲波形，阶梯波，三角波，正弦波等
按工作回路数目	单回路脉冲电源，多回路脉冲电源

2）弛张式脉冲电源

这类脉冲电源有各种不同的线路结构，但工作原理都是利用电容充电储存电能，而后瞬时释放，形成火花放电来蚀除金属。因为电容时而放电，时而充电，一张一弛，故称为弛张式脉冲电源。

图7-11（a）是最简单的RC线路脉冲电源工作原理图。当直流电源接通后，电源经限流电阻R向电容C充电，电容C两端的电压按指数曲线逐步上升，因为电容两端的电压就是工具电极和工件间隙两端的电压，因此当电容C两端的电压上升到等于工具电极和工件间隙的击穿电压时，间隙就被击穿，电阻变得很小，电容上储存的能量瞬时放出，形成较大的脉冲电流，如图7-11（b）所示。能量释放后，电压下降到接近于0，间隙中的工作液又迅速恢复绝缘状态。此后电容再次充电，又重复前述过程。如果工具电极和工件电极间的间隙过大，则电容上的电压按指数曲线上升到直流电源电压E。

RC线路脉冲电源结构简单，工作可靠，成本低，可获得很小的脉冲能量，可用作光整加工和精微加工，但电能利用率低（最大不超过36%）、生产效率低（充/放电比超50%）、脉冲间隔系数大、工艺参数不稳定。

为了改进传统的RC线路脉冲电源的电能利用率低、脉冲间隔系数大等缺点，人们研制出了RLC、RLCL线路脉冲电源等和可控RC微能脉冲电源。

RLC线路脉冲电源的特点是将RC的充电电阻分开，其中一部分电阻用来限制短路电流，另一部分电阻用电感L代替，如图7-12（a）所示。由于电感对直流电的阻力很小，但对交流或脉冲电流具有感抗阻力，可限流且不会引起发热而消耗电能，故RLC线路脉冲电源的电能利用效率比RC线路高，可达60%~80%。为了适当增加电流脉冲宽度，即把电容放电过程拉长，在放电回路中常串入电感成为 RLCL 线路脉冲电源，如图 7－12（b）所示，它比 RLC 线路又可以提高 10% 左右的生产率。同时，RLCL 线路大大地缩短了电容 C 的充电时间，提高了脉冲频率；电容 C 上的电压可充至高于直流电源的电压，提高了单个脉冲能量。还可以在放电回路中并联多个 CL 回路，以进一步增大脉宽。

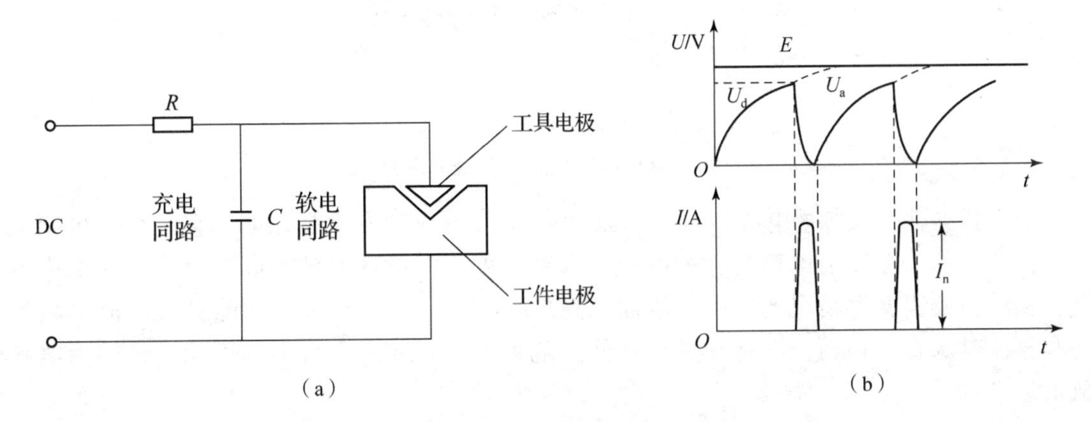

图 7－11　RC 线路脉冲电源

（a）RC 线路脉冲电源工作原理图；（b）RC 线路的脉冲电源电压、电流波形

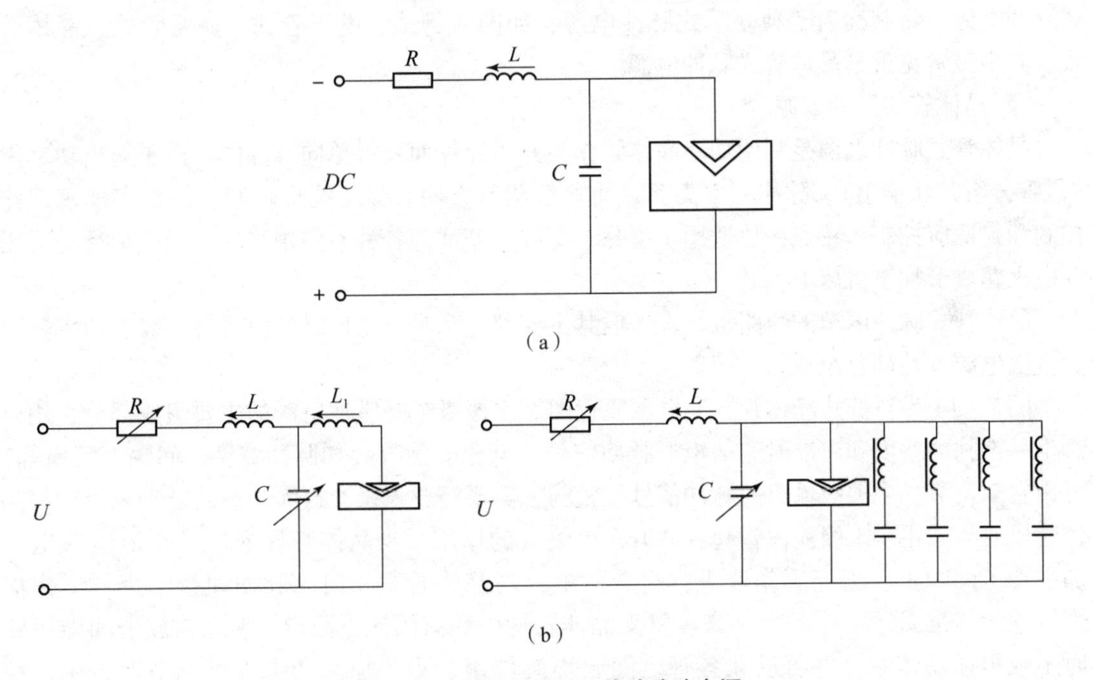

图 7－12　RLC、RLCL 线路脉冲电源

（a）RLC 线路脉冲电源；（b）RLCL 线路脉冲电源

可控 RC 微能脉冲电源由限流电阻、开关晶体管及并联在可控晶体管 Q 与放电间隙之间的充电电容组成，如图 7－13 所示。其工作原理为接通直流源，在晶体管 Q 关断时，直流源 E 向电容 C 充电，当电容两端的电压超过间隙的击穿电压之后，晶体管 Q 开通，脉冲电源进入脉宽阶段，此时电容 C 向间隙放电，当晶体管 Q 重新关断时，脉宽结束，脉冲电源重新进入脉间阶段。在脉宽阶段，脉宽时间的长短是由晶体管 Q 的开通时间决定的，由此，

可改进传统RC电源的缺点。

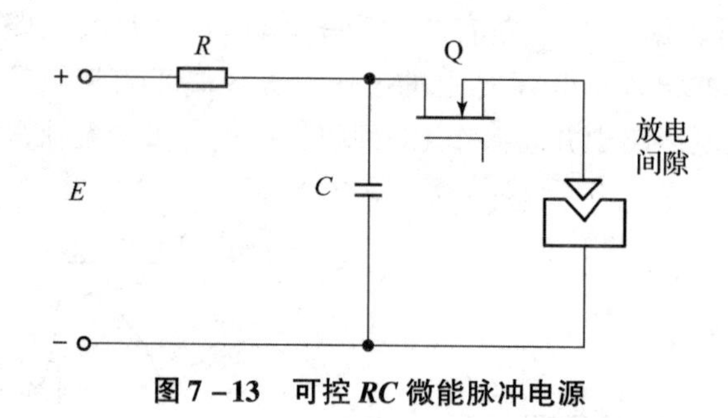

图7－13　可控*RC*微能脉冲电源

上述各类弛张式脉冲电源本身并不是“独立”形成和发生脉冲的，它是靠电极间隙中工作介质的击穿和消电离使脉冲电流导通和切断，故脉冲参数受间隙大小、间隙中电蚀产物的污染程度等情况的影响，故加工稳定性很差。而且，放电间隙经过限流电阻始终和直流电源直接相通，没有开关元件使之隔离开来，随时有放电的可能，易转为电弧放电。

针对这些缺点，人们在实践中研制出了放电间隙和直流电源各自独立、互相隔绝、能独立形成和发生脉冲的电源，大大减少了电极间隙物理状态参数变化造成的影响。为区别弛张式脉冲电源，将其称为“独立”式脉冲电源，如闸流管式、电子管式、晶闸管式、晶体管式，其中最常见的是晶体管式脉冲电源。

3）晶体管式脉冲电源

晶体管式脉冲电源是利用功率晶体管作为开关元件而获得单向脉冲的。由于输出功率大（多管分组并联输出）、脉冲频率高、脉冲参数调节方便、脉冲波形较好、易于实现多回路控制和自适应控制等特点，故适用于型孔、型腔、磨削等各种不同用途的加工，广泛地应用在电火花成形加工机床上。

晶体管式脉冲电源的线路也较多，但其主要部分都是由主振级、前置放大级、功率输出和直流电源等几部分组成。

图7－14为自振式晶体管脉冲电源原理图。主振级Z是脉冲电源的主要组成部分，用以产生一定脉冲宽度和停歇时间的矩形脉冲信号，电源的参数（如脉冲宽度、间隔、频率等）可用它来调节。主振级输出的脉冲信号比较弱，需要经放大级F放大，最后推动末级功率晶体管导通与截止。末级晶体管起着“开”“关”的作用：当晶体管导通时，直流电源电压加在加工间隙上，击穿工作液进行火花放电；当晶体管截止时，脉冲即行结束，工作液恢复绝缘，准备下一个脉冲到来。每支晶体管均串联有限流电阻R，保证在放电间隙短路时不致损坏晶体管，并可以在各管之间起均流作用。为了加大功率及可调节粗、中、精加工规准，整个功率级由几十只大功率高频晶体管分为若干路并联，精加工只用其中一路或二路。

4）各种派生脉冲电源

近年来，随着电火花加工技术的发展，为进一步提高有效脉冲利用率，达到高速、低耗、稳定加工以及一些特殊需要，在晶闸管或晶体管式脉冲电源的基础上，派生出不少新型电源和线路，下面介绍几种。

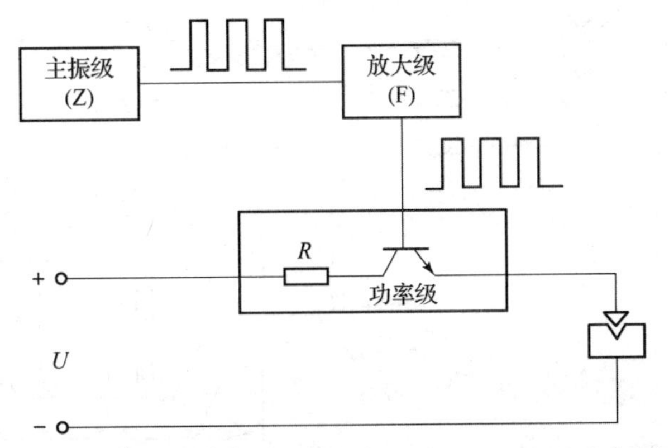

图 7-14 自振式晶体管脉冲电源原理图（只画出一路功率级）

（1）高低压复合脉冲电源。如图 7-15 所示，在放电间隙并联两个供电回路，施加图 7-15（b）所示的脉冲。其中一个为高压脉冲回路，其脉冲电压较高（300 V 左右），平均电流很小，主要起击穿间隙的作用，因而也称之为高压引燃回路。另一个为低压脉冲回路，其脉冲电压比较低（60~80 V），电流比较大，起着蚀除金属的作用，所以称之为加工回路。低压回路中串接二极管，用以阻止高压脉冲进入低压回路。高低压复合大大提高了脉冲的击穿率和利用率，并使放电间隙变大，排屑良好，加工稳定，在“钢打钢”时显示出很大的优越性。

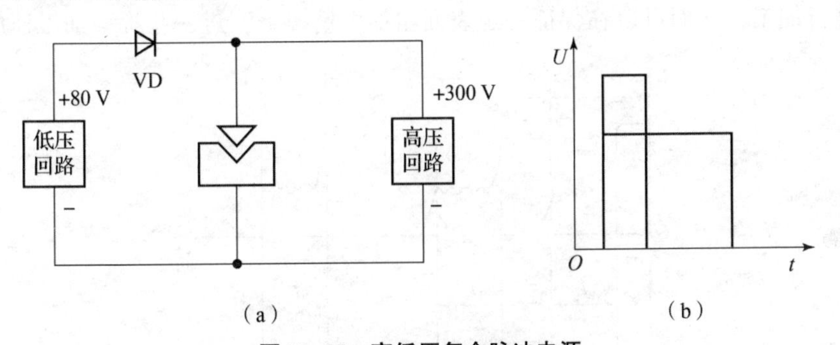

图 7-15 高低压复合脉冲电源

（a）高低压复合回路；（b）高低压复合脉冲

近年来在生产实践中，在复合脉冲的形式方面，还出现了两种低压脉冲比高压脉冲滞后一段时间触发的形式，效果较好。因为高压方波加到电极间隙上去之后，往往也需有一小段延时才能击穿，在高压击穿之前低压脉冲不起作用。而在精加工窄脉冲时，高压脉冲不提前，低压脉冲往往来不及起作用而成为空载脉冲。为此，应使高压脉冲提前触发，与低压脉冲同时结束。

（2）多回路脉冲电源。如图 7-16 所示，在加工电源的功率级并联分割出相互隔离绝缘的多个输出端，可以同时供给多个回路的放电加工。不依靠增大单个脉冲的放电能量，既可不使得表面粗糙度值变大，又可提高生产率，适用于大面积、多工具和多孔加工。但回路数必须选取得当，一般常采用 2~4 个回路，加工越稳定，回路数可取得越多。多回路电源中，同样还可采用高低压复合回路。

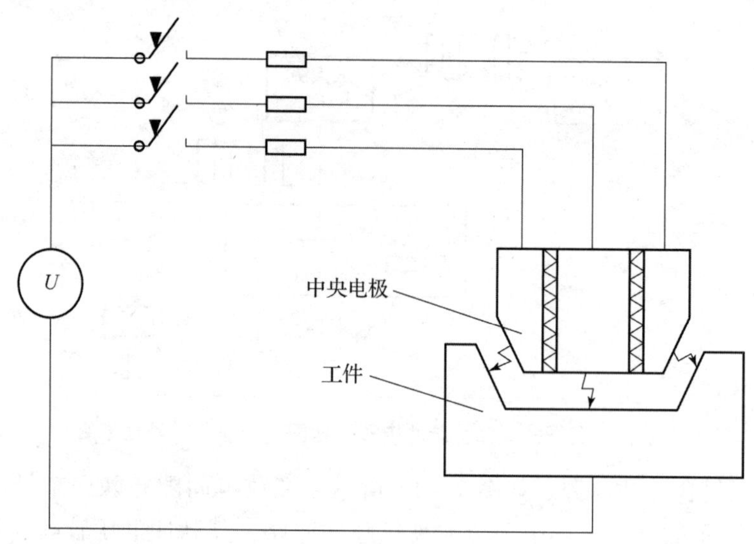

图7-16　多回路脉冲电源

（3）等脉冲电源。等脉冲电源又称为等能电源，是指每个脉冲在介质击穿后所释放的单个脉冲能量相等，如图7-17所示。图中 t_i 为电压脉冲宽度，t_e 为电流脉冲宽度，t_0 为脉冲间隔。对于矩形波脉冲电流来说，由于每次放电过程的电流幅值基本相同，因而等脉冲电源的每个脉冲放电电流持续时间也相同。这种电源能自动保持脉冲电流宽度相等，用相同的脉冲能量进行加工，从而可以在保证一定表面粗糙度情况下，进一步提高加工速度。

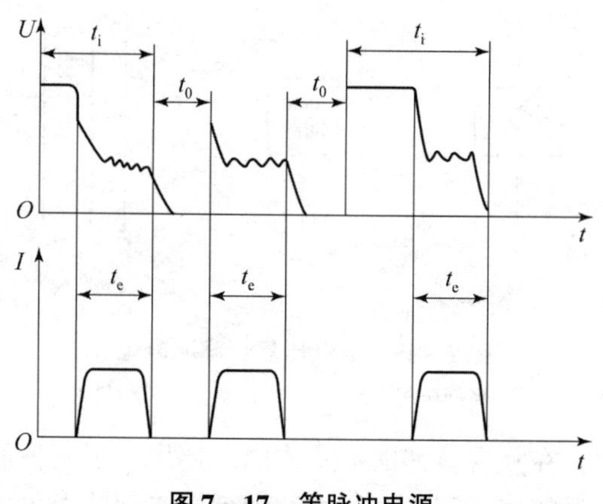

图7-17　等脉冲电源

（4）高频分组和梳形波脉冲电源。图7-18（a）所示为高频分组脉冲电源波形，图7-18（b）所示为梳形波脉冲电源波形，这两种脉冲电源在一定程度上具有高频脉冲加工表面粗糙度值小和低频脉冲加工速度高、电极损耗低的双重优点，而且梳形分组波在大脉宽期间电源不过零，始终加有一较低的正电压，当负极性精加工时，能起到使正极工具吸附炭黑膜，获得较低的电极损耗的作用。

（5）智能化、自适应控制电源。随着新技术的不断出现，电火花加工的脉冲电源系统也在不断地创新和完善，智能化脉冲电源有了很大的发展。智能化电源比起传统的脉冲电源有两大方面的突破：一是选取加工参数的智能优化；二是加工过程中的智能化（自适应）控制。

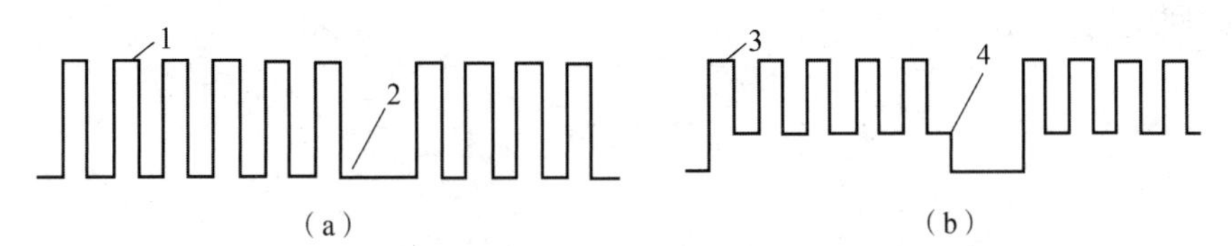

1—高频脉冲；2—分组间隔；3—高频高压脉冲；4—低频低压脉冲。

图7－18　高频分组和梳形波脉冲电源

(a) 高频分组脉冲电源波形；(b) 梳形波脉冲电源波形

①选取加工参数的智能优化。在丰富、正确的加工工艺数据库基础上，设计者将不同材料、不同加工面积等各种加工条件下，粗、中、精不同的加工工艺参数做成曲线表格，作为专家数据库，写入计算机的只读存储芯片中，作为脉冲电源的一个组成部分。使用者只需将加工对象的材料、加工面积、加工深度、加工目标值等要求条件输入系统，机床脉冲电源就可自动选择与之相对应的加工参数，并在加工中自动转换，直至加工完成。

②加工过程中的智能化控制。为满足自动化加工的需要，已将自适应控制系统引入脉冲电源，从而不同程度地代替人工监控功能。可以根据某一给定目标（保证一定表面粗糙度下提高生产率）连续不断地检测放电加工状态，并与最佳模型（数学模型或经验模型）进行比较运算，然后按其计算结果控制有关参数，以获得最佳加工效果。当工件和工具材料，粗、中、精不同的加工规准，工作液的污染程度与排屑条件，加工深度及加工面积等条件变化时，自适应控制系统都能自动地、连续不断地调节有关加工参数，如脉冲间隔、进给量、抬刀参数等，以防止电弧放电，并达到生产率最高的最佳稳定放电的状态。

要实现脉冲电源的自适应控制，首要问题是极间放电状态的识别与检测；其次是建立电火花加工过程的预报模型，找出被控量与控制信号之间的关系，即建立所谓的“评价函数”；然后根据系统的评价函数设计控制环节。

随着技术的发展，模糊数学和混沌理论在电火花加工中的应用日见成熟，智能化控制脉冲电源和控制系统也逐步进入工业化生产的应用阶段。这种电源能模仿熟练工人和专家的思维和操作过程，对电火花加工中的脉冲电源和伺服进给等多种参数进行智能化的自动控制。

3. 自动进给调节系统

为了维持适宜的放电条件，在加工过程中，电极与工件之间的间隙必须保持在很小的变化范围内。如间隙过大，则不易击穿，形成开路；如间隙过小，则会引起拉弧烧伤或短路。

电火花加工时，放电间隙很小（0.01～0.5 mm），电蚀量、放电间隙在瞬时都不是常值而在一定范围内随机变化，其变化与加工规准、加工面积、工件蚀除速度等多种因素有关。人工进给或恒速的“机动”进给很难满足要求，而必须采用伺服进给系统，这种不等速的伺服进给系统也称为自动进给调节系统。

1）自动进给调节系统的作用和要求

自动进给调节系统的作用是通过改变、调节进给速度，使工具电极的进给速度接近并等于工件蚀除速度，维持一定的“平均”放电间隙 S，保证电火花加工正常而稳定地进行，获得较好的加工效果。这可以用如图7－19所示的间隙蚀除特性曲线和进给调节特性曲线来说明。图中曲线Ⅰ为间隙蚀除特性曲线，曲线Ⅱ为自动进给调节系统的进给调节特性曲线。图中横坐标为放电间隙 S 或间隙平均电压 $\bar{u}$（因 $\bar{u}$，S 成对应关系），纵坐标为加工速度 v_w 或电极进给、回退速度 v_d。

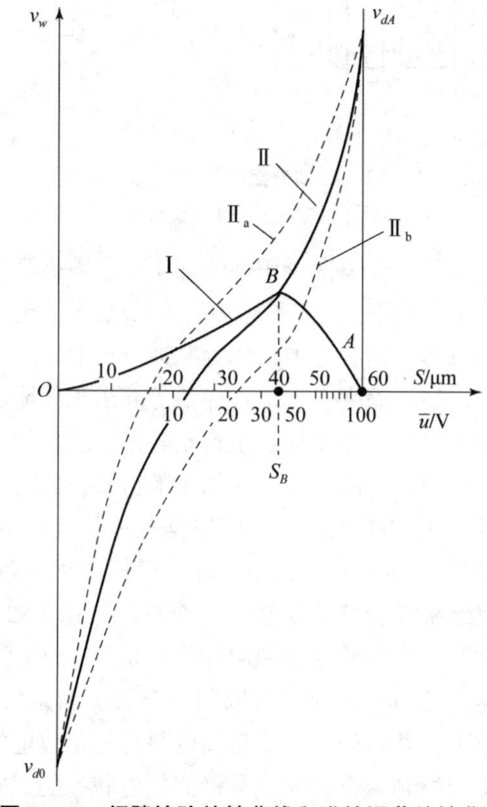

图 7-19　间隙蚀除特性曲线和进给调节特性曲线

放电间隙 S 值与蚀除速度关系密切。当间隙太大时，极间介质不易击穿，使有效脉冲利用率降低，因而使蚀除速度降低。当间隙太小时，又会因电蚀产物难于及时排除，产生二次放电，短路率增加，蚀除速度也将明显下降，甚至还会引起短路和烧伤，使加工难以进行。因此，必有一最佳放电间隙 S_B 对应于最大蚀除速度（曲线Ⅰ上的点 B）。如果粗、精加工采用的规准不同，S 和 v_w 的对应值也不同，但趋势是大体相同的。

由图 7-19 可知，当间隙过大，如大于等于 60 μm（在点 A 或点 A 之右时），电极工具将以较大的空载速度 v_{dA}［一般 $v_{dA}=(5\sim15)v_{dB}$］向工件进给。随着放电间隙减小和火花率的提高，向下进给速度也逐渐减小，直至为0。当间隙短路时，工具将反向以 v_{d0} 高速回退（一般认为，$v_{d0}=200\sim300$ mm/min 时，即可快速有效地消除短路）。实际电火花加工时，整个系统将力图自动趋向处于两条曲线的交点，此时，进给速度等于蚀除速度，才是稳定的工作点和稳定的放电间隙（交点之右，进给速度大于蚀除速度，放电间隙将逐渐变小；反之，交点之左，间隙将逐渐变大）。在设计自动进给调节系统时，应根据这两条特性曲线来使其工作点交在最佳放电间隙 S_B 附近（图中虚线范围内），以获得最高加工速度。

对自动进给调节系统的基本要求如下。

（1）有较广的速度调节跟踪范围。在电火花加工过程中，加工规准、加工面积等条件的变化，都会影响其进给速度，调节系统应有较宽的调节范围，以适应粗、中、精加工的需要，并要有足够大的空载进给速度和短路回退速度调节范围。

（2）有足够的灵敏度和快速响应性。放电加工的频率很高，放电间隙的状态瞬息万变，要求进给调节系统能根据间隙状态的微弱信号相应地快速调节，要有很高的反应灵敏度和足够的加速度。为此，整个系统的不灵敏区、时间常数、可动部分的质量等惯性要求要小，放大倍数应足够。

（3）有必要的稳定性和抗干扰能力。电蚀速度一般不高，加工进给量也不必过大，所以应有很好的低速性能，均匀、稳定地进给，避免低速爬行，超调量要小，传动刚度应高，传动链中不得有明显间隙，抗干扰能力要强。

2）自动进给调节系统的组成和分类

电火花加工用的自动进给调节系统由调节对象、测量环节、比较环节、放大驱动环节、执行环节等几个主要环节组成，图 7－20 为自动进给调节系统的基本组成方框图。

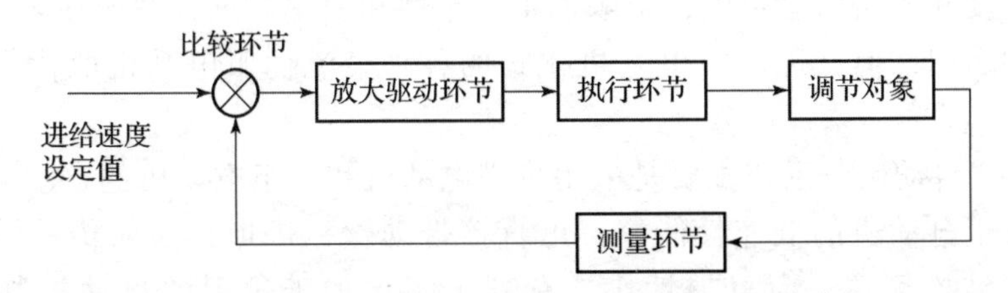

图 7－20　自动进给调节系统的基本组成方框图

（1）调节对象。电火花加工时的调节对象是工具电极和工件电极之间的火花放电间隙。根据伺服参考电压设定值等的要求，始终跟踪保持某一平均的火花放电间隙，一般应控制在 0.01～0.1 mm。

（2）测量环节。测量环节的作用是得到放电间隙大小及变化的信号，常用的检测方法有两种：一种是间隙平均电压测量法，这种检测方法虽然不够精确，却简单实用，能满足一般加工的要求，是最简单、最常用的一种间隙放电状态检测方法，一般应用于 RC 弛张式脉冲电源；另一种是利用稳压管测量脉冲电压的峰值信号，一般应用于晶体管等独立式脉冲电源，因为在脉冲间歇期间，两极间电压总是为 0，故平均电压很低，对极间距离变化的反应不及峰值电压灵敏。

更合理的应是能够检测间隙间的放电状态，如采用高频检测法，通过对间隙电压上高频分量的检测来区分火花放电与电弧放电。因为在加工时，两个电极间放电状态的情况非常复杂，一般放电时的工作状态，可以从左到右依次分为开路、正常放电、异常放电和短路 4 种状态，如图 7－21 所示。

（3）比较环节。比较环节的作用是根据“给定值”来调节进给速度。把从测量环节得来的信号和“给定值”的信号进行比较，再按此差值来控制加工过程。大多数比较环节包含或合并在测量

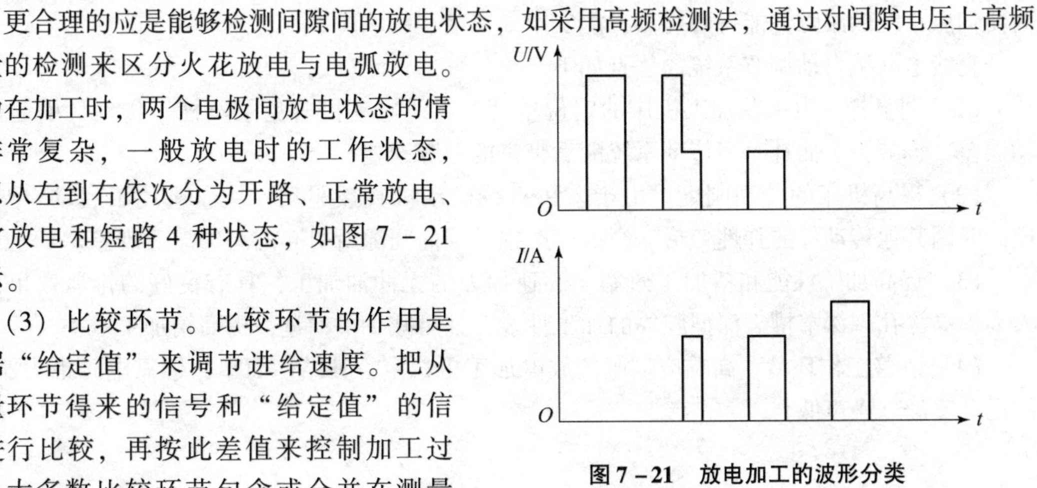

图 7－21　放电加工的波形分类

环节之中。

（4）放大驱动环节。放大环节的作用是把测量比较输出的信号放大，使之具有足够的驱动功率。测量比较环节获得的信号，一般都很小，难以推动执行元件，必须要有一个放大环节，通常称它为放大器。放大器要有一定的放大倍数，以获得足够的推动功率。然而，放大倍数过高也不好，它将会使系统产生过大的超调，即出现自激现象，使工具电极时进时退，调节不稳定。

（5）执行环节。执行环节也称执行机构，它根据放大环节输出的控制信号的大小及时地调整工具电极的进给，以保持合适的放电间隙，从而保证电火花加工正常进行。

自动进给调节系统按执行元件可分为电－液压式、步进电动机、宽调速力矩电动机、直流伺服电动机、交流伺服电动机、直线电动机等几种形式。

电－液压式自动进给调节系统刚度大、反应迅速、低速进给平稳，但难以获得理想的空载进给速度和短路回退速度，影响加工稳定性和效率。这种系统在20世纪80年代前得到广泛的运用，但已逐步被电－机械式的各种交流伺服电动机取代，目前已停止生产。

电－机械式自动调节系统主要是采用步进电动机和力矩电动机的自动调节系统。步进电动机和力矩电动机的低速性能好，可直接带动丝杠进退，因而传动链短、灵敏度高、体积小、结构简单，而且惯性小，有利于实现加工过程的自动控制和数字程序控制。

目前，采用直线电动机的电－机械式自动调节系统得到推广应用。直线电动机是一种将电能直接转化成直线运动机械能而不需要任何中间转换机构的传动装置。由于采用了“零传动”，省去滚珠丝杠传动，无振动、无噪声、高响应速度的直线伺服系统可以实现0.1 μm的控制当量和36 m/min超高速回退，从而保证了加工的高效率、高精度及设备的高精度保持性。

直线电动机和旋转电动机的位置检测方式的比较如图7－22所示。采用旋转电动机时，由于电动机、编码器、联轴器、丝杠螺母、工作台的传动链较长，因而存在滞后问题，使其刚性和响应速度不能达到理想状态。采用直线电动机时，电动机安装在工作台上作为一个整体直接做直线运动，光栅尺和主轴头上的电极安装在电动机上，可实现和电机一同动作，从而使伺服系统的跟踪性能得到提高，能实现高速度、高响应。

直线电动机自动调节系统的优点如下。

（1）明显提高电火花加工机床的定位精度。直线电动机避免了丝杠等传动件引起的传动误差，也减少了插补时因传动系统滞后带来的跟踪误差。

（2）提高机床的传动刚度。由于采用直线电动机直接驱动，从而避免了启动、变速、换向时因其他传动件的弹性变形、摩擦、磨损及反向间隙所引起的运动滞后现象。

（3）提高加工性能和精加工效率。高速抬刀的无冲油加工，具有良好的排屑效果，可大大提高深孔、深窄槽、深型腔等的加工性能，并可减少平动量，提高精加工效率。

（4）改善工作环境。高响应伺服使放电加工更稳定，其结构简单，依靠电磁推力驱动，故运动安静、噪声低。

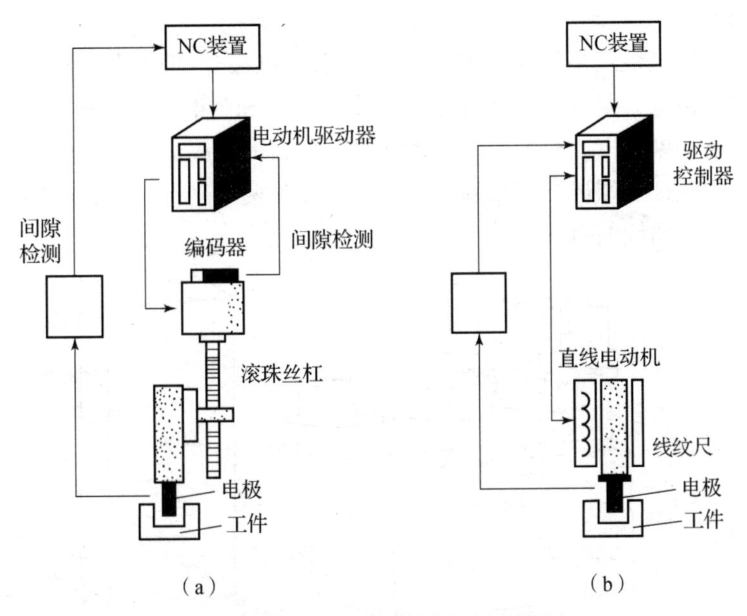

图 7-22　位置检测方式比较示意图

（a）滚珠丝杠位置检测；（b）直线电动机位置检测

二、电火花线切割机床

前文已提及，根据电极丝的运行方式及运行速度，电火花线切割加工机床通常分为两大类：一类是往复走丝电火花线切割加工机床，电极丝做高速往复运动，也称为高速走丝（快走丝）电火花线切割加工机床。该类机床结构简单，但加工精度较低，是我国独创的电火花线切割加工模式。另一类是单向走丝电火花线切割加工机床，电极丝做低速单向运动，也称为低速走丝（慢走丝）电火花线切割加工机床，该类机床加工精度高，但结构较为复杂。

随着线切割技术的发展，国内目前正在高速走丝机床的基础上积极发展中走丝技术。通过升级快走丝机床的硬件、软件，研究发展多次切割、张力控制等多项中走丝关键技术。中走丝机床在加工精度、表面粗糙度等工艺参数上已经比快走丝机床有了很大的提高并逐渐接近慢走丝机床，且机床价格远低于慢走丝机床。

另外，按电极丝位置，可分为立式线切割机床和卧式线切割机床；按工作液供给方式，可分为冲液式线切割机床和浸液式线切割机床。

电火花线切割加工设备主要由机床本体、脉冲电源、控制系统、工作液循环系统及机床附件等部分组成。下面介绍线切割加工机床的基本结构。

机床本体由床身、坐标工作台、走丝系统、丝架（高速走丝机）或立柱（低速走丝机）、工作液箱、附件及夹具等部分组成。图 7-23 和图 7-24 所示分别为高速走丝电火花线切割加工机床和低速走丝电火花线切割加工机床。

1. 床身

床身一般为铸件，是支承坐标工作台、走丝机构和丝架的基体。它应具有一定的刚度和强度，备有台面水平调整机构和便于搬运的吊装孔或吊钩。床身内部安置电源和工作液箱。考虑电源的发热和工作液泵的振动，有些机床将电源和工作液箱移出床身外另行安放。

2. 坐标工作台

电火花线切割加工机床最终是通过坐标工作台与电极丝的相对运动来完成对零件的加工。为了保证机床精度，要求有较高的导轨精度、刚度和耐磨性。一般采用“十”字滑板、滚动导轨和丝杠传动副将电动机的旋转运动变为工作台的直线运动，为保证工作台的定位精度和灵敏度，传动丝杠和螺母之间必须消除间隙。通过两个坐标方向各自的进给移动，可合成获得各种平面图形曲线的轨迹。

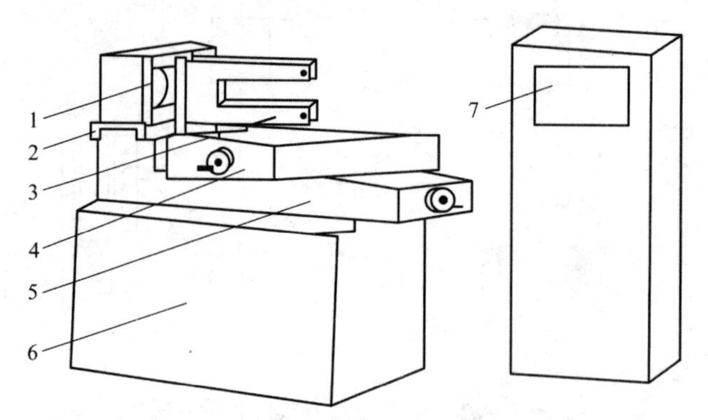

1—卷丝筒；2—走丝溜板；3—丝架；4—上滑板；5—下滑板；6—床身；7—电源、控制柜。

图7-23　高速走丝电火花线切割加工机床

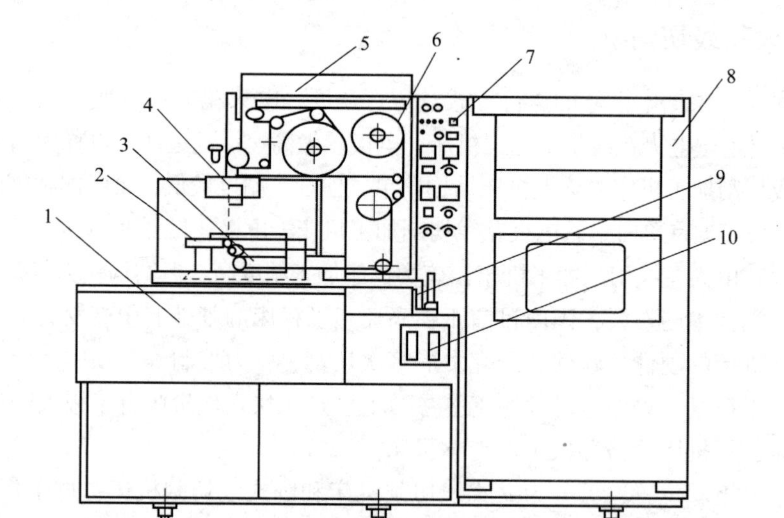

1—床身；2—工作台；3—下导向架；4—导向架；5—电容箱；6—走丝机构；
7—机械操作盘；8—数控柜；9—绘图装置；10—去离子水流量计。

图7-24　低速走丝电火花线切割加工机床

3. 走丝系统

走丝系统使电极丝以一定的速度运动并保持一定的张力。在高速走丝电火花线切割加工机床上，一定长度的电极丝平整地卷绕在贮丝筒上，丝张力与排绕时的拉紧力有关，现已研制出恒张力装置提高加工精度。为了重复使用该段电极丝，贮丝筒通过联轴节与驱动电机相连，电动机通过换向装置使贮丝筒做正反交替运转。

低速走丝系统如图7-25所示。绕在丝筒2上的金属丝（1~3 kg）靠卷丝轮1带动，以较低的速度（通常0.2 m/s以下）移动。为了提供一定的张力（2～25 N），在走丝路径中装有一个机械式或电磁式张力机构4和5。为了实现断丝时可以自动停车并报警，走丝系统中通常还装有断丝检测微动开关。用过的电极丝集中到卷丝筒上或送到专门的收集器中。

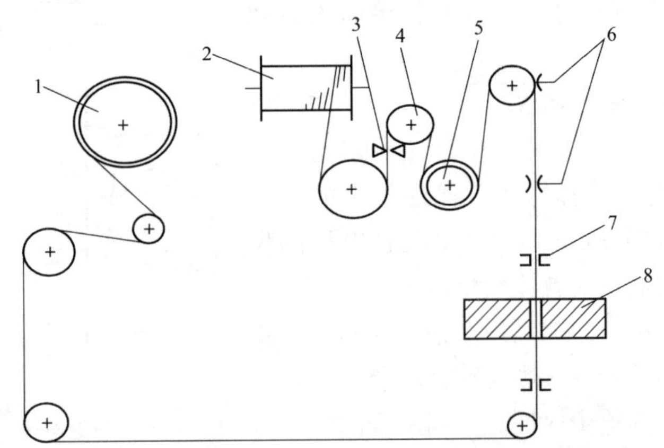

1—卷丝轮；2—丝筒；3—拉丝模；4—张力电动机；5—张力调节轴；6—退火装置；7—导向器；8—工件。

图7－25　低速走丝系统示意图

为了减轻电极丝的振动，应尽量减小其跨度（按工件厚度调整）。通常在工件的上下采用蓝宝石V形导向器或圆孔金刚石模导向器，其附近装有引电部分，工作液一般通过引电区和导向器再进入加工区，可使全部电极丝的通电部分都能冷却。

4. 丝架

丝架与运丝机构组成了电极丝的运动系统，丝架的主要作用是在电极丝移动时对其起支承作用，并使电极丝工作部分与工作台面保持一定角度。丝架应该有足够的刚度和强度，以保证工作时不出现振动和变形。丝架有固定式、升降式和偏移式等类型。

第五节　电火花加工工艺应用

一、电火花成形加工的应用

电火花成形加工主要分为穿孔加工和型腔加工两大类。

电火花穿孔加工是利用成形工具电极对工件进行复制加工的工艺方法，是电火花加工最常见的工艺方法之一。机床主轴只在垂直方向进给，加工表面是二维直壁等截面，加工出的形状可以是圆孔、方孔或各类型孔。主要用于加工冲模（包括凸凹模及卸料板、固定板）、粉末冶金模、挤压模（型孔）、型孔零件、小孔、深孔等。

电火花型腔加工主要用于加工型腔模，也包括一些型腔零件。它们都属盲孔加工，工作液循环和电蚀产物排除条件差，工具电极损耗后无法靠进给补偿精度，金属蚀除量大。其次是加工面积变化大，加工过程中电规准的调节范围也较大，并由于型腔复杂，电极损耗不均匀，对加工精度影响很大。因此，对型腔模的电火花加工，既要求蚀除量大、加工速度高，又要求电极损耗低，并保证所要求的精度和表面粗糙度。

1. 冲模加工

冲模是生产上应用较多的一种模具。冲头可以用机械加工方法加工，而凹模加工则较困难，在某些情况下甚至不可能，采用电火花加工或线切割加工能较好地解决这些问题。采用电火花加工不但提高了加工质量，而且提高了使用寿命。

图7－26为凹模电火花加工的示意图。如凹模的尺寸为L_2，工具电极相应的尺寸为L_1，单面火花间隙值为S_1，则

$$L_2 = L_1 + 2S_1 \tag{7-4}$$

其中火花间隙值S_1主要取决于脉冲参数与机床的精度，只要加工规准选择恰当，保证加工的稳定性，火花间隙值S_1误差就很小。只要工具电极的尺寸精确，用它加工出的凹模就比较精确。

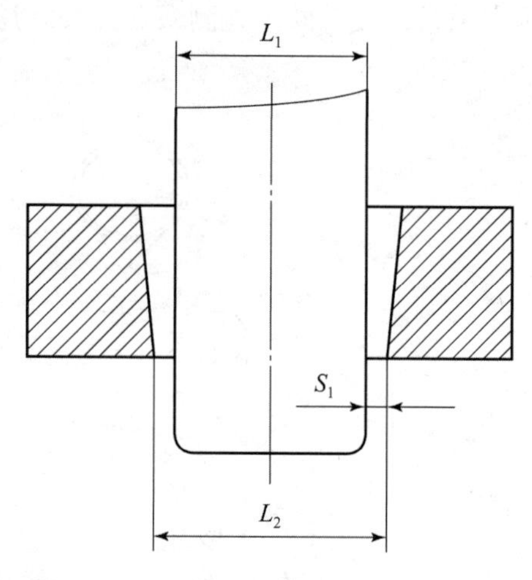

图7－26　凹模电火花加工

对于冲模而言，配合间隙是一个很重要的质量指标，它的大小与均匀性都直接影响冲裁的质量及模具的寿命，在加工中必须给予保证。达到配合间隙的方法主要有直接配合法、间接配合法、阶梯工具电极加工法3种。电火花穿孔加工常用直接配合法。

1）直接配合法

直接配合法是直接用加长的钢凸模作为电极加工凹模，加工时将凹模刃口端朝下形成向上的“喇叭口”，加工后将工件翻过来使“喇叭口”向下作为凹模，电极也倒过来把损耗部分切除或用低熔点合金浇固作为凸模（见图7－26）。这样，电火花加工后的凹模就可以不经任何修正而直接与凸模配合。这种方法可以获得均匀的配合间隙，具有模具质量高、电极制造方便及钳工工作量少的优点。

2）间接配合法

间接配合法适用于冷冲模具的加工。它首先是将电火花性能良好的电极材料与冲头材料黏结在一起，共同线切割或磨削成形。然后用该端作为加工端，将工件反置固定，用“反打正用”的方法实行加工。这种方法可充分发挥加工端材料好的电火花加工工艺性能，还可达到与直接配合法相同的加工效果。

间接配合法的加工端材料可选用纯铜、铸铁或石墨。必须注意一定要将材料黏结在冲头的非刃口端，才符合“反打正用”的加工原则，如图7－27所示。

3）阶梯工具电极加工法

阶梯工具电极加工法在冷冲模电火花成形加工中极为普遍。

无预孔或加工余量较大时，可以将工具电极制作为阶梯状，将工具电极分为两段，即缩小了尺寸的粗加工段和保持凸模尺寸的粗加工段。粗加工时，采用工具电极相对损耗较小、加工速度高的规准加工，加工完成后只剩下较小的加工余量，如图7－28（a）所示。精加工段即凸模段，可采用类似于直接成形法的方法实行加工，以达到凸凹模配合的要求，如图7－28（b）所示。

在加工小间隙、无间隙的冷冲模具时，配合间隙小于最小的电火花加工放电间隙，用凸模进行精加工就不能进行，则可将凸模加长后加工或腐蚀成阶梯状，使阶梯的精加工段与凸模有均匀的尺寸差，通过加工规准对放电间隙尺寸控制，使之加工后符合凸凹模配合的技术要求，如图7－28（c）所示。

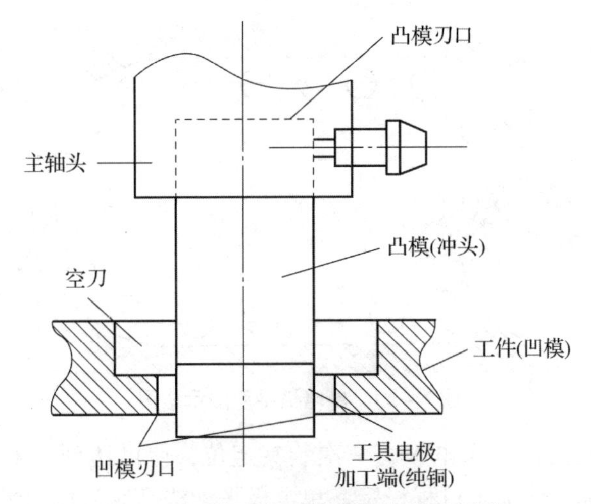

图 7－27　穿孔加工间接配合法示意图

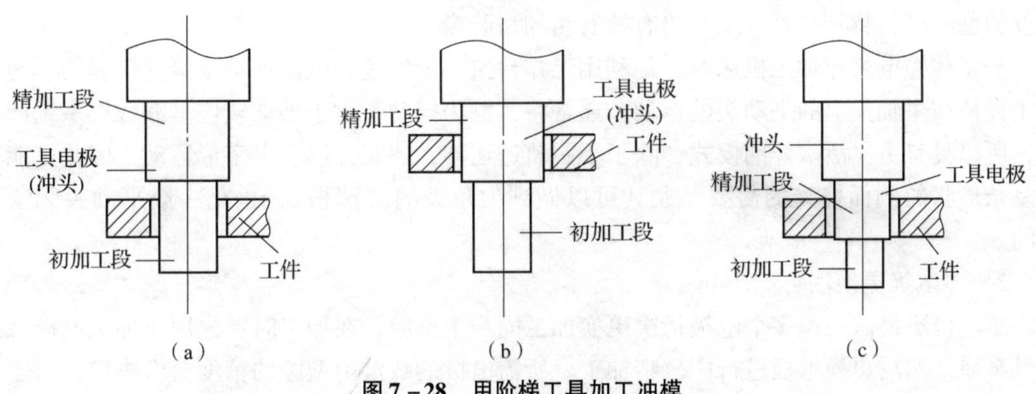

图 7－28　用阶梯工具加工冲模

除此以外，可根据模具或工件各种不同的尺寸特点和尺寸要求采用双阶梯、多阶梯工具电极。

不论采用上述方法中的哪一种，凹模精度取决于工具电极精度和放电间隙，放电间隙大小和均匀性又取决于电规准和其他工艺参数。

由于线切割加工机床性能不断提高和完善，可以很方便地加工出任何配合间隙的冲模，而且在有锥度切割功能的线切割机床上还可以切割出刃口斜度和落料角，因此近年来绝大多数凸凹冲模都已采用线切割加工。

2. 型腔模加工

型腔模主要包括锻模、压铸模、胶木模、塑料模及挤压模等。由于型腔模的工艺特点所限，型腔模加工不能简单地用一个与型腔形状相对应的成形工具电极进行加工。常用的方法有以下 3 种：单电极平动（摇动）法、多电极更换法和分解电极法。

1）单电极平动法

单电极平动法采用一个电极完成型腔的粗、中、精加工。首先采用低损耗（$<1\%$）、高生产率的粗规准进行加工，然后利用平动头做平面小圆运动，如图 7－29 所示，按照粗、中、精的顺序逐级改变电规准。与此同时，依次加大电极的平动量，以补偿前后两个加工规准之间型腔侧面放电间隙差和表面微观不平度差，实现型腔侧面仿形修光，完成整个型腔模的加工。

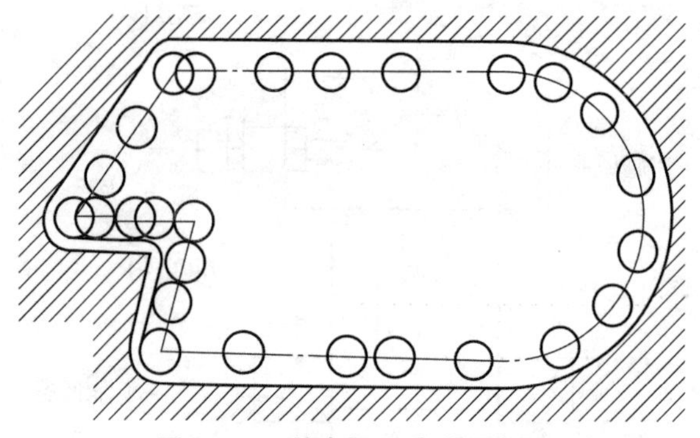

图7-29 单电极平动法示意图

此法的最大优点是只需一个电极、一次装夹定位，便可达到 ±0.05 mm 的加工精度，并方便电蚀产物的排除，使加工过程稳定。单电极平动法已成为目前最常用的工艺方法。它的缺点是尖角部位电极损耗较大，同时工具电极上每点都在做平面圆周运动，故难以获得高精度的型腔模，特别是难以加工出有棱有角的型腔模。

采用数控电火花加工机床时，是利用工作台按一定轨迹做微量移动来修光侧面的，为区别于夹持在主轴头上的平动头的运动，通常将其称为摇动。由于摇动轨迹是靠数控系统产生的，所以具有更灵活多样的模式，除了小圆轨迹运动，还有方形、十字形运动，因此更能适应复杂形状的侧面修光的需要，尤其可以做到尖角处的“清根”，这是一般平动头无法做到的。

2）多电极更换法

多电极更换法采用多个电极依次更换加工同一个型腔，在加工时首先用粗加工电极蚀除大量金属，然后更换电极进行中、精加工。所需电极的数量由型腔的精度要求决定，对于加工精度高的型腔，一般用两个电极进行粗、精加工就可满足要求。当型腔模的精度和表面质量要求很高时，才采用3个或更多个电极进行加工。

多电极加工能够达到较高的仿形精度，尤其适用于尖角、窄缝多的型腔模加工，但要求多个电极形状和尺寸的一致性好，并且更换电极时，重复定位精度要高，从而提高了工具电极及其装夹机构的制造要求，因此一般用于精密型腔的加工，如盒式磁带、收录机、电视机等机壳的模具，都是用多个电极加工的。

3）分解电极法

分解电极法是单电极平动法和多电极更换法的综合应用。根据型腔的几何形状，把电极分解成主型腔和副型腔电极分别制造，主型腔电极完成去除量大、形状简单的主型腔加工，后用副型腔电极加工尖角、窄缝等部位的副型腔。此方法的优点是可以根据主、副型腔不同的加工条件，选择不同的加工规准，有利于提高加工速度和改善表面质量；同时还可以简化电极制造，便于修整电极。缺点是更换电极时主型腔和副型腔电极之间要求有精确的定位。

近年来，已出现了像加工中心那样具有电极库的多轴数控电火花机床，事先把复杂型腔分解为简单形状和相应的简单电极，编制程序。加工过程中，自动更换电极和转换电规准，实现复杂型腔的加工。同时配合一套高精度辅助工具、夹具系统，可大大提高电极的装夹定位精度，使采用分解电极法加工的模具精度大为提高。

3. 电火花成形加工的工具电极

1）电极材料

冲模加工时，凸模一般选优质高碳钢 T8A、T10A、铬钢 Cr12、GCr15、硬质合金等。应注意，凸、凹模不可选用同一种钢材型号，否则电火花加工时就不易稳定。

型腔模常用电极材料有铜钨合金、银钨合金、纯铜及石墨等，它们耐蚀性高，对提高加工精度有利。但铜钨合金、银钨合金的成本高，制造比较困难，故仅用于要求较高的型腔加工，较为广泛使用的是纯铜和石墨，它们在宽脉冲粗加工时都能实现低损耗。

2）电极的设计

设计电极时，首先要根据现有设备、材料、拟采用的加工工艺等具体情况确定电极的结构形式；其次在确定工具电极尺寸时，要根据不同的工艺要求对照型腔尺寸进行缩放，加工型腔模时不仅与模具的大小、形状、复杂程度有关，而且与电极材料、加工电流、深度、余量及间隙等因素有关。当采用平动法加工时，还应考虑所选用的平动量。

与主轴头进给方向垂直的电极尺寸称为水平尺寸，如图 7-30 所示，可用下式确定

$$a = A \pm Kb \tag{7-5}$$

式中：a——电极水平方向尺寸；

A——型腔图样上的名义尺寸；

K——与型腔尺寸标注有关的系数，直径方向（双边）$K=2$，半径方向（单边）$K=1$；

b——电极单边缩放量（包括平动头偏心量，一般取 0.5～0.9 mm）。

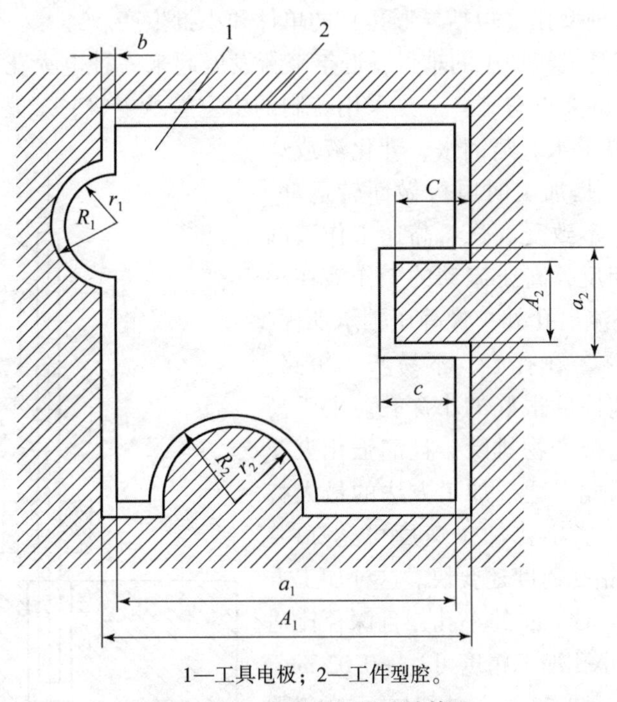

1—工具电极；2—工件型腔。

图 7-30 电极水平尺寸计算图

$$b = S_L + H_{max} + h_{max} \tag{7-6}$$

式中：S_L——电火花加工时单面加工间隙；

H_{max}——前一规准加工时表面微观不平度最大值；

h_{max}——本次规准加工时表面微观不平度最大值。

式（7-5）中的“±”号按缩、放原则确定，如图7-30中，计算 a_1 用“-”号，计算 a_2 时用“+”号。

工具电极的尺寸精度应比凹模精度高一级，一般不低于IT7级，表面粗糙度值也应比凹模的数值小，一般为 *Ra* 1.25～0.63 μm，直线度和平行度在100 mm内，偏差不超过0.01 mm。

工具电极应有足够的长度，要考虑端部损耗后仍有足够的修光长度。若加工硬质合金时，由于电极损耗较大，电极还应适当加长。

3）排气孔和冲油孔设计

型腔加工一般为盲孔加工，排气、排屑困难，将直接影响加工速度、稳定性和表面质量。一般情况下，大、中型腔加工电极，在不易排屑的拐角、窄缝处应开有排气、冲油孔。一般情况下，开孔的位置应尽量保证冲液均匀和气体易于排出。冲油孔和排气孔的直径一般不宜太大，否则加工后残留的凸起太大，不易清除。孔的数目应以不产生蚀除物堆积为宜，孔距为20～40 mm，孔要适当错开。

二、小孔电火花加工工艺

对于硬质合金、耐热合金等特殊材料的小孔加工，采用电火花加工是首选的办法。小孔电火花加工适用于深径比（小孔深度与直径的比）小于20、直径大于0.01 mm的小孔，还适用于精密零件的各种型孔（包括异形孔）的单件和小批生产。

深小孔加工一直是机械加工的难点，近年来新发展起来一种电火花高速小孔加工工艺。电火花高速小孔加工的要点有三：一是采用特制的中空管状电极；二是管中通入1～5 MPa的高压工作液（去离子水、蒸馏水、乳化液或煤油）冲走加工屑；三是加工时电极做回转运动，可使端面损耗均匀，不致受高压、高速工作液的反作用力而偏斜。相反，高压流动的工作液在小孔孔壁按螺旋线轨迹流出孔外，像静压轴承那样，使工具电极管“悬浮”在孔心，不易产生短路，可加工出直线度和圆柱度很好的小深孔。由于高压工作液能迅速将电极产物排除，且能强化火花放电的蚀除作用，因此，这一加工方法的最大特点是加工速度高，一般小孔加工速度可达20～60 mm/min，比普通钻孔速度还要快。这种加工方法最适合加工 $\phi0.3$～$\phi3$ mm的小孔，且深径比适应范围可超过200。小孔加工精度可达±0.02 mm，孔壁的表面粗糙度 $Ra \leqslant 0.32$ μm，同时，可在斜面和曲面上打孔。这种方法已用来加工线切割零件的预穿丝孔、喷嘴及耐热合金等难加工材料的小孔等，其加工原理如图7-31所示。

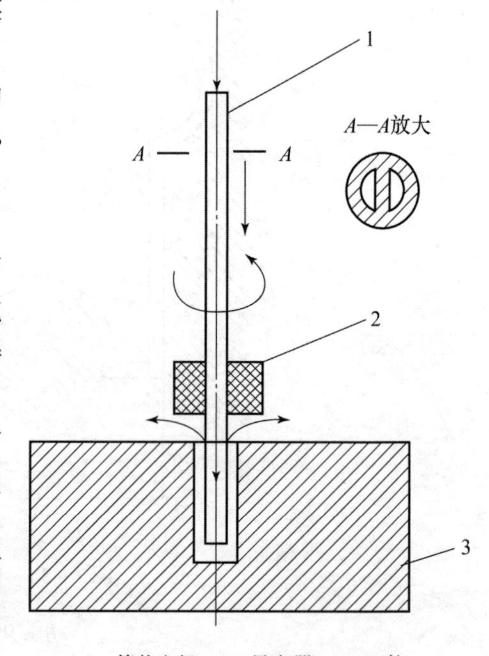

1—管状电极；2—导向器；3—工件。

图7-31　电火花高速加工小孔原理示意图

电火花加工不但能加工圆形小孔，而且能加工多种异形小孔。加工微细而又复杂的异形小孔，加工情况与圆形小孔加工基本一样，关键是异形电极的制造，其次是异形电极的装夹和找正。

制造异形小孔电极，主要有下面几种方法。

(1) 冷拔整体电极法。采用电火花线切割加工工艺并配合钳工修磨制成异形电极的硬质合金拉丝模，然后用该模具拉制成异形截面的电极，这种方法效率高，用于较大批量生产。

(2) 电火花线切割加工整体电极法。利用精密电火花线切割加工制成整体异形电极，这种方法的制造周期短，精度和刚度较好，可以修磨抛光，保证型孔加工质量。

(3) 电火花反拷加工整体电极法。图 7－32 为电火花反拷加工制造异形电极示意图，用这种方法制造的电极定位装夹方便且误差小。

加工异形小孔的工具电极结构复杂，装夹、定位比较困难，需采用专用夹具。图 7－33 为三叶形异形孔电极专用夹具示意图。电极在装夹前需要清洗修光，细研磨后装入夹具内夹牢，夹具装在机床主轴上，应调好电极与工件的垂直度及对中性。

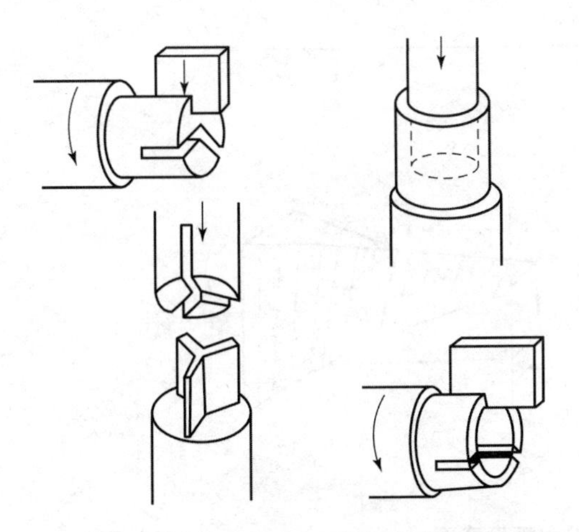

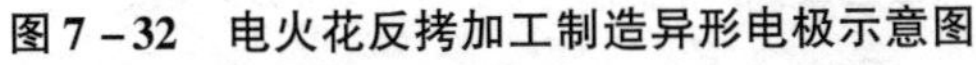

图 7－32 电火花反拷加工制造异形电极示意图

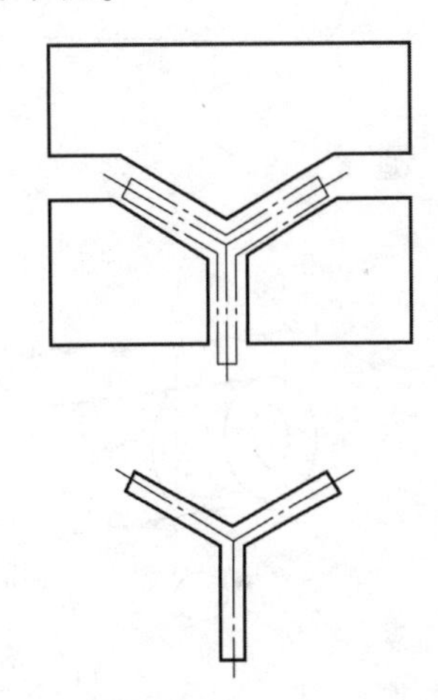

图 7－33 三叶形异形孔电极专用夹具示意图

三、电火花线切割加工工艺应用

电火花线切割加工已广泛用于国防和民用的多个行业中，用来加工各种难加工材料、复杂表面和有特殊要求的零件、刀具和模具。除普通金属、高硬度合金材料外，线切割加工也适用于人造金刚石、半导体材料、导电性陶瓷、铁氧体材料等；不仅可以进行一般精密加工，也能加工大尺寸和大厚度工件（如汽车零件的加工），并且开始涉及精密微细加工领域；不仅适用于二维轮廓的加工，而且能加工各种锥度、变锥度及上下面形状不同的三维直纹曲面。另外，随着自适应控制、自动穿丝、自动换丝的研究与进展，可以实现长时间的无人操作，功能较强的自动编程系统大大提高了编程效率，并能完成各种复杂形状工件的加工。

在线切割发展初期，CNC 系统只是简单的二维轨迹控制和锥度切割，真正能实现三维切割加工的还很少。但近年来低速走丝线切割加工机床采用了高自动化水平的 CNC 系统和多次切割、自适应控制等技术，已经可以加工出三维直纹曲面、上下异型面等复杂曲面。

1. 三维直纹曲面的电火花线切割加工

用普通的二维线切割加工机床和一个数控回转工作台附件就能实现三维直纹曲面加工。

工件安装在用步进电动机驱动的回转工作台上，采取数控移动和数控转动相结合的方式编程，即可完成直纹曲面的加工，如图7－34所示。

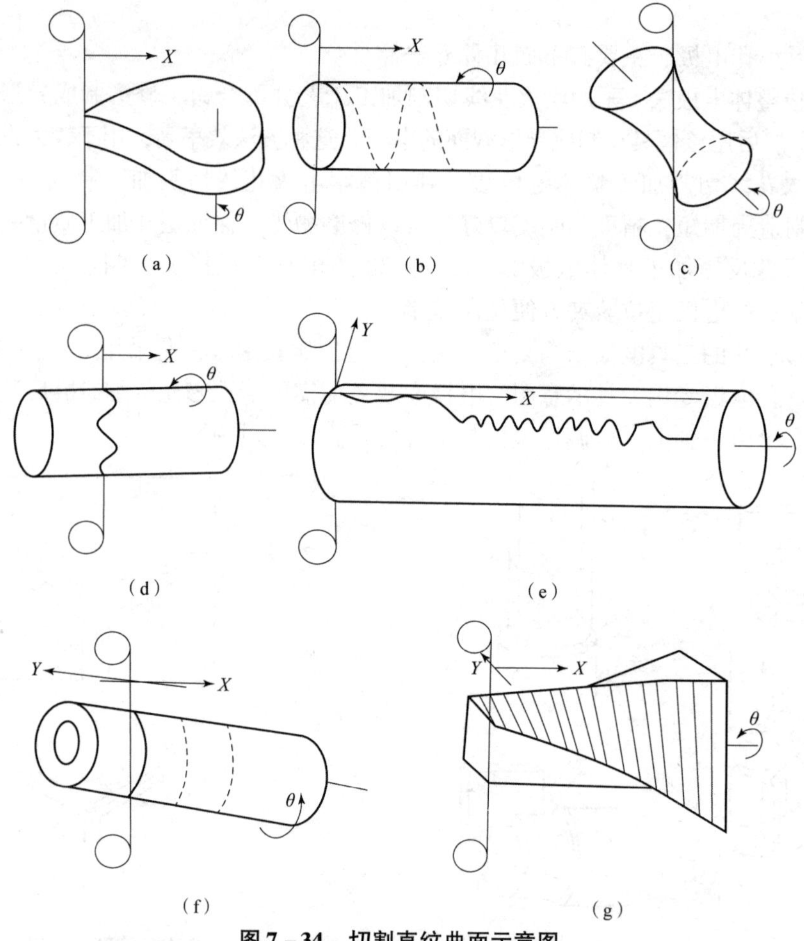

图7－34　切割直纹曲面示意图

采用CNC的四轴联动线切割加工机床，更容易实现三维直纹曲面的加工。目前，一般采用上下面独立编程法，这种方法首先要分别编制出工件上表面和下表面二维图形的APT程序，经后置处理得到上下表面的ISO程序，然后将两个ISO程序经轨迹合成后得到四轴联动线切割加工的ISO程序。

2. 上下异型面切割加工

上下异型面切割加工时，其轨迹控制的主要内容是电极丝中心轨迹计算、上下丝架投影轨迹计算、拖动轴位移增量计算和细插补计算。低速走丝线切割加工机床因其具有四轴联动加工功能和自动编程软件，很容易实现上下异型面的切割加工。现在少数高速走丝线切割加工机床也已经具有上下异型面切割加工的功能。

3. 多次切割加工

线切割加工时，如果取不同的加工余量用同一加工程序加工同一个工件，便是所谓的多次切割。

工件材料的多次去除，可以逐步释放材料的内应力，减小材料变形，从而提高加工精度。同时，由于在粗加工时可以选用大的单个脉冲能量，而精加工时单位能量去除量减小，因而多次切割加工可以获得较高的生产效率和较小的表面粗糙度值，如图 7-35 所示。

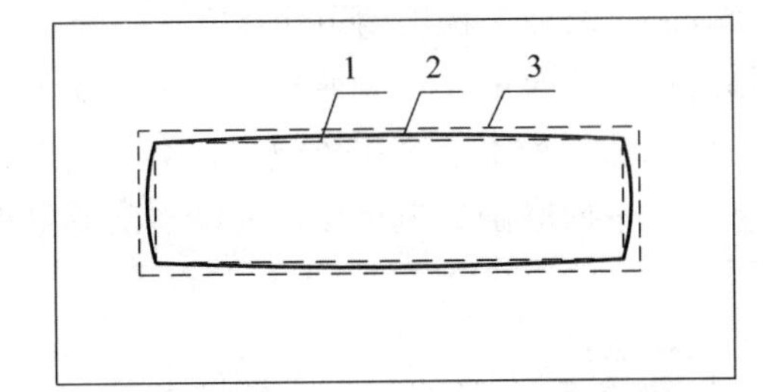

1—第一次切割轨迹；2—变形后的轨迹；3—第二次切割轨迹。

图 7-35　多次切割示意图

总之，多次切割加工是提高线切割加工综合工艺指标的有效手段，同时它又是一个技术性很强的工艺方法，不仅是脉冲电源控制和间隙控制问题，而且是轨迹控制问题。提高机床传动精度和重复定位精度、减小电极丝的振动是多次切割加工工艺应用的主要问题。

四、其他电火花加工工艺

随着生产技术的发展，电火花加工领域不断扩大，出现了许多新的电火花加工方法，常用的有以下几种。

1. 电火花磨削

为了进行电火花磨削，工具电极与工件应有相对旋转运动。电火花磨削与机械磨削相似，只是将机械磨削用的砂轮改用石墨或铜等导电、耐火花腐蚀材料制成工具电极，即可实现电火花磨削加工。

对精度和表面粗糙度要求都较高的较深小孔，同时工件材料的机加工性能又很差时，如磁钢、硬质合金、耐热合金等，采用电火花磨削或镗磨就能较好地达到加工要求。电火花磨削是在工具电极和工件电极之间附加传统磨削相对运动的电火花加工，可在穿孔、成形机床上附加一套磨头来实现，使工具电极做旋转运动，若工件也附加一旋转运动时，工件的孔可磨得更圆。

电火花镗磨时，工件做旋转运动，电极工具只做往复运动和进给运动而无旋转运动。图 7-36 为其加工示意图。

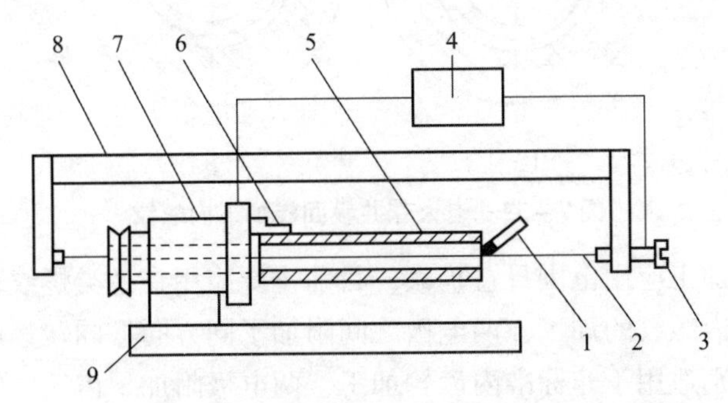

1—工作液管；2—电极丝（工具）；3—螺钉；4—脉冲电源；
5—工件；6—自定心卡盘；7—电动机；8—弓形架；9—工作台。

图 7-36　电火花镗磨加工示意图

电火花镗磨虽然生产率较低，但比较容易实现，而且加工精度高，表面粗糙度值小，小孔的圆度可达0.003～0.005 mm，表面粗糙度值可小于0.32 μm，目前已经用来加工小孔径的弹簧夹头，特别适用于镶有硬质合金的小型弹簧夹头和内径1 mm以下、圆度在0.01 mm以内的钻套及偏心钻套，还用来加工粉末冶金用压模，这类压模多为硬质合金。

电火花磨削还可分为电火花平面磨削、电火花内外圆磨削及电火花成形磨削等，在修旧利废中也发挥着很大的作用。

电火花磨削具有如下工艺特点：

（1）机械作用力很小，特别适合磨削薄壁弱刚性工件；

（2）通过控制脉冲电源的电参数，能获得较高的加工尺寸精度及良好的表面粗糙度；

（3）加工范围广，如内/外圆、平面、螺纹、花键、齿轮等成形面，各类成形刀具等；

（4）工件及工具电极的转速较机械磨削低，工具电极与工件间放电面积在多数情况下比较小（尤其是采用周边磨削方式时），故电火花磨削加工效率低于常规电火花加工效率。

2. 电火花共轭回转加工

电火花共轭回转加工是在加工过程中，工具电极和工件电极之间附加满足被加工面要求的共轭回转运动的电火花加工工艺。电火花共轭回转包括同步回转式、展成回转式、倍角速度回转式、差动比例回转式、相位重合回转式等不同方法。它们的共同特点是工件与工具电极间的切向相对运动线速度值很小，几乎接近于0，所以在放电加工区域内，工件和工具电极近于纯滚动状态，因而有着特殊的加工过程。例如，同步回转式加工内螺纹（见图7－37），工件预孔按螺纹内径制作，工具电极的螺纹尺寸及其精度按工件图样要求制作，但电极外径应小于工件预孔 $\phi0.3 \sim \phi2$ mm。加工时，电极穿过工件预孔并且保持两者轴线平行，然后使电极和工件以相同的方向和相同的转速旋转，如图7－37（a）所示；同时工件向工具电极径向切入进给，如图7－37（b）所示，从而复制出所要求的内螺纹。为了补偿电极的损耗，在精加工规准转换前，电极轴向移动一个相当于工件厚度的螺距倍数值。

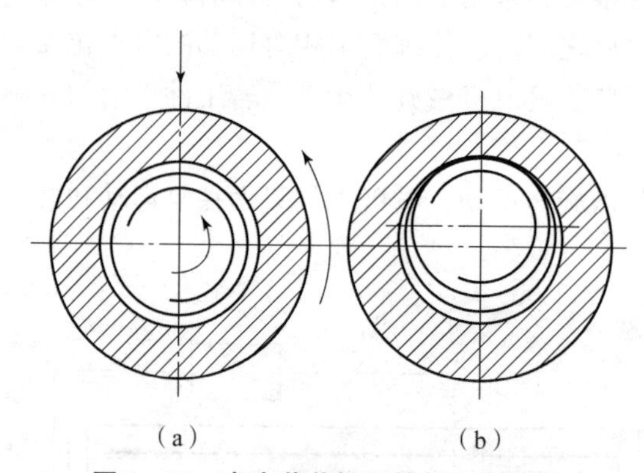

图7－37　电火花共轭回转加工内螺纹

电火花共轭回转加工应用范围日益扩大，目前主要应用在各类螺纹环规及塞规，特别适用于硬质合金材料及内螺纹的加工，两电极之间附加了同方向、同转速的旋转运动；精密的内、外齿轮加工，特别适用于非标准内齿轮加工，两电极附加了齿轮之间的啮合运动；精密的内外锥螺纹、内锥面油槽等的加工；静压轴承油腔，回转泵体的高精度成形加工，梳刀、滚刀等刀具的加工等。

3. 电火花表面强化

电火花表面强化一般以空气为极间介质，工具电极相对工件做小振幅的振动，二者时而短接时而离开，在这一过程中产生脉冲式火花放电，使空气中的氮或工具材料渗透到工件表面层内部，以改善工件表面的力学性能。

电火花表面强化层的特性如下。

（1）当采用硬质合金作电极材料时，硬度可达1 100 ~1 400 HV（70 HRC）或更高，硬化层厚为0.01 ~0.08 mm。

（2）耐热性好，疲劳强度提高2倍左右，可提高使用寿命。

（3）当使用铬锰、钨铬钴合金、硬质合金作工具电极强化45钢时，其耐磨性比原表层提高2 ~2.5倍；用石墨作电极材料强化45钢表面后，用食盐水做腐蚀性试验时，其耐腐蚀性提高90%；用WC、CrMn作电极强化不锈钢时，耐蚀性提高3 ~5倍。

电火花强化工艺方法简单、经济、效果好，因此广泛应用于模具、刃具、量具、凸轮、导轨、水轮机及涡轮机叶片的表面强化，也可用于动平衡改变微质量，用于轴、孔尺寸配合的微量修复。

电火花表面强化的原理也可用于在产品上刻字、打印记等。

4. 聚晶金刚石、陶瓷等材料的电火花加工

金刚石虽是碳的同素异构体，但天然金刚石几乎不导电。聚晶金刚石是将人造金刚石微粉用铜铁粉等导电材料作为黏结剂，搅拌混合后加压烧结而成，因此整体仍有一定的导电性能，可以用电火花加工。聚晶金刚石被广泛用作拉丝模、刀具、磨轮等的材料，它的硬度仅次于天然金刚石。

电火花加工聚晶金刚石的原理是靠火花放电时的高温将导电的黏结剂熔化、气化蚀除掉，同时电火花高温使金刚石微粉“碳化”成为可加工的石墨，也可能因黏结剂被蚀除掉后而使整个金刚石微粒自行脱落下来。有些导电的工程陶瓷及立方氮化硼材料也可用类似原理进行电火花加工。

随着对电火花加工技术研究的日趋深入和功能陶瓷材料应用的日趋广泛，在一定条件下，目前已可对绝缘陶瓷材料进行电火花加工。图7－38为绝缘陶瓷辅助电极电火花加工的原理示意图。

在陶瓷工件上放置金属板作为辅助电极，通过夹紧装置固定在工作台上，并和工作台导通。工具电极装夹在主轴上，辅助电极和工具电极分别接脉冲电源的正、负极。加工时，首先对辅助电极金属板进行电火花穿孔加工，穿通后，才开始对陶瓷进行电火花穿孔成形加工。辅助电极金属板电火花加工结束后，在陶瓷表面附着加工粉末屑（主要由电极消耗产生的粉末）和由工作液煤油分解产生的碳，使得待加工的陶瓷表面部分获得了导电性，从而诱导陶瓷加工面和工具电极间产生火花放电，由放电产生的热和冲击来加工陶瓷。这种加工方法不需要专门的设备，在不同电火花加工机床上就可进行加工。

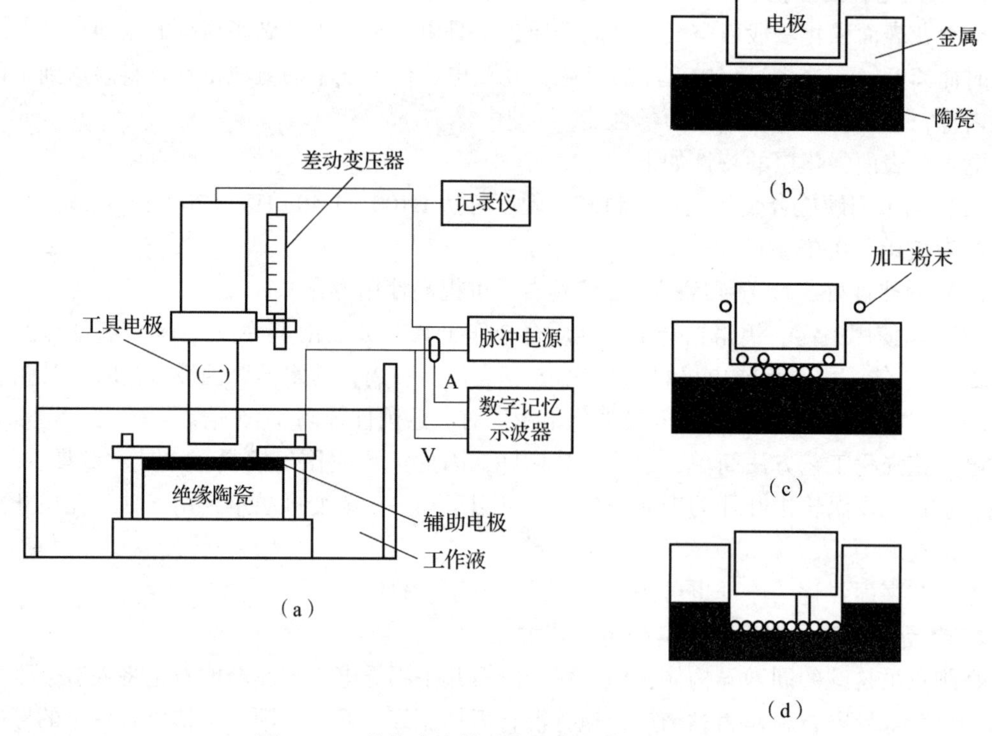

图7－38　绝缘陶瓷辅助电极电火花加工示意图

复习思考题

7－1　电火花加工的基本原理和必备条件是什么？

7－2　电火花腐蚀的微观过程大致可分为哪几个阶段？

7－3　电火花加工机床的自动进给系统与传统加工机床的自动进给系统有什么不同？为什么会引起这种不同？

7－4　电火花成形加工中，影响零件加工精度的主要因素有哪些？应采取哪些措施进行改善？

7－5　电火花加工中为什么要使用脉冲电源？试画出RC脉冲电源线路图及其电压电流波形图。

7－6　电火花加工时，影响电蚀量的主要电参数有哪些？

7－7　电火花线切割加工的工艺和机理与电火花成形加工有哪些相同点和不同点？

7－8　试论述线切削加工的主要工艺指标及其影响因素。

7－9　加工如图7－39所示零件。穿丝孔在图中①点，按图中箭头顺序加工②—③—④—⑤—⑥—⑦—⑧，请编制加工该型孔的线切割加工3B格式程序。

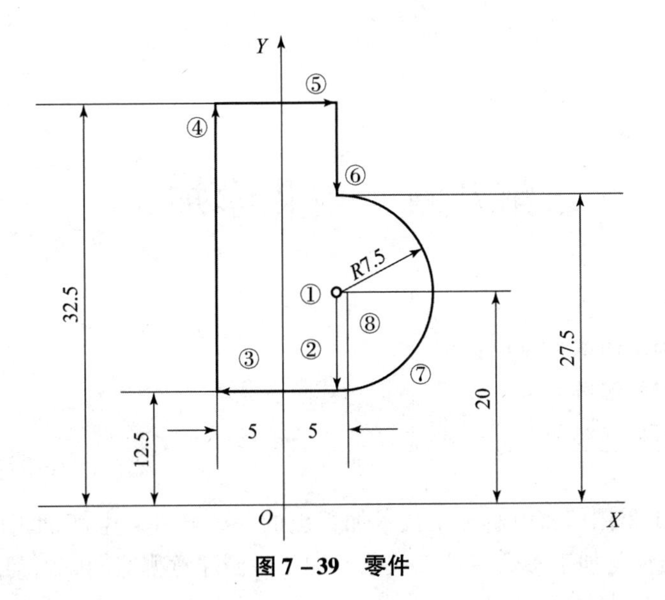

图 7-39　零件

第八章 电化学加工

本章知识要点：

(1) 电化学加工的基本原理；

(2) 电化学阳极溶解加工；

(3) 电化学阴极沉积加工。

导学：图 8-1 是用精密电解加工技术加工出的一些样件。电解加工的机理和基本规律是什么？其加工质量与加工参数有什么关系？加工时要注意哪些问题？与之相对的加工原理是什么？还有哪些其他方面的应用？

(a)　(b)　(c)

图 8-1 精密电解加工样件

(a) 剃须刀网罩；(b) 弧齿齿轮；(c) 精密型腔

第一节 电化学加工

电化学加工是指利用电极在电解液中发生的电化学反应对金属材料进行成形加工。从 1834 年法拉第发现了电化学作用原理开始，人们先后开发出电镀、电铸、电解加工等电化学加工方法，20 世纪 30～50 年代，这些加工方法开始在工业上获得大规模的应用。

近年来，借助于高新技术，精密电铸、电解复合加工、脉冲电流电解加工、电化学微细加工及数控电解加工等技术取得较快发展。目前，电化学加工已广泛应用于航空航天、兵器、汽车、医疗器材、电子和模具等行业中，成为民用与国防工业领域一种不可缺少的加工手段。

一、电化学加工方法及分类

电化学加工方法按其作用原理的不同可分为三大类，如表 8-1 所示。

表 8－1 电化学加工方法及分类

类别	加工原理	加工方法	应用范围
1	阳极溶解	电解加工	用于尺寸、形状加工，如涡轮叶片、三维锻模加工等
		电解抛光	用于表面光整加工、去毛刺等
2	阴极沉积	电镀	用于表面加工、装饰及保护
		电刷镀	用于表面局部快速修复及强化
		复合电镀	用于表面强化、磨具制造
		电铸	用于复杂形状电极及精密花纹模具制造
3	复合加工	电解磨削	用于形状、尺寸加工及超精、光整、镜面加工等
		电解电火花复合加工	用于形状、尺寸加工
		超声电解加工	用于难加工材料的深小孔及表面光整加工

二、电化学加工基本原理

1. 电化学加工过程

用两片金属作为电极浸入电解液中，金属导线和电解液中就有电流通过，如图 8－2 所示。在金属片（电极）和溶液的界面上，会产生交换电子的反应，即电化学反应。溶液中的离子便定向移动（称为电荷迁移）。正离子移向阴极并在阴极上得到电子进行还原反应；负离子移向阳极并在阳极表面失掉电子进行氧化反应（也可能是阳极金属原子失去电子而成为正离子进入溶液）。利用上述电化学反应原理进行金属材料加工的方法即电化学加工。

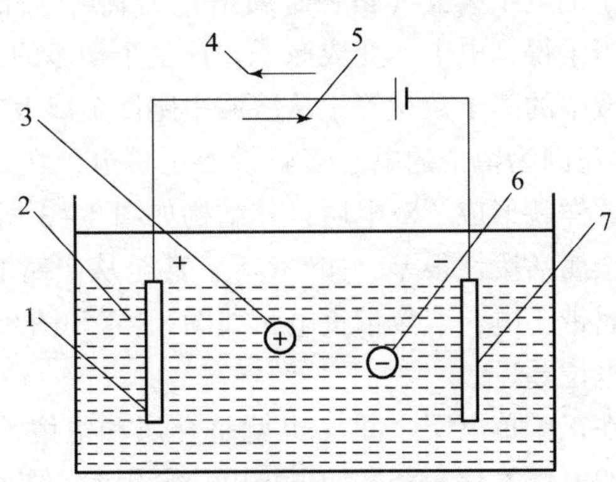

1—阳极；2—电解液；3—正离子；4—电流方向；5—电子流方向；6—负离子；7—阴极。

图 8－2 电解溶液中的电化学反应

2. 影响电化学加工的主要因素及其控制

与电化学反应过程密切相关的概念有电解质溶液、电极电位及电极的极化、钝化、活化等。

1）电解质溶液

凡溶于水后能导电的物质都叫电解质，如盐酸、硫酸、氢氧化钠、食盐、硝酸钠、氯酸钠等酸、碱、盐都是电解质。电解质的水溶液称为电解质溶液（简称电解液）。电解液浓度是指电解液中所含电解质的多少。一般以质量百分比浓度表示，即指每 100 g 溶液中所含溶质的质量；还常用物质的量浓度表示，即指 1 L 溶液中电解质的物质的量。

电解质溶液之所以能导电，与其在水中的状态有关。水分子是极性分子，可与其他带电的粒子发生微观静电作用。例如，NaCl 是一种电解质，它是结晶体，组成 NaCl 晶体的粒子不是分子，而是相间排列的 Na^+ 和 Cl^-，故叫作离子型晶体。将其溶于水中，就会产生电离作用。在这种电解质的水溶液中，每个 Na^+ 离子和每个 Cl^- 离子周围均吸引着一些水分子，成为水化离子。由于溶液中正、负离子的电荷相等，所以整个溶液仍保持电中性。

NaCl 在水中能 100% 电离，称为强电解质。强酸、强碱和大多数盐都是强电解质，它们在水中都能完全电离。弱电解质如氨、醋酸等在水中仅有小部分电离成离子，大部分仍以分子状态存在。水也是弱电解质，它本身也能微弱离解成正的氢离子 H^+ 和负的氢氧根离子 OH^-，故导电能力很弱。

金属是电子导体，导电能力强，电阻很小，但随着温度的升高，其导电能力会减弱。而电解质溶液是离子导体，其导电能力要比金属导体弱得多，电阻较大，但随着温度的升高，其导电能力会增强；电解质溶液的浓度增加，在一定限度内，导电能力也增强。但当浓度过高，由于正、负离子间的相互作用力增强，导电能力将有所下降。

2）双电层与电极电位

由于金属原子都是由外层带负电荷的自由电子和带正电荷的金属阳离子所组成的，即使不接外接电源，当金属和它的盐溶液（或其他溶液）接触时，弱极性分子水的负极端就吸附到金属正离子上，形成水化离子。当水的动能超过一定数值时，就克服金属对该离子的约束跑到溶液中去，这就等于把电子失去（留在金属里）。当然，溶液中的离子也有可能因动能不够而被金属俘获，相当于得到电子，变成原子。这是个动态的过程，在某个状态会达到平衡，即从金属上跑到溶液中的离子数量等于从溶液中跑回金属上的离子数量。当金属活泼性大时，如 Fe 等，金属本身因为留下的电子多就带上了负电，在金属附近的溶液里因带正电水化离子多而带正电，这样就形成了双电层，其结构如图 8－3 所示。金属的活泼性越强，这种趋势越强；反之，如金属活泼性很差，如 Cu 等，甚至从金属上跑出的离子比溶液里跑回到金属上的还多，则金属带正电，溶液带负电，如图 8－4 和图 8－5 所示，但都只有界面上极薄的一层具有较大的电位差。

由于双电层的存在，在正、负电层之间（也就是金属和电解液之间）形成电位差。金属和其盐溶液之间所产生的电位差称为金属的电极电位，因为它是金属在本身盐溶液中的溶解和沉积相平衡时的电位差，故又称为平衡电极电位。

迄今为止，一种金属和其盐溶液之间双电层的电位差还不能直接测定，但是可用盐桥的办法测出两种不同电极间的电位差，用一种电极作标准和其他电极相比较得出相对值，称为标准电极电位。通常以标准氢电极为基准，人为规定它的电极电位为 0。在 25 ℃时，把金属放在此金属离子的有效质量浓度为 1 g/L 的溶液中，此金属的电极电位与标准氢电极的电位之差，用 U^0 表示。当离子质量浓度改变时，电极电位也随着改变，可用有关公式换算。

在相同条件下，电极电位较低的物质，更容易失去电子发生电化学氧化反应；而电极电位较高的物质，更容易得到电子发生电化学还原反应。

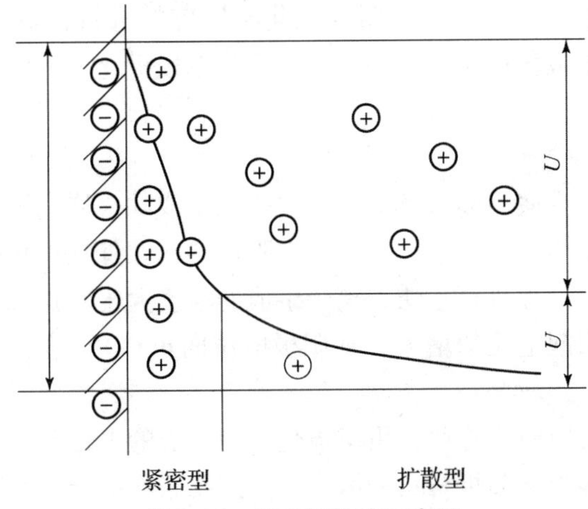

图 8－3　双电层结构示意图

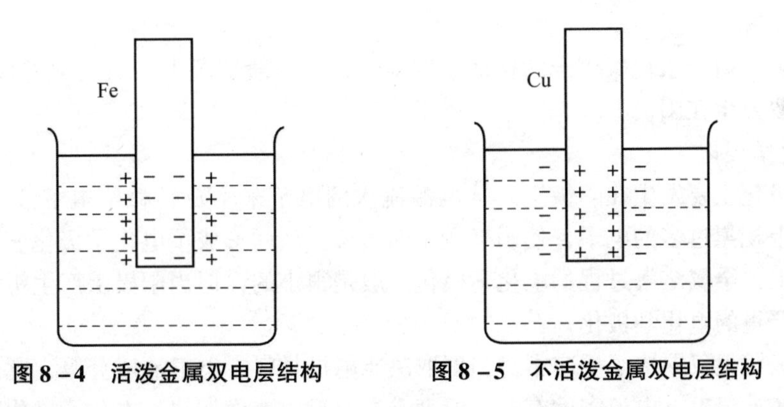

图 8－4　活泼金属双电层结构　　图 8－5　不活泼金属双电层结构

3. 电极极化

上述平衡电极电位是没有电流通过电极时的情况。当有电流通过时，促进大量电子移动，同时也促使金属离子溶解速度加快，电极的平衡状态遭到破坏，使阳极电极电位向正移（代数值增大），阴极电极电位向负移（代数值减小），这种电极电位偏离平衡电极电位的现象称为电极极化，如图 8－6 所示。

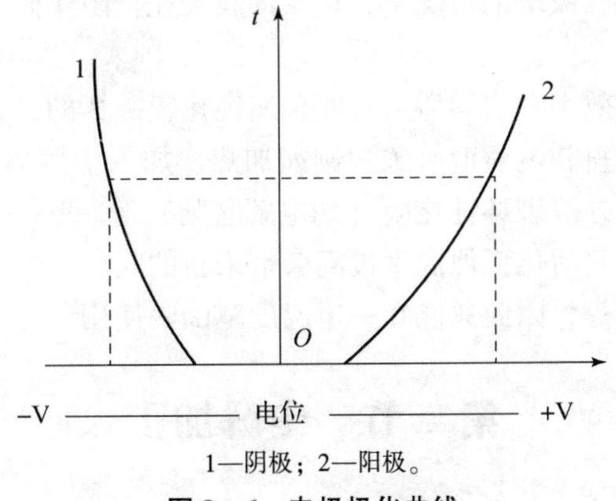

1—阴极；2—阳极。

图 8－6　电极极化曲线

极化后的电极电位与平衡电极电位的差值称为超电位（过电位）。随着电流密度的增加，超电位也增加。由于电化学反应过程包括粒子迁移、吸附、电子转移、脱附等多个环节，当某一个环节的速度较慢时，就会阻碍电化学反应的进行，造成电极电位偏离平衡电位，发生电极极化。根据极化产生的原因不同，可将电极极化分为浓差极化、电化学极化和钝化极化3种形式。

1）浓差极化

在阳极溶解过程中，金属不断溶解的条件之一是生成的金属离子需要越过双电层，再向外迁移并扩散。然而扩散与迁移的速度是有一定限度的，在外加电场的作用下，如果在阳极溶解过程中，电化学反应过程进行很快，离子生成的速度大于其扩散和迁移速度，使阳极表面造成金属离子堆积，引起电位值增大（即阳极电位向正移），这就是浓差极化。电流密度越大，浓度极化越明显。

极化情况对电化学反应极为重要，由于极化会使阳极的电位升高，在原来的电压下物质不会失去电子，极化明显影响阳极材料的溶解，因此要采取措施使其减小。凡能加速电极表面离子扩散与迁移的措施，都能使浓差极化减小，如提高电解液流速以增强其搅拌作用，升高电解液温度等。

在阴极上，由于水化氢离子的移动速度很快，故一般情况下，氢的浓差极化是很小的，浓差极化主要发生在阳极上。

2）电化学极化

电化学极化主要发生在阴极上。从电源流入的电子来不及转移给电解液中的 H^+ 离子，因而在阴极上积累过多的电子，使阴极电位向负移，从而形成了电化学极化。

在阳极上，金属溶解过程的电化学极化一般是很小的，但当阳极上产生析氧反应时，就会产生相当严重的电化学极化。

电化学极化仅仅取决于反应本身，即取决于电极材料、电解液成分等，此外还与电极表面状态、电解液温度、电流密度有关。温度升高，反应速度加快，电化学极化减小；电流密度越高，电化学极化越严重；电解液的流速对电化学极化几乎没有影响。

3）钝化极化（电阻极化）

由于电极反应，会在阳极金属表面上形成一层致密而又非常薄的黏膜，这层黏膜由氧化物、氢氯化物或盐组成，也称为钝化膜，从而使金属表面失去了原有的活泼性，导致金属的溶解过程减慢，有时在某种极端的情况下，这层薄膜会完全阻止阳极金属的溶解，这就是通常所说的阳极钝化现象。

钝化极化会影响加工效率和表面质量，使金属钝化膜破坏的过程称为活化。影响活化的因素很多，主要与电极材料和电解液有关，例如加热、加入活性离子（如 Cl^- 离子）、通入还原性气体，采用机械的办法破坏钝化膜（如电解磨削）等。

把电解液加热可以引起活化，但温度过高会带来新的问题，如电解液的过快蒸发，绝缘材料的膨胀、软化和损坏等，因此只能在一定温度范围内使用。

第二节　电解加工

电解加工是利用金属在电解液中产生阳极溶解的原理来去除工件材料的制造技术。自20世纪50年代开始研究并投入应用以来，电解加工目前已成功应用于枪炮、航空航天发动机及模具制造等方面，成为一种不可缺少的工艺方法。

一、电解加工的基本原理和特点

1. 电解加工的基本原理

图 8-7 为电解加工原理示意图。加工时，工件接直流电源（10～20 V）正极，工具电极接电源负极。工具电极向工件缓慢进给，并使两极之间保持较小的间隙（0.1～1 mm），具有一定压力（0.5～2 MPa）的电解液从间隙中流过，这时电流密度可达 20～1 500 A/cm^2，阳极工件的金属被逐渐电解蚀除，电解产物被高速（5～50 m/s）的电解液冲走。

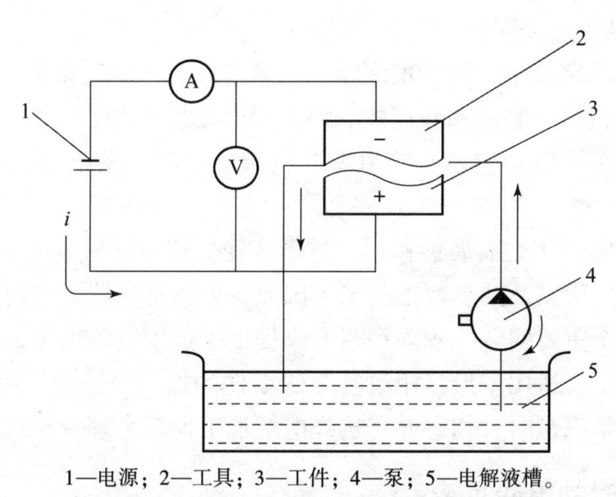

1—电源；2—工具；3—工件；4—泵；5—电解液槽。

图 8-7　电解加工原理示意图

电解加工成形原理如图 8-8 所示。在加工开始阶段，阴极与阳极间距离较近的地方，通过的电流密度大，阳极溶解的速度就快；而距离较远的地方，电流密度就小，阳极溶解就慢。随着工具电极恒速向工件进给，工件材料按工具电极型面的形状不断地溶解，最终使工件与工具电极之间各处的间隙趋于一致，在工件上加工出和工具电极型面相反的形状，直到把工具的型面复制在工件上。

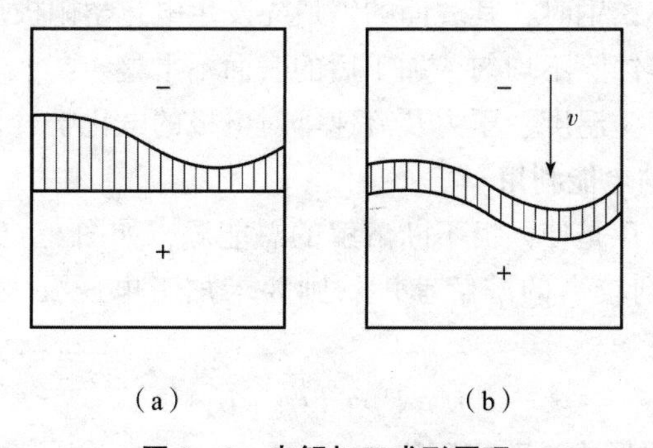

（a）　（b）

图 8-8　电解加工成形原理

2. 电解加工的主要特点

1）电解加工的主要优点

（1）加工范围广。可加工高硬度、高强度、高韧性等难切削的金属材料，如硬质合金、淬火钢、不锈钢、耐热合金、钛合金等，并可加工叶片、花键孔、炮管膛线、锻模等各种复杂的三维型面，以及薄壁、异形零件等。

（2）加工效率高。可以一次进给，直接成形，其加工效率约为电火花加工的5~10倍，甚至有时比切削加工的生产率还高，且加工效率不直接受加工质量的限制。

（3）表面质量好。可以达到较好的表面粗糙度（Ra 1.25~0.2 μm）和±0.1 mm左右的平均加工精度。加工表面无残余应力层和毛刺、飞边，对材料的强度和硬度亦无影响。

（4）加工过程中，阴极工具在理论上不存在耗损，可长期使用。

（5）电解加工过程是一种典型的离子去除过程，在微纳制造中将大有可为。

2）电解加工的缺点及局限性

（1）电解加工影响因素多，技术难度高，不易实现稳定加工和保证较高的加工精度。

（2）工具电极的设计、制造和修正较麻烦，因而很难适用于单件生产。

（3）电解加工的基本设备包括直流电源、机床及电解液系统三大部分，投资较高，占地面积较大。

（4）电解液对设备、工装有腐蚀作用，电解产物处理不好易造成环境污染。

可见，电解加工的优点及缺点都很突出，因此，如何正确选择与使用电解加工工艺，成为摆在人们面前的一个重要问题。我国一些专家提出了选用电解加工工艺的三原则，即：适用于难加工材料的加工，适用于形状相对复杂的零件的加工，适用于批量大的零件的加工。一般认为，当三原则均满足时，相对而言选择电解加工比较合理。

二、电解加工时的电极反应

1. 电极反应

电解加工时，以离子形式去除工件表面材料，电极间的反应相当复杂，这主要是因为一般工件材料不是纯金属，而是含多种金属元素的合金，其金相组织也不完全一致。所用的电解液往往也不是该金属盐的溶液，而且还可能含有多种成分，如304不锈钢，它的主要成分为铁、铬、镍。不同成分的电极电位不同，铬的电极电位最低，其次为铁，镍的电极电位最高。因此，电化学加工不锈钢时，其表面的铬最先发生电化学阳极反应而被蚀除，铁和镍随后被蚀除，导致表面材料蚀除不均匀，加工后的表面不平整。

另外，电解液的浓度、温度、压力及流速等对电极的电化学过程也有影响。

2. 电解加工过程中的电能利用

电解加工时，加工电压是使阳极不断溶解的总能源，如图8-9所示，欲在两极间形成一定加工电流使阳极达到较高的溶解速度，则要求加工电压要大于或等于两部分电势之和，即

$$U \geqslant U_R + (U_a + U_c) \tag{8-1}$$

式中：U_R——电解液电阻形成的欧姆压降；

U_a——阳极压降，由阳极电极电位和极化产生的各种超电位组成；

U_c——阴极压降，由阴极电极电位和极化产生的各种超电位组成。

电解加工时的浓差极化一般不大，所以 U_a、U_c 主要取决于电化学极化和钝化极化。这两种现象形成的超电位又与电解液、被加工材料和电流密度有关。

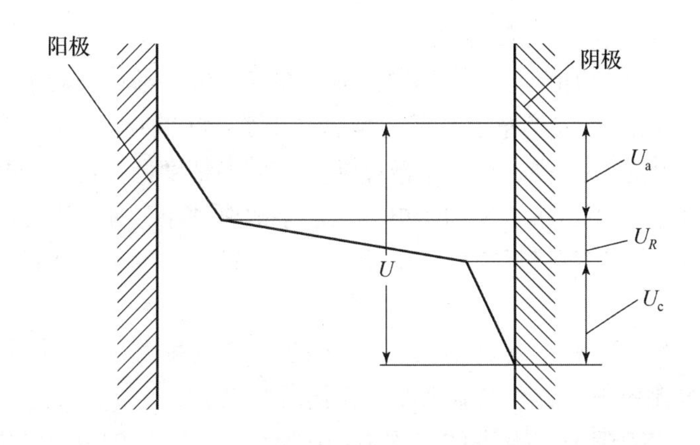

U_a—阳极压降；U_R—欧姆压降；U_c—阴极压降。

图 8－9　电解加工的电压分布

比如，采用氯化钠电解液和较高的电解加工电压（如 20 V）加工普通钢材时，加工电压的 5%～30% 将用来抵消其产生的反电势，余下 70%～95% 的电压用以克服间隙电解液的电阻。但是，通过间隙的电流能否全部用于阳极溶解，还取决于阳极极化的程度。若阳极极化比较严重，以致电极电位与溶液中某些阴离子的电极电位相差不多时，电流除用于阳极溶解以外，还消耗于一些副反应，导致蚀除速度下降。

三、电解液

在电解加工过程中，电解液的主要作用是：第一，作为导电介质传递电流，形成电场；第二，在电场作用下进行电化学反应；第三，将加工间隙内产生的电解产物及热量及时带走，保证阳极溶解过程的顺利进行。因此，电解液对电解加工的各项工艺指标有很大影响。

1. 对电解液的基本要求

（1）具有足够的蚀除速度。即生产率要高，这就要求电解质在溶液中有较高的溶解度和离解度，具有很高的电导率。另外，电解液中所含的阴离子应具有较正的标准电极电位，如 Cl^-、ClO_3^- 等，以免在阳极上产生析氧等副反应，降低电流效率。

（2）具有较高的加工精度和表面质量。电解液中的金属阳离子不应在阴极上产生放电反应而沉积到阴极工具上，以免改变工具的形状和尺寸。因此，电解液中所含金属阳离子必须具有较负的标准电极电位。当加工精度和表面质量要求较高时，应选择杂散腐蚀小的钝化性电解液。

（3）阳极反应的最终产物应是不溶性化合物。这样便于处理，且不会阴极上沉积。但在特殊情况下，如电解加工小孔、窄缝等，为避免不溶性的阳极产物堵塞加工间隙，则要求阳极产物溶于电解液。

（4）电解液具有良好的综合性能。如加工范围广、性能稳定、安全性好及价格低廉等。

2. 电解液的特性

电解液的特性不同，使用性能也就有优劣。判定电解液优劣的标准是加工时所达到的精度、表面质量和生产率，电解液的特性主要从杂散腐蚀、电流效率、加工速度的非线性 3 个方面来衡量。

1）杂散腐蚀

杂散腐蚀是衡量电解液加工精度高低的指标。在其他条件都相同的情况下，能严格按照工具电极的形状进行加工，成形精度高的电解液，其杂散腐蚀小，反之则大。例如，NaCl电解液的生产率高，电解能力强，但因杂散腐蚀大、成形精度低，加工型孔时如果侧壁不绝缘，孔壁呈抛物线形；而 $NaNO_3$、$NaClO_3$电解液的杂散腐蚀小，加工型孔时，虽然侧壁不绝缘，但当侧面间隙大到一定程度后就基本保持不变，孔壁的锥度小，成形精度高。

2）电流效率

不同电解液的电流效率特点也不同。NaCl 的电流效率基本不随电流密度变化，而 $NaNO_3$、$NaClO_3$的电流效率则随着电流密度的变化而变化。

电流效率 η 随电流密度的变化曲线如图 8－10 所示。在不同的电解液中电流效率的变化的程度不同，电流效率曲线就不同，其原因在于不同的电解液会在阳极表面生成厚薄不同的钝化膜，阻碍阳极溶解。在电流密度很低时，钝化膜可以完全阻止阳极金属的溶解，并使阳极产生析氧的副反应，这时的电流效率近似为0。随着电流密度的增加，钝化膜开始破裂，阳极开始溶解，电流效率逐渐增大。NaCl 电解液无钝化现象，也不出现其他副反应，电流效率接近100%；而 $NaNO_3$、$NaClO_3$的钝化现象严重，电流效率随着电流密度的变化较明显，所以这两种电解液属于钝化型电解液。

3）加工速度的非线性

加工速度的非线性是指电解加工时加工速度与电流密度的关系曲线，如图 8－11 所示。

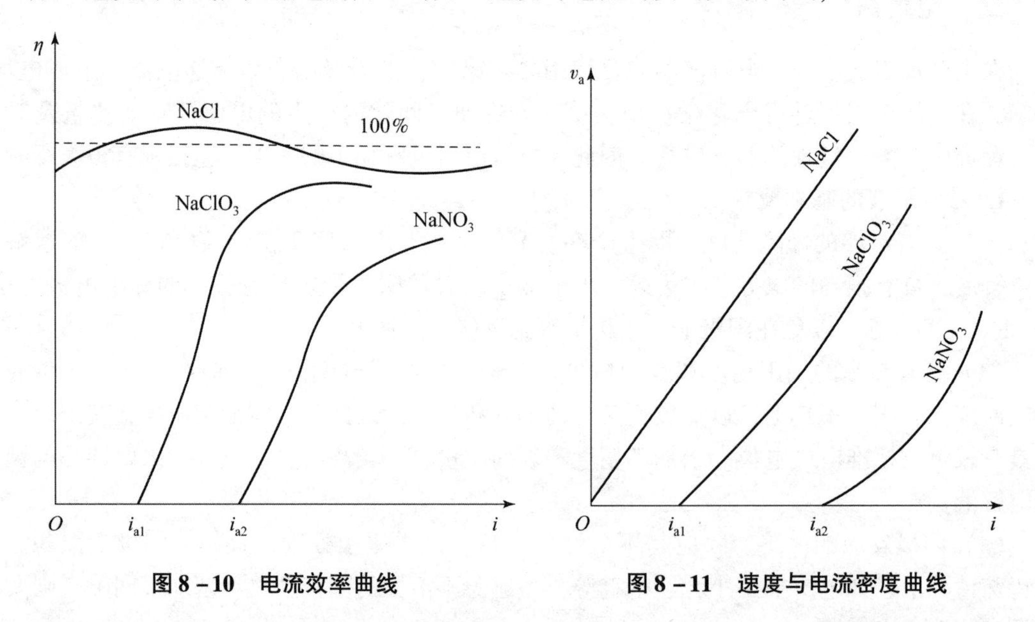

图 8－10　电流效率曲线　　**图 8－11　速度与电流密度曲线**

可以看出，因 NaCl 几乎不产生钝化膜，电流效率近似于常值，所以它的曲线是一条过原点的直线。$NaNO_3$、$NaClO_3$ 电解液由于有钝化膜的作用，电流效率不是常值，特别是电流密度较小时，由于钝化膜的作用，加工速度为0。只有当电流密度大于临界值 i_a 时，阳极才开始溶解，速度呈现出非线性特征，所以具有以上特性的电解液称为非线性电解液，即 $NaNO_3$、$NaClO_3$ 电解液是非线性电解液，而 NaCl 是线性电解液。

i_a 是电解液的一个重要参数，与电解液的成分、浓度、温度有关。一般说来，i_a 越大，成形精度越好。i_a 不是定值，必须通过试验获得。

3. 三种常用电解液

电解液可分为中性盐溶液、酸性溶液和碱性溶液三大类。由于中性盐溶液腐蚀性小，使用时较安全，故应用最普遍，最常用的有 NaCl、$NaNO_3$、$NaClO_3$ 这 3 种电解液，分别介绍如下。

1）NaCl 电解液

NaCl 是强电解质，导电能力强，适用范围广，而且价格便宜，是电解加工中应用最广的一种电解液。NaCl 电解液中含有活性 Cl^- 离子，阳极工件表面不易生成钝化膜，所以具有较大的蚀除速度，而且没有（或很少有）析氧等副反应，电流效率高，加工表面粗糙度值也小。

NaCl 电解液的蚀除速度高，但其杂散腐蚀也严重，故复制精度较差。NaCl 电解液的质量分数常在 20% 以内，一般为 14%～18%；当要求较高的复制精度时，可采用较低的质量分数（5%～10%），以减少杂散腐蚀。常用的电解液温度为 25～35 ℃，但加工钛合金时，必须在 40 ℃以上。

2）$NaNO_3$ 电解液

$NaNO_3$ 电解液是一种钝化性电解液，钢在 $NaNO_3$ 电解液中的极化曲线如图 8－12 所示。在曲线 *AB* 段，电流密度随阳极电位升高而增大，符合正常的阳极溶解规律；在 *BC* 段，由于钝化膜的形成，电流密度急剧减小，至点 *C* 时金属表面进入钝化状态；在 *CD* 段，阳极表面处于钝化状态，阳极溶解速度极小，至点 *D* 后，随着电压的升高，钝化膜开始破坏，电流密度又随电位的升高而迅速增大，金属表面进入超钝化状态，阳极溶解速度又急剧增加。如果在电解加工时，工件的加工区处于超钝化状态，而非加工区由于其阳极电位较低而处于钝化状态，受到钝化膜的保护，就可以减少杂散腐蚀，提高加工精度。

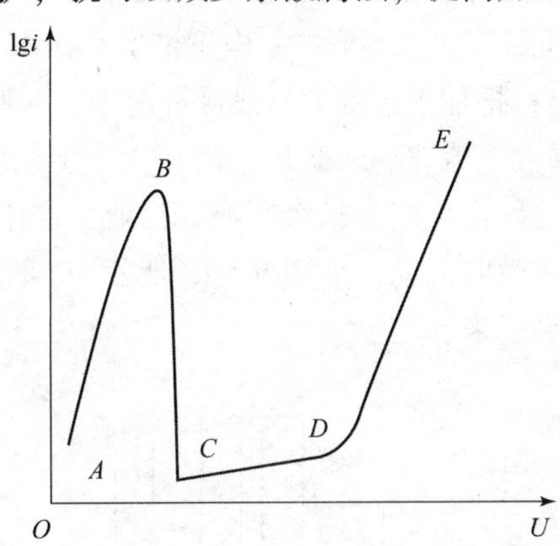

图 8－12　钢在 $NaNO_3$ 电解液中的极化曲线

$NaNO_3$ 电解液在质量分数为 30% 以下时，有比较好的非线性性能，成形精度高，而且对设备腐蚀性小，使用安全，价格也不高。它的主要缺点是电流效率和生产率较低，另外加工时在阴极上有氨气析出，$NaNO_3$ 会有所消耗。

3）$NaClO_3$ 电解液

$NaClO_3$ 电解液也是一种钝化性电解液，杂散腐蚀小，加工精度高。据有关资料，当加工间隙达 1.25 mm 以上时，阳极溶解几乎完全停止，且有较小的加工表面粗糙度值。另外，$NaClO_3$ 具有很高的溶解度，在 20 ℃时溶解度达 49%（此时 NaCl 为 26.5%），因而导电能力强，可达到与 NaCl 电解液相近的生产率，而且它对设备的腐蚀作用很小。但不足之处是其价格较贵（为 NaCl 的5倍），而且由于它是一种强氧化剂，使用时要注意防火安全。另外，在使用过程中，电解液有消耗，且 Cl^- 离子不断增加，杂散腐蚀作用增大，故在加工过程中要注意 Cl^- 离子质量分数的变化。

4）电解液中的添加剂

常用的电解液都有一定的局限性，为此，可在电解液中使用添加剂来改善电解液的性能。例如：为了减小 NaCl 电解液的杂散腐蚀能力，可加入少量磷酸盐，使阳极表面产生钝化性抑制膜，以提高成形精度；为提高 $NaNO_3$ 电解液的生产率，可添加少量 NaCl 或 Na_2SO_4，使其成形精度和生产率都较高；为改善加工表面质量，可添加络合剂、光亮剂等，如添加少量 NaF 改善表面粗糙度；为减轻电解液的腐蚀性，采用缓蚀添加剂等。

4. 电解液参数对加工过程的影响

电解液的参数除成分外，还有浓度、温度、pH 及黏度等，它们对加工过程均有显著影响。在一定范围内，电解液的浓度越大，温度越高，则其电导率也越大，蚀除能力更强。

电解液温度不宜超过60 ℃，一般在30～40 ℃范围内较为有利。NaCl 电解液的质量分数常为10%～15%，一般不超过20%，当加工精度要求较高时，常小于10%。$NaNO_3$电解液的质量分数一般为20%，而 $NaClO_3$的质量分数常为15%～35%。

加工过程中电解液浓度和温度的变化将直接影响到加工精度的稳定性，因此在要求达到较高加工精度时，应注意检查和控制电解液的浓度与温度，保持其稳定性。同时，还应适当控制电解液的 pH 和黏度。

5. 电解液的流动对加工过程的影响

在加工过程中，电解液中气体、固体的含量，以及流动状态对电解加工过程的稳定性、电流分布、加工精度、表面质量等有重要影响。电解液必须具有足够的流速，以便把氢气泡、金属氢氧化物等电解产物冲走，把加工区的大量热量带走。电解液的流速一般为10 m/s。当电流密度增大时，流速要相应增大。流速的改变是靠调节电解液泵的出水压力来实现的。

而电解液的流向对加工过程也会产生较大影响。工业生产中常用的电解液流向有3种形式，即正向流动、反向流动和横向流动，如图8－13所示。3种形式各有特点，选择时应根据工件具体几何形状和加工要求来确定。

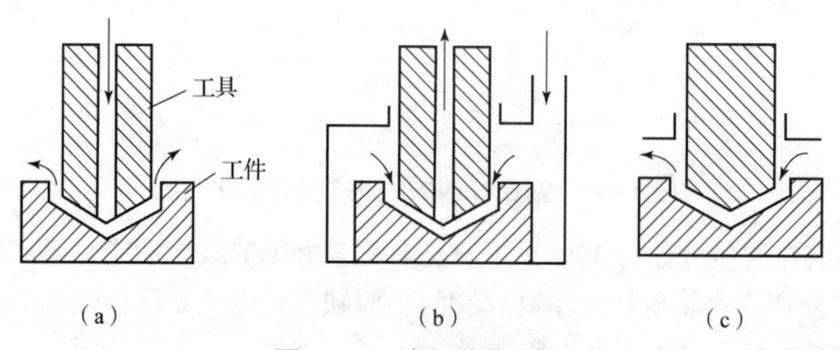

图8－13　电解液的流向

（a）正向流动；（b）反向流动；（c）横向流动

正向流动的优点是密封装置较简单，缺点是加工型孔时，电解液流经侧面间隙时已含有大量氢气泡及氢氧化物，加工精度较差，表面粗糙度值较大。

反向流动的优缺点与正向流动恰好相反，需要有密封装置，可通过控制水背压控制速度和流量。

横向流动不适合加工较深的型腔，一般用于发动机、汽轮机叶片的加工，以及一些较浅的型腔模具的修复加工。

四、电解加工的基本工艺规律

1. 生产率及其影响因素

电解加工的生产率是以单位时间内被电解蚀除的金属量衡量的，用 mm^3/min 或 g/min 表示。影响生产率的因素主要有工件材料的电化学当量、电流密度、电解液及电极间隙等。

1）金属的电化学当量

电解时电极上溶解或析出物质的量（质量 m 或体积 V）与电解电流 I 和电解时间 t 成正比，亦即与电荷量（$Q=It$）成正比，其比例系数称为电化学当量，这一规律即法拉第电解定律，用下式表示：

$$\begin{cases} m = KIt \\ V = \omega It \end{cases} \tag{8-2}$$

式中：m——电极上溶解或析出物质的质量，g；

V——电极上溶解或析出物质的体积，mm^3；

K——被电解物质的质量电化学当量，g/(A·h)；

ω——被电解物质的体积电化学当量，$mm^3/(A \cdot h)$；

I——电解电流，A；

t——电解时间，h。

K 与 ω 的关系为

$$K = \omega\rho \tag{8-3}$$

式中：ρ——被电解物质的密度，g/mm^3。

各种金属的电化学当量可查表或由实验得到。各元素有自己的原子价，而且往往有两个以上的原子价，如铁有二价和三价，在加工中它们究竟以哪个原子价进行溶解，要由具体的加工条件而定。对于多元素合金，可以按元素含量的比例折算出来，或由实验确定。

利用法拉第电解定律可以根据金属的电化学当量、电流和时间计算金属的电解蚀除量，这从机理上很好理解，因为电极上的物质之所以产生溶解或析出等电化学反应，就是由于电极和电解液间有电子得、失交换，因此，电化学反应的量必然和电子得失交换的数量（即电荷量）成正比，并在理论上不受电解液浓度、温度、压力、电极材料及形状等因素的影响。但在实际电解加工时，某些情况下在阳极上还可能出现其他反应，如氧气或氯气的析出，或有部分金属以高价离子溶解，从而额外地多消耗一些电荷量，所以被电解的金属会小于所计算的理论值。为此，引入电流效率 η，其计算式为

$$\eta = \frac{实际金属蚀除量}{理论金属蚀除量} \times 100\% \tag{8-4}$$

则实际蚀除量为

$$\begin{cases} m = \eta KIt \\ V = \eta\omega It \end{cases} \tag{8-5}$$

正常电解时，对于 NaCl 电解液，其电流效率 η 常接近 100%，但有时 η 也会大于 100%。这是由于被电解的金属材料中含有碳、Fe_3C 等难电解的微粒或产生了晶间腐蚀，在

合金晶粒边缘先电解，高速流动的电解液把这些微粒成块冲刷脱落下来，从而节省了一部分电解电荷量的结果。

某些金属在某些电解液中的电流效率很低，一方面可能是金属成为高价离子溶入电解液，多消耗电荷量，另一方面也可能是在金属表面产生了一层钝化膜或有其他副反应，如在 $NaNO_3$ 电解液中加工钢时就有氧的析出，这是一种无用的电能消耗，导致 η 小。

知道了金属或合金的电化学当量，就可以利用法拉第电解定律根据电流及时间来计算金属蚀除量，或反过来根据加工余量来计算所需电流及加工工时。通常铁和铁基合金在 NaCl 电解液中的电流效率可按 100% 计算。

例 8-1 某工厂用 NaCl 电解液加工一种碳钢零件，加工余量为 22 200 mm^3，如果要求 5 min 加工完一个零件，求需要多大电流？如用 5 000 A 容量的直流电源，求加工完一个零件的电解时间是多少？

解 查有关手册得知，$\omega = 2.22\ mm^3/A \cdot min$，设电流效率为 100%，由 $V = \eta\omega It$ 得所需直流电源电流为

$$I = V/\eta\omega t = [22\ 200/(1 \times 2.22 \times 5)]\ A = 2\ 000\ A$$

如果利用 5 000 A 的直流电源，由 $V = \eta\omega It$ 得加工完一个零件的电解时间为

$$t = V/\eta\omega I = [22\ 200/(1 \times 2.22 \times 5\ 000)]\ min = 2\ min$$

2）电流密度

电流密度是单位面积内的加工电流，用 i 表示。从式（8-5）中容易得到加工速度和电流密度成正比。

$$V = \eta\omega iAt \tag{8-6}$$

生产中常用垂直于表面方向的蚀除速度来衡量生产率，这也比用体积衡量更加方便。蚀除掉的金属体积 V 是加工面积 A 与电解掉的金属厚度（距离）h 的乘积，即 $V = Ah$，而阳极蚀除速度 $v_a = h/t$ 代入式（8-6），即得

$$v_a = \eta\omega i \tag{8-7}$$

可见，蚀除速度与该处的电流密度成正比。电解加工的平均电流密度为 10～100 A/cm^2，当电解压力和流速较高时，可选用较大的电流密度。但是增大电流密度，电压也会高，应以不击穿间隙为原则，同时也应加快电解液的流动，避免局部短路，以确保加工的正常进行。

例 8-2 用氯化钠电解液在碳钢上加工 40 mm×70 mm 的方孔，深度为 50 mm。若要求 10 min完成加工，需要多大的电流？如用 5 000 A 容量的直流电源，此时的进给速度是多少？需多少时间完成？

解 查有关手册得知，$\omega = 2.22\ mm^3/A \cdot min$，设电流效率为 100%，则

$$v_a = 50\ mm/10\ min = 5\ mm/min$$

$$i = I/(40 \times 70)\ A/mm^2$$

由式（8-6）、式（8-7）得

$$I = A \times i = 40 \times 70 \times v_a/(\eta\omega) = (2\ 800 \times 5/2.22)\ A = 6\ 360\ A$$

如电源最大容量是 5 000 A，则进给速度为

$$v_a = \eta\omega i = (100\% \times 2.22 \times 5\ 000/2\ 800)\ mm/min = 3.96\ mm/min$$

所需加工时间为

$$t=h/v_a=(50/3.69)\,\text{min}=12.63\ \text{min}$$

3）加工间隙

加工间隙的主要作用是顺利通畅地通过足够的电解液，同时将电解产物通过加工间隙带走，以便顺利实现电解加工，同时获得足够的蚀除速度和加工精度。

在图 8－14 中，设加工间隙为 Δ，电极面积为 A，电解液的电导率（电阻率的倒数）为 σ，则电流 I 为

$$\begin{cases} I=\dfrac{U_R}{R}=\dfrac{U_R\sigma A}{\Delta} \\ i=\dfrac{I}{A}=\dfrac{U_R\sigma}{\Delta} \end{cases} \tag{8-8}$$

代入式（8－7），则得工件的蚀除速度为

$$v_a=\eta\omega i=\eta\omega\frac{U_R\sigma}{\Delta} \tag{8-9}$$

式中 σ——电导率，S/mm；

U_R——电解液欧姆电压，V，应等于外加电压 U 减去各种超电压值总和 δU，即

$$U_R=U-\delta U$$

Δ——加工间隙，mm。

当电解液参数、工件材料、电压等均保持不变时，即 $\eta\omega U_R\sigma=C$ 为常数时，则

$$v_a=C/\Delta \tag{8-10}$$

可见，蚀除速度与 η、ω 成正比，而与间隙 Δ 成反比，即电极间隙越小，工件被蚀除的速度越大。但间隙过小将引起火花放电或电解产物排出不畅，反而降低蚀除速度或易被脏物堵死而引起短路。

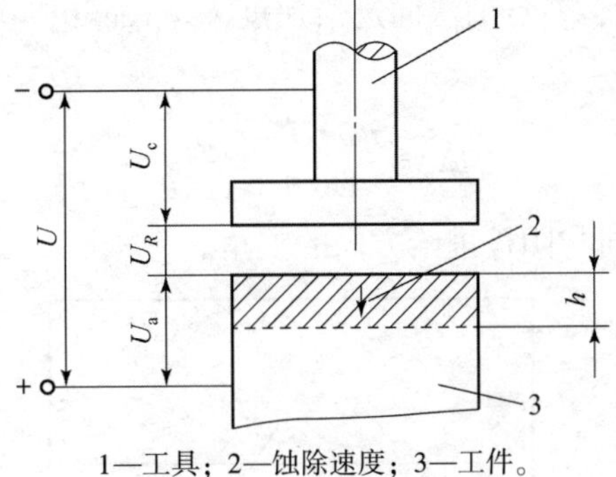

1—工具；2—蚀除速度；3—工件。

图 8－14 蚀除过程示意图

式（8－10）也可写成 $C=v_a\Delta$，即蚀除速度与电极间隙的乘积为常数，此常数称为双曲线常数。v_a 与 Δ 的双曲线关系是分析成形规律的基础。

当用固定式阴极电解扩孔或抛光时，可通过对式（8－9）的积分推导，求出电极间隙 Δ 与电解时间 t 的关系，即

$$\Delta=\sqrt{2\eta\omega\sigma U_R t+\Delta_0^2} \tag{8-11}$$

式中 Δ_0——起始间隙，mm。

以上只讨论了蚀除速度与加工间隙之间的关系，而没有涉及工具阴极的进给速度。在实际电解加工中，进给速度的大小往往影响加工间隙的大小，即影响蚀除速度及工件尺寸和成

形精度，因此必须要加以考虑。

1）端面平衡间隙

当考虑阴极的进给速度 v_c 时，加工间隙的变化为开始时工具和工件之间间隙很大，加工速度小于进给速度，随后工具和工件之间间隙会变小，加工速度变大。当进给速度 v_c 和蚀除速度 v_a 相等时，加工间隙不再变化，这时的间隙称为端面平衡间隙 Δ_b。代入式（8－9），得

$$\Delta_b = \eta\omega\sigma U_R / v_c \tag{8-12}$$

可见，当进给速度大时端面平衡间隙就小，蚀除速度就大，在一定范围内它们成反比关系，能相互平衡补偿，理论上不易形成短路。当然，进给速度不能无限增加，因为进给速度过大，平衡间隙过小，容易引起局部堵塞，造成火花放电或短路。

例8－3 使用氯化钠电解液加工低碳钢，电源电压12 V，阴极进给速度分别是1 mm/min和2 mm/min，求达到平衡时的平衡间隙各为多少？

解 查有关手册得知，$\omega = 2.22\ \text{mm}^3/\text{A}\cdot\text{min}$，$\sigma = 0.02/\Omega\cdot\text{mm}$，设电流效率为100%，$\delta U = 2$ V，则

$$U_R = U - \delta U = (12-2)\text{ V} = 10\text{ V}$$

$$\Delta_{b1} = (100\% \times 2.22 \times 0.02 \times 10/1)\text{ mm} = 0.444\text{ mm}$$

$$\Delta_{b2} = (100\% \times 2.22 \times 0.02 \times 10/2)\text{ mm} = 0.222\text{ mm}$$

对同一类工件材料，加工时电解液不常更换，这时 η、ω、σ 基本不变。因此，平衡间隙主要由选用的电压和进给速度所决定。端面平衡间隙一般为0.12～0.8 mm，比较合适的为0.25～0.3 mm。

2）法向平衡间隙

对于许多工件的型腔和表面来说，阴极的端面不一定和进给方向垂直，而是成一定的角度，如图8－15所示。这时，各点的法向进给速度 $v_n = v\cos\theta$，将此式代入式（8－12），可得法向平衡间隙为

$$\Delta_n = \frac{\eta\omega\sigma U_R}{v\cos\theta} = \frac{\Delta_b}{\cos\theta} \tag{8-13}$$

式中 θ——斜面的法线方向与阴极进给方向的夹角。

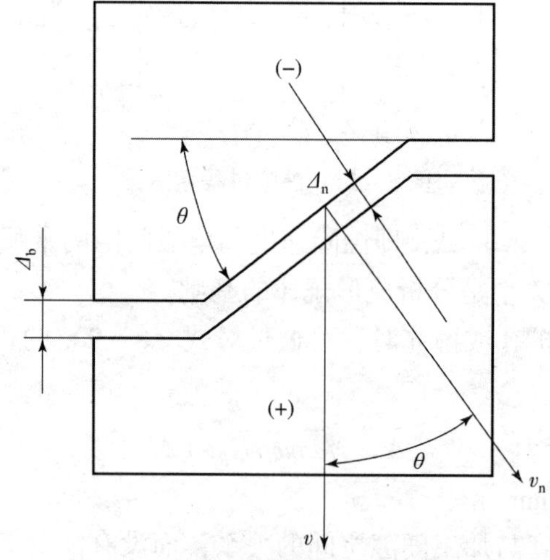

图8－15 法向间隙及法向进给速度

可见，各点的法向平衡间隙比端面平衡间隙要大。此式简单且便于计算，但必须注意，此式在进给速度和蚀除速度达到平衡、间隙是平衡间隙而不是过渡间隙的前提下才是正确的，实际上，在加工时倾斜底面在进给方向上加工间隙往往并未达到端面平衡间隙。底面越倾斜，计算出的 Δ_n 值与实际值的偏差也越大，因此，此式只有当 $\theta \leqslant 45°$ 且精度要求不高时才可采用。当 $\theta \geqslant 45°$ 时，应当加以修正。

3）侧面间隙

加工型孔或型腔时，工件尺寸精度受侧面间隙的影响较大。若电解液为 NaCl，阴极侧面不绝缘，则工件型孔侧壁始终处在被电解状态，势必形成“喇叭口”，如图 8－16（a）所示。

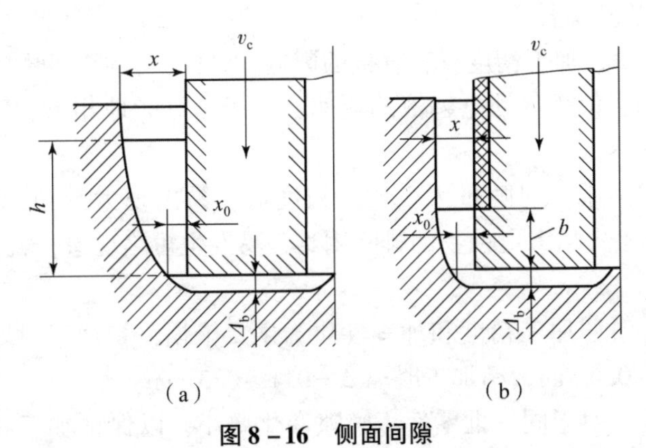

图 8－16　侧面间隙

（a）侧面不绝缘；（b）侧面绝缘

设相应于某进给深度 $h = v_c t$ 处的侧面间隙为 $\Delta_0 = x$，那么，该处 x 方向的溶解速度为 $\eta\omega\sigma U_R / x$，经过时间 $\mathrm{d}t$ 后，该处的间隙将会产生一个增量 $\mathrm{d}x$，即

$$\mathrm{d}x = \frac{\eta\omega\sigma U_R}{x}\mathrm{d}t$$

将上式积分

$$\int x\mathrm{d}x = \int \eta\omega\sigma U_R \mathrm{d}t$$

$$x^2/2 = \eta\omega\sigma U_R t + C$$

当 $t = 0$ 时，$x = x_0$（x_0 为侧面起始间隙），则 $C = x_0^2$，有

$$x = \sqrt{(2\eta\omega\sigma U_R t + x_0^2)} \tag{8-14}$$

将 $t = h/v_c$ 代入上式得

$$\Delta_a = x = \sqrt{\left(\frac{2\eta\omega\sigma U_R h}{v_c} + x_0^2\right)} = \sqrt{2\Delta_b h + x_0^2} \tag{8-15}$$

当工具底侧面处的圆角半径很小时，$x_0 \approx \Delta_b$，则上式为

$$\Delta_a = \sqrt{2\Delta_b h + \Delta_b^2} = \Delta_b \sqrt{\frac{2h}{\Delta_b} + 1} \tag{8-16}$$

由此可知，阴极工具侧面不绝缘时，侧面上的任何一点的间隙将随工具进给深度而变，侧面为一抛物线喇叭口。如果对侧面进行绝缘，如图 8－16（b）所示，只留下宽度为 b 的工作圈，工件的型孔侧面就不会溶解，形成一个直口，这时，侧面间隙与进给深度 h 无关，

只取决于工作圈宽度 b，也可以由式（8－15）求得

$$\Delta_a=\sqrt{2\Delta_b b+\Delta_b^2}=\Delta_b\sqrt{\frac{2b}{\Delta_b}+1} \tag{8-17}$$

4）平衡间隙理论的应用

平衡间隙理论主要可以进行以下的计算和分析：计算加工中端面、斜面、侧面的电极间隙，这样就可以根据阴极的形状来推算加工后工件的形状和尺寸；设计电极极尺寸和修正量，即根据工件的形状尺寸计算阴极的形状尺寸；分析加工精度，如整平比及由毛坯留量不均引起的误差，由阴极、工件原始位置不一致引起的误差等；选择加工参数，如电源电压、进给速度、电解液的浓度和温度等。

5）对加工间隙的基本要求

加工间隙对生产率、加工精度有着直接的影响。为此，对加工间隙的基本要求如下。

（1）间隙要均匀，使得各处电解液的流速、电场尽可能地相近，特别是在精加工阶段更应如此。

（2）间隙大小要适中。间隙过大，加工精度低，易出现大圆角，能耗也大；间隙小，则温升高，电解产物多，增大电蚀物的排除困难，易发生短路现象，就要需要提高电解液的流速和压力。

确定加工间隙应参照加工精度和加工性质为主要依据，粗加工时取 $\Delta=0.3\sim0.9$ mm，半精加工取 $\Delta=0.2\sim0.6$ mm，精加工时取 $\Delta=0.1\sim0.3$ mm。

（3）间隙要稳定，对于同一批零件，间隙变化要小，以保证加工精度的相近性，缩小尺寸的分散范围，提高工件的重复精度。

6）影响加工间隙的其他因素

除阴极进给速度外，电解液的成分、温度、工件材料及其金相组织、电流密度、电流效率、电压等也将影响平衡间隙。

电流效率在电解加工过程中会发生变化，如电解液的成分、温度、浓度的不同变化，要影响到电流效率，而且对电导率也有较大的影响；工件材料及其金相组织、电极表面的钝化和活化状态不同，也会使电流效率发生变化，从而影响平衡间隙。

工具电极的形状变化会影响加工区内电场强度的分布，影响电流强度的均匀性，如尖角处的电力线密度大，电流密度高，蚀除速度快，而凹角处则相反。因此，在设计电极时，需要考虑电场的分布状态。

电解液的流动方向对平衡间隙也有影响，从而对加工精度和加工表面粗糙度会产生很大的影响：入口处为新鲜的电解液，压力大，蚀除能力强；越靠近出口处，电解液中的电解产物（氢气泡和氢氧化物）越多，压力越小，电导率和蚀除能力也越低。因此，入口处的平衡间隙比出口处大，加工精度和加工表面粗糙度也比出口处好。电解液的流程越长，差别越明显。但出口处电解液的温度较入口处高，电导率会增加，这和上述电解产物的作用相反。由于二者的作用不可能完全相等，所以只能抵消一部分。

加工电压的变化会直接影响到加工间隙的大小。因此，在加工过程中控制加工电压和稳压非常重要。

2. 加工精度及其影响因素

电解加工精度主要包括复制精度和重复精度两项内容。前者是工件尺寸形状与工具电极

尺寸形状之间的符合程度，主要受沿工件加工表面的间隙分布均匀性的影响；后者是指被加工的一批零件之间的尺寸形状的相对误差，主要受加工一批工件时极间间隙的稳定性的影响。

1）复制精度与加工参数的关系

首先要根据工件的尺寸和形状来设计工具电极，这是提高电解复制精度的前提条件。当设计好工具电极后，合理地选择加工参数就成为保证和提高复制精度的重要措施。

复制精度的高低与加工时所能达到的平衡间隙有很大关系。平衡间隙小，复制精度就高，反之则复制精度低。工件的形状、电解液的流向、流程和电解液在间隙内所能达到的流速、电流密度和进给速度都影响平衡间隙。工件的形状简单，电解液的流程短，工件与工具电极间隙内电解液的流速高，电流密度相对较大和具有较高的进给速度时，就可获得较小的平衡间隙。若由于电解液的流程、流速不能保证在预定的小间隙内使用高电流密度加工时，要尽可能地保持间隙恒定，此时可采用较低的电流密度和较低的进给速度加工，这样复制精度比使用大间隙和大电流密度加工时要高些，但生产率可能低一点。如果适当提高间隙电压，用较低电导率的电解液来达到较小的电流密度，更有利于复制精度的提高。

电解液浓度对复制精度也有影响，浓度低时比浓度高时的复制精度高。

电解液的电流效率对复制精度的影响也比较显著。对钝化性电解液，随着电流密度的提高而提高，电流效率随电流密度的变化越明显，则复制精度就越高，如 $NaNO_3$、$NaClO_3$ 电解液。NaCl 电解液在加工时，离阴极电极较远的地方仍然会产生电化学反应，造成工件的“过切”，降低复制精度。

对不同的工件材料，相同的电解液成分其复制精度也不一样。例如，$NaNO_3$、$NaClO_3$ 电解液加工低合金钢和一些铁基合金时，有较高的复制精度，而加工钛合金时复制精度明显降低。因此，要根据被加工工件材料的性质选用不同的电解液，或通过使用添加剂来改变电解液对工件材料的适应性。

加工间隙内电解液的流速越高、流场的均匀性越好，复制精度就越高。

2）重复精度与加工参数的关系

在电解加工过程中，任何一个加工参数的变化都会影响平衡间隙的稳定性。对于同一批工件而言，平衡间隙将影响它们之间尺寸的一致性，重复精度主要受各加工参数稳定性的影响。

（1）电解液的电导率。当其他条件不变时，由式（8－12）可知电导率 σ 的变化直接影响平衡间隙的波动，从而降低重复精度。导致电导率变化的因素有电解液的成分、浓度、温度等。电解液的种类一经选定，在加工时电解液的浓度基本不变，尽可能把温度变化控制在较小的范围内，如使用热交换器和适当增大电解液池容量。

对 $NaNO_3$ 和 $NaClO_3$ 这类钝化性电解液来说，电解液的温度和浓度要影响电导率而电导率 σ 的变化还会影响电流效率，它们的温度和浓度的变化对平衡间隙和复制精度的影响更大，更需要严格控制温度和浓度的变化。此外，$NaNO_3$ 电解液的 pH 值会随加工过程改变。$NaClO_3$ 电解液在使用过程中会逐渐分解，从而导致电解液中的氯离子增加。pH 值变化和氯离子的增加，都会影响电导率、电流效率和间隙电压。因此，在使用这类电解液时除了控制温度和浓度，还要控制电解液的 pH 值和氯离子浓度，以便达到较高的重复精度。

（2）间隙电压。间隙电压的稳定与否对重复精度将产生直接的影响。加工电压和分解电压都影响间隙电压。当工件材料、电解液成分、浓度、温度、流速都保持相对稳定时，分解电压 δU 就基本不变，这时控制加工电压 U 就能保持间隙电压 U_R 的相对稳定。

（3）进给速度 v_c。工件的重复精度还受工具电极进给速度的影响。在加工过程中，进给速度 v_c 要稳定，不因其他因素而改变；低速时不应产生爬行。具体来说，机床的进给速度变化率应小于5%。

（4）间隙内电解液流速。电解液在加工间隙内的流速由电解液的进口压力和出口背压决定，当流速稳定时，阳极的极化程度和间隙内的电阻分布就能够保持相对稳定，重复精度就高。随着电解液中的金属氢氧化物的增加，电解液的黏度增大，流速就会降低，并进一步影响到间隙内的电导率和阳极极化程度，从而使复制精度降低。因此，在批量工件加工时，应控制电解液的流速，将电解液中的金属氢氧化物的含量控制在4%以内。

3. 表面质量及其影响因素

电解加工的表面质量包含两个方面的含义：一是表面粗糙度；二是表面层的物理化学性能。前者反映了工件表面的微观几何形状，正常电解能达到 Ra 1.25 ~0.16 μm 的表面粗糙度。电解加工是基于阳极电化学溶解原理的典型的非接触式加工，它以离子形式去除工件材料，对材料的作用力和热影响力很小，加工表面几乎不会发生塑性变形，不存在残余应力、冷作硬化或表面烧伤等物理力学性能缺陷。影响表面质量的主要因素如下。

（1）工件材料。工件材料的合金成分、金相组织及热处理状态对电解加工表面粗糙度的影响很大。合金成分多、杂质多、金相组织不均匀、结构较疏松、结晶粗大、晶粒不均匀等，都会造成蚀除速度不同，使得材料蚀除不均匀，导致加工后的表面不平整，如铸铁、高碳钢的表面粗糙度就较差。可采用适当的热处理，如高温均匀化退火、球化退火，使组织均匀及晶粒细化等。

（2）工艺参数。一般来说，电流密度较高、加工间隙较小，有利于阳极的均匀溶解，使表面粗糙度值降低。电解液流速要适当，过低时，由于电解产物排出不及时，氢气泡的分布不均，或由于加工间隙内电解液的局部沸腾化，造成表面缺陷；而流速过高时，则可能引起流场不均，局部形成真空而影响表面质量。电解液的温度应控制在适当的范围，过高时，会引起阳极表面的局部剥落而造成表面缺陷；温度过低，钝化较严重，也会引起阳极表面不均匀溶解或形成黑膜。

（3）工具阴极的设计与制造。阴极上喷液口的设计和布局如果不合理，就会造成流场不均匀，进而影响表面质量。另外，阴极表面的条纹、划痕等会相应地复印到工件表面，所以应注意保证阴极表面的加工质量。

此外，工件表面必须除油去锈，选择与工件材料相适应的电解液且电解液必须沉淀过滤，不含固体颗粒杂质等。

4. 提高电解加工精度的措施

电解加工的效率高，但精度较差。影响电解加工精度的因素是多方面的，包括工件材料、阴极工具材料、加工间隙、电解液的性能以及电解直流电源的技术参数等。为提高电解加工精度，近年来出现了一系列新的电解加工工艺方法，获得了良好的应用效果。

1）脉冲电流电解加工

采用脉冲电流电解加工可以明显地提高加工精度、表面质量和稳定性，在生产中已实际应用并正日益得到推广。采用脉冲电流电解加工能够提高加工精度的主要原因如下。

（1）脉冲电流可大幅度减小加工间隙内电解液电导率的不均匀化程度。加工区内阳极溶解速度不均匀是产生加工误差的根源。阴极析氢使阴极表面产生一层含有氢气气泡的电解液层，由于电解液是流动的，氢气气泡在电解液内的分布就不会均匀。靠近电解液入口处的阴极附近，几乎没有或很少有氢气气泡，而远离电解液入口处的阴极附近，电解液中将会含非常多的氢气气泡。这对电解液流动的速度、压力、温度和密度有很大影响，并集中反映在电解液电导率的变化上，造成工件各处电化学阳极溶解速度不均匀，从而形成加工误差。采用脉冲电流电解加工就可以在两个脉冲的间隔时间内，通过电解液的流动与冲刷，使间隙内电解液的电导率分布基本均匀。

（2）脉冲电流电解加工使阴极在电化学反应中断续析出氢气，呈脉冲状，它可以对电解液起搅拌作用，有利于电解产物的去除，提高电解加工精度。

还有人采用脉冲电流－同步振动电解加工，即在阴极上与脉冲电流同步，施加一个机械振动，即当两电极间隙最近时进行电解，当两电极距离增大时停止电解而进行冲液，从而改善了流场特性，可以更加充分地发挥脉冲电流电解加工的优点。

脉冲电流电解加工已成为电解加工的重要方法，尤其是在微细电化学加工领域，随着超短脉冲、纳秒级脉冲电源的出现和被采用，较好地解决了电解加工的定域性问题，已可实现纳米尺度的微细电解加工。

2）小间隙电解加工

从式（8－10）可知，工件材料的蚀除速度与加工间隙成反比关系，而实际加工中由于余量分布不均，以及加工前零件表面微观不平度等的影响，各处的加工间隙是不均匀的。突出部位的去除速度将大大高于低凹处，提高了整平效果，由此可见，加工间隙越小，越能提高加工精度。同时小间隙加工对提高加工效率也是有利的。

但随着电极间隙的减小，流场特性将更加复杂，特别是电极间隙内电解液的流动，使得加工过程容易发生短路等故障。因此，小间隙电解加工时，对机床、电解液系统所能提供的压力、流速及过滤情况等有更高的要求。

3）改进电解液

采用低质量分数（低浓度）电解液，加工精度可显著提高。例如，对于 $NaNO_3$ 电解液，过去常用的质量分数为20%～30%。如果采用4%的低质量分数电解液加工压铸型，则加工表面质量良好，间隙均匀，复制精度高，棱角清晰，侧壁基本垂直，垂直面加工后的斜度小于1°。加工球面凹坑时，可直接采用球面阴极，其加工间隙均匀，因而可以大大简化阴极工具设计。采用低质量分数电解液的缺点是效率较低，加工速度不能很快。

除了前面已提到的钝化型电解液，正进一步研究采用复合电解液，主要是在 NaCl 电解液中添加其他成分，既保持 NaCl 电解液的高效率，又提高加工精度。例如，在 NaCl 电解液中添加少量 Na_2MoO_4、$NaWO_4$，两者都添加或单独添加，质量分数共为0.2%～3%，加工铁基合金具有较好的效果。

4）混气电解加工

混气电解加工是指在电解液中均匀混入一定压力的气体，使电解液成为包含无数气泡的气液混合物，然后送入加工区进行电解加工的方法。该方法可以提高成形加工精度并简化工具电极的设计制造。混气电解加工能提高加工精度的主要原因如下。

（1）有利于提高加工精度。由于气体不导电，气泡的混入增加了电解液的电阻率，减少了杂散腐蚀，使电解液向非线性方向转化。间隙内的电阻率随着压力的变化而变化，一般间隙小处压力高，气泡体积小，电阻率较低，电解作用强；间隙大处刚好相反，电解作用弱。

（2）有利于改善间隙流场状态，提高加工稳定性。由于气体的密度和黏度远小于液体，因此大大降低了混气电解液的密度和黏度，使得电解液在低压下也能获得较大的流速，高速流动的气泡还可起到搅拌作用，均匀流场，消除死水区，减轻浓差极化，减少短路发生的可能性。

与普通电解加工相比，采用混气电解加工的加工精度高，重复精度达±0.15－±0.05 mm，杂散腐蚀小，表面粗糙度值小，加工圆角半径小。采用 $NaNO_3$ 电解液和复合电解液进行混气电解加工则加工精度更高。

由于混气电解液的非线性特征，使得其具有很高的成形复制精度，这大大地降低了工具阴极的设计难度。当然，混气后电解液的电阻率显著增加，使得在同样的加工电压和加工间隙条件下电流密度显著降低，其加工效率较不混气时将降低1/3～1/2。但由于其缩短了阴极的设计与制造周期，提高了加工精度，因此其总体生产率还是有所提高的。另一个缺点是需要一套附属供气设备，要有压力足够高的气源、承压能力足够好的管道及良好的抽风设备等。

五、电解加工的应用

电解加工是一种成熟的特殊加工方法，我国自1958年首先在膛线加工中应用，后来逐渐在深孔、花键孔、链轮、内齿轮、叶片、异型零件和模具制造等方面加以推广。下面介绍几种电解加工的典型应用实例。

1. 深孔扩孔和深小孔加工

1）深孔扩孔加工

深孔扩孔电解加工时，按工具阴极的运动方式不同可分为固定式和移动式两种。

固定式即工件和阴极间没有相对运动，如图8－17所示。其优点是：设备简单，生产率高，操作简便。但阴极要比工件长，所需电源功率较大；在进出口处由于温度及电解产物含量等不相同，容易引起加工表面粗糙度和加工精度不均匀；工件过长时，阴极刚度不足。因此，固定式电解加工适用于对孔径较小、深度不大的工件的加工。

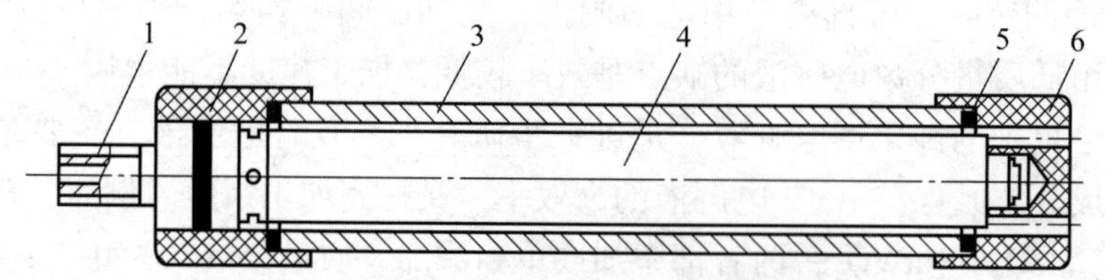

1—电解液入口；2—绝缘定位套；3—工件；4—工具阴极；5—密封垫；6—电解液出口。

图8－17 固定式阴极深孔扩孔示意图

移动式电解加工通常多采用卧式，阴极在零件内孔作轴向移动。其特点是：阴极较短，精度要求较低，制造简单，不受电源功率的限制。但需要有效长度大于工件长度的机床，且在工件两端由于加工面积不断变化而引起电流密度的变化，会出现收口和喇叭口，需采取自动控制措施。该方法主要用于深孔加工。在工具电极移动的同时，再作旋转，可加工内孔膛线。

阴极设计应结合工件的具体情况，尽量使加工间隙内各处的流速均匀一致，避免产生涡流及死水区。扩孔时如果设计成圆柱形阴极，如图 8－18（a）所示，则由于在进出口处由于温度及电解产物含量等的差异，实际加工间隙沿阴极长度方向变化，结果越靠近后段流速越小；如设计成圆锥形阴极，如图 8－18（b）所示，则加工间隙基本上是均匀的。

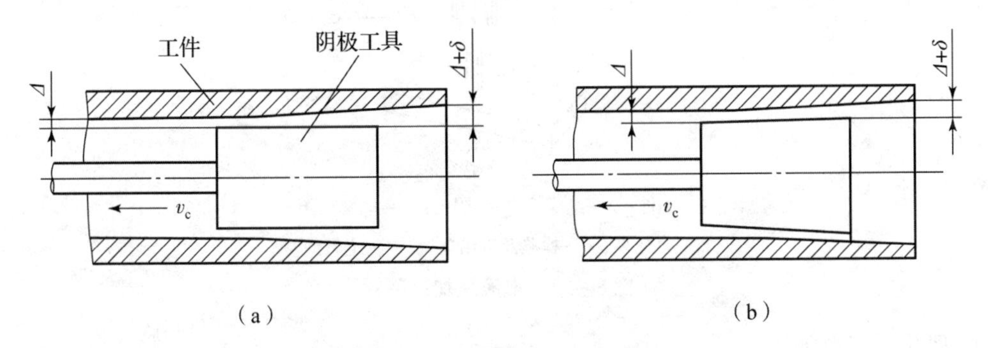

图 8－18　移动式阴极深孔扩孔示意图

（a）圆柱形阴极；（b）圆锥形阴极

2）深小孔加工

电解加工深小孔主要有两种方法，即普通电解加工和电液束加工。

（1）普通电解加工。普通电解加工深小孔如图 8－19 所示，采用管状阴极，以常用的 NaCl、$NaNO_3$ 或 $NaClO_3$ 等水溶液为电解液，工具阴极采用不锈钢管制成，外周涂覆绝缘层，保护工件侧壁，可加工深径比较小、孔径精度要求较低的深小孔。

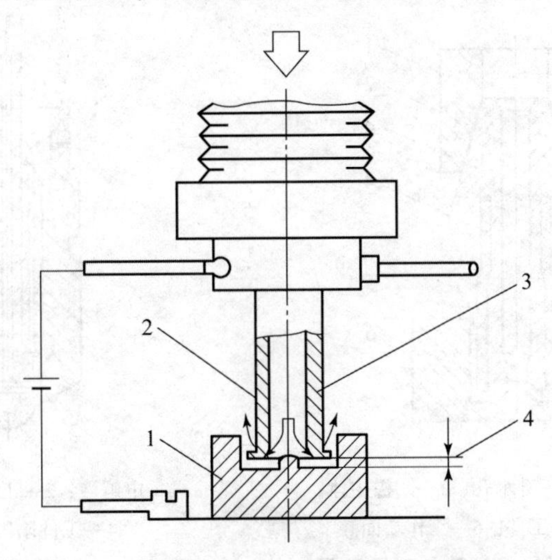

1—工件；2—绝缘层；3—管状阴极；4—电极间隙。

图 8－19　普通电解加工深小孔

（2）电液束加工。电液束加工装置如图 8－20 所示。喷嘴内设有阴极，电解液通过绝缘喷嘴高速喷出，形成电解液束流。电解液束流通过阴极时带负电，喷到工件上时，在工件喷射点上产生阳极溶解，并随着阴极进给不断溶解成深小孔。电液束加工适用于加工直径 0.8 mm 以下，深径比 50∶1 以上的深小孔，孔径精度达 ±0.025 mm。

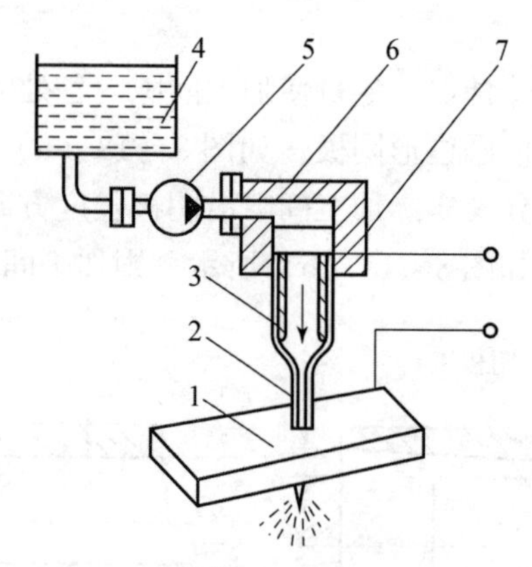

1—工件；2—绝缘管；3—阴极；4—电解液箱；
5—高压泵；6—检验及进给装置；7—电解液。

图8－20　电液束加工装置

2. 型孔、套料加工

1）型孔加工

对一些形状复杂、尺寸较小的四方、六方、椭圆、半圆等形状的通孔和盲孔，机械加工非常困难，可采用电解加工。图8－21为端面进给式型孔加工示意图。为了提高加工速度，可适当增加端面工作面积，阴极侧面必须绝缘以避免锥度。图8－22为喷油嘴内圆弧槽加工示意图。

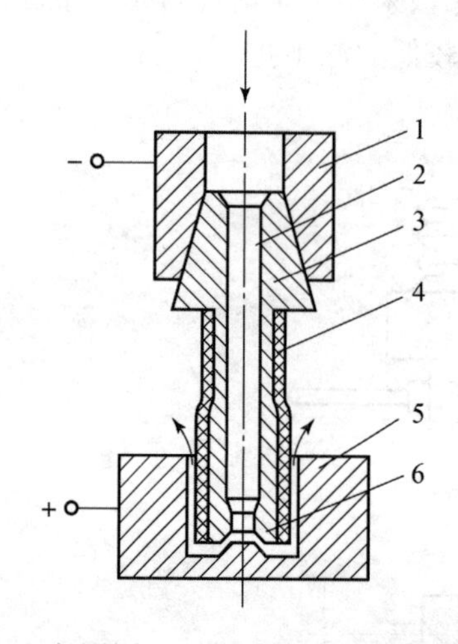

1—机床主轴套；2—进水孔；3—阴极主体；
4—绝缘层；5—工件；6—工作端面。

图8－21　端面进给式型孔加工示意图

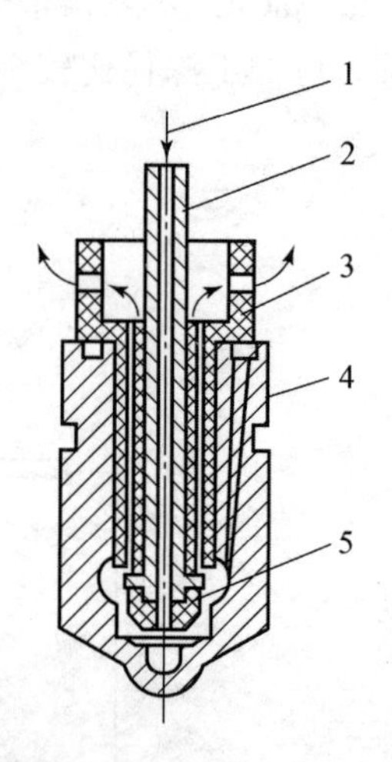

1—电解液；2—工具阴极；3—绝缘层；
4—工件阳极；5—绝缘层。

图8－22　喷油嘴内圆弧槽加工示意图

2）套料加工

如图8－23所示的异型零件，如用常规的铣削，加工将非常麻烦，采用如图8－24所示的套料阴极则可方便地进行套料加工。阴极片为0.5 mm厚的纯铜片，用软钎焊焊在阴极体上，零件尺寸精度由阴极片内腔口保证，当加工中偶尔发生短路烧伤时，只需更换阴极片，而阴极体可以长期使用。

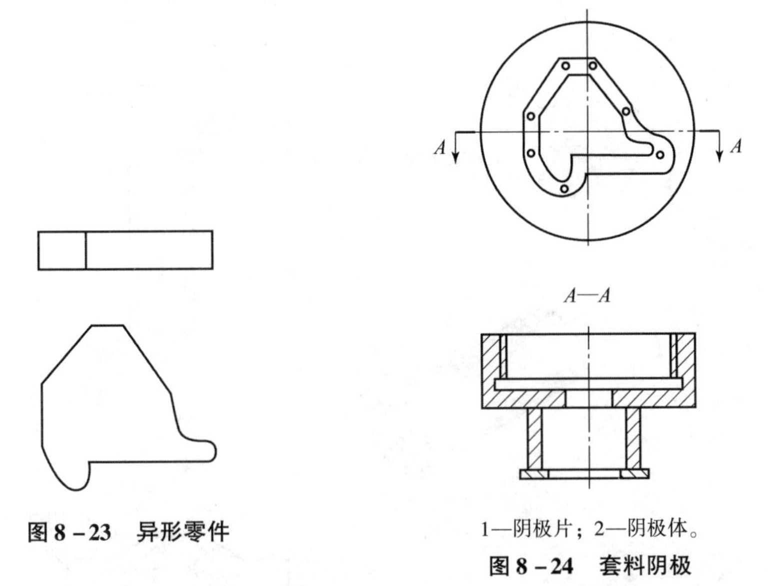

图 8-23 异形零件

1—阴极片；2—阴极体。

图 8-24 套料阴极

3. 型腔、型面加工

1）型腔加工

锻模等型腔模，因电火花加工的精度较易控制，目前大多采用电火花加工，但生产率较低，模具消耗量较大，因此精度要求一般的矿山机械、拖拉机零部件等的模具制造，近年来才逐渐采用电解加工。目前实际采用的电解加工主要方法有：非线性电解液、反向流动加工；线性电解液、低压混气加工；非线性电解液、高压混气加工；脉冲电流、振动进给加工等。电解加工锻模可获得较高的生产率和较小的表面粗糙度值，其尺寸精度为 ±0.5 ~ ±0.3 mm。采用混气电解加工锻模，可大大简化阴极工具设计，且加工精度可以控制在 ±0.1 mm之内。

复杂型腔表面加工时，电解液流场不易均匀，在流速、流量不足的局部地区电蚀量将偏小，容易产生短路。此时应在阴极的对应处设置增液孔或增液槽，增补电解液使流场均匀，避免短路烧伤现象，如图 8-25 所示。

2）型面加工

涡轮发动机、增压器、汽轮机等的叶片，其型面形状复杂，精度要求高，且材料多为耐热或高温合金钢，采用机械加工难度较大。而采用电解加工，则不受叶片材料硬度和韧性的限制，在一次行程中就可加工出复杂的叶身型面，生产率高，表面粗糙度值小，因此在生产上已获得普遍的应用。图 8-26 是采用套料方法电解加工整体叶轮的示意图，加工完一个叶片，退出阴极，分度后再加工下一个叶片。只要把叶轮坯加工好后，就可直接在轮坯上电解加工叶片，加工周期可大大缩短，叶轮强度高，质量好。

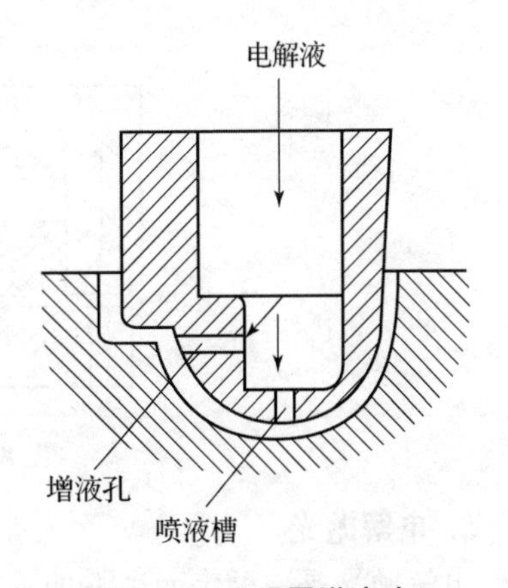

图 8-25 设置增液孔

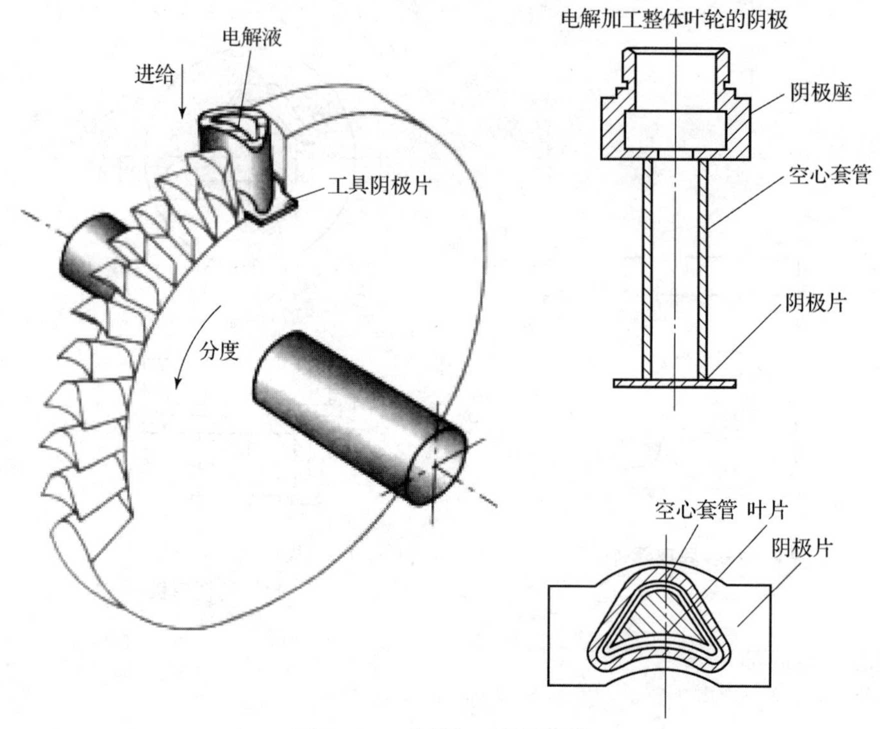

图8－26　电解加工整体叶轮

4. 电解倒棱去毛刺

机械加工中去毛刺的工作量很大，尤其是去除硬而韧的金属毛刺，需要占用很多人力，而且很难清除干净。电解倒棱去毛刺可以大大提高工效、减轻劳动强度和节省费用。图8－27为齿轮的电解去毛刺的示意图。工件齿轮套在绝缘柱上，环形电极工具也靠绝缘柱定位安放在齿轮上面，并保持正确的相对位置（3～5 mm间隙，根据毛刺大小而定），电解液在阴极端部、毛刺旁边和齿轮的端面齿面间流过，阴极和工件间通上20 V以上的电压（电压高，间隙可大些），约1 min就可去除毛刺。

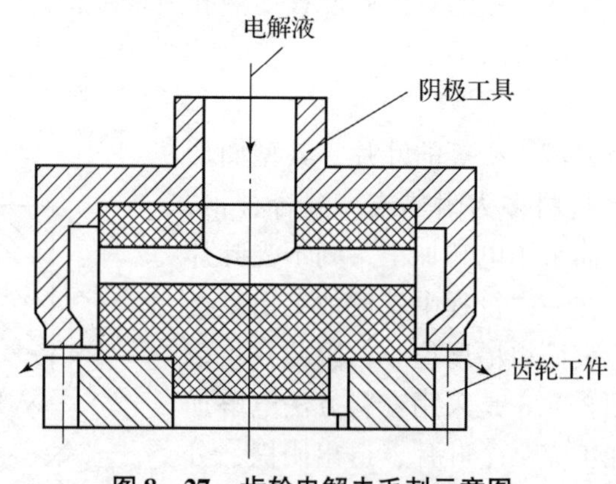

图8－27　齿轮电解去毛刺示意图

5. 电解抛光

电解抛光是一种表面光整加工方法，利用金属在电解液中的电化学阳极溶解对工件表面进行腐蚀抛光，它只用于减小工件的表面粗糙度值和改善表面的物理力学性能，而不改变工件尺寸和形状。它和电解加工的区别在于：工件和工具之间的加工间隙大，利于表面均匀溶解；电流密度也比较小；电解液一般不流动，必要时加以搅拌。因此，电解抛光所需的设备和阴极比较简单，不需要电解液循环、过滤系统。

电解抛光的效率比机械抛光高，而且抛光后的表面生成致密牢固的氧化膜，提高了工件的耐蚀能力，不会产生加工变质层和表面残余应力，且不受被加工材料硬度和强度的限制，因而在生产中经常采用。

影响电解抛光质量的主要因素如下。

（1）电解液的成分、比例。这对抛光质量有着决定性的影响。目前从理论上尚不能确定某种金属或合金最适宜的电解液成分、比例，主要是通过实验来确定。

（2）电参数。主要是阳极电位和阳极电流密度。一般来讲，采用高的电流密度可获得较高的生产率和较好的表面质量。但在有些情况下，则刚好相反。在实际加工中，常采用控制阳极电位来控制表面质量。

（3）电解液的温度及搅拌。电解液的温度对于每一种金属或合金来说，都有一个最适宜的范围，目前主要依靠实验来确定。电解抛光时，应采用搅拌的方法，促使电解液流动，以保证抛光区域的产物排出（特别是小间隙时）、离子扩散和新电解液的补充，并可使电解液的温度差减小，从而保证最适宜的抛光条件。

（4）金属的原始条件。金属的原始条件包括金属的成分、金相组织和表面状态。金属组织越均匀、细密，其抛光效果越好，如果材料为合金，则应选择适应合金成分均匀溶解的电解液。表面状态对抛光质量也有很大影响，表面粗糙度值越小，抛光效果越佳，表面粗糙度达到 Ra 2.5 ~ 0.8 μm 时，电解抛光才有效果；加工到 Ra 0.63 ~ 0.20 μm 时，则更有利于电解抛光。在抛光前，表面应除去一切污物、变质层。

除此以外，电解抛光的持续时间、阴极材料、阴极形状和极间距离等对抛光质量也有一定的影响。

6. 数控电解加工

对于复杂的型腔型面，由于阴极设计、制造困难，传统的电解加工往往无法加工，特别是当加工带有变截面扭曲叶片的整体叶轮时，传统的电解加工更是无能为力。

数控电解加工是基于数控编程发展而成的一项新电解加工工艺，通过工具阴极与工件阳极间的多维插补运动，利用简单形状的电极（球头、管状、棒状）加工出具有复杂形貌的工件，加工过程如图 8 – 28 所示。数控电解加工继承了数控加工的柔性特点，同时又兼备传统电解加工无刀具损耗、加工表面质量好等优点，还可以避免针对不同加工对象开展阴极、密封夹具的设计流程，应用灵活性较高；同时，利用电解加工技术与数控技术的结合，扩大了电解加工的应用范围，可用于数控五轴加工整体带冠扭曲叶片的涡轮盘。南京航空航天大学在这方面进行了深入的探索研究，成功将数控展成电解加工应用于航空发动机整体叶轮制造，通过管电极多维运动实现了航空发动机整体叶盘叶栅通道加工等。

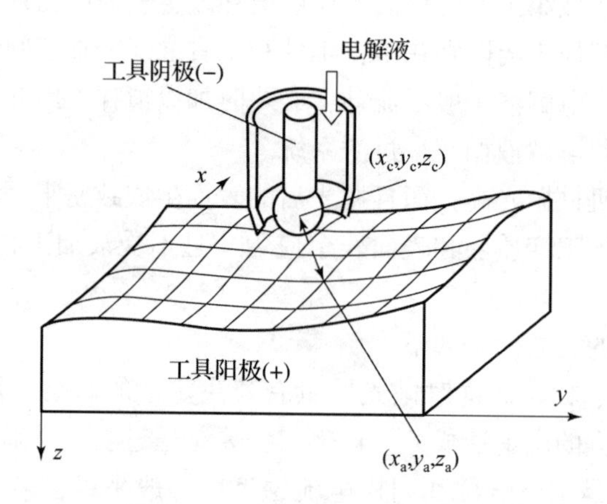

图8－28　数控电解加工示意图

数控电解加工技术具有突出的优势，但在实际应用中却受杂散腐蚀与加工速度矛盾的制约。数控电解加工过程中，电极与邻近加工区域的工件表面形成杂散电流，影响加工精度与表面质量；采取超短脉冲等提高加工定域性的工艺措施，又将影响加工速度。如何在保证加工速度的前提下抑制杂散腐蚀的影响，将数控电解加工技术有效应用于零件制造还有待深入研究。

另外，电解加工与其他加工方法相结合的电解复合加工，如电解磨削、电解珩磨、电解研磨、超声电解加工、电解电火花研磨加工等方法在硬质合金刀具、量具、模具及特殊零件加工方面显示出很好的综合应用效果，发展、应用也非常迅速。

第三节　电解磨削

一、电解磨削的基本原理和特点

电解磨削是出现较早、应用较为广泛的一种电化学机械复合加工方式，由电解作用和机械磨削作用相结合而进行加工，比电解加工的加工精度高，表面粗糙度值小，比机械磨削的生产率高。与电解磨削相似的还有电解珩磨和电解研磨。

图8－29为复合法电解磨削原理图。导电砂轮1与直流电源的负极相连，被加工工件3接正极，它在一定压力下与导电砂轮相接触。当在它们之间施加电解液时，工件与工具之间发生电化学反应，在工件表面上就会形成一层极薄的氧化物或氢氧化物薄膜。随着工具与工件的相对运动，工具把工件表面的阳极薄膜刮除，使工件表面露出新的金属并被继续电解，这样，电解作用和机械刮膜作用交替进行，使工件被连续加工，达到一定的尺寸精度和表面粗糙度。这种方法需要制造专门的导电砂轮。图8－30为中极法电解磨削加工原理图，在普通砂轮1之外再附加一个中间电极5作为阴极，工件2接正极，砂轮不导电，只用普通砂轮即可，电解作用在中间电极和工件之间进行，砂轮只起刮除钝化膜的作用，从而大大增加了导电面积，提高了生产率。

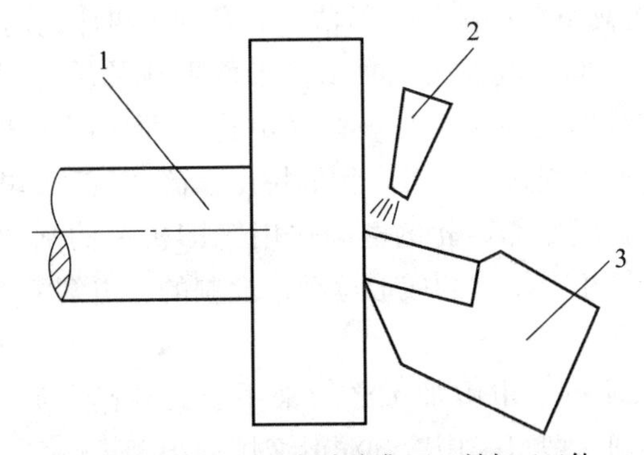

1—导电砂轮；2—电解液喷嘴；3—被加工工件。

图 8－29　复合法电解磨削原理图

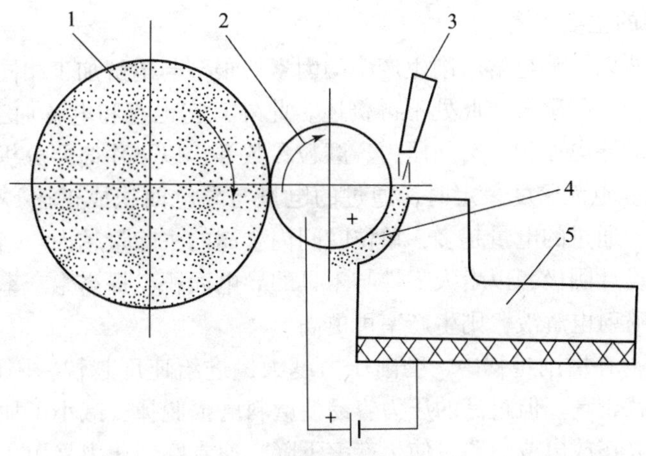

1—砂轮；2—工件；3—电解液喷嘴；4—电解液；5—中间电极。

图 8－30　中极法电解磨削原理图

电解磨削过程中，金属主要是靠电化学作用腐蚀下来，砂轮起磨去电解产物阳极薄膜和整平工件表面的作用。

电解磨削与机械磨削相比较，具有以下特点。

（1）加工范围广，加工效率高。只要选择合适的电解液就可以靠电解作用用来加工任何高硬度与高韧性的金属材料，如磨削硬质合金时，与普通的金刚石砂轮磨削相比较，电解磨削的加工效率要高 3～5 倍。

（2）可以提高加工精度及表面质量。因为砂轮并不主要用来磨削金属，磨削力和磨削热都很小，不会产生磨削毛刺、裂纹、烧伤现象，一般表面粗糙度可优于 *Ra* 0.16 μm。

（3）砂轮的磨损量小。由于磨粒主要是去除钝化膜，并整平工件表面，所以磨损量小，可显著降低成本。

与机械磨削相比，电解磨削的不足之处是：所加工的刀具等的刃口不易磨得非常锋利；机床、夹具等需采取防蚀防锈措施；还需增加抽风、排气装置，以及直流电源和电解液过滤、循环装置等附属设备。

电解磨削时电化学阳极溶解的机理和电解加工相似，但也有以下一些区别。

（1）电解磨削主要采用腐蚀能力较弱的钝化型电解液，如以 $NaNO_3$、$NaClO_3$ 等为主的电解液，不采用 NaCl 以提高电解磨削的成形精度和有利于机床的防锈防蚀。

（2）钝化膜去除方式不同。电解加工时阳极表面形成的钝化膜是靠活性离子（如 Cl^- 离子）进行活化，或靠很高的电流密度去破坏（活化）而使阳极表面的金属不断溶解去除的，加工电流很大，溶解速度很快，电解产物的排出靠高速流动的电解液的冲刷作用；电解磨削时阳极表面形成的钝化膜是靠砂轮的磨削作用（即机械的刮削）来去除和活化的，形状和尺寸精度主要是由砂轮相对工件的成形运动来控制的，电解液中不需也不能含有活化能力很强的活性离子如 Cl^- 等。

（3）采用的电解液泵不同。电解加工必须采用压力较高、流量较大的泵，如涡旋泵、多级离心泵等，而电解磨削一般可采用冷却润滑液用的小型离心泵。

二、影响电解磨削加工指标的主要因素

1. 影响生产率的主要因素

因机理相似，所以影响电解磨削生产率的因素有很多与电解加工相同，如电流密度、金属的电化学当量、加工间隙等，此处不再赘述。此外，它也有和电解加工不同的影响因素，如磨轮与工件之间的导电面积、磨削压力、磨粒参数等，以下作简要分析。

（1）导电面积。电流密度一定时，通过的电量与导电面积成正比，因此阳极和工件之间的接触面积越大，通过的电量越多，单位时间内金属的去除量越大。当采用中极法磨削时可根据工件的形状设计阴极，以增大工件与工具的导电面积，提高生产率。若利用多孔的中间电极往工件表面喷射电解液，则生产率可更高。

（2）磨削压力。在磨削过程中，磨削压力越大，进给速度越快，阳极金属被活化的程度越高，生产率也就越高。但过高的压力容易使磨料磨损脱掉，减小了加工间隙，影响电解液的输入，易引起火花放电或短路，使生产率下降。通常磨削压力采用 0.1 ~ 0.3 MPa。

（3）磨粒参数。从理论上讲，在电解磨削时，磨粒的作用仅用于去除工件表面的氧化膜，因此磨粒的硬度、粒度和速度等对生产率和加工质量影响不大。但由于磨轮上磨粒的最高点并不完全处于同一圆周上，加上磨轮主轴的径向振摆，因此磨粒也会对工件本身起直接磨削作用，去除量一般占总去除量的 5%，个别情况占 30% ~ 50%，因此，磨粒的参数对生产率和加工精度有一定影响。

另外，而电解磨削时总的金属去除量除了电解蚀除部分，还包括机械磨削部分，故电流效率可能大于 100%。

2. 影响加工精度的主要因素

（1）电解液。电解液成分直接影响阳极表面钝化膜性质。要获得高精度的零件，工件表面应生成一层结构致密、均匀、保护性能良好且有一定厚度的钝化膜，如果钝化膜结构疏松，对工件表面的保护能力差，加工精度就低。钝化型电解液形成的阳极钝化膜不易受到破坏，如硼酸盐、磷酸盐等。

加工硬质合金时，要得到较厚的阳极钝化膜，还要适当控制电解液的 pH 值，不应采用高 pH 值的电解液，因为硬质合金的氧化物易溶于碱性溶液中，一般 pH = 7 ~ 9 为宜。

（2）阴极导电面积和磨粒轨迹。电解磨削平面时，常常采用碗状砂轮以增大阴极面积，但工件往复移动时，阴、阳极上各点的相对运动速度和轨迹的重复程度并不相等，砂轮边缘线速度高，进给方向两侧轨迹重复程度较大，磨削量较多，磨出的工件往往成中凸的鱼背形

状，可采用“复合轨迹”的办法来消除或减缓上述负面影响。

工件往复运动时，由于两极之间的接触面积逐渐减少或逐渐增加，引起电流密度的相应变化，造成表面电解不均匀，也会影响加工成形精度。此外，杂散腐蚀尖端放电常引起棱边塌角或侧表面局部变毛糙。

（3）被加工材料性质。对于合金成分复杂的材料，由于不同金属元素的电极电位不同，阳极溶解速度也不同，因此，要研究适合多种金属、同时均匀溶解的电解液配方。

（4）机械因素。电解磨削过程中，阳极表面的活化主要是靠机械磨削实现的，因此机床的成形运动精度、夹具精度、磨轮精度对加工精度的影响不可忽视。其中电解磨轮占有重要地位，它不但直接影响到加工精度，而且影响到加工间隙的稳定，为此，除了精确修整砂轮，砂轮的磨料应选择较硬的、耐磨损的，采用中极法磨削时，应保持阴极的形状正确。

3. 影响表面粗糙度的主要因素

（1）电参数。工作电压是影响表面粗糙度的主要因素。工作电压低，工件表面溶解速度慢，钝化膜不易被穿透，因而溶解作用只在表面凸处进行，有利于提高精度，精加工时应选用较低的工作电压，但不能低于合金中元素的最高分解电压。工作电压过低，会使电解作用减弱，生产率降低，表面质量变坏；工作电压过高，加工则以电解去除为主，砂轮与工件表面之间甚至会产生类似于电解加工的间隙，则表面不易整平，使表面粗糙度恶化，电解磨削较合理的工作电压一般为 5 ~ 12 V。此外还应与砂轮切深、进给速度相匹配。

电解磨削时电流密度的选择应使电解作用和机械作用匹配恰当。电流密度过高，电解作用过强，表面粗糙度不好。电流密度过低，机械作用过强，也会使表面粗糙度变坏。一般情况下，粗加工阶段，以去除余量为主，则选择电流密度高、电解作用强的参数；精加工阶段，则以保证整形和尺寸精度为主，故需选择电流密度低、电解作用弱、机械磨削作用相对占优的加工参数。

（2）电解液。电解液的成分和质量分数直接影响阳极钝化膜性质和厚度，因此为了改善表面粗糙度，常常选用钝化型或半钝化型电解液。为了使电解作用正常进行，间隙中应充满电解液，而且应进行过滤以保持电解液的清洁度。

（3）工件材料的性质。加工材料对加工表面粗糙度的影响和影响加工精度的分析相同，由于材料中含不同元素、不同晶相结构，或材质缺陷、不均匀等原因，各金属成分及杂质的电化学当量不一样，从而引起不均匀溶解（尤其在金属晶格边缘），影响加工表面的粗糙度。

（4）机械因素。磨粒粒度越细，越能均匀地去除凸起部分的钝化膜，同时能使加工间隙减小，这两种作用都加快了整平速度，有利于改善表面粗糙度。但如果磨料过细，加工间隙过小，则容易引起火花而降低表面质量。一般粒度在 F40 ~ F100 内选取。

磨削压力太小，难以去除钝化膜；磨削压力过大，机械切削作用强，磨料磨损加快，使表面粗糙度恶化。

实践表明，电解磨削终了时，切断电源进行短时间（1 ~ 3 min）的机械修磨，可改善表面粗糙度和光亮度。

三、电解磨削的应用

电解磨削由于集中了电解加工和机械磨削的优点，因此，在生产中已用来磨削一些高硬度的零件，如各种硬质合金刀具、轧辊、挤压拉丝模具、深小孔、薄筒、细长杆类零件等。

1. 硬质合金轧辊的电解磨削

某硬质合金轧辊如图8－31所示。采用铜粉结合剂的人造金刚石导电砂轮进行电解成形磨削，磨粒粒度为60～100，外圆磨轮直径为300 mm，磨削型槽的成形磨轮直径为260 mm。电解液成分为亚硝酸钠9.6%，硝酸钠0.3%，磷酸氢二钠0.3%，其余为水。粗磨的加工参数为电压12 V，电流密度15～25 A/cm^2，砂轮转速2 900 r/min，工件转速0.025 r/min，一次进刀深度2.5 mm。精加工的加工参数为电压10 V，工件转速16 r/min，工作台移动速度0.6 mm/min。

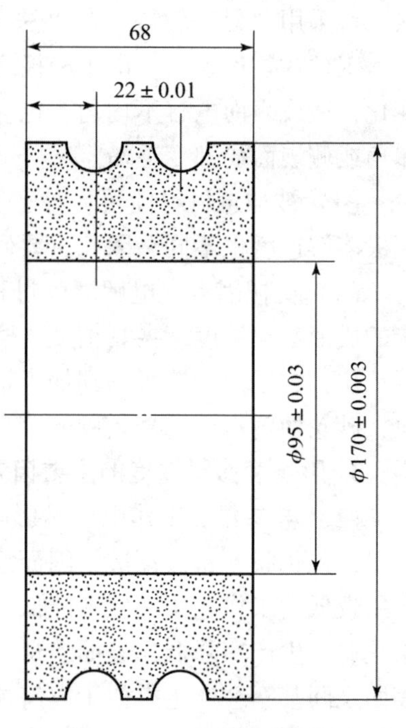

图8－31　硬质合金轧辊

加工后轧辊的型槽精度达±0.02 mm，型槽位置精度达±0.01 mm，表面粗糙度 Ra 0.2 μm，工件无微裂纹、无残余应力等缺陷，不仅加工效率高，而且大大提高了金刚石砂轮的使用寿命。

2. 电解珩磨

图8－32为电解珩磨原理图。将普通珩磨机床及珩磨头稍加改装，把普通珩磨机的切削液换成电解液并采用直流电源，加工时将珩磨头插入工件的孔中，通入电解液，珩磨头开始运动，接通电源，经过预定的珩磨时间，切断电源，使珩磨头继续珩磨几个行程结束加工。

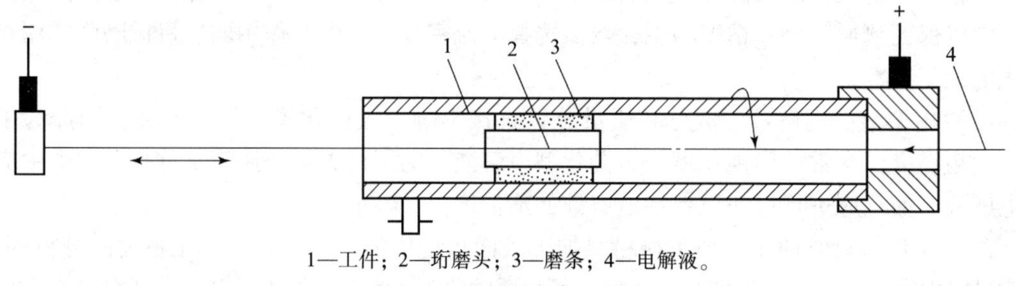

1—工件；2—珩磨头；3—磨条；4—电解液。

图8－32　电解珩磨原理图

珩磨头用金属制造，本体作阴极，珩磨条不导电。电解珩磨的电参数可在很大范围内变化，电压为3～30 V，电流密度为0.2～1 A/cm^2。加工后工件成形精度高，表面质量好，表面粗糙度值可达到 Ra 0.05～0.025 μm，磨条损耗小，工件无热应力，无毛刺、飞边等缺陷。电解珩磨主要适用于普通珩磨难以加工的高硬度、高强度和容易变形的精密零件的孔加工，及圆筒形零件精修内表面。

3. 电解研磨

在机械研磨基础上附加电解作用，就构成了一种新的加工方法——电解研磨，如图8－33所示。电解研磨加工采用钝化型电解液，利用机械研磨能去除微观表面上各高点的钝化膜，使其露出基体金属并再次形成新的钝化膜，实现表面的镜面加工。电解研磨不仅电流效率比纯电解抛光高，而且其材料去除速度比纯电解抛光和纯机械研磨都快得多。

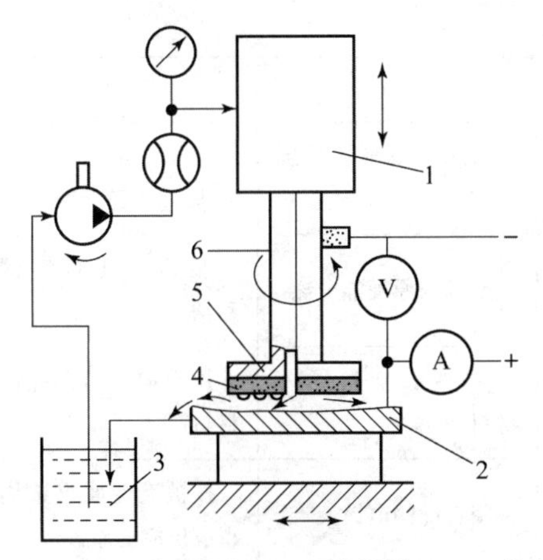

1—回转装置；2—工件；3—电解液；4—研磨材料；5—工具电极；6—主轴。

图 8-33　电解研磨加工

电解研磨按磨料是否粘固在弹性合成无纺布上可分为固定磨料加工和流动磨料加工两种。固定磨料加工是将磨料粘在无纺布上之后包覆在工具阴极上，无纺布的厚度即为电解间隙。当阴极工具与工件表面间充满电解液并有相对运动时，工件表面将依次被电解，形成钝化膜，同时受到磨粒的研磨作用，实现复合加工。流动磨料电解研磨加工时阴极工具只包覆弹性合成无纺布，极细的磨料则悬浮在电解液中，因此磨料研磨时的研磨轨迹就更加杂乱而无规律，由此可获得镜面。

电解研磨可以研磨碳素钢、合金钢、不锈钢表面。一般选用质量分数为 20% 的 $NaNO_3$ 水溶液作为电解液，电解间隙为 1 ~ 2 mm，电流密度为 1 ~ 2 A/cm^2。此法除用于抛光模具型腔外，还可以抛光加工不同类型的零件，如钢冷轧轧辊、大型船用柴油机轴类零件、大型不锈钢化工容器内壁及不锈钢太阳能电池基板的镜面加工。

第四节　阴极沉积加工

和电解加工相反，利用电解液中的金属正离子在外加电场的作用下沉积到阴极的过程对工件进行增材加工的方法称为阴极沉积加工，主要有电铸、电刷镀和复合镀等。它们在原理和本质上都属于电镀工艺的范畴，但它们之间也有明显的区别，如表 8-2 所示。

表 8-2　电镀、电铸、电刷镀和复合镀的主要区别

类别	电镀	电铸	电刷镀	复合镀
工艺目的	表面装饰、防锈	复制、成形加工	增大尺寸，改善表面性能	电镀耐磨镀层等功能镀层；制造超硬砂轮或磨具，电镀带有硬质磨料的特殊复合层表面
镀层厚度	0.001 ~ 0.05 mm	0.05 ~ 5 mm 或以上	0.001 ~ 0.5 mm 或以上	0.05 ~ 1 mm 或以上

续表

类别	电镀	电铸	电刷镀	复合镀
精度要求	只要求表面光亮，光滑	有尺寸及形状精度要求	有尺寸及形状精度要求	有尺寸及形状精度要求
镀层牢度	要求与工件牢固黏结	要求与原模能分离	要求与工件牢固黏结	要求与机体牢固黏结
阳极材料	用镀层金属同一材料	用镀层金属同一材料	用石墨、铂等钝性材料	用镀层金属同一材料
镀液	用自配的电铸液	用自配的电镀液	按被镀金属层选用现成供应的涂镀液	用自配的电镀液
工作方式	需要镀槽。工件浸泡在镀液中，与阳极无相对运动	需要镀槽。工件与阳极可相对运动或静止不动	不需镀槽。镀液浇注或含吸在相对运动着的工件和阳极之间	需要镀槽，被复合镀的硬质材料放置在工件表面

一、电铸加工

1. 电铸加工的基本原理

电铸加工的原理如图8－34所示。用导电的原模作阴极，用电铸的金属（如纯铜）作阳极，用电铸材料的金属盐（如硫酸铜）溶液作电铸液。在直流电源的作用下，电铸液中的金属阳离子在阴极上还原成金属，沉积于原模表面，而阳极金属则源源不断地变成金属离子溶解到电铸液中进行补充，使溶液中金属离子的浓度基本保持不变。当阴极原模电铸层逐渐达到要求的厚度时，与原模分离，即可获得与原模型面凹凸相反的电铸件。

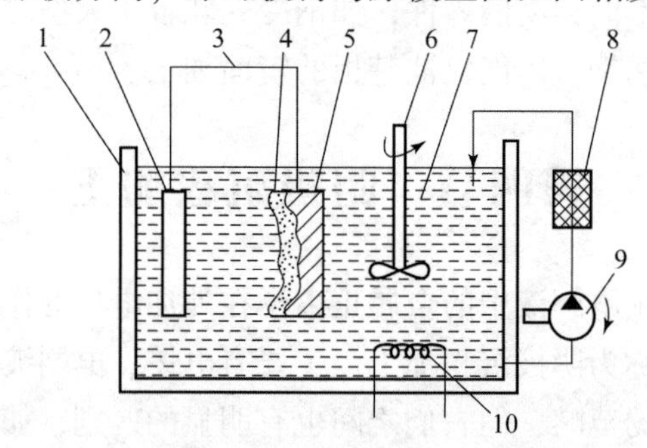

1—电镀槽；2—阳极；3—直流电源；4—电铸层；5—原模（阴极）；6—搅拌器；7—电铸液；8—过滤器；9—泵；10—加热器。

图8－34　电铸加工原理图

2. 电铸加工的特点

电铸加工的主要特点如下。

（1）能准确、精密地复制复杂型面和微细纹路。

（2）能获得尺寸精度高、表面粗糙度值小的复制品，同一原模生产的电铸件一致性极好。

(3) 借助石膏、石蜡、环氧树脂等作为原模材料，或直接利用金属原模，可进行复杂零件内、外表面的复制，然后再电铸复制，适应性广泛。

(4) 通过改变电铸液成分、工作条件及使用添加剂，可获得不同性能要求的电铸层。

(5) 原模无损伤，所以原模可重复使用。

(6) 电铸也存在诸如原模的制造技术要求高、生产周期长、尖角或凹槽部分铸层不均匀、有时存在一定程度的脱模困难等方面的缺点。

由于电铸工艺的这些特点，它经常用来制取具有复杂曲面轮廓或精细形貌的工件，在航空、仪表及塑料行业中，已成为制造精密、异形产品的重要手段之一。

3. 电铸加工基本设备

电铸的基本设备如下。

(1) 电铸槽。电铸槽的材料应以不受电铸液的腐蚀为原则。外框一般用钢板焊接，内衬铅板、橡胶、聚氯乙烯薄板或其他塑料。小型槽可用陶瓷、玻璃或搪瓷制品，大型的可用耐酸砖衬里的水泥槽。

(2) 直流电源。和电镀类似，通常采用低电压、大电流，电压为 3 ~ 20 V 可调，一般用硅整流或晶闸管直流电源。

(3) 搅拌和循环过滤系统。搅拌可降低浓差极化，加大电流密度，提高加工质量和生产率。搅拌的方法有循环过滤法、压缩空气法、超声振动法和机械法等。

循环过滤的作用是除去溶液中的固体杂质微粒，常用玻璃棉、丙纶丝、泡沫塑料或滤纸芯筒等过滤材料，过滤速度以每小时能更换循环 2 ~ 4 次镀液为宜。

(4) 加热和冷却装置。电铸所需时间较长，在电铸期间要保持电铸液温度基本不变，故需要加热或冷却进行恒温控制。常用蒸汽和电热的方法对电解液进行加热，用吹风或自来水对电解液进行冷却。

4. 电铸加工的工艺过程

电铸加工的主要工艺过程如下：原模表面处理—电铸至规定厚度—衬背处理—脱模—清洗—干燥—成品。

1) 原模表面处理

要求精度高、表面粗糙度值小、批量生产时，选用耐久性原模；当精度和表面粗糙度要求不高，或形状复杂、脱模困难时，选用临时性原模。原模材料根据精度、表面粗糙度、生产批量、成本等要求可采用不锈钢、碳素钢、铝、低熔点合金、环氧树脂、塑料、石膏、蜡等不同材料。表面清洗干净后，金属原模一般采用在重铬酸盐溶液中进行钝化处理，使之形成不太牢固的钝化膜，以便于电铸后易于脱模；对于非金属原模材料，需对表面作导电化处理，否则不导电无法电铸。常用的方法有：以极细的石墨、铜粉或银粉混合少量胶黏剂做成导电胶，均匀涂覆在原模表面上；用真空镀膜或阴极溅射（离子镀）法使表面覆盖一薄层金、银或铂的金属膜；用化学镀的方法，在非金属表面镀上一层银、铜或镍。

2) 电铸

电铸常用的金属有铜、镍、铁三种，每一种金属都有与其相对应的电铸液。电铸过程中，如果电流密度过大，易使沉积金属的结晶粗大，强度低，因此一般电铸的电流密度不会太大，生产率也较低，一般每小时电铸金属层 0.02 ~ 0.5 mm。

在电铸过程中要进行连续过滤，并搅拌电铸液。同时为了保证电铸层厚薄均匀，对电铸件凸出部分应加屏蔽，凹入部分要加装辅助阳极。要严格控制镀液成分、浓度、pH值、温度、电流密度等参数，以免电铸层内应力过大导致变形、起皱、开裂或剥落。通常开始时电流宜稍小，以后逐渐增加，中途不宜断电，以免分层。

3）衬背和脱模

某些电铸件，如塑料模具和翻制印制电路板，电铸成形之后需要用其他材料作衬背处理，然后再机械加工到一定尺寸。塑料模具电铸件的衬背方法常为浇铸铝或铅锡合金，印制电路板则常用热固性塑料等。

电铸件与原模的脱模方法有敲打法、加热或冷却胀缩分离法、加热熔化法、化学溶解法及薄刃撕剥法等。

5. 电铸加工的应用

图8－35为精密微细喷嘴内孔制造过程的示意图。由于喷嘴内孔为微细孔（孔径为0.2～0.5 mm），且内孔要求镀铬，采用传统加工方法比较困难。首先精密车削黄铜型芯，用硬质铬酸进行电沉积，再电铸上一层金属镍，最后将电铸件浸入硝酸类溶液中，溶去黄铜型芯，且不浸蚀镀铬层，因而可得到具有光洁内孔表面硬铬层的精密喷嘴。

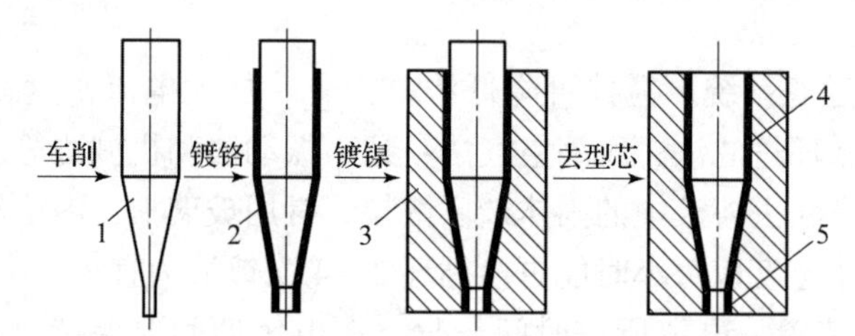

1—型芯；2—镀铬层；3—镀镍层；4—内孔镀铬层；5—精密喷嘴。

图8－35 精密微细喷嘴内孔制造过程

二、电刷镀加工

1. 电刷镀加工的基本原理

电刷镀又称涂镀、刷镀或无槽电镀，是在金属工件表面局部快速电化学沉积金属的新技术。图8－36为电刷镀加工原理图，工件接直流电源的负极，镀笔接电源正极，使浸满镀液的镀笔以一定的相对运动速度在工件表面上移动，并保持适当的压力。在镀笔与工件接触的部位，镀液中的金属正离子在电场作用下在阴极表面获得电子而沉积涂镀在阴极表面，结晶成镀层，其厚度可达0.001～0.5 mm。

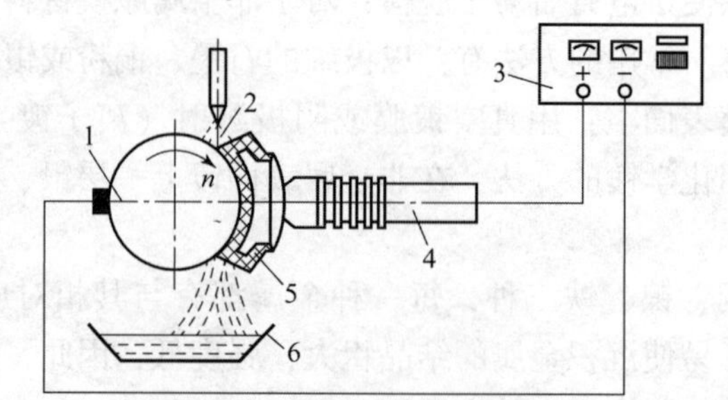

1—工件；2—镀液；3—电源；4—镀笔；5—棉套；6—容器。

图8－36 电刷镀加工原理图

2. 电刷镀加工的特点和应用范围

(1) 设备特点。电刷镀无须镀槽，设备简单，体积小，质量轻，便于现场使用，而且一套设备可以完成多种金属的刷镀。镀笔的材料主要采用高纯细石墨，是不溶阳极，其形状可根据需要制成各种样式。

(2) 镀液特点。涂镀液种类、可涂镀的金属种类比槽镀多，选用更方便，易于实现复合镀层。镀液中金属离子含量通常比槽镀高几倍到几十倍，故涂镀比槽镀生产率高，在使用过程中，离子浓度不必调整，使用方便。

(3) 工艺特点。镀层与基体金属的结合力比槽镀的牢固，镀层厚薄可控性强。镀笔与工件之间必须保持一定的相对运动速度，故一般都需人工操作，很难实现高效率的大批量、自动化生产。

电刷镀技术的主要应用范围如下。

(1) 修复零件磨损表面，实施超差产品补救，恢复尺寸和几何形状。

(2) 填补零件表面上的划伤、凹坑、斑蚀等缺陷。

(3) 大型、复杂、单个小批工件的表面局部镀镍、铜、锌、镉、钨、金、银等防腐层和耐蚀层等，改善表面性能。

3. 电刷镀加工的基本设备

电刷镀加工的基本设备包括电源、镀液、镀笔及泵、回转台等。

1) 电源

所用直流电源基本上与电解、电镀、电解磨削相似。其电压在 3 ~ 30 V 可调，电流在 30 ~ 100 A 可调，但有以下特殊要求。

(1) 应附有安培小时计或镀层厚度计，显示镀件所耗电量或镀层厚度，以保证镀层质量。

(2) 输出的直流电应能很方便地改变极性，以满足电镀、活化、电净等不同工艺的要求。

(3) 电源应设有过载保护和短路保护，以防止镀笔与工件偶尔短路时，造成工件损伤、报废。

2) 镀液

根据所镀金属和用途不同，镀液有很多种，由金属络合物水溶液及少量添加剂组成，一般可向专业厂订购。为了对被镀表面进行预处理，镀液中还包括电净液和活化液等。

小型零件表面、不规则工件表面涂镀时，用镀笔蘸浸镀液即可；对大型表面、回转体工件表面涂镀时，最好用小型离心泵把镀液浇注到镀笔和工件之间。

3) 镀笔

镀笔由手柄和阳极两部分组成。阳极采用不溶性的石墨块制成，在石墨块外面需包上一层脱脂棉和一层耐磨的涤棉套。棉花可以饱吸贮存镀液，防止阳极与工件直接接触短路和滤除阳极上脱落下来的石墨微粒，以防止其进入镀液。

4) 回转台

回转台在涂镀回转体工件表面时使用。可用旧车床改装，需增加电刷等导电机构。

4. 电刷镀加工的工艺过程

(1) 表面预加工。去除表面上的毛刺、不平度及疲劳缺陷层，达到基本光整，表面粗

糙度值至 Ra 2.5 μm 甚至更小。对深的划伤和腐蚀斑坑要用锉刀、磨条、油石等修形，以露出基体金属。

（2）清洗除油、除锈。锈蚀严重的可用喷砂、砂布打磨，油污用少量汽油、丙酮或水基清洗剂擦洗。

（3）电净处理。大多数金属都需用电净液进行电净处理，以进一步除去微观上的油污。

（4）活化处理。去除工件表面氧化膜、钝化膜或析出的炭黑。活化良好的工件表面应呈均匀银灰色，无花斑，活化后用水冲洗。

（5）镀底层。为了提高镀层与基体金属的结合强度，先用特殊镍、碱铜或低氢脆镉镀液预镀一薄层底层，厚度为 0.001 ~ 0.002 mm。

（6）镀尺寸镀层和工作镀层。由于单一金属的镀层随厚度的增加内应力也在增大，结晶变粗，强度降低，过厚时将开裂或剥落。一般单一镀层不能超过 0.05 mm 的安全厚度，快速镍和高速铜不能超过 0.5 mm。如果待镀工件的磨损量较大，则需先刷镀尺寸镀层，最后才镀一层满足工件表面性能要求的工作镀层。

（7）镀后清洗。用自来水彻底冲刷已镀表面和邻近部位并吹干，涂上防锈油或防锈液。

5. 电刷镀加工技术的应用

（1）机械零部件损伤的修复。机械零部件的损伤主要有磨损、划伤、锈蚀、凹坑等形式。例如，长 5.7 m、重 1.6 t 的主轴磨损，长 12 m、直径 2 m、重 120 t 的水轮发电机主轴的超差，T612A 镗床侧壁导轨被划伤（长 1 470 mm、深 0.3 mm）等，均可采用电刷镀技术进行修复，效果良好，取得较好的技术经济效益。

（2）改善机械零件表面粗糙度及物理化学性能。例如，在普通碳钢制造的聚氯乙烯塑料模具表面上刷镀 3 ~ 10 μm 的镍，经过抛光后可使表面粗糙度值由原来的 Ra 5 μm 减小到 Ra 0.1 μm，模具表面呈镜面光泽，提高了制品的质量，减小了注射时的摩擦和磨损。而且由于镀镍层对高温注射时分解出的腐蚀性气体具有良好的抗腐蚀性能，从而大大提高了模具的寿命。

又如，在大型船舶和潜艇的重载齿轮表面刷镀 4 ~ 8 μm 的铟镀层，可大幅度降低摩擦损耗，提高齿面抗咬合性能，延缓维修周期，经济效益明显。

电刷镀加工技术有很大的实用意义和经济效益，是修旧利废、设备器材再利用的绿色表面工程技术，对该技术的研究和应用正日益深入和扩大。

复习思考题

8-1　从电解加工的特点说明如何正确选用电解加工。

8-2　电解液在电解加工中的主要作用是什么？

8-3　何谓电极极化现象？电极极化主要有哪几种形式？在电解加工中阳极钝化现象是优点还是缺点？举例说明。

8-4　试比较分析电解加工与传统机械加工、电火花加工的特点及主要应用。

8-5　影响电解加工精度的主要因素有哪些？如何提高电解加工精度？

8-6　试述电刷镀加工的特点及应用领域。

第九章　高能束流加工

本章知识要点：

(1) 激光加工；

(2) 电子束加工；

(3) 离子束加工；

(4) 水射流加工。

导学：图9－1是用激光切割出的各种零件、样品。从图中可见，它们的材料各不相同，且性能差别很大。激光为什么能够适应这些材料性质从而进行加工？其微观过程是怎么样的？激光还能进行哪些加工？与激光类似的还有哪些加工方法？它们又是如何加工的？与激光加工的相同点和不同点在哪里？

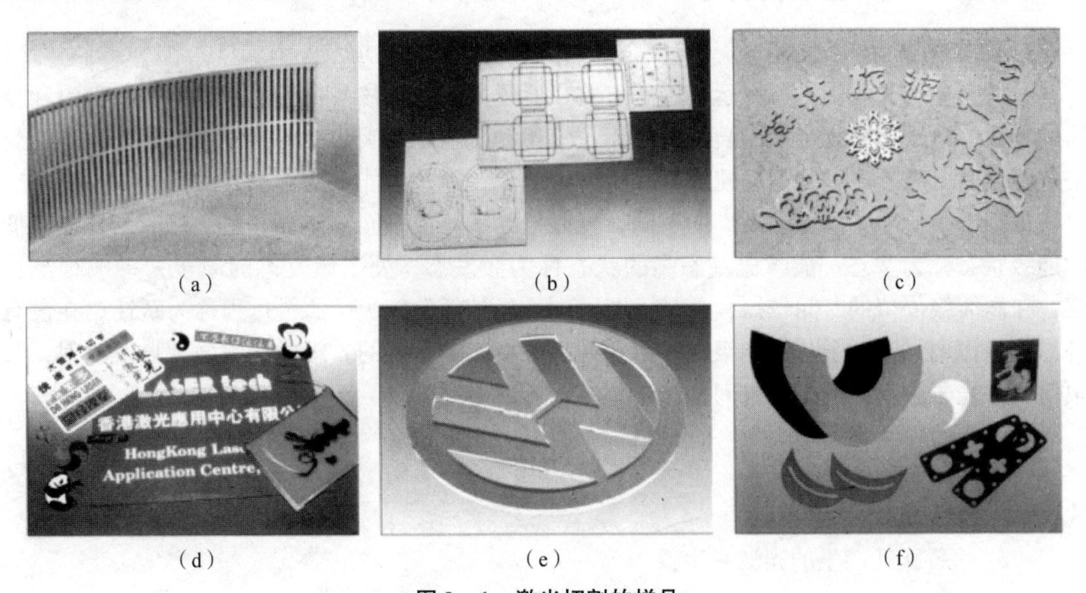

(a)　(b)　(c)

(d)　(e)　(f)

图9－1　激光切割的样品

(a) 筛孔、网栅；(b) 模切板；(c) 木板；(d) 薄有机板、塑料；(e) 厚有机板；(f) 纸张、皮革、橡胶板、石棉板

高能束流加工是特种加工技术的重要分支之一，是指利用能量密度很高的束流去除工件材料的特种加工方法的总称。目前常用的高能束主要有激光束、电子束、离子束及水射流等，在许多领域已经逐渐替代传统机械加工方法而获得越来越多的应用。

高能束流加工技术是当今制造技术发展的前沿领域，是先进科技与制造技术相结合的产物，从某种角度上说，其发展水平已成为一个国家综合科技实力的重要标志之一。它具有常规加工方法无可比拟的优点。

（1）加工速度快，能快速升温及冷却，热流输入少，对工件热影响极小，工件变形小。

（2）束流能够聚焦，有极高的能量密度且可调范围大，几乎可加工任何材料。

（3）加工时，工具与工件不接触，无工具变形及损耗问题。

（4）束流可控性好，易实现加工过程自动化。

本章在重点介绍激光加工的基础上，还将介绍电子束和离子束加工、水射流加工的原理及应用等。

第一节　激光加工

激光自20世纪60年代出现以来，已经在激光医疗、光纤通信、激光雷达、激光成像、激光测距、激光无损检测和激光加工等多个领域得到广泛应用。目前，激光加工已较为广泛地应用于打孔、切割、焊接、表面处理、辅助切削加工、快速成形、电阻微调、基板划片和半导体处理等领域中。

激光加工几乎可以加工任何材料，加工热影响区小，光束方向性好，其光束斑点可以聚焦到波长级，可以进行选择性加工、精密加工，这是激光加工的特点和优越性。

一、激光的产生及其特性

1. 激光的产生

光的产生与光源内部原子运动状态有关。原子内的原子核与核外电子间存在着吸引和排斥的矛盾。电子按一定半径的轨道围绕原子核运动，当原子吸收一定的外来能量或向外释放一定能量时，核外电子的运动轨道半径将发生变化，即产生能级变化，并发出光。

根据电子绕原子核转动距离的不同，可以把原子分成不同的能级。通常把原子处在最低的能级状态称为基态；能级比基态高的状态称为激发态。处于激发态的原子，一般很不稳定，在高能级停留的时间较短，总是力图回到能量较低的能级，这个过程称为跃迁。在没有外界信号作用下，原子从高能级自发地跃迁到低能态时产生的光辐射，称之为自发辐射，其辐射出的光子频率由两个能级间的能量差决定，即

$$\nu_{n1} = \frac{E_n - E_1}{h} \tag{9-1}$$

式中　h——普朗克常数；

ν_{n1}——跃迁产生的光波频率；

E_1、E_n——原子的低能级、高能级。

自发辐射的特点是：每个发生辐射的原子都可以看作一个相互独立的发光单元，它们彼此毫无联系，因此它们发出的光是杂乱无章的。即光子在发射方向上、在频率（波长）和初始相位上都是不一致的，发出的光是四处散开的，这就是普通光。原子的自发辐射过程完全是一种随机过程，如日光灯、氙等光源的发光。

虽然大多数物质的原子在高能级停留时间较短，但有些原子或离子的高能级或次高能级却有较长的寿命，如激光器中的氦原子、二氧化碳分子及固体激光材料中的铬离子、钕离子等，这种寿命较长的能级称为亚稳态能级，存在亚稳态能级是形成激光的重要条件。

1917年爱因斯坦指出，处于激发态的原子，在频率为E_{21}的外界入射信号作用下，粒子

也会以一定的概率，迅速地从较高的 E_2 能级跃迁到较低的 E_1 能级。在跃迁过程中，原子辐射出的光子频率为 ν_{21}，该光子与外界输入信号处于同一状态，这一辐射过程称为受激辐射。如图 9-2 所示。

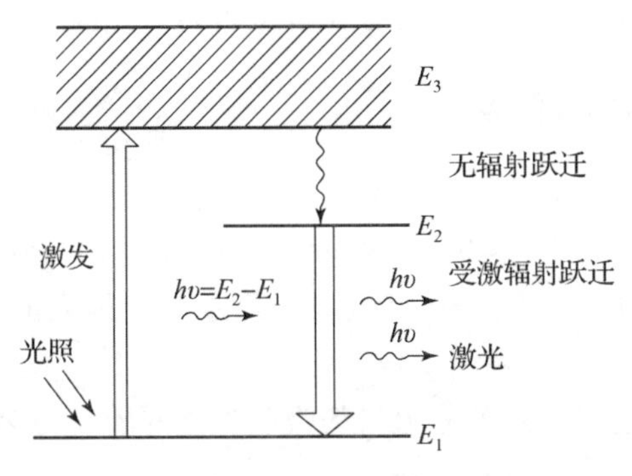

图 9-2　激光的产生

受激辐射的特点是：所辐射出来的光子在方向、频率、相位、偏振状态以及传播方向与原来“刺激”它的光子完全相同，这就是受激辐射光，简称激光。

与此相反，处于低能级的原子在外界信号的作用下从低能级向高能级跃迁的过程称为受激吸收。受激吸收与受激辐射实际上是同时存在，处于平衡状态的物质，其较低能级的粒子数必大于较高能级的粒子数，正常情况下光射入时，不会产生激光。

由于受激吸收作用的存在，某些具有亚稳态能级结构的物质，在外界光照作用下，会吸收光能，使处在较高能级（亚稳态）的原子（粒子）数大于处于低能级（基态）的原子数目的现象，称为“粒子数反转”。如果照射的光子能量恰好等于这两个能级的能量差，这时就能产生受激辐射，输出激光。

2. 激光的特性

激光除具有普通光的共性（如反射、折射、衍射和干涉等特性）外，还具有能量密度高、单色性好、方向性好和相干性好等特性。

1）能量密度高

激光束也和其他光束一样，可以通过凸镜或金属反射镜加以聚焦。经聚焦后，可以将分散在 180°立体角范围内的光能全部压缩到 0.18°立体角范围内，并可将光能压缩在极短的时间内发射，实现光能在空间上和时间上的能量集中，形成极高的能量密度。

2）单色性好

“单色”指的是光的波长或频率为一个确定的数值。激光具有其他光源难以达到的、极高的单色性。这是由于激光器的谐振腔的反射镜具有波长选择性，并且激光是受激辐射的，它的频率宽度很窄，因此，激光单色性比普通光源单色性要好得多。

3）方向性好

激光束的方向性好，即光线的发散度小。这是因为从谐振腔发出的只能是反射镜多次反射后无法显著偏离谐振腔轴线的光波。由于不同激光器的工作物质类型和均匀性、光腔类型和腔长、激励方式及激光器的工作状态不同，其方向性也不同。

4）相干性好

当两列频率相同、相位固定、振动方向相同的单色波叠加后，光的强度在叠加区域呈现不均匀的强弱分布现象称为光的干涉现象，即这两列光波具有相干性。在普通光源中，各发光中心是自发辐射，彼此相互独立，相干性很差；而激光是受激辐射占优势，加上谐振腔的作用，能形成稳定的干涉条纹，相干性好。

激光束的方向性和空间相干性对它的聚焦性能有重要影响。

二、激光加工的原理和特点

激光器通过光学系统，把电能转换成激光束输出，激光束被聚焦成尺寸与光波波长相近的极小光斑，其功率密度可达 $10^7 \sim 10^{11}$ W/cm^2，温度可达 10 000 ℃，使材料在瞬间（千分之几秒，或更短）发生熔化、气化、金相组织变化及产生很大的热应力，达到加热和去除材料的目的。

激光蚀除加工的物理过程大致可分为材料吸收光能并转变为热能；材料的加热熔化、气化；蚀除产物的抛出等几个连续阶段。

1）材料对激光的吸收并转变为热能

激光入射到材料表面上的能量，一部分被材料表面反射、透射等，一部分被材料吸收，对材料起加热作用。

不同材料对激光的吸收与激光波长、材料性质、温度、表面的反射率、偏振特性等因素有关。一般来说，导电率高、表面粗糙度低的材料吸收率低，而表面粗糙或人为涂黑的表面吸收率较高。

2）材料的加热熔化、气化

材料吸收激光能，并转化为热能后，被加工材料表面达到熔化和气化温度，从而使材料气化蒸发或熔融溅出。

材料的气化、熔融过程与激光功率密度有关，当激光功率密度过高时，其受射区的温度迅速升高，材料在表面上气化，而不是在深处熔化。如果功率密度过低，则能量就会扩散分布、受热体积增大，这时焦点处材料在表面上熔化，而且深度较小。

3）蚀除产物的溅射抛出

在激光束照射加工区域内，由于材料的瞬时急剧熔化、气化作用，加工区内的压力迅速增加，并产生爆炸冲击波，使金属蒸气和熔融产物高速地从加工区溅射出来，高速溅射时所产生的反冲力，又在加工区形成强烈的冲击波，进一步加强了蚀除产物的抛出效果。

激光的主要加工特点如下。

（1）聚焦后，激光的功率密度很高，加工的热作用时间很短，热影响区小，几乎可加工任何金属与非金属材料，如耐热合金、陶瓷、金刚石、立方氮化硼、石英等硬脆材料都能加工。

（2）激光加工的工具是激光束，不存在工具损耗、更换和调整等问题，易实现自动化。

（3）激光束可聚焦到微米级光斑，输出功率可以调节，且加工中没有机械力的作用，故适合于精密微细加工。

（4）激光束可以透过惰性气体、空气或透明介质对工件进行加工，如对真空管内的工件进行焊接加工等。

（5）与电子束加工、离子束加工相比，激光加工装置较简单，不需要复杂的抽真空装置。

（6）激光加工是一种瞬时、局部熔化、气化的热加工，影响因素很多，精度尤其是重复精度和表面粗糙度不易保证，因此，精微加工时，必须反复进行实验，寻找合理参数。

（7）加工时会产生金属气体及火星等飞溅物，应及时通风抽走，操作者需戴防护眼镜。

三、激光加工的基本设备

激光加工设备包括激光器、电源、光学系统、冷却系统、机械系统四大部分。

激光器是激光加工或处理的能源，是激光加工的核心设备，产生激光束，它把电能转变成光能。

电源为激光器提供所需的能量及控制功能。在气体激光器中，电源直接激励气体放电管；在固体激光器中，激励工作物质的是光泵。根据激光器的不同工作状态，电源可在连续或脉冲状态下运转。

光学系统包括激光聚焦系统和观察瞄准系统等，前者将激光束从激光器输出窗口引导至被加工工件的表面上，并在加工部位获得所需的光度形状、尺寸及功率密度；后者能观察和调整激光束的焦点位置，并将加工位置显示在投影仪上，便于观察加工过程及加工零件。

机械系统主要包括床身、工作台及机电控制系统等，用来实现确定工件相对于加工系统的位置。

1. 激光器

激光器主要包括工作物质、激励源、谐振腔三大部分，其中工作物质是其核心。按工作物质的种类不同，激光器可以分为固体和气体激光器；按激光器的工作方式，可分为脉冲激光器和连续脉冲激光器。

1）固体激光器

常用的固体激光器有红宝石激光器、掺钕钇铝石榴石激光器和钕玻璃激光器 3 种。

固体激光器一般采用光激励，能量转化环节较多。光的激励能量大部分转换为热能，故效率低。为了避免固体介质过热，通常多采用脉冲工作方式，并要有合适的冷却装置，较少采用连续工作方式。由于晶体缺陷和温度引起的光学不均匀性，固体激光器不易获得单模而倾向于多模输出。

固体激光器因工作物质尺寸较小，所以结构比较紧凑。图 9－3 为固体激光器的结构示意图，包括工作物质、反射镜、玻璃套管、聚光镜及电源等部分。

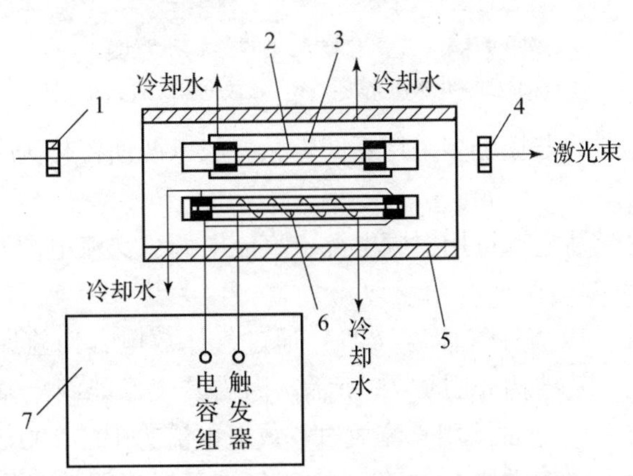

1—全反射镜；2—工作物质；3—玻璃套管；4—部分反射镜；5—聚光镜；6—氙灯；7—电源。

图 9－3　固体激光器结构示意图

光泵一般采用氙灯或氪灯，用于为工作物质提供光能。

聚光器的作用是把光泵发出的光能聚集在工作物质上，一般可将光泵发出光能的80%聚集在工作物质上。

滤光液和玻璃套管是为了滤去光泵发出的紫外线成分，因为紫外线对于钕玻璃和掺钕钇铝石榴石都是十分有害的，它会使激光器的效率显著下降，常用的滤光液是重铬酸钾溶液。

谐振腔由两块反射镜组成，其作用是使激光沿轴向来回反射共振来加强和改善激光的输出。

2）气体激光器

气体激光器以气体或蒸气为工作物质，包括原子、分子、离子、准分子、金属原子蒸气等激光器。一般采用电激励，效率高、寿命长、连续输出功率大，广泛应用于切割、焊接、热处理等加工。由于气体的光子均匀性较好，使输出光束的质量，如单色性、相干性和光束稳定性较好，因而其应用很广泛。

（1）二氧化碳激光器（分子激光器）：以 CO_2、N_2、He 等混合气体为工作介质，常用比例为1：2：10，视放电管直径而定，其均匀性比固体工作物质好。二氧化碳激光器是应用最广的一种激光器，其连续输出功率为数十瓦至几十千瓦，最常用的是几百瓦至2 kW。二氧化碳激光器总转换效率可以高达20%以上，比其他加工用的激光器的效率要高。

二氧化碳激光器的主要结构包括放电管、谐振腔、冷却系统和激励电源等部分，如图9－4所示。体积大是其主要缺点。

放电管一般用硬质玻璃管做成，对于要求高的可以采用石英玻璃管来制造。直径约几厘米，长度可从几十厘米至数十米。二氧化碳气体激光器的输出功率与放电管长度成正比，通常每米长的管子，其输出功率平均可达40～50 W。长的放电管可做成折叠式以缩短空间长度，折叠段之间用全反射镜来连接光路，如图9－4（b）所示。

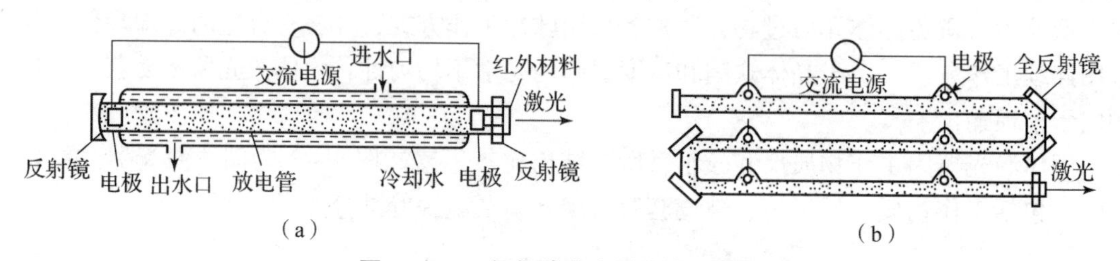

图9－4　二氧化碳激光器结构示意图

（a）二氧化碳激光器；（b）长放电管式激光器

二氧化碳气体激光器的谐振腔多采用平凹腔，一般以凹面镜作为全反射镜，而以平面镜作输出端反射镜。

二氧化碳激光器的激励电源可用射频电源、直流电源、交流电源及脉冲电源等，其中交流电源用得最为广泛。

（2）氩离子激光器：以惰性气体氩（Ar）通过气体放电，使氩原子电离并激发，实现粒子数反转而产生激光，其结构如图9－5所示。因为其工作能级离基态较远，所以能量转换效率低，一般仅0.05%。通常采用直流放电，放电电流为10～100 A。在放电管外加一适当的轴向磁场，可使输出功率增加1～2倍。由于氩离子激光器波长短，发散角小，故可用于精密微细加工，如用于激光存储光盘基板蚀刻制造、刻制光盘的母盘等。

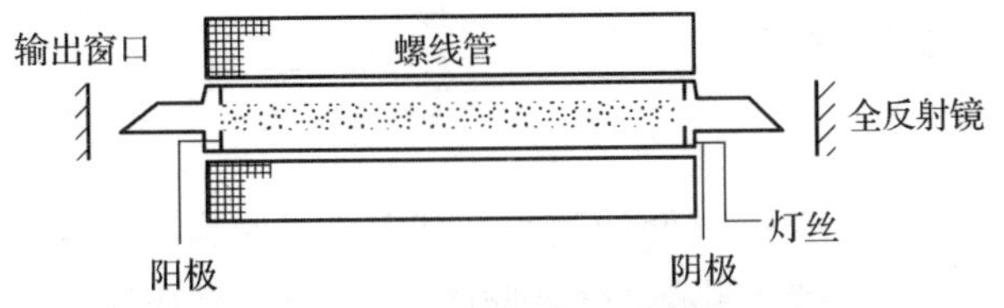

图 9-5　氩离子激光器结构示意图

3）准分子激光器

准分子是指一种只在激发态才能暂时结合成不稳定分子，而在正常的基态会迅速离解的不稳定缔合物，是转瞬即逝的分子，其寿命仅为几十纳秒。准分子激光的波长极短，聚焦光斑直径可达微米级，光束能量密度可达 $10^8 \sim 10^{10}$ W/cm²。与利用热效应的 CO_2、掺钕钇铝石榴石等激光相比，准分子激光基本属于冷光源，从而更适用于微细加工。

准分子激光器是一种高压脉冲式气体激光器，其激活介质通常是多种不同混合气体（惰性气体和卤素气体的混合气体）构成的准分子系统，这些气体在泵浦作用下反应而形成受激分子态，即准分子。准分子激光器的辐射波长完全取决于构成准分子系统的混合气体种类。

图 9-6 所示为典型的准分子激光器结构与工作原理。准分子激光器有一根充有激活气体的管子，泵浦系统通过它对气体进行激励。一方面，由于激活气体在运行时要逐渐变质，根据气体种类和具体条件的不同，只能激射 $10^6 \sim 10^8$ 次，因此，激光器均设有气体更换系统或净化处理系统。另一方面，为了提高激光脉冲重复率和输出功率，大多数准分子激光器将部分激活气体存储在激光区域之外的储气室中，并可通过循环系统流动。激光谐振腔设计成密封形式，长度在 1 m 以下，标准结构为一稳定的共振腔，由于增益高，这种腔能产生相当强的激光束。

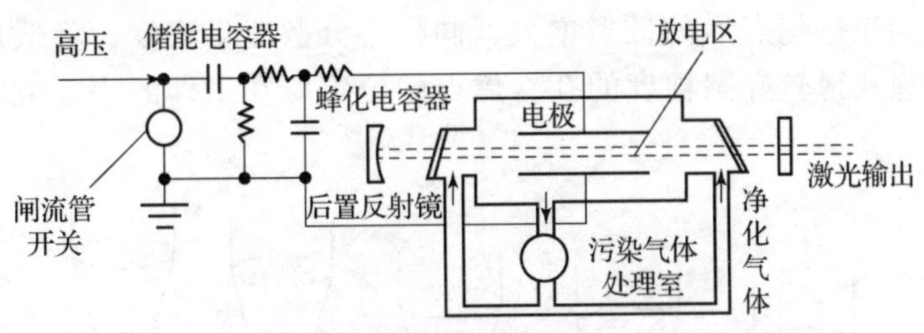

图 9-6　典型的准分子激光器结构与工作原理

准分子激光器的激励方法主要有放电光泵、电子束光泵、微波光泵、质子束光泵等，其中前两种用得较多。当受激态准分子的不稳定分子键断裂而离解成基态原子时，受激态的能量以激光辐射的形式放出。

准分子激光物质以激发态形式存在，寿命很短，仅有 10^{-8}s 量级，基态为 10^{-13}s 量级，粒子数反转很容易，因此量子效率很高，接近 100%，增益大，转换效率高，重复率高。输出激光波长主要在紫外线到可见光段，波长短、频率高、能量大、焦斑小、加工分辨率高，更适合用于高质量的激光加工。它在钻孔、激光化学气相沉积、物理气相沉积、微机电系统相关的微制造技术和医学等方面已获得比较广泛的应用，而且可望发展成为用于核聚变的激光器件。

四、激光加工工艺及应用

1. 激光打孔工艺

用透镜将激光能量聚焦到工件表面的微小区域上，可使物质迅速气化而成微孔。利用激光几乎可在任何材料上加工小至几微米的微细孔，目前已广泛应用于火箭发动机和柴油机的燃料喷嘴加工、化纤喷丝头、钟表及仪表中的宝石轴承打孔、金刚石拉丝模加工以及微电子技术（如在IC电路的芯片上或靠近芯片处打小孔）等方面，是激光加工的主要应用领域之一。

1）激光打孔的影响因素

激光打孔是材料在激光热源照射下产生的一系列热物理现象综合的结果，与激光束的特性和材料的热物理性质有关，主要受以下因素的影响。

（1）激光输出功率和照射时间。若激光输出功率大、照射时间长，工件表面所获得的能量多，则所加工的孔大而深。激光的照射时间一般为几分之一秒到几毫秒。当激光能量一定时，照射时间太长会使热量传散到非加工区，时间太短则因功率密度过高而使蚀除物以高温气体喷出，都会使能量的使用效率降低，也会使加工精度降低。

（2）聚焦与发散角。发散角小的激光束，经短焦距物镜聚焦以后，在焦面上可以获得很小的光斑及很高的功率密度，故对工件的穿透力大，打出的孔不仅深，而且锥度小。所以要设法尽可能地减少激光的发散角，并尽可能采用短焦距（20 mm 左右）物镜加工，具体数值应根据加工要求而定。

（3）焦点的位置。图9－7为激光焦点位置对孔形状的影响。可见，焦点位置对孔的形状和深度都有很大的影响。在相同的辐射能量下，当焦点位置很低时，通过工件表面的光斑面积很大，不仅会产生很大的喇叭口，而且由于能量密度减小而影响加工深度。如果焦点位置过高，则光过焦点后的散射增大，同样会分散能量密度，降低加工深度甚至无法继续加工。要想获得较好圆柱度的孔，焦点的位置应在工件的表面或稍低于工件表面为宜。

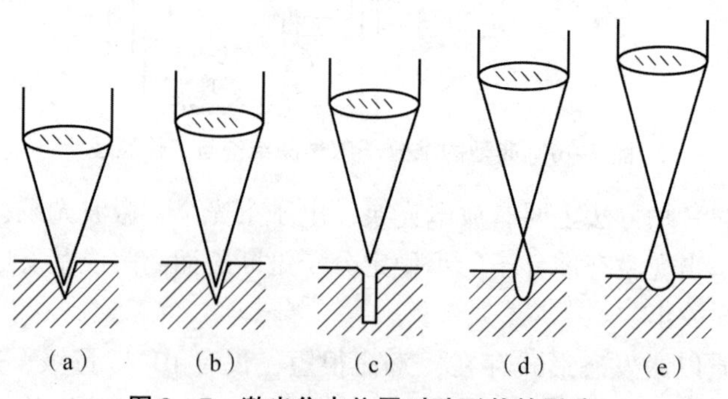

图9－7　激光焦点位置对孔形状的影响

（4）光斑内的能量分布。激光束经聚焦后，光斑内各部分的光强是不同的。在基模光束聚焦的情况下，这时焦点中心的光强最大，离中心越远，光强度越小，光强以焦点中心对称分布，此时打出的孔是正圆形，如图9－8（a）所示。当激光束不是基模输出时，其光强就不对称，这时加工出的孔也必然不圆，如图9－8（b）所示。如果在焦点附近有两个光斑

（存在基模和高次模），则打出的孔将发生畸变，如图9－8（c）所示。

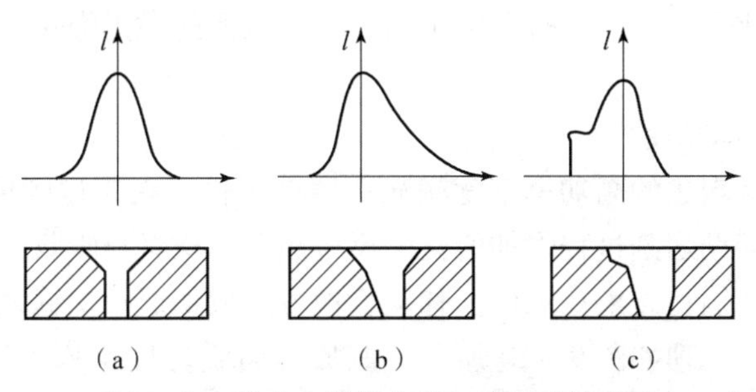

图9－8　激光光强分布对打孔质量的影响

激光在焦点附近的光强度分布与工作物质的光学均匀性及谐振腔调整精度直接有关。如果对孔的要求较高，就必须采取措施，提高激光器和光学系统的精度，使它能产生基模输出，同时这也可以减小激光发散角。

（5）激光照射次数。脉冲激光束照射工件表面一次，加工深度大约是孔径的5倍，但锥度较大。如用激光多次照射，孔深可以大大增加，锥度可以减小，而孔径几乎不变。但是孔的深度并不与照射次数成正比，而是加工到一定深度后，由于孔内壁的反射、透射及激光的散射或吸收等因素，使孔的前端的能量密度不断减小，同时排屑更加困难，抛出力减弱，致使加工过程难以持续进行。图9－9为多次照射加工示意图。

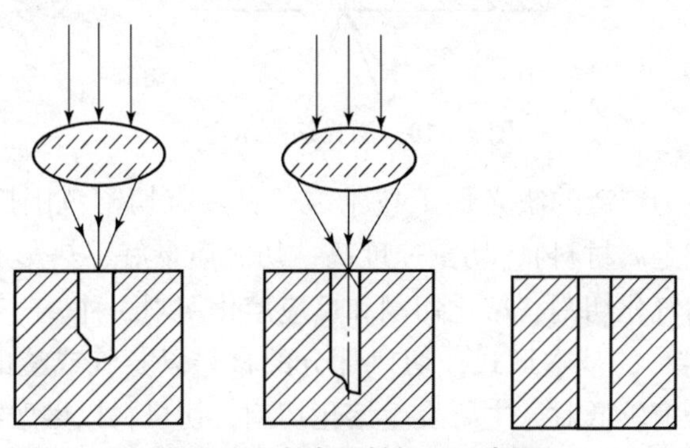

图9－9　多次照射加工示意图

（6）工件材料。由于工件材料的反射、透射作用，经透镜聚焦到工件上的激光能量不可能全部被吸收，而有相当一部分能量将散失掉，其吸收效率与工件材料的吸收光谱及激光波长有关。对于高反射率和透射率的工件应作适当预处理，如打毛、黑化等，以增大其对激光的吸收效率。

工件材料的热学物理常数对激光加工也有较大的影响，熔点、沸点、导热系数高的材料难于加工。生产中必须根据工件材料来选择不同的激光器。

2）激光打孔的特点

（1）加工能力强，效率高，几乎所有的材料都能用激光打孔。

（2）打孔孔径范围大，从10^{-2} mm量级到任意大孔。

（3）激光打孔为非接触式加工，不需要加工工具，不存在工具损耗及更换问题；适用于自动化高速连续打孔。

（4）因激光能量在时空内的高度集中，打孔效率非常高；激光还可以打斜孔。

（5）激光打孔不需要抽真空，能在大气或特殊成分气体中打孔，利用这一特点可向被加工表面渗入某种强化元素，实现打孔的同时对成孔表面的激光强化。

2. 激光切割

1）激光切割的基本原理

激光切割是利用经聚焦的高功率密度激光束照射工件，在超过阈值功率密度的前提下，光束能量及活性气体辅助切割过程附加的化学反应热能等被材料吸收，由此引起照射点材料的熔化或气化，形成孔洞；光束在工件上移动，便可形成切缝，切缝处的熔渣被一定压力的辅助气体吹除。其加工原理如图 9－10 所示，其原理与激光打孔基本相同。不同之处在于：工件与激光束之间需要相对移动，通过控制两者的相对运动，即可切割出不同形状和尺寸的窄缝与工件。

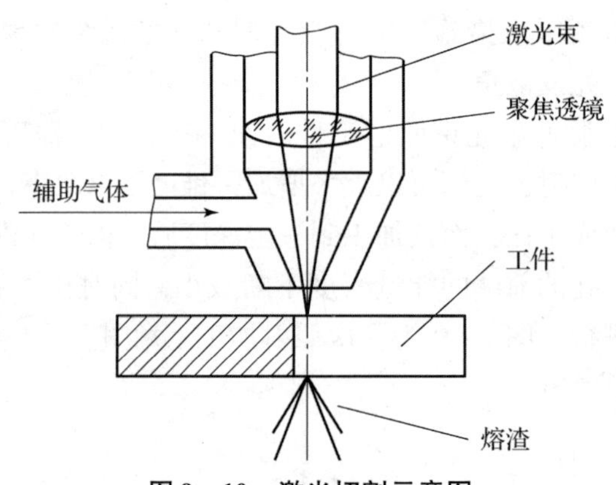

图 9－10　激光切割示意图

激光切割是应用最为广泛的激光加工技术之一，具有切割范围广（可切割金属，以及玻璃、陶瓷、皮革等非金属材料）、切割速度高、切缝质量好、热影响区小、加工柔性大等优点。激光切割可分为气化切割、熔化切割和反应熔化切割 3 种。气化切割是切割不熔化材料（如木材、碳和塑料）的基本形式，切口部分的材料以蒸气或渣的形式排出。当被切材料切口处的激光功率密度较低时，主要发生熔化切割，切口料以熔融物质的形式排出。反应熔化切割是采用氧气或其他反应气体吹气，气体与被切材料发生放热反应，相当于提供了除激光辐射外的另一个切割能源，如在采用同轴吹氧工艺切割钢板时大约所需能量的 60% 来自铁的氧化反应，提高了切割速度和切口质量。

2）影响激光切割质量的因素

优质的激光切割质量应是割缝入口处轮廓清晰，割缝窄、割缝边的热影响层小，无切割黏渣，切割表面光洁等。影响激光切割质量的因素有：激光功率、光束模式、焦点位置、辅助气体和切割速度、材料性质等。

（1）激光功率。激光功率增加，其切割速度和工件的切割厚度增加，但切割效率降低，具体数值还与材料的性能有关。

（2）光束模式。光束模式涉及腔内激光沿平行于腔轴一个或多通道振荡的能力，与它的聚焦能力有关。基模激光是沿着腔轴发生的，在输出总功率相同情况下，基模光束焦点处的功率密度比多模光束高两个数量级，它几乎可把光束聚焦到理论上最小的尺寸，如百分之几毫米直径，并发出最陡、尖的高能量密度分布，用它来切割材料，可获得窄的切缝、平直的切边和小的热影响区，其切割区重熔层最薄，下侧黏渣程度最轻，甚至不黏渣。高阶或多模光束的能量分布较扩张，经聚焦的光斑较大而能量密度较低。光束模式如图 9－11 所示。

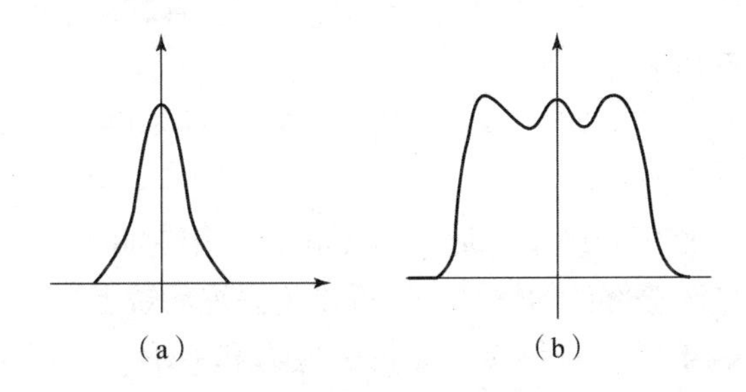

图 9－11　光束模式

（a）基模；（b）多模

（3）焦点位置。焦点位置对熔深和熔池形状的影响很大，将会影响切割质量。透镜焦长小，光束聚焦后功率密度高，但焦深受到限制，它适用于薄件高速切割，此时应使焦距的位置维持恒定不变。长焦透镜的聚焦光斑功率密度低，但其焦深大，可用来切割厚材料。板材越厚，焦点位置的正常范围越窄。

（4）辅助气体。激光切割中辅助气体主要起与金属产生放热化学反应，增加能量强度；从切割区吹掉熔渣，清洁切缝；冷却切缝邻近区域，减小热影响区尺寸；保护聚焦透镜，防止燃烧产物沾污光学镜片的作用。使用什么样的辅助气体，牵涉到有多少热量附加到切割区，热效果就会出现很大的不同，从而影响切割质量。切割不同材料，效果也不一样，要根据材料各自的切割特性来选择辅助气体。

（5）切割速度。切割速度对切割质量有较大的影响。切割速度过小，由于氧燃烧速度高于或等于激光束移动高度，切边明显被烧伤，且切缝宽，切边粗糙，其底部烧伤程度要比顶部厉害。切割速度过大，由于缺少光束在切缝内部反射，材料不能被割穿。此时切边断面呈一定角度的斜条纹状，熔渣也不能从底部顺利排出，导致热影响区明显扩大，以致最后熔渣在凝固前不能排出，导致切割完全失败。所以存在一个合理的最佳切割速度区间，使切缝宽度基本恒定，切边平行度好，并呈细条纹状，切缝宽主要受制于材料厚度和入射光斑尺寸。每个材料厚度有个最佳切缝宽度，以利于熔渣顺利被清除，这可以通过实验加以确定。

对切缝的热影响层，同样也存在一个切割速度区间，使热影响层深度最小。

各种因素对切割速度的影响为：光束功率高，切割速度快；单模光束比多模光束切割速度高；聚焦光斑小，切割速度高；密度低的材料，切割速度高；材料厚度小，切割速度高。

3. 其他激光加工工艺

1）激光焊接

与激光打孔、激光切割类似，激光焊接也是将激光束直接照射到材料表面，产生的热量通过热传导向内部传递，通过控制激光脉冲的宽度、能量、峰值功率和重复频率等参数，在工件上形成一定深度的熔池（与激光打孔、切割时的蒸发不同），而表面又无明显的气化。

焊接所用激光的功率较低，输入的热量较小，已在微电子器件等小型精密零部件的焊接，以及深熔焊接等领域得到成功应用，如微型电路（包括IC电路）元件的引线焊接和密封焊接等。

与常规焊接方法相比，激光焊接有其显著的优点，也有其局限性。

激光焊接的主要优点如下。

（1）激光功率密度高，可对高熔点、难熔金属或两种不同金属材料进行焊接，如金属与金属、金属与非金属等间的焊接。

（2）焊缝深宽比大，聚焦光斑小，加热速度快，作用时间短，热影响区小，焊件变形小，故特别适合精密、热敏感部件的焊接，常可以免去焊后矫形、加工工艺。

（3）脉冲激光焊接属于非接触焊接，无机械应力和变形，一般不加填充金属，如用惰性气体充分保护，则焊缝不受大气污染，焊缝性能好。

（4）激光可通过调节焦点位置，透过透明体进行焊接，以防杂质污染和腐蚀，适用于真空仪器元件的焊接。

（5）焊接系统具有高度的柔性，能精确定位，易于实现自动化。

激光焊接存在的局限如下。

（1）要求被焊件有高的装配精度，且不能因焊接过程热变形而改变，光斑应严格沿待焊缝隙扫描，而不能有显著的偏移。这是由于激光光斑小、焊缝窄、不加填充金属，如果装配精度差，光斑偏离待焊缝隙，将造成严重的焊接缺陷。

（2）激光器及其焊接系统的成本较高，一次投资较大。

2）激光相变硬化（激光淬火）

激光相变硬化是众多激光表面处理工艺（如相变硬化、涂敷、熔凝、合金化、刻网纹、化学气相沉积、物理气相沉积、增强电镀等）的一种，是利用激光束作热源照射待强化的工件表面，使工件表层材料产生相变甚至熔化，激光束离开被照射部位时，由于热传导作用，处于冷态的基体使其迅速冷却而进行自冷淬火，得到较细小的硬化层组织，从而提高表面耐磨性、耐腐蚀性和疲劳强度。

激光相变硬化的金属学原理与传统热处理方法并无不同。所不同的是激光相变硬化加热时间仅为千分之几秒到十分之几秒，而加热速度极高（达到 5×10^3 ℃/s 以上），加热区域很小，深度从几十微米到几百微米，金属本身的热容量足以使被照面骤冷，其冷却速度很高，可达 10^4 ℃/s 以上，故保证能完成马氏体相变，而且急冷可抑制碳化物的析出，从而减少脆性相的影响；同时激光硬化层表面能产生一定的残余压应力。由于上述特点而使激光相变硬化的综合力学性能比普通热处理显著提高。

激光热处理工艺流程为：预处理（表面清理及预置吸光涂层）—激光淬火（确定硬化模型及淬火工艺参数）—质量检测（宏观及微观检测）。

经过这种处理后的硬度一般高于常规淬火硬度。处理过程中不需要淬火剂，它是靠热量由表及里的传导自动淬火，适用于其他淬火技术不能完成或难以实现的某些工件或工件局部部位的表面强化。激光相变硬化自动化程度较高，硬化层深度和硬化面积可控性好，且工件变形极小，表面光洁，可以在零件精加工后作为最后一道工序或稍加研磨即可使用。激光相变硬化主要用于强化工模具或汽车零部件的表面，如冲压模具、铸造型板、汽车发动机缸孔、曲轴等的激光热处理。

影响激光硬化处理的因素主要有：激光束的功率密度、扫描速度、光斑直径和零件本身的特征（结构、成分、表面吸收率、表面粗糙度）等。通常，硬化层深度与激光功率成正比。当功率一定时，硬化层深度随光束直径或扫描速度的减少而增加。对一个特定的零件，可通过上述参数得到所需要的表面温度和硬化层深度。

3）激光冲击强化

激光冲击强化（Laser Shocking Peening，LSP）技术，也称激光喷丸技术，是利用高功率密度的短脉冲（纳秒级）激光，辐照金属材料表面，产生向金属内部传播的强冲击波（10^9 Pa级），使金属材料表层发生塑性变形，形成激光冲击强化区，在金属表层产生压应力，从而改善材料的抗疲劳、磨损和应力腐蚀等性能的一项新技术。其原理如图9－12所示，为了产生更好的冲击效果，一般会在工件表面增加一层特殊的约束层，其吸收激光能量后气化产生冲击波作用在下层工件上，从而提高冲击波的峰值压力且能通过对冲击波的反射延长其作用时间。目前常用的约束层为流水、K9玻璃。为了保护工件不被激光灼伤并增强对激光能量的吸收，还需要在工件表面增加一层吸收涂层，目前常用的涂层材料有黑漆和铝箔等。

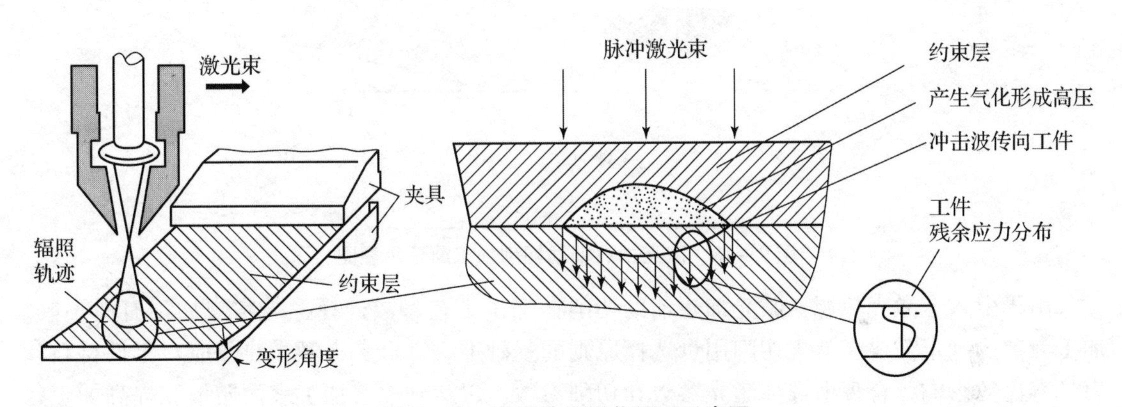

图9－12 激光冲击强化原理示意图

激光冲击强化技术和其他表面强化技术相比较，具有高压（GPa，乃至TPa量级）、高能（峰值功率达到GW量级）、超高应变率（10^{-10}/s）等特点，使材料综合力学性能显著提高，对各种铝合金、镍基合金、不锈钢、钛合金、铸铁及粉末冶金等均有良好的效果。

激光冲击强化技术涉及物理、力学、材料学等多个学科，冲击过程又极其复杂，存在很多不确定性因素，且受到激光器等硬件条件的制约，限制了激光冲击成形技术的研究应用。但随着高质量强化用激光器的研制及工艺的研究，未来在航空航天、武器、轨道交通、汽车制造、医疗卫生、海洋运输和核工业等领域有望获得较广泛的应用，是一项很有潜力的高新技术。

4）激光加热辅助切削

随着科技发展，工程陶瓷、复合材料、镍基高温合金、钛合金等先进工程材料在机械、化工、航空航天、核工业等领域应用越来越多。但这些材料由于高硬度、高强度、大脆性、低塑性等特点，使切削力和切削温度非常高，刀具磨损严重，加工质量差，加工几何形状受限，在室温条件下很难采用常规切削方法加工这些材料。所以出现了多种加热辅助切削加工方法，如激光加热、电加热、等离子弧加热和氧－乙炔焰加热等。相比而言，激光加热具有功率密度高、升温迅速、能量分布和时间特性可控性好，且光束可照射到工件的任何加工部位并形成聚焦点，便于实现可控局部加热等优点，激光已成为加热辅助切削加工中较理想的热源。

激光加热辅助切削加工（Laser Assisted Machining，LAM）通过激光加热软化切削区材料，材料在短时间内被加热到一定温度，发生软化，然后再利用刀具进行切削加工，其基本原理如图9－13所示。与常规加工相比，该技术在降低切削力、延长刀具寿命、提高加工质量和加工效率等方面展现出许多优势，为解决难加工材料的加工提供了一种有效途径。因此，自1978年问世以来，该技术已经成为近年来切削加工领域的研究热点之一。

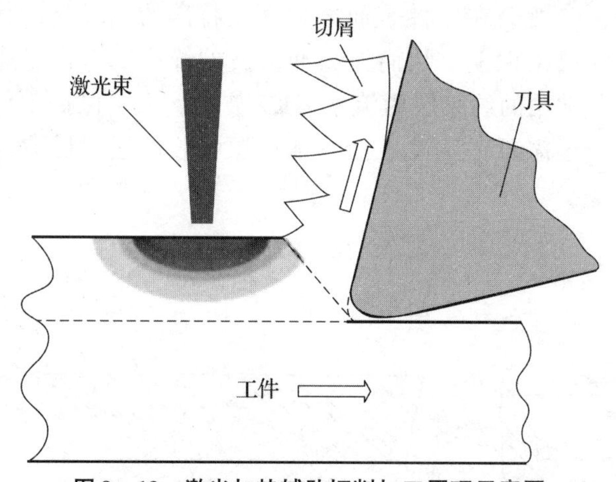

图9－13　激光加热辅助切削加工原理示意图

由于引入了激光热源，激光加热辅助切削在加工工艺参数选择上与常规加工有所不同。加工参数的确定需要在常规切削用量选择原则的基础上，综合考虑激光热效应对工件材料和刀具寿命的影响。合理地选择激光参数和切削参数，以达到改善加工表面质量和提高加工效率的目的。激光参数包括激光功率、激光光斑尺寸、激光扫描速率、激光光斑与刀尖距离、激光发射角等，对切削区温度分布及材料软化程度具有重要影响。

第二节　电子束加工

电子束加工方法是利用电子束的能量对材料进行处理、加工的一种现代技术方法。该法自20世纪60年代以来，已获得较快发展，并已实际应用于打孔、切割、焊接及大规模集成电路的光刻加工等，在精密微细加工，尤其是在微电子学领域中应用广泛。

一、电子束加工的基本原理和特点

1. 基本原理

电子束加工（Electron Beam Machining，EBM）就是在真空条件下，利用电子枪中产生的电子经加速、聚焦后产生的极细束流高速冲击到工件表面上极小面积，使其产生热效应（引起材料的局部熔化和气化）或辐射化学和物理效应，以达到预定工艺目的的加工技术。

根据电子束产生的效应，可分为电子束热加工和电子束非热加工两种。

1）电子束热加工

图9－14为电子束热加工原理示意图。通过加热发射阴极材料产生电子，电子飞离材料表面。在强电场（30～200 kV）作用下，电子经过加速和聚焦，形成高速电子束流。

电子束通过一级或多级聚焦后，形成高能束流，当它冲击工件极小表面时，在极短时间（几分之一微秒）内，电子的动能瞬间大部分转变为热能。可使材料的被冲击部位温度升高到几千摄氏度，其局部材料快速气化、蒸发，从而实现加工的目的。

控制电子束能量密度的大小和注入时间，就可达到不同的加工目的。例如，只使材料局部加热就可进行电子束热处理；使材料局部熔化就可进行电子束焊接；提高电子束能量密度，使材料熔化和气化，就可进行打孔和切割等加工。

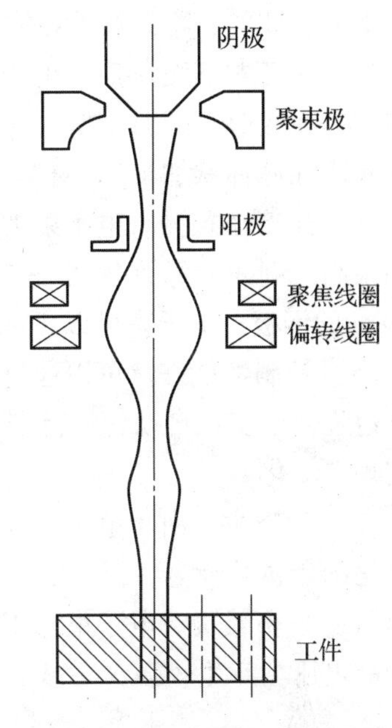

图9－14　电子束热加工原理示意图

2）电子束非热加工

电子束加工的另一种是利用电子束流的非热效应。功率密度较小的电子束流和电子胶（由高分子材料构成的电子抗蚀剂）相互作用，电能转化为化学能，产生辐射化学或物理效应，使电子胶的分子链被切断或重新组合而形成分子量的变化以实现电子束曝光，就能在材料表面进行刻蚀细微槽和其他几何形状。

其工作原理如图9－15所示。通常是在材料上涂覆一层电子胶（称为掩膜），用电子束曝光后，经过显影处理，形成满足一定要求的掩膜图形，而后进行不同后置工艺处理，达到加工要求，其槽线尺寸可达微米级。

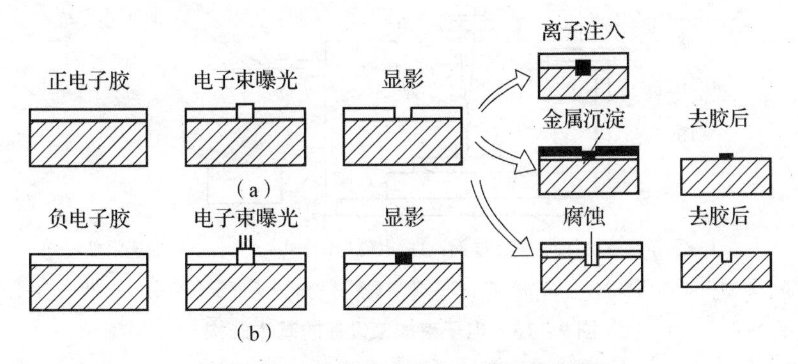

图9－15　电子束非热加工原理示意图

2. 电子束加工特点

（1）光斑直径微小。电子束能够极其微细地聚焦，甚至能聚焦到0.1 μm，所以加工面积可以很小，是一种精密微细的加工方法，微型机械中的光刻技术可达到亚微米级宽度。

（2）能量密度很高。在极微小束斑上能达到10^6～10^9 W/cm²，使照射部分的温度超过材料的熔化和气化温度，能加工高熔点和难加工材料，如钨、钼、不锈钢、金刚石、蓝宝石、水晶、玻璃、陶瓷及半导体材料等。

（3）加工材料范围广。电子束加工也是非接触式加工。工件不受机械力作用，不产生宏观应力和变形，可加工脆性、韧性、导体、非导体及半导体材料。而且由于电子束可进行骤热骤冷（脉冲状加工），对非加工部分的热影响极小，可提高加工精度。

（4）生产率很高。电子束的能量密度高，而且能量利用率可达90%以上，因而加工生产率很高。例如，每秒钟可在2.5 mm厚的钢板上钻50个直径为0.4 mm的孔；厚度为200 mm的钢板，电子束可以4 mm/s的速度一次焊透。

（5）控制性能好。可以通过磁场或电场对电子束的强度、位置、聚焦等进行直接控制，加工过程便于实现自动化。特别是在电子束曝光中，从加工位置找准到加工图形的扫描，都可实现自动化。

（6）污染少。由于电子束加工在真空中进行，因而加工表面不会氧化，特别适宜加工易氧化的金属及合金材料，以及纯度要求极高的半导体材料。

（7）价格较贵。电子束加工需要一套专用设备和真空系统，所以价格较贵，而且加工时的高电压会产生较强X射线，必须采取相应的安全措施，因而其生产应用有一定局限性。

二、电子束加工设备

电子束加工设备的基本结构如图9－16所示，它主要由电子枪、真空系统、控制系统和电源等部分组成。

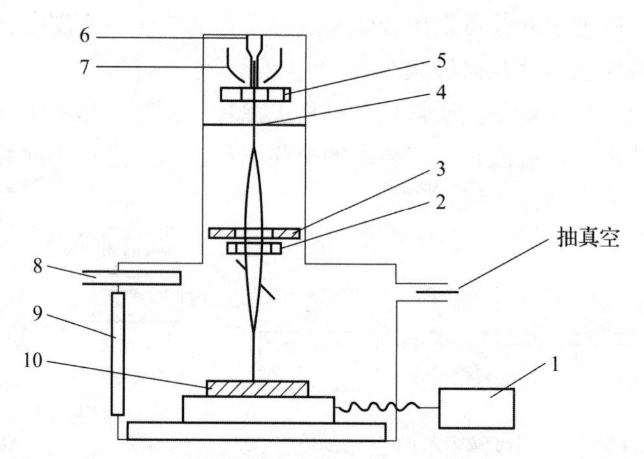

1—工作台系统；2—偏转线圈；3—电磁透镜；4—光阑；5—加速阳极
6—发射电子的阴极；7—控制栅极；8—光学观察系统；9—带窗真空室门；10—工件。

图9－16　电子束加工设备的基本结构

电子枪是获得电子束的装置，它包括电子发射阴极、控制栅极和加速阳极等。阴极经电流加热发射电子，带负电荷的电子高速飞向带高电位的阳极。在飞向阳极的过程中，经过加速极加速，又通过电磁透镜把电子束聚焦成很小的束斑。

发射阴极一般用钨或钽制成，在加热状态下发射大量电子。小功率时做成丝状阴极，如图9－17（a）所示。大功率时做成块状阴极，如图9－17（b）所示。控制栅极为中间有孔的圆筒形，其上加以较阴极为负的偏压，既能控制电子束的强弱，又起初步聚焦作用。加速阳极通常接地，而阴极为很高的负电压，所以可驱使电子加速。

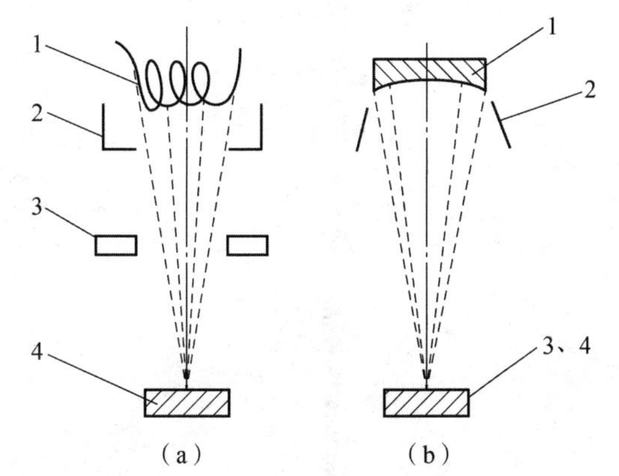

1—发射电子的阴极；2—控制栅极；3—加速阳极；4—工件。

图 9－17　电子枪

电子在飞向阳极的过程中，会和气体分子碰撞，此外，加工时的金属蒸气会影响电子发射，产生不稳定现象。因此，需要有一个抽真空系统，来保证在电子束加工时维持 $1.33\times10^{-4}\sim1.33\times10^{-2}$ Pa 的真空度，以确保电子高速运动。真空系统一般由机械旋转泵和油扩散泵或涡轮分子泵两级组成，先用机械旋转泵把真空室抽至 0.14～1.4 Pa，然后由油扩散泵或涡轮分子泵抽至所需的高真空度。

电子束加工装置的控制系统包括束流聚焦控制、束流位置控制、束流强度控制、工作台位移控制、束流通断时间控制等几个部分。

束流聚焦控制是为了提高电子束的能量密度，使电子束聚焦成很小的束斑，基本上决定了加工点的孔径或缝宽。有时为了消除像差和获得更细的焦点，常进行二次聚焦。

束流位置控制是为了改变电子束的方向，常用电磁偏转来控制电子束焦点的位置，如图 9－18 所示。如果使偏转电压或电流按一定程序变化，电子束焦点便按预定的轨迹运动。

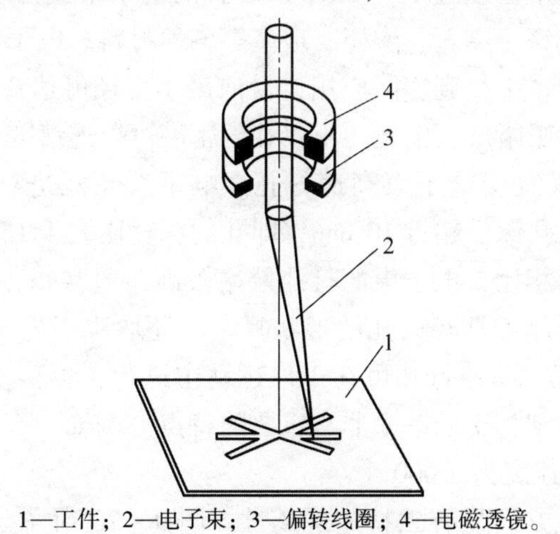

1—工件；2—电子束；3—偏转线圈；4—电磁透镜。

图 9－18　电磁偏转

工作台位移控制是为了在加工过程中控制工作台的位置。因为电子束的偏转距离只能在数毫米之内，过大将增加像差和影响线性，因此在大面积加工时需要控制工作台移动，并与电子束的偏转相配合。图 9－19 是电子束焊接原理示意图。

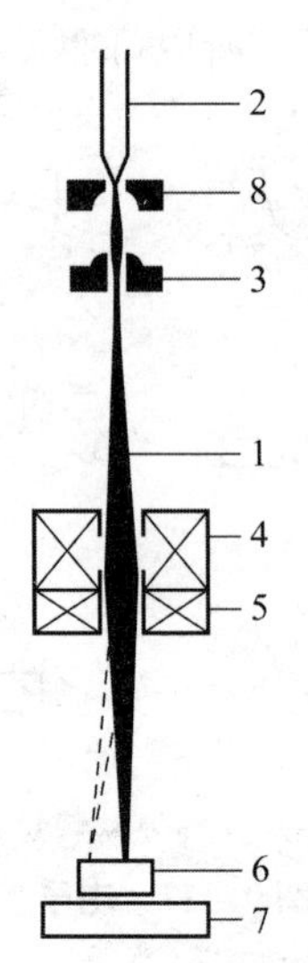

1—电子束；2—阴极；3—阳极；4—聚焦棱镜；5—偏转线圈；6—工件；7—工作台；8—偏压环。

图9-19　电子束焊接原理示意图

由于电压波动对电子束聚焦以及阴极的发射强度有很大影响，因此电子束加工装置对电源电压的稳定性要求较高，常采用稳压设备。

三、电子束加工工艺及应用

电子束加工可用于打孔、切割、焊接、表面处理、物理气相沉积、蚀刻和曝光加工等，其中以电子束焊接、打孔、物理气相沉积及表面处理等在工业上的应用最为广泛。

1. 电子束打孔、切割

电子束打孔是利用功率密度达$10^7 \sim 10^8$ W/cm^{2}的电子束轰击材料，使其气化而实现打孔，可用于不锈钢、耐热钢、宝石、陶瓷、玻璃等各种材料。电子束打孔已在航空航天、电子、化纤及制革等工业生产中得到实际应用，目前最小直径可达0.001 mm左右，如喷气发动机套上的冷却孔、机翼吸附屏上的孔，不仅孔的密度可以连续变化，孔数达数百万个，而且有时还可改变孔样，最宜用电子束高速打孔。电子束还能进行深小孔加工，如孔径在0.5~0.9 mm时，其最大孔深已超过10 mm，即孔的深径比大于15∶1。

与其他微孔加工方法相比，电子束的打孔效率极高，通常每秒可加工几十到几万个孔。打孔的速度主要取决于板厚和孔径，孔的形状复杂时还取决于电子束扫描速度（或偏转速度）以及工件的移动速度。高速打孔可在工件运动中进行，可实现在薄板零件上快速加工高密度孔，这是电子束微细加工的一个非常重要的特点。例如，在0.1 mm厚的不锈钢上加工直径为0.2 mm的孔，速度为3 000个/s。

电子束在加工异形孔方面具有独特的优越性。图9-20所示为电子束加工的异形孔截面。在人造革、塑料上用电子束打大量微孔，可使其具有如真皮革那样的透气性，而且电子束打孔成本比天然革成本低，可替代天然革。用电子束加工玻璃、陶瓷、宝石等脆性材料时，由于在加工部位的附近有很大温差，容易引起变形甚至破裂，所以在加工前或加工时，需用电阻炉或电子束进行预热。

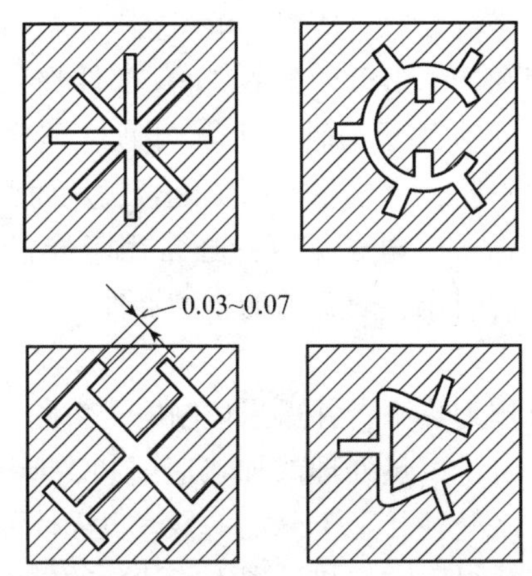

图 9－20　电子束加工的异形孔截面

电子束不仅可以加工各种直的型孔（包括锥孔和斜孔）和型面，而且也可以加工弯孔和切割曲面。通过控制电子速度和磁场强度，即可控制曲率半径，同时改变电子束和工件的相对位置，就可进行复杂曲面的切割和开槽，如图 9－21 所示。图 9－21（a）是所加工的曲面，在上述基础上，如果改变磁场极性再进行加工，就可加工出如图 9－21（b）所示的工件；同理，可加工出图 9－21（c）的弯缝。

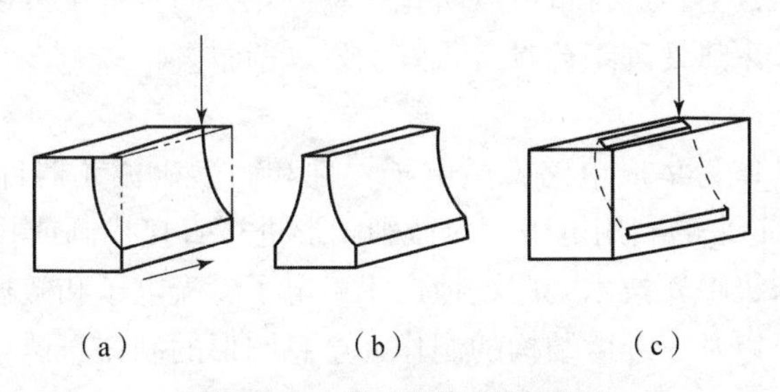

图 9－21　电子束切割的曲面

2. 电子束焊接

电子束焊接是利用电子束作为热源的一种焊接工艺。当高能量密度的电子束连续不断地轰击焊件表面时，使焊件接头处的金属熔融，形成一个被熔融金属环绕着的毛细管状的熔池。如果焊件按一定速度沿着焊件接缝与电子束做相对移动，则接缝上的熔池由于电子束的离开而重新凝固，就形成致密的完整焊缝。

由于电子束的束斑尺寸小，能量密度高，焊接速度快，所以电子束焊接的焊缝深而窄。焊件热影响区极小，工件变形小，故可以在工件精加工后进行焊接。电子束焊接一般不用焊条，焊接过程在真空中进行，因此焊缝化学成分纯净，焊缝的物理性能好，焊接接头的强度往往高于母材。

电子束可焊材料范围很广，它除了适合焊接普通的碳钢、合金钢、不锈钢，还可焊接半导体材料及陶瓷和石英材料等，更有利于焊接高熔点金属（如钽、钼、钨、钛等及其合金）和活泼金属（如锆、铌等），还可焊接异种金属材料（如钢和不锈钢的焊接、钢和硬质合金的焊接等）。这样就有可能将复杂的工件分成几个零件，每个零件可以单独地使用最合适的材料，采用合适的方法来加工制造，最后利用电子束焊接成一个完整的零、部件，从而可以获得理想的使用性能和显著的经济效益。所以，电子束焊接在航空航天工业等取得了广泛的应用，如登月舱的铍合金框架和制动引擎中的64个零部件都采用了电子束焊接。航空发动机的某些构件（高压涡轮机匣、高压承力轴承等）可通过异种材料组合，使发动机在高速运转时，利用材料线膨胀系数不同，完成主动间隙配合，从而可以提高发动机性能、增加推重比、节省材料、延长使用寿命等。电子束焊接还常用于传感器及电器元器件的连接和封装，尤其一些在特殊环境工作的耐压、耐腐蚀的小型器件。

3. 电子束热处理

电子束热处理是把电子束作为热源，并适当控制电子束的功率密度，使金属表面加热而不熔化，达到热处理的目的。电子束热处理的加热速度和冷却速度都很高，在相变过程中，奥氏体化时间很短，只有几分之一秒乃至千分之一秒，奥氏体晶粒来不及长大，从而能获得一种超细晶粒组织，可使工件获得用常规热处理不能达到的硬度。也可以用电子束加热金属使之表面熔化后，在熔化区内加入添加元素，使金属表面形成一层很薄的新的合金层，从而获得更好的物理力学性能。其中，铸铁的电子束熔化处理可以产生非常细的莱氏体组织，其优点是抗滑动磨损性能好。研究表明，铝、钛、镍的各种合金几乎均可进行添加元素处理，从而使其耐磨性能大大提高。

与激光热处理相比，电子束的电热转换效率高达90%，而激光的转换效率只有7%~10%。电子束热处理在真空中进行，可以防止材料氧化，而且电子束设备的功率可以做得比激光功率大，所以电子束热处理工艺具有很好的发展前景。

4. 电子束曝光

电子束曝光通常是作为集成电路、微电子器件和微型机械元器件的刻蚀前置工序，是20世纪60年代初发展起来的利用电子束对微细图形进行直接描画或投影复印的图形加工技术，是最成熟的亚微米级曝光技术，广泛地用于微电子、光电子和微机械领域新器件的研制和应用物理实验研究，以及三维微结构的制作、全息图形的制作、诱导材料沉积和无机材料改性等领域。

电子束曝光主要分为扫描电子束曝光（又称线曝光）和投影电子束曝光（又称面曝光）两类。

扫描电子束曝光是将聚焦到直径小于1 μm的电子束斑在0.5~5 mm的范围内自动扫描，可曝光出任意形状的图形。早期采用圆形束斑，为提高生产率又研制出方形束斑，其曝光面积是圆形束斑的25倍。后来发展的可变成形束，其曝光速度比方形束又提高2倍以上。它除了可直接描画亚微米图形，还可为光学曝光、电子束投影曝光制作掩膜，这是其得以迅速发展的原因之一。

投影电子束曝光首先制成比加工目标的图形大几倍的模板，再以1/10~1/5的比例缩小投影到电致抗蚀剂上进行大规模集成电路图形的曝光。它可在几毫米见方的硅片上安排十万个以上晶体管或类似的元件。投影电子束曝光技术既有扫描电子束曝光技术所具有的高分辨率的特点，又有一般投影曝光技术所具有的生产效率高、成本低的优点，是人们目前积极从事研究、开发的一种微细图形光刻技术。

今后，对电子束曝光技术的研究将主要围绕以下3个方面进行。

（1）追求高分辨率以制作特征尺寸更小的器件，主要用于电子束直接光刻方面。

（2）提高电子束曝光系统的生产率，以满足器件和电路大规模生产的需要。

（3）研究纳米级规模生产用的下一代电子束曝光技术，以满足0.1 μm以下器件生产的需要。

5. 电子束物理气相沉积

电子束物理气相沉积技术（Electron Beam Physical Vapor Deposition，EB－PVD）是利用高速运动的电子，轰击沉积材料表面，使材料源——固体或液体表面气化成气态原子、分子或部分电离成离子而凝聚在基体表面的一种表面加工技术。它不仅可沉积金属膜、合金膜、还可以沉积化合物、陶瓷、半导体、聚合物膜等，根据沉积材料的性质，可以使涂层具有优良的隔热、耐磨、耐腐蚀、绝缘、润滑等性能，并保护基体。该技术广泛应用于航空航天、电子、光学、机械、冶金、材料、船舶等领域。

由于电子束的产生、传输及沉积过程都在真空条件下进行，因此可以防止涂层的污染和氧化，如果控制工艺条件，可以使涂层与蒸发材料中的相和元素含量保持一致，这是电子束物理气相沉积的一大优点。同时它还可以蒸发易挥发的材料，如铝等。

EB－PVD主要应用于飞机发动机的涡轮叶片热障涂层，涂层厚度最大可达300 μm，涂层显微结构明显有利于抗热振，涂层无需后续加工，空气动力学性能和涂层寿命明显优于等离子涂层。EB－PVD还可用于结构涂层，如叶片和反射镜的冷却槽等；刀具、医用手术刀、耳机保护膜、射线靶子及材料提纯等也可用EB－PVD方法进行表面处理。

第三节　离子束加工

离子束加工是利用离子束对材料进行成形或表面改性的加工方法。其加工尺度可达分子、原子量级，是目前微细加工、亚微米加工和精密加工领域中极有发展前途的加工方法，也是现代纳米加工技术的基础工艺之一。

一、离子束加工的基本原理和特点

1. 基本原理

在真空条件下，将由离子源产生的离子经过电场加速，获得具有一定速度的离子投射到材料表面，使材料变形、破坏、分离以达到加工的目的。

离子束加工原理与电子束加工基本类似，其与电子束加工的本质区别在于加速的物质是带正电的离子而不是电子。离子质量比电子大数千、数万倍，当离子被加速到较高速度时具有比电子束大得多的撞击动能，与电子束通过热效应进行加工不同，离子束加工主要是通过离子撞击工件材料引起的破坏、分离或直接将离子注入材料表面等机械作用进行加工的。

离子束加工的物理基础是离子束射到材料表面时所发生的撞击效应、溅射效应和注入效应。具有一定动能的离子投射到工件材料（靶材）表面时，撞击原子、分子发生能量交换，可以将表面的原子撞击出来，这就是离子的撞击效应和溅射效应。如果将工件直接作为离子轰击靶材，工件表面就会受到离子刻蚀（也称为离子铣削）。如果将工件放置在靶材附近，靶材原子就会溅射到工件表面而被沉积吸附下来，使工件表面镀上一层靶材原子的薄膜。如果离子能量足够大并垂直撞击工件表面时，离子就会钻进工件表面，这就是离子的注入效应。图9－22为各类离子束加工示意图。

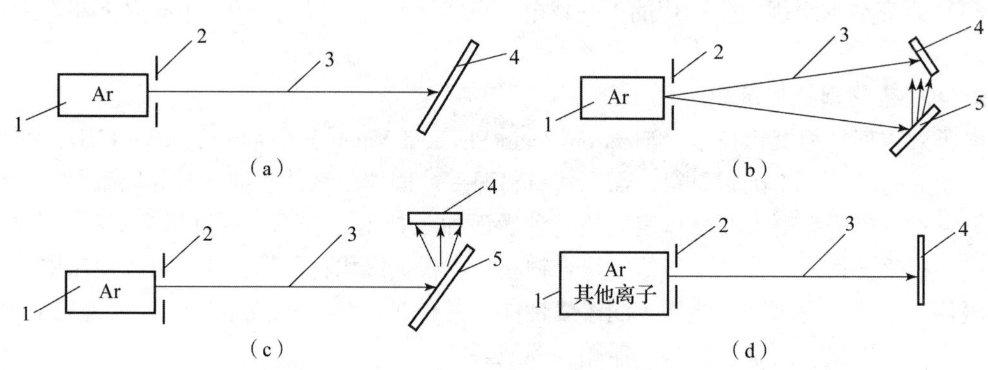

1—离子源；2—吸极（吸收电子，引出离子）；3—离子束；4—工件；5—靶材。

图9-22 各类离子束加工示意图

（a）离子刻蚀；（b）溅射沉积；（c）离子镀；（d）离子注入

2. 离子束加工特点

（1）加工精度高，易于精确控制。离子束可以通过光学系统进行聚焦扫描，聚焦光斑直径可达1 μm以内，因而可以精确控制尺寸范围。离子束轰击材料是逐层去除原子，所以离子刻蚀可以达到纳米级的加工精度，离子镀膜可以控制在亚微米级精度，离子注入的深度和浓度也可极精确地控制。

（2）污染少。离子束加工在高真空中进行，污染少，特别适合加工易氧化的金属、合金及半导体材料。

（3）加工表面质量高。离子束加工是靠离子轰击材料表面的原子的微观作用来实现的，宏观压力很小。因此，加工应力、热变形等极小，适用于对各种材料和低刚度零件的加工。

（4）离子束加工设备费用高、成本大，且加工效率较低，因此应用范围受到一定限制。

二、离子束加工设备

离子束加工的设备包括离子源（离子枪）、真空系统、控制系统和电源系统。对于不同类型的用途，离子束加工设备各有所不同，但离子源是各种设备所共有的关键部分。

离子源又称离子枪，其作用是产生离子束流。基本工作原理是将要电离的气态原子（如氩等惰性气体或金属蒸气）注入电离室，经高频放电、电弧放电、等离子体放电或电子轰击，使气态原子电离为等离子体（即正离子数与负电子数相等的混合体）。采用一个相对于等离子体为负电位的电极（吸极），就可从等离子体中引出正离子束流，而后使其加速射向工件或靶材。

对离子源的要求，首先是离子束有较大的有效工作区，以满足实际加工的需要。其次，离子源的中性损失要小。中性损失是指通向离子源的中性气体未经电离而损失的那部分能量，它将直接给真空系统增加负担。最后，还要求离子源的放电损失小，结构简单、运行可靠。

根据产生离子束的方式和用途的不同，离子源有很多形式，常用的有考夫曼型离子源和双等离子管型离子源。

三、离子束加工的应用

离子束加工的应用范围正在日益扩大，不断创新。例如，可以利用离子束和抗蚀剂的化学作用进行离子束曝光，以及用来改变零件尺寸和表面物理力学性能，这种离子束加工有：离子刻蚀、离子溅射沉积、离子镀膜和离子注入加工，前三种都是利用离子的溅射效应，但达到的目的有所不同，最后一种是基于注入效应。

1. 离子束曝光

离子束曝光又称为离子束光刻，在微细加工领域中应用极为广泛。同电子束曝光相似，利用离子束流作为光源，对抗蚀剂进行曝光，从而获得微细线条的图形。离子束曝光机理是离子束照射抗蚀剂并在其中沉积能量，使抗蚀剂起降解或交联反应，形成良溶胶或非溶凝胶，通过显影获得溶与非溶的对比图形。

与电子束曝光相比，离子束曝光具有以下特点。

（1）离子的质量比电子大得多，而离子射线的波长又比电子射线的波长短得多，因此离子束曝光可获得更高的分辨率。

（2）应用相同的抗蚀剂时，曝光灵敏度比电子束曝光灵敏度可高出一到两个数量级，曝光时间可缩短很多。

（3）离子束曝光克服了电子束曝光由电子散射而引起的邻近效应，因此，可制作十分精细的图形线条。

（4）离子束可不用任何有机抗蚀剂而直接曝光，而且还可使许多材料在离子束照射下，产生增强性腐蚀。

2. 离子束刻蚀加工

刻蚀又称为蚀刻、腐蚀，是独立于光刻的重要的一类微细加工技术，但刻蚀技术经常需要曝光技术形成特定的抗蚀剂膜，而光刻之后一般也要靠刻蚀得到基体上的微细图形或结构，因此，刻蚀技术经常与光刻技术配对出现。

微细加工中的刻蚀技术分为湿法刻蚀和干法刻蚀两类。湿法刻蚀包括湿法化学刻蚀和湿法电解刻蚀；干法刻蚀是利用高能束对基体进行去除材料的加工，包括以物理作用为主的离子束溅射刻蚀，以化学反应为主的等离子体刻蚀，以及兼有物理、化学作用的反应离子束刻蚀等。

1）离子束溅射刻蚀

离子束溅射刻蚀是通过用能量为0.5～5 keV的离子轰击工件，将工件材料原子从工件表面去除的工艺过程，是一个撞击溅射过程。为了避免入射离子与工件材料发生化学反应，必须用惰性元素的离子。氩气的原子序数高，价格便宜，所以通常用氩离子进行轰击刻蚀。由于离子直径很小（约0.1 nm），可以认为离子刻蚀的过程是逐个原子剥离，是一种原子尺度的切削加工（又称离子铣削），刻蚀的分辨率可达微米级甚至是亚微米级。但刻蚀速度很低，剥离速度大约每秒一层到几十层原子。

目前，离子束溅射刻蚀在高精度加工、表面抛光、图形刻蚀、电镜试样制备、石英晶体振荡器及各种传感器件的制作等方面应用较为广泛。离子束溅射刻蚀加工可达到很高的分辨率，适用于刻蚀精细图形，实现高精度加工。离子束刻蚀加工小孔的优点是孔壁光滑，邻近区域不产生应力和损伤，而且能加工出任意形状的小孔。用于加工陀螺仪空气轴承和动压马达上的沟槽时，分辨率高、精度高、重复性好，加工非球面透镜能达到其他方法不能达到的精度。图9－23为离子束加工非球面透镜的原理图，为了达到预定的要求，加工过程中透镜不仅要沿自身轴线回转，而且要做摆动运动。可用精确计算值来控制整个加工过程，或利用激光干涉仪在加工过程中边测量边控制形成闭环系统。

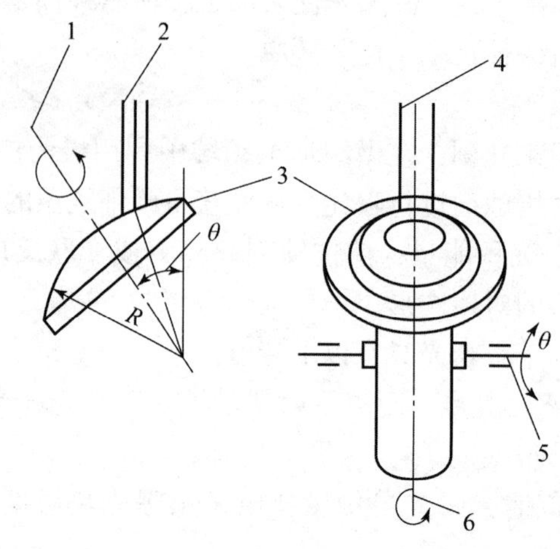

1—回转轴；2—离子束；3—工件；4—离子束；5—摆动轴；6—回转轴。

图9-23　离子束加工非球面透镜的原理图

离子束刻蚀应用的另一个方面是图形刻蚀，如集成电路、声表面波器件、磁泡器件、光电器件和光集成器件等微电子学器件的亚微米图形的加工中，往往要在基片表面加工出线宽不到3 μm的图形，并且要求线条侧壁光滑陡直，目前只能采用离子束刻蚀，这种方法可加工出小于10 nm的细线条，深度误差可控制到5 nm。

离子束刻蚀可用于减薄石英晶体振荡器和压电传感器等材料。减薄石英晶体时，用能量为500 eV、束流密度为0.7 mA/cm^2、有效束径为8 cm的氩离子束，35°的离子入射角，可以加工出3.3 μm厚的石英晶体薄片。

2）等离子体刻蚀

等离子体刻蚀是一种以化学反应为主的刻蚀工艺（兼有物理作用和化学反应的反应离子束刻蚀也属于等离子体刻蚀范畴）。这是集成电路制造中的关键工艺之一，其目的是完整地将掩膜图形复制到片表面，其范围涵盖前端CMOS栅极大小的控制，以及后端金属铝的刻蚀，工艺水平将直接影响到最终产品质量及生产技术的先进性。

3）反应离子束刻蚀

反应离子束刻蚀是将一束反应气体的离子束直接引向工件表面，发生反应后形成一种既易挥发又易靠离子动能而加工的产物，同时通过反应气体离子束溅射作用达到刻蚀的目的，这是一种物理化学反应的刻蚀方法，是一种亚微米级的加工技术。

3. 离子镀膜加工

离子镀膜加工包括离子溅射镀膜和离子镀两种方式。

1）离子溅射镀膜

离子溅射镀膜是基于离子溅射效应的一种镀膜工艺，随着20世纪70年代磁控溅射技术的出现而进入工业应用，在镀膜的工艺领域中占据极其重要的位置。其原理是将真空室内的气体电离，电离后的离子在电场作用下向阴极靶加速运动，将靶材料的原子或分子溅射出，被溅射出的原子或分子淀积在基片（阳极）上形成薄膜。即离子溅射镀膜过程分为3步，即离子的产生、离子对靶的轰击溅射、靶材料溅射粒子淀积在基片上。

离子溅射镀膜工艺适用于合金膜和化合物膜等的镀制，可用于刀具、齿轮、轴承等的镀膜及制造零件等。例如，用磁控溅射在高速钢刀具上镀氮化钛（TiN）硬质膜，TiN具有耐磨、抗蚀和防黏等作用，可以显著提高刀具的寿命。

再如，在齿轮的齿面和轴承上可以采用离子溅射镀制二硫化钼（MoS_2）润滑膜，其厚度为0.2～0.6 μm，摩擦因数0.04。溅射时，靶材是用二硫化钼粉末压制成形，但为得到晶态薄膜，必须严格控制工艺参数。

离子溅射用来制造薄壁零件时，其最大特点是不受材料限制，可以制成陶瓷和多元合金的薄壁零件。离子溅射还可以用来制备薄膜磁头的耐磨损氧化膜、制备光通信、显示技术等方面的光学薄膜等。

2）离子镀

离子镀也称离子溅射辅助沉积，是在真空镀膜和溅射镀膜的基础上发展起来的一种镀膜技术。这种离子流的组成可以是离子，也可以是通过能量变换而形成的高能中性粒子。

离子镀时工件不仅接受靶材溅射来的原子，还同时受到离子的轰击，这种轰击使界面和膜层的性质发生某些变化，如膜层对基片的附着力、覆盖情况、密度及内应力等，这使离子镀具有许多独特的优点。

（1）离子镀膜附着力强、膜层不易脱落。这一方面是由于镀膜前离子以足够高的动能冲击基体表面、清洗掉表面的油污、氧化物等杂物，从而提高工件表面的附着力。另一方面是镀膜刚开始时，由工件表面溅射出来的基材原子，有一部分会与工件周围气氛中的原子和离子发生碰撞而返回工件，与镀膜的膜材原子同时到达工件表面，形成了膜材原子和基材原子的共混膜层。而后，随膜层的增厚，再逐渐过渡到单纯由膜材原子构成的膜层。有了混合过渡层，就可以减少由于膜材与基材两者膨胀系数不同而产生的热应力，增强两者的结合力，使膜层不易脱落，镀层组织致密，针孔气泡少。此外，离子镀的附着性好，使原来在蒸镀中不能匹配的基片材料和镀料可以用离子镀完成。

（2）离子镀比真空镀的绕镀性好。离子镀时蒸发的镀料离子，要与气体分子多次碰撞才能到达基片，导致没有面对蒸发源的基片上也有镀料离子沉积，从而使基片上的所有暴露表面均可镀覆。同时，带正电荷的镀料离子会向加有负偏压的基片各处运动而沉积下来，这也是其绕镀性好的原因之一。

（3）离子镀的可镀材料广泛。可在金属或非金属表面上镀制金属或非金属材料，各种合金、化合物、某些合成材料、半导体材料、高熔点材料均可镀覆。目前，离子镀技术已用于镀制耐磨膜、耐热膜、耐蚀膜、润滑膜、装饰膜和电气膜等。例如，离子镀装饰膜用于工艺美术品的首饰、景泰蓝，以及金笔套、餐具等的修饰上，其膜厚仅为1.5～2 μm。

在机械加工领域，用离子镀方法在切削工具表面镀氮化钛、碳化钛等硬质材料，可以提高刀具的寿命。试验表明，在高速钢刀具上用离子镀镀氮化钛，刀具寿命可提高1～2倍。镀碳化钛后，刀具耐用度提高3～8倍；而硬质合金刀具用离子镀镀上一层氮化钛或碳化钛，刀具耐用度可提高2～10倍。

4. 离子注入加工

离子注入是将工件放在离子注入机的真空靶中，用5～500 keV较高能量的离子束，直接垂直轰击被加工材料。离子注入工艺比较简单，它不受热力学限制，可以注入任何离子，而且可以精确控制注入量。注入的离子固溶于工件材料中，含量可达10%～40%，注入深度可达 1 μm 甚至更深。

离子注入能在材料表面注入互不相溶的杂质而形成一般冶金工艺所无法制得的一些新的合金，可方便地制备出具有确定成分的表面合金。不管基体性能如何，都可不牺牲材料整体性能而使其表面性能优化，也不产生任何显著的尺寸变化。但是，离子注入的局限性在于它是一个直线轰击表面的过程，不适合处理复杂的凹入的表面样品。

离子注入工艺所需控制的参数有：靶室真空度、注入离子、离子种类和价态、束流强度和注入时间（可算出注入剂量）、注入机所加的电压（控制离子的能量），以及注入时工件温度。

除了常规的离子注入工艺，近年来又发展了几种新的工艺方法，如反冲注入法、轰击扩散镀层法、动态反冲法和离子束混合法等，如图 9－24 所示，从而使得离子注入加工技术的应用更为广泛。反冲注入法是先将希望引进的元素镀在基片上，然后用其他离子轰击镀层、使镀层元素反冲到基体中去，如图 9－24（a）所示。轰击扩散法与反冲注入法相似，但轰击扩散镀层附有加热装置，可同时有热扩散效应，使离子渗入更深，如图 9－24（b）所示。动态反冲法是一边将元素溅射到基片表面，一边用离子轰击镀层，如图 9－24（c）所示。离子束混合法是将元素 A 和 B 预先交替镀在基片上，组成多层薄膜（每层约10 nm），而后用 Xe^+ 离子轰击，使其混合成均匀膜层，用此方法可制造非晶态合金，如图 9－24（d）所示。

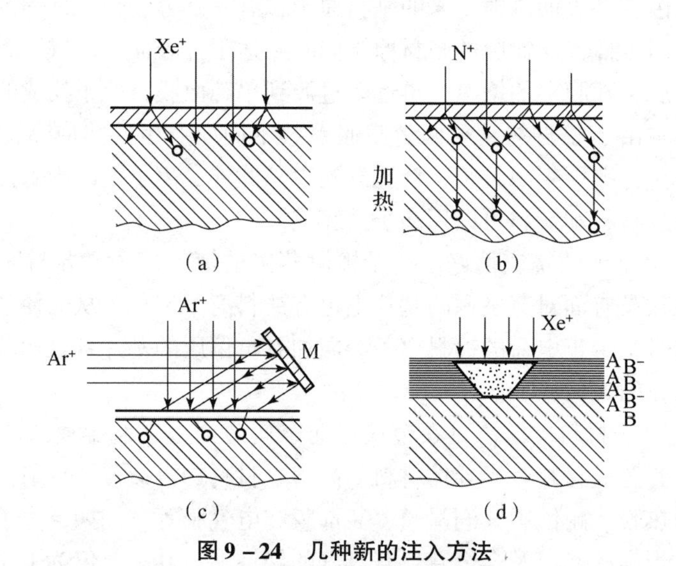

（a）（b）（c）（d）

图 9－24　几种新的注入方法

（a）反冲注入法；（b）轰击扩散镀层法；（c）动态反冲法；（d）离子束混合法

离子注入在半导体方面的应用目前已很普遍，如离子注入掺杂技术，它是将硼、磷等“杂质”离子注入半导体，从而改变导电型式（P 型或 N 型）和制造 PN 结，以制造一些通常用热扩散难以获得的各种特殊要求的半导体器件。由于离子注入的 PN 结含量、深度和注入区域均可精确控制，所以成为制作半导体器件和大面积集成电路的重要手段。在离子注入掺杂技术的基础上又发展起来离子注入成膜技术，在微电子技术等领域中获得了广泛应用。当注入固体的离子浓度很大，以致接近基片物质的原子密度时，因基片物质本身固溶度有限制，将有过剩的原子析出来，这时注入离子将和基片物质元素发生化学反应，形成化合物薄膜。

离子注入表面改性是离子注入加工技术应用的另一个重要领域，可用来改变金属表面的物理化学性能，制得新的合金，从而改善金属表面的耐磨性能、耐腐蚀性能、抗疲劳性能和润滑性能等。例如，在低碳钢中注入 N、B、Mo 等元素以后，在磨损过程中，材料表面局部温升形成温度梯度，使注入离子向衬底扩散，不断在表面形成硬化层，提高了材料的耐磨性能。随着研究的不断深入，离子注入也将在聚合物表面改性领域发挥越来越重要的作用。

此外，离子注入在光学方面可以制造光波导。例如，对石英玻璃进行离子注入，可增加折射率而形成光波导，还用于改善磁泡材料性能、制造超导性材料等。

随着离子束技术的进步，现在可以在半真空或非真空条件下进行离子束加工，离子注入的应用范围也在不断扩大。

第四节　水射流加工技术

水射流加工技术（Water Jet Machining，WJM）又称为超高压水射流加工、液力加工、水喷射加工或液体喷射加工，俗称“水刀”，是20 世纪 70 年代发展起来的一门高新技术，与激光、离子束、电子束一样，同属于高能束加工的技术范畴。水射流加工属“绿色”加工方法，在国内外应用广泛，在机械、建材、建筑、国防、轻工、纺织等领域正发挥着日益重要的作用，在航空航天、舰船、军工、核能等高、尖、难技术上更显优势。

一、水射流加工原理及特点

1. 水射流加工原理

我国自古有“滴水穿石”之说，如今利用超高压水射流技术切割石材和其他材料已成为现实。水射流加工是利用高压、高速的细径液流作为工作介质，对工件表面进行喷射，依靠液流产生的冲击作用，将水射流的动能变成机械能来去除材料。

图 9－25 为水射流加工系统构成与工作原理示意图，储存在水箱 1 中的水或加入添加剂的液体，经过过滤器 2 处理后，由水泵 3 抽出送至蓄能器 4 中，使高压液体流动平稳。液压机构 5 驱动增压器 6，使水压增高到 70～400 MPa。高压水经控制器 7、阀门 8 和喷嘴 9 喷射到工件 10 上的加工部位，进行切割。切割过程中产生的切屑和水混合在一起，排入水槽 11。

高速水流冲击工件，实现对材料的去除，大体可分为以下两个过程。

1）射流与材料的相互作用过程

超高压水射流本身具有较高的刚性，在冲击工件时，会产生极高的冲击动压和涡流。从微观上看，相对于射流平均速度存在着超高速区和低速区（有时可能为负值），因而水射流表面上虽为圆柱模型，而内部实际上存在刚性高和刚性低的部分。刚性高的部分产生的冲击动压使传播时间减少，增大了冲击强度，宏观上起快速楔劈作用；而低刚度部分相对于高刚度部分形成了柔性空间，起吸屑、排屑作用。两者的结合，正好使其在切割材料时像一把“锯刀”加工一样。

2）材料的失效过程

在高速射流冲击下，造成材料失效的首要因素是射流冲击力；此外，材料的力学性能（抗拉强度、抗压强度）、结构特性（微观裂缝、孔隙率等）和液体对材料的渗透性等也是影响材料失效速度的重要因素。

超高压水射流破坏材料的过程是一个动态断裂过程，材料的破坏形式大致可分为两类：一是以金属为代表的延展性材料在切应力作用下的塑性破坏，破坏遵循最大的拉应力瞬时断裂准则，即一旦材料中某点的法向拉应力达到或超过某一临界值时，该点即发生断裂；二是以岩石为代表的脆性材料在拉应力或应力波作用下的脆性破坏，主要是以裂纹破坏及扩散为主。有一些材料在破坏过程中，两种破坏形式会同时发生。

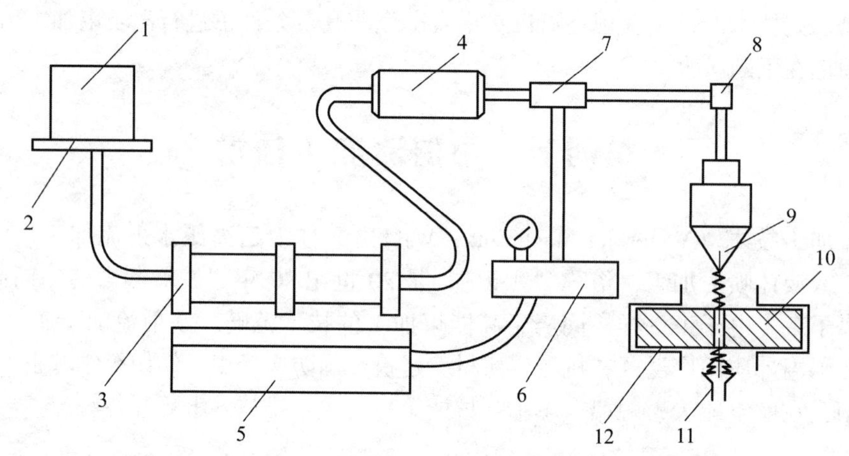

1—水箱；2—过滤器；3—水泵；4—蓄能器；5—液压机构；6—增压器；
7—控制器；8—阀门；9—喷嘴；10—工件；11—水槽；12—夹具。

图9-25　水射流加工系统构成与工作原理示意图

2. 水射流加工的特点

水射流加工使用廉价的水作为工作介质，是一种冷态切割新工艺，是目前世界上先进的切割工艺方法之一，特点非常鲜明。

（1）加工质量好。水射流加工过程无热量产生，工件材料不会受热变形，加工表面不会出现热影响区，几乎不存在机械应力与应变，切割缝隙及切割斜边都很小，切口平整，无毛刺，无浮渣，无须二次加工，切割品质优良。

（2）过程稳定、安全。加工过程中，作为“刀具”的高速水流不会变“钝”，各个方向都有切削作用，切削过程稳定。液力加工过程中，“切屑”混入液体中，不存在灰尘，无火花，不存在爆炸或火灾危险。尤其适用于恶劣的工作环境和有防爆要求的危险环境下加工。

（3）清洁环保无污染，成本低。加工过程不产生弧光、灰尘及有毒气体，操作环境整洁。所使用的水可循环利用，降低了加工成本。

（4）可加工材料广。它可以切割各种金属、非金属，各种硬、脆、韧性材料，尤其是在石材加工等领域具有其他工艺方法无法比拟的技术优势。另外，切割加工过程中，温度较低，无热变形、烟尘、渣土等，加工产物随液体排出，可用于加工木材、纸张、玻璃纤维制品、食品等易燃、软质材料及制品。

(5) 自动化程度高。与相似的机械切削技术（如锯切、铣削等）相比，可以方便地获得复杂形状的二维切割轨迹，易于实现自动化。

目前，水射流加工存在的主要问题是喷嘴成本较高，使用寿命、切割速度和精度仍有待进一步提高。

二、水射流加工设备

通常情况下，数控超高压水射流加工设备都是根据具体要求设计制造的，其组成部分主要有：超高压水发生装置及管路系统、喷嘴、执行机构、控制系统等。

1. 超高压水发生装置及管路系统

超高压水发生装置是“水刀”设备的核心，多采用往复式增压器，也可采用超高压水泵。

增压器是液压系统中重要的设备，要求增压器使液体的工作压力达到 100 ~ 400 MPa，以保证加工的需要。往复式增压器的结构如图 9 - 26 所示。切割时输出水压的高低取决于增压器大、小活塞的截面积之比（增压比），以及液压泵的输出工作油压。在增压器结构（增压比）已经确定的情况下，通过远程调压阀可以调节液压泵的油压，并最终实现对水压的调节，切割时水压的高低可由超高压压力表显示。

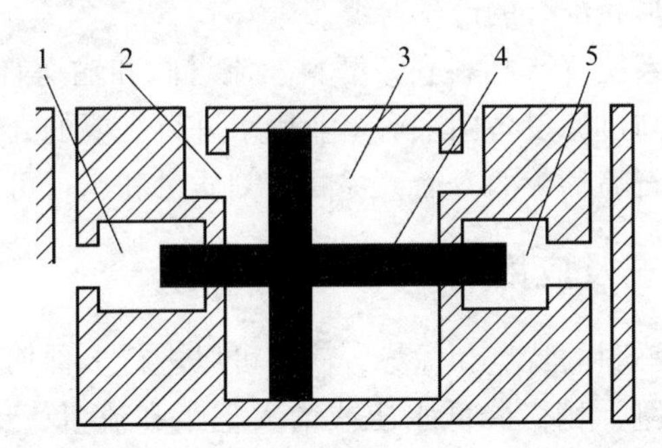

1—左侧水缸；2—左侧液压缸；3—右侧液压缸；4—大、小活塞；5—右侧水缸。

图 9 - 26 往复式增压器结构示意图

由于增压器工作压力高出普通液压传动装置液体工作压力的 10 倍以上，因此系统中的管路和密封是否可靠，对保障切割过程的稳定性、安全性具有重要意义。对于增压水管采用高强度不锈钢厚壁无缝管或双层不锈钢管，接头处采用金属弹性密封结构。

2. 喷嘴

喷嘴是切割系统中的重要部件之一，应具有良好的射流特性和较长的使用寿命，其结构、工作性能和使用寿命直接影响到工件切割质量和生产成本。根据切割工艺的不同，喷嘴可分为纯水切割喷嘴和磨料切割喷嘴两种。纯水切割喷嘴用于切割密度较小、硬度较低的非金属软质材料，磨料切割喷嘴用于切割密度较大、硬度较高的硬质材料。喷嘴的直径、长度、锥角及孔壁表面质量对加工性能有很大影响，通常要根据工件材料合理选择。

在切割工件时，喷嘴受到极大的液体内压力，以及磨料的高速磨削作用（采用磨料高压水切割），要求制造喷嘴的材料应具有良好的耐磨性、耐腐蚀性和承受高压的性能。目前，常用的喷嘴材料有硬质合金、蓝宝石、红宝石及金刚石。其中，金刚石喷嘴的寿命最高，可达1 500 h，但加工困难、成本高。考虑到成本及制造方面的因素，以宝石材料应用最为广泛。

影响喷嘴使用寿命的因素较多，除喷嘴结构、材料、制造、装配、水压以外，提高水介质的过滤精度和处理质量，将有助于提高喷嘴寿命。另外，选择合适的磨料种类和粒度，对提高喷嘴的使用寿命也非常重要。

3. 执行机构

机床床身结构通常采用龙门式或悬臂式机架结构，一般是固定不动的。在切割头上安装一只传感器以保证喷嘴与工件间距离的恒定，从而保证加工质量。通过切割头和关节式机器人手臂或三轴数控系统控制结合，进行五轴联动，从而可实现多自由度的空间切割，进行三维复杂形状零件的加工。为了提高切割效率，还可以在同一个切割头上配置多个喷嘴，进行多件同时切割。

4. 控制系统

控制系统可根据具体情况选择机械、气压和液压控制。工作台应能纵、横向灵活移动，适应大面积和各种型面的加工需要。因此，适宜采用程序控制和数字控制。由于超高压水射流属于点切割，即在其切割范围内可以到达任何一点，故在计算机控制下，可以切割出任意复杂的图形，重复定位精度可小于±0.05 mm，也可以方便地实现间隙补偿，在进行石材拼花切割时，能够做到零件形状配合的严丝合缝。

其他还有磨料及输送系统（包括料仓、磨料、流量阀和输送管）保证磨料的供给通畅，不至于堵塞；水介质处理与过滤设备用来对工业用水进行必要的处理以减少设备的锈蚀，延长增压系统密封装置、宝石喷嘴等的寿命，提高切割质量和运行可靠性。

三、水射流加工工艺及应用

由于水射流加工自身鲜明的特点和优势，使其可以进行多种加工，如利用液流的高速冲击，可以实现对工件的切割，稍微降低水压或增大靶距和流量，还可以进行高压清洗、破碎、剥层、表面毛化、去毛刺及强化处理。

1. 水射流切割

水射流切割是水射流加工的典型应用，某种意义上讲也是切割领域的一次革命，对其他切割工艺是一种完美补充，在国内外许多工业部门得到了广泛应用，可切割多种材料，如图9－27所示。

例如，在建材工业及建筑装潢业，可用于切割大理石、花岗岩、陶瓷、玻璃纤维等材料，可切割出复杂形状的孔和曲线，切割尺寸精确，无粉尘污染，非常方便、省时省力、附加值高。

在航空航天工业中，水射流切割技术可用于切割特种材料，如钛合金、耐热合金、碳纤维复合材料及层叠金属或增强塑料玻璃等，不会产生分层，无金相变化，无热影响区和热应力，切缝窄，切口质量高，材料利用率高。

在汽车制造业中，人们利用水射流切割各种非金属材料及复合材料构件，如车用玻璃、汽车内装饰板、橡胶、刹车衬垫等，不需要模具，可提高生产线的加工柔性。

在食品工业中，水射流切割用于切割松脆食品、菜、肉等，可减少细胞组织的损坏，增加存放期；在造纸工业，用于牛皮纸、波纹箱板等的分卷切条，无粉尘污染；在纺织工业，用于切割多层布料，可提高切割效率，减少边端损伤。在电子工业，用于印制电路板的轮廓切割等。

总之，超高压水射流切割技术的应用范围在日益扩展，潜力巨大。随着设备成本的不断降低，其应用的普遍程度将进一步得到提高。

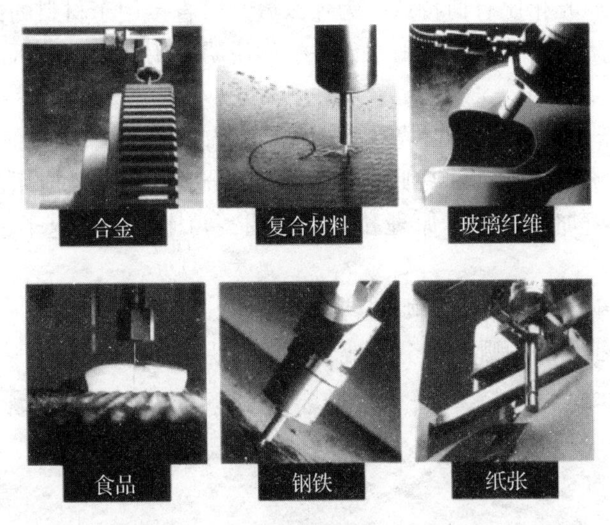

图 9－27　水射流切割的材料示例

2. 水射流清洗和除锈

水射流清洗是利用高压射流的冲击动能，连续不断地对被清洗基体进行打击、冲蚀、剥离、去除污垢以实现清洗的目的。水射流可除去用化学方法不能或难以清洗的特殊垢层，主要用于：清洗汽车、化工罐车、船舶、高层建筑物，清洗轻工、食品、冶金等工业部门的各种生产线上的容器，机械加工设备及模具的清洗，铸件清砂、去毛刺，核电站等的清洗，去除油垢、各类残渣、各种涂层、结焦、颜料、橡胶、石膏、塑料、微生物污泥、高分子聚合垢等污垢。

水射流除锈是利用水射流的打击力作用于锈层表面，同时高速切向流产生水楔作用，扩展锈层裂纹，通过水流的冲刷作用将锈蚀去除。该方法不产生粉尘，安全卫生，劳动条件好，对环境无污染，因此，在金属除锈等工业领域必将得到广泛应用。也常在水中添加磨料形成磨料射流来提高除锈效果，同时可降低高压系统的压力。

3. 水射流粉碎

高压水射流粉碎技术以其简单的设备结构、良好的解理与分离特性，以及清洁、节能、高效成为一项新型粉碎技术，近年来得到发展并已经在工业中得到应用。

具有巨大能量的水射流投射到物料上，在物料内部的晶粒交界处产生应力波反射而引起张力，并在物料的裂隙和解理面中产生压力瞬变，从而使物料粉碎。水射流冲击下物料颗粒所受到的作用力非常复杂，目前对于引起粉碎的主要机理还无统一观点，主要有水射流冲击的压缩粉碎、水射流冲击的水楔－拉伸粉碎、紊流－空化冲蚀粉碎、脉冲射流的水锤作用粉碎、颗粒与靶物的冲击粉碎和颗粒与管壁的摩擦粉碎等作用机理。

复习思考题

9-1　试述激光加工时材料蚀除的微观物理过程。

9-2　激光与普通光相比有何特点？为什么激光可直接用于材料的蚀除加工？

9-3　简述影响激光打孔质量的因素，并举例说明采用什么措施可以提高激光打孔的工艺质量。

9-4　激光切割、激光焊接和激光热处理的原理有何不同？

9-5　什么是电子束加工？试说明电子束加工的分类、特点及应用范围。

9-6　试述离子束加工的基本原理和应用范围，并比较它与电子束加工、激光加工的异同。

9-7　什么是水射流加工？它有哪些特点和用途？

9-8　水射流加工设备由哪些部分构成？简要说明各部分的功用。

第十章　其他特种加工

本章知识要点：

(1) 超声波加工；

(2) 等离子体加工；

(3) 磨料流加工；

(4) 磁性磨料研磨加工。

导学：图 10－1 是用超声波加工样件。超声波加工技术的机理是什么？主要适合加工哪类工件？如何选择加工工艺参数？生产中还有哪些特种加工技术？它们有什么特点？它们主要应用在哪些方面？

图 10－1　超声波加工样件

第一节　超声波加工

超声波加工不仅能加工硬质合金、淬火钢等硬脆金属材料，而且更适用于不导电的非金属硬脆材料（如半导体硅片、锗片以及陶瓷、玻璃等）的精密加工和成形加工，超声波还可以用于清洗、探伤和焊接等工作，在农业、国防、医疗等方面的用途也十分广泛。

一、超声波加工的机理和特点

1. 超声波加工的机理

声波是人耳能感受的一种纵波，它的频率在 16 Hz～16 kHz 范围内，而频率超过 16 kHz 就称为超声波。超声波具有波长短、能量大，传播过程中反射、折射、共振、损耗等现象显著的特点。

超声波加工是利用工具端面做超声频振动，通过磨料悬浮液加工脆性材料的一种成形加工方法。一种典型的CSJ－2型超声波加工设备如图10－2所示，它包含超声波发生器、超声波振动系统、超声波加工机床本体、磨料悬浮液冷却及循环系统4个部分。超声波加工原理如图10－3所示。超声波发生器产生16 kHz以上高频交流电源，输送给超声波换能器，产生超声波振动，并借助变幅杆将振幅放大到0.05～0.1 mm，使变幅杆下端的工具产生强烈振动。含有水与磨料的悬浮液由工具带动也产生强烈振动，冲击工件表面。加工时，工具以很小的力压在工件上。为了冷却超声波换能器，还需接通冷却水。工件表面受到磨料以很大速度和加速度的不断撞击，被粉碎成很细的微粒，从工件表面上脱落下来。虽然每次打击下来的材料很少，但由于每秒钟打击的次数多达1.6万次以上，所以仍能获得一定的加工速度。循环流动的悬浮液带走脱落下来的微粒，并使磨料不断更新。同时，悬浮液受工具端部的超声波振动作用而产生的液压冲击和空化现象，也加速了工件表面被机械破坏的效果。工具连续进给，加工持续进行，工具的形状便“复印”在工件上，直到达到要求的尺寸。

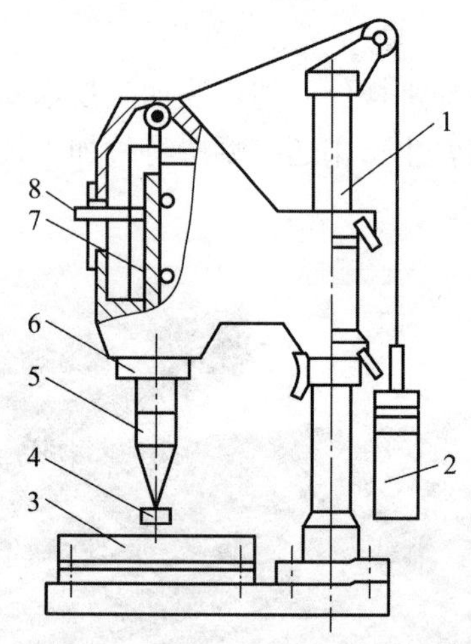

1—支架；2—平衡重锤；3—工作台；4—工具；5—变幅杆；6—换能器；7—导轨；8—标尺。

图10－2　CSJ－2型超声波加工设备

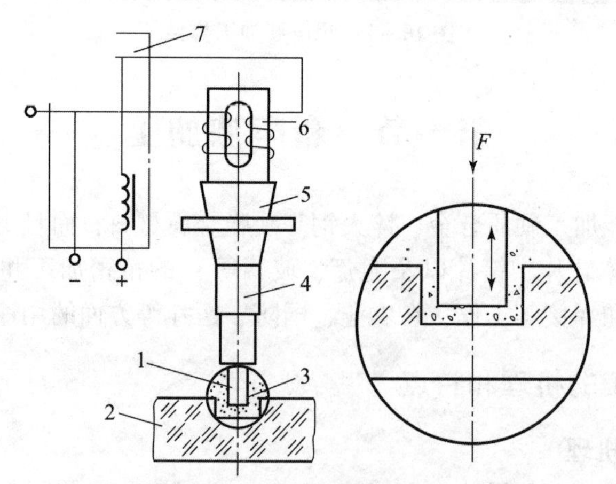

1—工具；2—工件；3—磨料悬浮液；4、5—变幅杆；6—换能器；7—超声波发生器。

图10－3　超声波加工原理

所谓空化作用，是指当工具端面以很大的加速度离开工件表面时，加工间隙内形成负压和局部真空，在工作液体内形成很多微空腔，促使工作液钻入被加工工件表面材料的微裂纹处。当工具端面以很大的加速度接近工件表面时，空腔闭合，引起极强的液压冲击波，加速了磨料对工件表面的破碎作用。

综上所述，超声波加工是磨料在超声波振动作用下的机械撞击和抛磨作用与超声波空化作用的综合结果，其中磨粒的撞击作用是主要的。越是脆硬的材料受撞击作用越大，被破坏的程度越大，也就是超声波加工效率高。相反，塑性材料的韧性好，它的缓冲作用大，不容易破碎，就很难以加工。由此不难理解，超声波加工特别适合加工硬脆材料，而工具材料一般需选用韧性材料（如 45 钢、65 Mn、40Cr）的原因。

2. 超声波加工的特点

（1）特别适合加工各种硬脆材料，尤其是电火花加工等无法加工的不导电非金属材料，如玻璃、陶瓷、人造宝石、半导体等。

（2）加工精度高，加工表面质量好。尺寸精度可达 0.02 ~ 0.01 mm，表面粗糙度可达 Ra 0.63 ~ 0.08 μm，加工表面也无组织改变、残余应力及烧伤等现象。

（3）工件在加工过程中受力较小，不易引起工件变形，适用于加工薄壁、窄缝等低刚度工件。

（4）加工出工件的形状与工具形状一致，只要将工具做成不同的形状和尺寸，就可以加工出各种复杂形状的型孔、型腔、成形表面，工具和工件只做直线相对进给运动，工具和工件不需要做较复杂的相对运动。因此，超声波加工机床结构比较简单，操作维修方便。

（5）与电火花加工、电解加工相比，采用超声波加工硬质金属材料（如淬火钢、硬质合金等）的效率较低。

二、超声波加工设备

超声波加工设备根据功率大小不同，结构形式和布局有所差异，但其组成部分基本包括以下 4 部分：超声波发生器（超声电源）、超声波振动系统、超声波机床本体（工作台、进给系统、床身等）、磨料悬浮液及冷却循环系统 4 个部分。

1. 超声波发生器

超声波发生器的作用是将 50 Hz 的交流电转变为一定功率的、频率 16 kHz 以上的超声波高频振荡电信号，以提供工具往复运动和去除被加工材料的能量。其基本要求：输出功率和频率在一定范围内连续可调，最好能具有对共振频率自动跟踪和微调功能，结构简单，工作可靠，价格低廉，体积小等。

超声波发生器主要由振荡电路、电压放大器和功率放大器等组成。

2. 超声振动系统

超声波振动系统又称为声学部件，主要包括换能器、变幅杆及工具 3 个部分，其作用是将高频振荡电能转变为机械能，使工具端面作高频率、小振幅的振动以进行加工。

1）换能器

换能器的功能是将高频电能（16 kHz 以上的交流电）转变为高频率的机械振动（超声波）。为了实现这种转换，目前有压电效应与磁致伸缩效应两种方法可利用。图 10 – 4 所示为压电效应及压电效应换能器，图 10 – 5 所示为磁致伸缩换能器，它们都是由高频振荡的电流变化导致其长度变化而将电流的振荡改变成机械振动。压电效应换能器用压电陶瓷（石英、钛酸钡等）制成，主要用于小功率超声波加工机床。磁致伸缩换能器又有金属的（铁、钴、镍等）和铁氧体的（铁的氧化物及其他配料烧结而成）两种。金属的通常用于1 kW以上的大功率超声波加工机床；铁氧体的通常用于1 kW以下的小功率超声波加工机床。为获得最大的超声波振动强度，换能器应处于共振状态，这时换能器的长度或厚度应为超声波半波长的整数倍。

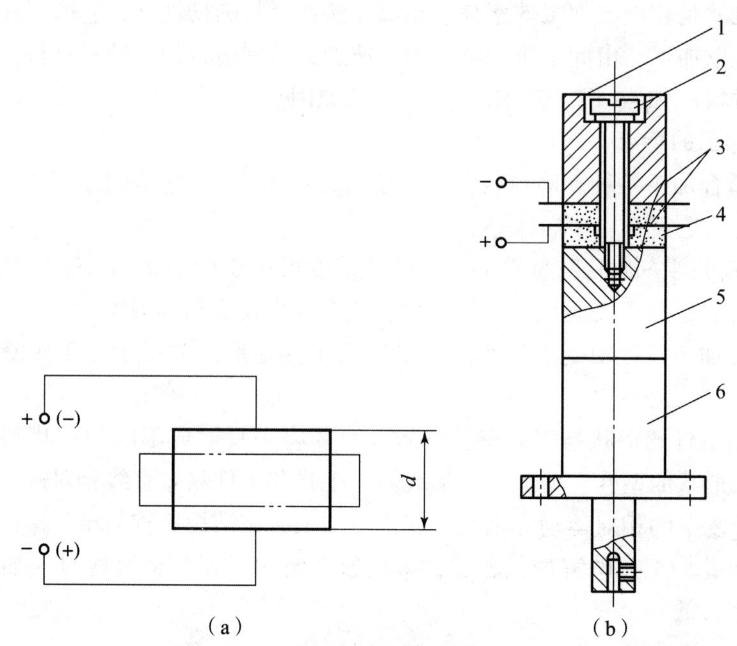

1—上端块；2—压紧螺钉；3—导电镍片；4—压电陶瓷；5—下端块；6—变幅杆。

图10－4　压电效应及压电效应换能器

（a）压电效应；（b）压电效应换能器

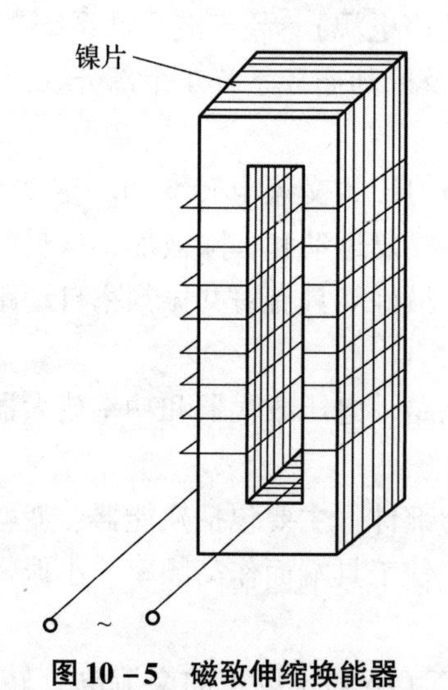

图10－5　磁致伸缩换能器

2）变幅杆

变幅杆亦称振幅扩大棒，它能将换能器产生的机械振动的振幅放大。因压电或磁致伸缩的变形量很小（即使在共振条件下其振幅也超不过0.005～0.01 mm），不足以直接用来加工，故通过一个上粗下细的棒杆将振幅加以扩大，以达到超声波加工所要求的0.01～0.1 mm的振幅，固定在变幅杆端部的工具即产生超声波振动。常见的变幅杆形式如图10－6所示。

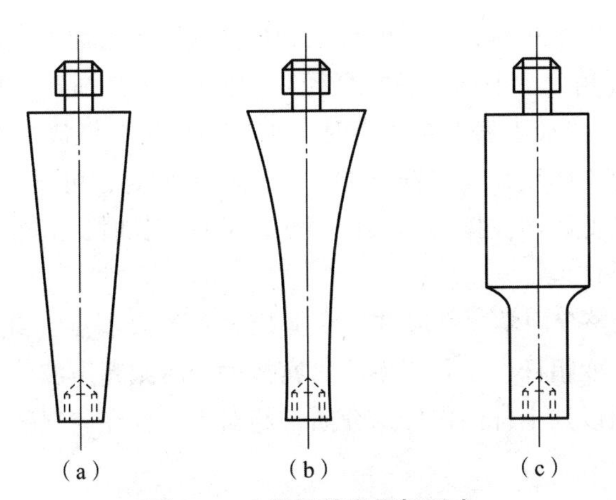

图10－6 常见的变幅杆形式

(a) 圆锥形；(b) 指数形；(c) 阶梯形

变幅杆扩大振幅的原理，是通过它每一截面的振动能量是不变的（略去传播损耗），截面小的地方能量密度变大，而能量密度 J 正比于振幅 A 的平方，即

$$J=\frac{1}{2}KA^2 \tag{10-1}$$

所以

$$A=\sqrt{\frac{2J}{K}}$$

式中 J——能量密度；

A——振动振幅；

K——系数，$K=\rho c\omega^2$（ρ——弹性介质密度；c——波速；ω——圆频率，$\omega=2\pi f$；f——振动频率）。

可见，截面越小，能量密度就越大，振动振幅也就越大。

为了获得较大的振幅，应使变幅杆的固有振动频率和外部激振频率相等，使其处于共振状态。为此，在设计、制造变幅杆时，应使其长度 L 等于超声波振动的半波长或其整倍数。

必须注意，超声波加工时并不是整个变幅杆和工具都是在做上下高频振动，它和低频或工频振动的概念完全不同。超声波在金属棒杆内主要以纵波形式传播，一般引起杆内各点沿波的前进方向按正弦规律在原地作往复振动，并以声速传导到工具端面，使工具端面做超声波振动。对于工具端面，瞬时位移量

$$S=A\sin\omega t \tag{10-2}$$

假设超声波振幅 $A=0.002$ mm，频率 $f=20\ 000$ Hz，可算出工具端面的最大速度 $v_{max}=\omega A=2\pi fA=251.3$ mm/s，最大加速度 $a=\omega^2A=31\ 582\ 880\ \text{mm/s}^2=31\ 582.9\ \text{m/s}^2=3\ 223g$，是重力加速度的3 000余倍，由此可见，其加速度是很大的。

3）工具

超声波的机械振动经变幅杆放大后即传给工具，使磨粒和工作液以一定的能量冲击工件，并加工出一定的尺寸和形状。

工具安装在变幅杆的细小端，工具的形状和尺寸取决于被加工表面的形状和尺寸，两者只相差一个加工间隙（稍大于平均的磨粒直径）。为减少工具损耗，只能选有一定弹性的钢作工具材料，如45钢。当加工表面积较小时，工具和变幅杆做成一个整体，否则可将工具用焊接或螺纹连接等方法固定在变幅杆下端。当工具不大时，可以忽略工具对振动的影响，但当工具较重时，会减低超声波振动的共振频率。工具较长时，应对变幅杆进行修正，使之满足半个波长的共振条件。

换能器、变幅杆或整个声学部件应选择在振幅为0的波节点（或称为驻波点），夹固支承在机床上。换能器、变幅杆、工具三者应紧密接触，否则超声波传递过程中将损失很大能量。在螺纹连接处应涂以凡士林油作传递介质，绝对不可存在空气间隙，因为超声波通过空气时会很快衰减。

3. 超声波机床本体

超声波加工机床一般比较简单，包括支承声学部件的机架及工作台、使工具以一定压力作用在工件上的进给机构及床体等部分（见图10－2）。图中4、5、6组成的声学部件安装在能上、下移动的导轨7上。导轨由上、下两组滚动导轮定位，使其灵活又精确地上下移动。工具的向下进给及施加压力靠声学部件本身的自重。为了能调节压力大小，在机床后部有平衡重锤2，也有采用弹簧或其他办法加压的。

4. 磨料悬浮液及冷却循环系统

小型的超声波加工机床，其磨料是靠人工输送和更换的，也可利用小型离心泵使磨料悬浮液搅拌后注入加工间隙中去。若工具及变幅杆较大，可以在工具与变幅杆中间开孔，从孔中输送悬浮液，以提高加工质量。对于较深的加工表面，应将工具定时抬起以利于磨料的更换和补充。大型超声波加工机床采用流量泵自动向加工区供给磨料悬浮液。

效果较好而又最常用的工作液是水，为了提高表面质量，有时也用煤油或机油当作工作液。磨料常用碳化硼、碳化硅或氧化铝，加工金刚石则用金刚石粉等，并要根据加工生产率和精度等要求选定粒度大小，颗粒大的生产率高，但加工精度及表面粗糙度则较差。

三、超声波加工的基本工艺规律

本节主要探讨影响超声波加工的加工速度、加工精度、表面质量的因素。

1. 加工速度及其影响因素

加工速度是指单位时间内去除材料的多少，单位通常以g/min或mm^3/min表示。影响加工速度的主要因素有：工具振动的振幅和频率、工具对工件的静压力（即进给压力）、磨料悬浮液、工件材料、加工面积及深度等。

（1）工件振动的振幅和频率。加工速度随工具振动振幅增加而线性增加，在一定范围内提高振动频率也可提高加工速度。但随频率及振幅提高，变幅杆和工具会承受较大的交变应力，可能会超过疲劳极限而降低寿命。同时，也会使变幅杆与工具及变幅杆与换能器间连接处的能量损耗加大，故在超声波加工中，一般振幅为0.01～0.1 mm，频率为16～25 kHz

之间，实际使用时，要调至共振频率，以获得最大振幅。

(2) 工具对工件的静压力。为得到最大加工速度，工具对工件存在一个最佳压力值。其原因是：若压力过小，工具端面与工件加工面间隙大，从而降低了磨粒对工件撞击力及打击深度；若压力过大，则工具末端与工件加工面间隙变小，磨料及悬浮液不能顺利更新，这两者都降低加工速度。

(3) 磨料悬浮液。磨料的种类、硬度、粒度，磨料和液体的比例及悬浮液的液体黏度等，对超声波加工速度均有影响：磨料硬度越高，加工速度越快。但要考虑价格成本而合理选用。加工金刚石和宝石等超硬材料时，必须用金刚石磨料；加工硬质合金、淬火钢等高硬脆性材料时，宜采用硬度较高的碳化硼磨料；加工硬度不太高的脆硬材料时，可采用碳化硅；加工玻璃、石英、半导体等材料时，用刚玉之类的氧化铝作为磨料即可。

磨料粒度越粗，加工速度越快，但加工精度和表面质量则变差。

磨料悬浮液浓度低，加工间隙内磨粒少，特别在加工面积和深度较大时可能造成加工区局部无磨粒的现象，从而使加工速度大大下降。但浓度太高时，磨粒在加工区域的循环运动和对工件的撞击运动又会受到影响，导致加工速度降低。常用的浓度为磨粒与水的质量比为0.5~1。

悬浮液的液体类型对加工速度也有影响，水的黏度小、湿润性高且有冷却性，对超声波加工有利，所以其相对生产率最高。

(4) 工件材料。材料越脆（材料脆度为切应力与其断裂应力之比），承受冲击载荷的能力越差，在磨粒冲击下越易粉碎去除，加工速度越快；反之，韧性较好的材料则不易加工。

2. 加工精度及其影响因素

超声波加工精度主要包括尺寸精度、形状精度等，除受机床、夹具影响外，主要与工具精度、磨粒粒度、工具的横向振动及加工深度有关。一般孔的加工精度可控制在0.02~0.05 mm。

加工后的孔径相对于工具尺寸有一个扩大量，加工圆孔的最小直径等于工具直径 D 与磨粒平均直径 d_0 的两倍之和，即

$$D_{\min} = D + 2d_0 \tag{10-3}$$

形状误差主要是圆度和锥度误差。

圆度误差的大小与工具横向振动大小和工具沿圆周磨损的不均匀程度有关。采用工具或工件旋转的方法，可以减少圆度误差。

超声波加工过程中，工具也同时受到磨粒的冲击及空化作用而产生磨损。用碳钢或不淬火工具钢制造工具，磨损较小，制造容易，疲劳强度高。

因工具磨损及工具的横向振动，超声波加工的孔一般有锥度。工具及变幅杆的横向振动会引起磨粒对孔壁的二次加工，在孔深度方向上形成从进口端至出口端逐渐减小的锥度。

为了减小工具磨损对圆孔加工精度的影响，可将粗、精加工分开，并相应更换磨粒粒度，合理选择工具材料。

磨粒越细，加工孔精度越高。尤其在加工深孔时，细磨粒有利于减小孔的锥度。

在超声波加工过程中，磨料会由于冲击而逐渐磨钝并破碎，这些破碎和已钝化的磨粒会影响加工精度，而且即使新的磨料磨粒也不是完全均匀的。所以，选择均匀性好的磨料，磨料在使用一段时间后（10~15 h）应更换，对保证加工精度、提高加工速度都十分重要。

3. 加工表面质量及其影响因素

超声波加工具有较好的表面质量，不会产生表面烧伤和表面变质层。表面粗糙度也较好，一般可在 *Ra* 1 ~0.1 μm 之间，取决于每粒磨粒每次撞击工件表面后留下的凹痕大小，它与磨粒的直径、被加工材料的性质、超声波振动的振幅和磨料悬浮液的成分等有关。当磨粒尺寸较小、工件材料硬度较大、超声波振幅小时，加工表面粗糙度将得到改善。工作液的性能对表面粗糙度的影响比较复杂，实践表明，用煤油或润滑油代替水可使表面粗糙度有所改善。

四、超声波加工的应用

超声波加工的应用范围很广，不仅可加工型孔、型腔，还可用于切割、复合加工、焊接、抛光及清洗等。虽然超声波加工的效率比电火花、电解加工等低，但其加工精度和表面粗糙度都比它们好，而且能对电火花和电解加工不能加工的半导体和非导体等硬脆材料进行有效的加工。

1. 型孔、型腔加工

超声波加工目前在各工业部门中主要用于对脆硬材料加工圆孔、型孔、型腔、微细孔及进行套料加工等，如图 10 -7 所示。图 10 -7（a）中，如使工具转动，则可以加工较深而圆度较高的孔。例如，用镀有聚晶金刚石的圆杆或薄壁圆管，则可以加工很深的孔或套料加工。有的型腔模、拉丝模等可先用电火花、电解或激光加工进行粗加工，再用超声波研磨抛光来降低粗糙度，提高表面质量，这将较大地减少和消除电火花加工留下的微裂纹，提高模具的抗疲劳强度和寿命。

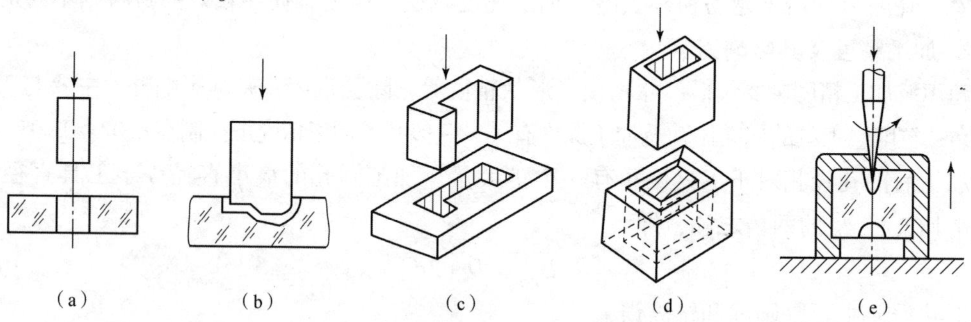

图 10 -7　超声波加工的型孔、型腔类型

（a）加工圆孔；（b）加工型腔；（c）加工异形孔；（d）套料加工；（e）加工微细孔

2. 切割加工

用普通机械加工切割脆硬的半导体材料很困难，采用超声波切割则较为有效和经济，而且精度好、生产率高。图 10 -8 为超声波切割单晶硅片示意图。用锡焊或铜焊将工具（薄钢片或磷青铜片）焊接在变幅杆的端部。加工时喷注磨料液，一次可以切割 10 ~20 片。

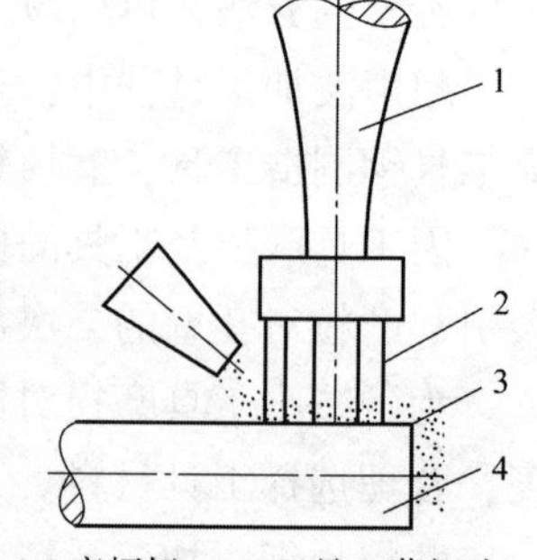

1—变幅杆；2—工具（薄钢片）；3—磨料液；4—工件（单晶硅）。

图 10 -8　超声波切割单晶硅片示意图

3. 超声波清洗

超声波清洗主要是基于超声频振动在液体中产生的交变冲击波和空化作用进行的。空化效应使液体中急剧生长微小空化气泡并瞬时强烈闭合，产生的微冲击波使被清洗物表面的污物遭到破坏，并从被清洗表面脱落下来，即使是被清洗物上的窄缝、细小深孔、弯孔中的污物，也很易被清洗干净。因此，超声波清洗主要用于形状复杂、清洗质量高的中、小精密零件，特别是深孔、弯曲孔、盲孔、沟槽等特殊部位，如喷油嘴、喷丝板、微型轴承、仪表齿轮及零件、手表整体机芯、印制电路板、集成电路微电子器件的清洗中。图 10－9 为超声波清洗装置示意图。

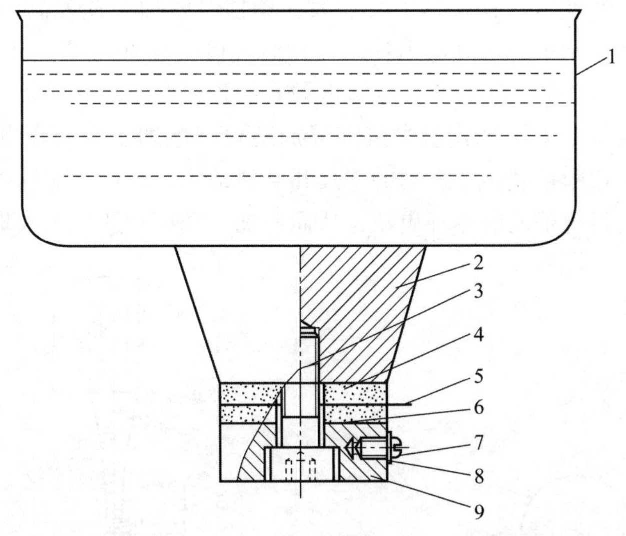

1—清洗槽；2—变幅杆；3—压紧螺钉；4—压电陶瓷换能器；
5—镍片（＋）；6—镍片（－）；7—接线螺钉；8—垫圈；9—钢垫块。

图 10－9　超声波清洗装置示意图

4. 超声波焊接

图 10－10 为超声波焊接示意图，它利用超声频振动作用，使被焊接工件的两个表面在高速振动撞击下，去除工件表面的氧化膜，露出新鲜的本体，使该表面摩擦发热亲和、熔化并黏结在一起。由于超声波焊接时间短及薄表面层冷却快，因此，获得的接头焊接区是细晶粒组成的连续层，因此，它不仅可加工金属，还可加工尼龙、塑料等制品，特别是表面易产生氧化层的难焊接金属材料，如铝制品等。

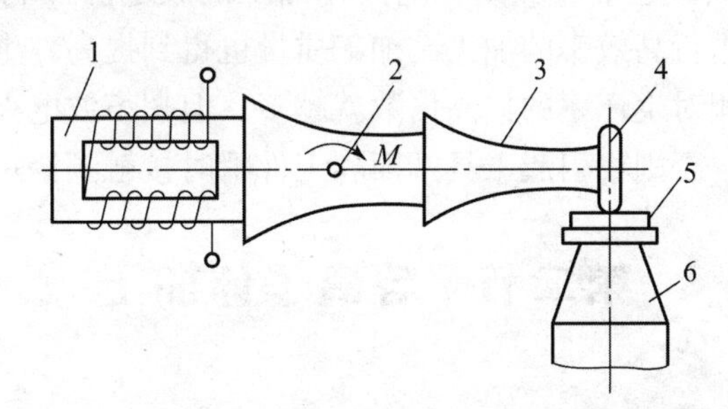

1—换能器；2—固定轴；3—变幅杆；4—工具头；5—工件；6—反射体。

图 10－10　超声波焊接示意图

5. 超声波复合加工

超声波振动还可强化机械切削加工、电火花加工、线切割加工、电化学加工、激光加工等工艺过程，两者结合，取长补短，可以创新性地形成新的复合加工。

1）超声波切削复合加工

超声波振动切削可用于切削难加工材料，能有效地降低切削力、降低表面粗糙度值、延长刀具寿命、提高生产率等，并可保证精密切削的工件精度和表面质量。图10－11为超声波振动车削示意图。

2）超声波电解复合加工

单纯超声波加工速度慢，且工具损耗较大；单独电解加工速度高但加工稳定性差精度低。但两者结合起来，则不但可降低工具损耗，而且可提高加工精度和速度。图10－12为超声波电解复合加工示意图。工件5接直流电源6的正极，工具3接负极，工件与工具间施加6～18 V的直流电压，采用钝化型电解液混加磨料，被加工表面在电解液中产生阳极溶解，电解产物阳极钝化膜被超声频振动的工具和磨料破坏，超声波振动引起的空化作用也加速钝化膜的破坏和磨料电解液的循环更新，从而使加工速度和质量大大提高。

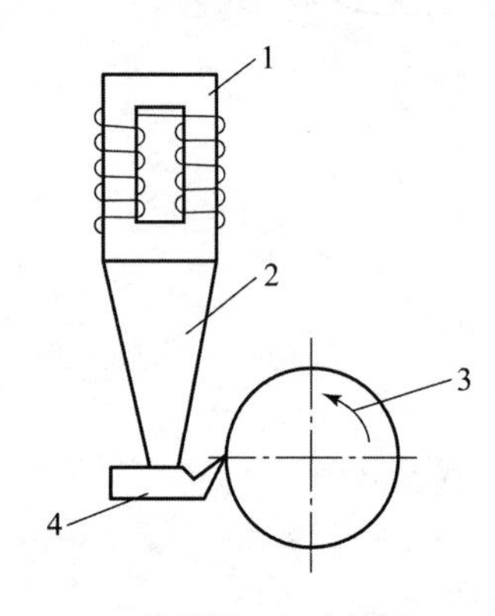

1—换能器；2—变幅杆；
3—工件；4—车刀。

图10－11　超声波振动车削示意图

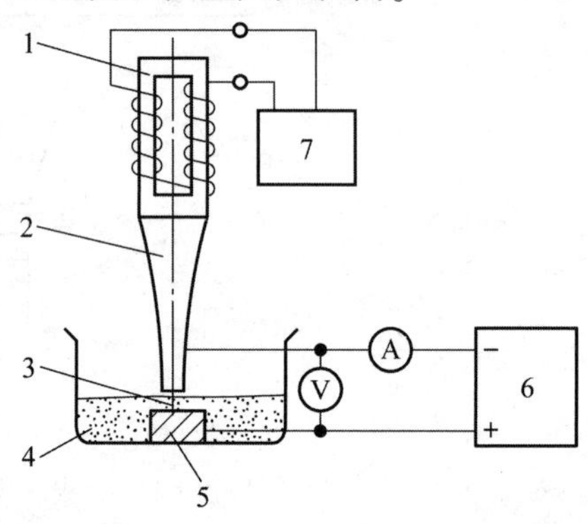

1—换能器；2—变幅杆；3—工具；4—电解液磨料；
5—工件；6—直流电源；7—超声波发生器。

图10－12　超声波电解复合加工示意图

3）超声波电火花复合加工

电火花成形加工效率较低，如在电火花成形加工的工具上加装超声波振动装置，其原理类似图10－12，其中直流电源要改为直流脉冲电源。形成的超声波电火花复合加工，在电火花放电的同时工具端面做超声波振动，电火花加工的放电脉冲利用率大大提高，可对小孔、窄缝及精微异形孔进行高效率的加工，加工质量也得到提高，生产率将提高多倍。越是小面积、小用量加工，相对生产率的提高倍数就越多。但超声波电火花复合精微加工时，超声波功率和振幅不宜大，否则将引起工具端面和工件瞬时接触频繁短路，导致电弧放电。

第二节　等离子体加工

一、基本原理

等离子体加工又称为等离子体电弧加工，它是利用电弧放电使气体电离成过热的等离子气体流束，靠局部熔化及气化来去除材料的。

高温电离的等离子体气体被称为物质存在的第四种状态，它是由气体原子或分子在高温下获得能量电离之后，离解成带正电荷的离子和带负电荷的自由电子所组成，但整体的正负电荷数值仍相等，因此称为等离子体。

图 10－13 为等离子体加工原理示意图。该装置由直流电源供电，钨电极 5 接阴极，工件 9 接阳极，工质气体 6 可采用有氮、氩、氦、氢或这些气体的混合气体。利用高频振荡或瞬时短路引弧的方法，使钨电极与工件之间形成电弧。电弧的温度很高，使工质气体的原子或分子在高温中获得很高的能量，其电子冲破原子核的束缚，成为自由电子，而原来呈中性的原子失去电子后成为正离子。这种电离化的气体，正、负电荷的数量仍然相等，从整体看呈电中性，称为等离子体电弧。在电弧外围不断送入工质气体，回旋的工质气流还形成与电弧柱相应的气体鞘，压缩电弧，使其电流密度和温度大大提高。

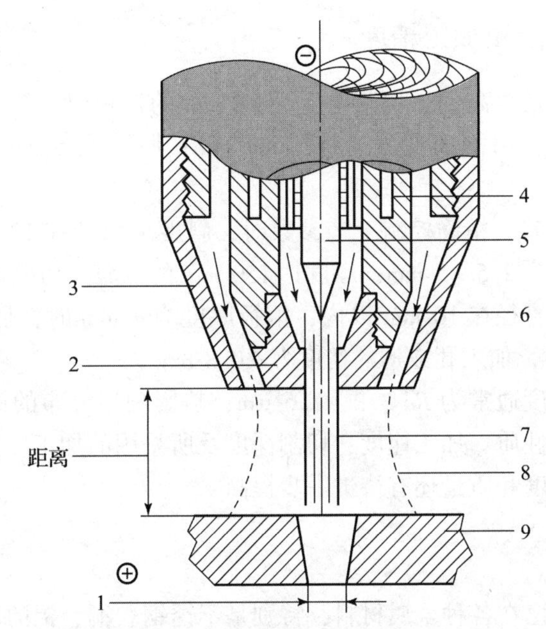

1—切缝；2—喷嘴；3—保护罩；4—冷却水；5—钨电极；
6—工质气体；7—等离子体电弧；8—保护气体屏；9—工件。

图 10－13　等离子体加工原理示意图

下列 3 种效应，造成等离子体具有极高的能量密度。

（1）机械压缩效应。电弧在被迫通过喷嘴通道喷出时，通道对电弧产生机械压缩作用，而喷嘴通道的直径和长度对机械压缩效应的影响很大。

（2）热收缩效应。喷嘴内部通入冷却水，使喷嘴内壁受到冷却，温度降低，因而靠近内壁的气体电离度急剧下降，导电性差，而电弧中心导电性好，电离度高，电弧电流被迫在电弧中心高温区通过，使电弧的有效截面缩小，电流密度大大增加。一般高速等离子气体流量越大，压力越大，冷却越充分，则这种热收缩效应越强烈。

（3）磁收缩效应。电弧电流周围磁场的作用，迫使电弧产生强烈的收缩作用，使电弧变得更细，电弧区中心电流密度更大，电弧更稳定而不扩散。

上述 3 种效应的综合作用，使等离子体的能量高度集中，电流密度和等离子体电弧的温度都很高，达到 11 000～28 000 ℃（普通电弧仅为 5 000～8 000 ℃），气体的电离度也随着剧增，并以极高的速度（800～2 000 m/s，比声速还高）从喷嘴孔喷出，具有很大的动能和冲击力，当到达金属表面时，可以释放出大量的热能，加热和熔化金属，并将熔化了的金属材料吹除。

也可以把图10－13中的喷嘴接直流电源的阳极，使阴极钨电极和阳极喷嘴的内壁之间发生电弧放电，吹入的工质气体在电弧的作用下受热膨胀，从喷嘴喷出形成射流，称为等离子体射流。

等离子体射流主要用于各种材料的喷镀及热处理等方面；等离子体电弧则用于金属材料的加工、切割及焊接等。

等离子体电弧的焰流也可以控制，适当地调节功率大小、气体类型、气体流量、进给速度、火焰角度及喷射距离等，可以利用一个电极加工不同厚度的多种材料。

二、材料去除速度和加工精度

等离子体切割速度是很高的，切割厚度为25 mm的铝板时，切割速度为760 mm/min；厚度为6.4 mm的钢板，切割速度为4 060 mm/min；厚度为5 mm的钢板，切割速度为6 100 mm/min。

切边斜度常为2°～7°，精确控制工艺参数时，斜度可保持在1°～2°。厚度小于25 mm的金属，切缝宽度通常为2.5～5 mm；厚度达150 mm的金属，切缝宽度为10～20 mm。

等离子体加工孔的直径在10 mm以内，钢板厚度为4 mm时，加工精度为±0.25 mm，当钢板厚度达35 mm时，加工孔或槽的精度为±0.8 mm。

加工后的表面粗糙度通常为Ra 3.2～1.6 μm，热影响层分布的深度为1～5 mm，具体数值取决于工件的热学性质、加工速度、切割深度及所采用的加工参数。

等离子体的加工精度和质量还有待进一步提高。

三、实际应用

等离子体切割加工已在各种金属材料，特别是不锈钢、铜、铝的成形切割方面，获得广泛的工业应用。它可以快速而较整齐地切割软钢、合金钢、钛、铸铁、钨、钼等。切割不锈钢、铝及其合金的厚度一般为3～100 mm。

等离子体还用于金属的穿孔加工。

此外，等离子体电弧还用于热辅助加工，进行机械切削和等离子体电弧的复合加工。在切削过程中，用等离子体电弧对工件待加工表面进行加热，使工件材料变软，强度降低，从而使切削加工具有切削力小、效率高、刀具寿命长等优点，已用于车削、开槽、刨削等。

使用氩气作为工质气体进行等离子体电弧焊接，也已得到广泛应用。用直流电源可以焊接不锈钢和各种合金钢，焊接厚度一般为1～10 mm。厚度在1 mm以下的金属材料用微束等离子体电弧焊接。近代又发展了交流及脉冲等离子体电弧焊铝及其合金的新技术。

等离子体电弧还用于各种合金钢的熔炼，熔炼速度快，质量好。

等离子体表面加工技术近年来有了很大的发展。日本近年采用这一技术，试制成功了一种很容易加工的超塑性高速工具钢。原理是采用等离子体对钢材进行预热处理和再结晶处理，使钢材内部形成微细化的金属结晶微粒，结晶微粒之间的联系韧性很好，所以具有超塑性能，加工时不易碎裂。采用等离子体表面加工技术，还可以提高某些金属材料的硬度，如使钢板表面氮化，可大大提高钢材的硬度。在氧等离子体中，采用微波放电，可使硅、铝等氧化，制得超高纯度的氧化硅和氧化铝。采用无线电波放电，在氮等离子体中，对钛、锆、铌等金属进行氮化，可制得氮化钛、氮化锆、氮化铌等化合物。由直流辉光放电发生的氩等离子体，使四氯化钛、氢气与甲烷发生反应，可在金属表面生成碳化钛，大大提高了材料的强度和耐磨性。

需要注意的是：等离子体加工时，会产生噪声、烟雾和强光，故其工作地点要求进行控制和防护。常用的方法就是采用高速流动的水屏，使高速流动的水通过一个围绕在切削头上的环喷出，这样就形成了一个水的屏幕或防护罩，从而大大减少了等离子体加工过程中产生的光、烟和噪声的不良影响。在水中加入相应的染料，还可以降低电弧的照射强度。

第三节　磨料流加工

磨料流加工又称为挤压珩磨，是20世纪70年代发展起来的一项表面光整加工新技术，最初主要在去除零件内部通道或隐蔽部分的毛刺方面显示出优越性，现在已扩大应用于零件表面的抛光。

一、基本原理

图10－14为磨料流加工原理图，它是利用一种含磨料的半流动状态的黏弹性磨料介质，在一定压力下强迫其在被加工表面上流过，由磨料颗粒的刮削作用去除工件表面微观不平材料的工艺方法。工件安装并被压紧在夹具中，夹具与上、下磨料室相连，磨料室内充以黏弹性磨料，由活塞在往复运动过程中通过黏弹性磨料对所有表面施加压力，使黏弹性磨料在一定压力的作用下反复在工件待加工表面上滑移通过，从而达到表面抛光或去毛刺的目的。

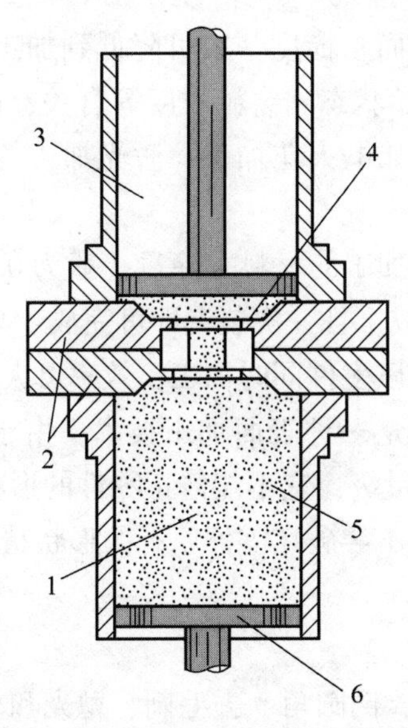

1—黏弹性磨料；2—夹具；3—上部磨料室；4—工件；5—下部磨料室；6—液压操纵活塞。

图10－14　磨料流加工原理图

当下活塞对黏弹性磨料施压，推动磨料自下而上运动时，上活塞在向上运动的同时，也对磨料施压，以便在工件加工面的出口方向造成一个背压。由于有背压存在，混在黏弹性介质中的磨料才能在磨料流加工过程中实现切削作用，否则工件加工区将会出现加工锥度及尖角倒圆等缺陷。

黏弹性磨料介质由一种半固体、半流动性的高分子聚合物和磨料颗粒均匀混合而成。这种高分子聚合物主要用于传递压力、携带磨粒流动及润滑，能与磨粒均匀黏结，而不与金属工件发生黏附。

应根据不同的加工对象确定具体的磨料种类、粒度、含量。一般使用氧化铝、碳化硼、碳化硅磨料，当加工硬质合金等坚硬材料时，可以使用金刚石粉。碳化硅磨料主要用于去毛刺。粗磨料可获得较快的去除速度；细磨料可以获得较好的表面粗糙度，故一般抛光时都用细磨料，对微小孔的抛光应使用更细的磨料。此外，还可利用细磨料（粒度600~800）作为添加剂来调配基体介质的黏稠度。实际中常将几种粒度的磨料混合使用，以获得较好的性能。

夹具是磨料流加工设备的重要组成部分，其主要作用为安装、夹紧零件及容纳介质并引导它通过零件，更重要的是要控制介质的流程。因为黏性磨料介质和其他流体的流动一样，最容易通过那些路程最短、截面最大、阻力最小的途径。为了引导介质到所需的零件部分进行切削，需要根据具体的工件形状、尺寸和加工要求对夹具进行特殊设计，但有时需通过试验加以确定。

二、磨料流加工的工艺特点

（1）适用范围。由于介质是一种半流动状态的黏弹性材料，磨料流加工能够适应各种复杂表面的抛光和去毛刺，如各种型孔、型面等，且适用范围很广，几乎能加工所有金属材料，同时也能加工陶瓷、硬塑料等。

（2）抛光效果。加工后的表面粗糙度一般可降低到加工前表面粗糙度值的1/10，最低可以达到 Ra 0.025 μm，这与原始状态和磨粒粒度等有关；能够去除0.025 mm深度的表面残余应力，可以去除前面工序（如电火花加工、激光加工等）形成的表面变质层和其他表面微观缺陷。

（3）材料去除速度。磨料流加工的材料去除量一般为0.01~0.1 mm，加工时间通常为1~5 min，最多十几分钟即可完成，且一次装夹即可完成。与手工作业相比，加工时间可减少90%以上，对于小型零件，可以多件同时加工，效率可大大提高。

（4）加工精度。磨料流加工是一种表面加工技术，由于去除量很少，因而可以达到较高的尺寸精度，可控制在微米数量级；它不能修正零件的形状误差，但切削均匀性可以保持在被切削量的10%以内，因此，不会破坏零件原有的形状精度。

三、实际应用

磨料流加工可用于边缘光整、倒圆角、去毛刺、抛光和少量的表面材料去除，特别适用于内部通道的抛光和去毛刺，从软的铝到韧性的镍合金材料及陶瓷、硬塑料等均可加工，且与材料的导电性、导热性等物理性质无关。

磨料流加工已用于硬质合金拉丝模、挤压模、拉深模、粉末冶金模、叶轮、齿轮、燃料旋流器等的抛光和去毛刺，还用于去除电火花加工、激光加工或渗氮处理这类热能加工产生的不希望有的变质层。

第四节　磁性磨料研磨加工

磁性磨料研磨加工又称为磁力研磨或磁磨料加工，它还可和电解复合作用，实现磁性磨料电解研磨加工，是近年来发展起来的新型光整加工技术。将磁性研磨材料放入磁场中，磨料在磁场力的作用下将沿磁力线方向有序地排列形成磁力刷，这种磁力刷具有很好的抛磨抛光性能，同时还具有很好的可塑性，适用于对精密零件进行抛光和去毛刺，在精密仪器制造业中得到日益广泛的应用。

一、基本原理

磁性磨料研磨加工按磨粒的状态分为干性研磨和湿性研磨两种。干性研磨使用的磨料是干性磨料，湿性研磨是将磨料与不同的液体混合。

图 10－15 为干性磁性磨料研磨加工原理示意图。在垂直于工件圆柱面轴线方向加一磁场，在 S、N 两磁极之间加入磁性磨料，磁性磨料吸附在磁极和工件表面上，并沿磁力线方向排列成有一定柔性的磨料刷。工件一边旋转，一边做轴向振动。磁性磨粒在工件表面上的运动状态通常有滑动、滚动、切削 3 种形式。当磁性磨粒受到的磁场力大于切削力时，磁性磨粒处于正常的切削状态。当切削阻力大于磁场的作用力时，磨料会产生滚动或滑动，不会对工件产生严重的划伤。通过磁性磨料在工件表面的轻轻刮擦、挤压、窜滚，从而将工件表面上极薄的一层金属及毛刺切除，使微观不平度逐步整平。

磁性磨料的制造工艺虽不完全相同，但使用的原材料是基本相同的，常用的原料是铁加普通磨料（如 Al_2O_3、SiC 等），而且在制造磁性磨料前，应对普通磨料的粒度进行选择。对于不同的工件材质和加工要求，要选择不同粒度的磨料粉，因为粒度大小直接影响工件的研磨抛光质量和加工表面粗糙度。磁性磨粒的尺寸较大时，其受到磁场的作用力大，研磨抛光加工效率高；磨粒尺寸较小时，研磨过程容易控制，易于保证工件的加工表面质量，但加工效率较低。

图 10－16 为磁性磨料电解研磨加工原理示意图。它在磁性磨料研磨的基础上，加上电解加工的阳极溶解作用，以加速阳极工件表面的整平过程，提高工艺效果。

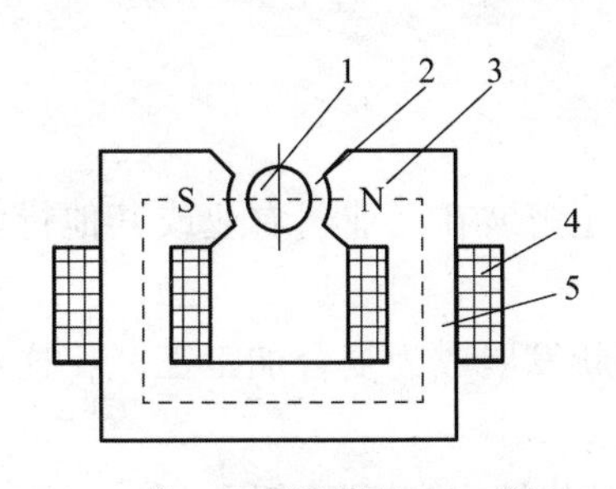

1—工件；2—磁性磨料；3—磁极；4—励磁线圈；5—铁芯。

图 10－15　干性磁性磨料研磨加工原理示意图

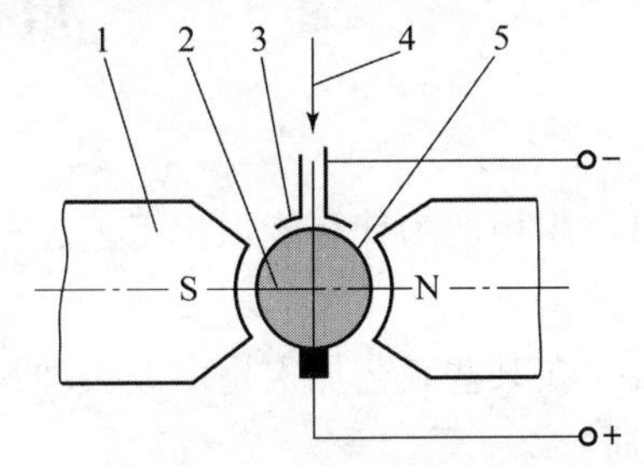

1—磁极；2—工件；3—阴极及喷嘴；4—电解液；5—磁性磨料。

图 10－16　磁性磨料电解研磨加工原理示意图

磁性磨料电解研磨的表面光整效果是通过以下三重因素的作用而形成的。

（1）电化学阳极溶解作用。阳极工件表面的金属原子在电场及钝化型电解液的作用下失去电子而成为金属离子溶入电解液，或在金属表面形成氧化膜即钝化膜，微凸处比凹处的这一氧化过程更为显著。

（2）磁性磨料的刮削作用。主要是刮除工件表面的金属钝化膜，而不是刮金属本身，使其露出新的金属原子以不断进行阳极溶解。

（3）磁场的加速、强化作用。电解液中的正、负离子在磁场中受到洛伦兹力的作用，运动轨迹复杂化。当磁力线方向和电力线方向垂直时，离子按螺旋线轨迹运动，增加了运动长度，增大了电解液的电离度，促进了电化学反应，减小了浓差极化。

二、实际应用

磁性磨料研磨加工和磁性磨料电解研磨加工，适用于导磁材料的表面光整加工、棱边倒角和去毛刺等。既可用于加工外圆表面，也可用于平面或内孔表面，甚至齿轮齿面、螺纹和钻头等复杂表面的研磨、抛光，效率高、质量好，棱边倒角可以控制在0.01 mm以下，这是其他加工方法难以实现的。其应用实例如图10－17所示。

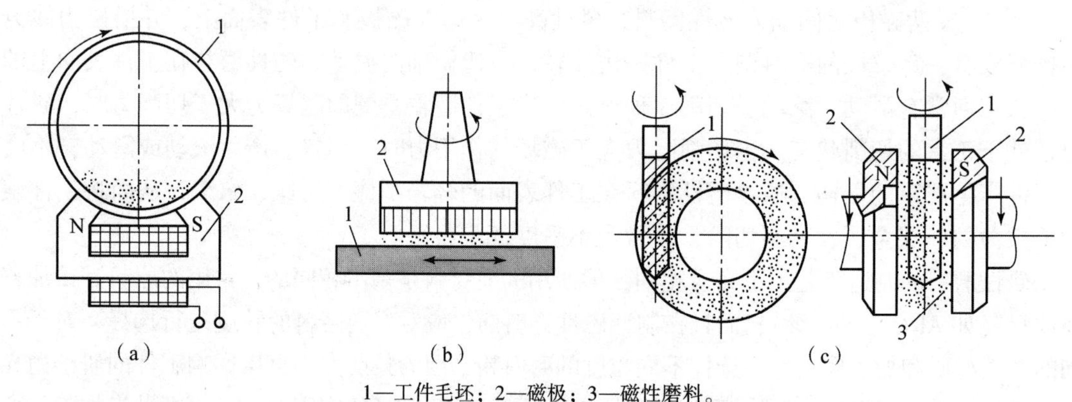

1—工件毛坯；2—磁极；3—磁性磨料。

图10－17　磁性磨料研磨应用实例

（a）研磨内孔；（b）研磨平面；（c）研磨钻头复杂表面

复习思考题

10－1　超声波为什么能强化工艺过程？试举出几种超声波在工业、农业或其他行业中的应用。

10－2　在某些工艺加入超声波振动系统后，可以创新发展成为复合加工工艺，这对我们有何启迪？

10－3　试列表归纳、比较本章中各种特种加工方法的优缺点和适用范围。

10－4　在等离子体加工过程中，为什么可以获得极高的能量密度？

第十一章　现代制造技术综述

本章知识要点：

(1) 精密与超精密加工技术；

(2) 增材制造技术的主要类型与原理；

(3) 智能制造技术；

(4) 绿色制造技术。

前期知识：

复习前面各章节的理论及实践知识。

导学：图 11-1 所示为某汽车公司提出的脑型齿轮组模型。用前文介绍的传统加工方法是无法生产的，更无法进一步组装。那么它是采用何种技术做出的？该技术又有哪些类型？它们的制造原理是什么？与传统制造方法有什么区别？还有哪些典型的先进制造技术？

图 11-1　脑型齿轮组模型

第一节　精密与超精密加工

一、精密与超精密加工的概念

与普通精度加工相比，精密加工是指在一定的发展阶段，加工精度和表面质量达到较高程度的加工工艺；超精密加工则是指加工精度和表面质量达到最高程度的加工工艺。目前，精密加工一般指加工精度在 0.1 μm 以下，表面粗糙度 $Ra<0.1$ μm 的加工技术；超精密加工是加工精度可控制到小于 0.01 μm、表面粗糙度 $Ra<0.01$ μm 的加工技术，也称为亚微米加工，并已发展到纳米加工的水平。

需要指出的是：上述划分只具有相对意义，因为随着制造技术的不断发展，加工精度必定越来越高，现在属于精密加工的方法总有一天会变成普通加工方法。

精密与超精密加工是现代制造技术的重要组成部分之一，是发展其他高新技术的基础和关键，已成为衡量一个国家制造业水平的重要标志。例如，陀螺仪质量和红外线探测器反射镜的加工精度直接影响导弹的引爆距离和命中率，1 kg 的陀螺转子，如质量中心偏离其对称轴 0.000 5 μm，则会引起 100 m 的射程误差和 50 m 的轨道误差，红外线探测器抛物面反射镜要求形状精度为 1 μm，表面粗糙度为 *Ra* 0.01 μm；喷气发动机转子的加工误差如从 60 μm降到 12 μm，可使发动机的压缩效率从 89% 提高到 94%。

二、精密与超精密加工的方法及分类

根据加工成形的原理和特点，精密与超精密加工方法可分为去除加工（又称为分离加工，从工件上去除多余材料）、结合加工（加工过程中将不同材料结合在一起）和变形加工（又称为流动加工，利用力、热、分子运动等手段改变工件尺寸、形状和性能，加工过程中工件质量基本不变）。根据机理和使用能量，精密与超精密加工可分为力学加工（利用机械能去除材料）、物理加工（利用热能去除材料或使材料结合、变形）、化学和电化学加工（利用化学和电化学能去除材料或使材料结合、变形）和复合加工（上述加工方法的复合）。各种精密与超精密加工的分类如表 11－1 所示。

表 11－1　精密与超精密加工分类

<table>
<tr><th>分类</th><th colspan="2">加工机理</th><th>主要加工方法</th></tr>
<tr><td rowspan="4">去除加工
（分离加工）</td><td rowspan="2">物理加工</td><td>电物理加工</td><td>电火花加工（成形、线切割）</td></tr>
<tr><td>热物理（蒸发、扩散、溶解）</td><td>电子束加工、激光加工</td></tr>
<tr><td colspan="2">力学加工</td><td>金刚石刀具精密切削、精密磨削、研磨、抛光、珩磨、超声波加工</td></tr>
<tr><td colspan="2">电化学加工、化学加工</td><td>电解加工、蚀刻、化学机械抛光</td></tr>
<tr><td rowspan="9">结合加工</td><td rowspan="3">附着加工</td><td>化　学</td><td>化学镀覆、化学气相沉积</td></tr>
<tr><td>电化学</td><td>电镀、电铸、电刷镀（涂镀）</td></tr>
<tr><td>热熔化</td><td>真空蒸镀、熔化镀</td></tr>
<tr><td rowspan="4">注入加工</td><td>化　学</td><td>氧化、渗氮、化学气相沉积</td></tr>
<tr><td>电化学</td><td>阳极氧化</td></tr>
<tr><td>热熔化</td><td>掺杂、渗碳、烧结、晶体生长</td></tr>
<tr><td>力物理</td><td>离子注入、离子束外延</td></tr>
<tr><td rowspan="2">连接加工</td><td>热物理</td><td>激光焊接、快速成形加工</td></tr>
<tr><td>化　学</td><td>化学黏接</td></tr>
<tr><td rowspan="3">变形加工</td><td colspan="2">热流动</td><td>精密锻造、电子束流动加工、激光流动加工</td></tr>
<tr><td colspan="2">黏滞流动</td><td>精密铸造、压铸、注塑</td></tr>
<tr><td colspan="2">分子定向</td><td>液晶定向</td></tr>
</table>

由表 11－1 可知，精密与超精密加工方法很多，有些是传统加工方法的精化和提高，如精密切削和磨削；有些是特种加工方法，利用机、电、光、声、热、化学、磁、原子能等能量来进行加工；也有些是传统加工方法和特种加工方法的复合。下面主要介绍金刚石刀具超精密切削和精密、超精密磨削。

1. 金刚石刀具超精密切削

使用精密的单晶天然金刚石刀具加工有色金属和非金属，直接加工出超光滑的加工表面，表面粗糙度 Ra 0.020 ~ Ra 0.005 μm，加工精度 < 0.01 μm。金刚石刀具超精密切削主要应用于单件大型超精密零件和大量生产中的中小型超精密零件的切削加工，如陀螺仪、激光反射镜、天文望远镜的反射镜、红外反射镜和红外透镜、雷达的波导管内腔、计算机磁盘、激光打印机的多面棱镜、录像机的磁头、复印机的硒鼓等。

金刚石刀具超精密切削也是金属切削的一种，当然也服从金属切削的普遍规律，但因是超微量切削，故其机理与一般切削有较大的差别，其难度比常规的大尺寸去除技术要大得多。超精密切削时，其背吃刀量可能小于晶粒的大小，切削在晶粒内进行，即把晶粒当成一个个不连续体进行切削，切削力一定要超过晶体内部原子、分子的结合力，刀刃上所承受的应力就急剧增加。而且刀具和工件表面微观的弹性变形和塑性变形随机，工艺系统的刚度和热变形对加工精度也有很大影响，再加上晶粒内部大约 1 μm 的间隙内就有一个位错缺陷等因素的影响，导致精度难以控制。所以这已不再是单纯的技术方法，而是已发展成一门多学科交叉的综合性高新技术，成为精密与超精密加工系统工程。在具体实施过程中，要综合考虑以下几方面因素才能取得令人满意的效果：

（1）加工机理与工艺方法；

（2）加工工艺装备；

（3）加工工具；

（4）工件材料；

（5）精密测量与误差补偿技术；

（6）加工工作环境、条件等。

其中对机床和刀具需要提出不同于普通切削的要求。

超精密加工机床是超精密加工最重要、最基本的加工设备，对其应提出如下基本要求。

（1）高精度，包括高的静态精度和动态精度，如高的几何精度、定位精度和重复定位精度，以及分辨率等。

（2）高刚度，包括高的静刚度和动刚度，除自身刚度外，还要考虑接触刚度及工艺系统刚度。

（3）高稳定性，要具有良好的耐磨性、抗振性等，能够在规定的工作环境和使用过程中长时间保持精度。

（4）高自动化，采用数控系统实现自动化以保证加工质量的一致性，减少人为因素的影响。

典型的超精密机床有：美国的大型 DTM - 3 型和 LODTM 大型超精密金刚石车床，英国的大型超精密机床 OAGM2500，日本的 AHNIO 型高效车削、磨削超精密机床，以及我国的 JCS - 027 超精密车床、JCS - 031 超精密铣床（1985）、NAN - 800 纳米超精密机床（2001）等。

为实现超精密切削，刀具应具有如下性能。

（1）极高的硬度、耐磨性和弹性模量，以保证刀具有很高的尺寸耐用度。

（2）刃口能磨得极其锋锐，即刃口半径值极小，能实现超薄切削厚度。

（3）刀刃无缺陷，因切削时刃形将复制在被加工表面上，这样可得到超光滑的镜面。

（4）与工件材料的抗黏性好、化学亲和性低、摩擦因数低，以得到极好的加工表面完整性。

天然单晶金刚石是一种理想的、不可替代的超精密切削刀具材料，不仅具有很高的高温强度和红硬性，而且导热性能好，和有色金属摩擦因数低，能磨出极其锋锐的刀刃等，因此能够进行 Ra 0.050 ~ Ra 0.008 μm 的镜面切削。人造聚晶金刚石也可应用于超精密加工刀具，但其性能远不如天然金刚石。

金刚石刀具超精密切削在高速、小背吃刀量、小进给量下进行，是高应力、高温切削，由于切屑极薄，切削速度高，不会波及工件内层，因此塑性变形小，可以获得高精度、低表面粗糙度值的加工表面。

同传统切削一样，金刚石刀具切削含碳铁金属材料时，因产生碳铁亲和作用而产生碳化磨损（扩散磨损），不仅易使刀具磨损，而且影响加工质量，所以不能用来加工黑色金属。

对于黑色金属、硬脆材料的精密与超精密加工，则主要是应用精密和超精密磨料加工，即利用细粒度的磨粒和微粉对黑色金属、硬脆材料等进行加工，以得到高加工精度和低表面粗糙度值。

2. 精密磨削

精密磨削主要靠砂轮的精细修整，使磨粒具有微刃性和等高性而实现的，精密磨削的机理可以归纳为以下几方面。

1）微刃的微切削作用

砂轮精细修整后，可得到如图 11－2 所示的微刃，相当于砂轮磨粒粒度变细，进行微量切削，形成小表面粗糙度值的表面。

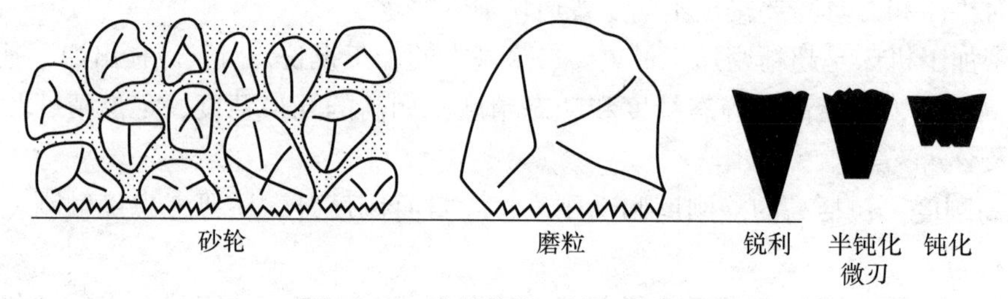

图 11－2　磨粒的微刃性和等高性

2）微刃的等高切削作用

分布在砂轮表层同一深度上的微刃数量多，等高性好，使加工表面的残留高度极小。

3）微刃的滑挤、摩擦、抛光作用

锐利的微刃随着磨削时间的增加而逐渐钝化因而切削作用减弱，滑挤、摩擦、抛光作用加强。同时磨削区的高温使金属软化，钝化微刃的滑擦和挤压将工件表面凸峰碾平，降低了表面粗糙度值。

精密磨削一般用于机床主轴、轴承、液压滑阀、滚动导轨、量规等的精密加工。

3. 超精密磨削

超精密磨削是一种亚微米级的加工方法，并正逐步向纳米级发展。超精密磨削的机理可以用单颗粒的磨削过程加以说明，如图 11－3 所示。

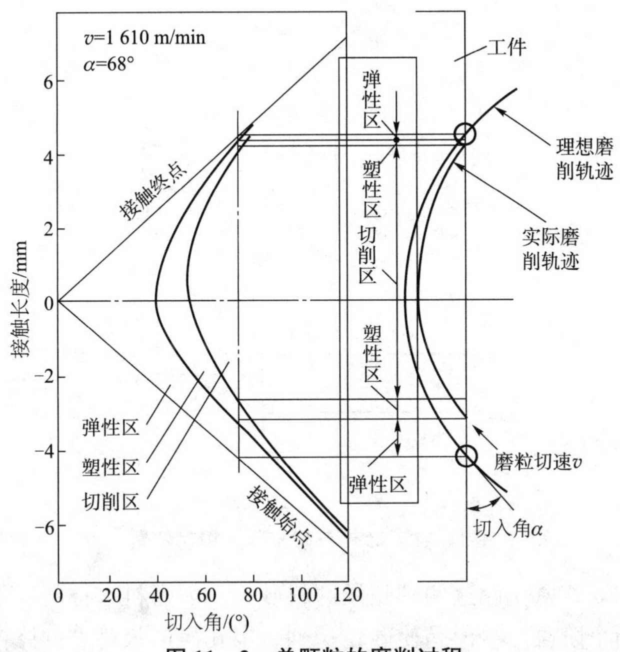

图 11－3　单颗粒的磨削过程

（1）磨粒可看成一颗具有弹性支承（结合剂）和大负前角切削刃的弹性体。

（2）磨粒切削刃的切入深度是从 0 开始逐渐增加，到达最大值后再逐渐减少，最后到 0。

（3）磨粒磨削时与工件的接触过程依次是弹性区、塑性区、切削区，再回到塑性区，最后是弹性区。

（4）超精密磨削时有微切削作用、塑性流动和弹性破坏作用，同时还有滑擦作用，这与刀刃的锋利程度或磨削深度有关。

超精密磨削同样是一个系统工程，加工质量受到许多因素影响，如磨削机理、超精密磨床、被加工材料、工件的定位夹紧、检测及误差补偿、工作环境及工人的操作水平等。

精密磨削和超精密磨削的质量与砂轮及其修整有很大关系，修整方法与磨料有很大关系。如果是刚玉类、碳化硅、碳化硼等普通磨料，常采用单粒金刚石修整、金刚石粉末烧结型修整器修整和金刚石超声波修整等方法，如图 11－4 所示。修整时砂轮与修整器的相对位置如图 11－5所示，修整器安装在低于砂轮中心 0.5～1.5 mm 处，并向上倾斜 10°～15°，以减小受力。

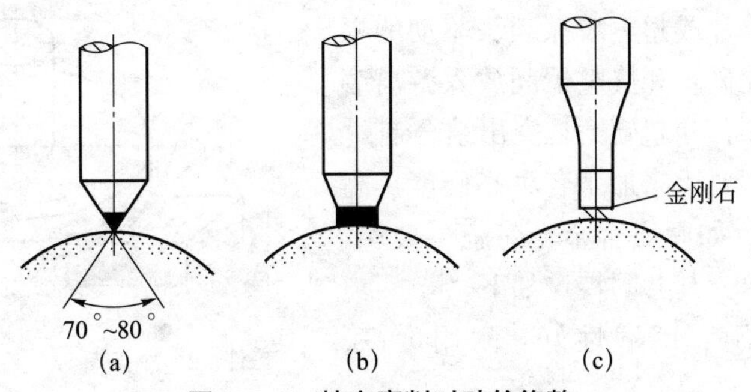

图 11－4　精密磨削时砂轮修整

（a）单粒金刚石修整；（b）金刚石粉末烧结型修整器修整；（c）金刚石超声波修整

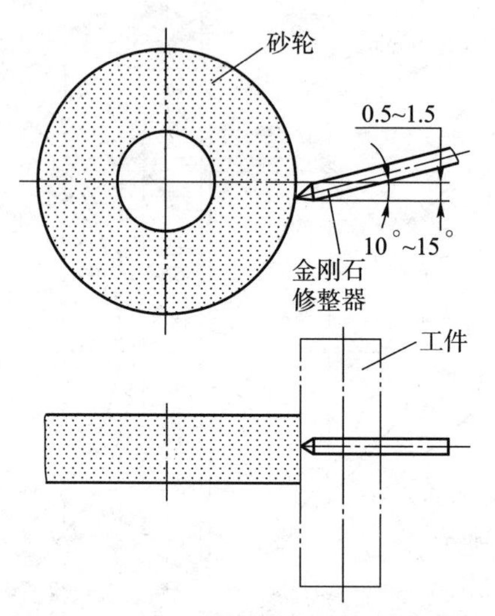

图11－5　砂轮与修整器的相对位置

而对于金刚石和立方氮化硼这两种超硬磨料砂轮，因磨料本身硬度很高，砂轮的修整则要分为整形和修锐两个阶段。整形是使砂轮达到一定几何形状要求；修锐是去除磨粒间的结合剂，使磨粒突出结合剂一定高度，形成足够的切削刃和容屑空间。超硬磨料砂轮修整的方法很多，视不同的结合剂材料而不同，具体有以下几种。

1）车削法

用单点、聚晶金刚石笔，修整车削砂轮，修整精度和效率较高，但砂轮切削能力较低。

2）磨削法

用普通磨料砂轮或砂块与超硬磨料砂轮对磨料进行修整，普通磨料磨粒被破碎，切削超硬磨料砂轮上的树脂、陶瓷、金属结合剂，致使超硬磨粒脱落。修整质量好，效率较高，是目前最广泛采用的方法。

3）电加工法

电加工法主要有电解修锐法、电火花修整法，用于金属结合剂砂轮修整，效果较好。其中，电解修锐法已广泛地用于金刚石微粉砂轮的修锐，并易于实现在线修锐，其原理如图11－6所示。

4）超声波振动修整法

用受激振动的簧片或超声波振动头驱动的幅板作为修整器，并在砂轮和修整器间放入游离磨料撞击砂轮的结合剂，使超硬磨粒突出结合剂。

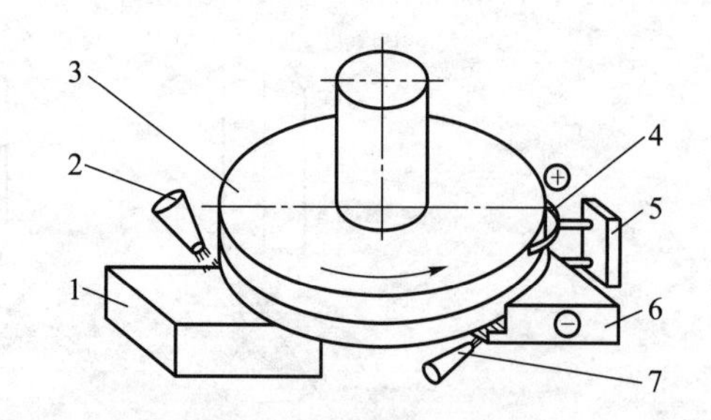

1—工件；2—冷却液；3—超硬磨料砂轮；4—电刷；5—支架；6—负电极；7—电解液。

图11－6　电解修锐法原理

超硬磨料砂轮主要用来加工各种高硬度、高脆性等难加工材料，如硬质合金、陶瓷、玻璃、半导体材料及石材等，其共同特点如下。

(1) 磨削能力强，耐磨性好、耐用度高，易于控制加工尺寸。

(2) 磨削力小，磨削温度低，加工表面质量好。

（3）磨削效率高。

（4）加工综合成本低。

三、精密与超精密加工的特点

与一般加工方法相比，精密与超精密加工具有如下特点。

1. “进化”加工原理

一般加工时机床的精度总是高于被加工零件的精度，而对于精密与超精密加工，可利用低于零件精度的设备、工具，通过特殊的工艺装备和手段，加工出精度高于加工机床的零件，也可借助这种原理先生产出第二代更高精度的机床，再以此机床加工零件。前者称为直接式进化加工，常用于单件、小批量生产；后者称为间接式进化加工，适用于批量生产。

2. “超越性”加工原理

一般加工时刀具的表面粗糙度值会低于零件的表面粗糙度值，而对于精密与超精密加工，可通过特殊的工艺方法，加工出表面粗糙度值低于切削刀具表面粗糙度值的零件，这称为“超越性”现象，这对表面质量要求很高的零件更为重要。

3. 微量切削机理

精密与超精密加工属于微量或超微量切削，背吃刀量一般小于晶粒大小，切削以晶粒团为单位，并在切应力作用下进行，必须克服分子与原子之间的结合力。

4. 综合制造工艺

精密与超精密加工中，为实现加工要求，需要综合考虑加工方法、设备与工具、检测手段（精密测量）、工作环境等多种因素。

5. 自动化

精密与超精密加工时，广泛采用计算机控制、自适应控制、在线自动检测与误差补偿技术等方法，以减少人为影响，提高加工质量。

6. 特种加工与复合加工

精密与超精密加工常采用特种加工与复合加工等新的加工方法，来克服传统切削和磨削的不足。具体请参见相关教材和资料。

四、纳米加工技术

纳米技术通常是指纳米尺度（0.1～100 nm）的材料、设计、制造、测量和控制技术，涉及机械、电子、材料、物理、化学、生物、医学等多个领域，已经成为科技强国重点关注的重大领域之一。任何物质到了纳米量级，其物理与化学性质都会发生巨大的变化，纳米加工的物理实质必然和传统的切削、磨削有很大的区别。

欲得到1 nm的加工精度，加工的最小单位必然在亚微米级，接近原子间的距离0.1～0.3 nm，纳米加工实际上已经接近加工精度的极限，此时，工件表面的一个个原子或分子将成为直接加工的对象。因此，纳米加工的物理实质就是要切断原子间的结合，以去除一个个原子或分子，需要的能量必须要超过原子间结合的能量，能量密度很大。

1. 纳米加工的精度

纳米加工的精度包括纳米级尺寸精度、纳米级几何形状精度、纳米级表面质量三方面，但对不同的加工对象，这几方面各有侧重。

1）纳米级尺寸精度

（1）较大尺寸的绝对精度很难达到纳米级。零件材料的稳定性、内应力、变形等内部因素和环境变化、测量误差等都将会产生尺寸误差。

（2）较大尺寸的相对精度或重复定位精度达到纳米级，这在某些超精密加工中会出现，如某些高精度孔和轴的配合，某些精密定位机械零件的个别关键尺寸，超大规模集成电路制造要求的重复定位精度等。现在使用激光干涉测量和X射线干涉测量法都可以保证这部分的加工要求。

（3）微小尺寸加工达到纳米级精度，这在精密机械、微型机械和超微型机械中普遍存在，无论是加工或测量都需要进一步研究发展。

2）纳米级几何形状精度

这在精密加工中经常出现，如精密孔和轴的圆度和圆柱度；陀螺球等精密球的球度；光学透镜和反射镜、要求非常高的平面度或是要求很严格的曲面形状；集成电路中的单晶硅片的平面度等。这些精密零件的几何形状精度直接影响其工作性能和工作效果。

3）纳米级表面质量

此处的表面质量不仅仅指表面粗糙度，还应包含表面变质层、残余应力、组织缺陷等要求，即表面完整性。例如，集成电路中的单晶硅片，除要求有很高的平面度、很小的表面粗糙度和无划伤外，还要求无（或极小）表面变质层、无表面残余应力、无组织缺陷；高精度反射镜的表面粗糙度、变质层会影响其反射效率。

2. 纳米加工技术的分类

按照加工方式，纳米级加工可分为切削加工、磨料加工、特种加工和复合加工四大类。按照所用能量不同，也可以分为机械加工、化学腐蚀、能量束加工、复合加工、隧道扫描显微技术等多种方法。

1）机械纳米加工

机械纳米加工即前面提到的单晶金刚石超精密切削、金刚石砂轮和立方氮化硼砂轮的超精密磨削及研磨、抛光等。例如，借助于数控系统和高精度、高刚度车床，研磨金刚石刀具保证其锋锐程度，进行超精密切削，可实现平面、圆柱面和非球曲面的镜面加工，获得表面粗糙度0.020～0.002 μm的镜面。

2）能量束纳米加工

利用能量束可以对工件进行去除、添加和表面改性等加工。例如，离子直径为0.1 nm级，利用聚焦离子束技术可将离子束聚焦到亚微米甚至纳米级，进行微细图形的检测分析和纳米结构的无掩模加工，可得到纳米级的线条宽度和精确的器件形状；电子束可以聚焦成很小的束斑，可进行光刻、焊接、微米级和纳米级钻孔、表面改性等。属于能量束加工的方法还包括激光束、电火花加工、电化学加工、分子束外延等。

3）扫描隧道显微加工技术

扫描隧道显微镜（Scanning Tunneling Microscope，STM），是一种利用量子理论中的隧道效应探测物质表面结构的仪器，它于1981年由G. Binnig及H. Rohrer在IBM苏黎世实验室发明，可用于观察0.1 nm级的表面形貌。它在纳米科技中既是重要的测量工具又是加工工具。

STM 的工作原理基于量子力学的隧道效应，最初是用于测量试样表面纳米级形貌的，如图 11 - 7 所示。当两电极之间的距离缩小到 1 nm 时，由于粒子的波动性，电流会在外加电场作用下穿过绝缘势垒，从一个电极流向另一个电极，即产生隧道电流。当探针通过单个的原子，流过探针的电流量便有所不同，这些变化被记录下来，经过信号处理，可得到试件纳米级三维表面形貌。

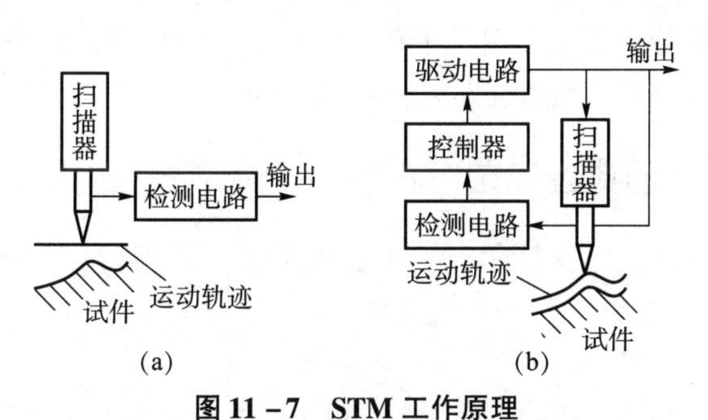

图 11 - 7 STM 工作原理

（a）等高测量法；（b）恒电流测量法

STM 有两种测量模式：探针以不变高度在试件表面扫描，针尖与样品表面局部距离就会发生变化，通过隧道电流的变化而得到试件表面形貌信息，称为等高测量法，如图 11 - 7（a）所示；利用一套电子反馈线路控制隧道电流，使其保持恒定，针尖与样品表面之间的局域高度也会保持不变，由探针移动直接描绘试件表面形貌，称为恒电流测量法，如图11 - 7（b）所示。

进一步研究发现，当探针针尖对准试件表面某个原子并非常接近时，由于原子间的作用力，探针针尖可以带动该原子移动而不脱离试件表面，从而实现工件表面原子的搬迁，达到纳米加工的目的。这种工艺可以说是机械加工方法的延伸，探针取代了传统的机械切削刀具。STM 纳米加工技术可实现原子、分子的搬迁、去除、增添和排列重组，从而对器件表面实现原子级的精加工，如刻蚀、组装等，其加工精度比传统的光刻技术高得多。

第二节 增材制造技术

一、增材制造技术的概念

相对于传统的材料去除——切削加工技术、受迫成形——铸造、锻造、挤压成形等技术，增材制造（Additive Manufacturing，AM）技术是基于离散 - 堆积原理，由零件三维数据驱动直接制造零件，采用材料逐渐累加方法来制造实体零件的技术，是一种“自下而上”的制造方法。AM 技术在 20 世纪 80 年代后期起源于美国，三十余年来，取得了快速的发展，并有“快速原型制造（Rapid Prototyping）”“3D 打印（3D Printing）”“实体自由制造（Solid Free - form Fabrication）”之类各异的叫法，也分别从不同侧面表达了这一技术的特点。它综合了计算机的图形处理、数字化信息和控制、激光技术、机电技术和材料技术等多项高技术的优势。利用 AM 技术可以自动、快速、精确地将设计思想物化为具有一定功能的原形或直接制造零件，从而对产品设计进行快速评价、修改及功能实验，可有效地缩短产品的研发周期。

二、增材制造技术的工艺过程

AM的基本工艺过程如图11－8所示，首先由CAD软件设计出所需零件的计算机三维曲面(三维虚拟模型)，然后根据工艺要求，按一定的厚度进行分层，将原来的三维模型转变为二维平面信息（即截面信息)，将分层后的信息进行处理（离散过程）产生数控代码；数控系统以平面加工的方式，有序而连续地加工出每个薄层，并使它们自动黏接而成形（堆积过程）。这样就将一个复杂的物理实体的三维加工离散成一系列的层片加工，大大降低了加工难度。

三、增材制造技术的典型工艺

目前，大家耳熟能详的“3D打印”技术实际上是一系列增材制造技术（也即快速原型成型技术）的统称，主要有以下几种典型工艺。

1. 立体光刻成形

立体光刻（Stereo－lithography Apparatus，SLA）基于液态光敏树脂的光聚合原理进行工作，也称光造型、立体平版印刷技术，最早是由美国3D System公司开发的，其加工原理如图11－9所示。由计算机传输来的三维实体数据文件，经机器的软件分层处理后，驱动一个扫描激光头，发出紫外激光束在液态紫外光敏树脂的表层进行扫描。受光束照射的液态树脂表层发生聚合反应形成固态。每一层的扫描完成之后，工作台下降一个凝固层的高度，已成形的层面上又布满一层新的液态树脂，刮平器将树脂液面刮平，再进行下一层的扫描，由此层层叠加，形成一个三维实体。

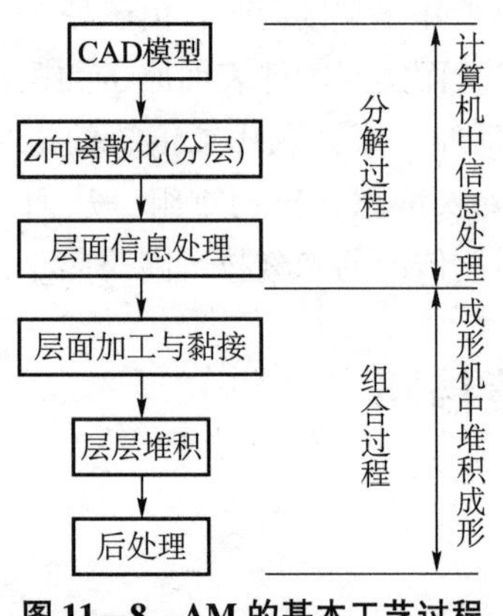

图11－8　AM的基本工艺过程

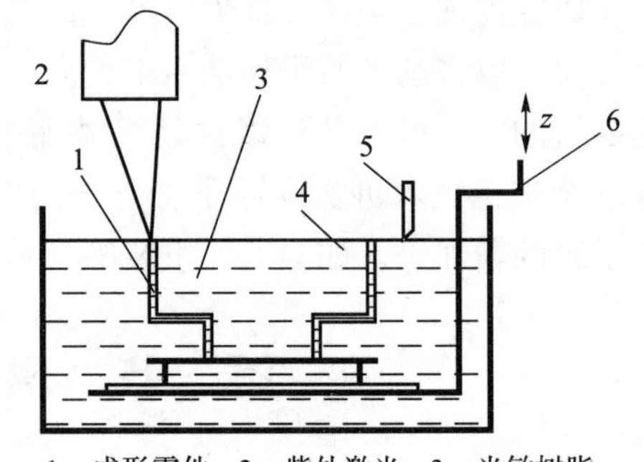

1—成形零件；2—紫外激光；3—光敏树脂；
4—液面；5—刮平器；6—升降台。

图11－9　SLA加工原理

SLA是目前技术上最为成熟的方法，成形的零件精度较高，可达0.1 mm。这种成形方法的缺点是成形过程中需要支承、树脂收缩导致精度下降、树脂本身也具有一定的毒性等。

2. 分层实体制造工艺

分层实体制造（Laminated Object Manufacturing，LOM）也称叠层实体制造，采用薄片材料（如纸、塑料薄膜等)，其工艺过程如图11－10所示。在LOM成形机器中，片材从一个供料卷拉出，胶面朝下平整地经过造型平台，由位于另一端的收料卷筒收卷起来。片材表面事先涂覆一层热熔胶，加工时，热压辊热压片材，使之与下面已成形的工件黏接。这时激光束开始沿着当前层的轮廓进行切割。激光束经准确聚焦，使之刚好能切穿一层纸的厚度。在模型四周或内腔的纸则被激光束切割成细小的“碎片”，以便后期处理时可以除去这些材料。同时在成形过程中，这些碎片可以对模型的空腔和悬壁结构起支承作用。一个薄层完成后，工作台带动已成形的工件下降，与带状片材（料带）分离，箔材已割离的四周剩余部分被收料筒卷起，并拉动连续的箔材进行下一层的敷覆。如此反复直至零件的所有截面黏接、切割完，得到分层制造的实体零件。

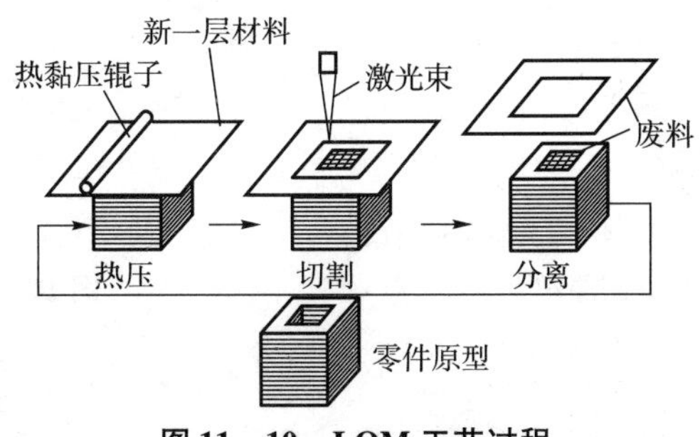

图 11－10　LOM 工艺过程

LOM 工艺只需在片材上切割零件截面轮廓，而无须扫描整个截面，因此成形厚壁零件的速度较快，易于制造大型零件，工艺过程中不存在材料相变，因此不易产生翘曲变形，零件的成形精度较高（<0.15 mm）。LOM 工艺也无须加支承，因为工件外框与截面轮廓之间的多余材料在加工时起到了支承作用。

3. 选择性激光烧结工艺

选择性激光烧结（Selective Laser Sintering，SLS）工艺的原理与 SLA 十分相似，主要的区别是 SLA 所用的材料是液态光敏树脂，而 SLS 是使用可熔粉状材料，如图 11－11 所示。和其他的 AM 技术一样，SLS 采用激光束对粉末状的材料进行分层扫描，受到激光束照射的粉末会固化在一起，并与下面已成形的部分烧结而构成零件的实体部分。当一层扫描烧结完成后，工作台下降一层的高度，敷料辊又在上面敷上一层均匀密实的粉末，直至完成整个烧结成形。此后去除多余未烧结的粉末，再经过打磨、烘干等后处理，便得到烧结后的物体原型或实体零件。

SLS 工艺最大的优点在于选材较广泛，目前可用于 SLS 技术的材料包括尼龙粉、蜡、ABS、聚碳酸脂粉、聚酰胺粉、金属和陶瓷粉等。另外，在成形过程中，未经烧结的粉末对模型的空腔和悬壁起支承作用，因而无须考虑支承系统。

4. 熔丝沉积造型工艺

熔丝沉积造型（Fused Deposition Modelling，FDM）通常使用热熔性材料，如蜡、ABS、PC、尼龙等，并以丝状供料。FDM 加工原理如图 11－12 所示：首先将丝状的热熔性材料在喷头内加热熔化，喷头可以沿 x 轴方向移动，工作台则沿 y 轴方向移动，同时将熔化的材料挤出，材料迅速固化，并与周围的材料黏接。一层沉积完成后，工作台按预定的增量下降一个层的高度，再继续熔喷沉积，如此层层堆积直至完成整个实体造型。

由于 FDM 工艺的每一层片都是在上一层上堆积形成，上一层对当前层起定位和支承作用。随着高度增加，层片轮廓的面积和形状都会变化，当上层轮廓不能为当前层提供足够的定位、支承时，就需要设计一些辅助结构为后续层提供定位和支承，特别是对于有空腔和悬壁结构的工件。FDM 工艺不用激光器件，因此使用、维护简单，成本较低。用蜡成形的零件原形，可以直接用于失蜡铸造。用 ABS 制造的原形因具有较高强度而在产品设计、测试与评估等方面得到广泛应用。由于以 FDM 工艺为代表的熔融材料堆积成形工艺具有一些显著优点，该类工艺发展极为迅速。图11－1中的脑型齿轮组就是采用FDM技术制造出来的。

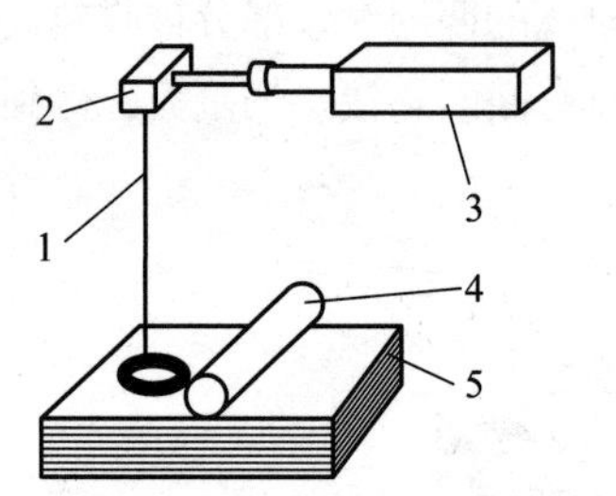

1—激光束；2—扫描镜；3—激光器；4—平整辊；5—粉末。

图11－11　SLS加工原理

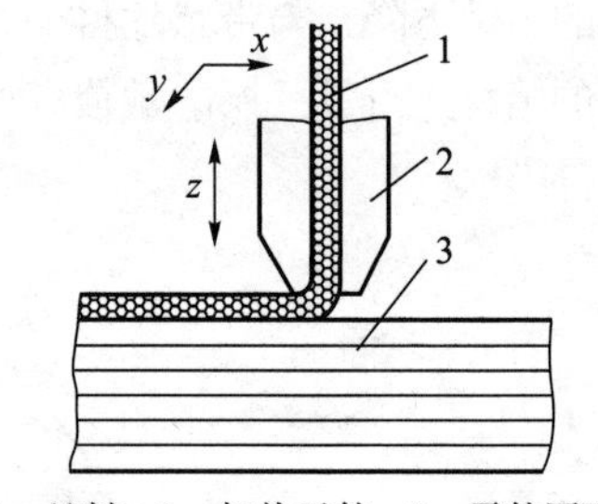

1—丝料；2—加热元件；3—零件原形。

图11－12　FDM加工原理

5. 三维打印黏结工艺

三维打印黏结工艺又可称为三维印刷工艺（Three Dimension Printing，3DP），工艺原理与SLS十分相似，也是使用粉末材料，如陶瓷粉末，金属粉末，用以制造铸造用的陶瓷壳体和芯子。两者的主要区别在于：SLS用激光烧结成形；而3DP采用喷墨打印的原理是将液态黏结剂（如硅胶）由打印头喷出，将零件的截面“印刷”在材料粉末上面。用黏结剂黏结的零件强度较低，还需后处理。先烧掉黏结剂，然后在高温下渗入金属，使零件致密化，提高强度，逐层黏结粉末材料成形，如图11－13所示。

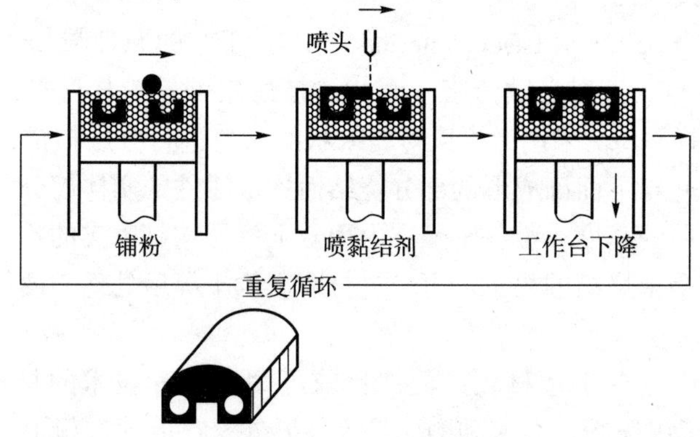

图11－13　3DP加工原理

6. 弹道微粒制造工艺

弹道微粒制造（Ballistic Particle Manufacturing，BPM）工艺的加工原理如图11－14所示。它用一个压电喷射（头）系统来沉积熔化了的热塑性塑料的微小颗粒，喷头安装在一个5轴的运动机构上，可在计算机的控制下按预定轨迹运动，从而将零件成形。对于零件中的悬臂部分，可以不加支承。而“不连通”的部分还要加支承。

四、增材制造技术的特点及应用

与传统成形方法相比，增材制造技术具有以下特点：

（1）系统柔性高，只需改变CAD模型就可成形各种不同形状的零件，特别适合形状复杂的、不规则零件的制造。

（2）设计制造一体化，采用了离散/堆积分层制造的思想，能够很好地将CAD/CAM结合起来。

(3) 快速性，与逆向工程（Reverse Engineering，RE）相结合，可快速开发新产品，且不需要专用的工艺装备，大大缩短了新产品的试制时间。

(4) 具有广泛的材料适应性，且没有或极少废弃材料，是一种绿色制造技术。

(5) 是一种自动化的成形过程，无须人员干预或较少干预；零件的复杂程度与制造成本关系不大。

鉴于以上特点，目前，增材制造技术主要应用于新产品开发、快速单件及小批量零件制造、复杂形状零件（原形）的制造、模具设计与制造等，在模具、家用电器、汽车、航空航天、军事装备、材料、玩具、轻工产品、工业造型、建筑模型、医疗器具、人体器官模型、电影制作等领域都得到了广泛应用，已成为先进制造技术的一个重要的发展方向。

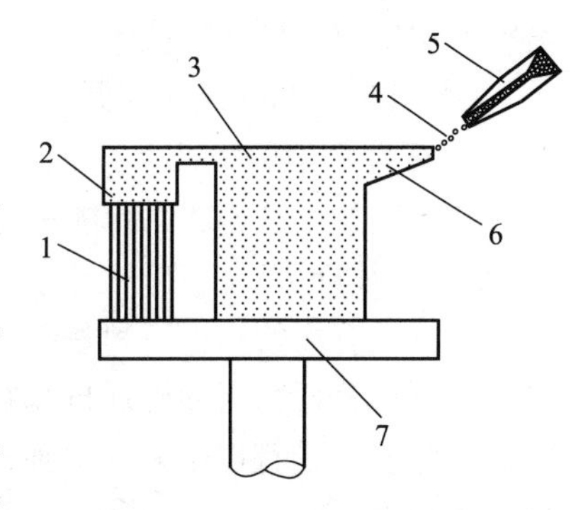

1—支承；2—“不连通”部分；3—零件；4—材料微粒；5—压电喷射头；6—悬臂部分；7—升降台。

图 11-14　BPM 加工原理

第三节　智能制造

一、概述

1. 智能制造的概念

智能制造（Intelligent Manufacturing，IM）是在现代传感技术、网络技术、自动化技术、拟人化智能技术等先进技术的基础上，通过智能化的感知、人机交互、决策和执行技术，实现设计过程、制造过程和制造装备智能化，是信息技术和智能技术与装备制造过程自动化技术的深度融合和集成。智能制造日益成为未来制造业发展的重大趋势和核心内容，它把制造自动化的概念更新，扩展到柔性化、智能化和高度集成化，涵盖了以智能互联为特征的智能产品、以智能工厂为载体的智能生产、以信息物理系统为关键的智能管理及以实时在线为特征的智能服务，包含了产品设计、生产规划、生产执行、售后服务等制造业的全部环节。

智能制造包括智能制造技术和智能制造系统两大关键组成要素。

智能制造技术（Intelligent Manufacturing Technology，IMT）是指利用计算机模拟制造专家的分析、判断、推理、构思和决策等智能活动，通过智能机器将其贯穿应用于整个制造企业的各个环节（如经营决策、采购、产品设计、生产计划、制造、装配、质量保证和市场销售等），以实现整个制造企业经营运作的高度柔性化和集成化。IMT 是当前先进自动化技术、传感技术、控制技术、数字制造技术等先进制造技术及物联网、大数据、云计算等新一代信息技术高度融合的产物。

智能制造系统（Intelligent Manufacturing System，IMS）是一种由智能机器和人类专家共同组成的人机一体化智能系统，在制造过程中以一种高度柔性和高度集成的方式进行智能活动，旨在（部分）取代或延伸人类专家在制造过程中的脑力劳动，在国际标准化和互换性的基础上，使整个企业制造系统中的各个子系统分别智能化，并使制造系统形成由网络集成的、高度自动化的一种制造系统。IMS 是智能制造的核心，是智能技术集成应用的环境，也是智能制造模式展现的载体。

IM、IMT、IMS这3个概念相互交叉、融合，很难严格区分。

2. 智能制造的特征

和传统的制造相比，智能制造系统具有以下特征。

1）自律能力

拥有强有力的知识库和基于知识的模型，能监测与处理周围环境信息和自身作业状况信息，并进行分析判断和规划自身行为的能力。具有自律能力的设备称为“智能机器”，“智能机器”在一定程度上表现出独立性、自主性和个性，使整个系统具备抗干扰、自适应和容错等能力。

2）人机一体化

IMS起源于对“人工智能”的研究，但已不是单纯的“人工智能”系统，而是人机一体化的智能系统，是一种混合智能。基于人工智能的智能机器只能进行机械式的推理、预测、判断，它只能具有逻辑思维（专家系统），最多做到形象思维（神经网络），完全做不到灵感（顿悟）思维。人机一体化一方面突出真正同时具备以上3种思维能力的人类专家在制造系统中的核心地位，同时在智能机器的配合下，将机器智能和人的智能真正地集成在一起，更好地发挥人的潜能。

3）虚拟制造技术

虚拟制造（Virtual Manufacturing，VM）技术是实际制造过程在计算机上的本质实现，即采用计算机建模与仿真技术、虚拟现实（Virtual Reality，VR）技术或（及）可视化技术，在计算机网络环境下协同工作，虚拟展示整个制造过程和未来的产品等，以增强制造过程中各个层次或环节的正确决策和控制能力。这种人机结合的新一代智能界面，可以按照人们的意愿任意变化，是智能制造的一个显著特征。

4）自组织与超柔性

自组织是IMS的一个重要标志，IMS中的各组成单元能够依据工作任务的需要，自行组成一种最合适的结构，并按照最优的方式运行，完成任务后，该结构随即自行解散，以备在下一个任务中重新组合成新的结构。其柔性不仅表现在运行方式上，而且表现在结构形式上，所以称这种柔性为超柔性。

5）学习能力与自我维护能力

IMS能以原有的专家知识为基础，实践中不断地自学习，完善系统知识库，删除库中有误的知识，使知识库趋向最优。同时，在运行过程中能自行故障诊断，并具备对故障自行排除和修复的能力。这种特征使IMS能够自我优化并适应各种复杂的环境。

二、机床智能加工

由于智能制造涉及的内容广泛，需要的支撑技术也很多，如人工智能技术、虚拟制造技术、并行工程、网络信息技术等，每一个支撑技术都是值得探讨和深入研究的重大课题。本章只介绍其中与制造直接相关的一个重要组成部分——机床智能加工的相关内容。1988年，Wright P. K和Bourne D. A出版的智能制造领域的首本专著Manufacturing Intelligence中，就提出了智能机床的设想。它既与IMS有密切的联系，又自成一体。

机床智能加工的目的就是要解决加工过程中众多不确定的、要由人干预才能解决的问题，也就是要由计算机取代或延伸加工过程中人的部分脑力劳动，实现加工过程中的决策、监测与控制的自动化，其中关键是决策自动化。

1. 机床智能加工系统的基本结构

机床智能加工系统主要由过程模型、传感器集成、决策规划、控制等4个模块，以及知识库和数据库组成，图11－15所示为其基本结构。

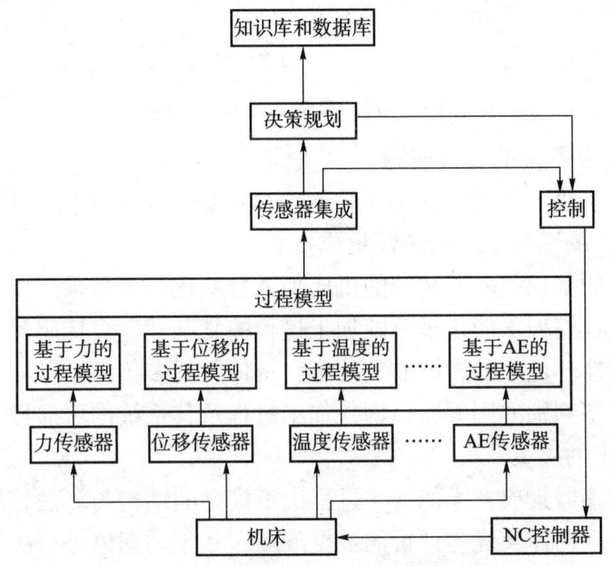

图11－15　机床智能加工系统的基本结构

1）过程模型模块

过程模型模块主要是从多个传感器中获取不同的加工过程信息，进行相应信息的特征提取，建立各自的过程模型，并作为输入信息输入多传感器信息集成模块。

2）传感器集成模块

传感器集成模块主要将多个传感器信息进行集成，根据过程模型模块输入的加工状态情况，对合适的传感器加重“权”，为加工过程决策与规划提供更加准确、可靠的信息。

3）决策规划模块

根据传感器集成模块提供的信息，针对加工过程中出现的各种不确定性问题，依据知识库和数据库作出相应的决策和对原控制操作做适当的修正，使机床处于最佳的工作状态。

4）控制模块

依据决策规划的结果，确定合适的控制方法，产生控制信息，通过NC控制器，作用于加工过程，以达到最优控制，实现要求的加工任务。

5）知识库与数据库

知识库主要存放有关加工过程的先验知识，提高加工质量的各种先验模型及可知的各种影响加工质量的因素，加工质量与加工过程有关参数之间的关系等。数据库主要由一个静态数据库和一个动态数据库组成，前者主要记录每次工件检验的有关参数及结果，后者主要记录加工过程中各种信号的测量值及控制加工的数值。

在此基础上，再加上智能工艺规划系统、在线测量系统及CAD，并将单台机床扩展为多台机床或换为加工中心，则可组成一个智能加工单元，如图11－16所示。

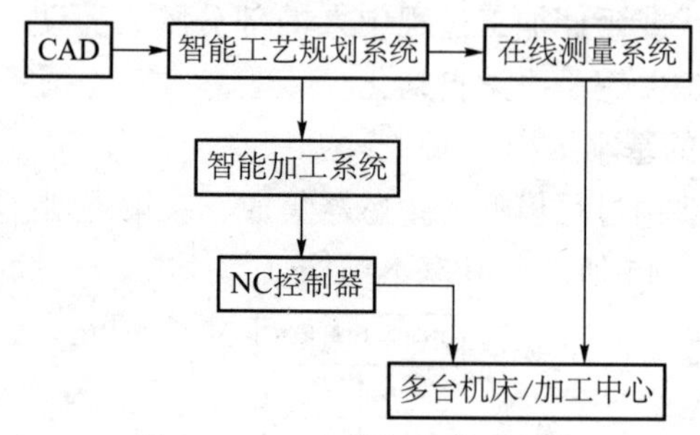

图11-16　智能加工单元结构

2. 机床智能加工要解决的关键问题

智能加工关键要解决“监测—决策—控制”的问题，主要包括以下几方面内容。

1）机床智能加工的感知——传感器集成技术

感知是具有智能的基础条件。传统的机床加工自动化，大多采用单个传感器来监测加工过程，因而所得的过程模型不能正确反映加工过程的复杂性。多传感器集成技术重点研究强干扰、多因素、非线性环境下的智能监测技术，具体包括多传感器信号的特征提取、信号集成方法与算法以及状态判别准则等，以确保加工过程及其系统的可靠性与适应性。

2）机床智能加工的决策

重点研究基于传感器集成技术的加工过程决策模型的结构与算法，具体包括加工状态的分析，切削用量的合理选择及优劣评价的数据准则，基于判据值进行决策的决策规则，以及支持上述分析、选择、判别与决策的知识库和数据库的建立方法等。

3）机床智能加工的控制

机床智能加工的控制包括基于传感器集成的控制技术、基于知识及决策模型的控制技术（如适应控制、自学习控制、模糊控制技术等）及智能控制的实时性研究。

4）机床智能加工系统的自学习与自维护

智能活动必须包括以下两个方面：一是拥有知识；二是使用知识求解问题。前面几个方面的研究大多属于使用知识求解问题，而这个方面的研究内容就是如何拥有知识、研究系统如何自动学习获取知识并自动维护知识库的方法和技术。

三、有关智能制造的政府计划

业界普遍认为，全球正出现以信息网络、智能制造、新能源和新材料为代表的新一轮产业革命。作为一项实用和前沿技术，智能制造已受到各国政府、企业和科技界的广泛重视，各国政府制定的高科技发展计划都将智能制造列为核心、关键，例如：美国的“工业互联网”、德国的“工业4.0”、我国的“中国制造2025”等。这些计划的详细内容请查阅相关资料。

第四节　绿色制造技术

一、概述

1. 绿色制造技术的产生和发展

随着日趋严格的环境与资源约束，制造加工的绿色化越来越重要，而中国的资源、环境问题尤为突出。世界上已经掀起了一股“绿色浪潮”，环境问题已经成为世界各国关注的热点，并列入世界议事日程，从20世纪90年代起，国外不少国家的政府部门已推出了以保护环境为主题的“绿色计划”。作为消耗资源、制造产品、排放都占很大比重的制造业（据统计造成环境污染的排放物70%以上来自制造业），也必然要顺应形势，改变高投入、高消耗、高污染的粗放发展模式。在这种背景下，绿色制造技术应运而生，并必将成为制造业永恒的主题。

绿色制造（Green Manufacturing，GM），又称环境意识制造（Environmentally Conscious Manufacturing，ECM）、面向环境的制造（Manufacturing For Environment，MFE）等，是指在保证产品的功能、质量、成本的前提下，综合考虑环境影响和资源效率，使产品从设计、制造、使用到报废整个产品生命周期中节约资源和能源，不产生环境污染或使环境污染最小化，并使企业经济效益和社会效益协调优化的生产制造模式。绿色制造模式是一个闭环系统，即原料—工业生产—产品使用—报废—二次原料资源，从设计、制造、使用一直到产品报废回收整个寿命周期对环境影响最小，资源效率最高。

随着人们环保意识的不断加强，绿色制造受到越来越普遍的关注。特别是国际标准化组织提出了关于环境管理的ISO 14000以来，绿色制造的研究与应用就更加活跃。可以预计，随着人们环保意识的增强，那些不推行绿色制造技术和不生产绿色产品的企业，将会在市场竞争中被淘汰。

2. 绿色制造技术的内容

联合国环境保护署对绿色制造技术的定义是：“将综合预防的环境战略，持续应用于生产过程和产品中，以便减少对人类和环境的风险”，并提出绿色制造技术的三项基本原则。

1）“不断运用”原则

绿色制造技术持续不断运用到社会生产的全部领域和社会持续发展的整个过程。

2）预防性原则

对环境影响因素从末端治理追溯到源头，采取一切措施最大限度地减少污染物的产生。

3）一体化原则

将空气、水、土地等环境因素作为一个整体考虑，避免污染物在不同介质之间进行转移。

根据上述定义和原则，绿色制造包括制造过程和产品两大方面，应包括产品生命周期的各个阶段。L. Alting提出将产品的生命周期划分为6个阶段：需求识别、设计开发、制造、运输、使用以及处置或回收。R. Zust等人进一步将产品的生命周期划分为4个阶段：产品开发阶段，从概念设计到详细设计的设计过程中就要考虑产品整个生命周期的其他各个阶段；产品制造阶段（加工和装配）、产品使用阶段及最后的产品处置阶段（包括解体或拆卸、再使用、回收、开发、焚烧及掩埋）。

根据上述阶段，简单来讲，绿色制造技术主要由绿色设计、绿色制造、绿色处理三部分组成，就是要在在产品的生命周期过程中实现“4R”——减量化（Reduce）、重用（Reuse）、再生循环（Recycle）、再制造（Remanufacturing），满足节能环保的要求。

二、绿色设计

设计阶段是产品生命周期的源头，在很大程度上决定了产品设计之后的其他过程的走向。例如，从源头实现废弃物的最小化或污染预防，这无疑是最有效的方法。

绿色设计又称为面向环境的设计（Design for the Environment，DFE），是在产品及其寿命的全过程的设计中充分考虑对资源和环境的影响，在充分考虑产品的功能、质量、开发周期和成本的同时，优化各有关设计因素，使得产品及其制造过程对环境的总体影响和资源消耗减到最小。在设计过程中使材料选择、结构设计、工艺设计、包装运输设计、使用维护设计、拆卸回收设计、报废处置设计等多个设计阶段同时进行，相互协调各阶段和整体设计方案，分析评价结果，及时进行信息交流和反馈，从而在其设计研发过程中及时改进，使产品设计达到最优化。

绿色设计主要研究以下内容。

（1）绿色产品设计理论和方法。从全生命周期角度对绿色产品的内涵进行全面系统的研究，提出绿色产品设计理论和方法。

（2）绿色产品的描述和建模技术。在上述基础上，对绿色产品进行描述，建立绿色产品评价体系，对所有与环境相关的过程输入输出进行量化和评价，并对产品生命周期中经济性和环境影响的关系进行综合评价，建立数学模型。

（3）绿色产品设计数据库。建立与绿色产品有关的材料、能源及空气、水、土、噪声排放的基础数据库，为绿色产品设计提供依据。

（4）典型产品绿色设计系统集成。针对具体产品，收集、整理绿色设计资料，形成指导设计的指南、准则，建立绿色产品系统设计工具平台，并与其他设计工具（如CAD、CAE、CAPP等）集成，形成集成的设计环境。

三、绿色制造

此处的绿色制造主要指绿色的产品制造阶段，是以过去传统的制造技术为基础，使用当代的先进制造技术和新的材料使得制造的产品质量高、成本低，对环境的污染小，并有利于资源循环利用。要从绿色材料、绿色工艺、绿色包装3个方面入手，并在绿色制造过程中加以实现。

绿色制造过程要实现前面3个方面的原则，减少制造过程中的资源消耗，避免或减少制造过程对环境的不利影响及报废产品的再生与利用。为此，相应地要发展3个方面的制造技术，即节省资源的制造技术、环保型制造技术和再制造技术。

1. 节省资源的制造技术

主要从减少原材料消耗、减少制造过程中的能源消耗和减少制造过程中的其他消耗等方面入手来节省资源。

1）减少原材料消耗

制造过程中使用的原材料越多，消耗的资源就越多，并会加大采购、运输、库存、毛坯制造等的工作量。减少制造过程中原材料消耗的主要措施如下。

（1）科学选用原材料，避免选用稀有、贵重、有毒、有害材料，尽量实现废弃材料的回收与再生。

（2）合理设计毛坯结构，尽量减少毛坯加工余量，并采用净成形、净终成形的先进毛坯制造工艺（如精密铸造、精密锻造、粉末冶金等）。

（3）优化排料、排样，尽可能减少边角余料等造成的浪费。

（4）采用冷挤压等少、无切屑加工技术代替切削加工；在可行的条件下，采用增材制造技术，避免传统的去除加工所带来的材料损耗。

2）减少制造过程中的能源消耗

制造过程中耗费的能量除一部分转化为有用功之外，大部分都转化为其他能量而浪费并有可能带来其他不利影响，如普通机床用于切削的能量仅占总能量的30%，其余70%的能量则消耗于空转、摩擦、发热、振动和噪声等。减少制造过程中能量消耗的措施如下。

（1）提高设备的传动效率，减少摩擦与磨损。例如，采用电主轴以消除主传动链传动造成的能量损失，采用滚珠丝杠、滚动导轨代替普通丝杠和滑动导轨以减少摩擦损失。

（2）合理安排加工工艺与加工设备，优化切削用量，尽量使设备处于满负荷、高效率运行状态。例如，粗加工选用大功率设备，而精加工选用小功率设备等。

（3）优化产品结构工艺性和工艺规程，采用先进成形方法，减少制造过程中的能量消耗。例如，零件设计尽量减少加工表面、采用净成形（无屑加工）制造技术以减少机械加工量；采用高速切削技术实现“以车代磨”等。

（4）合理确定加工过程的自动化程度，以减少机器设备结构的复杂性，从而避免消耗过多的能量。

3）减少制造过程中的其他消耗

减少其他辅料的消耗，如刀具消耗、液压油消耗、润滑油消耗、切削液消耗、包装材料消耗等。

（1）减少刀具消耗的主要措施：选择合理的刀具材料、适当的刀具角度、确定合理的刀具寿命、采用机夹可转位不重磨刀具、选择合理的切削用量等。

（2）减少液压油与润滑油的主要措施：改进液压与润滑系统设计与制造确保不渗漏、使用良好的过滤与清洁装置以延长油的使用周期、在某些设备上可对润滑系统进行智能控制以减少润滑油的浪费等；

（3）减少切削液消耗的主要措施：采用高速干式切削或微量润滑（Minimal Quantity Lubrication，MQL）技术，不使用或少使用切削液、选择性能良好的高效切削液和高效冷却方式，节省切削液、选用良好的过滤和清洁装置，延长切削液的使用周期等。

2. 环保型制造技术

环保型制造技术指在制造过程中最大限度地减少环境污染，创造安全、宜人的工作环境。包括减少废料的产生；废料有序地排放；减少有毒有害物质的产生；有毒有害物质的适当处理；减小粉尘、振动与噪声；实行温度调节与空气净化；对废料的回收与再利用等。

1）杜绝或减少有毒有害物质

最好方法是采用预防性原则，即对污水、废气的事后处理转变为事先预防。仅对机械加工中的冷却而言，目前已发展了多种新的加工工艺，如采用水蒸气冷却、液氮冷却、空气冷却以及采用干式切削等。近年来不用或少用切削液、实现干切削或半干切削节能环保的机床不断出现，并在不断发展当中；采用生物降解性好的植物油、合成脂代替矿物油作为切削液，杜绝对人体的伤害和对环境的污染。

2）减少粉尘、振动与噪声污染

粉尘、振动与噪声是毛坯制造车间和机械加工车间最常见的污染，它严重影响劳动者的身心健康及产品加工质量，必须严格控制，主要措施如下：

（1）选用先进的制造工艺及设备，如采用金属型铸造代替砂型铸造，可显著减少粉尘污染；采用压力机锻压代替锻锤锻压，可使噪声大幅下降；采用增材制造技术代替去除加工，可减少机械加工噪声、提高机床或整个工艺系统的刚度和阻尼；采用减振装置等以防止和消除振动等。

（2）优化机械结构设计，采用低噪声材料，最大限度降低工作设备的噪声。

（3）优化工艺参数，如在机械加工中，选择合理的切削用量来有效地防止切削振动和切削噪声。

（4）采用封闭式加工单元结构，利用抽风或隔音、降噪技术，可以有效地防止粉尘扩散和噪声传播。

3）设计环保型工作环境

设计环保型工作环境即创造安全、宜人的工作环境。

安全环境包括各种必要的保护措施和操作规程，以防止工作设备在工作过程中对操作者可能造成的伤害。

舒适宜人的工作环境包括作业空间足够宽大、作业面布置井然有序、工作场地温度与湿度适中、空气流畅清新、没有明显的振动与噪声、各种控制操纵机构位置合适、工作环境照明良好、色彩协调等。

3. 再制造技术

再制造的含义是指产品报废后，对其进行拆卸和清洗，对其中的某些零件采用表面工程或其他加工技术进行翻新和再加工，使零件的形状、尺寸和性能得到恢复和再利用，实现产品的绿色处理。

再制造技术是一项对产品全寿命周期进行统筹规划的系统工程，一方面，设计之初就要考虑产品的材料和结构设计，如采用面向拆卸的设计方法、模块化的设计方法等。另一方面，产品报废后进行再制造时，需要研究：产品的概念描述；再制造策略研究和环境分析；产品失效分析和寿命评估；回收与拆卸方法研究；再制造设计、质量保证与控制、成本分析；再制造综合评价等。

四、绿色产品

绿色产品主要是指产品在制造过程中要节省资源；在使用中要节省能源、无污染；产品报废后要便于回收和再利用。

1. 节省资源

绿色产品应是节省资源的产品，即在完成同样功能的条件下，产品消耗资源数量要少。例如，采用机夹式不重磨刀具代替焊接式刀具，就可大量节省刀柄材料；结构工艺性好的零件可采用标准刀具，尽可能减少刀具种类，节约设计和制造资源。

2. 节省能源

绿色产品应是节能产品，这是节能环保的象征，利用最少的能源消耗为人类做更多的贡献。在能源日趋紧张的今天，节能产品越来越受到重视，许多国家明确规定节能产品既要符合“节能产品认证”要求，又符合环保减排的要求。例如，采用变频调速装置，可使产品在低功率下工作时节省电能；空调使用节能型制冷剂，既节电又可减少氟利昂排放。

3. 减少污染

减少污染包括减少对环境的污染和对使用者危害两个方面。绿色产品首先应该选用无毒、无害材料制造，严格限制产品有害排放物的产生和排放数量等以减少对环境的污染，产品设计应符合人机工程学的要求以减少对使用者的危害等。

4. 绿色包装

绿色包装指的是在产品的包装材料及包装工艺应该符合节能环保的要求。不仅要保证产品包装精美、质量优良，也要考虑到包装材料的成本及是否具有可降解性、可回收性。在产品的包装阶段要考虑到包装材料环保性、耐用性，选择循环利用率高、节能环保的可多次循环利用并自行降解的高科技绿色包装材料。当今世界主要工业国要求包装应做到“3R1D”（Reduce，Reuse，Recycle，Degradable）原则。

5. 报废后的回收与再利用

绿色产品要充分考虑产品报废后的处理、回收和再利用，将产品设计、制造、销售、使用、报废作为一个系统，融为一体，形成一个闭环系统。寿命终了的产品最终通过回收又进入下一个生命周期的循环之中，使产品具有多生命周期的属性。

提要： 对这几大类典型现代制造技术的分类、工作原理、应用范围等内容有所了解，需要搜集相关资料，以便正确把握现代制造技术今后的发展趋势。

复习思考题

11－1　什么叫作精密与超精密加工？它与普通的精加工有何不同？

11－2　金刚石刀具为何可进行超精密与高速切削？主要用于什么材料的超精密（高速）切削加工？

11－3　什么叫作 AM？AM 的工艺主要有哪些？其原理是什么？

11－4　机床智能加工系统的体系结构是什么？要解决的关键问题有哪些？

11－5　简述“工业 4.0”的研究主题及主要支撑技术。

11－6　“中国制造 2025”的总体结构是什么？

11－7　什么是绿色制造？绿色制造的内容包括哪些方面？

11－8　你所见到的制造工艺，哪些属于绿色制造？哪些不属于绿色制造？不属于绿色制造的工艺应如何改进？

参 考 文 献

[1]杨叔子,吴波. 先进制造技术及其发展趋势[J]. 机械工程学报,2003(10):73－78.
[2]黄健求,韩立发. 机械制造技术基础[M]. 北京:机械工业出版社,2020.
[3]李益民,金卫东. 机械制造技术[M]. 北京:机械工业出版社,2012.
[4]杜素梅. 机械制造基础[M]. 北京:国防工业出版社,2012.
[5]陈日曜. 金属切削原理[M]. 2 版. 北京:机械工业出版社,2005.
[6]陆剑中,孙家宁. 金属切削原理与刀具[M]. 5 版. 北京:机械工业出版社,2020.
[7]卢秉恒. 机械制造技术基础[M]. 4 版. 北京:机械工业出版社,2018.
[8]戴曙. 金属切削机床[M]. 北京:机械工业出版社,2013.
[9]贾亚洲. 金属切削机床概论[M]. 3 版. 北京:机械工业出版社,2021.
[10]顾维邦. 金属切削机床概论[M]. 北京:机械工业出版社,2016.
[11]张伯霖. 高速切削技术及应用[M]. 北京:机械工业出版社,2002.
[12]艾兴. 高速切削加工技术[M]. 北京:国防工业出版社,2003.
[13]吴玉厚. 数控机床电主轴单元技术[M]. 北京:机械工业出版社,2006.
[14]刘战强. 先进切削加工技术及应用[M]. 北京:国防工业出版社,2005.
[15]张曙,U. HEISEL. 并联运动机床[M]. 北京:国防工业出版社,2003.
[16]H. SCHULZ,E. ABELE,何宁. 高速加工理论与应用[M]. 北京:科学出版社,2010.
[17]顾锋,汪通悦,康志军,等. 并联机床的研究与技术进展历程[J]. 机床与液压,2002(6):14－16.
[18]李长河,蔡光起. 并联机床发展与国内外研究现状[J]. 青岛理工大学学报,2008(1):7－14.
[19]王正刚. 机械制造装备及其设计[M]. 南京:南京大学出版社,2020.
[20]张鹏,孙有亮. 机械制造技术基础[M]. 北京:北京大学出版社,2009.
[21]王先逵. 机械制造工艺学[M]. 4 版. 北京:机械工业出版社,2020.
[22]任家隆,任近静. 机械制造技术[M]. 2 版. 北京:机械工业出版社,2018.
[23]于俊一,邹青. 机械制造技术基础[M]. 北京:机械工业出版社,2009.
[24]曾志新,刘旺玉. 机械制造技术基础[M]. 2 版. 北京:高等教育出版社,2020.
[25]冯之敬. 机械制造工程原理[M]. 3 版. 北京:清华大学出版社,2015.
[26]王启平. 机械制造工艺学[M]. 5 版. 哈尔滨:哈尔滨工业大学出版社,2005.
[27]王启平. 机床夹具设计[M]. 3 版. 哈尔滨:哈尔滨工业大学出版社,2019.
[28]刘守勇,李增平. 机械制造工艺与机床夹具[M]. 北京:机械工业出版社,2013.
[29]吴拓. 机床夹具设计集锦[M]. 北京:机械工业出版社,2012.
[30]蔡光起. 机械制造技术基础[M]. 沈阳:东北大学出版社,2002.
[31]关慧珍. 机械制造装备设计[M]. 5 版. 北京:机械工业出版社,2020.

[32]张世昌,李旦,高航. 机械制造技术基础[M]. 北京:高等教育出版社,2007.

[33]郑修本. 机械制造工艺学[M]. 3 版. 北京:机械工业出版社,2012.

[34]袁绩乾,李文贵. 机械制造技术基础[M]. 北京:机械工业出版社,2009.

[35]吉卫喜. 机械制造技术基础[M]. 2 版. 北京:高等教育出版社,2015.

[36]卢小平. 现代制造技术[M]. 北京:清华大学出版社,2011.

[37]袁军堂,胡小秋. 机械制造技术基础[M]. 2 版. 北京:清华大学出版社,2019.

[38]梁建成,李圣怡,温熙森,等. 机床智能加工的体系结构[J]. 国防科技大学学报,1994(2):24 - 28.

[39]唐立新,杨叔子,林奕鸿. 先进制造技术与系统第二讲:智能制造——21 世纪的制造技术[J]. 机械与电子,1996(2):33 - 36,42.

[40]雷鸣,杨叔子. 智能加工机器[J]. 科学,1995(5):24 - 27.

[41]夏妍娜,赵胜. 工业 4.0:正在发生的未来[M]. 机械工业出版社,2015.

[42]王喜文. 工业 4.0:最后一次工业革命[M]. 北京:电子工业出版社,2015.

[43]王喜文. 中国制造 2025 解读:从工业大国到工业强国[M]. 北京:机械工业出版社,2015.

[44]. 王先逵. 广义制造论[J]. 机械工程学报,2013(10):86 - 94.

[45]白基成,刘晋春,郭永丰,等. 特种加工[M]. 7 版. 北京:机械工业出版社,2022.

[46]刘勇,刘康. 特种加工技术[M]. 重庆:重庆大学出版社,2013.

[47]王贵成,王振龙. 精密与特种加工[M]. 北京:机械工业出版社,2013.

[48]张建华. 精密与特种加工技术[M]. 北京:机械工业出版社,2017.

[49]朱派龙. 特种加工技术[M]. 北京:北京大学出版社,2017.

[50]刘志东. 特种加工[M]. 2 版. 北京:北京大学出版社,2017.